"十四五"国家重点出版物出版规划项目

生物工程理论与应用前沿丛书

生物催化氨基酸衍生化的关键技术

吴　静　宋　伟　许国超　编著

中国轻工业出版社

图书在版编目（CIP）数据

生物催化氨基酸衍生化的关键技术 / 吴静，宋伟，
许国超编著. -- 北京：中国轻工业出版社，2024.12.
ISBN 978-7-5184-5051-0

Ⅰ．Q517

中国国家版本馆 CIP 数据核字第 2024B29K43 号

责任编辑：江　娟　　责任终审：许春英
文字编辑：郑彩娟　　责任校对：晋　洁　　封面设计：锋尚设计
策划编辑：江　娟　　版式设计：砚祥志远　　责任监印：张　可

出版发行：中国轻工业出版社（北京鲁谷东街 5 号，邮编：100040）

印　　刷：鸿博昊天科技有限公司

经　　销：各地新华书店

版　　次：2024 年 12 月第 1 版第 1 次印刷

开　　本：787×1092　1/16　印张：32

字　　数：710 千字

书　　号：ISBN 978-7-5184-5051-0　定价：180.00 元

邮购电话：010-85119873

发行电话：010-85119832　010-85119912

网　　址：http://www.chlip.com.cn

Email：club@ chlip.com.cn

▶ 前 言

2022年5月，国家发展和改革委员会印发《"十四五"生物经济发展规划》，明确将生物制造作为生物经济战略性新兴产业发展方向，提出"依托生物制造技术，实现化工原料和过程的生物技术替代，发展高性能生物环保材料和生物制剂，推动化工、医药、材料、轻工等重要工业产品制造与生物技术深度融合，向绿色低碳、无毒低毒、可持续发展模式转型"。生物催化技术是利用酶或微生物细胞等作为催化剂进行催化反应的技术，是绿色生物制造关键核心技术。近年来，得益于合成生物学和人工智能（AI）的快速发展，生物制造核心催化剂的合成和发展更为迅速，应用更加广泛，极大推动了工业规模的生物催化合成的进程。

中国是世界氨基酸生产和出口大国，无论是在工业总产量还是在年产值方面，都居于世界前列。氨基酸行业在我国国民经济发展中扮演着重要角色，随着其技术和市场的发展，氨基酸（尤其是大宗氨基酸）产能已趋于饱和甚至过剩，延伸氨基酸产业链具有重要的工业意义。氨基酸从产品变成了原料，通过进一步精细加工获得的氨基酸衍生物，可成为高附加值化学品。当前氨基酸衍生物可作为治疗用药，其研究开发已相当活跃，不断有新的产品用于临床，如治疗肝性疾病、心血管疾病、溃疡病、神经系统疾病等方面的产品相继问世。但国内在这方面的研究与发达国家相比还有较大差距，亟待加强和提高。虽然国内外学术期刊每年都发表大量生物法生产氨基酸衍生物的研究论文和综述性文章，内容涵盖酶的挖掘与改造、多酶级联路径的设计与构建、发酵工艺优化和分离提取等，但对采用生物酶法合成氨基酸衍生物的原理和技术进行系统介绍的专著尚不多见。

本书结合当前生物催化法制备氨基酸衍生物技术的最新进展，介绍了生物催化法制备氨基酸衍生物过程中涉及的生物催化剂的挖掘与筛选、酶的结构与功能解析、酶的分子改造、人工酶构建以及多酶级联反应等的基本原理和技术，并系统介绍了本研究室完成的α-酮酸、D-氨基酸、α-羟基酸、β-氨基酸、胍基丁胺、L-2-氨基丁酸、磷脂酰丝氨酸等氨基酸衍生物的生物催化制备技术及其开发历程。尽管生物催化法生产的氨基酸衍生物产品种类繁多，但是其生产思路和方法是可以通用和相互借鉴的。相信本书可以为开展类似研究的读者提供分析和解决问题的思路与方法，并对促进生物技术在我国氨基酸高值衍生物生产领域的应用产生积极的影响。

撰写此书，一方面得益于笔者所在单位——江南大学拥有发酵工程国家重点学科点和工业生物技术教育部重点实验室。江南大学发酵工程学科创建于1952年，在长期的教学和科学研究实践中积累了丰富的经验；江南大学工业生物技术教育部重点实验室是教育部工业生物领域唯一的重点研究基地，为相关科研提供了良好的研究平台。另一方面受助于笔者所在的研究室许多年轻的博士研究生和硕士研究生，他们和笔者一起完成了与本书内容相关的 6 项国家和省部级科研项目,包括"863 计划"、国家重点研发计划项目、国家自然科学基金项目和江苏省前沿基础项目,这些项目的研究成果组成了本书主体。此外,本书编写过程中也参考了近年来国内外学术期刊、行业期刊、相关专著以及互联网新媒体上发表的评论和市场分析等,在此一并向相关资料创作者致谢!

参与本书写作的有:吴静、宋伟、许国超等。同时,笔者感谢所在研究室的博士研究生、硕士研究生对该书的完成给予的帮助!

笔者力图在本书中注重结合理论性和实践性,突出系统性和科学性,体现前沿性和创新性,但限于笔者的学术功底、研究经验和写作能力,书中难免有疏漏和不足之处,若蒙赐教,不胜感激!

吴静　宋伟　许国超

2023 年 11 月

目 录

第一章 绪 论

第一节 生物催化工程

一、生物催化工程的发展历程

酶的使用已经有数千年的历史，涉及面包和干酪制作、啤酒酿造和葡萄酒酿造等。现代社会，酶主要应用在食品和饮料加工、动物饲料和洗涤剂等行业。淀粉酶、蛋白酶和葡萄糖异构酶等工业酶，则集中应用在淀粉加工、皮革和造纸等行业。第一批商业化酶制剂生产于 19 世纪末 20 世纪初，包括在干酪制造中使用的干燥的小牛胃、在洗衣粉中使用的胰腺提取物等。然而，正是 20 世纪 70 年代重组 DNA 技术的发展，为酶从传统的动物和植物来源向更高效的重组微生物生产转变奠定了基础，从而提供了更便宜和纯度更高的酶。今天，除食品加工中使用的酶外，几乎所有的工业酶都是重组酶。

生物催化通常是指在化学转化中使用酶或含有酶的细胞。基本上有两种类型的生物转化，分别涉及生长（微生物）细胞和静止细胞。1897 年，德国化学家爱德华·布赫纳（Eduard Büchner）发现利用无细胞的酵母汁可以进行乙醇发酵。尽管如此，"发酵"一词仍继续用于生长微生物的转化。细胞提取物中存在的催化活性物质后来被证明是蛋白质，它们被命名为"en-zymes"，意思是"在酵母中（in-yeast）"。代谢工程和合成生物学的进展给化学和医药产品中的微生物生产带来了革命性的变化，也为酶的生产奠定了坚实的基础。

自 20 世纪初以来，人们就知道借助酶进行有机合成，但直到最近，除了一些典型的案例，如 β-内酰胺抗生素的合成，还没有在工业过程中广泛使用。这种情况在 20 世纪 80 年代中期发生了变化，源于两个事件：第一，Zaks 和 Klibanov 于 1984 年发表了具有里程碑意义的文章，该文章描述了酶在有机介质中和 100℃ 下的催化反应，表明许多酶在有机溶剂（如甲苯）中可应用的热稳定性实际上比在水中更高。这对大多数合成有机化学家来说是一个启示，因为传统观点认为酶只在水中有效。这使有机化学家认识到，生物催化在有机合成中可应用的范围比以前想象的要广得多，彻底地改变了生物催化的研究格局。第二，与此同时，对映异构体在药物作用中的重要性被广泛认知，例如，美国食品药品监督管理局（FDA）颁布了法规，要求生产商分离和测试手性药物的两个对映体。在商业实践中，这决定了必须将药物作为单一活性的对映体生产和销售。于是就产生了对对映体选择性合成的成本效益方法的需求，生物催化方法是最具潜力的候选方法，因为酶通常具有高度的对映体选择性。

因此，生物催化从一种学术上的兴趣演变为一种工业上具有吸引力的活性药物成分（API）对映体选择性合成技术。然而，在 20 世纪 90 年代初，阻碍其广泛应用的一个主要原因是商业可用酶的数量。商业可用的酶几乎仅限于食品、饮料和洗涤剂行业中已经使用的：主要是蛋白酶、脂肪酶、酯酶和糖苷酶。在过去 20 年中，由于现代生物技术的发展，这种情况发生了巨大变化。由于高通量 DNA 测序技术的开展，超过 20000 个全基因组序列已经公开。此外，由于重组 DNA 技术的进步，现在可以通过对基因组序列数据库进行分析来识别目标基因，并在几周内用化学方法合成该基因，以便以相对较低的成本克隆到生产宿主中。因此，有更多可用的酶被生产出来，并且其生产成本可以降低到商业上可接受的范围内。

此外，利用蛋白质工程技术，如定向（体外）进化，对酶进行工程化改造，可使其在底物特异性、活性、选择性、稳定性和最适 pH 等方面达到我们所想要的特性。最后，通过高效固定化技术回收和再循环催化剂，大大提高了其操作稳定性和成本效益。因此，在过去 10 年中，生物催化已被纳入主流有机合成方法，特别是在制药行业。事实上，Turner 和 O'Reilly 也提出了生物催化逆合成的指导原则和规则，来帮助合成化学家确定生物催化剂可用于目标分子合成的反应过程。

二、生物催化工程的优势和挑战

生物催化的广泛应用还可以归功于其良好的环境效益和经济效益。酶是自然界可持续的催化剂，它们来源于可再生资源，具有生物相容性、生物可降解性，它们无毒性并基本无害。生物催化避免了稀有贵金属的使用，节省了从最终产物中去除痕量贵金属（至可接受的 10^{-6} 数量级水平）的相关成本，这些成本通常令人望而却步。酶反应在水中温和的条件下（生理 pH、环境温度和压力）即可进行，通常不需要传统有机合成中所需的官能团活化、保护和脱保护步骤。这意味着合成时间更短，选择性更高，生产过程中的产物更纯净，与传统路线相比，资源和能源利用率更高，产生的废物更少。此外，酶法工艺可以在标准反应器中进行，因此不需要任何额外投资，例如高温高压设备。最后，大多数酶反应都是在大致相同的温度和压力条件下进行的，因此，将多个反应集成到经济高效的级联催化过程中相对容易。

野生型酶经过数百万年的进化，能够高速转化其天然底物。在某些情况下，野生型酶的相关研究已经取得了惊人的结果，例如脂肪酶（EC 3.1.1.3）。一个早期的实例是由荷兰皇家帝斯曼集团（DSM）在 20 世纪 80 年代开发的利用蓝绿假单胞菌脂肪酶催化手性甘油酯进行高度对映选择性水解，该酶法合成抗高血压药物地尔硫草关键手性中间体已经商业化。这里使用的脂肪酶廉价、易得，可用于各种工业应用。最近，辉瑞公司开发了一种极其有效的化学酶法，使用脂肪酶来生产普瑞巴林［中枢神经系统药物乐瑞卡（Lyrica）的活性成分］。关键酶促反应步骤是在水溶液中进行的，大大减少了有机溶剂的使用，产物浓度高达 3mol/L（765g/L），显著提升了生产效率。与第一代生产工艺相比，新工艺的产量更高，对映选择率（E 因子）从 86 降低至原来的 1/5 至 17。然而，在更具挑战性的体外条件下，如高底物浓度和非水介质，它们很难对非天然底物维持高活性和高转化效率。尽管有这样一些令人印象深刻的野生型酶工业应用实例，但对于大多数非天然底物而言，需要对生物催化系统进行优化后才具备商业可行性。生物催化系统主要由底物/产物、生物催化剂和反应介质三个组分构成。基于对这三个要素的研究和优化，分别形成了底物工程、反应介质工程和生物催化剂工程等研究领域，下面将进行详细介绍。

三、生物催化工程的内涵与外延

生物催化过程包括许多变量，生物催化剂只是其中的一部分。在本节中，我们将系统地阐述现有生物转化或创造新生物转化的生物催化工程的不同策略，包括底物工程、反应介质工程、蛋白质工程、酶固定化修饰工程、多酶级联催化、反应器工程等，与下游处理相结合有助于产品分离和生物催化剂的重复使用。因此，生物催化工程可以通过优化所有变量来提供环境和经济上可行的生物转化。

1. 底物工程

底物工程涉及改变底物结构，从而优化现有的生物转化或发明新的生物转化。这类反应通常使用非天然底物，这就产生了术语“酶杂泛性”，酶的杂泛性使得它可以催化完全不同的反应类型。了解反应机理是设计底物工程策略的必要条件。例如，脂肪酶催化体内甘油三酯水解为甘油和脂肪酸，这些酶属于丝氨酸蛋白酶家族，其共同特征是丝氨酸（Ser）-组氨酸（His）-天冬氨酸（Asp）催化三联体参与所谓的电子传递机制（图 1-1）。酰基酶中间体是由底物与活性部位丝氨酸残基的—OH 基团反应形成的，该活性部位由组

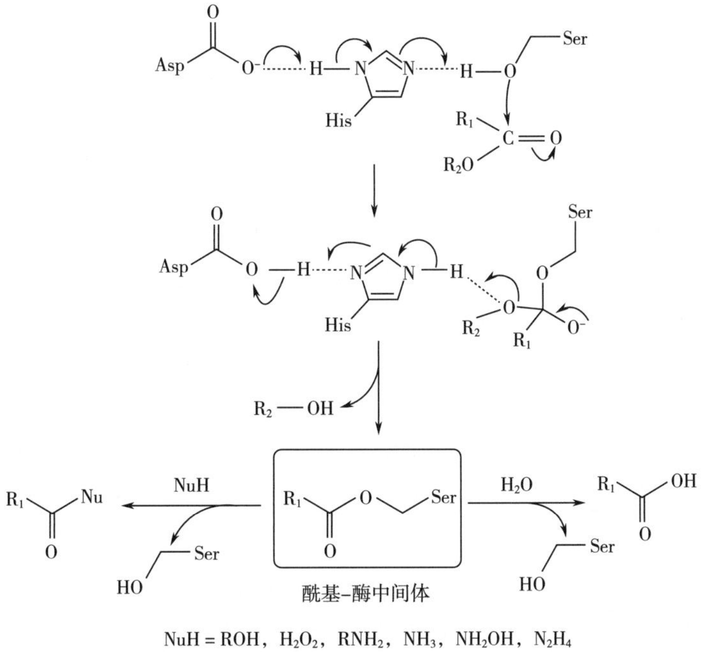
Asp
His
Ser
R1
R2O
R2
R2—OH
NuH
H2O
Nu
OH
HO
酰基-酶中间体
NuH = ROH，H2O2，RNH2，NH3，NH2OH，N2H4

图 1-1 Ser-His-Asp 催化三联体参与的电子传递机制

氨酸和天冬氨酸基团辅助。酰基-酶中间体与水发生后续反应生成游离脂肪酸。对这一机制的仔细研究很容易产生新的想法，比如使用其他非天然亲核试剂（酰基受体）来代替水的作用。

最近，一个典型基于机制的底物工程设计酶的杂泛性的案例是：通过改造细胞色素 P450 依赖性单加氧酶催化的卡宾转移进行环丙烷化反应。在体内，这些酶通过作为活性氧化剂的高价铁催化各种有机底物的有氧氧化，比如催化烯烃反应导致氧原子转移（氧转移）到双键，生成环氧化合物（图 1-2）。通过类比，研究人员设想了由重氮酯作为共底物形成一种高价铁卡宾，这种假定的中间体与烯烃反应会使得卡宾转移到双键，从而生成环丙烷。结果表明：在 0.2%（摩尔分数）的 $P450_{BM3}$ 存在下，苯乙烯与重氮乙酸乙酯反应生成环丙烷羧酸酯。综上所述，在有效结合酶活性部位的三维结构和酶转化机制的知识基础上，加以对有机反应机制的良好理解，可以系统地进行底物工程。

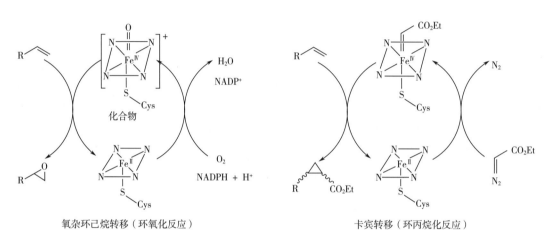

图 1-2　酶促卡宾转移环丙烷化

2. 反应介质工程

酶通常在水中能表现出最佳功能，但在有机溶剂中也有活性。实际上，许多有机底物最多只能微溶于水，由于平衡限制和/或竞争性产物水解，例如（反式）酯化和酰胺化等一些反应不能在水中进行。非水相生物催化更容易从挥发性有机溶剂中回收产品，并消除微生物污染。简而言之，反应介质工程可用于优化生物催化转化的合成潜力。

虽然酶能够在有机溶剂中发挥作用，但其催化效率通常比在水中表现出的低两个数量级。然而，应注意的是，很难比较同一种酶在均质水溶液中催化的反应速率与在有机溶剂中的非均相悬浮液中催化的反应速率。此外，使用挥发性有机溶剂（VOC）容易造成环境相关问题，这是在有机介质中反应的另一个缺点。许多生物催化反应在实验室和工业规模上都是在双水相系统中进行的，双水相体系由优选环境友好的有机溶剂和水组成。反应在水相中进行，底物和产物主要溶解在有机相中。一个很好的例子是阿托伐他汀中间体的生物催化合成过程，该过程在乙酸乙酯和水溶液两相体系中进行。

在存在相对大量盐（如氯化钾）的情况下，通过冷冻干燥可以提高酶在有机溶剂中的活性。因此，与有机溶剂相比，酶在室温离子液体（IL）中，可以显著提高催化速率。这是因为离子液体具有盐和水的性质，离子液体完全由离子组成，在环境温度或接近环境温度时是液态的。作为挥发性有机溶剂的潜在替代品，它们已被广泛地应用。在无水 IL 中生物催化的第一个实例是来自南极假丝酵母的脂肪酶 B（CALB）在无水离子液体 1-丁基-3-甲基咪唑六氟磷酸盐（bmim PF_6）或 1-丁基-3-甲基咪唑四氟硼酸盐（bmim BF_4）中悬浮催化的酯交换和酰胺化（图 1-3）。因此，目前的趋势是合理设计工业特定需求、生物相容的 IL，将高成本效益与低环境污染相结合。例如，胆碱 IL 是通过廉价的氢氧化胆碱与多种羧酸或氨基酸反应制备的。

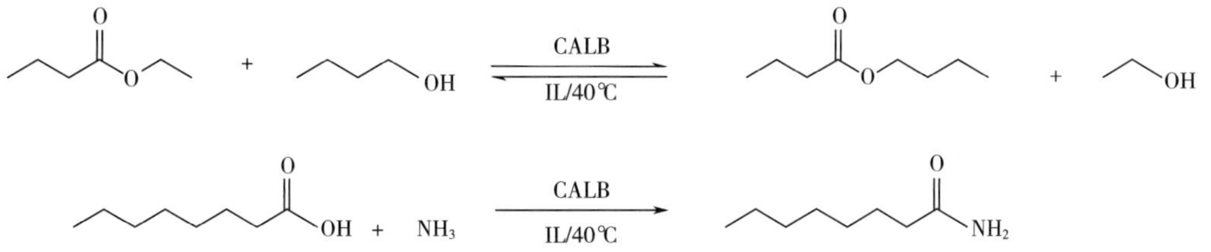

IL = bmim BF_4 或 bmim PF_6

图 1-3　CALB 在无水 IL 中催化的酯交换和酰胺化

质子离子液体（PIL）是一类新型 IL，其很容易制备，只需将叔胺与羧酸混合即可，并且比相应的季铵盐具有更好的生物降解性和更低的毒性。此外，它们具有与酶相互作用和稳定酶的氢键供体性质，当与羧酸阴离子结合时，它们带有缓冲作用。来自多种叔胺和羧酸的质子离子液体被成功用作固定化的 CALB（CALB-CLEA）催化的 α-甲基苄醇对映选择性酯交换反应介质（图 1-4）。

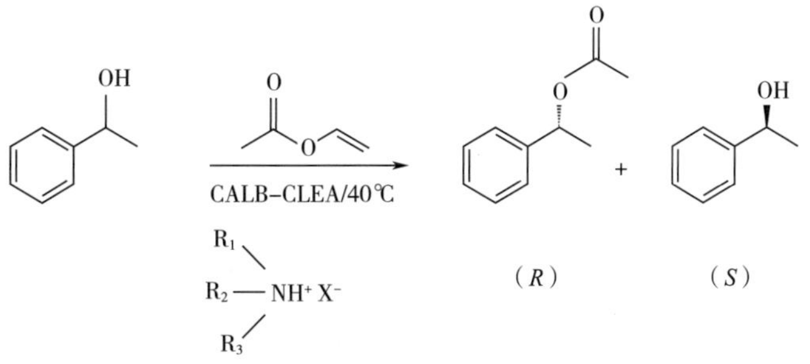

R_1	R_2	R_3	X^-	50%转化率/d	*ee*/%
t-BuOH				11	>99
CH_3	CH_3	*n*-C_4H_9	丙酸盐	14	95
CH_3	CH_3	*n*-C_4H_9	3-己基癸酸酯	2	99
CH_3	CH_3	*n*-$C_{12}H_{25}$	辛酸盐	1	99
n-C_8H_{17}	*n*-C_8H_{17}	*n*-C_8H_{17}	乙酸盐	4	>99

图 1-4　CALB-CLEA 在 PIL 中催化的 α-甲基苄醇对映选择性酯交换反应

除了第二代 IL 和 PIL 外，近年来还出现了另一类溶剂：所谓的深共晶溶剂（DES）。Kazlauskas 及其同事首次报道了各种水解酶在 DES 中表现出非常好的活性保留。如图 1-5 所示，固定化 CALB ［脂肪酶（Novozym 435）］在氯化胆碱（ChCl）/尿素（U）（1∶2）或 ChCl/甘油（Gly）（1∶2）中催化酯交换反应。这些结果令人惊讶，因为众所周知尿素是一种有效的蛋白质变性剂，可能的原因是尿素与氯甲烷氢键结合，从而阻止其扩散到蛋白质活性中心。研究结果表明，在 ChCl/Gly（8mol/L 甘油）中的酯交换反应获得了 90% 以上的转化率，甘油酯的生成量小于 0.1%。

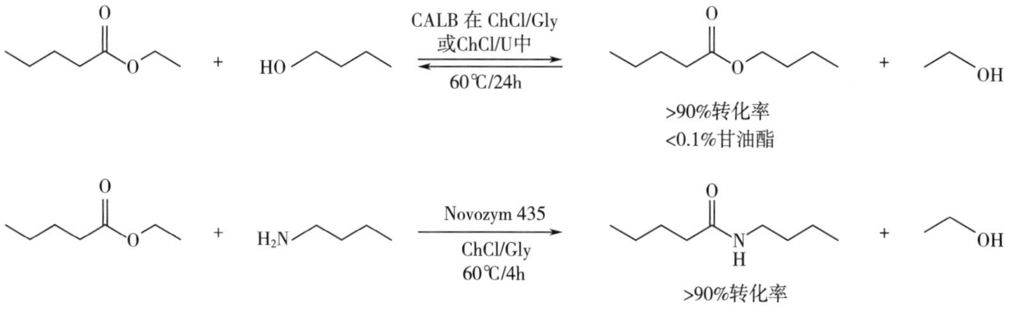

图 1-5　深共晶溶剂中的生物催化

3. 蛋白质工程

如上所述，在工业过程的恶劣条件下，野生型酶通常对非天然底物无效，还有可能会导致选择性、活性和时空产率降低。因此，需要对其进行重新设计，以在高底物浓度和低酶负荷下实现高时空产率和高选择性。这可以通过实验室定向进化来实现，首先生成突变酶库，然后通过筛选获得性能改进的突变体。虽然可以通过使用更高的酶浓度来增加时空产量，但除了不太经济外，这通常会导致下游加工中的问题，如形成难以分离的乳状液。

Smith 等于 20 世纪 70 年代末推出了一种基因工程工具，即定点突变（SDM）的理性设计。定点突变，即蛋白质中预定位点的给定氨基酸被其他 19 种经典氨基酸中的一种取代。SDM 的一个重要缺点是需要了解酶的三维结构和机制的详细信息。相反，随机突变不需要结构信息，在 20 世纪 90 年代早期，易错蛋白聚合酶链反应（epPCR）被用于构建突变体库。Arnold 课题组于 1993 年发表的一篇开创性论文报道了使用 epPCR 获得枯草杆菌素 E 的突变体的过程，枯草杆菌酶是一种工业上重要的丝氨酸蛋白酶，在有机溶剂［如 N,N-二甲基甲酰胺（DMF）］中具有更高的稳定性。

西他列汀是抗糖尿病药物捷诺维（Januvia）的活性成分，Codexis 和 Merck 的团队使用了多种蛋白质工程技术，开发了一种用于将酮前体转化为西他列汀的转氨酶（图 1-6）。出发酶是一种（R）-选择性转氨酶（TA），它具有进行转化所必需的催化机制，但对目标底物没有任何活性。研究人员通过利用计算机辅助催化剂设计活性位点和位点饱和突变相结合的方法，获得了一株转氨酶突变体，在酶浓度为 10g/L 和底物浓度为 2g/L 的条件下，24h 内转化率仅为 0.7%。西他列汀前体在水中的溶解度很低（小于 1g/L），因此需要大量二甲基亚砜作为助溶剂。为了达到商业生产所需的参数（100g/L 底物、1mol/L 异丙胺、浓度高于25%的二甲基亚砜、高于40℃的温度下24h），研究人员通过 DNA 改组改进酶的特性，以承受严格的反应条件并且获得 ee（对映体过量率）>99.9%的产品。最优突变体包含 27 个突变点，在45℃的温度和50%二甲基亚砜下，使用 6g/L 最优突变体，100g/L 底物转化率为92%，ee>99.95%（另一种异构体低于检测水平）。与传统的铑催化烯胺不对称氢化相比，生物催化工艺的总产量提高了13%，时空产率提高了53% ［kg/（L·d）］，E 因子降低了19%，消除了所有重金属，并降低了总生产成本。除此之外生物催化过程可在标准的多功能搅拌反应器中进行，无需专门的高压加氢设备。除此之外，用于西他列汀合成的酶在手性胺的合成中具有广泛的应用范围，在制药工业中受到普遍关注。

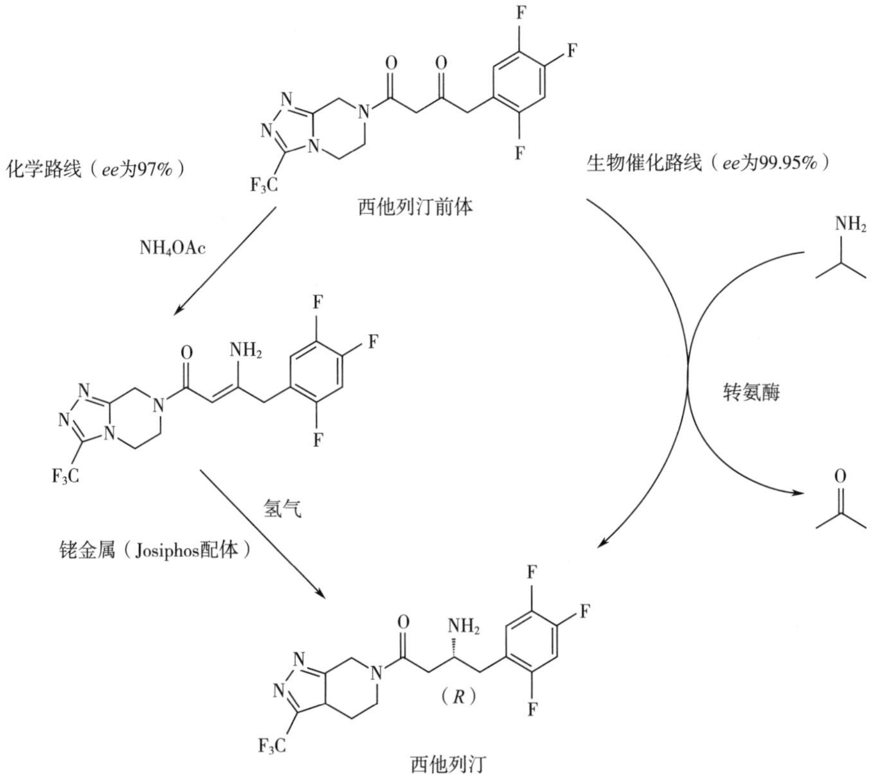

图 1-6　生物催化转氨反应合成西他列汀

4. 酶固定化修饰工程

在确定了用于目标转化的酶后，使用底物、培养基和蛋白质工程技术优化了其性质，该酶在具有 GRAS（公认安全）状态的微生物生产宿主中表达，使其以相对低的成本大量生产。下一步是确定酶的有效固定化配方。酶溶于水，从废水中回收酶很困难，尽管这可以通过超滤实现，但其操作成本也很高。因此，许多酶都是一次性使用，用完之后就会被丢弃。因此，通过固定酶的形式创造一种异质催化剂来实现催化剂的回收和再利用，可以简化工艺，提高产品质量，减少环境污染，大幅降低每千克产品的酶成本。这属于翻译后生物催化剂工程，而不是（翻译前）蛋白质工程。此外，酶固定化通常通过抑制酶的去折叠和变性来提高稳定性，这反过来又可以使用范围更广泛的溶剂。

上述合成西他列汀的 (R) -选择性转氨酶（TA）就是一个很好的案例，它结合了计算机辅助建模和定向进化技术。最佳反应方案是使用二甲基亚砜和水溶液作为反应介质。随后，默克公司的科学家研究了 TA 在各种聚合物树脂上的固定化，并将固定化物与冻干游离 TA 进行了比较。使用高疏水性十八烷基功能化聚甲基丙烯酸酯树脂吸附 TA，以 4%的 TA 负载量即可获得最佳转化效果，活性回收率为 45%；固定化 TA 在多种有机溶剂中表现出活性，在环境友好的乙酸异丙酯中获得最佳结果，与其他溶剂相比，该异丙酯结合了酮底物的良好溶解度，而且会增加 TA 的稳定性；在 50℃下，TA 在干燥的乙酸异丙酯中具有显著的稳定性，6d 内的去活化率为 0.5%/h；当使用水饱和的乙酸异丙酯作为反应介质时，固定化 TA 可以连续循环使用 10 次，在 200h 内未检测到任何活性损失。相反，可溶性 TA 完全变性，在有机溶剂中完全丧失了活性。与可溶性酶相比，固定化 TA 的稳定性增强并且可以重复使用，使酶负荷降低了 90%以上。与需要在反应过程中使用缓冲液和持续 pH 控制的水溶液方案相比，使用有机溶剂具有显著优势；然后需要使用有机溶剂提取产品，并过滤混合物以去除变性酶，剩余的废水构成溶剂污染。相反，在环境友好的有机溶剂中使用固定化酶，无需缓冲、持续 pH 控制和费力地去除变性酶。这大大简化了生产工作，减少了处理时间和产生的废物量。此外，酶可以反复使用，该方案是一个比铑催化烯胺不对称氢化更具商业吸引力的生产工艺。

与可溶性酶相比，酶固定化通常会造成一些活性损失，但稳定性的增加和可重复使用性的增加，可以大大降低成本，这大大弥补了这一点活性损失。一个典型案例是青霉素 G 酰胺酶（PGA）的固定化，PGA 是一种比较昂贵的酶，因此需要高生产率来实现经济可行性。PGA 催化青霉素 G 水解为 6-氨基青霉素酸（6-APA），这是生产青霉素和头孢菌素的关键中间体。通过固定化 PGA 生产 6-APA，年产量达到了 1.2 万 t，单位催化剂的生产强度达到了 600kg/kg，这大大增强了企业的生存能力。

5. 多酶级联催化

简洁是合成的灵魂，绿色催化方法的最终目的是将多步合成过程压缩成一锅级联催化反应，从而避免了对中间体进行分离和纯化。生物催化过程通常在大致相同的条件下进行，主要是在常温常压下的水溶液中，这也促进它们在级联反应中的集成，可以模拟活细胞代谢途径中酶步骤的反应排列。这种级联合成有几个优点：操作单元更少，溶剂和反应器体积更小，循环时间更短，时空产率更高，废物更少，具有巨大的经济效益和环境效益。此外，反应的偶合可用于推动产物的平衡，从而避免对过量底物的需求。当然，多酶级联反应也还有一些问题需要克服：催化剂往往相互不兼容，最佳条件可能相差很大，催化剂回收和再循环也很复杂。近年来，生物催化级联工艺已成为人们关注的焦点。

级联反应的一个典型的实例是工业上生产 (S) -扁桃酸，通过羟腈裂解酶和腈水合酶双酶级联催化苯甲醛合成。但是这样会产生大量相应的酰胺副产物，因此科学家们添加了一种酰胺酶将酰胺副产品转化为 (S) -扁桃酸。于是合成了三酶交联酶聚集体，它由来自马尼霍特七叶珊瑚的（S）-羟基腈裂解酶、来自荧光假单胞菌的非选择性腈酶（腈水解酶和腈水合酶）和来自红球菌的酰胺酶组成，催化苯甲醛合成（S）-扁桃酸的产率达到了90%，ee>99%（图1-7）。

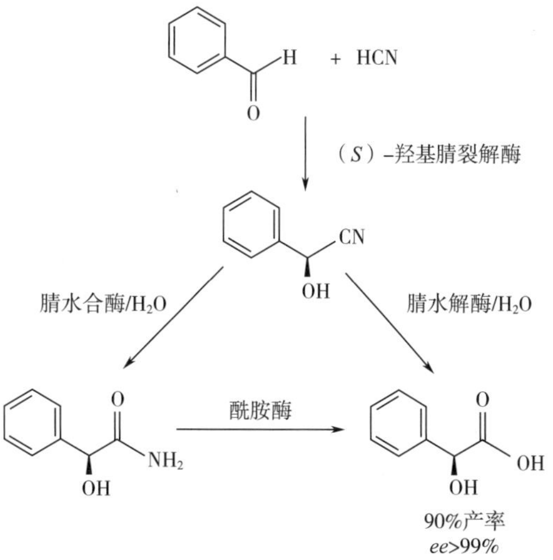

图1-7 三酶级联合成（S）-扁桃酸

6. 反应器工程

在需要下游加工的背景下，大幅降低生物催化过程的成本通常可以通过产物原位分离策略（ISPR）来实现，这可以改变不利的反应平衡，避免产物抑制和不稳定产物的降解。作为优化生物催化过程的一种手段，酶制剂、酶反应器配置和下游处理需要进行集成。反应器配置的选择与下游加工密切相关，并在很大程度上受到行业细分、产物特色和产量大小等因素的影响。在制药和精细化工行业，产物量相对较小，生产工艺通常在配备螺旋搅拌桨的多功能搅拌反应器（STR）中进行。当工艺涉及成本效益高的固定化酶时，通常使用过滤或离心来回收和重复使用生物催化剂。STR使用中经常遇到的一个问题是固定化酶的机械磨损，这是由搅拌桨产生的剪切力造成的，其会形成难以分离的粉状颗粒。目前，有若干新型反应器被开发出来以解决这个问题，具体如下。

例如，可以通过对现有的STR进行微小的修改获得浆液膜反应器（MSR）。在MSR中，因为固定化酶尺寸太大无法通过反应器壁中膜贴片的孔，因此被保留在反应器内；相反，底物和产物可以泵入和泵出反应器，于是生物转化和催化剂分离合并为一个操作。MSR还允许使用广泛的催化剂颗粒尺寸，包括CLEA的相对较小的颗粒。该系统具有许多优点，包括催化剂装填量高、机械压力小、催化剂寿命长以及单位催化剂生产率高。在工业上用青霉素G酰化酶CLEA催化青霉素G水解为6-氨基青霉素酸的工艺中，证明了该方案的实用性。

Houghten最初将含有固体催化剂的"茶袋"概念用于肽的合成。通过将聚苯乙烯基树脂催化剂包裹在可渗透溶剂的聚丙烯袋中，在反应溶液中作为"茶袋"悬挂。所谓的灌流篮式反应器（BR）就是对"茶袋"概念的改进。它由一个金属过滤膜样的模块组成，该模块可以保留固定化生物催化剂。例如，BR 被成功地用于漆酶–CLEA 催化降解废水中的环境类激素。

BR 的另一个变体是纺丝篮式反应器，该反应器用于固定化酶催化的米糠油的脱胶。在另一项研究中，SpinChem 公司开发了一种旋转式流动反应池，该反应器由一个与螺旋搅拌桨相连的含有催化剂的隔间组成。例如，Bornscheuer 及其同事在固定化转氨酶催化的反应中使用它，篮式反应器这种新型变体的一个重要优点是，除了保护生物催化剂免受搅拌器产生的剪切力的影响外，它还大大加快了传质，从而获得了更高的反应速率，并创造了使用更小反应器的可能性。

此外，通过使用鼓泡塔反应器（BCR）也可以避免机械搅拌导致的固定化酶磨损。例如，Liese 及其同事使用鼓泡塔反应器在无溶剂条件下进行 Novozym 435 催化的多元醇酯化反应来生产化妆品中的润肤酯，反应中形成的水通过加压空气来去除，而且加压空气还可以用于混合反应物，而不会造成催化剂的任何显著磨损。这些高黏性材料在传统的 STR 或固定床反应器（FBR）中进行工业生产是不可行的。

在油脂加工行业，常见的是通过 FBR 中固定化酶进行连续生产过程。这通常需要相对较大的固定化酶颗粒，以避免出现柱压过高的情况，但较大的颗粒尺寸可能会导致传质受阻。流化床反应器可以解决这个问题，因为反应物从底部进入，然后向上流过塔反应器。然而，这要求颗粒具有足够的密度，以防止它们在工作流速被吹出色谱柱。因此，科学家们又发明了粒径相对较小的智能磁性颗粒，例如磁性 CLEA，可以通过磁性稳定地固定在流化床中。

关于进行反应和下游处理的一种特别具有挑战性的工艺类型是分离悬浮固体产物的工艺。在合成 β-内酰胺抗生素时，通过酶促转化将侧链连接到青霉素或头孢菌素母核上，产物将会从反应混合物中沉淀出来形成悬浮固体，这对回收固定化酶造成了挑战。在工业规模上实施的方法是使用筛底 STR，即产品可以通过筛底扩散，而较大的催化剂颗粒保留在反应器中，并可参与下一批次重复使用。

第二节　生物催化工程常用软件与数据库

生物催化工程用到的数据库及软件主要包括 5 个模块，依次为基因、蛋白质数据库模块（常用 5 个数据库），质粒/蛋白分析、引物设计、序列比对模块（常用 9 个软件），化合物、蛋白质结构分析及分子对接模块（常用 18 个软件），分子动力学、量子力学模块（常用 4 个软件）及数据处理及图形绘制模块（常用 4 个软件）。

一、基因、蛋白质数据库模块

生物催化工程进行实验过程中需要用到很多基因及蛋白质相关的数据库，通过在数据库中输入需要查找的关键词，例如菌株名称、基因编号、酶的名称、蛋白编号等，便可快速查到相关的基因及蛋白质信息。涉及的数据库主要有 5 个：依次为美国国家生物技术信息中心（National Center for Biotechnology Information，NCBI）数据库、京都基因与基因组百科全书（Kyoto Encyclopedia of Genes and Genomes，KEGG）生物信息数据库、蛋白质数据库（Uniprot）、酶数据库（BRENDA）和蛋白质结构数据库（PDB），软件详细信息可见表 1-1。

表 1-1　　　　　　　　　　　　基因、蛋白质数据库汇总表

名称	主要功能	类型
NCBI	①包括 GenBank-NIH 获得的 DNA 序列；②Entrez 提供整合的访问序列、定位、分类和结构数据的搜索和检索系统；③BLAST-序列相似搜索程序；④其他数据库	基因及蛋白质数据库
KEGG	①包括完整和部分测序的基因组序列；②提供 PATHWAY 数据库；③提供数据库 LIGAND，包含关于化学物质、酶分子、酶反应等信息；④提供生物学信息（LinkDB）；⑤提供了 Java 的图形工具来访问基因组图谱，比较图谱、序列	生物信息数据库
Uniprot	整合了 Swiss-Prot、TrEMBL 和 PIR-PSD 三大数据库，包含了大量文献的蛋白质的生物功能的信息	蛋白质数据库
BRENDA	可以提供酶的分类、命名法、生化反应、专一性、结构、细胞定位、提取方法、文献、应用与改造及相关疾病的数据，目前已收录超过 137000 篇文献、83000 种酶的约 300 万条信息	酶数据库
PDB	PDB 是最主要的收集生物大分子（蛋白质、核酸和糖）结构的数据库，是通过 X 射线单晶衍射、核磁共振、电子衍射等实验手段确定的生物大分子的三维结构数据库	蛋白质结构数据库（Protein Data Bank，PDB）

二、质粒/蛋白分析、引物设计、序列比对模块

进行实验操作之前需要通过软件将目标基因连入空载质粒之中进行质粒分析，最常用的质粒图谱分析软件是 SnapGene，而在分子实验之前需要设计适合的引物对标基因片段进行 PCR 实验，此时需要使用设计引物的软件，如 SnapGene、Primer Premier 5 及 CE Design 等均有此功能，当目标质粒构建完成测序后，需用到 DNAMAN/CLUSTALW 软件进行序列比对，该软件还具有序列翻译、蛋白序列比对等功能。此外可通过序列分析软件分析蛋白质的性质，如通过 SignalP 预测蛋白质的信号肽、使用 Protparam 分析蛋白质的理化性质、使用 TMHMM Server 预测蛋白质的跨膜区域，还可以使用 MEGA-X 进行进化树分析，该部分涉及软件详细信息可见表 1-2。

表 1-2　　　　　　　　　质粒/蛋白分析、引物设计、序列比对软件汇总表

名称	主要功能	类型
SnapGene	①质粒图谱分析；②序列标注；③设计引物；④图谱导出；⑤序列对比；⑥序列翻译等	Linux/Windows 软件

续表

名称	主要功能	类型
Primer Premier 5	设计和分析 PCR 引物的最全面的软件	Windows 软件
CE Design	引物设计软件	网页平台/Windows 软件
DNAMAN	高度集成化的分子生物学应用软件，主要功能是多重序列（基因或蛋白）对齐、PCR 引物设计、限制性酶切分析、蛋白质分析、质粒绘图等	Windows 软件
CLUSTALW	渐进的多序列比对方法，主要功能是进行多序列比对作图及分析保守性氨基酸残基	网页平台
SignalP	目前应用最广泛的氨基酸序列信号肽在线预测工具	网页平台
Protparam	蛋白质理化性质分析工具，可预测理化性质：分子质量、等电点、不稳定系数、亲水指数、脂溶指数等	网页平台
TMHMM Server	用于预测蛋白质跨膜结构域的软件	网页平台
MEGA-X	构建及美化核酸序列进化树的软件	Windows 软件

三、化合物、蛋白质结构分析及分子对接模块

除了分子实验之外往往需要通过分析小分子及酶复合物的构象来为解析机制做好铺垫并促进实验的进展，首先我们可以通过 Pubchem 或 ChemSpider 获得实验相关的小分子 2D/3D 的结构文件，也可以使用 Chemdraw/Chem 3D/GaussView 绘制所需化合物结构，此外 Chemdraw 还具有绘制化学反应路径等功能，GaussView 还具有转换化合物文件格式的功能，获得小分子化合物结构后可通过 HyperChem 来计算其尺寸大小；其次可使用 Swiss-model、trRosetta 及 Alphafold 2 获得所需蛋白结构模型，并使用 SAVES V6.0 软件对模型进行评估；再次使用 AutoDocK Vina、Schrödinger 或 Discovery Studio 4.5 将小分子与蛋白质进行分子对接；最后使用 VMD 及 Pymol 将结构可视化，使用 CAVER 软件来分析蛋白质的口袋及通道，通过 POVME 来计算蛋白质活性口袋的体积，另外还可以使用 Ligplot 进行配体与蛋白质相互作用。该部分涉及的软件详细信息可见表 1-3。

表 1-3　　　　　　　　化合物、蛋白质结构分析及分子对接软件汇总表

名称	主要功能	类型
Pubchem	有机小分子生物活性数据库，是一种化学模组的数据库，可经由网站直接存取，数以百万计的化学组成资料集可经由文件传输协议（FTP）免费下载，可获得小分子化合物 2D 或 3D 结构	网页平台
ChemSpider	以化学结构式为基础的最丰富单一化学信息在线资源，可进行化学搜索；提供了很多理论与实验数据，包括光谱、熔点、沸点等物理性质	网页平台

续表

名称	主要功能	类型
Chemdraw/ Chem 3D	作为 ChemBioOffice 核心工具之一，可绘制化学结构及反应式，并且可以获得相应的属性数据、系统命名及光谱数据，可绘制小分子化合物结构式及化学反应式，可将 2D 结构导入 Chem3D 转为 3D 格式文件等	Windows 软件
GaussView	一款 Gauss 配套的绘制小分子化合物结构的软件，可绘制小分子三维结构，转化文件格式后可导入 Gauss 中进行能量优化及结构优化	Linux/Windows 软件
HyperChem	一款以高质量、灵活易操作而闻名的分子模拟软件，可计算小分子的尺寸及体积	Windows 软件
Swiss-model	一款用同源建模法预测蛋白质三级结构的全自动在线软件	网页平台
trRosetta	主要功能是在线构建蛋白三维结构	网页平台
Rosetta	Rosetta 是一套用于建模大分子结构的综合软件，其功能包括蛋白质和核酸的结构预测、设计和重构，可提供各种有效的采样算法来探索主干、侧链和序列空间	Linux 软件
Alphafold 2	DeepMind 公司的一个人工智能程序，对大部分蛋白质结构的预测与真实结构只差一个原子的宽度，达到了人类利用冷冻电子显微镜等复杂仪器观察预测的水平，可构建蛋白三维结构模型	Linux 软件
SAVES V6.0	一个全面的工具包-蛋白质模型评估在线软件，可以预测蛋白质结构的不同类型的立体化学参数；拉氏图可预测结构立体化学性质	网页平台
AutoDocK Vina	一款开源的分子模拟软件-分子对接软件，最主要应用于执行配体-蛋白质分子对接	Linux/Windows 软件
Schrödinger （薛定谔）	药物发现的完整软件包，具有分子对接、蛋白质可视化、虚拟突变、相互作用力分析等功能	Linux/Windows 软件
Discovery Studio 4.5	主要功能包括：蛋白质的表征（蛋白质-蛋白质相互作用）、同源建模、分子力学计算和分子动力学模拟、基于结构的药物设计工具（配体-蛋白质相互作用、全新药物设计和分子对接）、基于小分子的药物设计工具和组合库的设计与分析等	Linux/Windows 软件
Visual Molecular Dynamics（VMD）	一个分子可视化程序，该程序采用 3D 图形以及内置脚本来对大型生物分子系统进行显示、制成动画以及分析等操作	Linux/Windows 软件
Pymol	蛋白质可视化软件，具有测量距离、角度、定点突变、制作视频等功能	Linux/Windows 软件
CAVER	一款用于分析蛋白活性口袋及通道的软件，可用于分析蛋白质的口袋及通道	Linux/Windows 软件
POVME	作为一种简单易用的工具被广泛采用，用于测量和描述口袋的体积和形状，可计算蛋白质活性口袋的体积	Linux/Windows 软件
Ligplot	一款蛋白-配体 2D 相互作用工具，可用于分析蛋白质相互作用力	网页平台/Linux/ Windows 软件

四、分子动力学、量子力学模块

为了更好地分析反应的机制以及底物相对蛋白的动态变化过程，往往需要通过计算的手段来解析反应机制或推进实验进展，常用的计算软件包括量子力学综合软件 Gaussian、分子动力学软件 Amber 或 GROMACS，以及 QM/MM 计算软件 Chemshell，该部分涉及的软件详细信息可见表 1-4。

表 1-4 分子动力学、量子力学软件汇总表

名称	主要功能	类型
Gaussian	功能主要包括过渡态能量和结构、键和反应能量、分子轨道、原子电荷和电势、振动频率、红外和拉曼光谱、核磁性质、极化率和超极化率、热力学性质、反应路径的计算，可以对体系的基态或激发态执行	Linux/Windows 软件
Amber	由 Amber Tools 和 Amber 组成，其中 Amber Tools 可以免费使用 Amber 绝大部分功能，Amber 还支持 Gromacs 无法进行的恒 pH 计算，其主要功能是进行分子动力学模拟：Cpptaaj-RMSD 分析蛋白模型的稳定性；Cpptaaj-RMSF 分析蛋白残基的波动性；统计原子间距离、角度、氢键数目、氢键位置；Cpptaaj-MM/PBSA 或 MM/GBSA 计算结合自由能及能量分解；获得底物动态构象等	Linux 软件
Gromacs	能够利用并行和 GPU 加速来加快计算速度，尤其在 GPU 运算时，速度提高显著。此外，自身包含各种分析工具，再加上开源免费，在分子模拟领域得到了广泛的应用，是一款分子动力学软件，其功能与 Amber 类似	Linux/Windows 软件
Chemshell	是一款量子化学计算软件，其主要功能是计算 QM/MM 软件，可计算反应能垒和反应路径等	Linux 软件

五、数据处理及图形绘制模块

试验完成后需要及时进行数据处理及图形处理，以便进行汇报或撰写论文。常用的数据处理软件有 Origin 和 GraphPad，可以绘制柱状图、饼状图、折线图、瀑布图、辐射图、三维图，进行线性相关分析等，且与 Adobe Photoshop、Adobe Illustrator 软件兼容，一般绘制出的图表为粗加工展示结果，往往需要通过 Adobe Illustrator 或 Adobe Photoshop 图片处理软件排版布局，以便绘制出更加美观的图片便于发表文章使用。该部分涉及的软件详细信息可见表 1-5。

表 1-5 数据处理及图形绘制软件汇总表

名称	主要功能	类型
Origin	是较流行的专业函数绘图软件，是公认的简单易学、操作灵活、功能强大的软件，既可以满足一般用户的制图需要，也可以满足高级用户数据分析、函数拟合需要	Windows 软件

续表

名称	主要功能	类型
GraphPad	由 GraphPad Software 公司推出，是一款数据处理与图形软件，其功能与 Origin 类似	Windows 软件
Adobe Illustrator	是一种应用于出版、多媒体和在线图像的工业标准矢量插画的软件	Windows 软件
Adobe Photoshop	是一款图像处理软件，主要处理以像素构成的数字图像，使用其众多的编修与绘图工具，可以有效地进行图片编辑和创造工作	Windows 软件

第三节　生物催化在医药工业中的应用

一、生物催化在医药工业中应用的优势

制药工业要求合成路线具有环境兼容性，满足工艺经济的要求。生物催化具有"绿色"化学合成的潜力，为新药的制造提供了许多可能性，包括通过生物催化制造小分子药物。生物催化已经在制药行业引起了广泛关注，这些机会来自新的科学发展（如蛋白质工程）、工程发展（如加速工艺开发）和高价值酶（如 C—H 活化酶）的开发。机体对药物不同的对映体会产生不同的反应，手性药物仍然是药物生产中的关键。伴随着生物催化工艺在默克、辉瑞等多个跨国制药公司的全球畅销药物工业化制造中的应用，制药工业中不断增加使用生物催化技术。生物催化技术也显现出良好的效应，特别在生产过程替代、实现更加绿色的制药工艺中发挥着相当重要的作用。因此，生物催化技术多次荣获美国总统绿色化学挑战奖，其重要地位已经获得了广泛的认可。生物催化在制药生产过程中的优势主要体现在以下三方面。

1. 生物催化降低医药合成成本

生物催化近年来迎来了革命性的技术变革，工业技术体系日趋完善，使用生物催化技术进行产品开发的成本显著降低，例如从海量增长的基因序列中挖掘出工业用酶的工具包技术、性能强大的高通量筛选和定向进化技术、酶高效率的表达技术等，这些技术使酶催化剂的性能得到改善，并且能够使低成本生产成为现实。尽管目前工业催化在很多方面的应用依然依赖于经验，通过使用酶活性指纹图谱等技术，很多种类酶的功能也能够实现可预测。光学纯度依然是影响很多药物有效性和安全性的关键因素。生产单一对映体的药物中间体在医药行业变得越来越重要，通过定向进化能够增加生物催化剂的活性和选择性，使酶的应用在经济上可行。手性是影响许多药物产品安全性和有效性的关键因素，因此药物中间体和药物单一对映体的生产已成为制药工业重要和前沿的技术。人们越来越认识到微生物和酶在转化具有高化学选择性、区域选择性和非晶选择性化学品方面具有巨大的潜力，并能够达到较高的产量和产品纯度。

2. 生物催化减轻化学污染

绿色化学倡导全新的物质加工方式。生物催化除了在立体选择性方面表现出优势外，还具有优异的区域选择性和化学选择性；反应过程中的条件温和，能够有效地避免传统合成反应过程中的消旋化、异构化以及重排等带来的副反应，能够有效地减少有害重金属、过渡金属催化剂的使用；也能够在反应过程和分离纯化产物过程中减少有机溶剂的使用，从而降低过程的环境污染，显著提高经济性。为了使制造过程更加绿色和可持续，生物催化已经越来越多地用于药物合成。生物催化剂具有优异的活性、特异性、耐热性和耐溶剂性，可以满足实际应用的需要。与此同时，化学酶途径也被设计和开发用于工业规模的药物合成。由于生物催化具有很高的选择性，而且能够避免保护步骤，因此引入生物催化步骤时，能够明显降低合成过程的总步骤数。此外，生物催化技术的引入通常与难以量化的环境改善和成本降低有关。

3. 生物催化安全可控

手性是评价药物的药效和安全性的关键因素，当前生物催化技术是最有前景的技术，是获得手性药物以及手性药物中间体的手段之一。在制药工业中单一对映体药物的生产占据越来越重要的地位。生物催化技术是应用生物催化剂对特定手性分子构型的天然识别能力，从而对其进行选择性催化的物质加工过程。生物催化技术在手性化合物的合成中具有独特的优势，通常以单异构体的形式对具有手性中心的化合物进行生产。当前美国食品药品监督管理局（FDA）规定在申报药物过程中，如果药物成分是混旋的，就要证明非治疗性的异构体是非致畸性的。此外随着药物分子尺寸和复杂性的增加，经常会产生多个手性中心。因此，利用生物催化进行合成的主要优势是利用生物催化剂的区域选择性和立体选择性。即使对于非天然化合物，也可以获得高纯度的化合物，而不必进行复杂的合成。因此，生物催化所具有的高区域选择性和立体选择性使其在医药应用领域安全可控。

二、生物催化在医药工业中的应用实例

医药产业属于技术密集型产业，对各类专业知识、技术的要求十分严格，因此医药用精细化学品研制、生产必然会用到多种先进的生物催化技术。许多药品的生理活性分子中含有对映异构体，为生物催化技术在医药领域中的深化应用打下了扎实的基础。在倡导绿色低碳的大趋势下，更加绿色、高效、可持续的生物催化正在逐步代替某些化学催化过程。尤其是在医药中间体的生产中，传统的化学合成法常需要适宜的手性催化剂，反应需在低温（有的甚至为-70℃）或高压等极端条件下进行，生产成本高，过程复杂，技术难度大。这些因素严重限制了该法的工业应用，同时导致医药中间体的市场价格昂贵。生物催化剂具有优良的区域选择性和对映体选择性，因此常用来生产手性医药中间体，避免了传统化学合成中的保护和去保护步骤，更加简便、高效。近年来，研究者运用生物催化技术，以大宗化学品为原料，构建了多种手性医药中间体的酶法合成路径，重构了药物合成路线。

1. C—C 裂合酶在医药工业中的应用

催化技术在医药领域有着极高的应用率、良好的应用态势与广阔的应用前景，如裂解酶的应用。技术人员可应用 C—C 不饱和键，借助此类物质的作用，进行加成或消除操作，形成精细化工产品。值得肯定的是，在上述技术流程中，裂解酶催化小分子有一定的可选择性，可发生醛缩反应，延长醛缩的碳单元。研究表明，此种化学反应与化学醛缩反应有着较强的相似性，即都是在醛中加入带有负电子的碳。典型案例如多巴胺的合成，多巴胺是来源于哺乳动物中枢神经系统的一类物质，在低血压治疗中有着较高的应用率。实际生产过程中，可将二羟基苯丙氨酸作为底物，采用脱羧酶作为催化剂合成多巴胺。

2. C—N 裂合酶在医药工业中的应用

实际生产过程中，氨基等特定基团具有特殊的功能，可借助转移酶、还原胺化酶达到精细化工产品生产的目的。例如：L-叔亮氨酸是一种重要的医药中间体，广泛应用于抗癌药物、抗艾滋病药物、丙肝治疗药物、生物抑制剂等的合成。浙江九州药业有限公司构建亮氨酸脱氢酶（LeuDH）和甲酸脱氢酶（FDH）双酶表达体系，利用双酶共表达菌株催化氨化还原制备 L-叔亮氨酸，底物浓度 100g/L 时，转化率>99%。博塞泼维是生物催化合成手性胺的另一个实例，其临床上用于治疗慢性丙型肝炎感染。在传统博塞泼维的合成工艺中，需要对双环脯氨酸中间体的对映体进行繁琐操作，成本较高。Codexis 和 Merck 公司研究人员使用来自黑曲霉（*Aspergillus niger*）的单胺氧化酶（MAO）进行不对称胺氧化反应，直接合成光学纯的单一异构体。通过蛋白质工程对该酶进行改造，提高了其溶解性以及热稳定性，通过在反应体系中添加重亚硫酸盐解决产物抑制的问题。与传统化学工艺相比，生物催化工艺不仅使产品整体收率提高了 150%，而且原料使用减少了 59.8%，用水量减少了 60.7%，整个工艺浪费减少了 63.1%。在其他抗丙型肝炎感染药物特拉匹韦合成中也使用了由 MAO 催化的反应工艺。此外，在合成药物索利那新、左旋西替利嗪以及生物碱中也使用了工程化 MAO。目前，通过理性设计结合高通量筛选方法，MAO 的底物范围已扩展到含有多芳基的仲胺底物。

3. C—O 裂合酶在化学制药中的应用

制药过程也常会借助氧化还原反应，对氧化酶的应用至关重要。例如，氯代醇是一种重要的药物中间体，主要用于合成那韦类抗艾滋病药物，如福沙那韦和达芦那韦，研究者构建了羰基还原酶催化制备氯代醇的反应路线，在大肠杆菌中表达海洋新鞘氨醇杆菌（*Novosphingobium sp.*）来源的羰基还原酶，粗酶液酶活性为 0.35U/mg，催化 120g/L 底物制备氯代醇，转化率>99%，*ee*>99%。阿托伐他汀在降血脂、治疗心脑血管疾病中发挥着重要作用，郑裕国教授团队利用羰基还原酶、卤醇脱卤酶与葡萄糖脱氢酶催化制备（*R*）-4-氰基-3-羟基丁酸乙酯，在国内率先建立了年产 200t（4*R*,6*R*）-6-氰甲基-2,2-二甲基-1,3-二氧六环-4-乙酸叔丁酯（TBIN）的化学-酶法生产线，实现了工业化生产，并建成年产 60t 阿托伐他汀钙原料和片剂生产线。另外，法罗培南、普瑞巴林等手性医药中间体生物合成路线已被建立，并完成了中试或工业化生产。

在生物催化为医药中间体的生产提供新途径的同时，大规模的工业化应用也对生物催化剂提出了严格的要求。工业生产环境和生物催化剂（酶）的天然催化环境不同，而且工业生产对产物浓度的最低要求是要达到 50～100g/L，这就对酶的活性、稳定性、对映体选择性、底物/产物耐受性等性质有着较高的要求。事实表明，在生物催化过程中，有些酶在某些特性上存在一定的不足，这就需要通过蛋白质工程改造等策略，提高酶的催化特性，以满足工业化的实际应用。

第四节　氨基酸及其衍生化

一、氨基酸概述

氨基酸（AA）是指含有氨基的羧酸，近 60 年来，国内外在研究、开发和应用氨基酸方面均取得重大进展。

20 世纪 60 年代发现的氨基酸只有 50 种左右，发展到 80 年代达到了 400 余种，目前发现的氨基酸已达 1000 余种。按照氨基连在碳链上的不同位置，氨基酸可分为 α-氨基酸、β-氨基酸、γ-氨基酸、ω-氨基酸等，但组成蛋白质的氨基酸基本上都是 α-氨基酸，并且一般情况下仅有 20 种。生物体内的各种蛋白质都是由这 20 种基本氨基酸构成的，其结构通式如图 1-8 所示。除甘氨酸外，其他蛋白质氨基酸的 α-碳原子均为不对称碳原子，即与 α-碳原子键合的四个取代基各不相同。因此，氨基酸有不同的构型（D 型与 L 型），除甘氨酸外，蛋白质氨基酸均为 L-α-氨基酸，其中脯氨酸是一种 L-α-亚氨基酸。氨基酸的工业生产以这 20 种蛋白质氨基酸为主。

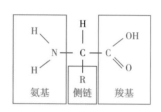

图 1-8　α-氨基酸结构通式

二、氨基酸产业现状

氨基酸的生产从 1820 年水解蛋白开始，1850 年科研人员用化学法合成了氨基酸，直至 1957 年日本协和发酵生物株式会社用发酵法生产谷氨酸获得成功，推动了其他氨基酸的研究开发，氨基酸的发酵生产从此兴起。至今，氨基酸生产方法虽有提取法、化学合成法以及生物法（包括直接发酵法和酶转化），但大多数氨基酸是以发酵法或酶法生产的（表 1-6）。

随着生物技术的不断发展，包括基因工程、系统生物学、合成生物学和系统代谢工程等，开发氨基酸发酵菌株的研究也一直处于时代的最前沿。因此，氨基酸产能也不断提升，20 世纪 60 年代初，世界氨基酸产量不超过 10 万 t；2000 年全球氨基酸产量达 237 万 t，市场规模约 45 亿美元；2017 年氨基酸产量增至约 700 万 t，市场规模约 195 亿美元；2021 年氨基酸产量增至约 862 万 t，市场规模约 285 亿美元。北极星市场研究公司（Polaris Market Research）2022 年做出的《氨基酸：全球战略商业报告》指出，全球氨基酸市场正在以稳定的速率增长，全球氨基酸需求在 2022—2030 年预计将以大于 5% 的复合年增长率增长，到 2025 年，全球氨基酸的总产量将突破 1000 万 t，市场规模将达到 400 亿美元；到 2030 年，全球氨基酸总产量将突破 1200 万 t，市场规模将达到 500 亿美元。国际氨基酸科学协会（International Council on Amino Acid Science，ICAAS）公布的调查报告显示，亚太地区已成为全球最大的氨基酸市场。中国是氨基酸生产和消费大国，在氨基酸总产量方面居于世界前列，氨基酸产业在我国国民经济发展中扮演着重要角色。

表 1-6 全球氨基酸生产规模及生产方法

氨基酸品种	主要生产方法	2022 年全球年产量/t	氨基酸品种	主要生产方法	2022 年全球年产量/t
L-谷氨酸	发酵法	3210000	L-精氨酸	发酵法	1200
L-赖氨酸	发酵法	2600000	L-天冬酰胺	提取法	100~1000
DL-甲硫氨酸	化学法、发酵法、酶法	1100000	L-缬氨酸	发酵法	500
L-苏氨酸	发酵法	700000	L-丙氨酸	酶法、提取法	500
L-色氨酸	酶法、发酵法	41000	L-亮氨酸	发酵法、提取法	500
甘氨酸	化学法	22000	L-组氨酸	发酵法	400
L-苯丙氨酸	发酵法、化学法	12650	L-异亮氨酸	发酵法	400
L-天冬氨酸	酶法	10000	L-脯氨酸	发酵法	350
L-半胱氨酸	酶法、提取法	3000	L-丝氨酸	发酵法	350
L-谷氨酰胺	发酵法	1300	L-酪氨酸	酶法、发酵法、提取法	165

三、氨基酸产业发展观念和应用观念转变

氨基酸行业在这样一个快速稳定的发展背景下，其产业发展观念和应用观念均有较为明显的转变，如图 1-9 所示。

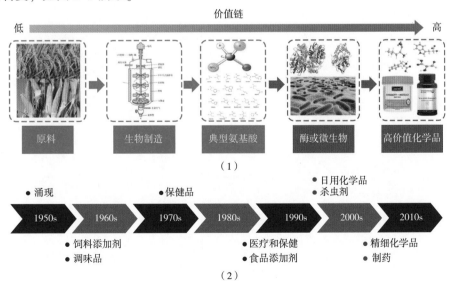

图 1-9 产业发展观念（1）和应用观念（2）的转变

1. 产业发展观念的转变

氨基酸从产物转变为了原料。从当今氨基酸的生产和发展趋势分析，氨基酸（尤其是大宗氨基酸）产能已趋于饱和甚至过剩，延伸氨基酸产业链将具有重要的工业意义。氨基酸从产品变成了原料，通过进一步精细加工，可变成高值化学品。

2. 应用观念的转变

从简单的添加到进一步精细加工。20 世纪 60 年代初，氨基酸主要用于鲜味调料；60 年代后期开始用于饲料添加剂；70～80 年代开始用于营养制剂；90 年代后开始用于医药保健、食品添加剂、日用化工以及合成农药等；21 世纪初，氨基酸逐渐被用于合成精细化学品。

四、氨基酸酶法衍生化的研究进展

氨基酸衍生化可以采用化学法和生物法。因为氨基酸包含多个活性基团，所以当使用化学反应修饰一个基团时，必须保护其他基团。保护和脱保护是一个繁琐的过程，增加了生产成本，因此化学方法不便于氨基酸衍生化的工业化。相比之下，由于生物催化剂的可持续性、高选择性、底物专一性、来源多样性、相互兼容性以及可塑性，生物催化成为氨基酸衍生化的一个重要技术手段（图 1-10）。用现代生物催化技术延伸氨基酸行业产业链具有非常重要的意义。

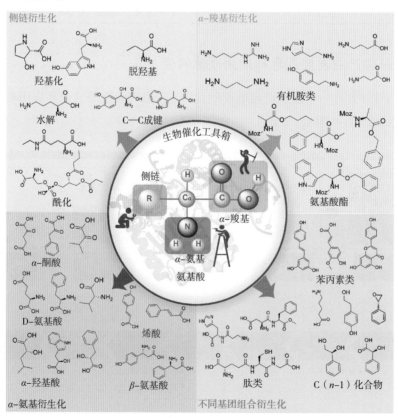

图 1-10　氨基酸酶法衍生化合成精细化学品

参考文献

［1］杨立荣. 生物催化技术研究现状和发展趋势［J］. 生物产业技术, 2016（4）: 22-26.

［2］Ahumada K, Urrutia P, Illanes A, et al. Production of combi-CLEAs of glycosidases utilized for aroma enhancement in wine［J］. Food and Bioproducts Processing, 2015, 94: 555-560.

［3］Bhattacharya A, Pletschke B I. Strategic optimization of xylanase-mannanase combi-CLEAs for synergistic and efficient hydrolysis of complex lignocellulosic substrates［J］. Journal of Molecular Catalysis B-Enzymatic, 2015, 115: 140-150.

［4］Bornscheuer U T, Huisman G W, Kazlauskas R J, et al. Engineering the third wave of biocatalysis［J］. Nature, 2012, 485（7397）: 185-194.

［5］Buchholz K. A breakthrough in enzyme technology to fight penicillin resistance-industrial application of penicillin amidase［J］. Applied Microbiology and Biotechnology, 2016, 100（9）: 3825-3839.

［6］Cabana H, Jones J P, Agathos S N. Utilization of cross-linked laccase aggregates in a perfusion basket reactor for the continuous elimination of endocrine-disrupting chemicals［J］. Biotechnology and Bioengineering, 2009, 102（6）: 1582-1592.

［7］Chen L, Luo M, Zhu F, et al. Combining chiral aldehyde catalysis and transition-metal catalysis for enantioselective α-allylic alkylation of amino acid esters［J］. J. Am. Chem. Soc, 2019, 141（13）: 5159-5163.

［8］Chmura A, Rustler S, Paravidino M, et al. The combi-CLEA approach: enzymatic cascade synthesis of enantiomerically pure（S）-mandelic acid［J］. Tetrahedron-Asymmetry, 2013, 24（19）: 1225-1232.

［9］Coelho P S, Brustad E M, Kannan A, et al. Olefin cyclopropanation via carbene transfer catalyzed by engineered cytochrome P450 enzymes［J］. Science, 2013, 339（6117）: 307-310.

［10］de los Rios A P, van Rantwijk F, Sheldon R A. Effective resolution of 1-phenyl ethanol by Candida antarctica lipase B catalysed acylation with vinyl acetate in protic ionic liquids（PILs）［J］. Green Chemistry, 2012, 14（6）: 1584-1588.

［11］DiCosimo R, McAuliffe J, Poulose A J, et al. Industrial use of immobilized enzymes［J］. Chemical Society Reviews, 2013, 42（15）: 6437-6474.

［12］Economou C, Chen K Q, Arnold F H. Random mutagenesis to enhance the activity of subtilisin in organic-solvents-characterization of Q103R subtilisin-E［J］. Biotechnology and Bioengineering, 1992, 39（6）: 658-662.

［13］Gorke J T, Srienc F, Kazlauskas R J. Hydrolase-catalyzed biotransformations in deep eutectic solvents［J］. Chemical Communications, 2008（10）: 1235-1237.

［14］Hashimoto S-i. Discovery and history of amino acid fermentation［M］//Yokota A, Ikeda M. Amino and fermentation. Tokyo: Springer Japan, 2017: 15-34.

［15］Hasnaoui-Dijoux G, Elenkov M M, Spelberg J H L, et al. Catalytic promiscuity of halohydrin dehalogenase and its application in enantioselective epoxide ring opening［J］. Chembiochem, 2008, 9（7）: 1048-1051.

［16］Hilterhaus L, Thum O, Liese A. Reactor concept for lipase-catalyzed solvent-free conversion of highly viscous reactants forming two-phase systems［J］. Organic Process Research & Development, 2008, 12（4）:

618-625.

[17] Hobbs H R, Kondor B, Stephenson P, et al. Continuous kinetic resolution catalysed by cross-linked enzyme aggregates, 'CLEAs', in supercritical CO_2 [J]. Green Chemistry, 2006, 8 (9): 816-821.

[18] Houghten R A. General method for the rapid solid-phase synthesis of large numbers of peptides: specificity of antigen-antibody interaction at the level of individual amino acids [J]. Proceedings of the National Academy of Sciences of the United States of America, 1985, 82 (15): 5131-5135.

[19] Huisman G W, Collier S J. On the development of new biocatalytic processes for practical pharmaceutical synthesis [J]. Current Opinion in Chemical Biology, 2013, 17 (2): 284-292.

[20] Huisman G W, Liang J, Krebber A. Practical chiral alcohol manufacture using ketoreductases [J]. Current Opinion in Chemical Biology, 2010, 14 (2): 122-129.

[21] Hutchison C A, 3rd, Phillips S, Edgell M H, et al. Mutagenesis at a specific position in a DNA sequence [J]. The Journal of biological chemistry, 1978, 253 (18): 6551-6560.

[22] Lau R M, van Rantwijk F, Seddon K R, et al. Lipase-catalyzed reactions in ionic liquids [J]. Organic Letters, 2000, 2 (26): 4189-4191.

[23] Liang J, Lalonde J, Borup B, et al. Development of a biocatalytic process as an alternative to the (-) -DIP-Cl-mediated asymmetric reduction of a key intermediate of montelukast [J]. Organic Process Research & Development, 2010, 14 (1): 193-198.

[24] Lozano P, de Diego T, Carrie D, et al. Continuous green biocatalytic processes using ionic liquids and supercritical carbon dioxide [J]. Chemical Communications, 2002 (7): 692-693.

[25] Luetz S, Giver L, Lalonde J. Engineered enzymes for chemical production [J]. Biotechnology and Bioengineering, 2008, 101 (4): 647-653.

[26] Ma S K, Gruber J, Davis C, et al. A green-by-design biocatalytic process for atorvastatin intermediate [J]. Green Chemistry, 2010, 12 (1): 81-86.

[27] Mallin H, Muschiol J, Bystrom E, et al. Efficient biocatalysis with immobilized enzymes or encapsulated whole cell microorganism by using the SpinChem reactor system [J]. Chemcatchem, 2013, 5 (12): 3529-3532.

[28] Martinez C A, Hu S, Dumond Y, et al. Development of a chemoenzymatic manufacturing process for pregabalin [J]. Organic Process Research & Development, 2008, 12 (3): 392-398.

[29] Nakamori S. Early history of the breeding of amino acid-producing strains [M] //Yokota A, Ikeda M. Amino and fermentation. Tokyo: Springer Japan, 2017: 35-53.

[30] Ning C X, Su E Z, Tian Y J, et al. Combined cross-linked enzyme aggregates (combi-CLEAs) for efficient integration of a ketoreductase and a cofactor regeneration system [J]. Journal of Biotechnology, 2014, 184: 7-10.

[31] Patel R N. Microbial/enzymatic synthesis of chiral pharmaceutical intermediates [J]. Current Opinion in Drug Discovery & Development, 2003, 6 (6): 902-920.

[32] Pollard D J, Woodley J M. Biocatalysis for pharmaceutical intermediates: the future is now [J]. Trends in Biotechnology, 2007, 25 (2): 66-73.

[33] Reetz M T, Zonta A, Schimossek K, et al. Creation of enantioselective biocatalysts for organic chemistry by in vitro evolution [J]. Angewandte Chemie-International Edition, 1997, 36 (24): 2830-2832.

［34］ Reetz M T. Biocatalysis in organic chemistry and biotechnology：past，present，and future ［J］. Journal of the American Chemical Society, 2013, 135 （34）：12480-12496.

［35］ Renata H, Wang Z J, Arnold F H. Expanding the enzyme universe：accessing non-natural reactions by mechanism-guided directed evolution ［J］. Angewandte Chemie-International Edition, 2015, 54 （11）：3351-3367.

［36］ Savile C K, Janey J M, Mundorff E C, et al. Biocatalytic asymmetric synthesis of chiral amines from ketones applied to Sitagliptin manufacture ［J］. Science, 2010, 329 （5989）：305-309.

［37］ Schmid A, Dordick J S, Hauer B, et al. Industrial biocatalysis today and tomorrow ［J］. Nature, 2001, 409 （6817）：258-268.

［38］ Schoemaker H E, Mink D, Wubbolts M G. Dispelling the myths——biocatalysis in industrial synthesis ［J］. Science, 2003, 299 （5613）：1694-1697.

［39］ Sheelu G, Kavitha G, Fadnavis N W. Efficient immobilization of lecitase in gelatin hydrogel and degumming of rice bran oil using a spinning basket reactor ［J］. Journal of the American Oil Chemists Society, 2008, 85 （8）：739-748.

［40］ Sheldon R A, Pereira P C. Biocatalysis engineering：the big picture ［J］. Chemical Society Reviews, 2017, 46 （10）：2678-2691.

［41］ Sheldon R A, Van Pelt S, Kanbak-Aksu S, et al. Cross-linked enzyme aggregates （CLEAs） in organic synthesis ［J］. Aldrichimica Acta, 2013, 46 （3）：81-93.

［42］ Sheldon R A, Van Pelt S. Enzyme immobilisation in biocatalysis：why, what and how ［J］. Chemical Society Reviews, 2013, 42 （15）：6223-6235.

［43］ Sheldon R A, Woodley J M. Role of biocatalysis in sustainable chemistry ［J］. Chemical Reviews, 2017, 118 （2）：801-838.

［44］ Sheldon R A. Biocatalysis and biomass conversion in alternative reaction media ［J］. Chemistry, 2016, 22 （37）：12984-12999.

［45］ Smith E L, Abbott A P, Ryder K S. Deep eutectic solvents （DESs） and their applications ［J］. Chemical Reviews, 2014, 114 （21）：11060-11082.

［46］ Sojitra U V, Nadar S S, Rathod V K. A magnetic tri-enzyme nanobiocatalyst for fruit juice clarification ［J］. Food Chemistry, 2016, 213：296-305.

［47］ Sorgedrager M J, Verdoes D, Van der Meer H, et al. Cross-linked enzyme aggregates in a membrane slurry reactor-continuous production of 6-APA by enzymatic hydrolysis of penicillin ［J］. Chimica Oggi-Chemistry Today, 2008, 26 （4）：23-25.

［48］ Stemmer W P C. Rapid evolution of a protein in-vitro by DNA shuffling ［J］. Nature, 1994, 370 （6488）：389-391.

［49］ Stephanopoulos G. Synthetic biology and metabolic engineering ［J］. Acs Synthetic Biology, 2012, 1 （11）：514-525.

［50］ Sun Z T, Wikmark Y, Backvall J E, et al. New concepts for increasing the efficiency in directed evolution of stereoselective enzymes ［J］. Chemistry-A-European Journal, 2016, 22 （15）：5046-5054.

［51］ Truppo M D, Strotman H, Hughes G. Development of an immobilized transaminase capable of operating in organic solvent ［J］. ChemCatChem, 2012, 4 （8）：1071-1074.

［52］ Turner N J, O'Reilly E. Biocatalytic retrosynthesis ［J］. Nature Chemical Biology, 2013, 9 (5): 285-288.

［53］ van Rantwijk F, Hacking M, Sheldon R A. Lipase-catalyzed synthesis of carboxylic amides: Nitrogen nucleophiles as acyl acceptor ［J］. Monatshefte Fur Chemie, 2000, 131 (6): 549-569.

［54］ Wendisch V F. Metabolic engineering advances and prospects for amino acid production ［J］. Metabolic Engineering, 2019, 58: 17-34.

［55］ Woodley J M. New opportunities for biocatalysis: making pharmaceutical processes greener ［J］. Trends in Biotechnology, 2008, 26 (6): 321.

［56］ Xue R, Woodley J M. Process technology for multi-enzymatic reaction systems ［J］. Bioresource Technology, 2012, 115: 183-195.

［57］ Zaks A, Klibanov A M. Enzymatic catalysis in organic media at 100 degrees C ［J］. Science, 1984, 224 (4654): 1249-1251.

［58］ Zhang C S, Zhang Z J, Li C X, et al. Efficient production of (*R*) -*o*-chloromandelic acid by deracemization of *o*-chloromandelonitrile with a new nitrilase mined from *Labrenzia aggregata* ［J］. Applied Microbiology and Biotechnology, 2012, 95 (1): 91-99.

第二章 生物催化剂的理性设计与定向进化

生物催化剂是工业生物催化的核心。生物催化剂是指生物反应过程中起催化作用的游离细胞、游离酶、固定化细胞或固定化酶的总称。生物催化剂所催化的化学反应相对于化学催化剂来说更加环保，反应得率高，副产物少，生物催化剂可降解，更为重要的是生物催化剂具有化学催化剂所不具备的位置、区域和立体选择性。因此，生物催化技术在过去的二三十年获得了迅猛发展，逐渐从传统化学催化技术的必要补充发展为绿色化学的首选技术，在医药、食品和农业等领域发挥着越来越重要的作用，尤其是在制药行业。例如，德国巴斯夫（BASF）化工集团开发了利用亮氨酸脱氢酶（LeuDH）催化三甲基丙酮酸不对称还原合成 L-叔亮氨酸的工艺，时空产率达 638g/（L·d），产品可用作抗肿瘤剂和艾滋病毒蛋白酶抑制剂，目前生产能力达年产吨级规模。德国巴斯夫（BASF）公司利用来源于植物伯克菌（*Burkholderia plantarii*）的固定化脂肪酶在甲基叔丁基醚溶剂中催化甲氧基乙酸乙酯与（*R*，*S*）-1-苯乙胺的酰基转移反应，对映选择率非常高（*E*>500），（*S*）-1-苯乙胺的对映体过量率（*ee*）>99%，且酶稳定性极高，可重复使用 1000 次以上，目前年产已超过 100t。由于手性化合物的结构多种多样且多数为非天然结构，因此要想通过不对称生物催化获得满意的催化效果就必须在多样化的生物催化酶库中进行筛选，甚至需要对天然酶进行理性设计和定向进化。浙江大学开发了多酶级联生物催化生产 L-草铵膦新工艺，实现了草铵膦外消旋体（D，L-草铵膦）近 100%效率转化为 L-草铵膦，并在山东绿霸化工股份有限公司建成了年产 13000t 的 L-草铵膦生产线。随着生物经济产业的快速发展，对于生物催化剂的需求急剧增加，下面重点介绍生物催化剂的挖掘与筛选、生物催化剂结构解析策略、酶催化机理解析的计算方法和生物催化定向进化技术等。

第一节 生物催化剂的挖掘与筛选

生物催化剂按照其构造形态可以分为酶、细胞及多细胞生物体，按照其应用形式可分为游离型催化剂和固定化型催化剂。生物催化剂的来源广泛，其中大约有 8%和 4%来源于动物和植物，80%以上的生物催化剂来源于微生物（图 2-1）。尤其是随着现代分子生物学技术的发展，重组 DNA 技术的应用，微生物作为生物催化剂的主要来源显示出巨大的潜力和优势。通常所说的生物催化剂的筛选，是指寻找包含所需酶活性的特种微生物菌株。微生物在地球上分布最广，物种最为丰富，包括细菌、真菌、病毒、单细胞藻类和原生动物，微生物的生境也包括高温、高压、强酸、强碱、高盐等极端环境。一般来说，生物催化剂来源的多样性来源于微生物的多样性，微生物在过去、现在和将来都是人类获取生物活性物质的丰富资源，也是生物催化剂的主要来源。从某种意义上说，微生物改造是获取新酶和新化合物的有效途径，它们容易保藏、生长快速，而且经过代谢工程改造后可以使微生物只产生目标产物。微生物分布广泛且易于获得，人们已获得的各种类型的微生物仅仅是存在于生物圈微生物王国的冰山一角。因此，本章节重点讨论从微生物资源获得在氨基酸及其衍生物合成中具有重要工业应用价值的生物催化剂的方法。

图 2-1　常见生物催化剂的来源及分布

一、生物催化剂筛选的一般策略

生物催化剂的筛选，首先要根据所需要的目标化合物选择反应的类型，再根据反应的类型确定所需生物催化剂的种类，进而确定生物催化剂的筛选源，比如氨基酸氧化酶的筛选可从味精厂附近采集土样进行筛选，有机磷酯水解酶的筛选可从农药厂周围的土壤中采集，火山口或温泉口附近的土壤则是耐高温菌或硫氧化活性酶的聚集地，海洋样品则是耐盐和耐渗透压的微生物的理想来源。因此，不管是在空气、水、土壤等常规环境中，还是在高温、高压和低水分活度、酸性或碱性的极端环境中都存在各种各样的微生物，而在不同生理环境中生长的微生物具有与各自生理特性和代谢类型相对应的独特酶。尽管自然环境中存在着各种各样的微生物，但是由于自然生理环境与实验室培养条件的差异非常大，在进行微生物培养时要重点考虑微生物对生存环境和营养的特殊要求，这也是能否筛选得到新物种的关键。产酶微生物的发现通常包括分离和筛选两个环节，分离就是通过分离技术将目标微生物从其生存的各种环境中分离出来，筛选就是以性能为目标确定合适的菌株。

在确定了反应类型和催化剂筛选源之后，就需要建立一种方便、灵敏和高效的筛选方法（筛子），以便在最短的时间内从大量的微生物群里快速找到符合要求的目标生物催化剂。成功的选择方法是基于目标酶活性而精心设计，用选择性筛子较容易获得定性的结果，因为只有具有所需活性的菌群才能生长。例如，一定的高温条件是筛选嗜热酶的有效筛子，可将大量菌种或变体置于相同高温条件下，定向选择具有耐高温特性的酶或微生物。另外一种常用的筛子是基于底物选择性，实际上生物催化的目标底物往往是最好的选择，当然除了底物外也可以是底物类似物，并且底物类似物的性质越接近目标底物，则越容易筛选得到我们所需要的目标酶。假如底物或者底物类似物均不能用于设计高通量筛选方法，只能通过高效液相色谱或气相色谱等较复杂的仪器和较费时的方法检测底物的消耗和产物的生成，工作量大，效率不高，这在很大程度上限制了筛选的通量。为了能更高效地筛选获得目标酶或微生物，一般采用分级筛选的策略可以明显提高效率。分级筛选一般包括三级水平的分层次筛选：第一级水平采用最普通的筛子，如培养皿筛子，快速简单且通量高，这一类筛子可以筛去大部分非目标样本，尽量保留有潜力的候选菌株；第二级水平采用半定量的筛子，这一步采用更多特定的底物或半定量方法；第三级水平采用定量的特定筛子，筛选速度最慢但最精确，这类筛选通常需要准确的定量分析方法，包括高效液相色谱、气相色谱或分光光度测量、荧光分析等。

表 2-1 中列举了一些近年发现的在氨基酸生物合成中具有重要工业应用价值的新酶，所有这些酶都是通过大量的筛选后得到的。根据来源的不同，可以分为从实体库和从数据库中挖掘和筛选的新酶或微生物。为了提高生物催化剂筛选效率，一般需要遵循以下几条策略：

（1）设计合适的用酶方法，使得目标反应非常清楚；

（2）在有希望的微生物群体中寻找具有特定催化活性的微生物菌株；

（3）建立便捷和敏感的分析方法，以便尽可能多地筛检大量的候选微生物样本。

表 2-1　　　　　近年发现的在氨基酸合成中具有工业应用价值的新酶举例

酶	来源	催化反应
PDH	中间型高温放线菌 (*Thermoactinomyces intermedius*)	
LDH	西伯利亚微小杆菌 (*Exiguobacterium sibiricum*)	
DAPDH	谷氨酸棒杆菌 (*Corynebacterium glutamicum*)	
LGOX	加纳链霉菌 (*Streptomyces ghanaensis*)	
LTTA	假单胞菌 (*Pseudomonas* sp.)	
TrpB	激烈热球菌 (*Pyrococcus furiosus*)	

PDH：丙酮酸脱氢酶；LDH：乳酸脱氢酶；LGOX：L-谷氨酸氧化酶；*Ps*LTTA：L-苏氨酸转醛酶。

* *de* 为非对映体过量值（diastereomeric excess），用于评价含有两个手性中心的化合物。

二、从实体库中筛选生物催化剂

1. 从自然界中筛选产酶微生物

土壤、空气、动植物是微生物的主要来源，微生物在这些栖息的场所之间进行着自然的循环。土壤中的微生物可以随着下雨从地面进入河流，附着在灰尘微粒上的微生物又可以随着空气流动飞落到各种适合它生长的营养环境中，如动植物活体或腐败残骸体上等，在这些营养富集的地方大量繁殖，最后又会回到土壤之中，所以微生物的采样大多以土壤为样品。

采集样品时可以根据土壤有机质含量和通气状况、酸碱和植被状况、季节与地理状况、微生物营养类型、微生物的生理特性、特殊条件的环境情况等加以科学地分析。例如，在糖果、蜜饯、蜂蜜的加工环境中可能常存在各种糖，可作为分离利用糖质原料的耐高渗透压酵母、柠檬酸、氨基酸产生菌的土壤样品；蛋白酶产生菌可以从加工皮革的生皮晒场、蚕丝、豆饼等腐烂变质的地方和土壤中分离；从油田的浸油土壤中能分离出利用石蜡、芳香烃和烷烃的微生物；从果树下和瓜田里的土壤中能分离出酵母菌。另外，许多传统发酵食品的生产场所也是功能微生物的重要来源。因此，在采样前分析目标菌种的特性，科学地确定采样环境非常重要。

除此之外，在第一级水平普通筛选中，通常施加底物或底物类似物为筛选压力，可以强化富集过程，有利于定向富集目标活性的酶或微生物。底物的添加形式可以是直接加入培养基中作为唯一碳源达到提供筛选压力的目的，也可以以蒸气的形式在培养的过程中添加。如华东理工大学许建和等以 2-氯苯乙酮底物蒸气为筛选压力筛选获得了高产芳基酮羰基还原酶的微生物 *Bacillus* sp. ECU0013（图 2-2）。

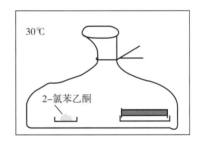

图 2-2　2-氯苯乙酮蒸气法
筛选菌种示意图

2. 从菌种保藏库中筛选产酶微生物

菌种保藏库中保存有大量标准菌株，也可作为发现与筛选所需生物催化剂的出发菌种。世界上有许多菌种保藏中心，如中国普通微生物菌种保藏管理中心（China General Microbiological Culture Collection Center，CGMCC）、中国工业微生物菌种保藏管理中心（China Center of Industrial Culture Collection，CICC）、中国医学细菌保藏管理中心（National Center for Medical Culture Collections，CMCC）、美国典型菌种保藏中心（American Type Culture Collection，ATCC）、美国农业研究菌种保藏中心（Agriculture Research Service Culture Collection，NRRL）、德国微生物菌种保藏中心（Deutsche Sammlung von Mikroorganismen und Zellkulturen GmbH，DSMZ）、日本大阪发酵研究所（IFO）、荷兰菌种收藏中心（CBS）、英国食品工业和海洋细菌菌种保藏中心（National Collections of Industrial，Food and Marine Bacterial，NCIMB）等。它们大多保藏有超过万株的各式各样的微生物或细胞

菌株，可以参照其菌种目录购买所需要的菌种。

此外，还可以从一些公开的微生物数据库查阅菌种和酶源的有关信息。已知的微生物数据库有：中国普通微生物菌种保藏管理中心数据库；日本国家菌种保藏中心（Japan Collection of Microoganisms，JCM）数据库；世界微生物数据中心（World Data Center for Microorganisms，WDCM）；大肠杆菌基因库中心（*E. coli* Genetic Stock Center，CGSC）等。

3. 从商品酶中筛选产酶微生物

获得有效生物催化剂的最快、最简单的途径是在商品酶库中寻找所需的酶，这样做的好处是能直接利用各市售酶作为筛选的酶源，使催化剂工程简单化。但对大多数生物催化过程来说，这只能提供数量非常有限的催化剂品种。比较常见的商品酶供应商有：Sigma（美国）、Novozyme（丹麦）、Amano（日本）、Codexis（美国）、Biocatalysis（英国）等（表 2-2）。

表 2-2　　　　　　　　　　　　　国内外主要酶制剂供应商

公司名	国家	公司名	国家	公司名	国家
Amano	日本	Novozyme	丹麦	Codexis	美国
Biocatalysis	英国	Vland	中国	Sigma	美国
Asahi	日本	Biozyme	英国	Sanofi	法国
Genencor	美国	BioCatalytics	美国	Boehringer	德国
Fluka	瑞士	Finnsugar	芬兰	Genzyme	英国
Osaka Saiken	日本	Meito Sanyo	日本	Calbiochem	美国
Rohm	德国	Sinoenzymes	中国	Evonik Degussa	德国

4. 从宏基因组文库中筛选酶

近年来宏基因组技术已经成为新兴的研究领域并且取得了很好的发展，一方面通过未培养微生物基因组的研究有助于了解自然界的微生物生态，另一方面通过宏基因组技术还可以获得生物技术领域发展亟需的各种各样新颖的酶和生物分子。众所周知，自然界中可培养的微生物在微生物总数中的占比不到 99% 以上的微生物都是不可培养的，因而未培养微生物可能是地球上最大的尚未开发的自然资源。

宏基因组文库的筛选方法通常是把来源于未经培养的微生物 DNA 克隆到经培养驯化的宿主生物体（即可培养微生物，通常是大肠杆菌）中，然后通过高通量筛选技术从重组的克隆里筛选新酶的编码基因（图 2-3）。新酶编码基因的筛选策略包括两种：基于功能的筛选和基于序列的筛选。基于功能的筛选就是通过诱导基因的异源表达，并以该重组蛋白作为催化剂来催化特定底物，比如指示底物反应，或者从反应液中寻找新的有用化合物，进而发现新的酶基因。基于序列的筛选也称为分子筛选，它是在 DNA 水平上对基因文库采用分子生物学技术，例如 PCR 技术或者 DNA 印迹法（Southern 印迹杂交）等与功能检测无关的手段，筛选出相似的基因。比如，在某种特定的生物中发现了一种重要的酶（如氨基酸氧化酶），随后就能在相关的生物物种中利用反向遗传学技术寻找具有一定序列同源性的酶。酶蛋白是多种氨基酸按照特定顺序共价连接形成的聚合体。通过蛋白质 N-末端测序技术能够测得酶蛋白的氨基酸序列，由于遗传密码子在所有生物中是通用的，根据三联体密码子就可以预测编码该蛋白质基因的可能核苷酸序列，再根据核苷酸序列设计合成 15~20bp 的探针。因为 DNA 是双链构型，单链探针就能结合到 DNA 中的互补链上。通过 DNA 印迹法，直接筛选得到具有同源性序列的新基因。

不过，从宏基因组文库中发现新的生物催化剂仍然面临一些挑战，主要是对用于宏基因组 DNA 文库构建的 DNA 质量要求很高，需要有高效的提取方法，既能够提高环境 DNA 提取的得率，又具有很好的纯度；另外，需要找到能够用于宏基因组中目标基因表达的合适宿主，目前最常用的表达宿主为大肠杆菌，而有些基因在大肠杆菌中的表达水平很低，甚至完全不能表达，因而有漏掉潜在新酶的可能性；最后，还需要有高效的筛选方法对大规模 DNA 文库进行筛选，从而快速获得所需的目标生物催化剂。

开发一种宏基因组生物催化工具箱

  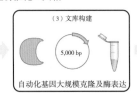 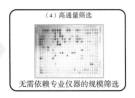

图 2-3　从宏基因组文库中发掘新型生物催化剂

三、从数据库中挖掘和筛选生物催化剂

随着基因组测序技术的飞速发展，生物数据库中的基因和基因组序列数据呈爆炸式增长。据美国能源部基因组在线数据库（Genomes Online Database，GOLD）统计，截止到 2024 年 3 月，共有 228675 个基因组和 109955 个宏基因组完成测序，另外还有 553633 个基因组测序正在进行中。美国国家生物技术信息中心（National Center for Biotechnology Information，NCBI）的统计数据显示，截止到 2024 年 3 月，该网站登记的基因序列达 51546924 条。欧洲生物信息中心（European Bioinformatics Institute，EMBL-EBI）数据库统计显示，截止到 2024 年 3 月共收录有 250322721 条无冗余序列。如此庞大的基因数据库资源，无疑蕴藏着丰富的工业酶基因，对于化学家和生物学家来说是一笔巨大的资源财富。如何巧妙利用飞速增长的基因组序列数据，快速发现具有工业应用潜力的新酶已成为当前研究的一大热点。如果能针对工业生物转化合成氨基酸所需的生物催化剂，从海量基因数据资源中迅速获得所需的生物催化剂实体酶资源，并灵活地将所开发的新型生物催化剂应用于氨基酸产品的产业化生产中，将极大地推动生物制造产业的高起点、跨越式和可持续发展。

1. 基因数据挖掘

所谓的基因挖掘（Gene mining strategy）就是根据一个特定反应所需的生物催化剂，从文献中寻找已报道的该类酶的基因序列，并以该报道的基因序列为探针，在基因数据库中进行筛选比对，找到在结构和功能上类似的同源酶的编码序列。进一步根据所获得的同源酶的基因编码序列进行基因全合成，或者设计引物从目标物种基因组中大量扩增获得目的酶基因片段，然后选择适当的表达载体和宿主，进行大规模异源重组表达。针对目标反应利用高通量筛选技术对所获得的重组酶库进行高通量功能筛选，所获得的催化性能优良的新型生物催化剂所组成的实体酶库，即可用于大规模生产高附加值的产品。

Zhu 等借助基因挖掘技术，首先搜索到 98 个预测的腈水解酶序列，然后结合保守序列比对和氨基酸长度控制等理性的设计，最后成功获得了来源于慢生大豆根瘤菌（*Bradyrhizobium japonicum*）USDA110 的扁桃腈水解酶。Barriuso 等利用保守模块搜索、进化树构建及序列同源比对等生物信息学分析的手段，从联合基因组研究所（Joint Genome Institute，JGI）公布的 128 个真菌基因组中找到了 6 个具有固醇酯酶或脂肪酶活性的假定蛋白。Fraaije 等以已知的 Baeyer-Villiger 单加氧酶的保守区域设计引物探针，从嗜热放线菌（*Thermobifida fusca*）中获得了一个全新的 Baeyer-Villiger 单加氧酶。

2. 基因组狩猎数据挖掘

随着基因组数据的快速增长，大量的开放阅读框被发现，其中仅有一小部分开放阅读框的可能编码信息被注释，大量的开放阅读框所编码的酶的信息仍未被注释或研究过。基因组狩猎数据挖掘策略（Genome hunting strategy）一方面可以将已被注释的潜在酶基因进行克隆表达，并通过活性检测来获得所需的生物催化剂，另一方面还可以通过对其中的开放阅读框进行分析，并和已报道的类似酶的相关保守序列信息进行比较，找到潜在的目标酶的编码序列，进而通过基因克隆表达来大量获得目标生物催化剂。基因组狩猎是从具有天然产物或酶高产菌中获取其关键酶资源的重要手段。

许建和等通过土壤筛选发现巨大芽孢杆菌（*Bacillus megaterium*）ECU1001 是一株优良的环氧水解酶产生菌，为了获取其中的活性酶编码基因并将其在大肠杆菌中异源高表达，赵晶等根据 α/β 水解酶家族中环氧水解酶的保守区域 HGXP，Sm-X-D-X-Sm-Sm（Sm：体积较小的氨基酸残基，X：任意氨基酸残基，D：天冬氨酸残基）模块催化三联体（天冬氨酸、组氨酸、谷氨酸或天冬氨酸），以及用于稳定过渡态的酪氨酸，对已公布的巨大芽孢杆菌的全基因组序列利用 GLIMMER v3.02 软件分析所有的开放阅读框，并通过 BLAST 软件搜索所有保守区域的开放阅读框，最后通过序列分析软件将所得到的开放阅读框与一些已知的环氧水解酶的氨基酸序列进行多序列比对，最终克隆得到了一个对邻位取代的苯基缩水甘油醚和对位取代的苯乙烯环氧化物，均为具有高对映选择性和水解活性的环氧水解酶。

第二节　生物催化剂结构解析策略

酶蛋白的结构测定与解析是酶工程改造和分子催化机制解析的关键。蛋白质结构的解析是通过一系列的分子生物学、生物化学和生物物理学的手段，进而获得蛋白质的高清三维立体结构。通过分析蛋白质结构，可以较为准确地理解蛋白质的功能和作用方式，为调控和设计酶蛋白的功能和蛋白质改造提供良好的依据。同时，酶蛋白和相应的小分子，如辅酶、底物、抑制剂及其他相互作用的蛋白质复合物的研究也为蛋白质结构与功能的研究奠定了基础。

常见的酶蛋白结构解析的方法主要有 X 射线晶体衍射技术、核磁共振波谱法和冷冻电镜三维重构技术等。X 射线晶体衍射技术是目前应用最多的，也是最好的蛋白质三维结构的研究手段，具有试验周期短、结构清晰、适用于所有蛋白质等特点。但有些蛋白质的晶体生长困难，且结构只能反映蛋白质的静态信息。核磁共振波谱法能够反映蛋白质的动态信息，但是目前的电子显微重构技术仍然存在分辨率低等问题。

一、利用 X 射线晶体衍射技术解析生物催化剂结构

X 射线是在 19 世纪末由 Rontgen 首先发现的，并在大约 20 年后由 Laue 首次发现了 X 射线的衍射现象。直到 20 世纪五六十年代，才通过晶体学获得第一个低分辨率的蛋白质结构（肌红蛋白），这意味着蛋白质结晶学进入标志性时代。此后的 10~20 年，X 射线衍射蛋白质结晶学取得了突飞猛进的发展，有多个蛋白质的结构得以解析，特别是首个膜蛋白结构也通过 X 射线晶体衍射技术获得，标志着该技术在结构生物学中的广泛应用。现在，平均每天都有几十甚至几百个蛋白结构得以解析，极大地促进了生物学相关领域的发展。X 射线衍射蛋白质结晶学的原理是当 X 射线照射在蛋白质的原子上时，光线发生散射，散射光之间会相互干扰，形成叠加或者消减作用，最后在收集器上被收集。这些收集到的信息包括蛋白质内部的许多重要信息，如原子的特性、原子间的距离、排列方式等。将收集到的信息通过傅里叶变换，变成计算机软件能分析的电子云图的形式，把可能的模型放入电子云图中，经过一系列的优化直至最终得到蛋白质的结构。

蛋白质晶体是蛋白质在过饱和状态下从溶液中析出的，由无数个蛋白质分子有规律地叠加形成的有序反复的固态结构状态。一般显微镜下可见晶体的三维大小从几微米到几百微米。有时极其微小的晶体不易被观察到，并且蛋白质晶体很少会长到很大，诸如三维都超过 1mm。一般可用于 X 射线衍射收集数据的晶体，最小的一维结构要在几十微米以上。晶体的形成首先是形成晶核，然后其他蛋白质分子以非常规律、有序的方式堆积在晶核上，逐渐形成晶体。在得到尽可能纯的蛋白质的前提下，蛋白质结晶的原则是在一定沉淀剂的条件下，缓慢地使蛋白质达到饱和，从而结晶。具体来讲，是将蛋白质溶液和沉淀剂混合，同时加入一些添加剂，在一定 pH 下以盐析作用使蛋白质浓度缓慢达到过饱和从而结晶。沉淀剂一般是较高浓度的盐溶液，如硫酸铵或不同分子质量的聚乙二醇（PEG）。添加剂通常是低浓度的无机盐或维持目的蛋白功能的小分子，蛋白质结晶的 pH 则以中性左右居多。沉淀剂的选择可以购买商业试剂盒，在蛋白质结晶实验之前，一般把蛋白质溶液换到较低盐浓度的缓冲液里。蛋白质的初始浓度一般在 5~10mg/mL，然后再根据具体实验结果调整浓度。自从发现蛋白质结晶依赖，已开发了包括透析法、液相扩散法、气相扩散法等蛋白质结晶的方法。

蛋白质结晶受多个条件因素影响，如蛋白质本身的特性、蛋白质的浓度、沉淀剂、温

度、pH 等。一般蛋白质的纯度越高，结晶的可能性就越大，绝大多数结晶的蛋白质的纯度都在 90%~95%。蛋白质聚体的形式一般为单聚体或二聚体。多聚体或者存在聚集形式的蛋白质不容易结晶。蛋白质结晶的初始浓度是 5~10mg/mL，可根据蛋白质在沉淀溶液中的状态进行判断，如果所有条件中蛋白质沉淀率在 70%~80%，则应该考虑降低蛋白质浓度，如果沉淀率在 20%~30%或更低，则应该适当增加蛋白质浓度。沉淀剂是导致蛋白质结晶的主要物质，主要通过使蛋白质和水分离，形成有规律的聚集状态而结晶。蛋白质在不同温度下可溶性不同，进而影响蛋白质在溶液中的饱和程度。很多蛋白质在低温下可溶性降低，但是蛋白质只有在低温下才稳定，因此蛋白质结晶一般在 4℃和 16℃进行。结晶溶液的 pH 越接近蛋白质的等电点，越容易使蛋白质在溶液中析出晶体，远离等电点则会增加蛋白质与水分子的相互作用，从而不利于形成晶体。总之，蛋白质的结晶是多种条件共同作用的结果，在进行结晶筛选或优化实验时要同时考虑多种条件。除上述影响因素外，其他条件诸如压力、震动、电磁场等都会对蛋白质的结晶造成一定的影响。

在获得蛋白质晶体后，蛋白结构的解析过程主要包括晶体的冷冻和防冻、数据采集、相位解析、最终模型的建立和优化等步骤。近年来，随着蛋白质结晶技术及相关软件的发展，这一部分已经越来越自动化，只要能获得高质量的蛋白质晶体，结构解析这一部分即使有时会有一些挫折，最终一般也都能实现，由于蛋白质晶体首先要在液氮中快速冷冻保存，并且所有的转运过程都要在冷冻状态下进行，晶体冷冻时不可避免地会带一些母液，在冷冻时形成的冰晶可能影响蛋白质晶体的衍射质量，所以需要添加防冻液，常用的防冻液为甘油或小分子的 PEG 和糖类等。蛋白质晶体 X 射线衍射数据收集主要通过两种方式，一种是普通的阳极靶式光源，另一种是同步加速器辐射光源。其中同步加速器辐射光源光束细、稳定性强、波长范围大、能量高，它的光强度是阳极靶式的 100 倍以上，因此蛋白质晶体的分辨率也会显著提升。获得衍射数据后，就要进行蛋白质结构的解析，主要包括三方面的信息：强度、位置和相位。蛋白质晶体 X 射线衍射所收集的数据中含有强度、位置的信息，但是没有相位的信息。所以在获得衍射数据后，要首先找到相位。常见的相位确定的方法包括分子置换法、同型置换法和多波长非常规散射法等。找到相位后，得到的初步模型比较粗糙，模型和实际电子云的差距较大，需经过多轮反复修正，直至出现最佳的模型。由于蛋白质晶体通常有大约一半由水分子组成，所以在修正过程中，要加入水分子，使模型和实际数据符合度更高。常用的计算软件有 Phenix、CCP4、CNS 等，常用的电子云密度下模型修饰软件有 Coot 等。特别是 Phenix 与 Coot 的结合运用最近发展较快，能够迅速解析蛋白质结构。

二、核磁共振波谱法解析生物催化剂的结构

核磁共振波谱法（Nuclear magnetic resonance spectroscopy，NMR），又称核磁共振波谱，是将核磁共振现象应用于测定分子结构的谱学技术，已经被广泛应用于在溶液或非晶态中测定生物大分子的三维结构。1946 年，Purcell 和 Bloch 发现将原子核放置于磁场中，施加特定频率的射频场后，就会出现原子核吸收射频场能量的现象，为此两人获得了 1950

年诺贝尔物理学奖。此后，许多科学家在核磁共振领域获得了诺贝尔奖。其中，在利用核磁共振波谱法研究蛋白质的三级结构的历程中，瑞士科学家 Wiithrich 做出了巨大的贡献，获得 2022 年的诺贝尔化学奖。如今，核磁共振波谱法已经成为所有 NMR 结构分析的基础。NMR 技术不仅可以用来解析生物大分子的结构，还涉及多个领域，如生物大分子的相互作用、生物大分子动力学和热力学等。核磁共振技术是一种非损伤的技术，并且还可以根据核磁图谱分析某些组分的分布与浓度，这是 X 射线衍射晶体技术和冷冻电子显微镜技术所不能胜任的。

用 NMR 技术测定蛋白质的空间结构，其对样品的要求非常严格，特别是多维核磁共振，因测定时间较长，需要以具有高稳定性的蛋白质为样品。因此，蛋白质分子最好水溶性较好，稳定性高，不会降解也不容易聚集，同时可以进行同位素标记。为了得到高分辨率的核磁图谱，对蛋白质溶液也有一定的要求，最好不要含有固体颗粒、金属杂质，黏度也不能过高。因此，选择合适的缓冲液对提高蛋白质的溶解度和稳定性将产生巨大的影响。有时候需要添加少量的甘油、异丙醇、蔗糖及氨基酸等，用来提高蛋白质分子的溶解度和稳定性。蛋白质的空间构象的确定主要分为两大类，一类反映了角度信息，另一类反映了距离信息。如果可以测定蛋白质内部的原子间足够多的角度和距离，就可以确定整个蛋白质分子的空间构象。在 NMR 中，两个（组）不同类型的质子若空间距离较接近，照射其中一个（组）质子会使另一个（组）质子的信号强度增强。这种现象称为核奥弗豪泽效应（Nuclear Overhauser effect，NOE）。大部分的蛋白质构象是通过核奥弗豪泽效应谱（Nuclear Overhauser effect spectroscopy，NOESY）实验，经过计算的方法把 NOE 交错峰转变为两个核的距离，由此确定蛋白分子中某些基团的空间相对位置、立体构型及优势构象。

当前，核磁共振技术一般可以测定 40~50ku 的蛋白质分子，随着技术的不断突破，这个限制正在被打破，用该方法测定的最大单链蛋白质的分子质量已达到 82ku。同时，核磁共振技术还可以应用到蛋白质功能动力学、蛋白质相互作用及蛋白质折叠的相关研究中。因此，随着核磁技术的不断突破，核磁共振波谱法将获得更加广泛的应用，并且可以应用到生命科学的各个方面。

三、生物催化剂结构研究的其他方法

目前酶蛋白结构研究的主要方法是蛋白质结晶学和核磁共振技术，其中以蛋白质结晶学为主。近年来，结晶学取得了突飞猛进的发展，使得很多以前难以得到晶体的蛋白质获得了晶体，并解析了相应结构。但是，还有一些蛋白质，特别是与高等动物，如人类相关的复杂蛋白、膜蛋白及蛋白质复合体还没能得到结晶。所以，其他结构解析方法，如冷冻电镜三维重构技术、质谱法和荧光共振能量转移技术，是酶蛋白结构解析的重要补充方法。

1. 冷冻电镜三维重构技术

冷冻电镜三维重构技术（Cryo-electron microscope，cryo-EM）是利用电子显微镜拍摄到冷冻状态下的蛋白质样品图像，将其转换为计算机可分析的电子云图，再将蛋白质结构

在电子云图上构建出来。虽然 X 射线晶体衍射和核磁共振在分辨率上具有明显优势，但与两者相比冷冻电镜的优势在于通用性较好，且对样品量、浓缩程度、纯度和均匀性等方面的要求要低很多。这项技术获得了 2017 年的诺贝尔化学奖，获奖理由是开发出冷冻电镜技术以用于确定溶液中的生物分子的高分辨率结构，简化了生物细胞的成像过程，提高了成像质量。虽然目前运用该技术能得到的蛋白质结构分辨率较低，而且不能给出精细的分子细节，但是非常适用于较难形成结晶的复杂蛋白，如膜蛋白、病毒、蛋白质复合体等。电子显微镜直接观察到的是物质的二维平面图像，不能反映物质内部组成成分的空间关系，所以不能直接解析蛋白质的三维结构。但是如果收集不同角度的二维信息，再对这些信息进行三维重构，就能从二维的平面图像中推导出物质的三维信息。电镜三维重构技术的理论基础是中央截面定理，该技术认为每一张电镜图片都是一个截面信息，当获取样品足够多的截面信息后，就会首先得到傅里叶空间的三维信息，然后经过傅里叶反转换，从而得到物体的实际结构信息。当样品是蛋白质时，由于蛋白质在正常状态下被电子束照射会形成损伤，人们用液氮对蛋白质进行高压低温快速冷冻。所以通过电镜研究蛋白质结构的方法通常称为冷冻电镜三维重构技术。目前，该技术主要适用于膜蛋白、病毒和蛋白复合体的结构解析，对于分子质量较小的工业酶蛋白的研究报道仍然较少（表 2-3）。

表 2-3　　　利用冷冻电镜法解析的 100ku 之内的蛋白质的部分研究实例

蛋白质名称	大小/ku	分辨率/Å	蛋白质名称	大小/ku	分辨率/Å
异柠檬酸脱氢酶	93	3.8	链霉亲和素	52	3.2
人类血红蛋白	64	3.2	乙醇脱氢酶	82	2.7

注：$1Å = 10^{-10} m$。

2. 质谱法

质谱法（Mass spectrometry，MS）是利用电磁学原理，对带电荷分子或亚分子裂片依其质量和电荷的比值（质荷比，m/z）进行分离和测定的方法，可用于有机物或无机物的定性和定量分析、化合物的结构分析、同位素的测定及固体表面的结构和组成分析。用来测定质谱的仪器被称为质谱仪，一般分为离子化器、质量分析器和检测器三个部分。样品中的成分在离子化器中发生电离，生成不同质荷比的带电荷离子，经加速电场的作用，形成离子束，进入质量分析器。在质量分析器中，再利用电场和磁场使不同质荷比的离子在空间上或时间上分离，然后将它们分别聚焦到检测器上进行信号放大、记录和数据处理，从而得到质量或浓度相关的质谱图谱。由此可获得有机化合物的分子式，提供其一级结构的信息。

3. 荧光共振能量转移技术

荧光共振能量转移技术（Fluorescence resonance energy transfer，FRET）在生物学研究中逐步得到应用，它的原理是当两个不同的发光基团足够接近，且一个发光基团的激发光谱和另外一个发光基团的激发光谱重合时，前一个发光基团的发射光会被后一个发光基团吸收而成为它的激发光。根据这一原理，将待检测的两个分子分别结合两种不同的相应发光基团，对供体给予激发光，当两个分子在一定距离内，由于能量共振转移现象，供体的发射光很低或监测不到，而受体的发射光可以观察到；而当两个分子较远时，则能监测到供体的发射光，而检测不到受体的发射光。把荧光共振能量转移技术应用到蛋白质结构研究上，可以间接地进行蛋白质的动态分析。根据发光基团与结合蛋白位置的不同，可以分析结构域和结构域之间的动态关系，蛋白质结合底物、辅酶、抑制剂等的形态变化，蛋白质内部特定点位之间的大致距离及具体区域氨基酸之间的动态等。特别是对于一些大的、复杂的、无法用核磁共振来分析又不易得到结晶的蛋白质，荧光共振能量转移技术是蛋白质结构研究的一个重要补充。

第三节　酶催化机理解析的计算方法

一、酶催化反应的中间复合物学说和过渡态理论

1913 年，L. Michaelis 和 M. Menton 提出了酶-底物复合物的学说，按照该学说，酶催化反应需要翻越一定高度的活化能垒，并经历酶与底物的不稳定中间物的过程，因此这一学说又称为中间复合物学说。而酶催化的高效性，主要体现在通过导致基态去稳定和过渡态的稳定，最终达到降低反应能垒和提高反应效率的目的。英国的 D. Keilin 和美国的 B. Chance 同时分别得到了关于酶-底物复合物存在的比较直接的证据。Chance 从一种植物（辣根）中获得了棕色的辣根过氧化物酶，这是一种含血红素的酶，能催化过氧化氢水解为水和氧气。由于血红素的存在，过氧化物酶表现为棕色。当它与底物相遇时，根据吸收光谱的变化可以确定它和底物结合和分解的过程。具体来说：当底物过氧化氢与棕色酶混合时，首先观察到的是绿色的酶-底物复合物的形成，然后这种复合物又转变为第二种淡红色的酶-底物复合物，最后第二种复合物裂解，放出棕色的过氧化氢酶和过氧化氢的降解产物，即水和氧气。在酶促反应中，酶-底物复合物分解为产物的过程是总反应的限速步骤。

1918 年，Lewis 提出了化学反应的碰撞理论，该理论是在气体分子运动理论的基础上发展起来的，其认为发生化学反应的先决条件是反应物分子的碰撞接触，但是并非每一次碰撞都能导致反应发生，反应物分子发生有效碰撞必须满足两个条件：一是能量因素，即反应物分子的能量必须达到某一临界值；二是空间因素，活化分子必须按照一定的方向相互碰撞反应才能发生。该理论物理图像清晰，直观易懂，突出反应过程需要经过分子的有效碰撞，初步阐明了基元反应的机理，定量解释了基元反应的质量作用定律，以及阿伦尼乌斯（Arrhenius）公式中指前因子和活化能的物理意义。但是，碰撞理论将分子作为无内部结构的硬球，过于简化了反应体系。因此，它只适用于反应物分子较简单的反应，而对于大分子体系或生物体系则有较大的偏差。然而，从几何观点看不发生碰撞的分子，从动力学观点看仍然可能发生反应。因此，人们认识到需要设想其他模型来克服简单碰撞理论

的局限性和不足，并试图从理论上对反应速率进行计算，而过渡态理论（Transition state）也就在此时逐渐形成。

过渡态理论正是基于弥补碰撞理论的局限性和不足而被提出，1931—1935 年 Eyring、Polanyi 和 Evans 等提出了过渡态理论，该理论是根据分子的某些基本性质，如震动频率、质量、核间距、转动惯量等计算反应速率常数，所以过渡态理论又称为绝对反应速率理论（Absolute-rate theory）。过渡态理论认为：反应物分子并不只是通过简单碰撞直接形成产物，而是必须经过一个形成高能量活化络合物的过渡状态，并且达到这个过渡状态需要一定的活化能，再转化成生成物（图 2-4）。这个过渡态就称为活化络合物，所以又称为活化络合物理论。在过渡态位置上，仅在沿着反应路径上是能量极大点，而在与之正交的其他所有方向上都是能量极小点。从原则上来讲，只要知道过渡态的结构，就可以运用光谱数据以及统计力学的方法，计算化学反应的动力学变量，如速率常数 k 等。过渡态理论考虑了分子结构的特点和化学键的特征，较好地揭示了活化能的本质，这

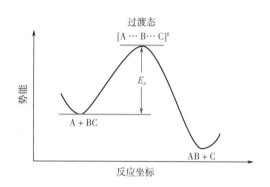

图 2-4　过渡态理论模型

是该理论的成功之处。然而对于复杂的反应体系，过渡态的结构难以确定，而且量子力学对多质点体系的计算也是至今尚未解决的问题。这些因素造成了过渡态理论在实际反应体系中应用的难度。

二、密度泛函理论

密度泛函理论（Density functional theory，DFT）是一种研究多电子体系电子结构的方法。密度泛函理论在生物、物理和化学上都有广泛的应用。电子结构理论的经典方法，特别是 Hartree-Fock 方法和后 Hartree-Fock 方法，是基于复杂的多电子波函数的。密度泛函理论的主要目标就是用电子密度取代波函数作为研究的基本量。因为多电子波函数有 $3N$ 个变量（N 为电子数，每个电子包含三个空间变量），而电子密度仅是三个变量的函数，无论在概念上还是实际上都更方便处理。虽然密度泛函理论的概念起源于 Thomas-Fermi 模型，但直到 Hohenberg-Kohn 定理提出之后才有了坚实的理论依据。Hohenberg-Kohn 第一定理指出体系的基态能量仅仅是电子密度的泛函。Hohenberg-Kohn 第二定理证明了以基态密度为变量，将体系能量最小化之后就得到了基态能量。最初的 Hohenberg-Kohn 理论只适用于没有磁场存在的基态，但现在已被推广，并且其仅仅指出了一一对应关系的存在，没有提供任何精确的对应关系，而近似性正是在这些精确的对应关系中存在着。

自 1970 年以来，密度泛函理论在固体物理学的计算中得到广泛的应用。在多数情况下，与其他解决量子力学多体问题的方法相比，采用局域密度近似的密度泛函理论给出了

非常令人满意的结果，同时固态计算相比实验的费用要少。尽管如此，人们普遍认为量子化学计算不能给出足够精确的结果，直到20世纪90年代，理论中所采用的近似被重新提炼成更好的交换相关作用模型。密度泛函理论是目前多个领域中电子结构计算的领先方法。尽管密度泛函理论得到了改进，但是用它来恰当地描述分子间相互作用，特别是范德华力，或者计算半导体的能隙还是有一定困难的。目前常用的DFT计算软件包括VASP、CASTEP、Gaussian、QCHEM等。

三、量子力学和分子力学计算

量子力学对于理解、解释复杂体系中的化学现象极为重要，对于定量计算化学性质更是必不可少。然而精确量子化学计算方法的计算量大，几乎无法直接应用到溶液及蛋白质生物体系。特别是不仅仅需要对一个结构做能量和导数的计算，还要通过分子动力学或蒙特卡罗（Monte Carlo）方法对体系的性质做统计力学平均，后者需要千百万次这样的计算。因此应用于复杂体系的量子化学计算面临两个计算瓶颈：精确量子化学计算本身的随体系大小以指数递增的计算标度和统计力学取样的玻尔兹曼（Boltzmann）因子标度。

酶反应机理研究是化学、生物学中的核心问题之一，长期以来受到广泛关注。不过酶催化反应研究相当复杂，无论实验还是计算模拟都充满挑战，这主要是因为酶反应过程的多尺度特性：反应底物化学键断裂与生成、蛋白质局部氨基酸残基的运动往往在飞秒到皮秒的时间尺度，若要描述溶剂分子，例如水的动力学行为至少需要皮秒时间尺度，蛋白α-helix、β-sheet等二级结构运动周期在纳秒级别，而蛋白（酶）折叠等高级结构形成的时间尺度则更长，位于微秒到毫秒之间。在分子尺度（粗略为100个原子）和微观尺度（粗略为1万个原子）之间存在较大差异。分子尺度下，基于量子力学（QM）密度泛函理论的第一性原理计算可以描述小颗粒的电子结构特性。在微观尺度下，基于经典力学的分子力学（MM）模拟可以描述物质的热力学特性。然而，在两者之间，成本较高的第一原理计算无法计算如此大的体系，而基于经典的分子力学无法计算物质的电子结构等量子力学特性。由此，产生了QM/MM的计算方法。其核心思想是分层计算，重要的位置用成本较高的QM算法，周围的位置用MM算法。

当前，基于经典力学和量子力学的QM/MM组合方法被认为是研究酶催化机理最可靠的计算模拟方法之一，特别是结合分子动力学模拟（MD）后，QM/MM/MD模拟能从原子、电子层面深入理解酶反应过程涉及的一系列结构和能量演变等关键信息。QM/MM方法的最初提出者Levitt和Warshel教授，以及在MD领域培养了海量人才的Karplus教授，共同获得了2013年诺贝尔化学奖。基于量子力学和分子力学的计算模拟体系见图2-5。

QM/MM方法的基本思想是利用量子力学处理感兴趣的中心，如酶和底物结合的活性位点，其余部分用经典力学来处理。由于在分子力学层面忽略了分子的振动、转动和平动，只考虑了键的伸缩、弯曲、扭转、范德华力、静电作用力和氢键，因此计算量较小、计算速度较快。然而，分子力学层面没有考虑电子转移效应，不能准确模拟化学成键。量子力学层面则包括了小部分的关键化学区域，用准确、成本较高的QM方法，可

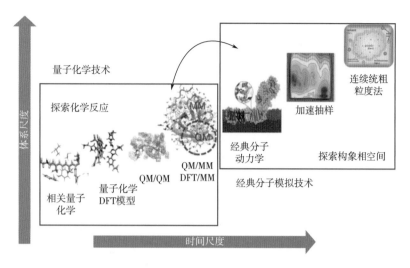

图 2-5　基于量子力学和分子力学的计算模拟体系

以准确地模拟化学反应的发生。对于分子力学层面和量子力学层面的交界区域，则可分为共价键的成键作用（即拉伸、弯曲和扭转的贡献）和非键作用（即范德华力和静电相互作用）。

　　N 层分子轨道和分子力学相组合的方法（Our own N-layered integrated molecular orbital and molecular mechanics，ONIOM）是 QM/MM 方法中的一种处理方法，可以实现不同水平的计算方法同时进行，一般应用于比较大的体系，通过将体系划分为高层、中层和底层，有区分地进行计算，在降低计算成本的同时得到可靠的几何结构以及能量信息。目前，ONIOM 可应用于生物分子、过渡金属配合物和催化等领域。

第四节　生物催化剂的定向进化技术

　　定向进化（Directed evolution）是一种广泛应用的工程策略，通过反复突变和选择来提高目标分子的稳定性或生化功能。通过人工模拟进化历程，将多样化的基因文库翻译成相应的基因产物文库，根据基因型和表型之间的对应关系来筛选功能变体。定向进化已成功应用于蛋白质工程，其优点是：在未知蛋白质结构和作用机制时，能在现有的蛋白质（天然或经过工程改造）中引入突变，然后筛选出具有增强活性或另一种所需性状的子代蛋白质，持续进化以达到目标性能水平。定向进化利用连续的突变和筛选获得目标 DNA，进而得到对应的蛋白质，如改良的抗体、更高效的或活性增强的突变蛋白，这些生物分子可用于基础生物学和生物技术研究。目前，实验室的定向进化已被广泛用于优化或改变单个基因或基因产物的活性。近 20 年来涌现了一系列蛋白质定向进化技术，如饱和突变（SSM）、易错聚合酶链反应（简称易错 PCR，epPCR）和 DNA 改组（DNA shuffling）等（图 2-6）。通过在实验室条件下模拟自然进化过程，从构建的突变体文库中筛选到能满足特定需求的目标突变体，大大拓展了酶的应用范围。如改造后的氧化酶可直接使用氧分子作为电子受体，实现二氧化碳的高效固定；CRISPR-Cas9 蛋白可识别的序列范围也更大、更精准；重组酶可高效识别人类免疫缺陷病毒（HIV）基因两侧特异性位点并将其从宿主基因组中切除；能催化卡宾反应的仿生金属酶和实现转氨酶法合成西他列汀的工业化应用，这些都得益于定向进化技术的发展应用。当今的定向进化技术整合了理性设计、适度的随机突变和高效筛选，可在已知或未知目标蛋白质结构信息及催化机制的情况下，对蛋白质进行针对性改造。

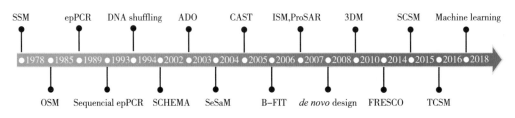

图 2-6　定向进化技术的主要发展历程

根据突变体文库构建方法的不同，定向进化可分为非理性设计、半理性设计和理性设计 3 种策略。其大致思路是通过模拟自然进化，对目的基因进行重复多轮的突变、表达和筛选，从而在短时间内完成自然界中需要成千上万年的进化，最终获得性能改进或具有新功能的蛋白质。定向进化技术从诞生发展至今，经历了从随机到半理性的过程，并借助计算机技术向理性方向发展，未来基于计算技术的理性设计是必然的发展趋势，然而目前仍然任重而道远，半理性设计依然会成为未来 10 年内的主流技术。

一、非理性设计

非理性设计即随机进化策略，优点是不需要对酶序列及结构有深入了解，仅需通过随机突变和片段重组的方法模拟自然进化。1978 年，Michael Smith 首次提出定点突变技术（Site-specific mutagenesis，SSM），开启了蛋白质改造与设计的大门。自此以后，一系列经典的基因突变方法被开发应用，主要包括饱和突变（Saturation mutagenesis，SM）、易错 PCR（Error-prone polymerase chain reaction，epPCR）、DNA 改组（DNA shuffling）、CRISPR/Cas 介导的定向进化、正交体内连续进化等。

1. epPCR

epPCR 概念由 Leung 团队于 1989 年提出，然而首次将 epPCR 应用于酶改造却是 3 年后由 Hawkins 等进行的体外抗体筛选。其基本原理是通过改变 PCR 反应体系的反应条件或使用低保真的 DNA 聚合酶，增加碱基随机错配率，从而造成多点突变，产生序列多样的突变体文库，因其不需要蛋白结构信息、操作简单而被研究者广泛采用。然而该技术的应用受到以下几方面制约：聚合酶的碱基偏好性（通常 AG>TC）、突变效率低且缺少后续突变（每轮每基因仅 3~5 个突变）等。Arnold 团队于 1993 年开创性地使用多轮 epPCR（Sequential epPCR），连续反复地对枯草杆菌蛋白酶进行随机突变，逐步提高了突变体在有机溶剂 DMF 中的稳定性。通常情况下需要至少连续 4 轮的 epPCR 逐步积累正向突变，才能获得酶性能显著提高的目的突变体。

2. DNA 改组

1994 年，Stemmer 团队开发了 DNA 改组技术，主要用于单基因或多基因的重组，不仅可加速有义突变的积累，还能组合两个或多个已优化的参数，并成功提高了 β-内酰胺酶的活性。该技术利用 DNA 酶将一组带有有义突变位点的同源基因切成随机片段（通常 10~50bp），使用 PCR 使之延伸重组获得全长基因。该技术优点是操作简单，不需要蛋白质结构信息，容易获得有义突变，缺点是要求基因序列间至少具有 70% 的一致性。

20 世纪 80 年代 Wells 团队提出寡核苷酸饱和突变（Oligonucleotide-based saturation mutagenesis，OSM），可实现单点饱和突变。Reetz 等利用寡聚核苷酸重组技术实现了多位点饱和突变（Assembly of designed oligonucleotides，ADO）。接着 Schwaneberg 团队开发了序列饱和突变技术（Sequence saturation mutagenesis，SeSaM），能较好地克服 DNA 聚合酶的碱基偏好性并提高突变效率，但因其操作繁琐，试验周期长而较少被采用。此外，饱和突变技术还可与 epPCR、DNA 改组等技术组合使用，迅速积累有义突变，得到最佳突变组合的酶基因。如 Reetz 团队率先综合利用这 3 项传统技术，成功提高了脂肪酶的对映体选择性。

3. 正交体内连续进化

聚合酶校对和复制后错配修复是确保保真度的关键因素，研究人员为此开展了大量的 DNAPs（DNA polymerases）工程工作，得到了高度易错的正交 DNAPs 变体。在真核生物中，酵母是用于定向进化的优秀宿主菌，它能快速维持较大的种群规模。Herr 等研究发现酵母能够承受 1000 倍的突变率。Gunge 等在酿酒酵母（*Saccharomyces cerevisiae*）中开发了一种特殊的 DNA 复制系统，该系统由一对与基因组复制正交的聚合酶质粒对组成，工程化的正交 DNAP 只复制正交质粒。正交复制系统是体内连续进化的平台，可以独立于宿主进行调控。以 Liu 为代表的研究团队在酵母中开发了一种高度易错的正交复制系统（OrthoRep），独立于宿主的体内连续进化系统，其突变率比体内宿主基因组高 10 万倍。OrthoRep 由一个含有目标基因的末端蛋白（Terminal proteins，TP）质粒和另一个含有所有必需基因的质粒组成。DNAP 靶向 TP 质粒，实现了正交 TP-DNA 聚合酶（DNAP）自主复制过程中的靶向突变，从而导致目标质粒的快速突变。DNAP 位于具有自主复制能力且拷贝数较高的 p1 质粒上，且酵母细胞质定位的 pGKL1/TP-DNAP1 质粒/DNA 聚合酶对形成了一个正交的 DNA 复制系统。在不影响基因组复制的情况下，其突变率显著提高，从而支持了体内连续进化。Ravikumar 等利用 OrthoRep 在 90 个独立复制实验中进化出耐药性疟疾二氢叶酸还原酶，为生物分子和细胞功能的常规、高通量进化提供了一种新范例，并证明其在耐药性研究方面的效用。

在现有的进化实验中，OrthoRep 能保持超过 300 代的高突变率。然而，OrthoRep 使用一种特殊的转录系统，其组成部分（如启动子）限制了 OrthoRep 编码基因的表达强度。

Ravikumar 等试图增强 OrthoRep 的表达水平，使其在蛋白质进化中更具通用性。他们从之前的 OrthoRep 连续进化实验中筛选启动子突变体，将这些启动子与基因编码的 3′poly（A）尾巴结合。Zhong 等开发了一组 OrthoRep 基因表达盒，使 OrthoRep 编码基因超出酿酒酵母内源基因可以达到的表达水平。具体来说，各种启动子突变以及经过基因编码的 poly（A）尾巴增加了 OrthoRep 上编码基因的表达水平。表达水平在传代过程中稳定提高，并在多个基因和具有不同突变率的 OrthoRep 系统中保持一致。这些表达上的改进扩展了 OrthoRep 的应用范围，进一步将 OrthoRep 的适用性扩展到蛋白质体内连续进化。

Arzumanyan 等开发了 pGKL2/TP-DNAP2 质粒/DNA 聚合酶对，形成了第 2 个正交复制系统；他们构建了 p2 质粒和 TP-DNAP2 所需的相关遗传技术，并证明 pGKL2 可以编码和表达自定义基因，可以工程化易错的 TP-DNAP2s。TP-DNAP2 复制的 pGKL2 既与酿酒酵母基因组复制正交，又与 TP-DNAP1 复制的 pGKL1 正交，从而在同一细胞中形成两个相互正交的 DNA 复制系统。这样，一对正交复制系统可以调节两个聚合酶的错配，实现多基因在体内以不同的突变率进化。这两个相互正交的 DNA 复制系统为合成生物学的新应用奠定了基础。2019 年，Javanpour 等继续研究和扩展了 OrthoRep 的通用性，这将促进 OrthoRep 在定向进化中的广泛应用；他们利用 CRISPR/Cas9 加速 p1 质粒的遗传操作，显示至少 22kb 的遗传物质可以很容易地在 p1 质粒上编码，这表明 OrthoRep 是一种高效通用的酵母系统，广泛适用于体内目标基因的连续进化。

4. CRISPR/Cas 介导的定向进化

从化脓性链球菌（*Streptococcus pyogenes*）中获得的 II 型 CRISPR 系统，又称 CRISPR/Cas9 系统，可在使用者选择的 DNA 序列上产生一个位点特异性双链断裂（DSB）。这种 DSB 可以通过精确的同源定向修复（HDR）或易出错的非同源末端连接（NHEJ）修复机制进行修复，达到定点敲除某种基因的目的。化脓性链球菌 Cas9（SpCas9）需要原型间隔区相邻基序（PAM）序列（NGG）用于靶识别，从而限制可靶向的基因组位点。

CRISPR 技术的不断发展，为定向进化的研究带来了机遇和挑战。CRISPR/Cas9 已经可用于靶向几乎任何基因组位点并执行定向进化。CRISPR/Cas 定向进化（CRISPR/Cas9 Based Directed Evolution，CDE）平台采用 CRISPR/Cas 在目的基因所有可能的编码序列位点产生 DSB，CRISPR/Cas9 要在 NGG 序列进行切割。CDE 模仿达尔文进化，该方法高效简便且高度灵活。CDE 通过设计多个具有不同目标序列的 sgRNA 同时进行多位点编辑，而在新的靶位点只需要设计新的 sgRNA，这极大地简化了基因编辑过程并增加了目标位点的选择性。CDE 平台正成为植物科学研究的有力工具。Butt 等使用 CDE 进化水稻 SF3B1 剪接体蛋白，展示了 CRISPR/Cas9 在定向进化上的应用；他们设计 sgRNA 靶向文库，克隆到二元载体中，然后转化到根瘤土壤杆菌中培养，在选择压力下再生以加速进化。为了提高进化能力，可以通过多种策略来扩大目标突变范围。科学家已开发多种 CRISPR/Cas 介导的定向进化平台，包括 EvlovR、CRISPR-X 和 CasPER，能在未来的 CDE 平台中发挥作用。

Halperin 等开发了一种名为 EvolvR 的新型诱变工具（图 2-7）。使用 EvolvR 在大肠杆菌中靶向 2 个基因：核糖体蛋白亚基 rspE 和 rspL。两者都有已知的突变，分别针对大观霉素和链霉素的耐药性。EvolvR 分别靶向 rspE 和 rspL，同时进化这两个基因，以此产生对大观霉素和链霉素耐药的菌株。此外，研究发现 rspE 的新突变也赋予了大观霉素抗性，这证实 EvolvR 可用于产生新的蛋白质变体。EvolvR 系统巧妙地将 CRISPR/Cas9 的特异性与易错 DNA 聚合酶的突变能力结合。它通过用户定义的 20nt 间隔序列的向导 RNA（gRNA）来实现精准定位。EvolvR 有两个重要元件，包括变体 Cas9（Cas9 nickase 或 nCas9），其中 RuvC 核酸酶结构域发生了突变，仅发生单链断裂。还有 1 个直接与 nCas9 融合的易错聚合酶（Pol I 3M），其包含 3 个点突变，这些突变会增加其错误率并消除其校对活性。研究证明了这两种元件的融合使 Pol I 3M 的诱变活性指向 nCas9 靶向基因组位点，而不是基因组中任何切口 DNA。

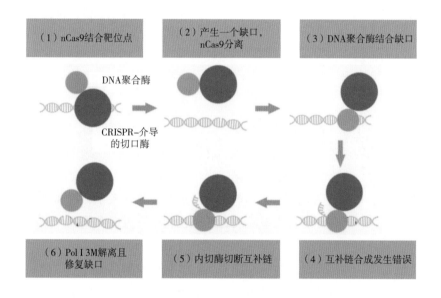

图 2-7　Pol I 3M 介导的 EvolvR 突变过程示意图

　　从机制上讲，nCas9 首先定位目标基因组位点，并在与 gRNA 互补的单链 DNA 上产生 1 个切口。nCas9 分离后，Pol I 3M 在该切口处结合。Pol I 3M 聚合 1 条新的 DNA 链，偶尔引入错误碱基，并置换旧的 DNA 链。在解离前，Pol I 3M 的瓣状内切核酸酶结构域切割原来的置换链，留下了 1 个可连接的缺口。Pol I 3M 解离后，在宿主细胞内完成缺口的修复工作。在任何可被 CRISPR/Cas9 靶向的基因组或质粒位点下游的小区域引入半随机突变，EvolvR 可以重新定位并连续进化相同的位点。在第 1 次迭代中，EvolvR 在目标位点的突变率是野生型大肠杆菌的 24500 倍。为了进一步提高靶向突变率，将 3 个点突变（K848A，K1003A，R1060A）引入 nCas9（增强的 nCas9，enCas9）中以提高其解离率，增加了 Pol I 3M 与 DNA 结合的机会，从而提高了目标位点的突变率。此外，考虑到 Pol I 3M 的持续合成能力（15~20nt）是一个限制因素，将 Pol I 3M 与 T7 噬菌体的硫氧还蛋白结合域（Thioredoxin-bingding domain，TBD）融合，用于提高 Pol I 的持续合成能力。基于这些改进，研究人员利用 EvolvR 测试到的突变率是野生型的 212000 倍，且合成长度达 56nt。

定向进化需要引入特定大小的 DNA 文库。随着 CRISPR/Cas9 系统的出现，活性 Cas9 突变能有效引入插入和缺失，但可能会破坏功能元件，使蛋白功能失活。而催化失活的 Cas9（dCas9）能将功能蛋白定位到特定的基因组位点，这扩展了活性 Cas9 进行蛋白质工程的研究范围。Hess 等开发的 CRISPR-X，通过 dCas9 靶向高活性胞苷脱氨酶 AID 以诱导局部、多样的点突变。活性 Cas9 引入突变主要通过产生插入和缺失，或者通过 Cas9 切割后的同源重组生成寡核苷酸突变库。相比之下，CRISPR-X 产生局部序列多样化，可同时突变多个基因组位点，特异性诱变内源性靶标。测试后发现，只要简单地电穿孔一个 sgRNA 和靶向 AID，绿色荧光蛋白（GFP）就可以很容易地进化成增强绿色荧光蛋白（EGFP）。利用该技术成功突变了 GFP 并筛选出光谱转移变体 EGFP，同时利用一种活性显著增加的 AID 变体可以突变转录起始位点上游和下游的内源性位点。此外，对癌症治疗药物硼替佐米的靶点 PSMB5 进行突变，揭示已知的和新型的耐药机制，并为 PSMB5 的功能研究和未来的药物研发提供参考。

二、半理性设计

半理性设计是介于非理性设计与理性设计之间的一种方法。随着定向进化技术的不断发展，许多酶的结构与功能关系也在不断地被揭示，而且越来越多的酶也已成功地被改造，这些都使酶的分子改造更加趋于理性化。当一个酶的结构（尤其是酶与底物复合物的结构）被测定以后，研究者可以更深入地研究酶与底物的作用关系，进而可以进行基于结构分析的半理性设计。若再结合前人成功改造的经验，则可以大大提高改造的成功率，降低改造的工作量和成本。此外，将一些性能优良的酶的序列和/或结构与目标酶进行仔细比对分析，也能获得一些模糊的结构与功能关系，根据这些信息研究者也能缩小突变位点的范围，进一步可以大大缩小突变库的容量，显著提高有益突变体的概率，降低筛选的工作量。

半理性设计主要借助生物信息学的方法，基于同源蛋白序列比对、三维结构或已有知识，理性选取多个氨基酸残基作为改造靶点，结合有效密码子的理性选用，构建高质量突变文库，有针对性地对蛋白质进行改造。主要的半理性改造的策略如表 2-4 所示。近年来，半理性设计兼顾了序列空间多样性和筛选工作量，是一种应用非常广泛的酶定向进化技术。

表 2-4 主要的半理性改造策略

策略	主要技术	应用案例
SCOPE	外显子改组	增强大鼠 DNA 聚合酶 β 和非洲猪瘟病毒 DNA 聚合酶 X
FRESCO	同源建模以及 MD 模拟	提高一种柠檬烯环氧化水解酶的热稳定性
REAP	系统发育分析	工程化改造聚合酶接受 dNTP-ONH$_2$

续表

策略	主要技术	应用案例
3DM	系统发育分析	提高一种酯酶的对映选择性与活性
ProSAR	多序列比对	提高一种卤醇脱卤酶的生产率
MORPHING	序列活性数据集	提高一种多功能的过氧化酶的稳定性
KnowVolution	同源建模	减少一种葡萄糖氧化酶对氧的依赖以及提高其活力
SCHEMA	同源建模	增强大鼠 DNA 聚合酶 β 和非洲猪瘟病毒 DNA 聚合酶 X
B-FITTER	同源建模	提高一种柠檬烯环氧化水解酶的热稳定性
CAST	X-射线衍射	工程化改造聚合酶接受 dNTP-ONH$_2$

1. 组合活性中心饱和突变

酶的活性中心分为催化基团和结合基团，主要参与影响酶对底物的活性和特异性，对活性中心位点的突变通常会改变酶对底物的催化效率。德国马克斯-普朗克研究所的 Reetz 团队由此提出了组合活性中心饱和突变的策略（Combinatorial active-site saturation test，CAST）。该策略基于序列和结构信息，借助计算机模拟在酶催化中心周围选取与底物有直接相互作用的氨基酸残基，通过理性分组进行单轮或多轮迭代饱和突变。一般单轮突变难以达到预期目标，需要进行多轮叠加突变。为减少筛选规模，通常将 2~4 个氨基酸残基分为一组。这些残基在空间上彼此靠近，往往具有协同作用。美国 Kazlauskas 团队统计分析并比较了位于活性中心和远离活性中心的氨基酸位点突变对酶的活性、底物选择性、对映体选择性及稳定性的影响，发现前者更有利于改造酶的底物选择性及对映体选择率，从统计学的角度进一步支持了 CAST 方法的可靠性。因此，CAST 方法广泛应用于酶的立体/区域选择性、底物谱、催化效率等参数的改造。

以 4 位点的迭代饱和突变系统为例（图 2-8），一共有 24 条进化路径，其中每个位点可包括 1 至多个氨基酸残基，对每个位点分别进行饱和突变，产生 4 个不同的突变体文库。在进行下一轮迭代突变时，已进行过突变的位点保留。因此理论上 4 个位点全部完成

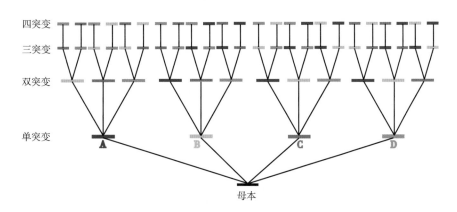

图 2-8　典型的 4 位点迭代突变示意图

迭代突变共需要 4 轮，即构建 64 个突变体文库。然而，实际上由于仅选取每轮迭代筛选得到的最优突变体进行下一轮突变，所以构建的突变体文库数目远小于理论值。为了防止进入进化路线中局部最小的"死胡同"，可从上轮筛选中选取性能次好的突变体作为模板，进行后续的迭代突变。

2. 单密码子和三密码子饱和突变

虽然基于 CAST 的半理性设计方法获得了极大的成功，然而随着拟突变位点数目的增加，筛选规模呈现指数级增长。以 NNK 兼并密码子为例，设定 95%文库覆盖度，如果同时突变 10 个位点，需要筛选 $3.4×10^{15}$ 个转化子，即使采用 NDT 为兼并密码子，仍需要筛选 $1.9×10^{11}$ 个转化子，因此需要设计开发更加高效的建库策略来解决酶定向进化的筛选问题。

为降低筛选规模，仅使用单密码子对酶催化的活性中心进行扫描，称之为单密码子饱和突变（Single codon saturation mutagenesis，SCSM）。基于酶活性中心的理化性质（如亲疏水性）以及已有信息，理性选取某一特定的氨基酸密码子作为建构单元，重塑酶催化口袋，达到提高或反转立体选择性的目的。以同时突变 10 个位点为例，在 85%覆盖度条件下，筛选规模从 NNK 的约 $3.4×10^{15}$ 个转化子或 NDT 的 $1.9×10^{11}$ 个转化子降低至约 3000 个转化子。该方法的难点在于单密码子的选择，并且缺少多密码子间的协同作用。

为进一步降低筛选工作量，基于蛋白质序列（多重序列同源比对确定保守位点）及结构（晶体结构或同源模型）的相关信息，结合酶的催化性质及已知实验数据的支持，理性选择 3 种氨基酸密码子作为饱和突变的建构单元，然后将拟突变的多个位点进行理性分组（3~4 个氨基酸残基分为一组），该策略称之为三密码子饱和突变（Triple-codon saturation mutagenesis，TCSM）。以同时突变 10 个位点为例，突变体文库容量约为 $3.14×10^6$ 个转化子，而如果将该 10 个位点分为 3 组（4+3+3），并分别构建突变体文库，那么突变体文库的规模则可降至 1152 个转化子（768+192+192）。由此可见，选取合适的兼并密码子，将多个拟突变位点理性分为若干组并分别构建突变体文库，结合迭代饱和突变策略可有效减少转化子筛选工作量。

3. B-FITTER

B 因子（B-factor，又称 Debye-Waller factor 或 Temperature factor）是用来描述 X 射线衍射蛋白质晶体结构时由于原子热运动造成的射线衰减或散射现象。由于在连续晶胞中的同一原子会处于不同的震动位置，它们所展示的 X 射线衍射表示的原子大小其实是大于原子本身的大小，所以在计算原子位置时需要换算上一个热力学参数，也就是 B 因子。由于 B 因子所体现的数值（B 值）可用于识别蛋白质结构中的原子、氨基酸侧链及 loop 区域的运动性及柔性，因而广泛应用于研究蛋白动力学、筛选生物活性小分子以及蛋白质工程领域，具有极为重要的科学研究意义。B-FITTER 被认为是一种相对普适的分子进化策略，通过分子设计寻求结构柔性与刚性间平衡，为突破蛋白质结构多样性、分子进化途径复杂性等因素的限制，重塑和提升蛋白质分子稳定性提供指导和启示。

通过软件 B-FITTER 可以计算出每个氨基酸残基的 B 因子，从而衡量每个氨基酸残基的稳定性/柔性。根据 B 因子的指导，学者们可以快速地判定柔性较大的氨基酸，并对其进行突变，从而有效提升酶的稳定性。Reetz 等人基于 B 因子指导的稳定性改造结果较为突出，他们以自然界中分子质量最小的脂肪酶枯草芽孢杆菌脂肪酶（*Bacillus subtilis* Lipase，BSL，181 个氨基酸残基）作为模式酶，通过对已有的高分辨率的蛋白质晶体中各残基的 B 因子进行排序，选取了 B 因子最大的 10 个残基，构建迭代饱和突变文库进行热稳定性筛选，最佳突变体在 55℃的半衰期由野生型的 2min 提升至 980min，展示出 B 因子指导的突变是一种高效稳定的改造策略。B-FITTER 技术在蛋白质稳定性改造中的成功案例不胜枚举，充分证明了 B 因子在决定蛋白质结构柔性中的重要作用。

4. FRESCO

基于计算设计文库的酶快速稳定化策略（Framework for rapid enzyme stabilization by computational libraries，FRESCO）是由 D. B. Janssen 教授开发的酶稳定性快速进化的半理性改造策略。FRESCO 策略主要依赖于 Rosetta_ddg 和 FoldX 等算法提供虚拟突变后的突变体的自由能分析，以野生型与突变体的自由能差值为筛选标准，可以对突变体进行虚拟筛选，显著降低突变体的数量。例如，为了提高柠檬烯环氧水解酶的稳定性，通过 FRESCO 方法将可能的单点突变库减少到 1634 个，对突变库进行人工检查后，将突变减少到 6 个再进行后续的实验筛选。最终获得红色红球菌（*Rhodococcus ruber*）的柠檬烯环氧水解酶的最优突变体，在 35℃时的 T_m 为 85℃，同时动力学稳定性增加了 250 倍。

5. KnowVolution

KnowVolution 半理性改造策略是由德国亚琛工业大学（RWTH Aachen University）Ulrich Schwaneberg 团队提出的酶改造新策略，该方法基于对已有实验数据分析和计算机模拟辅助半理性设计"小而精"的突变文库，从而实现酶的高效分子改造。该策略主要包括以下四个步骤：

（1）传统定向进化，发现潜在的有益突变位点；

（2）定点饱和突变和筛选，对有益位点进行饱和突变，发现更多有益取代；

（3）计算机模拟分析，通过同源建模、分子对接和分子动力学模拟等技术，分析有益取代的基团特性，提出分子机制并决定最终氨基酸残基组合的位点；

（4）优势位点的组合，将上述优势取代位点进行组合，构建超级突变株。

三、理性设计

理性设计是一种智能改造手段，依赖计算机技术模拟自然界蛋白质的进化轨迹，通过计算机虚拟突变，筛选可快速准确预测目标突变体。随着计算生物学、分子生物学及其他物理和化学辅助检测技术的进一步发展，研究者对蛋白质的结构与功能的认知也更加深入。此外，相关数据库的信息也越来越丰富。这些技术和信息为酶的分子改造提供了更多的参考和依据，使得蛋白质的分子改造更为理性。目前，常用的辅助蛋白质分子理性改造的软件或方法主要有酶蛋白三维结构预测、分子对接、分子动力学模拟、量子力学/分子力学计算模拟和机器学习等。通过上述基于生物信息学开发的算法和程序，预测蛋白质活性位点并考察特定位点突变对其折叠稳定性、选择性、底物活性和亲和力等方面的影响，从而对蛋白质进行针对性的改造和模拟筛选。

1. 酶蛋白三维结构预测

近年来，随着 X 射线衍射和核磁共振技术的发展，被测定的蛋白质的晶体结构也越来越多，但是晶体结构数据正常的增长速度远远赶不上蛋白质序列数据的增长速度。若要研究某些蛋白质的结构与功能的特性，很多蛋白质的三维结构仍然需要研究者去预测。目前蛋白质三维结构的预测方法主要有三种：同源建模法、穿线法和从头预测。

同源建模法（Homology/Comparative modeling）是一种基于同源序列比对的建模方法，适用于序列相似度大于 30% 的序列模板，是目前最常用的构建酶蛋白模型的方法。常见的同源建模的工具包括 SWISS-MODEL、Modeller、CPHmodels、EsyPred3D、3Djigsaw 等，其中 Modeller 是目前较为常用的蛋白质同源建模的软件，它可以对于目标蛋白序列同源性较高的多个三维模板进行同源比对，并对比对的结果进行优化，然后以此为基础对目标蛋白进行同源建模。通过这种方法模拟出的目标蛋白的三维结构会更准确，更有利于后续的相关计算和模拟分析。常用的蛋白质同源建模工具及其简要介绍见表 2-5。

表 2-5　　　　　　　　　常用的蛋白质同源建模工具及其简要介绍

工具名称	备注
SWISS-MODEL	为自动化建模程序，采用同源性鉴定来确定模板蛋白，用户也可以自定义模板来分析
Modeller	一个广泛使用的同源建模软件，需要用户对脚本有一定的了解
CPHmodels	基于神经网络的同源建模工具，用户只需提交序列
EsyPred3D	采用神经网络来提高同源建模准确性的预测工具
3Djigsaw	根据同源已知结构来建模的预测工具

穿线法或折叠识别法（Threading/Fold recognition）是指对于同源性较低的蛋白序列，将模板结构轮廓和待测蛋白的序列轮廓进行比对，获得一维序列和三维结构的相互关系，并将序列"穿"入已知的各种蛋白质折叠骨架内。该方法适用于对蛋白质核心结构进行预测，尤其适用于同源性低于 30% 的序列的建模，但存在计算量较大等不足。常用的穿线法的建模工具包括：3D-PSSM、Fugue、HHpred、LOOPP、THREADER、PROSPECT、123D+、SAM-T02 和 GenThreader 等（表 2-6），其中 3D-PSSM 是由英国伦敦帝国理工学院开发的，首个运用一维和三维的轮廓关系来预测蛋白结构的网络服务器。为进一步提升 3D-PSSM 的性能，引入了蛋白质折叠的数据，可实现性能提升 10%~15%。

表 2-6 　　　　　　　　　　常用的穿线法蛋白质建模工具及其介绍

工具名称	备注
3D-PSSM	第一个运用 1D~3D 序列 profile 来预测蛋白质折叠结构的网络服务器
Fugue	以序列-结构比对搜索数据库来预测蛋白质结构
HHpred	基于 HMM-HMM 比对搜索多个数据库来预测给定序列的折叠结构
LOOPP	学习、观察和输出蛋白质模式和结构工具
THREADER	经典的线索分析软件，对搜索远源蛋白质序列较敏感
PROSPECT	蛋白质结构预测和评价工具包，能以一种非常简单的方式运行，对于高级用户，也提供了很多的可选项
123D+	结合了序列概形、二级结构信息和接触势能来将待测蛋白"穿"入一系列结构来预测结构
SAM-T02	基于 HMM 方法的蛋白质结构预测
GenThreader	使用结构评分和基于神经网络序列比对来预测蛋白质折叠结构

　　蛋白质结构的从头预测法（Ab initio/De novo methods）是一种基于分子动力学模拟和机器学习的方法，可以自动化寻找能量最低的构象，是目前发展较快的蛋白质结构建模的方法。该方法计算量较大，需要依赖超级计算机。常用的机器学习的工具包括：Alphafold2、Rosseta FOLD、HMMSTR 等（表 2-7）。2020 年，根据国际蛋白质结构预测竞赛的结果，Alphafold2 一举突破计算模拟蛋白质结构的瓶颈障碍，获得 GDT（Global distance test）平均得分超过 80%，对 RNA 聚合酶和细菌黏附素蛋白结构的预测结果最高达 93.3%，对大部分蛋白质结构的预测与真实结构只差一个原子的宽度，达到了人类利用冷冻电镜等复杂仪器观察预测的水平，这是蛋白质结构预测史无前例的巨大进步。Alphafold2 是英国人工智能公司 Deepmind 公司开发的基于深度学习算法的蛋白结构模型预测工具，该算法通过基于多序列比对分析与蛋白质二级结构分析，建立两者之间的深度学习模型，并通过结构组装实现蛋白结构模型的预测。截止至 2022 年 7 月底，Alphafold2 已经成功预测了超过 2 亿个蛋白质结构模型，这些预测的结构几乎涵盖了科学界所有已编码的蛋白质。

表 2-7 　　常用的基于从头预测和机器学习的蛋白质建模软件及其介绍

工具名称	备注
Alphafold2	Deepmind 公司发布的 Alphafold2 是迄今为止准确度最高的蛋白质三维结构预测模型
RossetaFOLD	基于深度学习的蛋白质序列设计方法，应用广泛，且设计的精确度更高
HMMSTR	基于隐马尔可夫模型的局部序列优化

2. 分子对接

　　分子对接（molecular docking）这一概念的提出可以追溯到 19 世纪 Fisher 提出的受体

学说。受体学说认为药物与靶点的识别类似于钥匙与锁的识别，这种识别均由各自的空间结构决定。随着受体学说的发展，研究者对于这种识别关系也有了更深刻的认识，由基于空间结构匹配的刚性模型发展为基于空间结构与能量匹配的柔性模型。与此同时，计算方法及计算机技术的飞速发展使得研究者有能力去处理大批量的数据，这些共同推动了分子对接技术的出现和飞速发展。目前常用的分子对接软件包括 Autodock、Discovery studio、Schrödinger 等，其中 Autodock 是由美国 Scripps 研究所的 Olson 实验室开发的一款开源的分子模拟软件，主要采用快速的基于格点能量的计算方法（Rapid grid-based energy evaluation）和有效的扭转自由度搜索方法（Efficient search of torsional freedom）来寻找底物与目标蛋白质之间的全局最小结合自由能。由于该软件具有较好的用户操作界面和免费开源的特点，已被学者广泛用于配体与蛋白质之间的分子对接。

基于配体-受体与酶-底物作用的相似性，分子对接也逐渐被推广到酶的分子改造领域。利用分子对接可以直观地研究酶与底物的识别与结合，找出它们最佳的结合位置并计算出它们的结合自由能，以此为依据可以对酶的底物亲和力进行理性的改造。同时，关于分子对接技术被成功用于酶工程的研究也在不断被报道。Christelle 等利用分子对接和分子动力学模拟技术研究了假单胞菌与假丝酵母脂肪酶对橡黄素乙酰化能力的差异，定位了各脂肪酶与橡黄素结合及相互作用的关键残基，为进一步的改造奠定了基础。Timmers 等也借助分子对接及分子动力学模拟的手段辅助筛选了肺结核分枝杆菌（*Mycobacterium tuberculosis*）胞嘧啶脱氨酶的抑制剂，他们以结合自由能为依据筛选到了一种抑制效果较为明显的抑制剂，为药物研发提供了一种新的途径。唐存多等借助分子对接技术理性地选择了一个与模型分子纤维素二糖结合自由能较低的纤维素结合结构域，将其融合至不含纤维素结合结构域的 β-甘露聚糖酶的 C 末端，融合酶对魔芋粉的相对水解效率有了显著提升。Li 等也借助分子对接技术理性地对 β-甘露聚糖酶的底物亲和力进行了分子改造，改造后突变酶的底物亲和力有了明显改善。这些成功的案例同样也证明了分子对接技术可以有效地用于生物催化剂的分子改造，尤其是底物亲和力的改造。

3. 分子动力学模拟

分子力学是以经典力学为依据的计算方法，在计算中可以忽略电子的运动。与量子力学相比，分子力学相对而言更为简单，可以快速计算出分子的各种数据。而且在某些情况下，分子力学计算出的结果几乎与高阶量子力学计算出的结果一致，而分子力学计算所需的时间远远小于量子力学。分子动力学模拟（Molecular dynamics simulation）是一项结合了数学、物理、化学和生物学的综合技术。分子动力学模拟的过程主要包括：给出蛋白质三维结构中的各个原子的初始位置及初始速度，用溶剂化模型对蛋白质的三维结构进行溶剂化处理，对初始的溶剂化的三维结构进行能量最小化并对三维结构进行平衡，然后开始蛋白质的分子动力学轨迹模拟，最后是对分子动力学模拟的轨迹进行分析并得到最终结果。

目前最常用的分子动力学模拟软件主要有 AMBER、GROMACS 和 NAMD。AMBER 是由美国加利福尼亚大学旧金山分校的 Kollman 团队开发的分子动力学模拟软件，是目前应用最为广泛的分子动力学模拟软件之一，可用于蛋白质、核酸、糖等生物大分子的计算模拟。AMBER 以软件包的形式存在，涵盖 100 个以上的软件包，可支持用户自己生成一些少见的小分子力学参数文件。AMBER 也指一种经验力场（Empirical force fields），且可被用于其他软件的模拟中。GROMACS 是一个可以与 AMBER 媲美的用于分子动力学模拟的多功能软件包，可用于研究生物分子体系的分子动力学特性，它可以模拟数以百计的离子的牛顿运动方程体系。它可以用分子动力学、随机动力学或者路径积分方法模拟溶液或晶体中的任意分子，进行分子能量的最小化，分析构象等。它的模拟程序包包含 GROMACS 力场（蛋白质、核苷酸、糖等），研究的范围可以拓展到玻璃和液晶、聚合物、晶体和生物大分子溶液等。GROMACS 是一个功能强大的分子动力学模拟软件，其在模拟大量分子系统的牛顿运动方面具有极大的优势，GROMACS 支持几乎所有当前流行的分子模拟软件的算法，而且与同类软件相比具有一些独特的优势：①GROMACS 进行了大量的算法的优化，使其计算功能更强大。例如：在计算矩阵的逆时，算法的内循环会根据自身系统的特点自动选择由 C 语言或 Fortran 来编译。②GROMACS 具有友好的用户界面，拓扑文件和参数文件都以文档的形式给出。在程序运行过程中，并不用输入脚本注释语音，所有 GRO-MACS 的操作都是通过简单的命令行操作进行的，而且运行的过程是分步的，随时可以检查模拟的正确性和可行性。③GROMACS 操作简单，功能丰富。④GROMACS 还为轨迹分析提供了大量的辅助工具。NAMD（Nanoscale molecular dynamics）是用于在大规模并行计算机上快速模拟大分子体系的并行分子动力学代码。NAMD 用经验力场，如 AMBER、CHARMM 和 Dreiding，通过数值求解运动方程计算原子轨迹。NAMD 软件能模拟的体系尺度包括微观、介观或跨尺度等，是众多 MD 软件中并行处理最好的，可以支持几千个 CPU 运算。

　　研究者对目标蛋白质及其突变体的三维结构进行常温或高温的分子动力学模拟，可以快速地计算出它们的均方根差值（RMSD）、B 值以及总体能量值，以这些数值为参考可以对目标蛋白质的酶学性质进行理性的分子改造。Le 等综合利用两种二硫键设计软件对南极假丝酵母（$Candida\ antarctica$）来源的脂肪酶 B（CALB）设计了一系列的引入二硫键的突变体，然后借助分子动力学模拟的手段，以 RMSD 为依据，理性地选择了一个突变体进行突变验证，结果显示该突变体的热稳定性较原酶提高了 4.5 倍。Gao 等利用分子动力学模拟的手段，以 B 因子值为依据辅助设计了一个中温木聚糖酶 N-端替换的突变体，突变酶的最适反应温度提高至 80℃，较原酶有显著提高，在 70℃ 的半衰期达到原酶的 197 倍。刘立明等基于分子动力学模拟发展了构象动力学策略，发现 CALB 在催化立体选择性酰化反应时受温度的影响较大，低温时具有较高的选择性。通过在不同温度下对反应体系进行分子动力学模拟发现了均方根波动值（RMSF）波动变化较大的区域和位点，通过定点突变降低构象的柔性，实现了高温下 CALB 立体选择性的提升。倪晔等通过分子动力学模拟基于 RMSF 快速识别了氨甲酰水解酶中柔性变化较大的 loop 区域，对该区域进行定点突变，使得氨基酰水解酶的催化效率和稳定性提高 10 倍以上。以上成功的案例也进一步证明了分子动力学模拟可以有效地用于生物催化剂的改造，尤其是热稳定性的改造。

4. 机器学习

得益于计算速度的大幅度提升以及海量数据集的出现，当前人工智能技术的发展如火如荼。在人工智能领域，机器学习（Machine learning）已经成为开发计算机视觉、语音识别、自然语言处理、机器人操控和其他应用范畴的首选方法。近年来，机器学习等人工智能方法也被应用于蛋白质工程，包括 Frances H. Arnold、Manfred T. Reetz 等所领导的实验室均涉足机器学习领域，利用其指导酶蛋白的进化。

蛋白质突变体及其对应的实验数据本身是无法被机器学习算法直接识别的，其序列、结构、功能等特征（Feature）信息必须以向量或数组的形式展现出来，才能够构建被机器学习算法识别的模型（图 2-9）。模型的好坏取决于特征的提取。以氨基酸在蛋白质序列上的位置信息为特征是比较常见的处理方法；另外，氨基酸残基位点的理化性质（如带电性、亲疏水性、侧链空间体积等）或所处的二级结构信息均可作为特征。问题在于应优先选取哪些特征，以及这些特征能在多大程度上决定蛋白质拟改造性能是需要进行考量的。目前已经有一些蛋白质/氨基酸特征工具箱可供参考，包括 AAIndex、ProFET 等。一旦特征提取之后，将交付机器学习算法进行学习并生成可以描述数据模型的目标函数，并对蛋白质序列进行虚拟进化，通过训练和测试评估效能，最终给出预测结果。

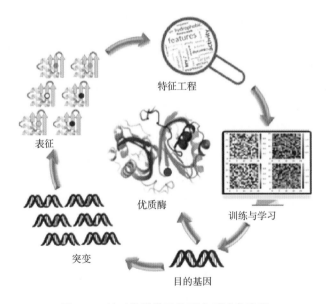

图 2-9　基于机器学习的蛋白质进化流程

作为人工智能领域常用技术，机器学习基于大量的数据进行训练，通过各种算法解析数据并从中学习，然后对处理任务作出决策，通常包括 3 种。

（1）有监督学习（Supervised learning）　向计算机提供原始数据及其所对应的结果（或称标签，Labels），最终计算机给出定性（分类，Classification）或定量（回归，Regression）的预测；

（2）无监督学习（Unsupervised learning）　只给计算机训练数据，而不提供结果，最终得到聚类（Clustering）的学习结果；

（3）半监督学习（Semi-supervised learning）　其训练数据一部分有对应的结果，另一部分则无结果。

由于蛋白质设计改造过程中可产生大量的突变体实验数据，因此有监督学习应用在该领域最为普遍。

目前尚未有任何一种普适的学习方法可以应对所有的学习任务，在蛋白质设计改造领域也是如此。因此，研究者需要在相应的情况下，通过测试比对等方式选用合适的算法进行设计。常见的算法包括线性模型（Linear models）、随机森林（Random forests）、支持向量机（Support vector machines）、高斯过程（Gaussian processes）等。以 Arnold 团队近期改造一氧化氮双加氧酶（Nitric oxide dioxygenase，NOD）立体选择性的工作为例，先后通过 K 最近邻、线性模型、决策树、随机森林等多个算法构建 NOD 的立体选择性催化模型，将 ee 76%（S）初始突变体提升至 ee 93%（S）及翻转至 ee 79%（R）突变体。

在当前第三次生物催化革命浪潮背景下，基于计算机辅助设计和大尺度的分子动力学模拟，可高效、快捷地改造和筛选生物催化剂，不仅可高精度地预测蛋白质结构，还可从头设计自然界中不存在的新酶。如改造后的细胞色素 C 氧化酶可提高碳-硅键形成的催化效率；从头设计能催化 Kemp 消除反应的新酶等。尽管新酶设计已取得一定成功，但依然面临诸多挑战：首先，其成功率较低；其次，计算工作繁重，对计算资源依赖非常高；再次，设计出的新酶结构和稳定性较差，催化活性往往偏低。这主要是因为对酶的序列-结构-功能之间的相互关系的认识还不够深入。

参考文献

［1］焦瑞身. 微生物工程［M］. 北京：化学工业出版社，2003.

［2］张锟，曲戈，刘卫东，等. 工业酶结构与功能的构效关系［J］. 生物工程学报，2019，35：1806-1818.

［3］诸葛健. 工业微生物资源开发应用与保护［M］. 北京：化学工业出版社，2002.

［4］Abdelraheem E M M, Busch H, Hanefeld U, et al. Biocatalysis explained：from pharmaceutical to bulk chemical production［J］. Reaction Chemistry & Engineering, 2019, 4：1878-1894.

［5］Arzumanyan G A, Gabriel K N, Ravikumar A, et al. Mutually orthogonal DNA replication systems in vivo［J］. ACS Synthetic Biology, 2018, 7：1722-1729.

［6］Barriuso J, Prieto A, Martinez M J. Fungal genomes mining to discover sterol esterases and lipases as catalysts［J］. BMC Genomics, 2013, 14：712.

［7］Bornscheuer U T, Huisman G W, Kazlauskas R J, et al. Engineering the third wave of biocatalysis［J］. Nature, 2012, 485：185-194.

［8］Butt H, Eid A, Momin A A, et al. CRISPR directed evolution of the spliceosome for resistance to splicing inhibitors［J］. Genome Biology, 2019, 20：73.

［9］Cao C H, Gong H, Dong Y, et al. Enzyme cascade for biocatalytic deracemization of D, L-phosphinothricin [J]. Journal of Biotechnology, 2021, 325: 372-379.

[10] Chen F, Gaucher E A, Leal N A, et al. Reconstructed evolutionary adaptive paths give polymerases accepting reversible terminators for sequencing and SNP detection [J]. Proceedings of the National Academy of Sciences of the United States of America, 2010, 107 (5): 1948-1953.

[11] Chen K Q, Arnold F H. Tuning the activity of an enzyme for unusual environments: sequential random mutagenesis of subtilisin E for catalysis in dimethylformamide [J]. Proceedings of the National Academy of Sciences of the United States of America, 1993, 90: 5618-5622.

[12] Cheng F, Zhu L L, Schwaneberg U. Directed evolution 2.0: improving and deciphering enzyme properties [J]. Chemical Communications. 2015, 51: 9760-9772.

[13] Dydio P, Key H M, Nazarenko A, et al. An artificial metalloenzyme with the kinetics of native enzymes [J]. Science, 2016, 354: 102-106.

[14] Fan X, Wang J, Zhang X, et al. Single particle cryo-EM reconstruction of 52kDa streptavidin at 3.2 angstrom resolution [J]. Nature Communications, 2019, 10: 2386.

[15] Fox R J, Davis S C, Mundorff E C, et al. Improving catalytic function by ProSAR-driven enzyme evolution [J]. Nature Biotechnology, 2007, 25 (3): 338-344.

[16] Fraaije M W, Wu J, Heuts D P H M, et al. Discovery of a thermostable Baeyer-villiger monooxygenase by genome mining [J]. Applied Microbiology and Biotechnology, 2005, 66: 393-400.

[17] Gao S J, Wang J Q, Wu M C, et al. Engineering hyperthermostability into a mesophilic family 11 xylanase from *Aspergillus oryzae* by in silico design of *N*-terminus substitution [J]. Biotechnology and Bioengineering, 2013, 110: 1028-1038.

[18] Gonzalez P D, Molina E P, Garcia R E, et al. Mutagenic organized recombination process by homologous in vivo grouping (morphing) for directed enzyme evolution [J]. PLoS ONE, 2014, 9 (3): e90919.

[19] Gumulya Y, Sanchis J, Reetz M T. Many pathways in laboratory evolution can lead to improved enzymes: how to escape from local minima [J]. ChemBioChem, 2012, 13: 1060-1066.

[20] Gunge N, Sakaguchi K. Intergeneric transfer of deoxyribonucleic acid killer plasmids, pGKl1 and pGKl2, from *Kluyveromyces lactis* into *Saccharomyces cerevisiae* by cell fusion [J]. Journal of Bacteriology, 1981, 147: 155-160.

[21] Gutierrez E A, Mundhada H, Meier T, et al. Reengineered glucose oxidase for amperometric glucose determination in diabetes analytics [J]. Biosensors and Bioelectronics, 2013, 50 (4): 84-90.

[22] Halperin S O, Tou C J, Wong E B, et al. CRISPR-guided DNA polymerases enable diversification of all nucleotides in a tunable window [J]. Nature, 2018, 560: 248-252.

[23] Hanson R L, Goldberg S L, Brzozowski D B, et al. Preparation of an amino acid intermediate for the dipeptidyl peptidase IV inhibitor, saxagliptin, using a modified phenylalanine dehydrogenase [J]. Advanced Synthesis & Catalysis, 2007, 349: 1369-1378.

[24] Hawkins R E, Russell S J, Winter G. Selection of phage antibodies by binding affinity: mimicking affinity maturation [J]. Journal of Molecular Biology, 1992, 226: 889-896.

[25] Herr A J, Ogawa M, Lawrence N A, et al. Mutator suppression and escape from replication error-induced extinction in yeast [J]. PLoS Genetics, 2011, 7: e1002282.

[26] Herzik M A, Wu M, Lander G C. High-resolution structure determination of sub-100kDa complexes

using conventional cryo-EM [J]. Nature Communications, 2019, 10: 1032.

[27] Hess G T, Frésard L, Han K, et al. Directed evolution using dCas9-targeted somatic hypermutation in mammalian cells [J]. Nature Methods, 2016, 13: 1036-1042.

[28] Javanpour A A, Liu C C. Genetic compatibility and extensibility of orthogonal replication [J]. ACS Synthetic Biology, 2019, 8: 1249-1256.

[29] Kamila S, Zhu D M, Biehl E R, et al. Unexpected stereorecognition in nitrile-catalyzed hydrolysis of beta-hydroxy nitriles [J]. Organic Letters, 2006, 8: 4429-4431.

[30] Karpinski J, Hauber I, Chemnitz J, et al. Directed evolution of a recombinase that excises the provirus of most HIV-1 primary isolates with high specificity [J]. Nature Biotechnology, 2016, 34: 401-409.

[31] Khoshouei M, Radjainia M, Baumeister W, et al. Cryo-EM structure of haemoglobin at 3.2Å determined with the Volta phase plate [J]. Nature Communications, 2017, 8: 16099.

[32] Kleinstiver B P, Prew M S, Tsai S Q, et al. Engineered CRISPR-Cas9 nucleases with altered PAM specificities [J]. Nature, 2015, 523: 481-485.

[33] Kuipers R K, Joosten H J, van Berkel W J H, et al. 3DM: systematic analysis of heterogeneous superfamily data to discover protein functionalities [J]. Proteins, 2010, 78 (9): 2101-2113.

[34] Le Q A, Joo J C, Yoo Y J, et al. Development of thermostable *Candida antarctica* lipase B through novel in silico design of disulfide bridge [J]. Biotechnology and Bioengineering, 2012, 109: 867-876.

[35] Leung D W, Chen E, Goeddel D V. A method for random mutagenesis of a defined DNA segment using a modified polymerase chain reaction [J]. Technique, 1989, 1: 11-15.

[36] Li J, Pan J, Zhang J, Xu J H. Stereoselective synthesis of l-tert-leucine by a newly cloned leucine dehydrogenase from *Exiguobacterium sibiricum* [J]. Journal of Molecular Catalysis B: Enzymatic, 2014, 105: 11-17.

[37] Liu Y F, Xu G C, Zhou J Y, et al. Structure-guided engineering of D-carbamoylase reveals a key loop substrate entrance tunnel [J]. ACS Catalysis, 2020, 10: 12393-12402.

[38] Marshall J R, Yao P Y, Montgomery S L, et al. Screening and characterization of a diverse panel of metagenomic imine reductases for biocatalytic reductive amination [J]. Nature Chemistry, 2021, 13: 140-148.

[39] Menzel A, Werner H, Altenbuchner J, et al. From enzymes to "designer bugs" in reductive amination: a new process for the synthesis of L-tert-leucine using a whole cell-catalyst [J]. Engineering in Life Sciences, 2016, 4: 573-576.

[40] Merk A, Bartesaghi A, Banerjee S, et al. Breaking cryo-EM resolution barriers to facilitate drug discovery [J]. Cell, 2016, 165: 1698-1707.

[41] Morley K L, Kazlauskas R J. Improving enzyme properties: when are closer mutations better [J]? Trends in Biotechnology, 2005, 23: 231-237.

[42] O'Maille P E, Bakhtina M, Tsai M D. Structure-based combinatorial protein engineering (SCOPE) [J]. Journal of Molecular Biology, 2002, 321 (4): 677-691.

[43] Ravikumar A, Arrieta A, Liu C C. An orthogonal DNA replication system in yeast [J]. Nature Chemical Biology, 2014, 10: 175-177.

[44] Ravikumar A, Arzumanyan G A, Obadi M K A, et al. Scalable, continuous evolution of genes at muta-

tion rates above genomic error thresholds [J]. Cell, 2018, 175: 1946-1957. e13.

[45] Reetz M T, Bocola M, Carballeira J D, et al. Expanding the range of substrate acceptance of enzymes: combinatorial active-site saturation test [J]. Angewandte Chemie International Edition, 2005, 44 (27): 4192-4196.

[46] Reetz M T, Carballeira J D, Vogel A. Iterative saturation mutagenesis on the basis of B factors as a strategy for increasing protein thermostability [J]. Angewandte Chemie International Edition, 2006, 45 (46): 7745-7751.

[47] Reetz M T, Kahakeaw D, Lohmer R. Addressing the numbers problem in directed evolution [J]. ChemBioChem, 2008, 9: 1797-1804.

[48] Reetz M T, Prasad S, Carballeira J D, et al. Iterative saturation mutagenesis accelerates laboratory evolution of enzyme stereoselectivity: rigorous comparison with traditional methods [J]. Journal of the American Chemical Society, 2010, 132: 9144-9152.

[49] Reetz M T, Soni P, Fernandez L, et al. Increasing the stability of an enzyme toward hostile organic solvents by directed evolution based on iterative saturation mutagenesis using the B-FIT method [J]. Chemical Communications, 2010, 46: 8657-8658.

[50] Romney D K, Sarai N S, Arnold F H. Nitroalkanes as versatile nucleophiles for enzymatic synthesis of noncanonical amino acids [J]. ACS Catalysis, 2019, 9: 8726-8730.

[51] Savile C K, Janey J M, Mundorff E C, et al. Biocatalytic asymmetric synthesis of chiral amines from ketones applied to sitagliptin manufacture [J]. Science, 2010, 329: 305-309.

[52] Schmid A, Dordick J S, Hauer B, et al. Industrial biocatalysis today and tomorrow [J]. Nature, 2001, 409: 258-268.

[53] Schwander T, Schada von Borzyskowski L, Burgener S, et al. A synthetic pathway for the fixation of carbon dioxide in vitro [J]. Science, 2016, 354: 900-904.

[54] Slaymaker I M, Gao L Y, Zetsche B, et al. Rationally engineered Cas9 nucleases with improved specificity [J]. Science, 2016, 351: 84-88.

[55] Stemmer W P C. Rapid evolution of a protein in vitro by DNA shuffling [J]. Nature, 1994, 370: 389-391.

[56] Sternberg S H, Redding S, Jinek M, et al. DNA interrogation by the CRISPR RNA-guided endonuclease Cas9 [J]. Nature, 2014, 507: 62-67.

[57] Sun Z T, Lonsdale R, Ilie A, et al. Catalytic asymmetric reduction of difficult-to-reduce ketones: triple-code saturation mutagenesis of an alcohol dehydrogenase [J]. ACS Catalysis, 2016, 6: 1598-1605.

[58] Sun Z T, Lonsdale R, Kong X D, et al. Reshaping an enzyme binding pocket for enhanced and inverted stereoselectivity: use of smallest amino acid alphabets in directed evolution [J]. Angewandte Chemie International Edition, 2015, 54: 12410-12415.

[59] Sun Z T, Lonsdale R, Wu L, et al. Structure-guided triple-code saturation mutagenesis: efficient tuning of the stereoselectivity of an epoxide hydrolase [J]. ACS Catalysis, 2016, 6: 1590-1597.

[60] Vedha-Peters K, Gunawardana M, Rozzell J D, et al. Creation of a broad-range and highly stereoselective D-amino acid dehydrogenase for the one-step synthesis of D-amino acids [J]. Journal of the American Chemical Society, 2006, 128: 10923-10929.

［61］Voigt C A，Martinez C，Wang Z G，et al. Protein building blocks preserved by recombination ［J］. Nature Structral Molecular Biology，2002，9（7）：553-558.

［62］Wang Y，Prosen D E，Mei L，et al. A novel strategy to engineer DNA polymerases for enhanced processivity and improved performance in vitro ［J］. Nucleic Acids Research，2004，32：1197-1207.

［63］Wells J A，Vasser M，Powers D B. Cassette mutagenesis：an efficient method for generation of multiple mutations at defined sites ［J］. Gene，1985，34：315-323.

［64］Wijma H J，Floor R J，Jekel P A，et al. Computationally designed libraries for rapid enzyme stabilization ［J］. Protein Engineering Design & Selection. 2014，27：49-58.

［65］Wijma H J，Floor R J，Jekel P A，et al. Computationally designed libraries for rapid enzyme stabilization ［J］. Protein Engineering Design Selection，2014，27（2）：49-58.

［66］Wittmann B J，Knight A M，Hofstra J L，et al. Diversity-oriented enzymatic synthesis of cyclopropane building blocks ［J］. ACS Catalysis，2020，10：7112-7116.

［67］Wittmann，B J，Johnston K E，Wu Z，et al. Advances in machine learning for directed evolution ［J］. Current Opinion in Structural Biology，2021，69：11-18.

［68］Wong T S，Tee K L，Hauer B，et al. Sequence saturation mutagenesis（SeSaM）：a novel method for directed evolution ［J］. Nucleic Acids Research，2004，32：e26.

［69］Wu J，Fan X C，Liu J，et al. Promoter engineering of cascade biocatalysis for α-ketoglutaric acid production by coexpressing L-glutamate oxidase and catalase ［J］. Applied Microbiology and Biotechnology. 2019，102：4755-4764.

［70］Xie Y，Xu J H，Xu Y. Isolation of a bacillus strain producing ketone reductase with high substrate tolerance ［J］. Bioresource Technology，2010，101：1054-1059.

［71］Xu L，Wang L C，Xu X Q，et al. Characteristics of L-threonine transaldolase for asymmetric synthesis of β-hydroxy-α-amino acids ［J］. Catalysis Science Technololgy，2019，9：5943-5952.

［72］Yang B，Wang H J，Song W，et al. Engineering of the conformational dynamics of lipase to increase enantioselectivity ［J］. ACS Catalysis，2017，7：7593-7599.

［73］Zha D X，Eipper A，Reetz M T. Assembly of designed oligonucleotides as an efficient method for gene recombination：a new tool in directed evolution ［J］. ChemBioChem，2003，4：34-39.

［74］Zhao J，Chu Y Y，Li A T，et al. An unusual（R）-selective epoxide hydrolase with high activity to facile preparation of enantiopure glycidyl ethers ［J］. Advanced Synthesis & Catalysis，2011，353：1510-1518.

［75］Zhong Z W，Ravikumar A，Liu C C. Tunable expression systems for orthogonal DNA replication ［J］. ACS Synthetic Biology，2018，7：2930-2934.

第三章　人工酶的构建与应用

第一节　人工酶的研究进展

一、人工酶和蛋白质工程

酶是非常强大的催化剂，通过复杂的活性位点来处理化学转化过程。酶催化可实现的高转化速率和选择性，使其成为可持续制造过程中极具吸引力的催化剂。生物催化领域已发展到目前被视为发展更绿色、更高效化学工业的关键赋能技术的阶段。几项重大方法创新支撑了其快速进展，包括：快速、准确和低成本的 DNA 合成和测序服务；开发先进的生物信息学工具和计算建模方法；以及用于高通量结构和生物化学酶表征的日益复杂的实验流程。这些进展导致了具有新颖催化功能的天然酶元件库的多样化，合成化学家在设计目标分子的路线时原则上可以利用这些天然酶。

然而，天然酶很少适合直接用于化学过程，通常需要蛋白质工程来优化其特性以用于实际生产。近年来出现了高通量蛋白质工程策略，最经典的策略是定向进化，Arnold 教授也因此贡献获得诺贝尔化学奖。尽管定向进化功能强大，但成本高昂且耗时多，这限制了生物催化对许多工业过程的潜在影响。此外，对于许多理想的化学转化过程，没有已知的酶可以作为进化的起始模板。为了突破这些局限，研究人员已经开发了超高通量筛选方法和连续进化平台，它们为加速蛋白质工程奠定了非常好的基础。然而，这些策略只适用于少数化学转化过程，并非通用解决方案。尽管天然酶自上而下的蛋白质工程改造［图3-1 (1)］无疑仍是生物催化剂开发的黄金标准，但这种方法仍具有上述局限性。鉴于这些局限性，研究人员需要思考如何实现突破，以快速、可靠和经济高效地开发生物催化剂，用于广泛的生化反应。结合近年来的研究进展来看，自下而上或从头设计酶［图3-1 (2)］，即在蛋白质宿主内创建全新的催化中心，可以促进未来生物催化剂开发的速度和范围扩展。

二、人工酶的学科内涵

设计高效人工酶将对化学、生物技术和医药工业产生深远影响。在过去的十年里，蛋白质工程的快速发展使我们乐观地认为，这一雄心壮志即将实现。含有金属辅因子和非标准有机催化基团的人工酶的开发表明了如何优化蛋白质结构以利用非蛋白源元素的反应性。同时，基于过渡态稳定的基本原理，计算方法已被用于设计各种反应的蛋白质催化剂。虽然所设计的催化剂的活性相当低，但广泛的实验室进化已用于蛋白质工程改造以获

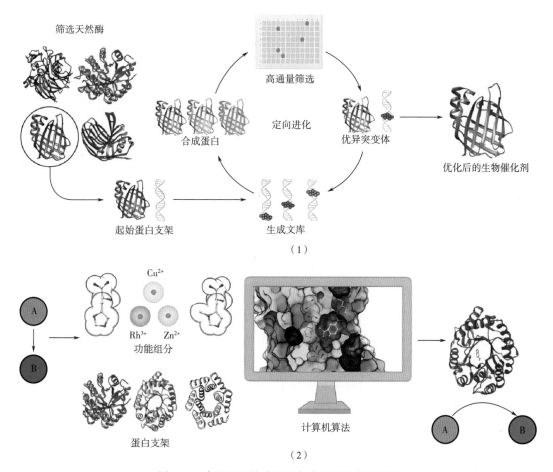

筛选天然酶

高通量筛选

定向进化

合成蛋白

优异突变体

优化后的生物催化剂

起始蛋白支架

生成文库

（1）

Cu²⁺

Rh³⁺　Zn²⁺

功能组分

蛋白支架

计算机算法

（2）

图 3-1　自上而下的酶工程与自下而上的酶设计

（1）开发实用生物催化剂的工作流程。通过定向进化识别具有所需催化活性的天然酶并优化其性质；（2）从头设计酶。在选择目标转化后，计算方法可用于预测具有所需催化功能的蛋白质序列。天然和从头蛋白质均可作为新催化位点的宿主支架。标准和非标准氨基酸侧链和金属离子辅因子可以作为从头活性位点中的关键功能成分

得高效酶。对这些系统的结构分析表明，设计具有更高活性的催化剂需要高精度。为此，新兴的蛋白质设计方法，包括深度学习，在提高模型精度方面具有特别的前景。通过应用蛋白质结构和功能的物理化学规律或借助计算方法，合理设计人工酶是一个很有前景的研究领域，有可能对医学、工业化学和能源领域产生巨大影响。设计的蛋白质也为剖析自然系统的酶机制提供了强大的平台。人工酶从简单的 α-螺旋肽催化剂到通过最先进的计算方法设计的多步骤化学反应的蛋白质，已经走过了漫长的道路。

化学和生物计算方法将推动人工酶设计的革命。构建能够有效催化几乎任何化学反应的酶是蛋白质设计领域研究人员的巨大动力。酶在温和的水溶液环境中催化困难的化学反应，其速度和特异性通常是合成催化剂所无法比拟的。从头开始设计一种酶也是测试我们对天然酶功能理解的最有效的方法。最近的一些设计已经被用于精简或重建天然酶，为剖析分子对酶结构和反应性的贡献奠定了坚实的基础。

酶的设计与蛋白质结构的设计密不可分。蛋白质设计的进步往往伴随着将新技术应用

于人工酶的尝试。然而，复杂的蛋白质拓扑结构不是催化的先决条件。脯氨酸本身可以催化一系列反应，包括类似醛缩酶通过烯胺中间体形成的碳—碳键，产率和产物对映体过量都较高。使用短肽可以实现包括不对称环氧化和酰基化在内的其他反应过程。然而，很少有设计的酶能够实现这种小肽的催化效用，而天然酶在水相条件下具有显著的选择性、高反应速率和产物特异性，表明了在开发强大的分子设计技术方面需要更多的努力。研究天然酶-底物复合物的高分辨率结构表明，活性位点氨基酸的构象有利于催化。这些氨基酸残基在三级结构上相互协作，并通过与初级配体的直接相互作用力网络和远程静电力来调节活性位点的反应性。从头开始设计此类分子给计算带来了大量挑战。

精确模拟活性部位中的关键作用力需要量子力学（QM）计算。但是，即使是最小的酶分子也不可能进行 QM 计算。酶的计算设计还需要快速评估大量候选结构/序列组合，高质量的计算对计算资源要求很高。有效处理水分子及其与活性中心残基和反应物的相互作用也会显著增加计算的复杂性。那么，通过如此复杂的计算得到了什么？毕竟，在没有这些工具的情况下，研究人员已经构建了许多新催化活性蛋白质。许多人工酶在不同程度的计算参与下被开发出来，其中蛋白质拓扑结构和活性位点都是从头开始计算设计的。随着活性位点残基的高分辨率设计，必须保持候选酶整体结构的完整性，并且在某些情况下，结合可能存在于催化过程中的大规模蛋白质构象变化。此外，将多种底物、蛋白质构象变化等所有这些因素整合到设计中是一项艰巨的挑战。

在本节内容中，我们将总结人工酶的关键技术，以说明这一新兴领域的最新进展，包括人工金属酶、人工光酶、具有非标准有机催化基团的酶以及从第一原理出发的从头计算设计酶。最后也会强调今后发展的新机遇，这将使我们能够超越目前的技术水平，并使生物催化剂的稳健设计能够满足工业需求。

第二节　人工酶的两大核心挑战

在过去十年中，研究人员在酶设计和蛋白质工程领域取得了巨大进展，并展望了未来的蓝图（图3-2）。如果设计要达到甚至超过更成熟的自上而下的生物催化剂开发方法所达到的实用水平，必须解决两个核心挑战：①设计效率更接近自然系统的高活性酶；②扩大人工酶可催化的化学反应范围。

一、设计效率更接近自然系统的高活性酶

首先，我们必须学会如何设计效率更接近自然系统的高活性人工酶。目前，即使是相对简单的转化，也必须先产生许多设计并进行实验测试，以筛选出所需活性的设计，并且需要广泛的进化来缩小与天然酶的效率差距。超高通量酶设计和筛选方案的开发将有助于寻找更有效的催化剂，并为高活性人工酶的设计提供一个切实可行的方案。然而，如果我们要克服对高通量实验的依赖，就必须考虑人工酶的设计如此具有挑战性的原因。有效的蛋白质催化需要极高的精确度，才能有效区分过渡态和基态，即使侧链定位中的 10^{-10} 级

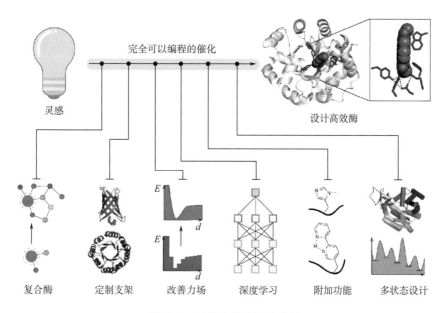

图 3-2　更好地设计酶的路线

不准确也会对催化产生灾难性影响。当以多步反应为目标时，设计的挑战就更大了，在多步反应中，需要仔细安排构象调整以精确识别多种化学状态。在活性位点预组织和构象动力学之间取得平衡将是未来酶设计成功的关键。

目前设计的人工酶，成功率低且大多数活性低，部分原因是现有设计算法使用的构象采样方法和能量函数存在局限性。虽然这些设计方法允许快速探索蛋白质序列空间，但这种速度的提高不可避免地以牺牲准确性为代价。对所设计酶的结构表征表明，关键催化元件通常未按预期定位。极性侧链的准确定位和氢键网络的生成已被证明尤其具有挑战性。为了突破这些局限，需要更复杂的分子力场来提高模型精度，这些力场允许精确处理静电和溶剂的相互作用。类似地，更密集的计算，包括混合量子力学/分子力学（QM/MM）方法和显式溶剂的分子动力学模拟，在评估和完善计算设计方面可以发挥重要作用，以更有效地区分过渡态和基态。虽然对于常规筛选来说速度太慢，但随着计算能力的提高，我们可以预期这些方法将在未来被更广泛地集成到酶设计过程中。

通过使用更复杂的理论酶（Theozyme）排列，也可以产生更有效的设计。到目前为止，设计是基于含有少量功能侧链的简单 Theozyme 产生的。在所有情况下，这些设计的进化会导致酶的二级结构和三级结构相互作用的复杂排列，以定向和微调关键催化残基的反应性，突出了活性位点残基氢键网络的重要性。尽管向更复杂的 Theozyme 的过渡可以获得更丰富的设计途径，识别具有合适骨架几何形状的蛋白质支架以适应功能组分数量的增加将更具挑战性。

深度学习算法的出现允许直接从一级序列准确预测蛋白质结构，为设计此类定制支架提供了新机会。除了预测蛋白质结构外，机器学习还被用于在蛋白质功能的定向进化过程中能够更智能地指导序列设计，并从零开始生产满足与结合界面相关的约束集蛋白质。下一步是了解如何利用这些"大数据"方法来应对缺乏广泛进化序列信息的新化学反应。为此，深度学习方法现在正被扩展到设计含有由残基集合及其相对几何形状定义的活性位点的蛋白质。这种位点的描述和结构预测方法，如 RosettaFold 或 AlphaFold，可以通过显式优化损失函数来生成折叠到包含该位点的蛋白质序列，评估活性位点的重复程度，或者通过填充缺失的序列和结构信息，然后优化以恢复序列和结构的信息。展望未来，结合深度学习和基本生物物理的混合设计策略将会是一条有效的探索途径。无论采用何种特定设计方法，在可预见的未来，定向进化很可能继续在精简从头酶催化位点方面发挥核心作用。

二、扩大人工酶可催化的化学反应范围

其次，我们必须扩大人工酶可催化的化学反应范围，并为可大规模应用的有价值的化学过程开发催化剂。为了最大限度地发挥合成效用，应特别强调没有天然酶已知的非生物类反应。在这些情况下，小分子催化中采用的机理思路可以用来引导 Theozyme 的设计。在这里，有机化学家和蛋白质设计师之间更广泛的合作，对于确定新目标反应的合适活性位点分布至关重要。通过工程细胞翻译将新的功能氨基酸引入蛋白质中，可以极大地扩展可获得化学反应范围，这些氨基酸可用于通过金属离子辅因子调节催化作用，或用作小分子有机催化剂的基因编码替代物。在有机催化领域，使用少数通用激活模式可以加速很多化学转化过程。因此，在遗传密码中添加一些关键氨基酸可能会使得设计的活性位点取得新活性的突破。在未来，酶设计师和工程师将通过开发用于复杂转化的催化剂，继续推动该领域的发展。因此，使用单一过渡结构来模拟反应方向的所有类型并生成蛋白质-过渡态复合物的静态模型，有效性可能会逐渐降低。相反，需要更全面的设计方法沿反应方向模拟多个化学状态，以处理涉及多个高能过渡状态的复杂反应。

总之，尽管仍有相当大的挑战需要克服，但我们要相信，完全可编程催化将在未来成为现实，在这种催化中，可以从头开始预测新的蛋白质序列，以获得具有所需功能的高效生物催化剂。从学科的角度看，这一目标只能通过利用计算化学和生物学、有机化学、酶学、结构生物学、蛋白质设计、定向进化等领域的专业知识的协作和多学科努力来实现。

第三节 人工酶的设计与构建方法

人工酶的设计与构建方法主要包括以下四种：引入金属辅因子、引入非经典氨基酸、人工光酶的设计与构建以及基于关键过渡态的计算设计。

一、引入金属辅因子

人工金属酶（ArMs）是由蛋白质支架内掺入非生物金属辅因子所构成，能够有效地催化自然界中一些最重要和最困难的反应。设计的第一步是蛋白质支架的选择，一般有非金属酶、天然金属酶、核酸、生物超分子支架等，在该支架中可以进行突变，以结合金属（或金属辅助因子）的配体。通过引入金属辅因子，促进氧化还原化学、自由基过程和挑战性的官能团转化，可以大大扩展天然酶的功能。这些金属酶受益于金属辅因子和蛋白质

支架的协同作用，以加速一些最具挑战性的自然难发生的转化。人工金属酶的设计方法包括四种（图3-3）：预组装金属络合物的锚定、重新设计天然金属蛋白质、"从头开始"创造金属酶、高阶结构组装。

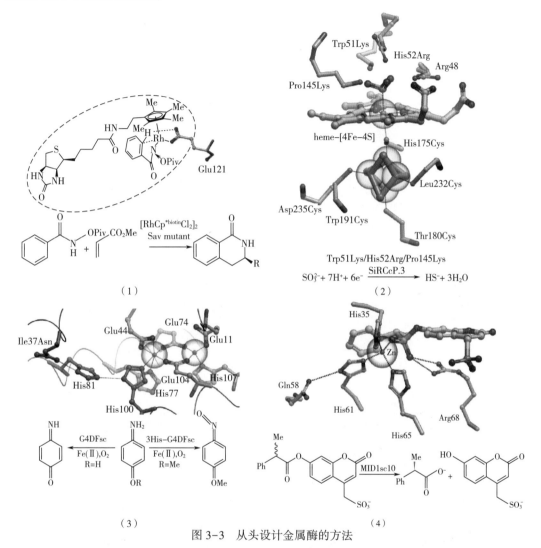

图3-3 从头设计金属酶的方法

（1）预组装过渡金属络合物在宿主支架中的超分子锚定。该方法用于开发包含与链霉亲和素结合的生物素化铑（Ⅲ）络合物的对映选择性苯环酶。设计的天冬氨酸或谷氨酸盐用作催化碱，并与铑辅因子协同工作，以促进关键的C—H活化/原金属化过程；（2）在现有金属酶中引入新的功能成分可以产生新的功能。例如，将［4Fe-4S］簇设计成工程肌红蛋白产生了人工亚硫酸盐还原酶；（3）新的蛋白质支架已经从零开始设计，以结合金属辅因子并调节催化作用。Due Ferri蛋白G4DFsc（金）是一种氢醌氧化酶，采用羧酸桥联二价铁辅因子作为催化中心。将第三组氨基酸配体（绿色）引入金属结合腔中将G4DFsc从氢醌氧化酶转化为芳胺N-羟化酶；（4）设计的含有两个界面锌结合位点的同二聚肽（MID1）作为进化优化的起点，以获得高效且对映选择性的锌水解酶MID1sc10

　　Trp，色氨酸（W）；His，组氨酸（H）；Arg，精氨酸（R）；Pro，脯氨酸（P）；Leu，亮氨酸（L）；Asp，天冬氨酸（D）；Thr，苏氨酸（T）；Gln，谷氨酰胺（Q）；Glu，谷氨酸（E）。其他氨基酸符号还有：Ala，丙氨酸（A）；Val，缬氨酸（V）；Ile，异亮氨酸（I）；Phe，苯丙氨酸（F）；Met，甲硫氨酸（M）；Gly，甘氨酸（G）；Ser，丝氨酸（S）；Cys，半胱氨酸（C）；Tyr，酪氨酸（Y）；Asn，天冬酰胺（N）；Lys，赖氨酸（K）

1. 预组装金属络合物的锚定

一种通用的策略是将预组装的过渡金属络合物锚定到选定的蛋白质支架中，这种方法产生了多种非生物转化的活性催化剂，包括烯烃复分解和转移氢化等。金属离子的引入可以采用多种形式，包括配体/金属的共价锚定和超分子非共价锚定，主要分为以下四种（图3-4）：①位于蛋白质空腔内的碱性氨基酸通过配位键与配位不饱和金属（辅助因子）相互作用；②金属酶的天然金属被另一种金属取代，从而赋予蛋白质新的催化活性，该金属可以是假体基团（例如血红素）的一部分或仅与氨基酸结合，如羧肽酶A；③高亲和力抑制剂（或底物）可用于通过超分子相互作用将金属辅因子锚定在宿主蛋白内；④通过配体上的互补官能团和宿主蛋白上的不可逆反应来实现共价固定。

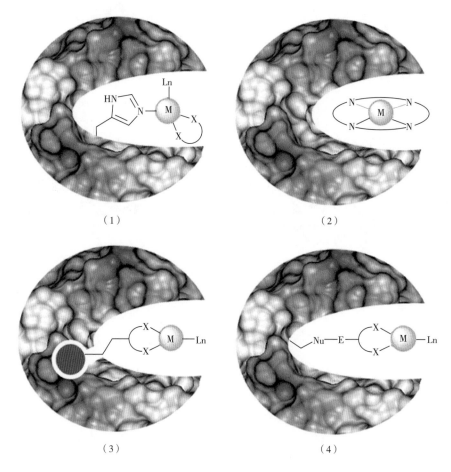

图3-4　ArM组装的四种一般方法

（1）与不饱和金属配合物的配位协调；（2）金属替代；（3）使用高亲和力锚的超分子配位；（4）共价固定

（1）碱性氨基酸与不饱和金属形成配位键　金属与天然金属酶中的三个组氨酸残基通过配位键紧密结合形成金属配合物，然后被各种氧化还原活性金属取代，以产生具有新活性的人造金属酶。例如，锰取代的碳酸酐酶可以作为一种新的过氧化物酶，碳酸酐酶是一种锌金属酶，可催化二氧化碳与碳酸氢盐的水合作用。用锰代替活性位点锌产生的锰碳酸酐酶（CA［Mn］）具有碳酸氢盐依赖性机制的过氧化物酶活性（图 3-5）。首先在 pH 5.5 的乙酸缓冲液中，将牛红细胞来源的碳酸酐酶在锌螯合剂 2,6-吡啶二羧酸中透析除去了 90%~95% 的锌。然后在 pH 6.95 的条件下对碳酸酐酶进行透析，得到了锰替代的碳酸酐酶。通过位点定向诱变将活性位点残基 Asn62、His64、Asn67、Gln92 或 Thr200 替换为丙氨酸，降低了对映选择性。

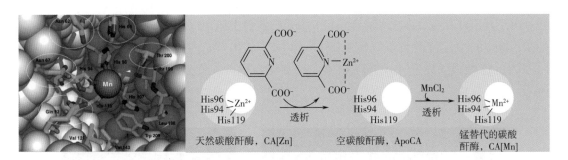

图 3-5　锰替代碳酸酐酶中的活性位点的结构

（2）天然金属酶的金属替换　天然金属酶中的金属活性限制了酶的反应范围，通过表达并纯化缺乏金属复合物的天然金属酶，然后加入其他金属可进行人工金属酶的重构（图 3-6）。例如，Fe-PIX 蛋白可以催化烯烃和在 X—H 键中插入卡宾和硝烯等非生物反应，但其反应范围较窄，通过含有贵金属代替铁的人造血红素蛋白可进行非生物学催化。通过利用 Ir（Me）等非生物贵金属取代 Fe-卟啉蛋白中的 Fe，产生了催化非天然反应的人工金属酶，其中 Ir（Me）-肌红蛋白能够通过卡宾插入催化 C—H 键形成 C—C 键，并将卡宾添加到 β 取代的乙烯基芳烃和未活化的脂肪族 α 烯烃中。通过定向进化获得的突变体能形成 C—H，插入产物的任一对映体，并能催化未活化烯烃的对映和非对映选择性环丙烷化。

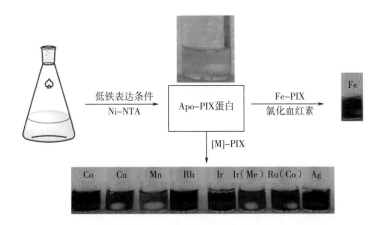

图 3-6　Ni-NTA 纯化和多种载物-PIX 蛋白的金属化

（含有 Co、Cu、Mn、Rh、Ir、Ru 和 Ag 位点的 PIX 蛋白或再生天然含铁蛋白）

（3）超分子相互作用配位锚定　利用抑制剂对蛋白质的高非共价亲和力，将有机金属部分束缚在抑制剂上而在蛋白质环境中引入有机金属部分。例如金属和组氨酸残基通过配位键形成金属配合物，利用无机复合物与蛋白质之间的超分子相互作用将无机复合物直接插入蛋白质中，该配体结构相当复杂，以便提出空间位阻和手性控制环氧化反应中的氧转移。选择来自海栖热袍菌（*Thermotoga maritima*）的 tHisF 作为蛋白支架，利用引入的配位氨基酸与金属 Cu(ii) 之间的超分子相互作用将金属引入（图 3-7）。tHisF 结构具有狭窄的"底部"和宽的"顶部"，其中顶部具有较大裂缝，非常适合引入配位氨基酸。由于其顶部存在 Asp11，而与 Asp11 相邻的 β 链上第 50 和 52 位分别为 Leu 和 Ile，于是在三维空间中定位两个组氨酸侧链 [（4~5）×10^{-10}m 内]，并成功设计了由 Asp11/His50/His52 组成的靠近 tHisF 顶部边缘的金属结合位点。该金属酶能够催化对映选择性的 Diels-Alder 反应。

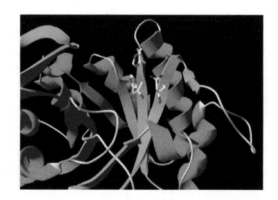 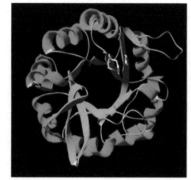

图 3-7　tHisF 中设计的直接金属结合位点

然而，一般来说，设计蛋白质、底物和过渡金属络合物之间的相互作用比较具有挑战性。因此，这些杂化系统实现的催化效率通常低于分离的小分子络合物。一个值得注意的例外涉及对映选择性苯环酶的设计，该酶包含与链霉亲和素支架结合的生物素化铑（Ⅲ）复合物［图 3-3（1）］。这种人工金属酶在分离的络合物上加速苯甲酰胺和烯烃的耦联约 100 倍，生成的二氢异喹诺酮对映体比高达 93∶7。设计的天冬氨酸或谷氨酸盐作为催化碱，与铑辅因子协同工作，可以促进关键的 C—H 活化/原金属化过程。

（4）蛋白与金属互补官能团的共价固定　利用某些氨基酸侧链（Cys、Lys、Ser 等）的显著亲核性将有机金属部分共价锚定入蛋白质支架中。一个典型的案例是用于人工金属蛋白质设计的双锚定策略在蛋白质中引入非天然金属离子或含金属的假体基团可以扩展其功能库，从而扩大其应用范围。通过改变金属配合物和蛋白质来促进非共价情况下的结合，或通过仔细选择蛋白质宿主进行金属配合物的共价附着。但由于蛋白质易变的单个构象无法紧密结合人造金属配合物，因此研究人员设计了一种新的位点选择性双锚定（两点共价附着）策略，将非手性锰复合物［Mn（salen）］引入载脂精鲸肌红蛋白（Mb）中，极大地限制了蛋白质中金属配合物的构象自由度，使金属复合物与蛋白质紧密结合（图 3-8）。

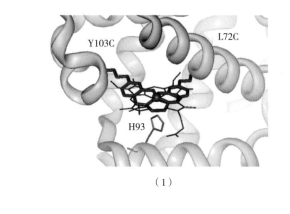

图 3-8　Mb（L72C/Y103C）的计算机模型（1）及其共价连接覆盖血红素（2）

2. 重新设计天然金属蛋白质

另一种常用的金属酶设计方法是重新设计天然金属蛋白质，以安装与天然辅因子协同工作的新功能元件。一个典型案例是通过分别将铜（CuB）和非血红素铁（FeB）结合位点改造到血红素蛋白肌红蛋白的远端口袋中，开发血红素铜氧化酶和一氧化氮还原酶的功能模拟物。与天然酶相比，这些从头合成金属酶的异核中心构建在一个小而坚固的蛋白质支架中，该支架易于生产、改造和结晶，便于高分辨率结构表征。这种系统为阐明天然金属酶实现的高效率和选择性的构效关系提供了理想的模型。这种方法最近被用于设计一种催化亚硫酸盐还原的人工酶［图 3-3（2）］，通过使用 RosettaMatch 和酶设计算法设计细胞色素 C 过氧化物酶近端口袋中的铁硫簇，以及协调天然血红素辅因子和［4Fe-4S］簇的桥联半胱氨酸配体。随后为了提高初始酶的活性，通过在底物结合袋中靶向引入带正电的 Arg 和 Lys 残基以及靠近［4Fe-4S］簇的 Cys235 残基，初始设计的亚硫酸盐还原酶活性被提高了 60 倍以上。该最优突变体的活性仅是结核分枝杆菌的天然亚硫酸盐还原酶的 1/5。

3. "从头开始"创造金属酶

"从头开始"创造金属酶，设计新的蛋白质支架以结合金属辅因子并调节催化作用，具有完全控制金属蛋白质序列、结构和功能的前景。该领域的大多数研究集中在将金属离子和金属卟啉辅因子的结合位点引入设计的 α-螺旋束中，从而产生用于水解反应、氧化还原过程和卡宾转移的蛋白质催化剂。引入复杂的双核辅因子，如羧酸桥联的二铁中心，可获得一个具有各种 O_2 依赖性活性的 Due Ferri 蛋白质家族。有趣的是，这些铁蛋白的催化功能可以通过金属配位环境的合理重新编程来改变 [图 3-3（3）]。例如，通过将 G4DFsc 第三个 His 配体引入金属结合腔，成功地从氢醌氧化酶转化为芳胺 N-羟化酶。

4. 高阶结构组装

在多肽或蛋白质亚单位的界面上也可以设计金属结合位点，以指导高阶结构的组装。例如，设计的同二聚体肽含有两个界面锌结合位点，其对酯键水解也表现出活性，这是疏水口袋附近的空白金属配位位点造成的。二聚体亚单位的 N 端和 C 端融合以及去除其中一个锌结合位点获得了单链突变体，该突变体经过广泛的实验室进化以提高其水解效率和选择性 [$k_{cat}/K_m \approx 106 L/(mol \cdot s)$] [图 3-3（4）]。然后通过解析进化酶与过渡态类似物复合高分辨率晶体结构揭示了催化机理，结果表明催化锌离子由三个组氨酸配体配位，并以金属氢氧化物的形式激活亲核水，而活性位点 Arg64 通过氢键稳定阴离子过渡态。随后，这种简单的螺旋束支架被用来开发催化分子间 Diels-Alder 反应的有效催化剂，通过定向进化获得了化学和立体选择性金属酶，它使用路易斯酸催化并通过精准设计定位的氢键网络来有效稳定过渡态。

二、引入非经典氨基酸

蛋白质功能的多样性由 20 种经典氨基酸的排列组合及侧链官能团间的相互作用共同决定。酶的一般设计策略通常依赖于 20 种经典氨基酸，但 20 种经典氨基酸所包括的有限化学基团在某些情况下并不能够完全满足蛋白质功能的需求，且这种有限的功能限制了从头设计活性位点的催化机制。而引入新的化学基团有望丰富蛋白质的物理化学性质，产生新的生物学功能。非经典氨基酸（Noncanonical amino acids，ncAAs）种类繁多，其结构与性质的多样性远超经典氨基酸。

蛋白质结构和功能的化学和生物多样性可以通过在特定位置引入携带各种特殊侧链的非经典氨基酸而不断扩大。非经典氨基酸引入的主要方法有以下几类：

（1）固相肽合成（Solid-phase peptide synthesis）　可用于合成不超过 50 个氨基酸残基的含非经典氨基酸多肽；通过内含肽技术将合成的短肽共价相连可获得较大分子质量的含非经典氨基酸蛋白质，但该方法并不能用于大分子共价交联蛋白的开发。

（2）无细胞翻译系统（Cell-free translation systems）　也可用来合成含非经典氨基酸的蛋白质，该技术的关键在于首先要在体外制备能被核糖体识别的装载有非经典氨基酸的氨酰 tRNA。

（3）在某种天然氨基酸营养缺陷型菌株的培养基中加入结构类似的非经典氨基酸，菌体内的翻译系统可将其错误地插入整个蛋白质中，该方法有可能扰乱菌体内一些关键蛋白质的功能，存在细胞毒性，降低目标蛋白质产量。上述方法尽管均可有效制备含非经典氨基酸的蛋白质或多肽，但都具有各自的局限性，比如非位点特异性、不可持续且生产成本高、只能应用于天然氨基酸的结构类似物等。

（4）遗传密码子扩展技术（Genetic code expansion）　能够有效克服上述局限性，实现在生物体内向蛋白质或多肽中位点特异性插入各种非经典氨基酸。

遗传密码由 61 个密码子组成，用于指定 20 种天然存在的氨基酸和 3 个密码子作为停止信号。为了将非经典氨基酸融入现有的遗传密码系统中，必须生成针对它们的新密码子。遗传密码子扩展技术是指通过在生物体内引入外源"氨酰 tRNA 合成酶-tRNA 对（aaRS/tRNA 对）"，借助特殊密码子（如 UAG、UGA 等）向目的蛋白中位点特异性插入非经典氨基酸 [图 3-9（1）]。目前应用较为广泛的外源 aaRS/tRNA 对，包括来源于古生菌詹氏甲烷球菌（*Methanococcus jannaschii*）的酪氨酰 aaRS/tRNA 对、巴氏甲烷八叠球菌（*Methanosarcina barkeri*）的吡咯赖氨酰 aaRS/tRNA 对，以及来源于大肠杆菌（*E. coli*）的酪氨酰 aaRS/tRNA 对和亮氨酰 aaRS/tRNA 对。以野生型外源 aaRS/tRNA 对为基础，通过构建突变体库并在宿主细胞中进行基于特定非经典氨基酸的正负筛选，获得与内源性 aaRS/tRNA 对和天然氨基酸不存在交叉反应且能特异性识别非经典氨基酸的突变体，是遗传密码子扩展技术的关键。基因编码的非经典氨基酸（ncAA）为如何在分子水平上探索酶提供了新思路，并已被用于提高生物催化剂的活性和稳定性。而种类繁多的非经典氨基酸砌块的设计也为具有非天然催化机制的新酶设计提供了方法。

这种方法最典型的案例就是新型水解酶（OE1）的设计，该水解酶使用 N_δ-甲基组氨酸（Me-His）作为非标准催化亲核试剂，与广泛使用的化学亲核催化剂 DMAP [4-二甲氨基吡啶，图 3-9（2）] 具有类似的反应模式。研究者利用能够催化双分子森田-贝里斯-希尔曼（Morita-Baylis-Hillman，MBH）反应的高效对映选择性酶 BH32.14（BH32）作为催化重塑的模板，对水解反应进行探究。实验数据表明 BH32 中 His23 会与底物迅速形成酰基中间体，但 His23 酰基中间体稳定且耐水解抑制酶的催化。研究推测在酰化形成中性物质后非配位 N_δ 原子上质子的损失，导致中间体水解缓慢。作者利用吡咯赖氨酰-tRNA 合成酶/吡咯赖氨酰-tRNA 向 BH32 中引入非经典的 N_δ-甲基组氨酸亲核试剂替换 His23 可以产生更具反应性的酰基咪唑中间体，实现酰基酶中间体的高效水解。随后通过循环迭代进化实现 OE1 的优化，其中突变体 OE1.3 在促进酯水解方面比等效的小分子催化剂高出 4 个数量级，突变体 OE1.4 更是能够催化对映选择性水解。

类似地，将对氨基苯基丙氨酸（pAF）引入转录调节蛋白 LmrR 可以用来设计合成肟和腙的人工酶 LmrR_pAF [图 3-9（3）]。尽管初始 LmrR_pAF 仅有微弱的活性，但是通过多轮定向进化的优化后，最终获得了一株四突变体，其 k_{cat} 提高了 55 倍，在溶液中的效率比苯胺高了 26000 倍。这些研究表明，在可进化蛋白质支架中引入"有机催化"模式是一种通用的有效策略，可以获得比小分子有机催化剂效率高几个数量级的酶。天然酶催化能力的一个关键特征是它们能够协同利用多种催化机制。近日，周志等报道了人工酶设计领域的一项重要进展，在将 pAF 引入 LmrR 的同时，利用超分子自组装引入 Lewis 酸性位点与 Cu(ii) 形成配合物。在催化过程中 pAF 通过亚胺离子形成激活烯醛，同时酸性 Cu(ii) 配合物通过烯醇化激活迈克尔供体并将其传递到激活的烯醛的首选前手性面，结果实现高活性和对映体选择性（*ee* > 99%）的迈克尔加成反应。这项研究表明非生物催化基团的协同组合是实现重要有机反应的一种有效途径。基于 LmrR 非对称迈克尔加成反应的人工酶如图 3-10 所示。

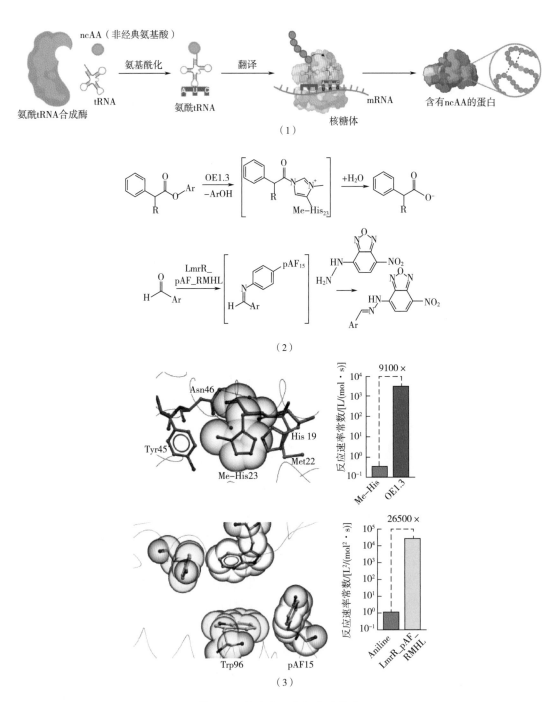

图 3-9 具有非经典氨基酸的酶

（1）一种正交氨酰 tRNA 合成酶将其同源 tRNA 与非经典氨基酸（ncAA）氨基酰化。在翻译延伸期间，氨基酰化的 tRNA 在核糖体上响应 mRNA 中的 UAG 密码子进行解码，导致在生长的聚合物中添加 ncAA；（2）遗传编码的 N_δ-甲基组氨酸（Me-His）残基可以作为非标准催化亲核试剂，在从头活性位点促进对映选择性酯水解。组氨酸甲基化对于催化功能至关重要，因为它可以防止由典型组氨酸亲核试剂衍生的非反应性酰基酶中间体的形成。柱形图显示，与溶液中游离的 N_δ-甲基组氨酸相比，OE1.3 的反应速率常数提高了 9000 倍；（3）安装在工程 LmrR 中的对叠氮苯基丙氨酸（pAzF）残基的翻译后化学还原揭示了设计用于促进腙形成的对氨基苯基丙氨酸（pAF）催化亲核试剂

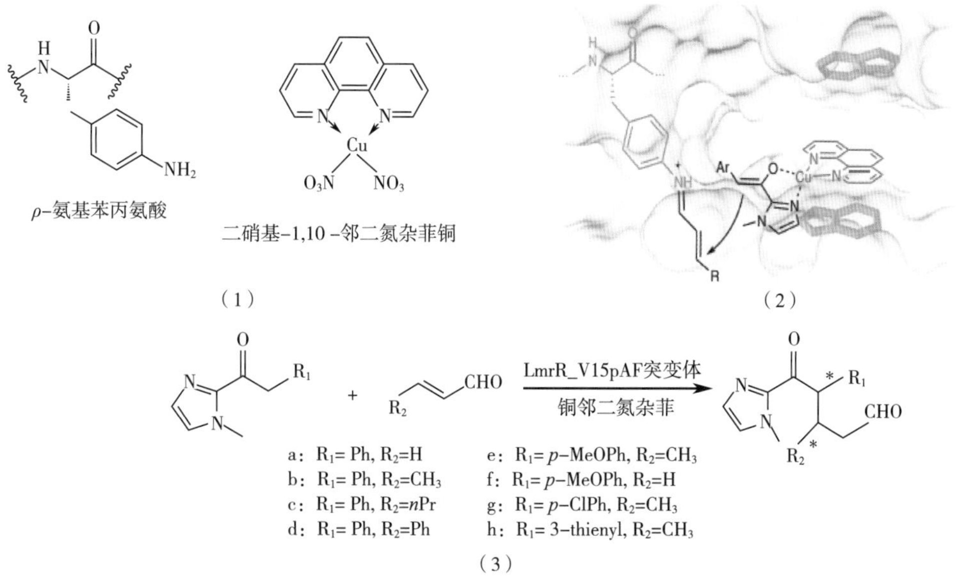

ρ-氨基苯丙氨酸

二硝基-1,10-邻二氮杂菲铜

（1）

（2）

LmrR_V15pAF突变体
铜邻二氮杂菲

a：R$_1$=Ph, R$_2$=H   e：R$_1$=p-MeOPh, R$_2$=CH$_3$
b：R$_1$=Ph, R$_2$=CH$_3$ f：R$_1$=p-MeOPh, R$_2$=H
c：R$_1$=Ph, R$_2$=nPr   g：R$_1$=p-ClPh, R$_2$=CH$_3$
d：R$_1$=Ph, R$_2$=Ph   h：R$_1$=3-thienyl, R$_2$=CH$_3$

（3）

图 3-10   基于 LmrR 非对称迈克尔加成反应的人工酶
* 表示小分子的手性中心，下文中分子式中的 * 意义同此。

三、人工光酶的设计与构建

1. 重利用天然光酶

自然界本身存在可以直接利用光能的天然酶。其中最主要的代表酶是脂肪酸光脱羧酶（FAP），可以吸收和利用蓝光，催化脂肪酸脱去羧基变成烷烃或烯烃。另外一类可以利用光能的酶是 DNA 光裂合酶（Photolyase），主要作用是修复生物体在紫外线照射下受损的 DNA。重新利用天然光酶，主要通过新光酶的发现和天然光酶的定向进化实现。

Beisson 和同事们发现藻类新光酶将脂肪酸转化为烷烃或烯烃（图 3-11）。有几种微藻能够在光照条件下将长链脂肪酸转化成烷烃或烯烃，随后作者发现了脂肪酸光脱羧酶，随后通过晶体结构解析，解析了光脱羧酶的催化机制。这一成果的出现，可用于将廉价长链烷烃或烯烃裂解为高附加值短链烷烃或烯烃。此外，以 FAP 为底盘，在弄清楚机理的基础上，可以设计能够直接利用光能高效催化短链脂肪酸脱羧的人工酶。这将使燃料的高效生物合成成为可能，而且利用光能也使得生产过程更加节能环保。

另一种方法是天然酶的定向进化，例如改造光脱羧酶实现的光驱动脱羧氘化。在分子中引入氘原子具有重要应用，特别是在药物化学中，由于 C—D 键的化学键能比 C—H 键高，C—D 键的引入能有效地调整药物分子的吸收、分布和毒理学性质，因此近年来氘代药物技术已经成为新药研发的一个重要途径。研究人员设计了一种光敏脂肪酸脱羧酶催化合成氘代烷烃的新方法，利用聚焦理性迭代定点突变的策略，通过多样性的定向进化路线，对来源于小球藻的脂肪酸光脱羧酶（CvFAP）进行蛋白质工程改造，显著提升了该酶

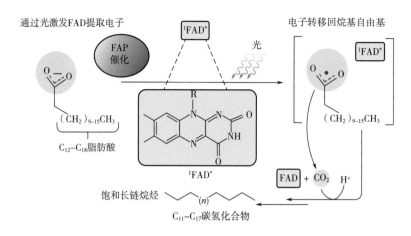

图 3-11　脂肪酸光脱羧酶的机制解析和应用

对长链、中链、短链、手性、含有芳香环的大体积等多种羧酸的反应活性，以较高产率和氘代率合成了多系列氘代化合物。*Cv*FAP 的功能和关键位点分析见图 3-12。

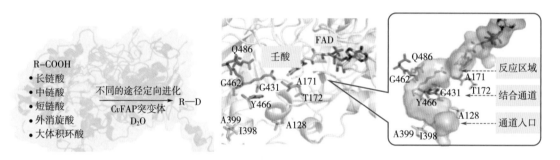

图 3-12　*Cv*FAP 的功能和关键位点分析

2. 新酶辅因子依赖光酶

含有 NAD(P)H 和黄素（FAD 或 FMN）的酶在自然界中普遍存在，并参与了许多非光驱动的中心代谢双电子氧化还原过程。这些氧化还原活性辅因子酶可以与非天然底物形成电子供体-受体（EDA）复合物。这种 EDA 的可见光激发复合物已被证明可以产生自由基，在温和条件下通过单电子转移（SET），使辅因子依赖的酶进行光诱导催化反应。新的酶辅因子依赖光酶，主要包括 NADP⁺依赖的光酶和黄素（FAD 或 FMN）依赖的光酶。

（1）NADP⁺依赖的光酶　利用自然界催化剂进行化学催化无法实现的非天然转化是非常可取的，但也是具有挑战性的。一方面，广泛存在的烟酰胺依赖性氧化还原酶尚未用于单电子转移诱导的双分子交叉耦联；另一方面，由于强烈的外消旋背景反应，向末端烯烃添加催化不对称自由基共轭物仍然是一个挑战。研究人员开发了一种化学模拟生物催化方法，通过光诱导化学模拟生物催化对映选择性分子间自由基共轭加成（图 3-13）。该方法通过可见光激发和烟酰胺依赖的酮还原酶（KRED），通过 *N*-（酰氧基）邻苯二甲酰亚胺衍生自由基与受体取代的末端烯烃的非天然分子间共轭加成，构建 α-羰基立体中心。基于蛋白质晶体结构，研究人员通过半理性突变策略改造了 KRED，通过小而精的高质量变体库改善反应结果。结合湿实验、晶体学研究和计算模拟的机理研究表明，改造获得的生物催化剂可以抑制外消旋背景反应和副反应，达到了化学催化难以实现的对映选择性。

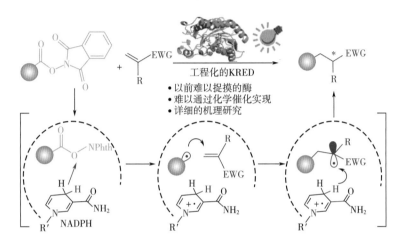

图 3-13　光诱导化学模拟生物催化对映选择性分子间自由基共轭加成

（2）黄素（FAD 或 FMN）依赖的光酶　不对称催化烯烃的自由基氢烷基化存在两方面挑战，反应的第一步涉及烷基自由基对烯烃的面选择性加成，第二步则关系到加成后形成的前手性自由基面选择性地攫取氢原子，目前仍旧缺乏合适的手性催化剂为其提供有效的手性环境。除此之外，相应非手性的自由基环化反应还常常伴随着氢化脱卤、低聚等竞争过程。Todd K. Hyster 教授课题组借助光激发策略改变了黄素依赖型烯还原酶的催化性能，实现了酶催化 α-氯代酰胺的不对称自由基环化反应（图 3-14）。相比于以往发展的酶催化的不对称自由基反应，该方法首次完成了立体选择性 C—C 键的构建，可用于立体选择性地合成五至八元环的 β-手性内酰胺产物［最高可达 >99∶1 的对映体比例（er），98∶2 的非对映体比例（dr）］，该研究通过酶催化高立体选择性的特点，实现了不对称催化烯烃的自由基氢烷基化，解决了这一过去难以解决的问题。

图 3-14　光激发黄素酶催化立体选择性自由基环化

3. 光催化剂与酶协同作用

结合生物催化和光催化的优点，可以实现由可见光驱动的选择性转化，并具有许多优势，包括新的反应性、高对映体选择性、更绿色的合成和高产率。光催化反应通常可以在室温或接近室温的条件下发生，这就为与酶催化相结合提供了可能。除此之外，光催化反应还可通过电子及能量转移过程产生在水体系中稳定并且可与酶分子中官能团兼容的中间体，从而促进后续反应进行。生物系统能够依赖兼容性和选择性良好的多种酶同时催化合成复杂的天然产物及代谢产物。科学家将这些生物系统的优点与人工化学催化反应相结合，设计出顺序、并发和协同的化学-酶反应参与催化过程。在过去的 30 年里，协同的化学-酶反应仅在消旋醇和胺的化学-酶动态动力学拆分和需要同时再生辅因子的酶促反应中得到应用。发展新型的化学-酶协同反应以实现有价值的化学转化十分有必要。研究者将光催化反应与酶促还原反应相结合，发展出一种新型的化学-酶协同反应。一个典型的案例是光催化剂催化的烯烃异构化反应与酶促还原反应相结合进行协同催化。近期，美国伊利诺伊大学香槟分校的赵惠民（Huimin Zhao）教授和加州大学伯克利分校的 John F. Hartwig 教授等人合作报道了一种结合了光催化和酶催化的不对称合成反应，烯烃发生异构化并进行碳—碳双键的还原，由此高选择性地得到单一对映异构体产物（图 3-15）。该方法可实现烯烃异构体混合物的立体会聚式还原，并展示了光催化剂与酶良好的兼容性。

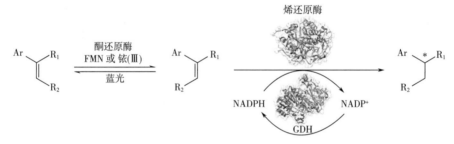

图 3-15　结合了光催化和酶催化的烯烃异构化和 C—C 还原
GDH：谷氨酸脱氢酶。

4. 人工光酶的构建

人工光酶突破了酶只能用于天然产物生产的局限性，使酶能够用于化学药物、新材料等更多非天然合成化学品的生产。人工光酶集成了化学催化剂的独特反应性和生物催化剂的专一选择性的优势，为解决手性光反应这一挑战性难题提供了一种全新的策略。构建人工光酶，主要通过构建从理论模拟角度来看比较有希望的蛋白质，并基于已经构建的大量光化学反应的底物库进行了大量的筛选。

最具代表性的案例是华中科技大学化学与化工学院钟芳锐教授、吴钰周团队与西北大学陈希教授合作，利用合成生物学前沿技术对蛋白质进行化学改造，引入了自然界不存在的光催化剂，创造了世界上首个具有能量转移作用机制的手性催化人工光酶。作者提出了"三重态光酶"的概念，为激发态光反应的手性催化合成提供了一种原创性方案。团队基于有机合成、基因工程、蛋白质工程、酶理论计算和结构生物学等交叉学科背景，将合成化学发展的二苯甲酮类优异光敏剂通过基因密码子拓展技术定点插入选定蛋白质的手性空腔中，构建了含非天然催化活性中心的人工三重态光酶 TPe（图 3-16）。由于二苯甲酮独特优异的三重态光物理性质，该光酶具有能量转移催化的非天然功能和作用机制，能催化底物从分子基态跃迁到激发态发生光反应。通过化学改造构建的第一代三重态光酶TPe1.0，团队通过四轮突变迭代优化酶的氨基酸残基和反应空腔结构，建立了突变体文库，完成了光酶的定向进化，最终获得了优异的突变体TPe4.0。该光酶能高效催化吲哚衍生物的分子内［2+2］光环加成反应，所获得的环丁烷并吲哚啉类产物具有良好的底物普适性和手性选择性（可以获得>99%的单一手性异构体）。陈希团队通过 X 射线解析光酶与底物配合物的单晶结构，阐明了反应优异的手性选择性来源于光敏剂和周边关键氨基酸残基与底物之间形成的氢键等多重协同作用。

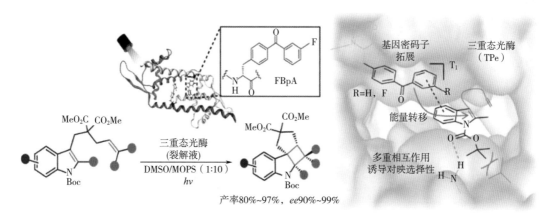

图 3-16 三重态光酶（TPe）催化能量转移［2+2］光环加成反应示意图

Boc：叔丁氧羰基（tert-butoxycarbonyl）；DMSO/MOPS：二甲基亚砜（Dimethyl Sulfoxide）/3-（N-吗啉基）丙磺酸［3-（N-Morpholino）propanesulfonic acid］；hv：用于驱动光反应的光能；FBpA：4-二羟硼基-2-18F-氟-苯丙氨酸（4-Borono-2-18F-fluoro-phenylalanine）

另一个典型的案例是生物催化交叉耦联-光驱动卤代芳烃羟化脱卤酶合成酚类物质。作者开发出一种温和条件下光敏金属酶催化交叉耦联反应的策略，这种人工光敏酶可有效整合 PSP 蛋白及 NiII（bpy）配合物，可通过精确调控两者之间的距离，提高反应催化效率，其可将芳基卤化物高效转化为苯酚类物质，同时对形成高价值 C—N 键也具有潜力。光驱动还原脱卤酶的设计见图 3-17。作者将对溴苯甲醛作为底物分子，在水相体系中考察了此光敏蛋白 PSP-NiII（bpy）催化芳基卤化物脱卤与水进行交叉耦联合成酚类物质的活性，结果发现温和条件下即可合成酚类。进一步的底物扩展实验表明，反应体系对不同取代的底物分子均以优异的产率得到相应苯酚类产物，同时也可进一步用于卤代芳烃脱卤构建 C—N 键。瞬态光谱实验表明，在任何条件下，均未观察到 PSP 自由基信号，因此，反应过程中可能没有产生 PSP 自由基，N,N-二异丙基乙胺（DIPEA）仅作为碱促进产物的形成，PSP 光敏蛋白吸收光能后通过能量转移促进激发态 NiII 复合物的形成，随后通过还原消除及氧化加成循环，实现酚类产物的合成。通过在 PSP 蛋白表面不同位点引入 Cys 突变体，进一步探其发色团与镍催化中心之间距离对反应活性的影响。实验结果表明，两者之间距离太大或太小均对反应活性存在较大影响，两者之间存在最适反应距离。

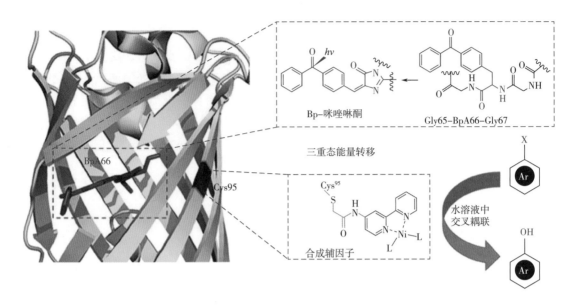

图 3-17　光驱动还原脱卤酶的设计

BpA66：二苯甲酮-丙氨酸（benzophenone-alanine）；hv：用于驱动光反应的光能；Bp-咪唑啉酮（Bp-imidizoli-none）；"Bp"代表"bipyridine"（联吡啶），而"imidizolinone"指的是含有咪唑并啉酮结构的化合物

注：图中黄色蛋白是人工脱卤酶；红色方框内容是基因编码光敏剂；蓝色方框内容是合成的人工计算辅因子；绿色箭头部分是非生物交叉耦联反应。

四、基于关键过渡态的计算设计

最近，酶计算设计（图 3-18）已成为一种强大且灵活的方法，它不依赖于不完美过渡态类似物的可用性。设计过程包括以下一般步骤：

（1）Theozyme———一种理想化的活性位点模型的设计和生成，包括量子力学计算的过渡态和过渡态稳定所需氨基酸侧链的关键官能团。

（2）将 Theozyme 对接到具有结构特征的蛋白质中，以识别空间互补支架，该支架可以容纳关键催化基团并连接到蛋白质骨架。

（3）重新设计活性位点及其周围的残基，以优化 Theozyme 的骨架。到目前为止，这一过程已经为一些模式反应设计了蛋白质催化剂。尽管最初设计出的酶活性通常比较低，但它们可以通过实验室定向进化进行优化。在比较顺利的情况下，这种计算设计和定向进化的结合获得的生物催化剂效率与天然酶相当。全面了解活性提高的分子变化机理可以为改进设计方案提供信息支撑。

Kemp 消除反应，例如转化 5-硝基苯异噁唑为水杨腈，是酶设计师常用的目标反应，是研究碳质子转移的一个常用模型系统［图 3-19（1）］。进化酶 HG3.17 是迄今为止报道的最有效的 Kemp 酶，其催化 5-硝基苯异噁唑的脱质子化的效率约为 $k_m \approx 700$ 个/s，比初始设计出的母体（HG3）提高了 1000 倍，与许多天然酶中观察到的质子转移速率相当。

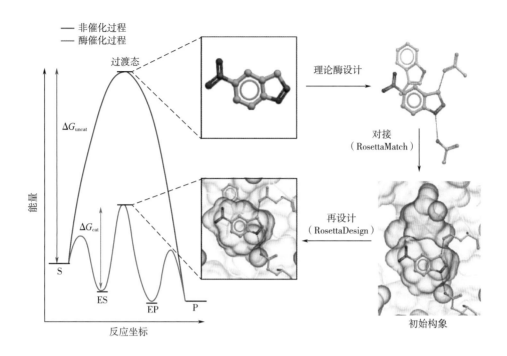

图 3-18　酶的计算设计

　　图上显示了非催化（红色）和酶催化（蓝色）单步反应的反应曲线，其中 S 为底物，P 为产物，ES 为酶-底物复合物，EP 为酶-产物复合物。基于蛋白质稳定限速转变状态的能力，计算方法用于设计蛋白质中的新活性位点。一个典型的过程从量子力学计算目标转变的过渡态开始，称为 Theozyme。关键官能团，如稳定过渡态所需的氨基酸链替代物，明确包含在计算中。然后，使用 RosettaMatch 等程序将生成的集合（代表最小活性位点的理想模型）对接到具有结构特征的蛋白质支架中。然后通过计算重新包装选定的结合袋，例如采用 RosettaDesign，以优化底物和过渡态之间的相互作用。随后对设计进行排序并进行实验测试。有前途的设计可以使用定向进化进行实验优化。

　　这种较高的活性主要是因为高效的双功能催化，设计的催化碱 Asp127 和 Gln50 位于一个活性位点内，可以稳定酚氧化物离去基团上形成的负电荷，使得该活性位点可以很好地适应底物的催化。随后，使用低温和高温晶体学以及核磁共振（NMR）光谱的组合对 HG3、HG3.17 和中间突变体 HG3.7 进行表征，蛋白质骨架的构象整体在进化过程中发生了改变，HG3 设计中观察到的非生产性构象减少了，有利于产生高活性构象子状态。有趣的是，作为设计模板的原始木聚糖酶支架中不存在这种活性构象。

　　除了简单的质子转移反应外，计算设计和定向进化的结合也创制了催化双分子羟醛缩合和 Diels-Alder 的高效催化剂。迄今为止活性最高的醛缩酶 RA95.5-8F 是在 RA95 设计的基础上经过定向进化后获得的［图 3-19（2）］。它裂解含氟荧光底物（R）-美沙酮的 k_{cat} 值约为 $10.5s^{-1}$，与天然 I 型醛缩酶的催化效率相当。通过荧光激活液滴筛选对突变文库进行超高通量筛选，可以每秒评估约 2000 个序列，从而促进了高效酶的发现。有趣的是，最初设计的 RA95 中亲核试剂 Lys210 通过形成席夫碱（Schiff base）中间体进行催化，在进化过程中被 RA95.5-8F 中的 Lys83 所代替，因为其更具反应性。RA95.5-8F 的结构和生化表征表明，Lys83 构成了复杂催化中心的一部分，该催化中心包含 Lys-Tyr-Asn-Tyr

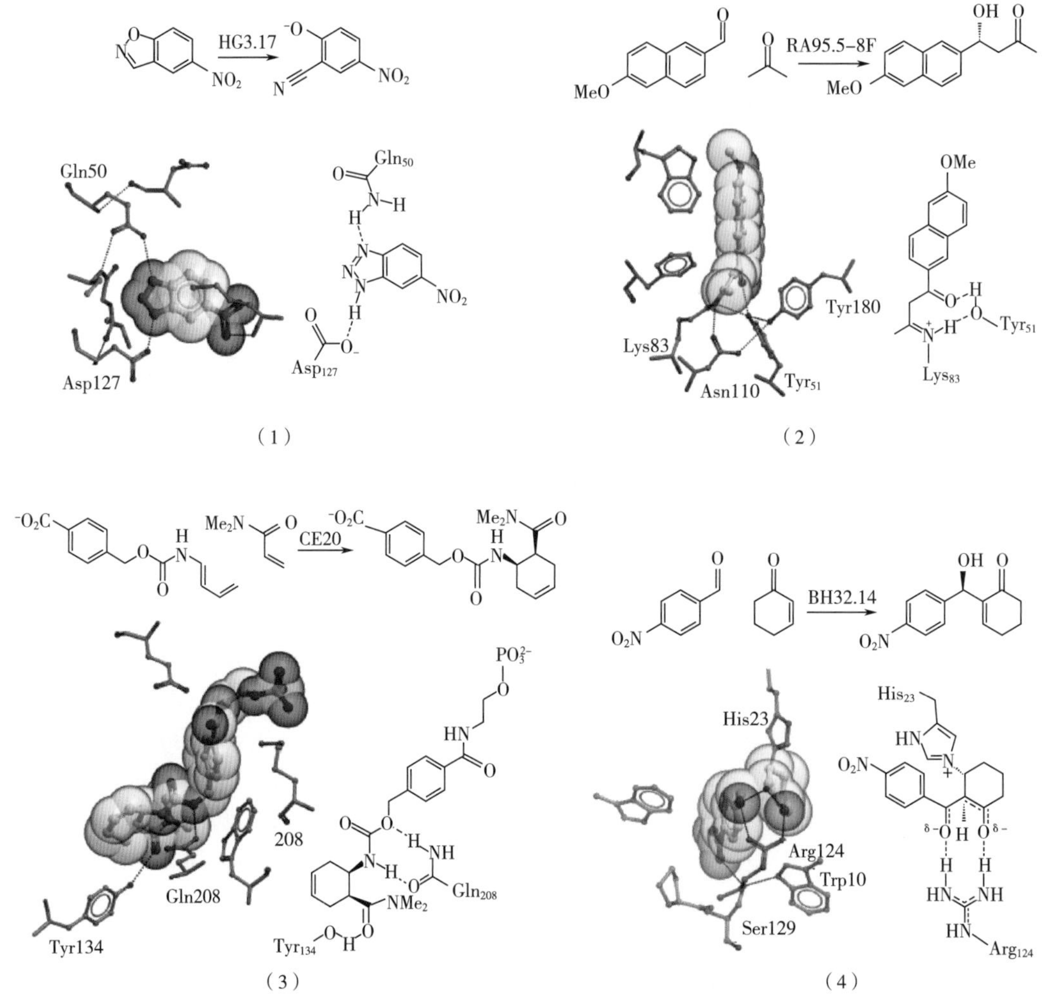

图 3-19　通过计算设计和定向进化的从头酶

（1）Kemp 酶 HG3.17 采用设计的 Asp127 催化碱和 Gln50 作为氧阴离子稳定剂催化 5-硝基苯异噁唑的脱质子；
（2）进化的逆醛缩酶 RA95.5-8F 利用 Lys-Tyr-Asn-Tyr 催化四联体切割荧光底物（R）-美沙酮；（3）CE20 加速了
4-羧基苄基-trans-1,3-丁二烯-1-氨基甲酸酯和 N,N-二甲基丙烯酰胺的 Diels-Alder 反应。催化侧链 Gln208 和 Tyr134
与二烯和亲二烯形成氢键相互作用，以减小 HOMO-LUMO 能隙；（4）对映选择性 Morita-Baylis-Hillmanase BH32.14
采用设计的 His23 亲核试剂和催化 Arg124 促进 4-硝基苯甲醛和 2-环己烯-1-酮的耦联。Arg124 在构象状态之间穿梭
以稳定多个氧阴离子中间体和沿着复杂反应坐标的过渡状态

四联体，而且该四联体出现在设计的疏水口袋附近。在设计 Diels-Alder 酶时，其最优突
变体 CE20 的结构与原始设计模型 DA20_00 表现出良好的一致性，且其能够催化 4-羧基
苄基-trans-1,3-丁二烯-1-氨基甲酸酯和 N,N-二甲基丙烯酰胺的选择性环加成［图 3-19
（3）］。特别地，Gln208 和 Tyr134 催化侧链的构象与结合的产物二烯和亲二烯形成氢键相
互作用，以减少前者的最高占据分子轨道（HOMO）和后者的最低占据分子轨道
（LUMO）之间的能垒，这在整个进化轨迹中都与设计模型密切匹配。在酶优化过程中引

入的残基变化逐渐重塑了活性口袋，以实现反应物预组织成更有效的双分子反应生产构象。

鉴于酶计算设计和催化抗体技术在概念上的相似性，早期的计算设计工作针对的是以前用抗体实现的化学转化。我们要设计实际应用中有用的生物催化剂，必须超越抗体的催化功能，开发用于更复杂化学过程的酶，而这些过程目前没有有效的蛋白质催化剂。为此，在对初始计算设计进行广泛进化优化后，最近开发了一种用于双分子森田-贝里斯-希尔曼（Morita-Baylis-Hillman，MBH）反应的高效对映选择性酶（BH32.14）［图 3-19 (4)］。结晶学、生物化学和计算研究表明，BH32.14 的选择性催化作用是通过复杂的活性位点排列实现的，包括初始设计的 His23 和进化过程中得到的 Arg124。该催化精氨酸在构象状态之间穿梭，沿复杂反应坐标稳定多个氧阴离子中间体和过渡状态。精氨酸是有机合成中常用的双齿氢键催化剂的基因编码替代物，可用于催化大量化学转化，包括 MBH 反应。

参考文献

［1］Agresti J J, Antipov E, Abate A R, et al. Ultrahigh-throughput screening in drop-based microfluidics for directed evolution ［J］. Proceedings of the National Academy of Sciences of the USA. USA, 2010, 107: 4004-4009.

［2］Althoff E A, Wang L, Jiany L, et al. Robust design and optimization of retroaldol enzymes ［J］. Protein Science, 2012, 21: 717-726.

［3］Anishchenko I, Pellock S J, Chidyausiku T M, et al. De novo protein design by deep network hallucination ［J］. Nature, 2021, 600: 547-552.

［4］Arnold F H. Directed evolution: bringing new chemistry to life ［J］. Angewandte Chemie International Edition, 2018, 57: 4143-4148.

［5］Baek M. Accurate prediction of protein structures and interactions using a three-track neural network ［J］. Science, 2021, 373: 871-876.

［6］Baker D. An exciting but challenging road ahead for computational enzyme design ［J］. Protein Science, 2010, 19: 1817-1819.

［7］Basler S, Studer S, Zou Y, et al. Efficient Lewis acid catalysis of an abiological reaction in a de novo protein scaffold ［J］. Nature Chemistry, 2021, 13: 231-235.

［8］Becker S, Schmoldt H U, Adams T M, et al. Ultra-high-throughput screening based on cell-surface display and fluorescence-activated cell sorting for the identification of novel biocatalysts ［J］. Current Opinion in Biotechnology, 2004, 15: 323-329.

［9］Bedbrook C N, Yang K K, Rice A J, et al. Machine learning to design integral membrane channelrhodopsins for efficient eukaryotic expression and plasma membrane localization ［J］. PLoS Computational Biology, 2017, 13: e1005786.

［10］Beeson T D, Mastracchio A, Hong J B, et al. Enantioselective organocatalysis using SOMO activation ［J］. Science, 2007, 316: 582-585.

［11］Bhagi-Damodaran A, Michael M A, Zhu Q, et al. Why copper is preferred over iron for oxygen activation and reduction in haem−copper oxidases ［J］. Nature Chemistry, 2017, 9: 257−263.

［12］ Biegasiewicz K F, et al. Photoexcitation of flavoenzymes enables a stereoselective radical cyclization ［J］. Science, 2019, 364: 1166−1169.

［13］ Bjelic S, et al. Computational design of enone−binding proteins with catalytic activity for the Morita−Baylis−Hillman reaction ［J］. ACS Chemical Biology, 2013, 8: 749−757.

［14］ Blomberg R. Precision is essential for efficient catalysis in an evolved Kemp eliminase ［J］. Nature, 2013, 503: 418−421.

［15］ Bolon D N, Mayo S L. Enzyme−like proteins by computational design ［J］. Proceedings of the National Academy of Sciences of the USA, 2001, 98: 14274−14279.

［16］ Bornscheuer U T, Huisman G W, Kazlauskas R J, et al. Engineering the third wave of biocatalysis ［J］. Nature, 2012, 485: 185−194.

［17］ Broom A, Rakotoharisoa R V, Thompson M C, et al. Ensemble−based enzyme design can recapitulate the effects of laboratory directed evolution in silico ［J］. Nature Communications. 2020, 11: 4808.

［18］ Bryson D I, Fan C, Guo L T, et al. Continuous directed evolution of aminoacyl−tRNA synthetases ［J］. Nature Chemical Biology, 2017, 13: 1253−1260.

［19］ Bunzel H A, Anderson J L, Hilvert D, et al. Evolution of dynamical networks enhances catalysis in a designer enzyme ［J］. Nature Chemistry, 2021, 13: 1017−1022.

［20］ Burke A J, Lovelock S L, Frese A, et al. Design and evolution of an enzyme with a non−canonical organocatalytic mechanism ［J］. Nature, 2019, 570: 219−223.

［21］ Burton A J, Thomson A R, Dawson W M, et al. Installing hydrolytic activity into a completely de novo protein framework ［J］. Nature Chemistry, 2016, 8: 837−844.

［22］ Carminati D M, Fasan R. Stereoselective cyclopropanation of electron−deficient olefins with a cofactor redesigned carbene transferase featuring radical reactivity ［J］. ACS Catalysis, 2019, 9: 9683−9687.

［23］ Chen K, Huang X, Kan S B J, et al. Enzymatic construction of highly strained carbocycles ［J］. Science, 2018, 360: 71−75.

［24］ Chin J W. Expanding and reprogramming the genetic code ［J］. Nature, 2017, 550: 53−60.

［25］ Chino M, Leone L, Maglio O, et al. A de novo heterodimeric Due Ferri protein minimizes the release of reactive intermediates in dioxygen−dependent oxidation ［J］. Angewandte Chemie International Edition, 2017, 56: 15580−15583.

［26］ Crawshaw R, Crossley A E, Johannissen L, et al. Engineering an efficient and enantioselective enzyme for the Morita−Baylis−Hillman reaction ［J］. Nature Chemistry, 2022, 14: 313−320.

［27］ Davey J A, Chica R A. Multistate approaches in computational protein design. Protein Science, 2022, 21: 1241−1252.

［28］ Davey J A, Damry A M, Goto N K, et al. Rational design of proteins that exchange on functional time-scales ［J］. Nature Chemical Biology, 2017, 13: 1280−1285.

［29］ Debon A, Pott M Obexer R, et al. Ultrahigh−throughput screening enables efficient single−round oxidase remodelling ［J］. Nature Catalysis, 2019, 2: 740−747.

［30］ Der B S, Machius M, Miley M J, et al. Metal−mediated affinity and orientation specificity in a computationally designed protein homodimer ［J］. Journal of the American Chemical Society, 2012, 134: 375−385.

［31］ Der B S, Edwards D R, Kuhlman B. Catalysis by a de novo zinc-mediated protein interface: implications for natural enzyme evolution and rational enzyme engineering ［J］. Biochemistry, 2012, 51: 3933-3940.

［32］ Devine P N, Howard R M, Kumar R, et al. Extending the application of biocatalysis to meet the challenges of drug development ［J］. Nature Reviews Chemistry, 2018, 2: 409-421.

［33］ Dou J. De novo design of a fluorescence-activating β-barrel ［J］. Nature, 2018, 561: 485-491.

［34］ Doyle A G, Jacobsen E N. Small-molecule H-bond donors in asymmetric catalysis ［J］. Chemical Reviews, 2007, 107: 5713-5743.

［35］ Drienovska I, Mayer C, Dulson C, et al. A designer enzyme for hydrazone and oxime formation featuring an unnatural catalytic aniline residue ［J］. Nature Chemistry, 2018, 10: 946-952.

［36］ Eiben C B, Siegel J B, Bale J B, et al. Increased Diels-Alderase activity through backbone remodeling guided by Foldit players ［J］. Nature Biotechnology, 2012, 30: 190-192.

［37］ Erkkila A, Majander I, Pihko P M. Iminium catalysis ［J］. Chemical Reviews, 2007, 107: 5416-5470.

［38］ Esvelt K M, Carlson J C. Liu D R. A system for the continuous directed evolution of biomolecules ［J］. Nature, 2011, 472: 499-503.

［39］ Faiella M, Andreozzi C, de Rosales R T M, et al. An artificial di-iron oxo-protein with phenol oxidase activity ［J］. Nature Chemical Biology, 2009, 5: 882-884.

［40］ Faraldos J A, Antonczak A K, González V, et al. Probing eudesmane cation-π interactions in catalysis by aristolochene synthase with non-canonical amino acids ［J］. Journal of the American Chemical Society, 2011, 133: 13906-13909.

［41］ Fernandez-Gacio A, Uguen M, Fastrez J. Phage display as a tool for the directed evolution of enzymes ［J］. Trends Biotechnol, 2003, 21: 408-414.

［42］ Frushicheva M P, Cao J, Chu Z T, et al. Exploring challenges in rational enzyme design by simulating the catalysis in artificial Kemp eliminase ［J］. Proceedings of the National Academy of Sciences of the USA, 2010, 107: 16869-16874.

［43］ Giger L, Caner S, Obexer R, et al. Evolution of a designed retro-aldolase leads to complete active site remodeling ［J］. Nature Chemical Biology, 2013, 9: 494-498.

［44］ Gouverneur V E, Houk K N, de Pascual-Teresa B, et al. Control of the exo and endo pathways of the Diels-Alder reaction by antibody catalysis ［J］. Science, 1993, 262: 204-208.

［45］ Green A P, Hayashi T, Mittl P R, et al. A chemically programmed proximal ligand enhances the catalytic properties of a heme enzyme ［J］. Journal of the American Chemical Society, 2016, 138: 11344-11352.

［46］ Hayashi T, Tinzl M, Mori T, et al. Capture and characterization of a reactive haem-carbenoid complex in an artificial metalloenzyme ［J］. Nature Catalysis, 2018, 1: 578-584.

［47］ Hill R B, Raleigh D P, Lombardi A, et al. De novo design of helical bundles as models for understanding protein folding and function ［J］. Accounts of Chemical Research, 2000, 33: 745-754.

［48］ Hilvert D. Critical analysis of antibody catalysis ［J］. Annu Rev Biochem, 2000, 69: 751-793.

［49］ Hilvert D. Design of protein catalysts ［J］. Annual Review of Biochemistry, 2013, 82: 447-470.

［50］ Hiranuma N, Park H, Baek M, et al. Improved protein structure refinement guided by deep learning based accuracy estimation ［J］. Nature Communications, 2021, 12: 1340.

［51］ Hsieh L C, Yonkovich S, Kochersperger L, et al. Controlling chemical reactivity with antibodies

［J］. Science, 1993, 260: 337-339.

［52］ Huang P S, Boyken S E, Baker D. The coming of age of de novo protein design ［J］. Nature, 2016, 537: 320-327.

［53］ Huffman M A, Fryszkowska A, Alvizo O, et al. Design of an in vitro biocatalytic cascade for the manufacture of islatravir ［J］. Science, 2019, 366: 1255-1259. erratum 368, eabc 1954 (2020) .

［54］ Hyster T K, Knorr L, Ward T R, et al. Biotinylated Rh (Ⅲ) complexes in engineered streptavidin for accelerated asymmetric C—H activation ［J］. Science, 2012, 338: 500-503.

［55］ Jeschek M, Reuter R, Heinisch T, et al. Directed evolution of artificial metalloenzymes for in vivo metathesis ［J］. Nature, 2016, 537: 661-665.

［56］ Ji P, Park J, Gu Y, et al. Abiotic reduction of ketones with silanes catalysed by carbonic anhydrase through an enzymatic zinc hydride ［J］. Nature Communications, 2021, 13: 312-318.

［57］ Jiang L, Althoff E, Clemente F, et al. De novo computational design of retro‑aldol enzymes ［J］. Science, 2008, 319: 1387-1391.

［58］ Jumper J, Evans K, Pritzel A, et al. Highly accurate protein structure prediction with AlphaFold ［J］. Nature, 2021: 596, 583-589.

［59］ Kiss G, Celebi-Olcum N, Moretti R, et al. Computational enzyme design ［J］. Angewandte Chemie International Edition, 2013, 52: 5700-5725.

［60］ Kiss G, Rothlisberger D, Baker D, et al. Evaluation and ranking of enzyme designs ［J］. Protein Science, 2010, 19: 1760-1773.

［61］ Koder R L, Dutton P L. Intelligent design: the de novo engineering of proteins with specified functions ［J］. Dalton Transactions, 2006, 25: 3045-3051.

［62］ Li J C, Liu T, Wang Y, et al. Enhancing protein stability with genetically encoded noncanonical amino acids ［J］. Journal of the American Chemical Society, 2018, 140: 15997-16000.

［63］ Liu C C, Schultz P G. Adding new chemistries to the genetic code ［J］. Annual Review of Biochemistry, 2010, 79: 413-444.

［64］ Lombardi A, Pirro F, Maglio O, et al. De novo design of four‑helix bundle metalloproteins: one scaffold, diverse reactivities ［J］. Accounts of Chemical Research, 2019, 52: 1148-1159.

［65］ Ma E J, Siirola E, Moore C, et al. Machine-directed evolution of an imine reductase for activity and stereoselectivity ［J］. ACS Catalysis, 2021, 11: 12433-12445.

［66］ Mayer C, Dulson C, Reddem E, et al. Directed evolution of a designer enzyme featuring an unnatural catalytic amino acid ［J］. Angewandte Chemie International Edition, 2019, 58: 2083-2087.

［67］ Mazurenko S, Prokop Z, Damborsky J. Machine learning in enzyme engineering ［J］. ACS Catalysis, 2020, 10: 1210-1223.

［68］ Mirts E N, Petrik I D, Hosseinzadeh P, et al. A designed heme-metalloenzyme catalyzes sulfite reduction like the native enzyme ［J］. Science, 2018, 361: 1098-1101.

［69］ Moroz Y S, Dunston T T, Makhlynets O V, et al. New tricks for old proteins: single mutations in a nonenzymatic protein give rise to various enzymatic activities ［J］. Journal of the American Chemical Society, 2015, 137: 14905-14911.

［70］ Mukherjee S, Yang J W, Hoffmann S, et al. Asymmetric enamine catalysis ［J］. Chemical Reviews,

2007, 107: 5471-5569.

［71］ Obexer R, Goodina A, Garrabou X, et al. Emergence of a catalytic tetrad during evolution of a highly active artificial aldolase ［J］. Nature Chemistry, 2017, 9: 50-56.

［72］ Ortmayer M, Fisher K, Basran J, et al. Rewiring the 'push-pull' catalytic machinery of a heme enzyme using an expanded genetic code ［J］. ACS Catalysis, 2020, 10: 2735-2746.

［73］ Ortmayer M, Hardy F J, Quesne M G, et al. A noncanonical tryptophan analogue reveals an active site hydrogen bond controlling ferryl reactivity in a heme peroxidase ［J］. Journal of the American Chemical Society Au, 2021, 1: 913-918.

［74］ Otten R, Pádua R A P, Bunzd H A, et al. How directed evolution reshapes the energy landscape in an enzyme to boost catalysis ［J］. Science, 2020, 370: 1442-1446.

［75］ Pan X, Thompsoy M C, Zhang Y, et al. Expanding the space of protein geometries by computational design of de novo fold families ［J］. Science, 2021, 369: 1132-1136.

［76］ Preiswerk N, Beck T, Schulz J D, et al. Impact of scaffold rigidity on the design and evolution of an artificial Diels-Alderase ［J］. Proceedings of the National Academy of Sciences of the USA, 2014, 111: 8013-8018.

［77］ Privett H K, Kiss G, Lee T M, et al. Iterative approach to computational enzyme design ［J］. Proceedings of the National Academy of Sciences of the USA, 2012, 109: 3790-3795.

［78］ Qu G, Li A, Acevedo-Rocha C G, et al. The crucial role of methodology development in directed evolution of selective enzymes ［J］. Angewandte Chemie International Edition, 2020, 59: 13204-13231.

［79］ Rajagopalan S, Wang C, Yu K, et al. Design of activated serine-containing catalytic triads with atomic-level accuracy ［J］. Nature Chemical Biology, 2014, 10: 386-391.

［80］ Ravikumar A, Arzumanyan G A, Obadi M K. A, et al. Scalable, continuous evolution of genes at mutation rates above genomic error thresholds ［J］. Cell, 2018, 175: 1946-1957.

［81］ Rebelein J G, Ward T R. In vivo catalyzed new-to-nature reactions ［J］. Current Opinion in Biotechnology, 2018, 53: 106-114.

［82］ Reig A J, Pires M M, Snyder R A, et al. Alteration of the oxygen-dependent reactivity of de novo Due Ferri proteins ［J］. Nature Chemistry, 2012, 4: 900-906.

［83］ Richter F, Blomberg R, Khare S D, et al. Computational design of catalytic dyads and oxyanion holes for ester hydrolysis ［J］. Journal of the American Chemical Society, 2012, 134: 16197-16206.

［84］ Rothlisberger D, Khersonsky O, Wollacott A M, et al. Kemp elimination catalysts by computational enzyme design ［J］. Nature, 2008, 453: 190-195.

［85］ Russ W P, Figlinzzi M, Stocker C, et al. An evolution-based model for designing chorismate mutase enzymes ［J］. Science, 2020, 369: 440-445.

［86］ Salgado E N, Faraone-Mennella J, Tezcan F A. Controlling protein-protein interactions through metal coordination: assembly of a 16-helix bundle protein ［J］. Journal of the American Chemical Society, 2007, 129: 13374-13375.

［87］ Savile C K, Jacob M J, Emily C M, et al. Biocatalytic asymmetric synthesis of chiral amines from ketones applied to sitagliptin manufacture ［J］. Science, 2010, 329: 305-309.

［88］ Schober M, MacDermaid C, Ollis A A, et al. Chiral synthesis of LSD1 inhibitor GSK2879552 enabled by directed evolution of an imine reductase ［J］. Nature Catalysis, 2019, 2: 909-915.

［89］ Senior A W, Evans R, Jumper，et al. Improved protein structure prediction using potentials from deep learning ［J］. Nature, 2020, 577：706-710.

［90］ Seyedsayamdost M R, Xie J, Chan C T. Y, et al. Site-specific insertion of 3-aminotyrosine into sub-unit α2 of *E. coli* ribonucleotide reductase：direct evidence for involvement of Y730 and Y731 in radical propaga-tion ［J］. Journal of the American Chemical Society, 2007, 129：15060-15071.

［91］ Siegel J B, Zhang hcllini A, Lovick H，et al. Computational design of an enzyme catalyst for a stereos-elective bimolecular Diels-Alder reaction ［J］. Science, 2010, 329：309-313.

［92］ Smith B A, Hecht M H. Novel proteins：from fold to function ［J］. Current Opinion in Chemical Biology, 2011, 15：421-426.

［93］ St-Jacques A D, Eyahpaise M È C, Chica R A. Computational design of multisubstrate enzyme speci-ficity ［J］. ACS Catalysis, 2019, 9：5480-5485.

［94］ Stenner R, Steventon J W, Seddon A，et al. A de novo peroxidase is also a promiscuous yet stereoselec-tive carbene transferase ［J］. Proceedings of the National Academy of Sciences of the USA, 2020, 117：1419-1428.

［95］ Studer S, Hansen D A, Pianowski Z L, et al. Evolution of a highly active and enantiospecific met-alloenzyme from short peptides ［J］. Science, 2018, 362：1285-1288.

［96］ Tramontano A, Janda K D, Lerner R A. Catalytic antibodies ［J］. Science, 1986, 234：1566-1570.

［97］ Turner N J. Directed evolution drives the next generation of biocatalysts ［J］. Nature Chemical Biology, 2009, 5：567-573.

［98］ Wagner J, Lerner R A, Barbas C F. III. Efficient aldolase catalytic antibodies that use the enamine mechanism of natural enzymes ［J］. Science, 1995, 270：1797-1800.

［99］ Wei K Y, Moschidi D, Bick M J, et al. Computational design of closely related proteins that adopt two well-defined but structurally divergent folds ［J］. Proceedings of the National Academy of Sciences of the USA, 2020, 117：7208-7215.

［100］ Weitzner B D, Kipnis Y, Daniel A G，et al. A computational method for design of connected catalytic networks in proteins ［J］. Protein Science, 2019, 28：2036-2041.

［101］ Wentworth P, Jones L H, Wentworth A D, et al. Antibody catalysis of the oxidation of water ［J］. Science, 2001, 293：1806-1811.

［102］ Wu Y, Boxer S G. A critical test of the electrostatic contribution to catalysis with noncanonical amino acids in ketosteroid isomerase ［J］. Journal of the American Chemical Society, 2016, 138：11890-11895.

［103］ Wu Z, Kan S B. J, Lewis R D, et al. Machine learning-assisted directed protein evolution with com-binatorial libraries ［J］. Proceedings of the National Academy of Sciences of the USA, 2019, 116：8852-8858.

［104］ Wurz R P. Chiral dialkylaminopyridine catalysts in asymmetric synthesis ［J］. Chemical Reviews, 2007, 107：5570-5595.

［105］ Yeung N, Lin Y W, Gao Y G, et al. Rational design of a structural and functional nitric oxide reduc-tase ［J］. Nature, 2009, 462：1079-1082.

［106］ Zastrow M L, Peacock A F, Stuckey J A, et al. Hydrolytic catalysis and structural stabilization in a designed metalloprotein ［J］. Nature Chemistry, 2011, 4：118-123.

［107］ Zeymer C, Hilvert D. Directed evolution of protein catalysts ［J］. Annual Review of Biochemistry, 2018, 87：131-157.

［108］ Zhang R K, Chen K, Huang X, et al . Enzymatic assembly of carbon-carbon bonds via iron-catalysed sp3 C—H functionalization ［J］. Nature, 2018, 565：67-72.

［109］ Zhao J, Burke A J, Green A P. Enzymes with noncanonical amino acids ［J］. Current Opinion in Chemical Biology, 2020, 55：136-144.

［110］ Zhao J, Rebelein J G, Mallin H, et al. Genetic engineering of an artificial metalloenzyme for transfer hydrogenation of a self-immolative substrate in *Escherichia coli*'s periplasm ［J］. Journal of the American Chemical Society, 2018, 140：13171-13175.

第四章　多酶级联催化工程

第一节　多酶级联反应的概念和类型

一、多酶级联反应的概念

由于酶发现和筛选方法的改进，以及更快、更廉价的基因合成方法的开发，可以利用生物催化剂催化的有机反应种类正在迅速增加。随着酶工具箱的不断扩大，包括天然酶、工程酶或进化酶和人工酶，可以适用酶催化的化学反应越来越多。更广泛的生物催化剂的应用也意味着可以通过生物催化逆合成的方法构思和设计反应路线，在体外和体内构建完全从头的酶合成途径是可行的。这种利用多个酶来催化两个或者多个步骤的反应通常用"多酶级联"来形容，如图4-1所示。多酶级联反应是指在一个反应容器中至少有两个酶催化反应步骤在同时进行，并且反应的过程中不需要对中间产物进行分离，直接获得最终的目标产物。"人工级联"是利用来自不同生物体的酶来设计反应序列，而且这种级联并不属于所研究的特定底物在自然生物体中的代谢（就目前所知）。在这种人工设计的生物级联催化反应路线中，一个反应步骤至少需要一种生物催化剂来进行催化，这种生物催化

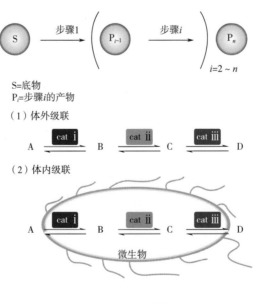

S=底物
P$_i$=步骤i的产物
（1）体外级联
（2）体内级联

图4-1　多酶级联催化

注：cat，催化剂，catalyst 的简称。

剂可以是分离纯化的酶、无细胞提取物、固定化酶或者整个微生物细胞中的酶等。实际上，人工生物催化级联可以看作是生物体生物合成的延伸，该过程可以用于合成多种有机化合物。

级联反应可以避免反应过程中间产物的分离，这不仅节省了资源、试剂和时间，而且对于会产生不稳定中间产物的反应过程是非常有利的，因为在级联催化路线中，中间体产生后会被下一步反应直接消耗。因此，与经典的单步反应相比，级联的方式可以获得更高的产量，同时通过节省操作步骤和资源来提高合成效率，降低生产成本。一些级联反应已经实现了在工业上的应用，如 Evonik 提交了一份专利申请，涉及一种全细胞共表达 α-双加氧酶或羧酸还原酶（CAR）和转氨酶，分别从羧酸或二元酸生成胺或二胺。Lonza 开发了一种体内级联技术，可在全细胞发酵过程中从 2-氰基吡嗪生产 5-羟基吡嗪-2-羧酸。

二、多酶级联反应的类型

多酶级联催化按照构建方式可以分为体外多酶级联和体内多酶级联的方式（图 4-1），而具体选择级联的方式通常取决于多种因素，包括基因序列和异源酶的可用性、辅因子的需求、底物和产物的吸收与释放，以及底物产物的代谢稳定性。

1. 体内多酶级联反应

由生物酶催化的两个或两个以上反应步骤的组合被称为酶的级联反应，若酶的级联反应发生在细胞内，则称为体内多酶级联反应或者全细胞多酶级联反应。严格来说，"体内多酶级联反应"是指在单个细胞内发生的两个或多个酶的级联；然而，最新研究报道了包含两个或多个独立细胞间的级联。在过去的几十年中，随着酶发现、改造和筛选方法的改进，形成了一个不断扩大的生物催化工具箱，由生物催化剂介导的有机反应种类正在迅速增加。因此，许多基于天然酶、工程酶或进化酶和人工酶的全细胞生物转化过程被开发出来，用以合成大量的化学品。

30 年前首次报道了工业生产规模上的多步全细胞生物转化过程，它们基于少数天然途径的酶转化非天然底物来积累相关化学产品。例如，利用假单胞菌（*Pseudomonas putida*）或农杆菌属（*Agrobacterium* sp. DSM 6336）的天然途径，通过 2~3 步的体内级联反应大规模生产杂芳香羧酸。类似地，利用缺乏左旋肉碱脱氢活性的农杆菌 HK13 突变株，通过全细胞内四步反应的催化，可将 4-丁苯甜菜碱转化为左旋肉碱（Meyer and Robins, 2005），该工艺的工业规模大于 100t/年。重组 DNA 技术的迅速发展导致了从开发天然酶和途径到设计新型体内多酶级联反应的转变，重组细胞包括合成工业相关化合物的外源酶和/或合成的外源途径。例如，Galanie 等以酵母为宿主，设计了 23 步的多酶级联反应，通过将来源于植物、哺乳动物、细菌和酵母本身的酶级联，可以葡萄糖为底物合成阿片类药物。从简单的利用天然途径到现在人工设计复杂的非天然路径，从单个细胞内的级联到多个细胞间的级联，全细胞生物催化已成为合成高附加值精细化工产品、大宗化工产品和医药产品的重要手段。

体内多酶级联催化包含两个因素：多酶级联催化和全细胞催化。因此，体内多酶级联催化同时包含两者的优点：①可以避免反应中间产物的分离，大大节省了资源、试剂和反应时间；②可以避免有毒化合物对细胞和酶的毒性，因为这些有毒化合物可以通过无毒底物来原位生成，并在形成后立即消耗；③无需进一步的蛋白纯化过程，细胞培养成本低；④细胞环境为许多酶提供自然环境和辅助因子再生环境；⑤细胞壁和细胞膜可以保护酶免受恶劣反应条件的影响；⑥细胞内多种酶的共域化增加了酶的局部浓度，减少了多步反应中间产物的扩散。近年来，人工设计的新型多酶级联反应打破了天然酶的使用界限，为克服某些具有挑战性的反应提供了一种非常有效的方法。

2. 体外多酶级联反应

体外多酶级联是不依赖细胞，而直接将多种酶元件与底物混合进行生物催化的反应系统。体外多酶级联反应遵循所设计的催化途径，通过多酶级联反应将特定的底物转化为目标化合物。酶元件是体外多酶级联的核心组分，以粗酶液或纯酶的形式存在。此外，一些体外多酶级联也包含辅酶等非蛋白质组分。

使用非细胞系统进行生物催化的历史可追溯到 19 世纪 90 年代。Buchner 发现酵母的提取液能够将糖转化为乙醇，证明发酵过程不需要完整的活细胞即可进行。这一贡献开辟了现代酶学与现代生物化学的领域，而 Buchner 教授也因此获得了 1907 年的诺贝尔化学奖。20 世纪 60 年代，人们以淀粉酶（Amylase）和糖化酶（Amyloglucosidase）的酶法催化取代了传统的酸法水解，利用淀粉生产葡萄糖，自此打开了体外生物制造的大门。向上述反应系统中引入葡萄糖异构酶（Glucose isomerase），将一部分由淀粉产生的葡萄糖异构化为果糖，至今仍是世界上最常用的果葡糖浆的生产方法。近年来，随着基因合成、序列分析、工程菌培养、酶晶体结构解析、蛋白质工程、计算机模拟分析等技术的发展和进步，研究人员已经能够通过简单的制备流程获得大量具有高催化活性和优良稳定性的酶元件，并在此基础上设计和构建体外多酶级联反应，以经济易得的底物实现了多种化学品的高效合成。

与目前主流的微生物催化系统相比，体外多酶级联反应不涉及细胞的生长代谢问题，因而具有很多优势，如副反应少、产品得率高、反应速度快、产品易分离、可耐受有毒的环境、系统可操作性强等。

第二节　多酶级联反应的设计和构建

一、多酶级联反应的设计原则

近年来，多酶级联催化体系在生物合成领域应用越来越广泛，许多有价值化合物的合成都可以利用设计多酶级联催化的方式实现。多酶级联催化不同于自然界中原有的代谢合成途径，代谢合成途径是经过时间的推移进化来确保简单代谢物向复杂天然产物流动的途径。然而，通过对自然中已存在的代谢合成途径的分析揭示了高效酶级联的一些重要特征：①级联催化反应具有良好的热力学参数 $[\Delta G_{cascade}$（级联）$<0]$；②选择性：酶催化反

应具有高的反应特异性和官能团正交性，以避免不同底物之间不必要的交叉反应；③整个反应动力学参数由酶活性控制，以确保反应的通量。因此，在设计酶级联催化反应的过程中必须遵循一些原则以确保级联催化路线的良好运行。首先，多个生物催化剂和试剂在"一锅"中进行反应需要所有的反应条件彼此兼容。在设计级联催化反应路线时要考虑到单个催化剂的最适 pH 范围是否能够重叠；不同酶催化剂的最佳操作温度是否能够兼容，特别是在路线中有嗜热酶存在的情况下；当底物不易溶解于水相体系，需要使用助溶剂来提高底物溶解度时，级联路线所涉及的每个酶催化剂都必须对选定的助溶剂具有耐受性。其次，整个级联反应必须在热力学能量上是可行的，如果不可行的话，就必须重新设计级联以实现高的转化率。例如，可以通过去除产物或者在氧化还原反应过程中提供合适的氧化还原试剂来实现。理想的情况下，最后一步反应应该是一直持续向生成最终产物的方向进行。因此，在设计整个级联催化路线时，先要在酶工具箱中选择合适的催化剂，并对酶催化剂催化的反应以及酶的特性进行分析，然后实施级联催化路线的组装。

二、多酶级联反应的设计和构建方法

多酶级联反应途径设计的重点包括：生物转化途径的简单性、起始材料的可用性、反应物的运输、级联酶的功能表达、反应物和产物的毒性、热力学平衡、辅因子依赖性以及代谢酶和/或副产物形成的背景反应等。级联路径的设计主要有以下 5 种方式：①天然途径的重构；②天然途径的改造或重组；③从底物到产物的顺序推导；④从产物到底物的逆合成分析；⑤热力学驱动的反应途径设计。

1. 天然途径的重构

天然途径的重构是将动植物体内合成天然产物的关键路径在微生物体内重构，利用微生物生长周期短、易培养的优点，高效合成天然产物。天然途径重构的原则主要有 3 点：①目标化合物价值高，产量少，其天然宿主不易培养；②目标产物的合成前体容易获得；③目标产物的合成途径明确。能够合成高值天然化合物的宿主，往往无法进行大规模培养，比如来源于植物体内的萜烯和甾体等。此外，由于许多天然化合物的复杂性，必须采用基于酶的生物合成途径来获得。因此，天然途径的重构已成为生产珍稀天然产物的主要方法之一，已被用来合成萜烯、甾体、生物碱、脂肪酸、黄酮和其他重要次生代谢物。

白藜芦醇（3,5,4-三羟基-*trans*-二苯乙烯）是一种多酚化合物，常见于葡萄、树莓、花生、蔓越莓和其他植物。白藜芦醇的生物活性包括抗氧化、抗炎、抗癌和化学预防能力，具有延缓衰老和延长寿命的潜力。然而，即使在白藜芦醇含量最丰富的植物中，如花生和葡萄，也只含有不超过 $4\mu g/g$ 的干植物物质。因此，将白藜芦醇的生物合成路径在微生物中重构，是实现其高效合成的重要方法。在植物体内，白藜芦醇合成途径始于苯丙氨酸解氨酶（PAL）催化的苯丙氨酸解胺生成肉桂酸，肉桂酸经肉桂酸-4-羟化酶（C4H）催化生成 4-香豆酸，经 4-香豆酸-CoA 连接酶（4CL）催化生成香豆酰-CoA，然后在二苯乙烯合成酶（STS）作用下，与 3 个单位丙二酰 CoA 结合用于 C 链延长，C2 到 C7 的羟醛环化反应合成白藜芦醇（图 4-2）。因此，Li 等在酿酒酵母（*Saccharomyces cerevisiae*）

中异源表达苯丙氨酸解氨酶（PAL）、C4H、4CL 和 STS，以 L-苯丙氨酸为底物合成白藜芦醇。将 4CL 和 STS 共表达于 *E. coli* 中，可利用 4-香豆酸为底物合成白藜芦醇。然而，在一些工程菌株中，PAL 和 C4H 可被酪氨酸解氨酶（TAL）取代，所以在 *E. coli* 中过量表达 TAL、4CL 和 STS，则可以 L-酪氨酸为底物合成白藜芦醇。

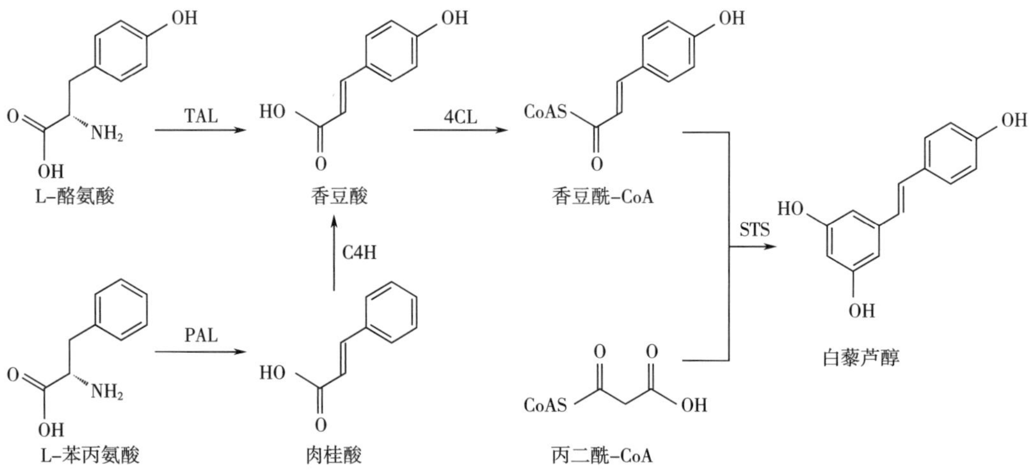

图 4-2　天然途径重构合成白藜芦醇

PAL：苯丙氨酸解氨酶；C4H：肉桂酸-4-羟化酶；4CL：4-香豆酸-CoA 连接酶；STS：二苯乙烯合成酶

　　生物体内的天然多酶催化途径可作为标准化的反应模块，应用于体外多酶级联中。例如在生物有机体中最常见的葡萄糖分解代谢途径是糖酵解（Glycolysis）。在此过程中，葡萄糖被转化为丙酮酸，同时产生 ATP 和还原力。这条天然催化途径被视为一个反应模块，应用于 Valliere 等设计的体外多酶级联反应中，实现了从葡萄糖到大麻素（Cannabinoids）的生产［图 4-3（1）］。磷酸戊糖途径（Pentose phosphate pathway，PPP）是自然界中另一种葡萄糖的分解代谢方式。该反应途径以 6-磷酸葡萄糖（Glucose-6-phosphate，G6P）为起始，首先将其脱氢生成 6-磷酸葡萄糖酸内酯（6-Phosphogluconolactone），而后水解生成 6-磷酸葡萄糖酸（6-Phosphogluconate），再氧化脱羧生成 5-磷酸核酮糖（Ribulose-5-phosphate，Ru5P）。Moustafa 等在天然 PPP 反应模块的基础上添加了将木寡糖磷酸化为 1-磷酸木糖（Xylose-1-phosphate，X1P）的反应模块、将 X1P 异构为 Ru5P 的反应模块，以及利用 PPP 途径提供的还原力产氢的反应模块，从而构建了利用木寡糖产 H_2 的体外多酶级联反应［图 4-3（2）］。

2. 天然途径的改造或重组

　　对天然代谢途径的改造和重组是通过对目标反应的分析，从不同的生物体内找到目标反应相似的部分，然后将不同来源的天然途径进行改造重组，从而形成新的非天然路径。该方法的基本原则是：目标反应与天然途径的底物或产物结构相似，或者与路径酶具有的催化功能相似。由于天然途径的应用范围受到途径鉴定、自然丰度和综合适用性的限制，

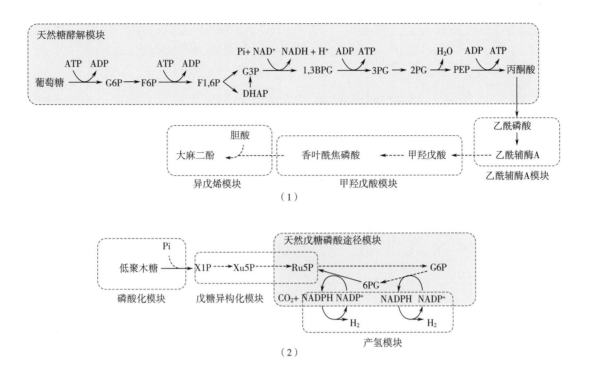

图 4-3　天然催化途径在体外多酶级联中的应用

（1）基于天然糖酵解途径构建的利用葡萄糖生产大麻素的体外多酶级联反应；（2）基于天然磷酸戊糖途径构建的利用木寡糖生产 H_2 的体外多酶级联反应

图中实线表示单酶催化的反应，虚线表示多酶级联反应。1,3BPG：1,3-二磷酸甘油酸；2PG：2-磷酸甘油酯；3PG：3-磷酸甘油酯；6PG：6-磷酸葡萄糖酸盐；DHAP：磷酸二羟丙酮；F1, 6P：1,6-二磷酸果糖；F6P：6-磷酸果糖；G3P：3-磷酸甘油醛；G6P：6-磷酸葡萄糖；PEP：磷酸烯醇式丙酮酸盐；Pi：无机磷酸盐；Ru5P：5-磷酸核酮糖；X1P：1-磷酸木糖；Xu5P：5-磷酸木果糖。

因此对天然途径的改造或重组可用于扩展其应用范围，用于合成一些天然化合物的类似物。

自然界中不存在将对二甲苯（pX）转化为对苯二甲酸（TPA）的代谢途径，但将该途径拆分为两部分后，可分别在不同的微生物中找到类似的路径。首先将转化 pX 生成 TPA 的路径拆解为两部分，分别为转化 pX 为对甲苯甲酸（pTA）的上游途径和转化 pTA 生成 TPA 的下游途径。上游途径存在于恶臭假单胞菌（*Pseudomonas putida*）中 pX 自然降解的最初三个步骤中，可将 pX 中的一个甲基依次氧化为相应的醇（对甲苯醇，pTALC）、醛（对甲苯醛，pTALD）和 pTA。从 pTA 到 TPA 的下游路径存在于对甲苯磺酸盐和对苯二甲酸的自然降解反应中，经过三步反应催化 pTA 剩余甲基依次氧化为相应的醇（4-羟甲基苯甲酸，4-CBAL）、醛（4-甲醛苯甲酸，4-CBA）和酸（TPA）。将上游和下游途径结合起来，即可建立一个完整的合成途径，将 pX 转化为 TPA。天然途径重组合成对苯二甲酸见图 4-4。

在利用天然多酶催化途径的同时，越来越多的研究人员着眼于非天然催化途径的设

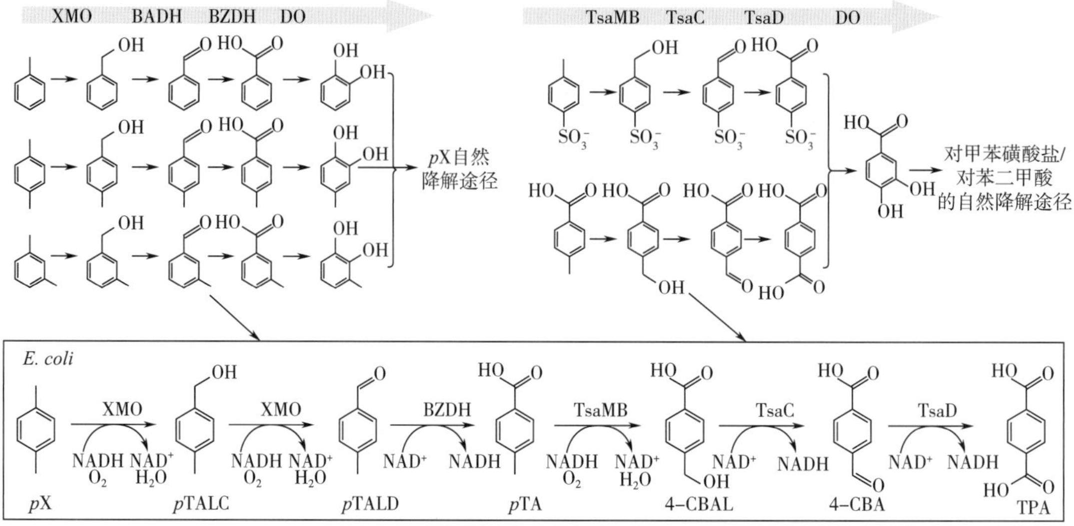

图 4-4　天然途径重组合成对苯二甲酸

XMO：二甲苯单加氧酶；BADH：苯甲醇脱氢酶；BZDH：苯甲醛脱氢酶；DO：双加氧酶；TsaMB：甲苯磺酸甲酯单加氧酶；pX：对二甲苯；pTALC：对甲苯醇；pTALD：对甲苯醛；4-CBLA：4-羟甲基苯甲酸；TsaC：4-CBLA脱氢酶；4-CBA：4-甲醛苯甲酸；TsaD：4-CBA脱氢酶；TPA：对苯二甲酸；pTA：对苯甲酸

计，旨在以种类更少的酶元件实现所需的催化功能，减少辅酶的使用，甚至获得天然生物体所不能实现的新催化功能。一些非天然途径是在生物体天然催化途径的基础上改造所得。例如，Guterl 等设计了利用葡萄糖生产异丁醇的体外多酶级联反应，其反应途径包含一个上游的非天然糖酵解模块，以及一个将丙酮酸转化成为异丁醇的下游模块（图 4-5）。其中，非天然糖酵解模块是基于嗜热古生菌（*Thermoplasma*）的非磷酸化 ED 途径（Non-phosphorylative Entner-Doudoroff pathway，np-ED）而设计的。在天然的 np-ED 途径中，葡萄糖经由葡萄糖酸（Gluconate）和 2-酮-3-脱氧葡萄糖酸（2-keto-3-deoxygluonate，KDG）转化为丙酮酸，同时生成甘油醛（Glyceraldehyde），甘油醛进而通过磷酸化和去磷酸化的一系列级联反应生成丙酮酸。为了简化上述天然 np-ED 途径，同时避免 ATP 的使用，研究人员通过分析反应下游异丁醇合成模块中二羟基酸脱水酶（Dihydroxy acid dehydratase，DHAD）的底物特异性，发现 DHAD 是一个多功能酶，既能够催化葡萄糖酸生成 KDG 的反应，同时也能够经由一步催化反应将甘油酸直接转化为丙酮酸。因此，研究人员以 DHAD 替代了天然 np-ED 途径中的部分酶元件（图 4-5），构建出仅含有 4 种酶元件的人工糖酵解模块，极大地简化了反应体系。该非天然糖酵解模块也可与其他的下游反应模块组合，生产乙醇和异丁醇等产品。

除了对天然催化途径进行改造，一些研究也设计了全新的非天然催化途径。例如，生物体内利用天然代谢途径将甘油转化为丙酮酸的过程涉及至少 8 种酶元件以及 NAD⁺、ATP 等辅酶元件的参与，为了简化反应系统，Gao 等设计了一个全新的非天然反应途径，仅使用醛糖醇氧化酶（Alditol oxidase）和 DHAD 两种热稳酶元件即可将甘油经甘油醛和甘

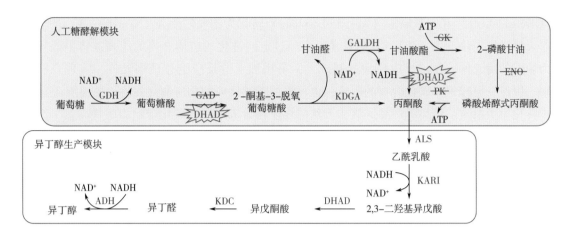

图 4-5 非天然糖酵解途径的构建及其应用

ADH：醇脱氢酶；ALS：乙酰乳酸合酶；DHAD：二羟基脱水酶；ENO：烯醇化酶；GAD：葡萄糖酸脱水酶；GALDH：甘油醛脱氢酶；GDH：葡萄糖脱氢酶；GK：甘油酸激酶；KARI：酮醇酸还原异构酶；KDC：2-酮酸脱羧酶；KDGA：2-酮-3-脱氧葡萄糖醛缩酶；PK：丙酮酸激酶

油酸转化为丙酮酸（图 4-6）。在此基础上，研究人员添加了过氧化氢酶（Catalase）以分解上述反应过程中产生的 H_2O_2，并添加了另外两种下游的酶元件，进行了（3R）-乙偶姻［（3R）-acetoin］的生产，获得了 85.5% 的高产品得率。这一简单、稳定、高效的非天然反应途径为构建以甘油为底物经由丙酮酸生产其他生物化学品的体外多酶级联反应奠定了良好基础。在另一项研究中，Lu 等设计了仅利用 3 种酶元件即可将甲醛经由糖醛

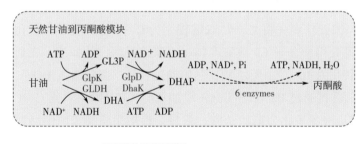

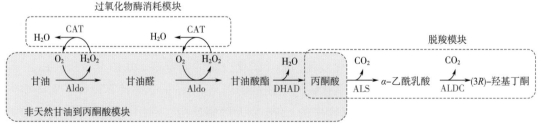

图 4-6 转化甘油为丙酮酸的非天然途径及其应用

ALDC：α-乙酰乳酸脱羧酶；Aldo：醛糖醇氧化酶；ALS：α-乙酰乳酸合酶；CAT：过氧化氢酶；DHA：二羟基丙酮；DHAP：磷酸二羟丙酮；DhaK：DHA 激酶；GL3P：3-磷酸甘油；GLDH：甘油脱氢酶；GlpD：3-磷酸甘油脱氢酶；GlpK：甘油激酶；6 emzymes：6 个酶催化的多步反应

（Glycoaldehyde）和乙酰磷酸（Acetyl phosphate）转化为乙酰辅酶A（Acetyl-CoA）的全新非天然反应模块（图 4-7），其中包含一个经过定向进化改造而获得的能高效将甲醛转化为糖醛的酶元件。在该反应模块的基础上，可添加上游反应的相应酶元件，实现二氧化碳、甲烷、甲醇等一碳化合物的固定，也可添加下游反应的相应酶元件将乙酰辅酶A进一步转化为蛋白质、糖类等产品。该非天然催化途径为未来以一碳化合物为底物高效生产高值化学品提供了新的思路。

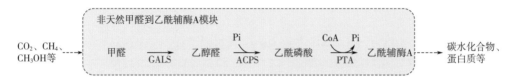

图 4-7　转化甲醛为乙酰 CoA 的非天然反应途径及其应用

CoA：辅酶 A；ACPS：乙酰磷酸合成酶；GALS：乙醇醛合酶；PTA：磷酸乙酰转移酶

3. 从底物到产物的顺序推导

从底物到产物的顺序推导是根据特定底物和目标产物之间的结构关系，通过功能基团的变换以及关键砌块的组装或拆解，将特定底物一步步导向目标产物的设计方法。该方法一般用于将给定的廉价底物导向特定的高附加值产物。

植物油是一种廉价而丰富的可再生资源，其中 C18 脂肪酸（油酸和亚油酸）是植物油中的主要成分。如图 4-8 所示，Jeon 等设计了利用油酸和亚油酸为底物合成 C9 羧酸的级联路径。以油酸和亚油酸为底物合成 C9 羧酸，需要断裂其分子中间的 C＝C 双键。而 C＝C 双键的断裂是比较困难的，因此作者先将 C＝C 双键转变为 C—C 键，随后再转化为容易断裂的酯键，最后水解酯键获得两分子 C9 羧酸产物。级联路径的设计如下：先通过脂肪酸双键水合酶的水合作用转化为 10-羟基脂肪酸；然后通过长链二级醇脱氢酶进一步转化为相应的 10-酮脂肪酸；随后再通过 Baeyer-Villiger 单加氧酶（BVMO）氧化 C—C 键裂解生成酯键，10-酮脂肪酸被进一步氧化为酯脂肪酸；最后，再用脂肪酶水解酯脂肪酸，生成两分子 C9 羧酸产物。

近年来，计算机设计在非天然反应途径的创建过程中发挥着越来越重要的作用。利用计算机设计，研究人员可以快速地从成千上万个已知的生化反应中选取特定反应组成最优的人工途径，从而实现复杂的催化过程，如一碳化合物的固定等。2010 年，Bar-Even 等首次提出利用计算机设计人工二氧化碳固定途径的思路。Trudeau 等计算设计了无碳损失的光呼吸途径。Yang 等根据数据库中的 6578 个天然酶反应，利用计算设计创建了无需 ATP 的全新的一碳同化途径，将甲醛转化为乙酸，并通过实验证明了该途径具有较高的碳转化率，该研究进一步拓展了生物代谢的多样性。Cai 等提出将化学催化与生物催化偶合的设计思路，并利用计算机设计，从 6568 个生化反应中选择并设计了一条简洁的人工途径，仅需 9 步反应即可将二氧化碳转化为淀粉。然而最初的测试表明，这条计算机设计的反应途径由于酶元件在动力学和热力学层面不适配、副产物抑制、动力学陷阱等问题而

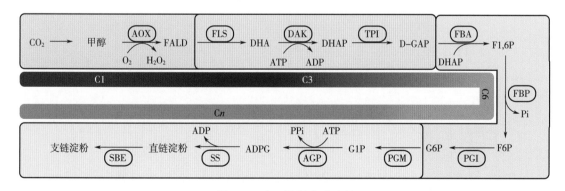

（1）多酶级联转化油酸为C9羧酸　　　　　　（2）多酶级联转化亚油酸为C9羧酸

图 4-8　体内多酶级联催化的植物油脂高值化

OhyA：脂肪酸双键水合酶；ADH：醇脱氢酶；BVMO：Baeyer-Villiger 单加氧酶；TLL：脂肪酶

无法实现。为了打通从二氧化碳到淀粉的转化途径，该团队对途径中的部分反应模块进行了重新设计，并对各反应模块分别调试后选择最优的模块进行组装，最终构建出一条包含11 步反应的人工淀粉合成途径（Artificial starch anabolic pathway，ASAP）（图 4-9），成功地利用二氧化碳合成了直链淀粉，淀粉的生产强度达到 400mg/（L·h）。通过进一步引入分支酶（SBE），ASAP 也可以实现支链淀粉的合成。

图 4-9　人工淀粉合成途径

ADPG：二磷酸腺苷葡萄糖；AGP：ADP-葡萄糖焦磷酸化酶；AOX：乙醇氧化酶；DAK：二羟丙酮激酶；D-GAP：3-磷酸-D-甘油醛；DHA：二羟丙酮；DHAP：磷酸二羟丙酮；F1,6P：1,6-二磷酸果糖；F6P：6-磷酸果糖；FALD：甲醛；FBA：果糖二磷酸醛缩酶；FBP：果糖二磷酸酶；FLS：甲醛酶；G1P：1-磷酸葡萄糖；G6P：6-磷酸葡萄糖；PGI：磷酸葡萄糖异构酶；PGM：磷酸葡萄糖变位酶；PPi：焦磷酸盐；SBE：糖原分支酶；SS：淀粉合成酶；TPI：磷酸三糖异构酶

4. 从产物到底物的逆合成分析

逆合成分析是通过 C—X 键的异裂和均裂以及官能团相互转化（FGIs），将目的产物拆解为若干合成子的反向合成过程。这种方法的原理是系统地断开连接合成目标主要成分的化学键，直到得到简单的合成砌块或现成的起始材料。为了在有机分子的定向合成中有效地利用生物催化剂，现在应该考虑制定"生物催化逆合成"的指导方针或规则，其中，分子是在生物催化剂可用于关键键合步骤的基础上断开的，以及所识别的构建砌块也可以使用生物催化剂通过 FGIs 产生。这种利用逆合成分析来设计有机分子合成的方法，在很大程度上促进了合成方法学工具箱的不断发展。自 20 世纪 90 年代以来，许多重大进展都来自新功能生物催化剂的开发，这些催化剂介导新的 C—X 键形成反应，以及具有特殊的化学、区域、非对映体和对映体选择性的 FGIs。

曼彻斯特大学（The University of Manchester）Nicholas J. Turner 教授课题组对多种含氮药物或其关键中间体进行了逆合成分析，如图 4-10（1）所示，环胺类化合物是一类重要的医药和农药中间体，该课题组通过逆合成分析将高价值的环胺逆向推导为简单的线性酮酸。首先，环胺可由环状亚胺通过亚胺还原酶催化的还原反应来获得，而环状亚胺可由线性氨基酮的自发环化来制备。其次，氨基酮可由转氨酶催化的酮醛的选择性氨化来合成。最后，基于羧酸还原酶催化的羧基还原反应，将酮醛逆向推导为简单的线性酮酸底物。该级联途径从酮酸还原开始，通过转氨作用、亚胺形成和随后的亚胺还原，而酮酸是一种稳定的化合物，很容易通过化学和生物途径获得。反应只需要起始原料、胺供体和全细胞催化剂以及葡萄糖代谢提供的辅因子，以较高的转化率（高达 93%）和对映体过量值（高达 93%）合成环状氨化合物。类似地，该课题组还利用逆合成分析推导了西他列汀关键中

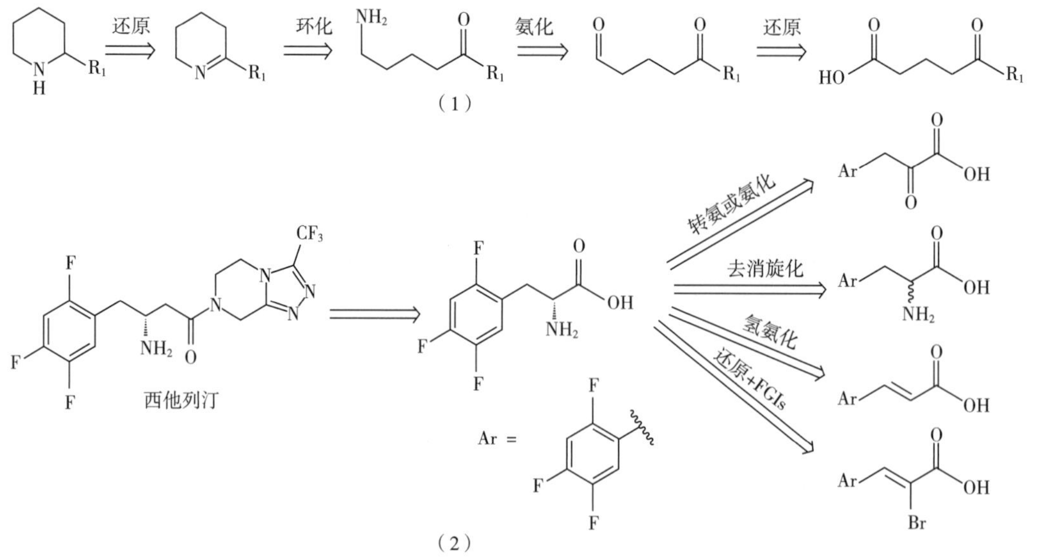

图 4-10　生物催化逆合成分析

（1）环胺的逆合成分析；（2）西他列汀中间体的逆合成分析

间体 D-（2,4,5-三氟苯基）丙氨酸的路线［图 4-10（2）］，共得到四种逆合成路线，分别以相应的酮酸、外消旋体、肉桂酸和溴丙烯酸盐为底物。该课题组最近还建立了计算平台，如 RetroPath 和 RetroBioCat，以指导逆合成分析并指导多酶级联设计过程。高登科等通过计算辅助的生物逆合成分析策略，设计了一条利用廉价原料合成手性药物中间体 L-高苯丙氨酸（L-HPA）的酶促自发化学级联路径（图 4-11），以多种路径酶的挖掘策略筛选路径酶组装到大肠杆菌细胞中进行验证。随后，针对确定的限速酶 TipheDH，利用蛋白质工程方法提高了 TipheDH 催化效率（提高 82%）和蛋白质表达量（提高 254%），得到最佳酶配比（1.7∶1.1∶1∶1.8）的菌株。最终，在 5L 规模的生物反应器中，其转化率达到 94%，产量在 100.9g/L，立体选择性大于 99%。

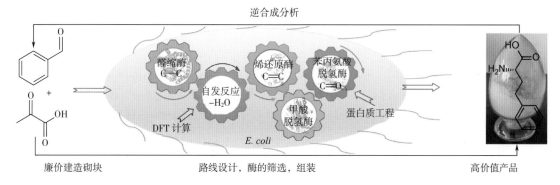

图 4-11　L-高苯丙氨酸的路径设计和应用

5. 热力学驱动的反应途径设计

为了使所设计的反应途径更加可行与高效，研究人员通常需要考虑每一步酶催化反应的能量变化，从热力学角度预测所设计的反应途径是否能实现高底物转化率和高产品得率。在 You 等设计的利用淀粉生产肌醇（myo-Inositol）的体外多酶级联反应中使用了 1-磷酸肌醇合成酶（Inositol 1-phosphate synthase，IPS）和肌醇单磷酸酶（Inositol monophosphatase，IMP），将 6-磷酸葡萄糖（G6P）经由 1-磷酸肌醇转化为肌醇。在设计上游生产 G6P 的反应途径时，研究人员首先考虑了以葡萄糖作为起始底物的可行性。经热力学分析，以葡萄糖和无机磷为原料生成 G6P 这一反应过程的标准吉布斯自由能变化为 8.8kJ/mol，表明该反应转化效率较低。而使用 ATP 对葡萄糖进行磷酸化则会增加肌醇的生产成本。与此相对的是，淀粉可以在 α-葡聚糖磷酸化酶（α-Glucan phosphorylase，αGP）的催化作用下利用无机磷生成 1-磷酸葡萄糖（Glucose 1-phosphate，G1P），G1P 继而可以在磷酸葡萄糖变位酶（Phosphoglucomutase，PGM）的催化作用下生成 G6P，这个过程从热力学角度而言更高效（图 4-12）。因此，研究人员选用淀粉作为底物进行了肌醇的生产。在整条反应途径中，最下游的 IPS 和 IMP 所催化的反应标准吉布斯自由能变化分别为 −55.2kJ/mol 和 −20.7kJ/mol，表明这两个反应是不可逆的，能带动整个体外多酶级联反应朝着肌醇生产的方向运行，实现底物的完全转化。在一锅法的概念实验中，该体外多酶级联反应消耗 5.0g/L 的淀粉并生产了 4.5g/L 肌醇，证明所设计的反应途径可行且高效。

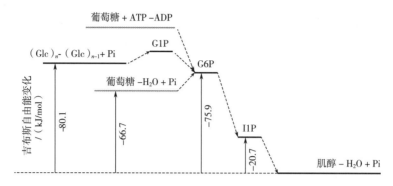

图 4-12　热力学驱动的生产肌醇的体外多酶级联反应途经设计

G1P：1-磷酸葡萄糖；G6P：6-磷酸葡萄糖；（Glc）$_n$ 淀粉；I1P：1-磷酸肌醇

合理的多酶催化途径设计能够规避热力学不可行的反应，实现从底物到目标产物的转化。例如，根据热力学分析，将 L-阿拉伯糖（L-arabinose）转化为 L-核酮糖（L-ribu-lose）的单酶催化反应是难以进行的。为了实现从 L-阿拉伯糖到 L-核酮糖的高效转化，Chuaboon 等设计了包含两种酶元件的反应模块，将 L-阿拉伯糖经由酮阿拉伯糖（keto-Arabinose）转化为 L-核酮糖。在该反应模块中，吡喃糖氧化酶（Pyranose 2-oxidase）催化 L-阿拉伯糖生成 keto-Arabinose 的过程需要消耗 O_2，通过提高 O_2 供应的方式推动整个反应模块的运行。

三、辅因子循环体系的设计和构建

酶催化的六大生化反应（氧化还原、水解、裂解、合成、异构、转移），除水解反应以外，都需要辅因子参与，辅因子可以稳定酶的构象并在催化过程中起到传递质子、能量以及转移基团的作用，对推动生化反应具有重要的作用。采取直接外源添加辅因子是最直接有效的方式，但很多含能辅因子价格昂贵，直接添加将导致生物转化的成本陡增，且不可持续。因此，设计与构建可实现辅因子连续供给的循环再生系统具有非常重大的意义，符合绿色化学的理念，也是生物转化体系应用的重要基础。

由于体内多酶级联反应包含级联路径和微生物本身的代谢路径，因此按照辅因子循环体系与代谢路径的关系，将辅因子循环体系分为三类：辅因子循环体系与代谢路径非关联、辅因子循环体系与代谢路径关联、反应路径和辅因子循环体系均与代谢路径关联。辅因子循环体系与代谢路径非关联时的情况同样适用于体外多酶级联反应系统，因此这里仅对体内多酶级联反应的辅因子循环体系进行介绍。

1. 辅因子循环体系与代谢路径非关联

辅因子循环体系与代谢路径非关联时，微生物代谢路径并未给级联反应提供辅酶，微生物细胞仅作为微反应器，为酶提供一个更加稳定和自然的催化环境。不需要将级联反应的辅因子循环体系与代谢路径关联的情况主要有三种:①辅因子功能性自循环;②辅因子在级联反应的酶之间形成内循环;③辅因子可通过廉价的辅底物进行再生。

辅因子的功能性自循环是指该辅因子在酶行使催化功能的过程中,经过一系列的变化后又恢复原本的状态,如磷酸吡哆醛（PLP）、焦磷酸硫胺素（TPP）、黄素单核苷酸（FMN）和铁卟啉等。例如,大多数 PLP 依赖型的酶在反应之前,需要 PLP 先与高度保守的活性位点赖氨酸残基结合,形成席夫碱,只有以这种内醛亚胺形式,酶才会被激活。随后,PLP-酶复合物与底物反应,PLP 与活性位点赖氨酸的亚胺键断裂,并且与底物的氨基连接形成一个新的席夫碱,生成外醛亚胺,然后经过一系列过渡态生成产物并重新变为反应最初时的形态——内醛亚胺形式。PLP 催化循环过程如图 4-13 所示。

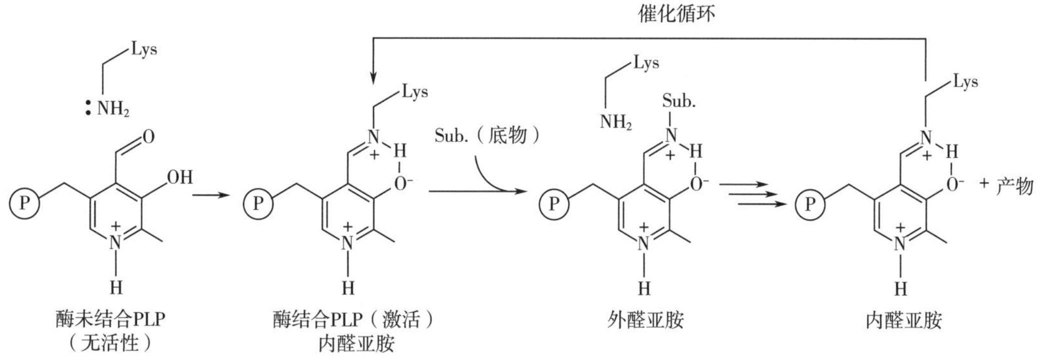

图 4-13　PLP 催化循环过程

在级联反应过程中,若两个酶催化的反应依赖于同一辅因子的不同氧化还原状态,则辅因子会在这两个酶之间形成内循环,常见于氧化-还原中性反应的级联过程中。最典型的案例是以醇制胺的氧化-还原级联反应［图 4-14 (1)］,第一步为醇脱氢酶（ADH）催化的氧化反应,将底物醇转化为中间体酮;第二步反应为氨脱氢酶（AmDH）催化的还原反应,将酮转化为终产物胺。其中,ADH 以氧化态的烟酰胺腺嘌呤二核苷酸（NAD$^+$）为辅因子,而 AmDH 则依赖于还原态的烟酰胺腺嘌呤二核苷酸（NADH）,辅因子在级联反应内部实现循环,没有产生净消耗。类似地,Luo 等设计的一个 6 步级联反应将对二甲苯转化为对苯二甲酸,该路径中共有三个氧化反应和三个还原反应,实现了三组 NAD$^+$ 和NADH 的内循环。辅因子的自循环系统有时候需要其他酶的辅助才能实现,如图 4-14 (2) 所示,在以 L-苯丙氨酸为底物合成苯乙醇和苯乳酸的过程中,辅底物 α-酮戊二酸（2-OG）被转化成 L-谷氨酸,辅因子 NAD(P)H 被氧化为 NAD(P)$^+$;通过引入谷氨酸脱氢酶,L-谷氨酸被再次转为 2-OG,该过程消耗一分子 NAD(P)$^+$ 并生成 NAD(P)H,实现辅底物和辅因子的双循环。

某些辅因子循环还可通过添加辅底物以实现,此时需要在级联反应路径中引入辅因子循环所需的酶或模块。例如,通过 L-氨基酸脱氨酶（LAAD）和 2-羟基异己酸脱氢酶（HicDH）两步级联,可将 L-氨基酸转化为相应的羟基酸,但第二步反应依赖于辅因子

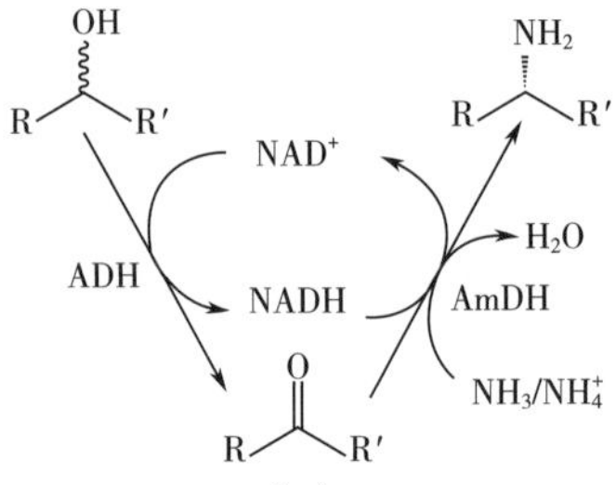

图 4-14　氧化还原辅酶内循环

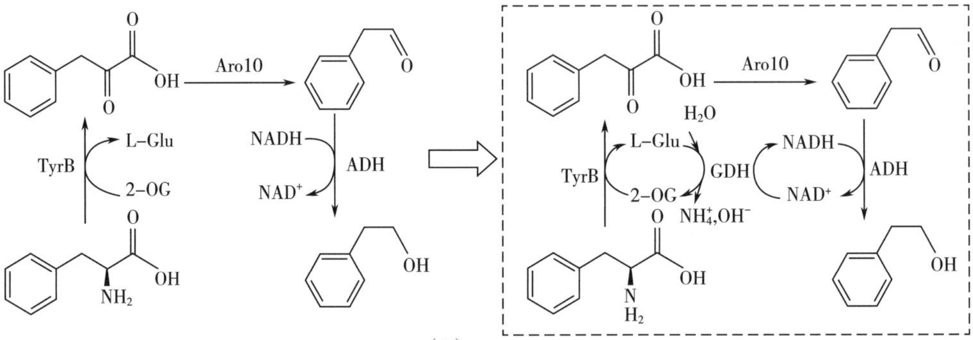

（1）氧化-还原级联反应；（2）辅底物和辅因子双循环

ADH：醇脱氢酶；AmDH：氨脱氢酶；TyrB：酪氨酸转氨酶；Aro10：苯丙酮酸脱羧酶；L-Glu：L-谷氨酸；2-OG：α-酮戊二酸；GDH：谷氨酸脱氢酶

NADH，限制了级联反应的效率。为了循环 NADH，作者在级联系统中添加了甲酸脱氢酶（FDH，图 4-15），可通过廉价的甲酸铵为辅底物，将 NAD^+ 再生为 NADH，副产物 CO_2 可直接从反应体系中逸出。类似地，在级联体系中加入葡萄糖脱氢酶，可以廉价的葡萄糖为辅底物实现辅因子 NADPH 的循环。

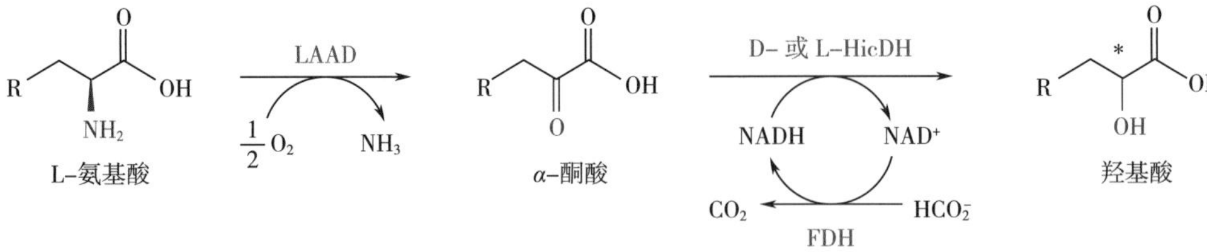

图 4-15　借助 FDH 循环辅酶 NADH

LAAD：L-氨基酸脱氨酶；HicDH：2-羟基异己酸脱氢酶；FDH：甲酸脱氢酶

2. 辅因子循环体系与代谢路径关联

当级联反应所需辅因子价格比较昂贵，且无法使用简单的方法再生时，可选择将辅因子循环与微生物代谢路径关联，通过微生物生长代谢过程来提供辅因子（图 4-16）。微生物细胞依靠简单的碳氮源进行生长，细胞内因代谢过程不断产生多种辅因子，如 NAD（P）H、

ATP、辅酶 A（CoA）等，可保障级联反应的顺利进行。在这种类型的级联反应中，提高辅因子供应的方法主要有：①提供辅酶合成的底物；②辅酶合成路径优化。

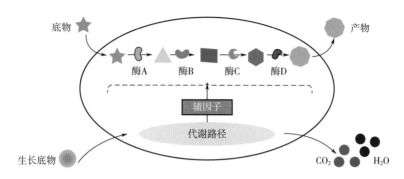

图 4-16　辅因子循环与代谢关联

直接提供辅酶合成所需的底物可增加辅酶供给并提高级联反应的转化率。例如，在转化苯乙烯生产氨基醇的 5 步级联过程中，每生成 1 分子氨基醇需要消耗 2 分子 NADH，而添加葡萄糖能够显著地提高氨基醇的产量。此时，微生物细胞通过代谢底物葡萄糖实现 NADH 的再生。类似地，在利用 8 步反应转化苯乙烯为（S）-苯甘氨酸时，辅因子净消耗为 1 分子 NADPH，作者利用添加葡萄糖的方法将转化率从 55% 提高至 80%。通过代谢工程手段改造优化辅酶合成路径是促进辅酶供给效率进而提高转化率的另一种有效手段。在以酪氨酸为底物合成（2S）-柚皮素的级联路径中，需要用到 4 分子的 CoA。为了提高 CoA 的供给，进而有效提高级联路径的合成效率，Wu 等通过在 *E. coli* 中建立一种提高胞内 CoA 水平的 asRNA 系统，将（2S）-柚皮素的浓度提高到了 431%（391mg/L），这是以 L-酪氨酸为底物获得的最高产量。

3. 反应路径和辅因子循环体系均与代谢路径关联

当选择微生物代谢产物作为底物时，所设计的转化该代谢产物的多酶级联体系可以与宿主微生物的天然代谢途径相结合，实现直接以糖为底物生产高价值手性化合物。此时，宿主细胞除了提供辅因子外，其初级代谢产物（如天然氨基酸和萜类）可通过异源酶/途径扩展，从而转化成目标化学品（图 4-17）。

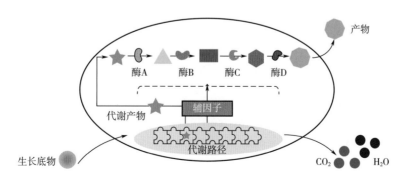

图 4-17　反应路径和辅因子循环均与代谢关联

由于对氨基酸代谢路径的研究比较透彻，所以目前主要的研究方向是对天然氨基酸代谢路径进行新路径的扩展。如图4-18所示，新加坡国立大学（National University of Singapore）Zhi Li教授课题组利用8个反应设计了5个多酶级联体系，分别可以将L-苯丙氨酸转化为（S）-环氧苯乙烯、（S）-和（R）-苯乙二醇、（S）-扁桃酸和（S）-苯甘氨酸。随后，这5个级联反应被分别导入大肠杆菌细胞中，利用大肠杆菌本身的代谢途径提供L-苯丙氨酸底物和辅因子，以葡萄糖为底物分别合成了上述5种高值手性化学品。在2020年，该课题组又设计了一个9步级联反应，通过与L-苯丙氨酸合成路径相关联，可以以葡萄糖为底物合成苯甲酸。通过开发新型非天然生物催化级联，可将易得的生物基大宗化学品（微生物代谢产物）转化为目标精细化学品，为非天然手性精细化学品的绿色、高效和可持续生产提供一种方便可行的方法。

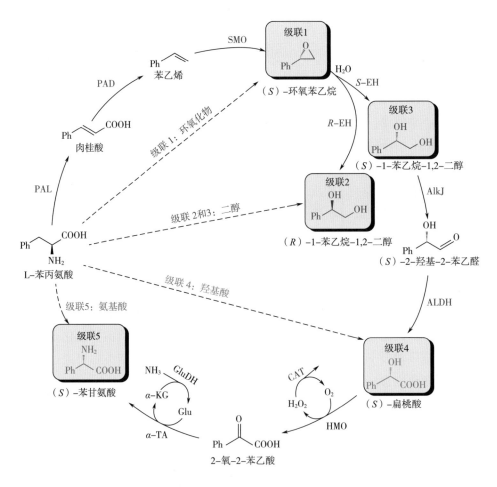

图4-18 转化代谢产物L-苯丙氨酸为高值化学品

PAL：苯丙氨酸解胺酶；PAD：苯丙烯酸脱羧酶；SMO：苯乙烯单加氧酶；EH：环氧水解酶；AlkJ：醇脱氢酶；ALDH：苯乙醛脱氢酶；HMO：羟基扁桃酸氧化酶；CAT：过氧化氢酶；α-TA：支链氨基酸转氨酶；GluDH：谷氨酸脱氢酶

由于反应路径和辅因子循环体系均与代谢路径关联，微生物通过葡萄糖进行生长的过程中会提供足量的辅因子，因此提高前体的供给是提升目标产物产量的主要方法。James Liao 课题组利用大肠杆菌宿主的高活性氨基酸生物合成途径，通过引入酮酸脱羧酶和醇脱氢酶将氨基酸合成前体 2-酮酸导向高级醇的合成。为了提高异丁醇的产量，作者利用代谢工程手段提高 2-酮酸的合成，使得异丁醇的产量提高了 5 倍，最终利用大肠杆菌从葡萄糖生产多种高级醇，包括异丁醇、1-丁醇、2-甲基-1-丁醇、3-甲基-1-丁醇和 2-苯乙醇等，该方法对于生物燃料的开发具有重要意义。类似地，Jens Nielsen 课题组在酿酒酵母（S. cerevisiae）中异源表达苯丙氨酸解氨酶（PAL）、肉桂酸经肉桂酸-4-羟化酶（C4H）、4-香豆酸-辅酶 A 连接酶（4CL）和二苯乙烯合成酶（STS），并通过代谢工程手段提高了 L-苯丙氨酸的供给，使得白藜芦醇的产量提高了 30%。

第三节　提升多酶级联反应效率的方法

多酶级联路径在评价和使用的过程中普遍存在底物适配性（酶与底物之间）、环境兼容性（酶与反应环境之间）和反应协同性（酶与酶之间）的问题，正是由于这些问题的存在限制了整个级联反应的效率。如何改善酶的底物适配性和环境兼容性，促进级联反应高效协同运转，是提高级联反应效率，实现目标化学品的高效合成的关键所在。

一、底物适配性优化

底物适配性问题的本质是酶跟底物的匹配度不佳，其核心问题是酶功能不足，其原因主要为以下几点：①级联反应中酶底物谱窄；②级联反应中酶对非天然底物的活性不高；③级联反应中酶竞争转化其他反应底物。如何拓宽酶的底物范围，提高酶对非天然底物的适配性，使其可转化高浓度非天然底物，是级联反应中所面临的重要问题之一。

解决底物适配性问题常用的手段是通过重新筛选新酶和蛋白质工程改造来拓展酶的功能。例如，在薄荷体内合成（1R，2S，5R）-（-）-薄荷醇的途径中，催化（+）-cis-异戊烯酮转化为（R）-（+）-长叶薄荷酮的异氟醚酮异构酶（IPGI）是目前尚未被鉴定的酶。为了利用生物法合成薄荷醇，Currin 等人通过功能筛选发现来源于恶臭假单胞菌的 Δ5-3-酮甾体异构酶（KSI）具有微弱的 IPGI 活性，随后利用半理性改造策略，获得了一个活性提高 4.3 倍的 KSI 四突变体，最终基于该突变体在 E. coli 细胞内构建了 6 步级联反应，以柠檬烯为底物合成了 159μmol/L 薄荷醇。在另一个案例中，Song 等人设计了手性基团重置级联系统来合成非天然 α-功能化有机酸，但是该多酶级联体系中催化第二步脱氨反应的苏氨酸脱氨酶仅对小体积的脂肪族底物具有较好的催化活性，而对大体积芳香族底物则无活性。为了合成大体积非天然 α-功能化有机酸，作者通过改造底物通道使其能接受位阻较大的底物，实现了大体积芳香族非天然 α-功能化有机酸的合成，最终合成了 9 种 α-酮酸、18 种 α-羟基酸和 18 种 α-氨基酸。

二、反应协同性优化

反应协同性的问题本质上是酶和酶之间的矛盾，核心问题是各反应速率不协调，造成中间产物过量积累。造成反应协同性问题的原因主要包括以下几点：①关键酶表达水平低；②级联反应中酶的稳定性差、反应效率低；③多酶生物合成路径中上下游模块反应速率不平衡。

通过表达元件调控提高限速酶的表达量可以实现多酶级联反应的高效协同运转，进而提升单位时间内的流量，减少中间产物的积累。例如，Qian 等在以富马酸为底物合成 β-丙氨酸过程中，利用基因重复表达策略和启动子工程平衡了富马酸酶和天冬氨酸-α-脱羧酶之间的酶活比，解除了中间产物 L-天冬氨酸的积累，β-丙氨酸的转化率提高到了95.3%（80.4g/L）。此外，新酶筛选或蛋白质工程也可以改善多酶级联反应协同性的问题，通过提高单位酶的稳定性或催化效率等，进而提升单位时间流速，促使中间产物迅速转化。因此，在上述研究的基础上，Qian 等又利用构象动力学手段将天冬氨酸-α-脱羧酶的催化稳定性提高了 3.5 倍，使得 β-丙氨酸产量提高到了 118.6g/L。在很多案例中，对酶表达水平的调控不是以单个酶为单位，而是将多个酶作为一个模块来调控。例如，Sang Yup Lee 课题组通过构建包含 6 步酶促级联反应的 *E. coli* 工程菌，将二甲苯转化为苯二甲酸，作者通过基因工程手段调控上游模块（将二甲苯转化为对甲基苯甲酸）和下游模块（将对甲基苯甲酸转化为苯二甲酸）的表达水平来平衡转化过程，解除了中间产物对甲基苯甲酸的积累，最终使得苯二甲酸产量提高了 3.3 倍，摩尔转化率达到了 96.7%。

三、环境兼容性优化

级联反应中酶的来源可能比较广泛，酶的最适 pH、最适温度、金属离子依赖性以及环境耐受性等特性各不相同，甚至不同反应之间有交叉抑制的问题，因此存在不同反应之间不兼容的现象。环境兼容性问题本质上是酶的最适条件与真实反应条件之间的矛盾，其核心问题是某些酶无法发挥出本身的最佳性能。引起环境兼容性问题的原因主要有以下几点：①级联反应中酶的最适 pH、温度等条件不兼容；②级联反应中底物或某一反应的产物抑制其他反应的催化效率；③级联反应中不同反应之间存在交叉抑制或被反应组成成分灭活的问题。

从反应条件入手是解决上述问题最简单的方法，通过将每个酶的反应环境单独区分开，来给这些酶提供一个理想的反应环境，常用解决方法有两种：分阶段（从时间的角度出发）和分区域（从空间的角度出发）。Yu 等人设计了以环己烷为模型底物的 C—H 胺化反应（图 4-19），并采用两阶段反应策略提高氨化反应的产率：第一阶段先将 pH 调整为8.5，使得细胞色素 P450 酶催化的氧化反应优先进行；第二阶段将 pH 调整为 9.5，以便于羰基还原酶催化的氧化反应以及氨脱氢酶催化的还原反应的进行，最终使得环己烷氨化产率从 74% 提高到 87.4%，产物环己胺的产量为 12.8mmol/L。作者随后将该系统用于苯乙烷的氨化，合成了 2.2mmol/L 的（R）-1-苯乙胺，ee>99%。类似的两阶段反应策略也被用于解决产物抑制和反应条件引起的交叉抑制所造成的环境兼容性问题。

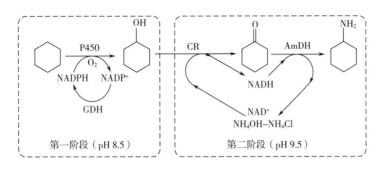

图 4-19　体内多酶级联催化 C—H 胺化

P450：细胞色素 P450 酶；CR：羰基还原酶；AmDH：氨脱氢酶；GDH：谷氨酸脱氢酶

　　由于全细胞多酶级联反应在体内实现，而真核细胞中不同的细胞器、小泡和膜结合结构为酶提供了多种独立的反应环境，而且不同的细胞器能够提供不同的前体和辅因子库，并隔离潜在的抑制或有毒化合物，因此真核生物的多种细胞器提供了区域化级联反应的策略。近年来，这种利用线粒体和过氧化物酶体等亚细胞区域化来进行多酶级联生物合成，已被成功地用于生产各种化合物。最典型的案例是青霉素 G 的生物合成，独特亚细胞组织保证了在细胞器中进行的每一个酶步骤都有其自身的最佳环境条件。在青霉素 G 的合成过程中（图 4-20），三种内源氨基酸 L-氨基己二酸、L-半胱氨酸和 L-缬氨酸经 ACV 合成酶（ACVS）催化形成三肽 δ-L-α-氨基己基-L-半胱氨酸-D-缬氨酸（ACV），随后 ACV 在异青霉素合成酶 N（IPNS）的作用下生成异青霉素 N（IPN）。而外源苯乙酸（PA）在

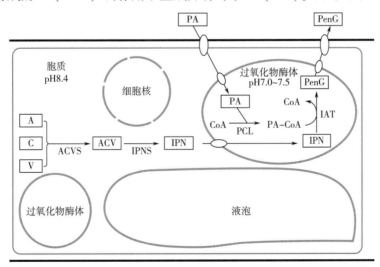

图 4-20　区域化策略优化环境兼容性

A：L-氨基己二酸；C：L-半胱氨酸；V：L-缬氨酸；ACV：δ-L-α-氨基己基-L-半胱氨酸-D-缬氨酸；

ACVS：ACV 合成酶；IPN：异青霉素 N；IPNS：异青霉素合成酶 N；PA：苯乙酸；PCL：苯乙酰辅酶 A 连接酶；

PA-CoA：苯乙酰辅酶 A；IAT：IPN 酰基转移酶；PenG：青霉素 G

苯乙酰辅酶 A 连接酶（PCL）的作用下与 CoA 结合生成苯乙酰辅酶 A（PA-CoA），随后经 IPN 酰基转移酶（IAT）的作用将苯乙酰基转移到 IPN 上，生成青霉素 G（PenG）。其中，ACVS 和 IPNS 的最适 pH 在 8.4 左右，因此表达于胞质中；而 PCL 和 IAT 则表达于过氧化物酶体中，因其最适 pH 范围为微碱性（7.0~7.5），与过氧化物酶体内部的 pH 一致。类似的区域化策略还可以利用囊泡、液泡、线粒体甚至多细胞体系来优化多酶级联反应，以充分利用它们的特殊环境、前体和辅因子库。最近，研究人员利用多细胞转化体系实现区域化来优化体内多酶级联反应，使得体内级联体系催化蒂巴因合成可待因的转化率从 19% 提升至 64%。

第四节　多酶级联反应的应用

一、C—H 键功能化形成 C—X 键

在过去十年中，以 C—H 功能化为关键步骤的总合成数量急剧增加，但实现化学和区域选择性 C—H 键功能化仍然是一个艰巨的挑战。人工设计的多酶级联反应打破了天然酶的使用界限，为克服某些具有挑战性的 C—H 功能化反应提供了一种非常有效的方法，如：C—N 键、C—O 键以及 C—C 键的生成等。

1. 形成 C—O 键

由酶催化区域、立体和化学选择性地生成或改变 C—O 键是自然界中一个基本的化学概念，在化学合成中具有非常重要的作用。如图 4-21 所示，通过结合依赖于 NAD(P)H 的单加氧酶和依赖于 NAD(P)$^+$ 的脱氢酶，可以将（环状）烷烃双重氧化成相应的醛或酮。该策略已应用于 α-异佛尔酮的环烷烃转化为茶香酮的反应和戊烯转化为炔酮的反应。德国马克斯-普朗克研究所（Max Planck Institute）Reetz 教授课题组对这个系统进一步扩展，利用改造过的不同选择性的 P450 酶和醇脱氢酶构建了 4 步级联反应，实现了环己烷的多种氧化功能化，可将环己烷转化为（R,R）-、（S,S）-和 meso-环己烷-1,2-二醇。

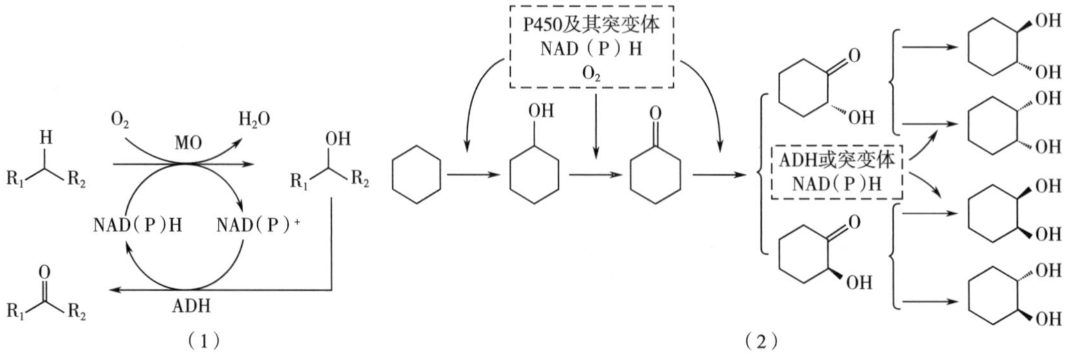

图 4-21　多酶级联催化 C—H 氧化功能化

MO：单加氧酶；ADH：醇脱氢酶

2. 形成 C—N 键

氮是功能分子的关键组成部分，80%的小分子药物至少含有一个氮原子。通过多酶级联实现立体选择性 C—H 胺化反应是一种非常有吸引力的合成高价值手性胺类化合物的方法。目前，通过人工设计的三步级联反应即可实现对 C—H 键的选择性氨化：首先利用单加氧酶将 O 原子插入 C—H 键中生成 C—O 键，然后利用醇脱氢酶将 C—O 键氧化为 C＝O 键，最后利用转氨酶或者氨脱氢酶将 C＝O 键转化为 C—N 键。如图 4-22 所示，Turner 等利用 P450 单加氧酶突变体、醇脱氢酶和转氨酶级联，将苯乙烷及其衍生物转化为了一系列氨化产物。类似地，Yu 等人利用 $P450_{BM3}$ 酶突变体、醇脱氢酶和氨脱氢酶级联，将环己烷转化为了环己胺。

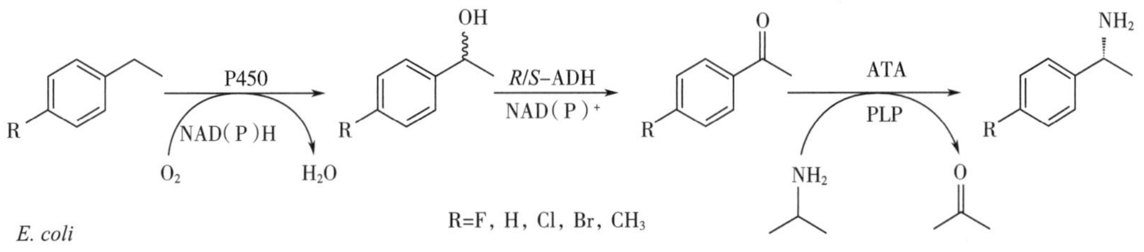

图 4-22　多酶级联催化 C—H 氨化功能化

P450：P450 单加氧酶；ADH：醇脱氢酶；ATA：氨基转移酶

3. 形成 C—C 键

基于 C—H 活化生成 C—C 键是有机合成中构建有机分子碳骨架的关键反应，它通过连接更小的亚结构来建立每个有机分子的碳骨架，从而获得更复杂的分子。碳骨架的构建可以通过催化脂肪族 C—C 键形成或芳香族取代的机械多样性酶家族来实现，其中许多生物催化剂已成功地应用于药物中间体的合成中。例如，Keasling 课题组在酵母中构建了合成大麻素及其类似物的途径，用天然丙烯酰胺转移酶 CsPT4 和两种黄素依赖性合成酶 TH-CA 和 CBDAS，通过一系列 C—C 连接反应（图 4-23），分别制备大麻素类似物 Δ9-四氢大麻素酸（THCA）和大麻素酸（CBGA）。该路径通过酰基激活酶（CsAAE1）和橄榄酸环化酶（TKS-OAC）产生橄榄酸类似物，并通过丙烯酰胺转移酶 CsPT4 与 GPP 结合，最后利用大麻素合成酶（THCAS）将 CBGA 转化为 THCA。受热后，THCA 脱羧转化为 Δ9-四氢大麻酚（THC）。以不同链长（R＝C4～C7）或支链和不同饱和度的脂肪酸为底物，共得到 6 个新的 THCA 衍生物。

二、大宗化学品高值化

利用人工设计的多酶级联方法，将廉价大宗化学品开发为高附加值产品，可提高有限资源的利用率，为高值化学品的生产提供了经济、有效的途径。目前，全细胞多酶级联催化已被广泛应用于烯烃高值化、脂肪酸高值化以及氨基酸的高值化等领域。

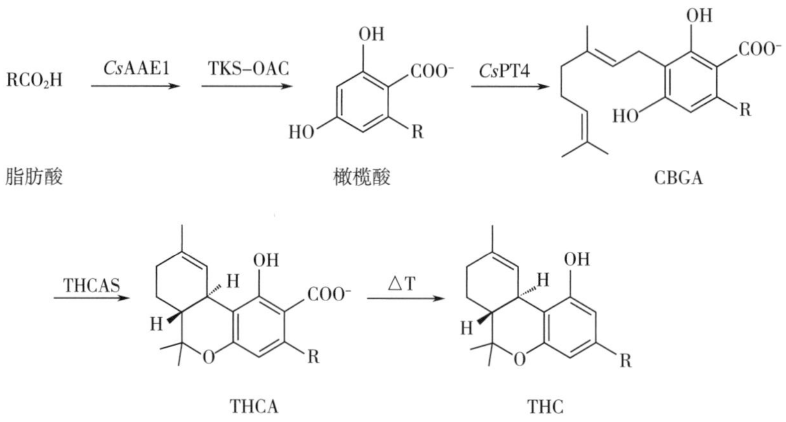

图 4-23　多酶级联催化 C—C 连接功能化

*Cs*AAE1：酰基激活酶；TKS-OAC：橄榄酸环化酶；*Cs*PT4：丙烯酰胺转移酶；THCAS：大麻素合成酶；CBGA：大麻素；THCA：Δ9-四氢大麻素酸；THC：Δ9-四氢大麻酚

1. 烯烃高值化

烯烃可经过石油炼化和裂解而轻易获得，且烯烃的 C=C 键具有多功能反应性，因此烯烃是有机合成的优良起始材料。通过胞内级联催化，可将烯烃转化为胺、醇、羧酸、二醇、羟基酸、氨基醇和氨基酸等高附加值产品。Wu 等利用重组 *E.coli* 细胞，通过 2 酶级联将 20 种芳香族烯烃转化为 *trans*-二醇［图 4-24（1）］。类似地，脂肪族烯烃也可通过 2 酶体内级联反应转化为（*S,S*）-、（*R,R*）-或 *meso*-二醇［图 4-24（2）（3）（4）］。Wu 等还设计了一个 2 酶级联反应，通过反马氏氧化将苯乙烯及其衍生物转化为芳香族羧酸［图 4-24（5）］，随后又利用 3 酶级联介导的反马氏水合和反马氏氢胺化反应将苯乙烯及其衍生物分别转化为苯乙醇［图 4-24（6）］和苯乙胺［图 4-24（7）］的类似物。此外，该课题组还设计了更复杂的 4~8 酶级联反应，可以将苯乙烯及其衍生物转化为芳香族的（*S*）-α-羟基酸［图 4-24（8）］、（*S*）-氨基醇［图 4-24（9）］和（*S*）-α-氨基酸［图 4-24（10）］等高值化学品。

2. 脂肪酸高值化

利用高效全细胞生物级联催化，通过对脂肪酸链 C=C 双键的功能化或者在脂肪酸链上引入羟基、氨基或羧基，能将可再生脂肪酸转化为工业相关的油脂化合物，如表 4-1 所示，包括：正壬酸、9-羟基壬酸、1,9-壬二酸等。一般饱和脂肪酸的高值化主要是官能团的转换和功能化，例如：利用多酶级联对正壬酸甲酯的末端 C 进行氧化可得到 1,9-壬二酸单甲酯，而对 ω-羟基脂肪酸的末端羟基进行氨化后得到 ω-氨基脂肪酸。而对不饱和脂肪酸的高值化则主要依赖于对 C=C 双键的断裂和功能化，例如：对油酸、亚油酸和 10,12-二羟基十八碳烯酸 C_{12} 位上的 C=C 双键进行连续氧化使其断裂，可分别得到 2 分子的 C9 羧酸；而利用胞内多酶级联对花生四烯酸、二十碳五烯酸、二十二碳六烯酸和二十二

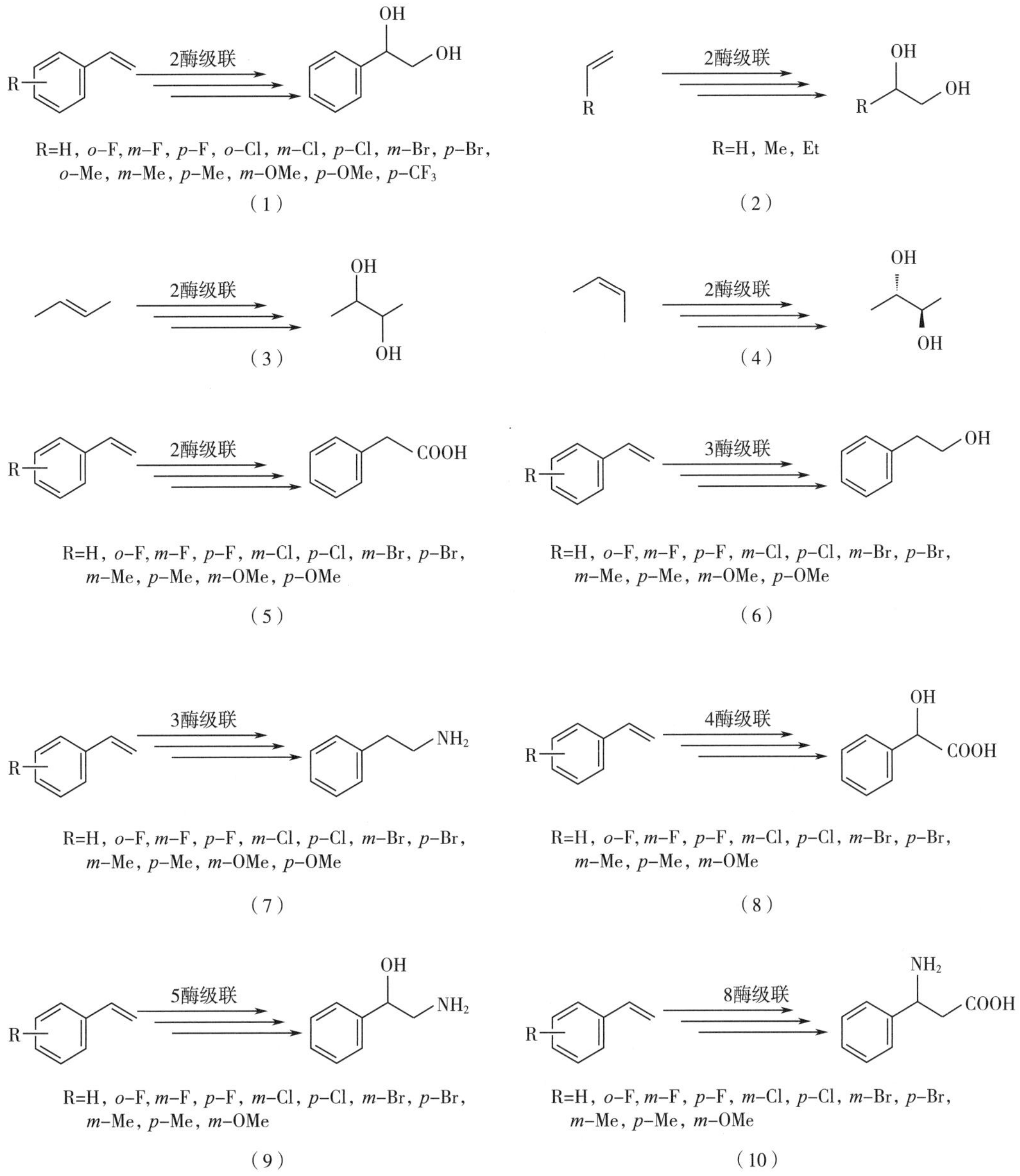

图 4-24 多酶级联催化烯烃高值化

碳四烯酸等多不饱和脂肪酸的 C═C 双键进行连续氧化使其环氧化和羟基化，可分别得到羟基环氧素（Hepoxilins A3、B3、A4 和 A5）和三羟基烯酸代谢物（Trioxilins A3、B3、A4 和 A5）等高价值生物活性化合物。

表 4-1　　　　　　　　多酶级联催化转化脂肪酸为高附加值产品

底物	产物	级联步骤
ω-羟基脂肪酸	ω-氨基脂肪酸	2 酶级联
正壬酸甲酯	1,9-壬二酸单甲酯	3 酶级联

续表

底物	产物	级联步骤
蓖麻油酸	正庚酸和11-羟基十一烯酸	3 酶级联
亚油酸	1,9-壬二酸	3 酶级联
花生四烯酸	羟基环氧素 A3	4 酶级联
二十碳五烯酸	羟基环氧素 B3	4 酶级联
二十二碳六烯酸	羟基环氧素 A4	4 酶级联
二十二碳四烯酸	羟基环氧素 A5	4 酶级联
正十二烷酸甲酯	12-氨基-十二烷酸甲酯	5 酶级联
油酸	1,9-壬二酸、9-羟基壬酸、正壬酸	5 酶级联
10,12-二羟基十八碳烯酸	3-羟基壬酸和1,9-壬二酸	5 酶级联

3. 氨基酸高值化

基于胞内级联反应对氨基酸进行高值化，可用于合成天然产物、医药中间体以及平台化合物等高附加值产品。最典型的案例是将 L-苯丙氨酸和 L-酪氨酸转化为苯丙素类化合物，包括苯基丙酸、芪类和黄酮类等。其中，黄酮类化合物具有很高的药用潜力，目前已有许多将植物黄酮类化合物合成途径在酿酒酵母或大肠杆菌中重构的报道。

黄酮类化合物包括黄酮烷、黄酮、黄酮醇等，具有很高的药用潜力。黄酮类化合物在植物体内的合成从 L-苯丙氨酸和 L-酪氨酸脱氨基形成肉桂酸和 4-香豆酸开始（图 4-25），然后在 4-香豆酸-CoA 连接酶（4CL）的催化作用下分别与 CoA 结合，生成肉桂酰-CoA 和香豆酰-CoA，肉桂酰-CoA 和香豆酰-CoA 再与三个单位的丙二酰-CoA 经查尔酮合成酶（CHS）的催化进行 Claisen 环化，生成（2S）-乔松素查尔酮和（2S）-柚皮苷查尔酮，然后通过查尔酮异构酶（CHI）分别转化为黄酮烷（2S）-乔松素和（2S）-柚皮素。最近，Wu 等通过将上述三种酶在 E. coli 中共表达，将 L-酪氨酸转化为（2S）-柚皮素，产物浓度达到了 391mg/L。所有天然黄酮类化合物都可以通过使用适当的酶修饰（2S）-乔松素和（2S）-柚皮素的分子结构来获得，黄酮合成酶 I（FNS I）可将（2S）-乔松素和（2S）-柚皮素转化为白杨素和芹菜素（黄酮），而黄酮烷 3β-羟化酶（F3H）和黄酮醇合成酶（FLS）可将（2S）-乔松素和（2S）-柚皮素转化为高良姜素和山奈酚（黄酮烷）。例如，Miyahisa 等把 FNS I 与苯丙氨酸解氨酶（PAL）、4CL、CHS 和 CHI 共表达于 E. coli 中，将 3mmol/L L-苯丙氨酸和 L-酪氨酸分别转化为 9.4mg/L 白杨素和 13.0mg/L 芹菜素，然后又用 F3H 和 FLS 替代 FNS I 合成了 1.1mg/L 高良姜素和 15.1mg/L 山奈酚。

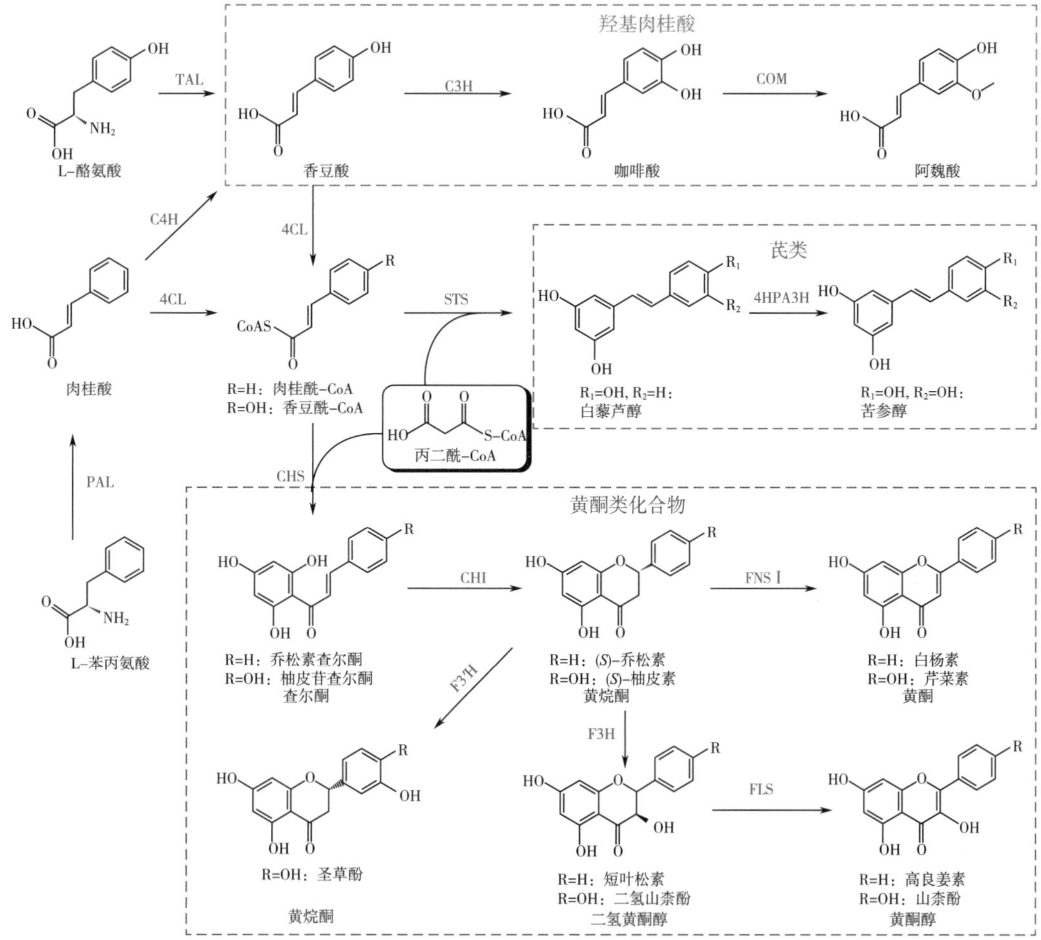

图 4-25　转化氨基酸为苯丙素

PAL：苯丙氨酸解氨酶；4CL：4-香豆酸-CoA 连接酶；TAL：酪氨酸解氨酶；C4H：肉桂酸-4-羟化酶；C3H：
4-香豆素-3-羟化酶；COM：O-甲基转移酶；STS：二苯乙烯合成酶；4HPA3H：4-羟基苯乙酸 3-羟化酶；CHS：查
尔酮合成酶；CHI：查尔酮异构酶；FNS Ⅰ：黄酮合成酶Ⅰ；F3H：黄酮烷 3β-羟化酶；F3′H：类黄酮 3′-羟化酶；
FLS：黄酮醇合成酶

参考文献

［1］杨立荣.生物催化技术研究现状和发展趋势［J］.生物产业技术，2016（4）：22-26.

［2］Atsumi S，Hanai T，Liao J C. Non-fermentative pathways for synthesis of branched-chain higher alcohols as biofuels［J］. Nature，2008，451（7174）：86-89.

［3］Both P，Busch H，Kelly P P，et al. Whole-cell biocatalysts for stereoselective C-H amination reactions
［J］. Angewandte Chemie International Edition，2016，55（4）：1511-1513.

［4］Busto E，Richter N，Grischek B，et al. Biocontrolled formal inversion or retention of L-α-amino acids to enantiopure （R）-or （S）-hydroxyacids ［J］. Chemistry-A European Journal, 2014, 20 （35）: 11225-11228.

［5］ Busto E, Simon R C, Kroutil W. Vinylation of unprotected phenols using a biocatalytic system ［J］. Angewandte Chemie International Edition, 2015, 54 （37）: 10899-10902.

［6］ Busto E, Simon R C, Richter N, et al. One-pot, two-module three-step cascade to transform phenol derivatives to enantiomerically pure （R） -or （S） -p-hydroxyphenyl lactic acids ［J］. ACS Catalysis, 2016, 6 （4）: 2393-2397.

［7］ Cha H J, Seo E J, Song J W, et al. Simultaneous enzyme/whole-cell biotransformation of C18 ricinoleic acid into （R）-3-hydroxynonanoic acid, 9-hydroxynonanoic acid, and 1,9-nonanedioic acid ［J］. Advanced Synthesis & Catalysis, 2018, 360 （4）: 696-703.

［8］ Chen F, Zheng G, Liu L, et al. Reshaping the active pocket of amine dehydrogenases for asymmetric synthesis of bulky aliphatic amines ［J］. ACS Catalysis, 2018, 8 （3）: 2622-2628.

［9］ Chen L, Luo M, Zhu F, et al. Combining chiral aldehyde catalysis and transition-metal catalysis for enantioselective α-allylic alkylation of amino acid esters ［J］. Journal of the American Chemical Society, 2019, 141 （13）: 5159-5163.

［10］ Cheong S, Clomburg J M, Gonzalez R. Energy - and carbon - efficient synthesis of functionalized small molecules in bacteria using non-decarboxylative Claisen condensation reactions ［J］. Nature Biotechnology, 2016, 34 （5）: 556-561.

［11］ Currin A, Dunstan M S, Johannissen L O, et al. Engineering the " missing link" in biosynthetic （-） -menthol production: bacterial isopulegone isomerase ［J］. ACS Catalysis, 2018, 8 （3）: 2012-2020.

［12］ Desai S H, Koryakina I, Case A E, et al. Biological conversion of gaseous alkenes to liquid chemicals ［J］. Metabolic engineering, 2016, 38: 98-104.

［13］ Dong J, Fernández-Fueyo E, Hollmann F, et al. Biocatalytic oxidation reactions: a chemist's perspective ［J］. Angewandte Chemie International Edition, 2018, 57 （30）: 9238-9261.

［14］ Erdmann V, Lichman B R, Zhao J X, et al. Enzymatic and chemoenzymatic three-step cascades for the synthesis of stereochemically complementary trisubstituted tetrahydroisoquinolines ［J］. Angewandte Chemie International Edition, 2017, 56 （41）: 12503-12507.

［15］ France S P, Hepworth L J, Turner N J, et al. Constructing biocatalytic cascades: in vitro and in vivo approaches to de novo multi-enzyme pathways ［J］. ACS Catalysis, 2017, 7 （1）: 710-724.

［16］ France S P, Hussain S, Hill A M, et al. One pot cascade synthesis of mono-and di-substituted piperidines and pyrrolidines using carboxylic acid reductase （CAR）, ω-transaminase （ω-TA） and imine reductase （IRED） biocatalysts ［J］. ACS Catalysis, 2016, 6 （6）: 3753-3759.

［17］ Fu H, Zhang J, Saifuddin M, et al. Chemoenzymatic asymmetric synthesis of the metallo-β-lactamase inhibitor aspergillomarasmine A and related aminocarboxylic acids ［J］. Nature Catalysis, 2018, 1 （3）: 186-191.

［18］ Gourinchas G, Busto E, Killinger M, et al. A synthetic biology approach for the transformation of L-α-amino acids to the corresponding enantiopure （R）-or （S）-α-hydroxy acids ［J］. Chemical Communications, 2015, 51 （14）: 2828-2831.

［19］ Habib M, Trajkovic M, Fraaije M W. The biocatalytic synthesis of syringaresinol from 2,6-dimethoxy-4-allylphenol in one-pot using a tailored oxidase/peroxidase system ［J］. ACS Catalysis, 2018, 8 （6）: 5549-

5552.

[20] Hammer S C, Marjanovic A, Dominicus J M, et al. Squalene hopene cyclases are protonases for stereoselective Brønsted acid catalysis [J]. Nature Chemical Biology, 2015, 11 (2): 121-126.

[21] Hartwig J. Evolution of C-H bond functionalization from methane to methodology [J]. Journal of the American Chemical Society, 2016, 138 (1): 2-24.

[22] Hashimoto, Shin-ichi. Discovery and history of amino acid fermentation [J]. Amino Acid Fermentation, 2017: 15-34.

[23] Hepworth L J, France S P, Hussain S, et al. Enzyme cascades in whole cells for the synthesis of chiral cyclic amines [J]. ACS Catalysis, 2017, 7 (4): 2920-2925.

[24] Hernandez K, Bujons J, Joglar J, et al. Combining aldolases and transaminases for the synthesis of 2-amino-4-hydroxybutanoic acid [J]. ACS Catalysis, 2017, 7 (3): 1707-1711.

[25] Hili R, Yudin A K. Making carbon-nitrogen bonds in biological and chemical synthesis [J]. Nature Chemical Biology, 2006, 2 (6): 284-287.

[26] Hong Y, Moon Y, Hong J, et al. Production of glutaric acid from 5-aminovaleric acid using *Escherichia coli* whole cell bio-catalyst overexpressing GabTD from *Bacillus subtilis* [J]. Enzyme Microb Technol, 2018, 118: 57-65.

[27] Jeon E Y, Seo J H, Kang W R, et al. Simultaneous enzyme/whole-cell biotransformation of plant oils into C9 carboxylic acids [J]. ACS Catalysis, 2016, 6 (11): 7547-7553.

[28] Kara S, Schrittwieser J H, Hollmann F, et al. Recent trends and novel concepts in cofactor-dependent biotransformations [J]. Appl Microbiol Biotechnol, 2014, 98 (4): 1517-1529.

[29] Kimmerlin T, Seebach D. '100years of peptide synthesis': ligation methods for peptide and protein synthesis with applications to beta-peptide assemblies [J]. International Journal of Peptide Research and Therapeutics, 2005, 65 (2): 229-260.

[30] Klermund L, Poschenrieder S T, Castiglione K. Biocatalysis in polymersomes: improving multienzyme cascades with incompatible reaction steps by compartmentalization [J]. ACS Catalysis, 2017, 7 (6): 3900-3904.

[31] Ladkau N, Assmann M, Schrewe M, et al. Efficient production of the nylon 12 monomer ω-aminododecanoic acid methyl ester from renewable dodecanoic acid methyl ester with engineered *Escherichia coli* [J]. Metabolic Engineering, 2016, 36: 1-9.

[32] Lee I G, An J U, Ko Y J, et al. Enzymatic synthesis of new hepoxilins and trioxilins from polyunsaturated fatty acids [J]. Green Chem, 2019, 21 (11): 3172-3181.

[33] Li A, Ilie A, Sun Z, et al. Whole-cell-catalyzed multiple regio-and stereoselective functionalizations in cascade reactions enabled by directed evolution [J]. Angewandte Chemie International Edition, 2016, 55 (39): 12026-12029.

[34] Li M, Schneider K, Kristensen M, et al. Engineering yeast for high-level production of stilbenoid antioxidants [J]. Scientific Reports, 2016, 6: 36827.

[35] Li X, Krysiak-Baltyn K, Richards L, et al. High-efficiency biocatalytic conversion of thebaine to codeine [J]. ACS Omega, 2020, 5 (16): 9339-9347.

[36] Liardo E, Ríos-Lombardía N, Morís F, et al. Developing a biocascade process: concurrent ketone re-

duction-nitrile hydrolysis of 2-oxocycloalkanecarbonitriles [J]. Organic Letters, 2016, 18 (14): 3366-3369.

[37] Lichman B R, Zhao J, Hailes H C, et al. Enzyme catalysed Pictet-Spengler formation of chiral 1,1′-disubstituted-and spiro-tetrahydroisoquinolines [J]. Nat Commun, 2017, 8: 14883.

[38] Lim C G, Fowler Z L, Hueller T, et al. High-yield resveratrol production in engineered *Escherichia coli* [J]. Appl Environ Microbiol, 2011, 77 (10): 3451-3460.

[39] Luetz S, Giver L, Lalonde J. Engineered enzymes for chemical production [J]. Biotechnol Bioeng, 2008, 101 (4): 647-653.

[40] Luo X, Reiter M A, d′Espaux L, et al. Complete biosynthesis of cannabinoids and their unnatural analogues in yeast [J]. Nature, 2019, 567 (7746): 123-126.

[41] Luo Z W, Lee S Y. Biotransformation of *p*-xylene into terephthalic acid by engineered *Escherichia coli* [J]. Nature Communications, 2017, 8: 15689.

[42] Martín J F, Ullán R V, García-Estrada C. Regulation and compartmentalization of β-lactam biosynthesis [J]. Microb Biotechnol, 2010, 3 (3): 285-299.

[43] Metternich J B, Gilmour R. One photocatalyst, n activation modes strategy for cascade catalysis: emulating coumarin biosynthesis with (-) -riboflavin [J]. Journal of the American Chemical Society, 2016, 138 (3): 1040-1045.

[44] Miyahisa I, Funa N, Ohnishi Y, et al. Combinatorial biosynthesis of flavones and flavonols in *Escherichia coli* [J]. Appl Microbiol Biotechnol, 2006, 71 (1): 53-58.

[45] Mutti F G, Knaus T, Scrutton N S, et al. Conversion of alcohols to enantiopure amines through dual-enzyme hydrogen-borrowing cascades [J]. Science, 2015, 349 (6255): 1525-1529.

[46] Nakamori, Shigeru. Early history of the breeding of amino acid-producing strains [J]. Amino acid fermentation, 2017: 35-53.

[47] Okamoto Y, Kohler V, Ward T R. An NAD(P)H-dependent artificial transfer hydrogenase for multienzymatic cascades [J]. Journal of the American Chemical Society, 2016, 138 (18): 5781-5784.

[48] Oliveira E F, Cerqueira N M, Fernandes P A, et al. Mechanism of formation of the internal aldimine in pyridoxal 5′-phosphate-dependent enzymes [J]. Journal of the American Chemical Society, 2011, 133 (39): 15496-15505.

[49] Otte K B, Kirtz M, Nestl B M, et al. Synthesis of 9-oxononanoic acid, a precursor for biopolymers [J]. Chemistry-A Europeay Journal, 2013, 6 (11): 2149-2156.

[50] Parmeggiani F, Lovelock S L, Weise N J, et al. Synthesis of D- and L-phenylalanine derivatives by phenylalanine ammonia lyases: a multienzymatic cascade process [J]. Angewandte Chemie International Edition, 2015, 54 (15): 4691-4694.

[51] Parmeggiani F, Rué Casamajo A, Colombo D, et al. Biocatalytic retrosynthesis approaches to D- (2,4,5-trifluorophenyl) alanine, key precursor of the antidiabetic sitagliptin [J]. Green Chem, 2019, 21 (16): 4368-4379.

[52] Patel R N. Microbial/enzymatic synthesis of chiral pharmaceutical intermediates [J]. Current Opinion in Drug Discovery & Development, 2003, 6 (6): 902-920.

[53] Pennec A, Hollmann F, Smit M S, et al. One-pot conversion of cycloalkanes to lactones [J]. ChemCatChem, 2015, 7 (2): 236-239.

[54] Peschke M, Haslinger K, Brieke C, et al. Regulation of the P450oxygenation cascade involved in glycopeptide antibiotic biosynthesis [J]. Journal of the American Chemical Society, 2016, 138 (21): 6746-6753.

[55] Pollard D J, Woodley J M. Biocatalysis for pharmaceutical intermediates: the future is now [J]. Trends Biotechnol, 2007, 25 (2): 66-73.

[56] Qian Y, Liu J, Song W, et al. Production of β-alanine from fumaric acid using a dual-enzyme cascade [J]. ChemCatChem, 2018, 10 (21): 4984-4991.

[57] Qian Y, Lu C, Liu J, et al. Engineering protonation conformation of L-aspartate-α-decarboxylase to relieve mechanism-based inactivation [J]. Biotechnol Bioeng, 2020, 117 (6): 1607-1614.

[58] Quin M B, Wallin K, Zhang G, et al. Spatial organization of multi-enzyme biocatalytic cascades [J]. Org Biomol Chem, 2017, 15 (20): 4260-4271.

[59] Rohles C M, Gläser L, Kohlstedt M, et al. A bio-based route to the carbon-5 chemical glutaric acid and to bionylon-6,5 using metabolically engineered *Corynebacterium glutamicum* [J]. Green Chem, 2018, 20 (20): 4662-4674.

[60] Schmid A, Dordick J S, Hauer B, et al. Industrial biocatalysis today and tomorrow [J]. Nature, 2001, 409 (6817): 258-268.

[61] Schmidt N G, Eger E, Kroutil W. Building bridges: biocatalytic C—C-bond formation toward multifunctional products [J]. ACS Catalysis, 2016, 6 (7): 4286-4311.

[62] Schoemaker H E, Mink D, Wubbolts M G. Dispelling the mythsbiocatalysis in industrial synthesis [J]. Science, 2003, 299 (5613): 1694-1697.

[63] Schrewe M, Julsing M K, Lange K, et al. Reaction and catalyst engineering to exploit kinetically controlled whole-cell multistep biocatalysis for terminal FAME oxyfunctionalization [J]. Biotechnol Bioeng, 2014, 111 (9): 1820-1830.

[64] Schrewe M, Magnusson A O, Willrodt C, et al. Kinetic analysis of terminal and unactivated C-H bond oxyfunctionalization in fatty acid methyl esters by monooxygenase-based whole-cell biocatalysis [J]. Advanced Synthesis & Catalysis, 2011, 353 (18): 3485-3495.

[65] Schrittwieser J H, Sattler J, Resch V, et al. Recent biocatalytic oxidation-reduction cascades [J]. Curr Opin Chem Biol, 2011, 15 (2): 249-256.

[66] Schulz S, Girhard M, Gaßmeyer S K, et al. Selective enzymatic synthesis of the grapefruit flavor (+) -nootkatone [J]. ChemCatChem, 2015, 7 (4): 601-604.

[67] Schwander T, von Borzyskowski L S, Burgener S, et al. A synthetic pathway for the fixation of carbon dioxide in vitro [J]. Science, 2016, 354 (6314): 900-904.

[68] Sharma U K, Sharma N, Kumar Y, et al. Domino carbopalladation/C-H functionalization sequence: an expedient synthesis of bis-heteroaryls through transient alkyl/vinyl-Palladium species capture [J]. Chemistry-A European Journal, 2016, 22 (2): 481-485.

[69] Sheldon R A, Pereira P C. Biocatalysis engineering: the big picture [J]. Chemical Society Reviews, 2017, 46 (10): 2678-2691.

[70] Sheldon R A, Woodley J M. Role of biocatalysis in sustainable chemistry [J]. Chem Rev, 2017, 118 (2): 801-838.

[71] Shin J S, Kim B G. Transaminase-catalyzed asymmetric synthesis of L-2-aminobutyric acid from

achiral reactants [J]. Biotechnol Lett, 2009, 31 (10): 1595-1599.

[72] Sisido T H a M. Incorporation of non-natural amino acids into proteins [J]. Current Opinion in Chemical Biology, 2002, 6: 809-815.

[73] Song J W, Jeon E Y, Song D H, et al. Multistep enzymatic synthesis of long-chain α,ω-dicarboxylic and ω-hydroxycarboxylic acids from renewable fatty acids and plant oils [J]. Angewandte Chemie International Edition, 2013, 52 (9): 2534-2537.

[74] Song J W, Seo J H, Oh D K, et al. Design and engineering of whole-cell biocatalytic cascades for the valorization of fatty acids [J]. Catal Sci Technol, 2020, 10 (1): 46-64.

[75] Song W, Chen X, Wu J, et al. Biocatalytic derivatization of proteinogenic amino acids for fine chemicals [J]. Biotechnol Adv, 2020, 40: 107496.

[76] Song W, Wang J H, Wu J, et al. Asymmetric assembly of high-value α-functionalized organic acids using a biocatalytic chiral-group-resetting process [J]. Nature Communications, 2018, 9: 3818.

[77] Staudt S, Burda E, Giese C, et al. Direct oxidation of cycloalkanes to cycloalkanones with oxygen in water [J]. Angewandte Chemie International Edition, 2013, 52 (8): 2359-2363.

[78] Sung S, Jeon H, Sarak S, et al. Parallel anti-sense two-step cascade for alcohol amination leading to ω-amino fatty acids and α,ω-diamines [J]. Green Chem, 2018, 20 (20): 4591-4595.

[79] Tan H, Guo S, Dinh N-D, et al. Heterogeneous multi-compartmental hydrogel particles as synthetic cells for incompatible tandem reactions [J]. Nature Communications, 2017, 8: 663.

[80] Tao R, Jiang Y, Zhu F, et al. A one-pot system for production of L-2-aminobutyric acid from L-threonine by L-threonine deaminase and a NADH-regeneration system based on L-leucine dehydrogenase and formate dehydrogenase [J]. Biotechnol Lett, 2014, 36 (4): 835-841.

[81] Tavanti M, Parmeggiani F, Castellanos J R G, et al. One-pot biocatalytic double oxidation of α-isophorone for the synthesis of ketoisophorone [J]. ChemCatChem, 2017, 9 (17): 3338-3348.

[82] Turner N J, O'Reilly E. Biocatalytic retrosynthesis [J]. Nature Chemical Biology, 2013, 9 (5): 285-288.

[83] Wagner N, Bosshart A, Failmezger J, et al. A separation-integrated cascade reaction to overcome thermodynamic limitations in rare-sugar synthesis [J]. Angewandte Chemie International Edition, 2015, 54 (14): 4182-4186.

[84] Wang J b, Reetz M T. Chiral cascades [J]. Nat Chem, 2015, 7 (12): 948-949.

[85] Wang J, Song W, Wu J, et al. Efficient production of phenylpropionic acids by an amino-group-transformation biocatalytic cascade [J]. Biotechnol Bioeng, 2020, 117 (3): 614-625.

[86] Wang P, Yang X, Lin B, et al. Cofactor self-sufficient whole-cell biocatalysts for the production of 2-phenylethanol [J]. Metabolic Engineering, 2017, 44: 143-149.

[87] Wang X, Cai P, Chen K, et al. Efficient production of 5-aminovalerate from L-lysine by engineered Escherichia coli whole-cell biocatalysts [J]. J Mol Catal B: Enzym, 2016, 134: 115-121.

[88] Wendisch, Volker F. Metabolic engineering advances and prospects for amino acid production [J]. Metabolic engineering, 2020, 58: 17-34.

[89] Winkel S B. Flavonoid biosynthesis. A colorful model for genetics, biochemistry, cell biology, and biotechnology [J]. Plant Physiol, 2001, 126 (2): 485-493.

［90］ Woodley J M. New opportunities for biocatalysis: making pharmaceutical processes greener ［J］. Trends Biotechnol, 2008, 26 (6): 321.

［91］ Wu J, Liu P, Fan Y, et al. Multivariate modular metabolic engineering of *Escherichia coli* to produce resveratrol from L-tyrosine ［J］. Journal of Biotechnology, 2013, 167 (4): 404-411.

［92］ Wu J, Yu O, Du G, et al. Fine-tuning of the fatty acid pathway by synthetic antisense RNA for enhanced (2*S*) -naringenin production from L-tyrosine in *Escherichia coli* ［J］. Appl Environ Microbiol, 2014, 80 (23): 7283-7292.

［93］ Wu S, Chen Y, Xu Y, et al. Enantioselective trans-dihydroxylation of aryl olefins by cascade biocatalysis with recombinant *Escherichia coli* coexpressing monooxygenase and epoxide hydrolase ［J］. ACS Catalysis, 2014, 4 (2): 409-420.

［94］ Wu S, Liu J, Li Z. Biocatalytic formal anti-Markovnikov hydroamination and hydration of aryl alkenes ［J］. ACS Catalysis, 2017, 7 (8): 5225-5233.

［95］ Wu S, Zhou Y, Li Z. Biocatalytic selective functionalisation of alkenes via single-step and one-pot multi-step reactions ［J］. Chem Commun, 2019, 55 (7): 883-896.

［96］ Wu S, Zhou Y, Seet D, et al. Regio-and stereoselective oxidation of styrene derivatives to arylalkanoic acids via one-pot cascade biotransformations ［J］. Advanced Synthesis & Catalysis, 2017, 359 (12): 2132-2141.

［97］ Wu S, Zhou Y, Wang T, et al. Highly regio-and enantioselective multiple oxy-and amino-functionalizations of alkenes by modular cascade biocatalysis ［J］. Nature Communications, 2016, 7: 11917.

［98］ You C, Shi T, Li Y, et al. An in vitro synthetic biology platform for the industrial biomanufacturing of myo-inositol from starch ［J］. Biotechnol Bioeng, 2017, 114 (8): 1855-1864.

［99］ Yu H, Li T, Chen F, et al. Bioamination of alkane with ammonium by an artificially designed multienzyme cascade ［J］. Metabolic Engineering, 2018, 47: 184-189.

［100］ Zhang C S, Zhang Z J, Li C X, et al. Efficient production of (*R*) -*o*-chloromandelic acid by deracemization of *o*-chloromandelonitrile with a new nitrilase mined from *Labrenzia aggregata* ［J］. Applied Microbiology and Biotechnology, 2012, 95 (1): 91-99.

［101］ Zhang G, Quin M B, Schmidt-Dannert C. Self-assembling protein scaffold system for easy in vitro co-immobilization of biocatalytic cascade enzymes ［J］. ACS Catalysis, 2018, 8 (6): 5611-5620.

［102］ Zhang Y, Wang Q, Hess H. Increasing enzyme cascade throughput by pH-engineering the microenvironment of individual enzymes ［J］. ACS Catalysis, 2017, 7 (3): 2047-2051.

［103］ Zhou Y, Sekar B S, Wu S, et al. Benzoic acid production via cascade biotransformation and coupled fermentation-biotransformation ［J］. Biotechnol Bioeng, 2020, 117 (8): 2340-2350.

［104］ Zhou Y, Wu S, Li Z. Cascade biocatalysis for sustainable asymmetric synthesis: from biobased L-phenylalanine to high-value chiral chemicals ［J］. Angewandte Chemie International Edition, 2016, 128 (38): 11819-11822.

第五章　生物催化氨基酸氨基的衍生化技术

氨基酸的氨基具有伯胺氨基的一切性质，可参与脱氨、移位和氧化等反应。手性 α-氨基（—NH_2）是氨基酸的基本活性基团之一，可以进行脱氨基、基团类型转换、构型反转、氨基转移和氨基消除等，产生一系列新的基团，包括：①羰基（生成 α-酮酸）；②（R）-氨基（生成 D-氨基酸）；③羟基（生成 α-羟基酸）；④β-氨基（生成 β-氨基酸）。

第一节　转化 α-氨基为羰基合成 α-酮酸

一、概述

α-酮酸是一类双官能团化合物，是有机合成、药物合成及生物合成的关键中间体，广泛用于生物医药、食品、化妆品、饲料等领域。如由 4 种 α-酮酸钙盐（α-酮异己酸钙、α-酮异戊酸钙、α-酮-β-甲基戊酸钙、苯丙酮酸钙）等组成的复方 α-酮酸片（开同）可用于预防和治疗因慢性肾功能不全而造成蛋白质代谢失调引起的损害；丙酮酸钙作为膳食补充剂，具有加速脂肪消耗、减轻体重、增强人体耐力等功效，对心脏也有特殊的保护作用；L-精氨酸-α-酮戊二酸盐（AKG）作为功能性护肝药物和营养强化剂，能维持肝脏的正常功能，促进肌肉的快速增长和恢复；α-酮异己酸（KIC）是支链氨基酸的中间代谢产物，能够抑制胰高血糖素分泌并促进胰岛素分泌。

α-酮酸的生产方法主要有化学合成法和生物转化法，其中化学合成法是工业生产 α-酮酸的主要方法。自 1835 年首次报道化学合成法成功合成丙酮酸以来，多种 α-酮酸的化学合成方法相继被研究报道，主要包括早期的氧化法、氰化物水解法、α-酮酸酯水解法，以及近些年发展的羰基化法、格氏试剂法和海因法等，其主要合成路线如图 5-1 所示。1986 年，日本科学家首次利用海因法制备了 α-酮酸，该方法主要是先以甲醛和氰化钾制备羟基乙腈，然后与碳酸氢铵经 Bucher-Bergs 反应生成海因，海因再与含羰基化合物（如异丁醛、苯甲醛）经 Wheeler-Hoffman 反应生成相应的海因中间产物，最后通过水解和酸化形成相应的 α-酮酸。海因法工艺的原料易得，生产成本低，但是由于使用了剧毒化合物氰化钾来合成海因，在工业生产中的应用受到限制。因此，寻求更加简便、安全、高效的化学合成法仍然具有重要的现实意义和经济价值。

近年来，利用生物催化氨基酸 C—N 裂解反应生成对应 α-酮酸的研究越来越多。目前能催化该反应的酶主要包括转氨酶（AT，EC 2.6.4.X）、氨基酸脱氢酶（ADH，EC

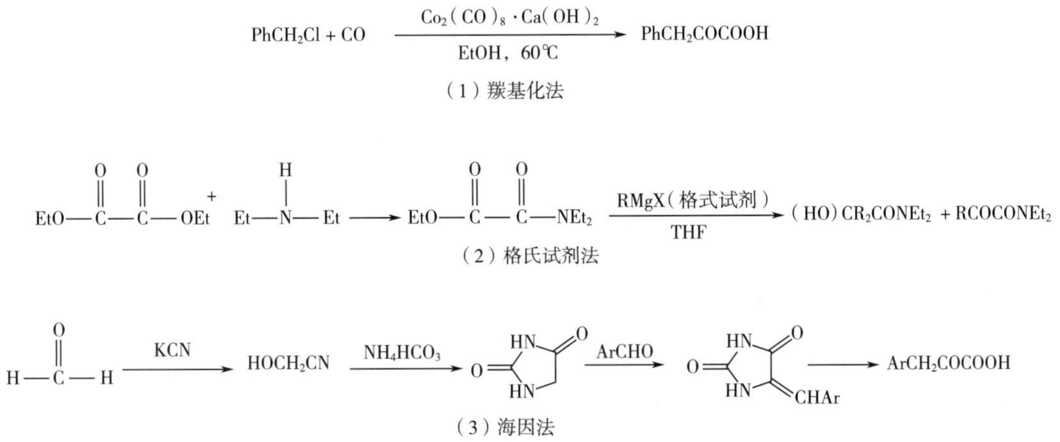

图 5-1 α-酮酸的化学合成法

1.4.1. X) 和氨基酸脱氨酶（EC 4.3.1.19、1.4.3. X）。其中 AT 和 ADH 催化的氨基酸 C—N 裂解反应可逆且催化效率极低，AT 催化的氨基酸 C—N 裂解反应需添加高成本的氨基受体，且两类酶催化后的产品分离纯化较复杂，不符合工业化规模高产量、高转化率和低成本的要求，尚未在生物催化法生产 α-酮酸中广泛应用。

与上述两种酶相比，氨基酸脱氨酶催化的氨基酸 C—N 裂解反应不可逆，具有工业化应用生产 α-酮酸的潜力。根据参与的酶催化反应辅因子可分为两类，一类是 5′-磷酸吡哆醛（PLP）介导的氨基酸脱氨酶，代表酶为苏氨酸脱氨酶（TD，EC 4.3.1.19）；另一类是黄素腺嘌呤二核苷酸（FAD）介导的氨基酸脱氨酶（EC 1.4.3. X），代表酶有 L-氨基酸脱氨酶（LAAD，EC 4.3.1.2）和 L-氨基酸氧化酶（LAAO，EC 1.4.3. X）。

TD 可催化 L-Thr 的 α 和 β 位消除—NH_2 和—OH 发生 C—N 裂解反应产生 2-酮丁酸和氨，是合成 2-氨基丁酸、2-羟基酸等药物中间体的关键酶。宋伟等通过对谷氨酸棒状杆菌（*C. glutamicum*）来源的苏氨酸脱氨酶（*Cg*TD）的反应过渡态分析，解析了 *Cg*TD 的催化机制（图 5-2）：首先 PLP 会与 *Cg*TD Lys70 位的 $N_ε$ 以席夫碱的形式共价连接生成①，当底物开始反应时，L-Thr 的 $N_α$ 位亲核进攻①C4′生成②，C4′处发生转亚胺反应生成③；接着③对 L-Thr 去质子化生成④，之后消除 L-Thr 醌类中间体的 β-羟基，生成⑤，然后 Lys70 位的 $N_ε$ 对⑤C4′再次亲和攻击生成⑥；最后经转亚胺反应重新生成①，并释放出产物亚胺，亚胺在水中自发水解生成 α-酮酸。TD 还可用于合成非天然 α-酮酸，但其底物范围较窄，对大体积非天然氨基酸底物催化效率较低，故研究人员通过对其进行蛋白工程改造来改善其催化性能。Song 等通过"开门"策略对 *Cg*TD 进行分子改造，获得了对大体积底物活性提升的突变体 M7。

LAAD 是一种 FAD 介导的膜依赖型脱氨酶，该酶可以立体选择性催化 L-氨基酸 C—N 裂解生成对应的 α-酮酸和氨，主要存在于普罗登菌属（*Providencia* sp.）、摩尔根菌属（*Morganella* sp.）及变形杆菌属（*Proteus* sp.）的细胞膜中，可与细胞膜上的电子传递链

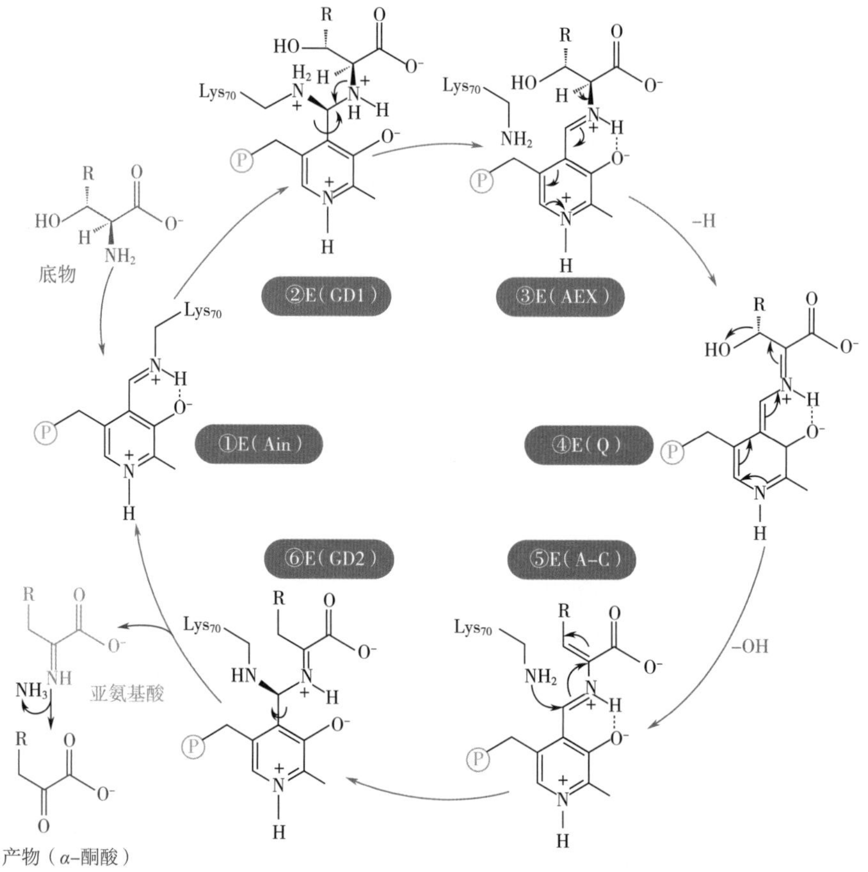

图 5-2　CgTD 催化 α, β-脱氨反应机制图

E（Ain）：内醛亚胺中间体；E（GD1）：Gem-二胺中间体；E（Aex）：外醛亚胺中间体；E（Q）：L-Thr 醌类中间体；E（A-C）：α-氨基丁烯酸酯中间体

耦联，FAD 的电子能通过电子传递链传递给细胞膜上的氧化型细胞色素 b，使 O_2 分子还原为 H_2O，因此该酶又被称为 FAD 介导的 H_2O 生成型氨基酸脱氨酶。目前 *Proteus* sp. 来源的 LAAD 研究最多，根据其催化特点可分为两类（表 5-1）：Ⅰ 型 LAAD 包括黏性变形杆菌（*P. myxofaciens*）来源的 *Pma*LAAD 和奇异变形杆菌（*P. mirabilis*）来源的 *Pmir*LAAD，可催化 L-Leu、L-Met 等大体积的脂肪族氨基酸及 L-Phe、L-Trp 等芳香族氨基酸；Ⅱ型 LAAD 包括普通变形杆菌（*P. vulgaris*）来源的 *Pv*LAAD 和奇异变形杆菌（*P. mirabilis*）来源的 *Pm*lLAAD，更适合催化带电荷的 L-His、L-Arg 等碱性氨基酸和含硫的 L-Met。从结构上来看，Ⅰ 型的 *Pma*LAAD（PDB：5fjn）和Ⅱ型的 *Pv*LAAD（PDB：5hxw）均为单体蛋白且两者结构高度相似（图 5-3），均包含跨膜区域、底物结合域（SBD，绿色）、FAD 结合域（FBD，红色）及插入模块（灰色）。在此基础上，为改善 LAAD 催化性能，对 LAAD 进行的蛋白质工程改造主要集中在以下方面：①增强底物结合效率：比如通过设计底物结合口袋使突变酶与底物的亲和力增加，比野生酶的催化活性提高 6.6 倍，对（D/L）-4-Phe 的转化率达 49.5%；②提高催化效率：比如通过分子对接和进化保守性分析，选择突变位点，构建小而精的突变文库进而筛选获得最佳突变体，对 L-1-萘丙氨酸

（L-1-Nal）的催化效率比野生酶提高 7 倍；对 *Pmir*LAAD 的底物口袋、底物结合力等进行理性改造，显著提高了该酶对苯丙酮酸、α-酮异丁酸酯和 α-酮-β-甲基戊酸酯的催化效率；③提高稳定性：通过对 *Pv*LAAD 表面的 INS 疏水残基进行定点突变，提高了该酶在溶液中的稳定性；④提高产物转化率：通过易错 PCR 和定点饱和突变获得突变体，并敲除 *E. coli* 中的 L-Phe 降解途径，能将 L-Phe 转化为 10g/L 苯丙酮酸（PPA），转化率达 100%，进一步通过加强 FAD 合成、$FADH_2$/FAD 再生，可使 PPA 产量增加到 31.4g/L；⑤减少产物抑制：通过修饰 *Pmir*LAAD 产物结合区域周围的柔性环获得四突变体 *Pm*LAAD^{M4}，转化酮缬氨酸的产物抑制率比野生型降低了 85%；⑥拓展底物谱：通过蛋白质工程改造缩短氢化物转移距离提高 LAAD 的催化效率并拓展其底物谱，催化 L-氨基酸氧化脱氨直接合成 α-酮酸类化合物。

表 5-1 LAAD 分类及其催化底物特异性

LAAD 分类	来源	比酶活/（U/mg 蛋白）		
		非极性	极性	带电荷
I 型 L-AAD	*Pma*LAAD	黏性变形杆菌	L-Leu 1.19（99%） L-Met 1.03（86%） L-Ile 0.31（26%） L-Phe 1.20（100%） L-Trp 0.73（61%）	L-Cys 0.52（43%） L-Tyr 0.17（14%）	L-His 0.12（10%）
	*Pmir*LAAD	奇异变形杆菌	L-Leu（41.7%） L-Met（16.7%） L-Phe（100%）	/	L-Arg（28.2%） L-Asp（10.9%）
II 型 L-AAD	*Pv*LAAD*	普通变形杆菌	L-Leu（100%） L-Met（95%） L-Phe（36%） L-Trp（40%）	L-Asn（42%） L-Tyr（88%）	L-His（76%） L-Asp（53%） L-Arg（26%）
	*Pm*1LAAD	奇异变形杆菌	L-Pro 0.47（14%） L-Phe 1.54（46%） L-Trp 0.34（14%）	L-Thr 0.44（13%）	L-His 3.35（100%） L-Arg 1.71（51%） L-Glu 1.21（36%）

*表示没有关于重组 I 型及 II 型 LAAD 比活性的报道。只列举了对酶的相对活性>10%的底物，%表示相对活性。

LAAO 催化 L-氨基酸发生 C—N 裂解反应生成对应的 α-酮酸和氨，随着还原型辅因子（$FADH_2$）在 O_2 作用下再氧化而释放 H_2O_2，因而称为 FAD 介导的 H_2O_2 生成型 LAAO（图 5-4）。该酶在多种动物、真菌、蓝藻及细菌中均有发现，但不同来源的 LAAO 底物范围不同。根据其催化底物范围，分为广谱型和专一型两类：广谱型 LAAO 的结构大部分为毒蛇蛋白，原核生物仅有假单胞菌及红球菌两种来源的结构被解析。从结构上看，该类蛋白多为二聚体，两种 H_2O_2 生成型 LAAO 一般都有三个结构域：底物结合域（SBD）、FAD

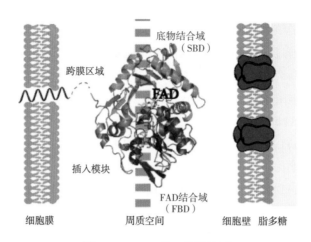

图 5-3　LAAD 的三维结构图

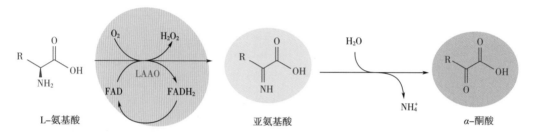

图 5-4　FAD 介导的 H_2O_2 生成型氨基酸脱氨酶反应原理图

结合域（FBD）和螺旋结构域（HD）（图 5-5）。其中 FBD 具有高度保守的三级结构，位于活性位点，起电子传递作用的 FAD 结合在 SBD 和 FBD 形成的空腔内，而 HD 负责两单体的二聚作用。不同来源的 H_2O_2 生成型 LAAO 的 SBD 活性中心的催化口袋不同，这可能是导致该类酶催化底物特异性的关键。然而，由于此类蛋白多具有诱导细胞凋亡及抗菌等作用，因而难以实现异源表达。专一型 LAAO 主要有 L-谷氨酸氧化酶（LGOX，EC 1.4.3.11）、L-天冬氨酸氧化酶（LASPO，EC 1.4.3.16）、L-精氨酸氧化酶（LAROD，EC 1.4.3.25）、甘氨酸氧化酶（ThiO，EC 1.4.3.19）、苯丙氨酸氧化酶、色氨酸氧化酶及赖氨酸氧化酶等。该类酶的共同点是一般只催化单一的 L-氨基酸或者催化该底物类似物，比如，在不外源添加 FAD 条件下，上述酶能分别氧化 L-Glu 或谷氨酸钠、L-Asp、L-Arg 及 Gly 脱氨，生成对应的 α-酮戊二酸（α-KG）、草酰乙酸、2-酮精氨酸、乙醛酸、氨和 H_2O_2（图 5-6）。目前对该类酶的研究主要集中在提高其异源可溶性表达方面，比如，通过 RBS 工程结合高密度发酵实现 LGOX 过表达，通过包涵体复性方式提高 LASPO 在 *E. coli* 中的重组蛋白表达量，通过构建枯草芽孢杆菌（*B. subtilis*）168 菌株实现 ThiO 可溶性表达，并全细胞转化 Gly 生产乙醛酸等。这些研究为解决该类酶异源表达量低这一难题提供了新思路和方法，也为该类酶的进一步研究和应用奠定了基础。

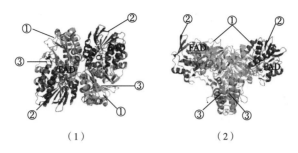

图 5-5　FAD 介导的 LAAO 晶体结构图

（1）（2）分别为马来红头蝮蛇（*C. rhodostoma*）和不透明红球菌（*R. opacus*）来源的 LAAO

①底物结合域；②FAD 结合域；③螺旋结构域

图 5-6　LGOX、LASPO、ThiO 及 LAROD 催化 L-Glu、L-Asp、Gly 及 L-Arg 生成对应的 α-酮酸

二、L-氨基酸脱氨酶转化 L-亮氨酸/L-异亮氨酸生产酮亮氨酸/酮异亮氨酸

α-酮异己酸（α-KIC）和 α-酮-β-甲基正戊酸（α-KMV）是具有双官能团的支链 α-酮酸，α-KIC 俗称酮亮氨酸，α-KMV 俗称酮异亮氨酸，结构如图 5-7 所示。

图 5-7　α-酮异己酸（1）与 α-酮-β-甲基正戊酸（2）化学结构式

1. L-氨基酸脱氨酶的异源表达

来源于 *P. mirabilis* 的 I 型 L-氨基酸脱氨酶（*Pmir*LAAD）底物谱宽广，对脂肪族和芳香族氨基酸均具有一定催化活性。根据 NCBI 数据库显示的基因碱基序列，设计了相应的引物对用于扩增目标片段。提取 *P. mirabilis* 的基因组为模板，通过 PCR 扩增得到目标基因片段，酶切后与质粒 pET-28a 连接并转化至 *E. coli* JM109，基因序列验证正确的重组质粒导入 *E. coli* BL21（DE3）中，成功构建含有 *Pmir*LAAD 脱氨酶基因的重组大肠杆菌 *E. coli* BL21（pET-28a-*Pmir*LAAD）。

使用含有 *Kan* 抗生素的 TB（Terrific Broth）液体培养基（终浓度为 0.4mmol/L）作为发酵产酶培养基，将重组大肠杆菌接种并置于 37℃，200r/min 的恒温摇床上震荡培养 2h 左右，待菌液的 OD_{600} 为 1.0，添加异丙基-β-D-硫代半乳糖苷（IPTG）进行诱导表达生产 *Pmir*LAAD。收集细胞超声破碎，离心后对上清液进行蛋白电泳检测并与空感受态细胞进行对比（图5-8），发现重组大肠杆菌全细胞裂解液在 51.2ku 有明显条带，表明 *Pmir*LAAD 在 *E. coli* BL21 中实现了可溶性表达。

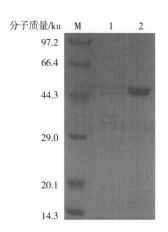

图 5-8　SDS-PAGE 检测全细胞裂解液上清液

M：低分子质量蛋白标准；1：*E. coli* BL21（pET-28a）；2：*E. coli* BL21（pET-28a-*Pmir*LAAD）

2. 重组菌株全细胞转化 L-氨基酸的能力评价

（1）重组菌株全细胞转化 L-氨基酸底物谱分析　收集经过诱导表达的重组菌株，考察其对 10 种 L-氨基酸（L-His、L-Arg、L-Asp、L-Glu、L-Phe、L-Trp、L-Tyr、L-Ser、L-Leu 和 L-Ile）的转化能力，发现全细胞催化剂对 L-His、L-Glu、L-Tyr、L-Ser 没有催化活性；对 L-His 和 L-Asp 的转化率低于 10%；对芳香族的底物 L-Phe 和 L-Trp 的转化率为 10%~30%；对疏水性的脂肪族氨基酸 L-Leu 和 L-Ile 的转化率超过 90%（图 5-9）。所以，*Pmir*LAAD 能够有效地转化 L-Leu 和 L-Ile 生成相应的酮亮氨酸和酮异亮氨酸。

（2）底物浓度对重组菌株全细胞转化 L-Leu 和 L-Ile 的影响　底物浓度、生物催化剂浓度、pH 和温度等对转化过程中的产物生成量均有影响。在一定的全细胞浓度、pH 和温度（30g/L 湿细胞、pH 7.0、

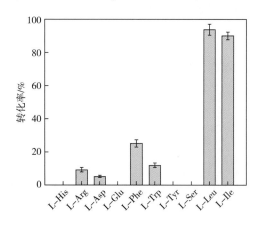

图 5-9　重组大肠杆菌全细胞催化剂对部分 L-氨基酸的转化效率

37℃）条件下分别对65g/L的L-Leu和55g/L的L-Ile转化24h，α-KIC和α-KMV的产量分别达到62.70g/L和49.30g/L，摩尔转化率分别为97.20%和90.30%。但是，随着底物L-Leu和L-Ile浓度的提高，α-KIC和α-KMV的产量基本保持不变，转化率开始明显下降（图5-10）。当L-Leu的浓度从65g/L增加到95g/L时，相应的转化率从97.20%降低到66.31%，产量维持在62.50g/L；当L-Ile的浓度从55g/L增加到75g/L，α-KMV的产量仍然保持在49.30g/L，而此时的转化率只有66.24%。因此，PmirLAAD在高底物浓度下的催化效率较低，难以实现底物L-Leu和L-Ile的完全转化。

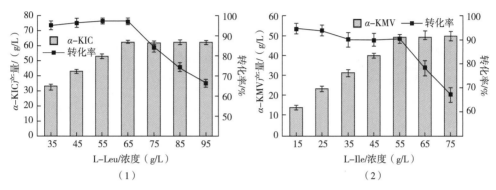

图5-10　底物浓度对全细胞转化的影响

3. 基于半理性设计的L-氨基酸脱氨酶的蛋白质工程改造

基于酶的序列信息、结构信息和催化功能等相关知识，通过理性设计改造酶分子提升酶的催化效率是酶分子改造的有效方法。而酶的底物结合口袋和底物入口通道的改造是蛋白质理性设计的重点，因为位于底物结合口袋和入口通道中的氨基酸残基通常会在底物的进入和结合上起着重要的作用，从而影响酶的催化活力。

（1）酶的底物结合口袋的理性设计与改造

①关键氨基酸残基的确定：对PmirLAAD的三维结构进行PDB BLAST搜索，发现来源于Proteus myxofaciens的LAAD的晶体结构（PDB登录号：5fjm）与PmirLAAD的同源性高达93.74%，可以作为同源建模的模板。通过SWISS-MODEL在线同源建模获取了PmirLAAD的理论三维结构模型，如图5-11（1）所示，该模型由一个核心区域（底物结合区域，FAD结合区域，包括额外的α+β亚区域）和一个V形的帽区域构成（αA和αB螺旋构成）。

为确定影响L-Leu催化活力的关键残基，L-Leu和FAD分别作为底物和辅因子通过AutoDock 4.0软件被柔性对接进了PmirLAAD的活性位点中，如图5-11（2）所示，Q92的氨基酸侧链酰胺基部分占据着底物L-Leu异丙基部分的结合位点，导致了它们之间严重的空间位阻，不利于底物L-Leu与活性位点的稳定结合；另外，位于底物结合口袋一端的残基M440，整体朝向底物的羧基，这种构象导致其甲硫基侧链与辅因子FAD之间存在着空间冲突作用，不利于辅因子FAD构象的稳定性。由于Q92和M440在底物活性位点产生的空间位阻/冲突，使得L-Leu的主链结构与辅因子FAD的异噁嗪环堆积在一起，距离大

约为 3×10^{-10} m，从而阻止了 L-Leu 和 FAD 在结合腔中的稳定性结合，这可能是导致 L-Leu 的浓度增加转化率反而降低的原因。因此，Q92 和 M440 作为影响 *Pmir*LAAD 对 L-Leu 催化活力的关键残基进行丙氨酸扫描突变，尝试通过改变底物结合腔来减少底物结合过程中存在的空间位阻/冲突，提升酶的催化活力。

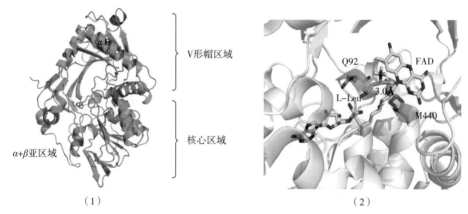

（1）　　　　　　　　　　　　　　（2）

图 5-11　*Pmir*LAAD 的理论结构模型（1）和底物结合口袋分析（2）

注：$1\text{Å} = 1 \times 10^{-10}$ m。

②突变体的计算模拟分析：丙氨酸扫描是蛋白质改造过程中一种常用的手段。将 Q92 和 M440 突变成带有更小侧链的丙氨酸 Q92A 和 M440A，通过分子动力学模拟计算评估上述突变体的底物结合腔的体积改变（图 5-12）：突变体 Q92A 和 M440A 底物结合腔体积均较野生型（WT）有所增加，M440A 增加了 14.73%，而 Q92A 增加了 59.05%，同时结合腔的几何构型也发生了明显的改变。因此，将突变体 Q92A 和 M440A 作为最优候选突变体，有望通过扩大结合腔的体积提高 *Pmir*LAAD 在高底物浓度下对 L-Leu 的催化效率。

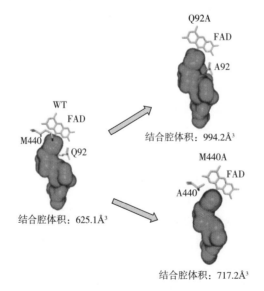

图 5-12　野生型与突变体的底物结合腔体积大小比较

③突变体的评价

a. 实验参数评价。通过定点突变技术，成功构建单突变体 Q92A、M440A 和双突变体 Q92A/M440A，验证三种突变体对酶活力的影响。分别测定三种突变体对底物 L-Leu 的酶活性和动力学参数，并与野生型做比较（表 5-2 和表 5-3），突变体 Q92A、M440A 对 L-Leu 的比酶活分别为 191.36U/mg 蛋白、152.47U/mg 蛋白，比野生型酶提高了 210% 和 147%，而双突变体 Q92A/M440A 对 L-Leu 的酶活性则略有降低（5.5%），表明突变位点 Q92 和 M440 不具有协同效应，这可能是由于双突变体造成了酶二级结构的失真。

表 5-2　　　　　　　　　　　　　野生型和突变体对 L-Leu 的酶活性

突变体	比酶活/(U/mg 蛋白)	突变体	比酶活/(U/mg 蛋白)
*Pmir*LAAD	61.73±2.23	M440A	152.47±5.34
Q92A	191.36±8.32	Q92A/M440A	58.35±1.12

表 5-3　　　　　　　　　　　　野生型和突变体对 L-Leu 的动力学参数

突变体	K_m/(mmol/L)	k_{cat}/(1/min)	(k_{cat}/K_m)/[L/(mmol·min)]
*Pmir*LAAD	9.41±0.34	3.20±0.43	0.34
Q92A	4.72±0.28	5.84±0.48	1.23
M440A	5.12±0.45	4.62±0.35	0.90
Q92A/M440A	19.55±1.04	4.10±0.25	0.21

另一方面，与野生型 *Pmir*LAAD 相比，突变体 Q92A 的 k_{cat} 值增加了 182.5%，K_m 降低了 199.4%，突变体 M440A 的 k_{cat} 值增加了 144.4%，K_m 降低了 183.8%，最终导致突变体 Q92A 和 M440A 的催化效率（k_{cat}/K_m）分别提高了 361.8% 和 264.7%。双突变体 Q92A/M440A 对 L-Leu 的催化效率没有提高，与酶活性参数的变化一致。可以看出，结合腔体积的增加和构象的改变会导致 *Pmir*LAAD 对 L-Leu 催化效率的提高。

b. 计算模拟分析。对最佳突变体 Q92A 采用分子动力学模拟分析发现（图 5-13），Q92A 拥有更小侧链的丙氨酸能够产生更大的底物结合腔（Q92A 的底物结合腔体积较野生型增加了 59.05%），L-Leu 与辅因子 FAD 之间的距离也由 $3×10^{-10}$m 增加到了 $3.5×10^{-10}$m，使得 L-Leu 骨架酰胺部分和 FAD 异噁嗪部分之间的空间冲突减少，方便底物在腔中的有效结合。因此，*Pmir*LAAD 构象的显著变化导致 k_{cat}/K_m 增加了 3.6 倍。同时，底物结合能计算也发现（表 5-4），突变体 Q92A 的底物结合能较野生型降低了 5.02kJ/mol，与动力学参数的变化相一致。

（2）酶的底物入口通道的理性设计与改造　利用上述突变体 Q92A 全细胞转化 L-Ile 合成 α-KMV，转化率仅为 66.42%，说明突变体 Q92A 对 L-Ile 的催化活力并没有提升。酶的底物入口通道与酶的选择性、催化活性和稳定性密切相关，为了提高 *Pmir*LAAD 对 L-Ile 的催化活力，对 LAAD 的底物入口通道进行理性改造。

表 5-4 野生型和突变体对 L-Leu 的结合能

突变体	结合能/（kJ/mol）
*Pmir*LAAD	-14.2
Q92A	-19.2
M440A	-18.4
Q92A/M440A	-13.0

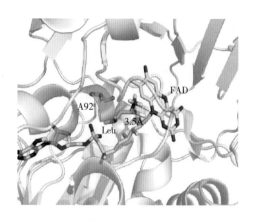

图 5-13 突变体 Q92A 的底物结合口袋分析

①关键氨基酸残基的确定：利用 AutoDock 4.0 软件模拟了 LAAD 与 L-Ile 复合物的空间结构，如图 5-14 所示：宽阔的活性位点入口使得能够容纳更多大体积的疏水性底物的进入，但是通过计算模拟得出底物结合口袋的深度大约有 $20×10^{-10}$ m，包围活性中心的狭窄腔可能会在底物进入活性位点的过程中产生空间位阻。通过软件 CAVER 3.01，分析得出了一条从酶结构表面通往活性中心的底物进入通道，如图 5-15（1）所示：位于窄腔中的底物通道距离大概为 $18.88×10^{-10}$ m，同时观察到该底物通道存在着一个大约 $1.02×10^{-10}$ m 宽度的瓶颈半径，

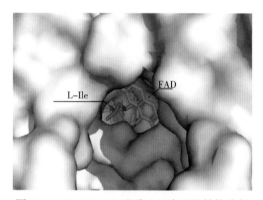

图 5-14 *Pmir*LAAD 通道入口表面及结构分析

这可能会影响底物进入酶的活性位点，从而影响酶的催化活力。接着，通过模拟分析确定了构成入口通道的 6 个瓶颈残基：S412、P413、T414、T436、V437 和 W438［图 5-15（2）］，进一步推测这些氨基酸中大的氨基酸侧链是构成通道窄的瓶颈半径的主要原因，并且阻塞了底物入口通道。为了证明上述 6 个残基导致底物入口通道瓶颈半径的形成，对处于通道中的 6 个残基进行丙氨酸扫描突变。

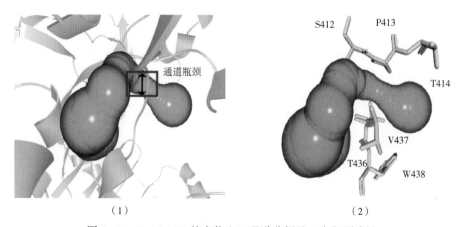

（1）   （2）

图 5-15 *Pmir*LAAD 的底物入口通道分析及 6 个瓶颈残基

②突变体的设计和筛选：设计六个突变体（S412A、P413A、T414A、T436A、V437A和W438A）进行丙氨酸扫描，丙氨酸具有更小的氨基酸侧链，可通过扩大酶的底物入口通道瓶颈半径来实现底物的有效进入。对上述六个突变体进行分子动力学模拟并结合软件CAVER 3.01自动评估突变体入口通道瓶颈半径发生的变化。在底物通道的各突变体中，只有突变体T436A和W438A的底物入口通道的瓶颈半径发生了明显的改变，较野生型分别增加了约0.40×10^{-10} m和0.51×10^{-10} m，其他四个突变体的通道瓶颈半径没有发生明显的改变（表5-5）。

表 5-5   野生型和突变体的底物入口通道性质

突变体	平均瓶颈半径/Å	长度/Å	曲率	吞吐量
*Pmir*LAAD	1.02 ± 0.099	18.88	1.90	0.55
S412A	1.01 ± 0.106	17.56	1.88	0.51
P413A	1.04 ± 0.105	18.57	1.85	0.52
T414A	1.03 ± 0.102	18.90	1.85	0.57
T436A	1.42 ± 0.075	17.90	1.93	0.65
V437A	1.02 ± 0.093	19.12	1.85	0.49
W438A	1.53 ± 0.076	18.81	1.92	0.68
T436A/W438A	1.71 ± 0.061	18.53	1.93	0.75

③突变体的评价：

a. 实验参数评价。通过定点突变技术构建了三种突变体，分别为T436A、W438A和T436A/W438A，测定三种突变体以及野生型对底物L-Ile的酶活性和动力学参数。如表5-6所示，突变体T436A、W438A和T436A/W438A对L-Ile的酶活性分别为100.45、134.23和170.12U/mg蛋白。可以看出，当突变点位于底物通道时，突变体对底物L-Ile的酶活性较野生型*Pmir*LAAD有明显提高，并且双突变体T436A/W438A表现出最高的酶活性，表明突变位点T436和W438有协同效应。

表 5-6   野生型和突变体对 L-Ile 的酶活性

突变体	比酶活/(U/mg 蛋白)	突变体	比酶活/(U/mg 蛋白)
*Pmir*LAAD	50.12 ± 1.90	W438A	134.23 ± 6.12
T436A	100.45 ± 5.56	T436A/W438A	170.12 ± 4.43

进一步测定各突变体对底物L-Ile的动力学参数，分析突变体的动力学参数变化，如表5-7所示：双突变体T436A/W438A的k_{cat}值增加了约3倍，导致k_{cat}/K_m提高了约3.5倍。这些结果与分子动力学模拟得到的突变体T436A/W438A增加的瓶颈半径相一致，双突变体T436A/W438A较野生型*Pmir*LAAD的平均底物通道瓶颈半径增加了约$0.69 \times$

10^{-10}m。上述结果表明底物通道半径是限制 L-Ile 进入酶活性位点的关键限制因素。

表 5-7 野生型和突变体对 L-Ile 的动力学参数

突变体	$K_m/(\text{mmol/L})$	$k_{cat}/(1/\text{min})$	$(k_{cat}/K_m)/[\text{L}/(\text{mmol} \cdot \text{min})]$
*Pmir*LAAD	12.32±0.12	2.46±0.13	0.20
T436A	10.16±0.52	3.66±0.26	0.36
W438A	10.15±0.28	4.88±0.23	0.48
T436A/W438A	10.58±0.45	7.41±0.68	0.70

b. 计算模拟分析。进一步对突变体 T436A/W438A 进行分子动力学模拟计算分析，如图 5-16（1）所示，残基 T436 和 W438 可能构成了底物通道的入口，是底物 L-Ile 侧链的结合位点。在野生型 *Pmir*LAAD 中，L-Ile 的侧链与残基 T436 和 W438 的距离分别为 3.2×10^{-10}m 和 3.0×10^{-10}m，导致入口通道狭窄位置严重的空间位阻作用。此外，残基 W438 的吲哚侧链也会与 FAD 的异咢嗪部分产生空间上的相会冲突。因此，残基 T436 和 W438 对底物 L-Ile 进入并结合到活性位点起着重要的作用。如图 5-16（2）所示，当残基 T436 和 W438 同时被突变成具有更小侧链的丙氨酸，突变体的瓶颈半径较野生型增加了 0.69×10^{-10}m，L-Ile 的侧链与残基 A436 和 A438 的距离也分别增加到 3.7×10^{-10}m 和 3.5×10^{-10}m，距离增加则空间位阻减小。尽管丙氨酸较小的侧链导致了底物亲和力减弱，但是突变体对 L-Ile 的催化效率明显提高。如表 5-8 所示，底物结合能计算分析表明，突变体 T436A/W438A 的底物结合能较野生型未发生显著变化，这与动力学参数的变化相一致。

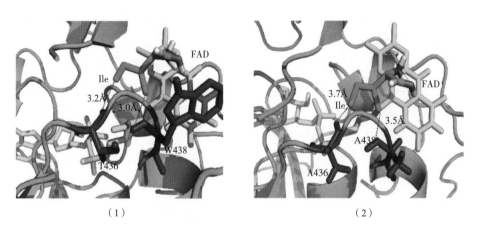

（1）　　　　　　　　　　　　　（2）

图 5-16 野生型与突变体底物入口通道变化的对比与分析

表 5-8 野生型和突变体对 L-Ile 的结合能

突变体	结合能/(kJ/mol)	突变体	结合能/(kJ/mol)
*Pmir*LAAD	-13.4	W438A	-14.6
T436A	-14.6	T436A/W438A	-14.2

4. *Pmir*LAAD 突变体 Q92A 催化制备 α-KIC 体系的优化

（1）产酶条件优化　重组酶的体外分泌表达情况与培养条件和诱导条件等密切相关。

①培养基和种子液培养时间的影响：采用不同营养成分的培养基，包括 LB、TBA、TB、LBA、SOC、SB 和 SBA 等，培养重组大肠杆菌生产目标蛋白，如图 5-17（1）所示，培养基的不同对酶的表达影响明显，其中 SB 培养基发酵产酶的酶活性要高于其他培养基，其次是 TB 培养基，LB 培养基中酶活性最低。

种子液的不同种龄对产酶也有影响。将诱导发酵前的种子液培养不同的时间，然后接种到 SB 培养基中进行诱导产酶，通过酶活性大小来确定最佳的种子液培养时间。如图 5-17（2）所示，当种子液 OD_{600} 为 0.8 时转接到 SB 培养基中诱导培养，诱导表达后的酶活性最高。

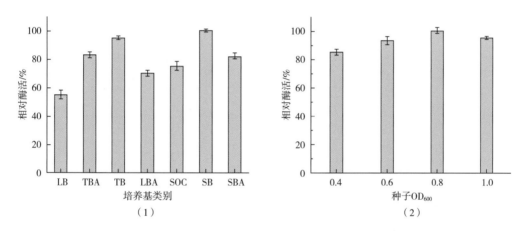

图 5-17　不同发酵培养基（1）和种子液 OD_{600}（2）对酶活性的影响

②诱导条件的影响：诱导条件（包括诱导剂种类、诱导剂浓度、诱导温度和诱导时间等）对酶活性有很大影响。如图 5-18 所示，比较两种常用的诱导剂乳糖和 IPTG 对诱导产酶的影响，发现乳糖要比 IPTG 的诱导效果好；测定不同乳糖浓度下酶活性的变化情况，发现当乳糖浓度为 6g/L 时，酶的活性最高，在一定范围内，随着诱导剂浓度的增加，细胞中酶的表达量会增加，导致酶活力增加，当诱导剂的浓度进一步增加时，可能会对细胞本身产生毒害作用，或者是因为蛋白的合成速率过快，无法形成正确的折叠，从而形成了包涵体导致酶活性的下降。最佳诱导温度为 25℃，最佳诱导时间为 13h。随着诱导温度的上升，酶活性出现先上升后下降的趋势，这可能是由于温度过高使得诱导蛋白产生的速度过快，造成了蛋白包涵体的形成，从而导致了酶活力明显降低。

综上所述，最佳发酵产酶条件如下：诱导 OD_{600} 为 0.8，诱导剂乳糖浓度为 6g/L，25℃下诱导 13h，此时，重组菌株的产酶能力最佳。

（2）突变体全细胞催化 L-Leu 生产 α-KIC 条件的优化

①全细胞转化条件对 α-KIC 产量的影响：全细胞量、L-Leu 浓度、转化 pH、温度和转化时间等条件在全细胞转化过程中对 α-KIC 产量有显著影响。以湿细胞浓度 30g/L，

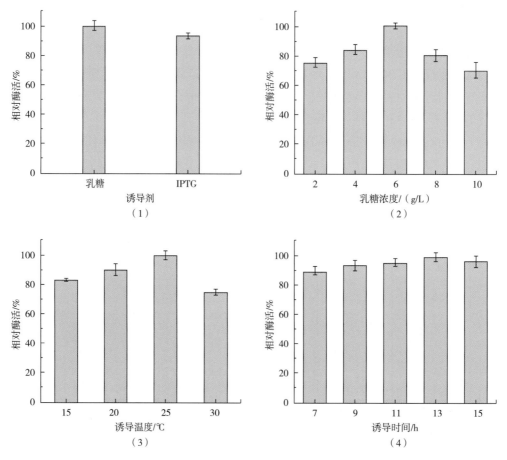

图5-18　不同诱导条件对酶活性的影响

L-Leu 浓度 65g/L，转化反应在 Tris-HCl（pH 7.0）溶液中 37℃转化 24h 为初始反应条件，研究 L-Leu 转化生产 α-KIC 的最佳转化反应条件。

测定不同 pH 下转化生成 α-KIC 的产量，如图 5-19（1）所示：pH 8.5 时，α-KIC 的产量最高，达到 98.28g/L；pH<8.5 时，α-KIC 产量与 pH 大小呈正相关，α-KIC 产量随着 pH 上升逐渐增加；当 pH>8.5 时，α-KIC 产量与 pH 大小呈负相关，当 8.5<pH<9.5 时，α-KIC 产量无明显降低，说明对突变体 Q92A 的酶活性影响不大，当 pH>9.5，由于酶活性损失，α-KIC 产量急剧下降。因此转化的最适 pH 为 8.5。

在不同温度下测定转化生成 α-KIC 的产量，如图 5-19（2）所示：30℃时，α-KIC 产量最高，达到 107.10g/L；当温度超过 30℃时，α-KIC 产量下降；转化温度为 45℃时，α-KIC 产量较 30℃降低了约 50%，说明转化温度过高不利于酶结构的稳定性，造成了酶活性的降低。因此转化最适温度为 30℃。

在不同底物浓度下测定转化生成 α-KIC 的产量，如图 5-19（3）所示：当底物浓度为 110g/L 时，突变体 Q92A 转化生成 α-KIC 产量最高，为 107.10g/L，相应转化率为 98.10%；进一步提高底物浓度，产量略下降。这是由于 L-Leu 在水中的溶解度低，低底物浓度对酶活性的抑制作用不明显，当底物浓度逐渐增加时，全细胞催化剂会长时间暴露于 L-Leu 饱和溶液中，底物开始对酶活性表现出明显的抑制作用。

在不同湿细胞浓度下测定转化生成 α-KIC 的产量，如图 5-19（4）所示：当细胞量为 20g/L，反应 20h 后，α-KIC 产量最高，为 107.10g/L，转化率为 98.10%；进一步提高菌体浓度，α-KIC 的产量保持不变。

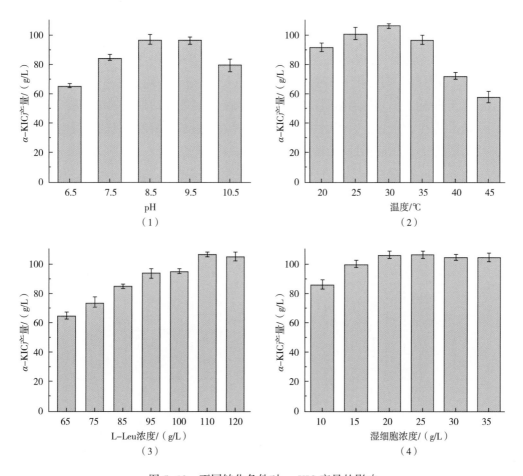

图 5-19　不同转化条件对 α-KIC 产量的影响

综上所述，重组大肠杆菌全细胞转化 L-Leu 的最佳转化条件为：20g/L 湿菌体，110g/L L-Leu，pH 8.5，30℃转化 20h。

②添加剂（FAD、通透剂、助溶剂和金属离子）对 α-KIC 产量的影响：辅酶 FAD 为 L-氨基酸脱氨酶发挥催化作用所必需，金属离子作为酶的激活剂可能对 α-KIC 产量提升有一定的作用，通透剂和助溶剂也是全细胞转化过程中经常要用到的添加剂。因此，在最适的转化条件下，考察 FAD、金属离子、通透剂和助溶剂等对 α-KIC 产量的影响。

向转化体系中添加不同浓度的辅因子 FAD，考察 FAD 的添加对生成 α-KIC 产量的影响。如图 5-20（1）所示，与对照组（未添加 FAD）相比，额外添加辅因子 FAD 对 α-KIC 的产量没有促进作用，这说明细胞本身所产生的 FAD 已经足够用于整个转化反应，不需要体外添加辅因子 FAD，这也有利于工业化生产中节约生产成本。

向转化体系中添加不同种类的金属离子，考察金属离子的添加对生成 α-KIC 产量的影响。如图 5-20（2）所示，与对照组（未添加金属离子）相比，K^+ 和 Mg^{2+} 的添加对 α-KIC 产量没有影响，基本与对照组一致，而 Ca^{2+}、Na^+、Mn^{2+} 对转化 L-Leu 具有抑制作用，导致 α-KIC 产量明显降低，说明上述金属离子对 L-氨基酸脱氨酶没有激活作用。

向转化体系中添加不同种类的通透剂和助溶剂，考察通透剂和助溶剂的添加对生成 α-KIC 产量的影响。如图 5-20（3）所示，与空白对照组（不添加通透剂）相比，四种表面活性剂 [十六烷基三甲基溴化铵（CTAB）、十二烷基-β-D-麦芽糖苷（DDM）、曲拉通 X-100 和吐温-80] 对转化 L-Leu 有抑制作用，产量急剧下降。这可能是由于 L-氨基酸脱氨酶属于膜蛋白酶，其催化活性严重依赖于细胞膜，表面活性剂同细胞膜一样具有亲水基团和疏水基团结构，当表面活性剂与细胞膜接触时造成膜溶解，细胞膜无法保持自身的完整性，通透性增加，导致酶活性严重丧失，α-KIC 产量降低。图 5-20（4）显示助溶剂异丙醇对 α-KIC 产量提升效果不明显，其他三种助溶剂 [乙醇、N,N-二甲基甲酰胺（DMF）和二甲基亚砜（DMSO）] 对 α-KIC 产量也没有明显作用。

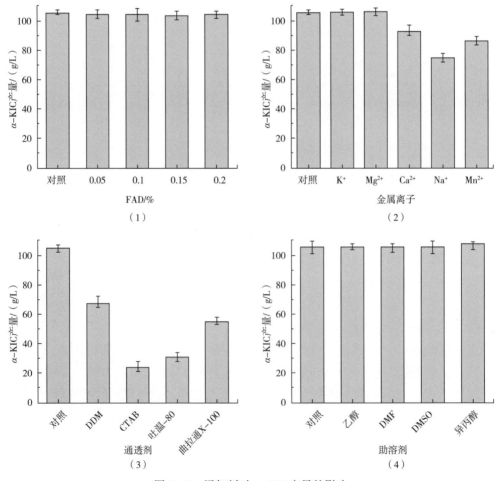

图 5-20　添加剂对 α-KIC 产量的影响

综上所述，重组大肠杆菌全细胞转化 L-Leu 生产 α-KIC 过程中，不需要额外添加辅酶 FAD、金属离子、细胞通透剂和助溶剂。

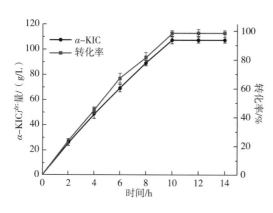

图 5-21　α-KIC 转化生产过程曲线图

（3）α-KIC 规模化制备　在摇瓶优化的基础上进行 α-KIC 规模化制备，将转化体系放大到 5L 发酵罐中进行。转化体系设置为：110g/L L-Leu、20g/L 湿菌体、pH 8.5、温度 30℃、通气 1m³/（m³·min）、搅拌转速 600r/min。整个转化过程曲线如图 5-21 所示。10h 以内，α-KIC 的产量迅速积累，当转化至 10h 时，α-KIC 的产量达到最大值 107.10g/L。产量能够达到和摇瓶体系类似的水平，且达到最大产量的时间缩短为摇瓶体系的一半，可能是因为罐中搅拌转速快，通气充足，有利于加快全细胞催化的反应速率。转化 10h 后产量保持稳定，未发生产物降解，说明 α-KIC 在实际生产中具有良好的稳定性。

5. PmirLAAD 突变体 T436A/W438A 催化制备 α-KMV 体系的优化

（1）突变体 T436A/W438A 全细胞转化 L-Ile 的条件优化　与野生型相比，突变体 T436A/W438A 在 37℃，pH 7.0，30g/L 湿细胞条件下对 55g/L 的 L-Ile 转化 24h，α-KMV 的产量从 49.30g/L 提高到 54.40g/L，转化率从 90.30% 提高到 99.70%，表明突变体 T436A/W438A 可以显著提高对底物 L-Ile 的转化效率。为进一步提高 α-KMV 产量，对转化体系条件，包括 pH、温度、底物浓度、细胞浓度等进行优化。如图 5-22（1）所示：在 pH 8.0 条件下，α-KMV 产量最高为 82.50g/L；当 pH<8.0 时，α-KMV 产量与 pH 变化呈正相关；当处于 8.0<pH<9.0 时，α-KMV 产量无明显变化，说明这个范围的 pH 对突变体 T436A/W438A 的酶活性影响不大；当 pH>9.0，由于酶活性损失，α-KMV 的产量急剧下降。因此 L-Ile 转化生产 α-KMV 的最适 pH 为 8.0。

25℃ 条件下，α-KMV 产量最高为 98.90g/L，所以 L-Ile 转化生产 α-KMV 的最适温度为 25℃［图 5-22（2）］。当温度<25℃，α-KMV 产量与温度呈正相关；当转化温度处于 25～40℃，酶能维持较好的热稳定性，α-KMV 产量略有下降；转化温度为 45℃ 时，α-KMV 的产量较 25℃ 时降低了约 50%，表明转化温度过高不利于酶结构的稳定性，造成酶活性的降低。

在不同底物浓度下测定转化生成 α-KMV 的产量，当底物浓度为 100g/L 时，突变体 T436A/W438A 转化生成 α-KMV 的产量最高达到 98.90g/L［图 5-22（3）］，相应转化率为 99.70%。进一步提高底物浓度，产量略有下降，可能与转化 L-Leu 生产 α-KIC 的情况一致，因为 L-Ile 也是非极性氨基酸，常温下在水中的溶解度只有 30g/L，当底物浓度过高，全细胞催化剂长时间处于饱和溶液中，底物的抑制作用开始显现，所以当底物浓度进一步增加时，α-KMV 的产量出现下降趋势。

在不同湿细胞浓度下测定转化生成 α-KMV 的产量，当细胞浓度为 20g/L 时，反应 24h 后，α-KMV 产量达到最大值 98.90g/L［图 5-22（4）］，转化率为 99.70%，所以 L-Ile 转化过程中的最适细胞浓度为 20g/L。

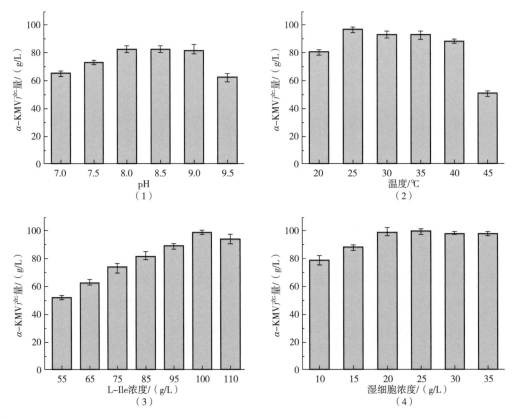

图 5-22　不同转化条件对 α-KMV 产量的影响

（2）α-KMV 的规模化制备　在摇瓶优化的基础上进行 α-KMV 规模化制备，将转化体系放大到 5L 发酵罐中进行。转化体系设置为：100g/L 的 L-Ile、20g/L 湿菌体、pH 8.0、温度 25℃、通气 1m³/（m³·min）、搅拌转速 500r/min。整个转化过程曲线如图 5-23 所示：16h 以内，α-KMV 产量迅速积累，转化进行至 16h 时，α-KMV 产量达到最大值 98.90g/L，转化率为 99.70%，产量与摇瓶转化情况一致，且达到最大产量的时间相比摇瓶减少了 8h。16h 以后 α-KMV 产量总体保持稳定，未发生产物降解，说明 α-KIC

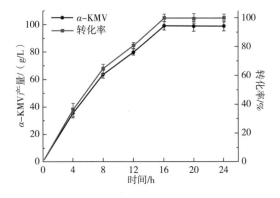

图 5-23　α-KMV 转化生产过程曲线图

在实际生产中具有良好的稳定性。

三、L-氨基酸脱氨酶转化 L-缬氨酸生产 α-酮缬氨酸

α-酮缬氨酸（α-Ketoisovalerate，α-KIV，简称 KIV）是一种同时含有酮基和羧基的化合物，学名为 α-酮异戊酸，结构式如图 5-24 所示。KIV 是一种多功能有机酸，广泛应用于食品、饲料、医药和化学合成等行业。KIV 是维生素 B_5 合成的初始化合物；KIV 的钙盐是复方 α-酮酸片的主要成分之一；KIV 含有两个羧基，可用于合成环状化合物。

1. 重组 L-氨基酸脱氨酶制备 α-KIV 性能评价

（1）底物 L-缬氨酸（L-Val）浓度和产物 α-KIV 生成的关系　按照前述方法制备重组 L-氨基酸脱氨酶（*Pmir*LAAD），研究其催化 L-Val 制备 α-KIV 的能力，在 25℃，pH 8.0 和 10g/L 全细胞催化剂的条件下，研究了不同底物浓度对转化反应的影响。如图 5-25 所示，当底物浓度

图 5-24　α-酮缬氨酸结构式

从 10g/L 增加至 60g/L 时，KIV 产量从 9.8g/L 增加到 40g/L，转化率反从 98.8% 下降至 66.7%；继续增加底物浓度至 70g/L，KIV 产量无明显增加。可以看出，随着转化体系中底物 L-Val 浓度的增加，L-Val 的残留浓度也逐渐增加，无法实现底物的完全转化，生成的产物 KIV 可能对 *Pmir*LAAD 有抑制作用。

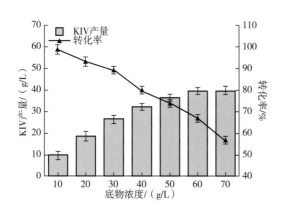

图 5-25　底物 L-Val 浓度和产物
α-KIV 生成的关系曲线

（2）重组 L-氨基酸脱氨酶产物抑制现象分析　为明确产物 KIV 对 *Pmir*LAAD 催化的抑制作用，首先明确底物 L-Val 对 *Pmir*LAAD 催化的影响。如图 5-26 所示，在 25℃，pH 8.0 和 10g/L 全细胞催化剂的条件下，当底物浓度从 10g/L 增加到 40g/L 时，*Pm*-LAAD 的酶活性由 26.7μmol/（min·g）增加到 39.5μmol/（min·g），继续增加底物浓度，酶活性依然维持在 39.5μmol/（min·g），并无下降趋势，且 KIV 的生产速率达到最大值 1.66g/（L·h）后，生产速率不再变化。这表明底物对 *Pm*LAAD 无抑制作用。

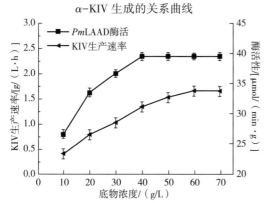

图 5-26　底物浓度对 LAAD 酶活性和
KIV 生产速率的影响

其次，明确全细胞催化剂浓度对 *Pmir*LAAD 催化的影响。如图 5-27 所

示，在25℃，pH 8.0和60g/L底物的条件下，当全细胞催化剂浓度从10g/L增加到50g/L时，虽然 PmirLAAD 的酶活性从 39.5μmol/（min·g）逐渐增加至 100.6μmol/（min·g），呈现出上升趋势，但是 KIV 产量始终维持在 40g/L 左右，同时，KIV 的生产速率（KIV 产量/转化时间）始终维持在 1.66g/（L·h）左右。因此，增加全细胞催化剂的用量并不能有效提高 L-Val 的转化效率，KIV 产量和 KIV 的生产速率始终维持在同一水平。

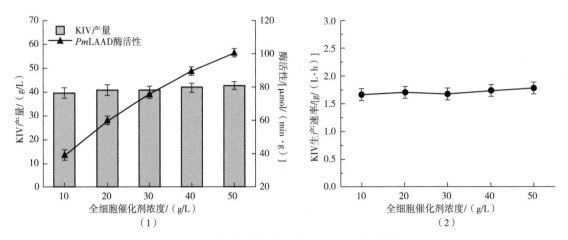

图 5-27　全细胞催化剂浓度对全细胞转化的影响

最后，研究产物添加量对 PmirLAAD 催化的影响。在25℃，pH 8.0，10g/L 全细胞催化剂和 60g/L L-Val 的条件下，考察了不同初始产物添加量对 PmirLAAD 全细胞转化的影响。如图 5-28 所示，当初始产物添加量从 10g/L 增加到 40g/L 时，反应体系中的 KIV 增加量从 39.8g/L 下降到 2.3g/L，PmirLAAD 的酶活性从 25.7μmol/（min·g）降至 3.1μmol/（min·g），且 KIV 的生产速率也同样呈现下降趋势。继续增加初始产物添加量，反应体系中的 KIV 增加量、PmirLAAD 的酶活性以及 KIV 的生产速率一直维持在低水平。因此，产物 KIV 对 PmirLAAD 的抑制作用是重组大肠杆菌制备 KIV 的限制性因素。

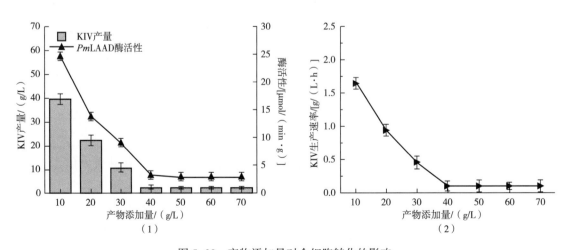

图 5-28　产物添加量对全细胞转化的影响

为了考察产物抑制对 $Pmir$LAAD 酶反应动力学的影响，考察了不同初始 KIV 添加量时的酶反应动力学常数。如表 5-9 所示，KIV 浓度增加，最大反应速率 v_{max} 无明显变化，但是 K_m 值随之增加，表明存在竞争性产物抑制。产物抑制常数 K_{PI} 可以通过 KIV 初始添加量和 $Pmir$LAAD 的 K_m 值线性拟合得到，数值为（0.8±0.6） mmol/L。初始 KIV 添加量与脱氨反应速率的关系为：

$$\frac{d[P]}{dt} \propto \frac{v_{max}[S]}{K_m\left(1 + \frac{[P]}{K_{PI}}\right) + [S]}$$

表 5-9　　　　　　　　　　　　　　　KIV 添加量与 K_m 与 v_{max} 的关系

KIV 浓度/（mmol/L）	0	20	40	60	80	100
K_m/（mmol/L）	7.36±0.28	9.93±0.22	11.2±0.44	13.1±0.24	15.6±0.46	16.9±0.31
V_{max}/[mmol/（L·min）]	18.6±0.34	18.8±0.21	18.4±0.24	18.4±0.37	18.7±0.49	18.5±0.48

2. 构象动力学工程策略缓解产物抑制

在胞内代谢路径中，酶的产物抑制是调控代谢物生物合成的关键机制之一。但是，从实际角度出发，酶的产物抑制严重制约了酶的催化效率，是生产高附加值产品的限速步骤，必须采取有效的策略减弱甚至消除产物抑制现象。多年来，研究者在利用蛋白质工程解决产物抑制方面取得了较大的进展，很多尝试是在产物的结合位点处进行定点突变或者饱和突变，实现降低与产物的相互作用，进而降低产物抑制。然而，这些策略在降低产物抑制的同时往往会引起酶活性和酶稳定性降低等一系列问题。因为通常情况下，产物的结合位点往往也是底物的结合位点，改变该位点，在降低产物抑制的同时，也降低了与底物的相互作用，造成活力下降。Hu 等报道在降低半乳糖对 β-半乳糖苷酶产物抑制的研究中，通过结构分析引入突变，虽然降低了产物抑制，但是造成突变体较野生型稳定性下降。

构象动力学工程是基于对酶的构象动力学分析所开发的新技术手段，是基于蛋白质工程技术更加注重计算模拟、理性设计的事实，结合构象变化在酶催化过程中的重要作用而提出的，其分析蛋白质的构象变化主要采用分子动力学模拟方法。构象动力学工程通过分析酶的底物或产物结合部位的构象变化筛选、设计突变体，从而改善酶的催化特性，在降低产物抑制和酶的理性设计等方面取得了显著效果。研究表明，蛋白质的构象动力学与配体的结合与释放有着紧密联系，Kim 等利用荧光共振能量转移技术（smFRET）对麦芽糖结合蛋白（MBP）突变体的构象动力学变化进行动力学分析，阐释了蛋白质的构象动力学如何决定产物的分离，即影响配体亲和力，发现蛋白质固有的开合速率（Opening rate）影响着配体的分离，进而影响配体亲和力。分支酸裂解酶（CPL）是芳香族化合物（芳香族氨基酸、香草醛、维生素等）生物合成的关键酶，但是在催化分支酸裂解生成对羟基苯甲酸酯（4HB）和丙酮酸的反应中，由于 4HB 的竞争性结合，存在较强的产物抑制。Kim

等通过调控 CPL 的关键区域的构象动力学，促进产物 4HB 分离释放，进而减弱了产物抑制。Oyen 等也报道通过调节大肠杆菌来源的二氢叶酸还原酶的构象动力学来促进产物释放。

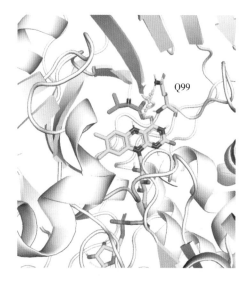

图 5-29　产物 KIV 与 *Pmir*LAAD 分子对接图

（1）构象动力学工程确定突变位点

利用对接软件 AutoDock 4.0 将产物 KIV 和辅因子 FAD 柔性对接进 *Pmir*LAAD 的活性位点。如图 5-29 所示，KIV 与辅因子 FAD 形成一个氢键，同时它与 Q99 的酰胺侧链形成了两个氢键，这可能是产物从活性位点释放缓慢的原因。随着初始产物添加量的增多，*Pmir*LAAD 的活性位点被大量初始产物占据，酶的催化效率变低，当产物浓度达到 40g/L，酶的脱氨反应几乎停止，酶活性仅为 7%（无产物存在下的酶活性定义为 100%）。对 Q99 进行定点饱和突变可减弱 KIV 与 *Pmir*LAAD 之间的相互作用，然而，Q99 是 *Pmir*LAAD 高度保守的氨基酸残基，对其进行饱和突变后，*Pmir*LAAD 完全丧失了催化活性。进一步观察产物结合位点周围的 loop 环，产物结合位点周围一共有 8 个 loop 结构，它们在构成 *Pmir*LAAD 的空间结构中发挥了重要作用。如图 5-30 所示，loop 4、5、6、7 以及 loop 1 的部分区域（氨基酸残基 Ile101~Thr106）构成了底物通道入口，loop1 的其他区域（氨基酸残基 Ala96~Ile100）紧邻产物结合位点，loop 8 是底物通道的重

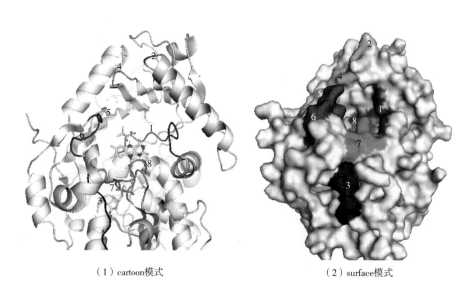

（1）cartoon模式　　　　　　　　　　（2）surface模式

图 5-30　产物结合位点周围的 loop 结构

要组成部分，而 loop 2 和 3 位于蛋白表面，不参与底物通道以及底物结合口袋的组成。因此，选择构成 loop 1、4、5、6、7、8 的残基进行突变。同时为了避免主链动力学的剧烈变化（主链动力学剧烈变化可能会使酶活性大幅度降低），排除对这 6 个区域中的甘氨酸和脯氨酸进行突变，最终选择 16 个候选氨基酸残基进行定点饱和突变（表 5-10）。

表 5-10　　　　　　　　　　　　　loop 结构拟突变氨基酸位点的筛选

loop	氨基酸位点	loop	氨基酸位点
1	Y97、S98、S102、T105、S106	6	L336、L341
4	N297、G298	7	V411、S412、T414
5	V312、A313	8	T436、V437

（2）单点突变体的构建与筛选　采用全质粒 PCR 法构建了表 5-10 中 16 个氨基酸残基的定点饱和突变库，通过 2,4-二硝基苯肼显色法对饱和突变库进行高通量筛选，紫外分光光度计测定各个突变体在 520nm 处的最大吸光值并与野生型进行比较，当比值>1.2 时，对该突变体进行测序并进一步在摇瓶中表达并验证。获得四个单突变体 S98A、T105A、S106A 和 L341A，可进行进一步摇瓶培养验证。摇瓶转化结果如图 5-31 所示，四个单突变体的摇瓶转化能力均高于野生型，其中最佳的单突变体为 Pm-LAAD^M1（S98A），催化生成的 KIV 产量为 46.9g/L，比野生型提高了 17.8%；其次为突变体 T105A 和 S106A，催化生成的 KIV 产量分别为 44.6g/L 和 44.9g/L，分别比野生型提高了 12% 和 12.8%。突变体 L341A 催化生成的 KIV 产量最低为 43.6g/L。对这四个突变位点所在区域进

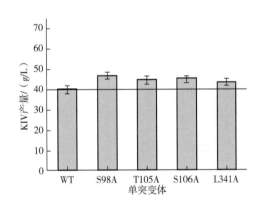

图 5-31　单突变体摇瓶筛选结果

行分析，发现突变体 S98A、T105A 和 S106A 都位于 loop 1，其中 S98A 靠近产物结合位点，而 T105A 和 S106A 在底物通道入口区域。L341A 位于 loop 4，同样也在底物通道入口区域。因此，产物与酶结合的强弱、产物释放的快慢可能会受这些氨基酸位点突变的影响，从而使得产物抑制程度得到缓解，提高了 KIV 的产量。

（3）组合突变体的设计、构建与筛选　为研究各个突变位点在减少产物抑制方面是否具有协同效应，对上述筛选出的四个突变体进行组合突变，一共构建了 6 个双突变体、4 个三突变体以及一个四突变体，并对这些组合突变的多突变体进行了摇瓶转化能力评价。从图 5-32 可以看出，除了突变体 S106A/L341A，其余组合突变体摇瓶转化能力都优于最佳单突变体 S98A。最佳的双突变体 PmLAAD^M2（S98A/T105A）催化生成的 KIV 产量为 52.6g/L。以最佳双突变体为模板。进一步构建了 4 个三突变体，其中最佳三突变体

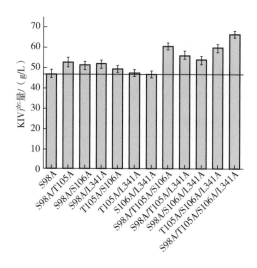

图 5-32　组合突变体摇瓶筛选结果

PmLAAD^{M3}（S98A/T105A/S106A）催化生成的 KIV 产量为 60.6g/L。最后，在最佳三突变体 PmLAAD^{M3} 的基础上引入突变 L341A，获得了四突变体 PmLAAD^{M4}（S98A/T105A/S106A/L341A），它催化 L-Val 获得了最高的 KIV 产量（66.7g/L），这表明四个有益突变位点是有协同效应的。随着有益突变的增加，可能减弱了产物与 Pm-LAAD 之间的相互作用，减轻了产物抑制，提高了 PmLAAD 的催化效率，实现了 KIV 产量的提升。

（4）突变体评价

①动力学参数和产物抑制常数评价：为研究突变对酶动力学性质和产物抑制的影响，测定了亲本酶及其突变体的动力学参数以及产物抑制常数并进行比较。从表 5-11 列出的动力学参数可以看出，与野生型相比，所有突变体对底物 L-Val 的亲和力均有提高（K_m 降低），突变体的转换数（k_{cat}）均有所增加，从而促使它们的催化效率（k_{cat}/K_m）都高于野生型。其中，PmLAAD^{M4} 的动力学参数变化幅度最为明显，k_{cat} 值提高到 5.1（1/min），为野生型的 2.68 倍；K_m 值降低至 3.18mmol/L，比野生型降低了 56%；同时，PmLAAD^{M4} 的 k_{cat}/K_m 提高到 1.61L/（mmol·min），比野生型提高了 6.2 倍。产物 KIV 对野生型 PmLAAD 及其突变体的产物抑制常数直观地反映了突变对产物抑制的影响，从表 5-10 列出的产物抑制常数可以看出，与野生型相比，突变体的产物抑制常数均增加，这表明 PmLAAD 对产物 KIV 的耐受性提高。与突变体动力学参数的变化一致，突变体 PmLAAD^{M4} 的产物抑制常数 K_{PI}（5.4mmol/L）增加的最为明显，比野生型提高了 6.7 倍。以上突变体的动力学参数和产物抑制常数的变化表明，突变显著改善了脱氨酶的动力学性质，同时突变也改善了 Pm-LAAD 的产物抑制，这可能是由于突变破坏了 PmLAAD 与产物 KIV 的结合，同时产物 KIV 从结合位点的释放速度加快，为酶与底物的结合提供了空间。

表 5-11　　野生型 PmLAAD 及其突变体的动力学参数和产物抑制常数

突变体	K_m/（mmol/L）	k_{cat}/（1/min）	（k_{cat}/K_m）/［L/（mmol·min）］	变化倍数	K_{PI}/（mmol/L）	变化倍数
WT	7.3±0.6	1.9±0.3	0.26	1	0.8±0.6	1
PmLAAD^{M1}（PmLAAD^{S98A}）	4.9±0.28	3.68±0.48	0.75	2.9	2.08±0.9	2.6
PmLAAD^{T105A}	5.7±0.32	3.15±0.27	0.55	2.1	1.45±0.7	1.8

续表

突变体	K_m/ (mmol/L)	k_{cat}/ (1/min)	(k_{cat}/K_m)/ [L/(mmol·min)]	变化倍数	K_{PI}/ (mmol/L)	变化倍数
PmLAAD^{S106A}	5.1±0.52	3.52±0.37	0.69	2.65	1.67±0.4	2.1
PmLAAD^{L341A}	5.67±0.29	2.89±0.16	0.51	1.96	1.38±0.9	1.7
PmLAAD^{M2}	4±0.45	3.9±0.35	0.98	3.8	3.12±0.4	3.9
PmLAAD^{M3}	3.45±0.56	4.32±0.25	1.25	4.8	3.7±0.3	4.6
PmLAAD^{M4}	3.18±0.23	5.1±0.32	1.61	6.2	5.4±0.2	6.7

②酶活性、生产速率和转化率等的评价：在25℃，pH 8.0和70g/L底物浓度的条件下，考察了不同突变体全细胞转化 L-Val 生产 α-KIV 的情况。如表5-12所示，与野生型相比，四个突变体的酶活性和 KIV 生产速率均有所提高，其中，突变体 PmLAAD^{M4} 的酶活性和 KIV 生产速率分别为 73.1μmol/(min·g) 和 2.78g/(L·h)，比野生型分别提高了 85.6% 和 67.4%。突变体 PmLAAD^{M3} 的酶活性和 KIV 生产速率分别为 58.6μmol/(min·g) 和 2.52g/(L·h)，比野生型分别提高了 48.4% 和 51.8%。突变体 PmLAAD^{M2} 的酶活性和 KIV 生产速率分别为 48.6μmol/(min·g) 和 2.19g/(L·h)，比野生型分别提高了 23% 和 31.9%。突变体 pmLAAD^{M1} 酶活性和 KIV 生产速率提升幅度最小。同时，四个突变体的 KIV 产量和转化率也均高于野生型，其中突变体 PmLAAD^{M4} 的转化率达到 95.6%。以上结果表明，突变改善了 L-氨基酸脱氨酶转化制备 KIV 的效率。

表5-12　70g/L 的 L-缬氨酸的条件下不同突变体全细胞转化 L-Val 生产 α-KIV 的情况

突变体	KIV 产量/ (g/L)	转化率/%	酶活性/ [μmol/(min·g)]	KIV 生产速率/ [g/(L·h)]
WT	39.8	57.3	39.5	1.66
PmLAAD^{M1}	46.9	67.5	43.5	1.95
PmLAAD^{M2}	52.6	75.7	48.6	2.19
PmLAAD^{M3}	60.6	87.2	58.6	2.52
PmLAAD^{M4}	66.7	95.6	73.1	2.78

③初始产物添加对突变酶酶活性、生产速率和转化率等的影响：在25℃，pH 8.0，70g/L底物浓度以及40g/L KIV 的条件下，考察不同突变体对全细胞转化的影响。从表5-13可以看出，与野生型相比，四个突变体均降低了产物 KIV 对 LAAD 全细胞转化反应的抑制，酶活性和 KIV 生产速率均提高。其中，产物 KIV 对突变体 PmLAAD^{M4} 的转化反应抑制最小，PmLAAD^{M4} 的酶活性和 KIV 生产速率分别为 73.1μmol/(min·g) 和 2.76g/(L·h)，比野生型分别提高了 23.5 倍和 25 倍。同时，四个突变体的 KIV 产量和转化率也

均高于野生型，产量分别提高了 28.8、24.8、19.8 和 16.7 倍。以上结果表明，突变体显著降低了 L-氨基酸脱氨酶的产物抑制作用。

表 5-13　　　　　　　　40g/L α-酮缬氨酸对不同突变体脱氨反应的影响

突变体	KIV 产量/ （g/L）	转化率/%	酶活性/ [μmol/(min·g)]	KIV 生产速率/ [g/(L·h)]
WT	2.3	3.3	3.1	0.11
PmLAAD^{M1}	38.4	55.2	34.6	1.61
PmLAAD^{M2}	45.7	65.8	41.3	1.9
PmLAAD^{M3}	57.2	82.3	54.6	2.38
PmLAAD^{M4}	66.4	95.6	73.1	2.76

④突变体缓解产物抑制的机理解析：为了解析最佳突变体 PmLAAD^{M4} 缓解产物抑制的机理，对野生型 PmLAAD 和 PmLAAD^{M4} 的结构进行比较，分析野生型和突变体中突变位点与周围氨基酸相互作用的变化。

a. 削弱产物与酶的相互作用，缓解产物抑制。经过结构分析发现 S98A 削弱了产物 KIV 与酶的相互作用，具体分析如下：①关键残基 Q99 的位置效应：如图 5-33 所示，氨基酸残基 S98 位于 loop 1 的 Ala96-Ile100 区域，靠近辅因子 FAD（位于活性中心），同时紧挨着产物结合位点 Q99。因此，该位点可能会影响 PmLAAD 与产物 KIV 的结合。②氢键数量变化：如图 5-34 所示，在野生型 PmLAAD 中，产物 KIV 与 Q99 的酰胺侧链形成了两个氢键，同时它还与辅因子 FAD 形成一个氢键，但是，残基 S98 并未与周围的氨基酸形成相互作用。在突变体 PmLAAD^{M4} 中，当 98 位的丝氨酸突变为丙氨酸时，产物 KIV 与酶形成的氢键数量从 3 减少为 2，与辅因子 FAD 之间的氢键相互作用依然存在，但是 KIV 与产物结合位点 Q99 之间的氢键数量从 2 减少为 1。与野生型 PmLAAD 中的 S98 不同，突变体 A98 与 Q99 之间形成了一个新的氢键，新氢键的产生削弱了酶与产物的相互作用，从而促使残基 Q99 与产物之间氢键减少。③抑制常数变化：野生型 PmLAAD 的产物抑制常

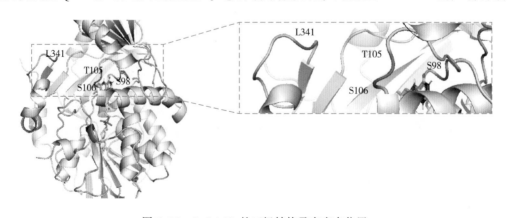

图 5-33　PmLAAD 的三级结构及突变点位置

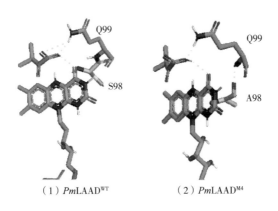

（1）*Pm*LAAD^{WT}　　　　　（2）*Pm*LAAD^{M4}

图 5-34　*Pm*LAAD 与产物 KIV 的相互作用

数 K_{PI} 仅为 0.8mmol/L，突变体 *Pm*LAAD^{S98A} 的 K_{PI} 值为 2.08mmol/L，比野生型提高了 2.6 倍。这些结果表明，突变体 *Pm*LAAD^{S98A} 通过减弱产物 KIV 与 L-氨基酸脱氨酶之间的相互作用，显著地缓解了产物抑制作用。

　　b. 促进产物释放，缓解产物的抑制作用。与 S98A 缓解产物抑制的机理不同，另外三个突变体 T105A、S106A 以及 L341A 是通过促进产物释放缓解产物的抑制作用。具体分析如下：① "盖子" 结构域构象的改变：残基 L341 位于 loop 6 的铰链区域，其他两个氨基酸残基 T105 和 S106 位于 loop 1 的铰链区域，铰链区域对稳定 loop 环的刚性起着关键作用。而且这三个氨基酸所在 loop 环是底物通道入口的组成部分，处于铰链区域的三个氨基酸在底物通道入口处起着 "盖子" 的作用，这三个氨基酸突变后，"盖子" 结构域的构象变得比野生型更加松弛（图 5-35），有助于产物从通道释放。②突变体 T105A、S106A 和 L341A 与周围残基之间形成的氢键数量减少（图 5-36）。T105A 形成的氢键数量减少：当 105 位的苏氨酸被丙氨酸代替时，突变体 A105 与周围氨基酸形成的氢键个数从 2 减少为 1。T105 和 A105 的主链羰基均与残基 W154 的吲哚环氨基氮形成氢键作用，T105 的 NH₂ 基团还与残基 S102 的羰基形成了一个额外的氢键，但是突变后的残基 A105 并未与 S102 形成氢键相互作用，因此，A105 与周围残基仅形成 1 个氢键。S106A 形成的氢键数量减少：在野生型 *Pm*LAAD 中，残基 S106 与 F110 之间的距离为 0.19nm，S106 与残基 I109 之间的距离为 0.22nm。当苏氨酸被突变成丙氨酸后，残基 A106 与 F110 之间的距离从 0.19nm 减小到 0.12nm，导致第 106 和 109 位残基之间的距离从 0.22nm 增加到 0.31nm，A106 和 I109 之间的氢键消失。所以，A106 与周围残基仅形成 1 个氢键。L341A 形成的氢键数量减少：在野生型 *Pm*LAAD 中，残基 L341 与 L343 之间的距离为 0.23nm，可以形成氢键。当 341 位的亮氨酸被丙氨酸取代时，残基 A341 与 L343 之间的距离增加到 0.30nm，氢键作用消失。③突变体的产物抑制常数增加：突变体 *Pm*LAAD^{T105A}、*Pm*-LAAD^{S106A} 和 *Pm*LAAD^{L341A} 的 K_{PI} 值分别为 1.45、1.67 和 1.38mmol/L，与野生型相比，分别提高了 1.8、2.1 和 1.7 倍。因此，突变体 T105A、S106A 和 L341A 与周围氨基酸形成氢键数量的减少，促使它们之间的相互作用减弱，增加了 "盖子" 区域的灵活性，从而促进了产物释放。

（1）   （2）

图 5-35 PmLAAD^{WT}（灰色）与 PmLAAD^{M4}（橙色）"盖子"结构域对比

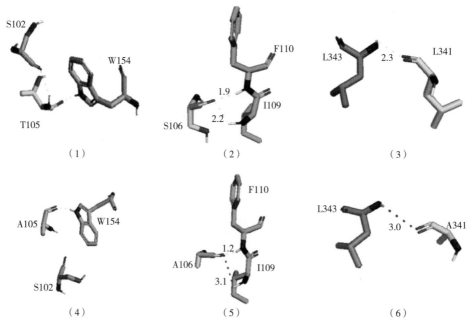

图 5-36   105、106 和 341 位残基周围氢键的变化

注：单位为埃（Å）。

（5）增加结合能并缓解产物抑制   进一步考察野生型 PmLAAD 及不同突变体（Pm-LAAD^{M1}、PmLAAD^{M2}、PmLAAD^{M3}、PmLAAD^{M4}）的产物结合能的变化。从表 5-14 可知，与野生型相比，所有突变体的产物结合能均增加，其中突变体 PmLAAD^{M4} 的产物结合能为 -15.1kJ/mol，比野生型提高了 5.4kJ/mol，表明突变体与产物的结合力减弱，这与产物抑制减轻的情况一致。

表 5-14   野生型及其突变体的产物结合能

突变体	结合能/（kJ/mol）	突变体	结合能/（kJ/mol）
WT	-20.5	pmLAAD^{M3}	-16.3
pmLAAD^{M1}	-19.7	pmLAAD^{M4}	-15.1
pmLAAD^{M2}	-18.4		

3. 突变体 *Pm*LAAD^{M4} 催化 L-缬氨酸制备 α-酮缬氨酸体系的优化

（1）突变体 *Pm*LAAD^{M4} 全细胞催化 L-Val 生产 α-KIV 的条件优化　在前期建立转化条件的基础上，进一步研究了转化温度和转化 pH 对突变体 *Pm*LAAD^{M4} 全细胞转化的影响。结果如图 5-37（1）所示，当温度从 20℃ 增加到 30℃ 时，转化率呈上升趋势，KIV 的产量逐渐增加，30℃ 时，L-Val 的转化率最高，此时 KIV 的产量为 80g/L，当温度从 30℃ 增加到 40℃，转化率随之降低。于是选择在 30℃ 条件下，对转化 pH 进行优化，从图 5-37（2）可以看出，当 pH 从 7.5 增加到 8.5 时，L-Val 的转化率逐渐增加，此时 KIV 的产量呈现上升趋势，当 pH 为 8.5 时，L-Val 的转化率达最高，KIV 的产量为 86.5g/L；当 pH 从 8.5 增加到 9.5 时，KIV 的产量有所降低，但降低幅度不明显，说明碱性条件对 *Pm*LAAD^{M4} 的全细胞转化影响不大。因此，突变体 *Pm*LAAD^{M4} 全细胞催化 L-Val 生产 α-KIV 的最佳转化条件与前述生产 α-KIC 相同。

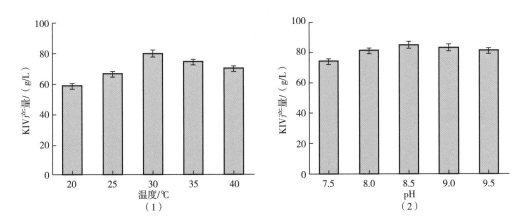

图 5-37　转化温度和 pH 对 *Pm*LAAD^{M4} 全细胞转化的影响

（2）α-酮缬氨酸的规模化制备　为了解最佳突变体 *Pm*LAAD^{M4} 的工业化应用潜力，在摇瓶转化最佳条件的基础上将反应体系放大到 1L，并对 KIV 规模化制备的条件进行了优化，主要包括全细胞催化剂浓度、底物浓度、搅拌转速、通气量以及转化时间，以确定最佳罐上转化条件。

①全细胞催化剂浓度：在 30℃、pH 8.5、550r/min、通气量为 1m^3/（m^3·min）条件下转化 20h，结果如图 5-38（1）所示，当催化剂的浓度从 20g/L 提高至 30g/L，KIV 的产量从 86.5g/L 提高至 154.3g/L。但是产量/催化剂的比值从 8.6g/g 降低至 5.2g/g。考虑到工业对高产量以及低催化剂用量的需求，10g/L 的全细胞催化剂浓度同时具备较高 KIV 浓度及高产物/催化剂比例（即单位菌体生产 KIV 能力），被用于转化实验。

②搅拌转速：在 30℃、pH 8.5、通气量为 1m^3/（m^3·min）、10g/L 的全细胞转化 20h 的条件下，考察了搅拌转速对 KIV 规模化制备的影响，从图 5-38（2）可以看出，当搅拌转速为 200r/min 时，KIV 产量仅为 22.3g/L；当搅拌转速增加到 600r/min 时，KIV 产量大幅度上升，在搅拌转速为 600r/min 时，KIV 产量达到 92.3g/L；继续提高搅拌转速至

800r/min，KIV 产量开始下降。因此，最佳的搅拌转速为 600r/min。

③通气量：在 30℃、pH 8.5、搅拌转速为 600r/min、10g/L 的全细胞转化 20h 的条件下考察了通气量对 KIV 规模化制备的影响，结果如图 5-38（3）所示，当通气量从 1m³/（m³·min）增加到 1.5m³/（m³·min）时，KIV 产量从 92.3g/L 提高到 98.5g/L；当通气量继续增加至 3m³/（m³·min）时，转化效率出现持续下降趋势。因此，罐上转化的最佳通气量为 1.5m³/（m³·min）。

④底物浓度：在 30℃、pH 8.5、通气量 1.5m³/（m³·min）、搅拌转速 600r/min、10g/L 的全细胞转化 20h 的条件下测定转化率，结果如图 5-38（4）所示。当底物浓度从 60g/L 增加到 100g/L 时，转化率高于 95%；当底物浓度从 100g/L 增加至 140g/L，虽然 KIV 产量有所提高，但是转化率大幅度下降。因此，选择 100g/L 的底物进行转化。

⑤转化时间：在转速 600r/min、10g/L 的湿菌体、100g/L L-Val、20mmol/L pH 8.5 的 Tris-HCl 缓冲液、转化温度 30℃、通气量 1.5m³/（m³·min）的条件下确定最佳转化时间。如图 5-38（5）所示，转化 16h 以内，KIV 产量积累较迅速；当转化至 18h 左右时，100g/L 的 L-Val 可以生成 98.5g/L KIV，此时产量达到最高，且反应后期产量一直保持在该水平并未出现降解现象，这有利于 KIV 的工业化生产。

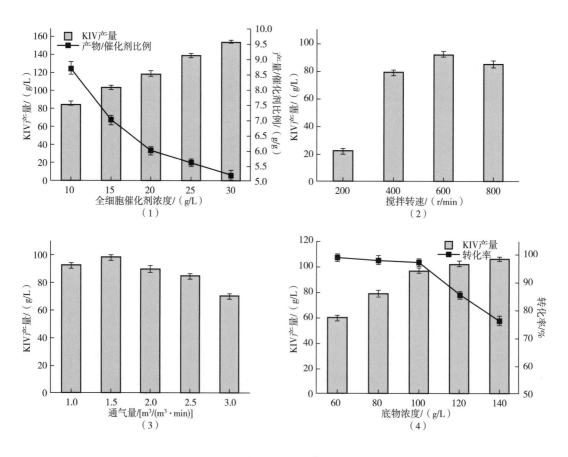

图 5-38　发酵罐上 PmLAAD^{M4} 转化条件优化

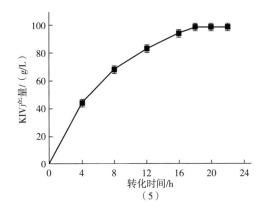

图 5-38　发酵罐上 *Pm*LAAD^M4 转化条件优化（续图）

最后，利用液质联用方法对反应液中目标产物进行了结构鉴定。如图 5-39 所示，经 HPLC 检测后，KIV 标样的出峰时间为 3.7min 左右；样品转化液经高效液相色谱法检测后的出峰时间在 3.71min 左右，与标样的出峰时间基本一致；同时图 5-39（3）转化液样品和标样的混合液出峰时间为 3.71min 左右。KIV 标样和转化液样品的质谱图可以进一步证

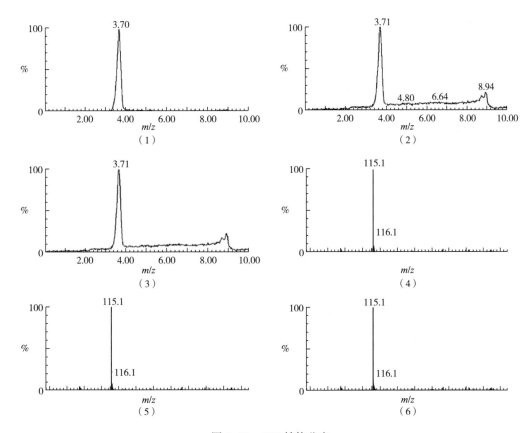

图 5-39　KIV 结构鉴定

（1）KIV 标样液相图；（2）转化液样品液相图；（3）转化液样品和标样的混合液液相图；（4）KIV 标样质谱图；
（5）转化液样品质谱图；（6）转化液样品和标样的混合液质谱图

明转化制备的产品为目标产物 KIV，从图 5-39（4）（5）（6）可以看出，KIV 标样、转化液样品、转化液样品和标样的混合液的质谱图均在 116.1 处出现了理论相对分子质量的产物峰，与 KIV 的相对分子质量理论值 116.12 相符，证明了转化制备的产品即为 KIV。

四、L-氨基酸脱氨酶转化 L-苯丙氨酸生产 α-苯丙酮酸

α-苯丙酮酸（PPA）是一种双羰基化合物，广泛应用于制药、食品和化工等行业。PPA 是合成 D-苯丙氨酸的原材料，D-苯丙氨酸是合成手性药物的重要中间体；PPA 还可用于制备苯乳酸，苯乳酸是抗菌物质和风味添加物质。目前 PPA 的生产方法主要是化学合成法，包括乙酰氨基肉桂酸水解法、乙内酰脲和海因法等，存在反应步骤繁琐、反应条件要求高、易产生有毒有害物质等缺陷。发展低能耗、高纯度和无污染的生物法生产 PPA 是坚持绿色可持续发展的迫切需求。

编者所在课题组建立了生物酶法生产苯丙酮酸的路径，如图 5-40 所示，在大肠杆菌中异源表达来自 *P. mirabilis* KCTC 2566 的 L-氨基酸脱氨酶（LAAD），通过优化条件，最终使 PPA 产量提高至（42.50±1.2）g/L，转化率达到 85%。但是，随着 PPA 产量的提高，对 LAAD 有很强的产物抑制，导致产量无法进一步提高，难以满足工业化生产需求。

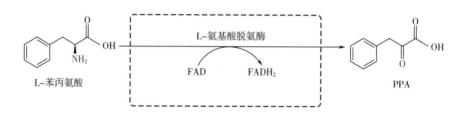

图 5-40　LAAD 催化生产苯丙酮酸

为了确认产物抑制对 LAAD 生产 PPA 的影响以及产物抑制的类型，在转化前向反应体系中添加不同浓度的产物 PPA（0、5、10、15、20g/L），考察其对动力学常数的影响。如表 5-15 所示，随着所添加的产物 PPA 浓度增加，v_{max} 基本没有变化，K_m 增大，说明存在竞争性产物抑制。将 PPA 添加量和 K_m 线性拟合作图，得到抑制常数 K_{PI} =（22.80±0.90）g/L。PPA 添加量与反应速率的关系如下方程所示。

$$\frac{d[P]}{dt} \propto \frac{[S]}{K_m\left(1 + \dfrac{[P]}{K_{PI}}\right) + [S]}$$

表 5-15　　　　　　　　　添加不同 PPA 浓度转化的 v_{max} 和 K_m 比较

PPA 浓度/（g/L）	0	5	10	15	20
K_m/（g/L）	9.93±0.19	13.58±0.42	15.38±0.58	18.05±0.32	19.57±0.41
v_{max}/[g/（L·min）]	0.42±0.02	0.40±0.02	0.41±0.01	0.41±0.02	0.42±0.02

1. 蛋白质工程改造 L-氨基酸脱氨酶

（1）构象动力学工程确定突变位点　产物抑制的原因主要是产物释放慢，产物与底物竞争性结合在催化位点。直接从与产物结合的位点入手改造容易影响酶与底物的结合，造成活力损失、产量下降。应用构象动力学思想，从产物周围的 loop 结构入手，调节对结构影响较小的 loop 上的氨基酸，从而增大产物结合位点的构象动力学，促进产物释放，减弱产物抑制，达到提高产量的目的。另外，由于 Pro 和 Gly 的特殊性，loop 结构中的 Pro 和 Gly 不作为候选氨基酸选择。如图 5-41 所示，产物 PPA 周围主要有 8 个 loop 结构，通过结构分析，loop 6 和 loop 7 不参与通道和口袋的组成，且距离较远，推测对产物的释放影响不大。所以，选择 loop 1、loop 2、loop 3、loop 4、loop 5、loop 8，分别包含表 5-16 所示的氨基酸位点，以此位点突变为丙氨酸，构建单点突变库。

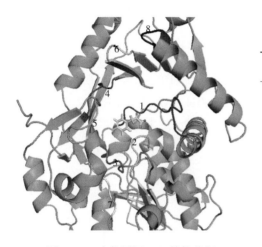

图 5-41　产物周围 loop 结构分析

表 5-16　结构分析和候选氨基酸位点的确定

loop	包含的氨基酸位点
1	Y103/T105/S106
2	T434/T436/V437
3	V411/S412/T414/F415/E417A
4	R315/I316/F317
5	E340/L341
8	D144/E145

（2）单点突变体的构建与筛选　利用全质粒 PCR 法成功构建如上所述 18 个单点突变体，并对上述突变体进行转化能力评价。结果如图 5-42 所示，突变体 T105A、E145A、S412A、E340A、E417A 催化的 PPA 产量较野生型有较大提高，分别达到 47.18、47.10、46.80、47.00、46.74g/L，分别比对照提高 5.18、5.00、4.80、5.00、4.74g/L。其中，T105A 产量最高，达 47.18g/L，分析有效果的 5 个位点 T105、S412、E417、E340、E145 分别位于 loop 1、loop 3、loop 5、loop 8。这些位点的突变在一定程度上影响了 LAAD 的产物结合部位或者释放通道处的构象动力学，促进了产物的释放，从而一定程度上降低了产物抑制，增加了 PPA 的产量。

（3）组合突变体的设计、构建与筛选　采用组合突变策略，对上述五个有益突变进行组合突变，构建了部分双突变体、三突变体、四突变体和五突变体，并对组合突变体进行了转化能力评价，结果如图 5-43 所示。双突变体的 PPA 生产能力较单突变体均有所提高，其中，突变体 *Pm*LAAD^M2（T105A/S412A）转化生产 PPA 产量最高，达到 51.70g/L；进一步构建部分三突变体、四突变体和五突变体，发现突变体 *Pm*LAAD^M3（E417A/

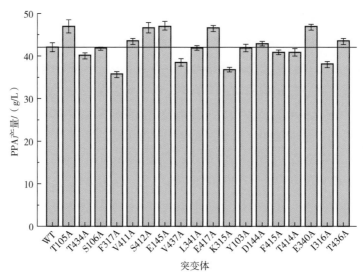

图 5-42 单点突变体的转化能力评价

E145A/S412A）产量达到 54.60g/L，突变体 *Pm*LAAD^{M4}（T105A/E417A/E145A/E340A）产量达到 62.50g/L，突变体 *Pm*LAAD^{M5}（T105A/S412A/E417A/E340A/E145A）产量达到 69.50g/L。随着有益突变组合的增加，突变体转化生产 PPA 的能力也提高。因此推测五个突变点具有协同调控作用，随着突变组合的增加，对 LAAD 的产物结合部位或者释放通道处的构象动力学的影响进一步加大，从而加速了产物释放。

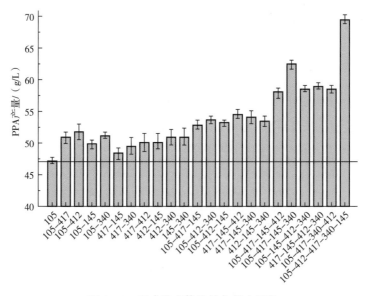

图 5-43 组合突变体的转化能力评价

注：105：T105A；417：E417A；412：S412A；145：E145A；340：E340A。

（4）突变体的评价

① 实验参数评价：产物抑制常数（K_{PI}）能够直观地评价突变对产物抑制的影响，如

表 5-17 所示，最佳突变酶 $PmLAAD^{M5}$ 的产物抑制常数 K_{PI} 提高到 （84.40±2.20）g/L，较野生型提高了 3.7 倍，产物抑制常数变大，表明产物抑制减弱。

表 5-17　　　　　　　　　野生型和突变体的产物抑制常数

突变体	$K_{PI}/(g/L)$	变化倍数
野生型	22.80±0.90	1.00
$PmLAAD^{M5}$	84.40±2.20	3.70

注：

$$v_0 = \frac{v_{max}[S]}{K_m\left(1 + \dfrac{[P]}{K_{PI}}\right) + [S]}$$

式中　v_0——初始反应速率

　　　v_{max}——最大反应速率

　　　$[S]$——底物浓度

　　　$[P]$——产物浓度

　　　K_{PI}——产物抑制常数

进一步测定酶的动力学参数，如表 5-18 所示，突变酶 $PmLAAD^{M5}$ 的 k_{cat} 值比野生型增加了 2 倍，原因可能是突变促进了产物的释放，进而游离酶的浓度增加，k_{cat} 值变大；突变酶 $PmLAAD^{M5}$ 的 K_M 值比野生型增大约 1.2 倍，可能是由于突变破坏了与产物的结合，导致与底物的亲和力有所降低。但是，由于 k_{cat} 值的增加幅度大于 K_M 值的增加幅度，突变酶的催化效率（k_{cat}/K_M）有所增加，是野生型的 1.6 倍。

表 5-18　　　　　　　　　野生型和突变体的动力学参数

酶	$K_M/(mmol/L)$	$k_{cat}/(1/s)$	$(k_{cat}/K_M)/[L/(mol \cdot s)]$
野生型	26.40±0.90	1.40±0.20	53
突变酶 $PmLAAD^{M5}$	32.50±0.50	2.81±0.10	86

②计算机模拟分析：对突变体 $PmLAAD^{M5}$ 进行分子动力学模拟，分析蛋白的构象动力学变化，探讨产物抑制减弱的可能原因。图 5-44（1）表示产物 PPA 释放通道，两个 Flap 结构影响产物的释放，从而形成产物抑制。分子动力学模拟结果［图 5-44（2）］显示，突变体 $PmLAAD^{M5}$ 在区域 Flap 1 和 Flap 2 处的 RMSF 较野生型大，即突变加速了 Flap 1 和 2 处开合速度，促进了产物 PPA 的释放，从而降低了产物抑制，提高了产量。

2. L-氨基酸脱氨酶突变体催化制备苯丙酮酸的体系优化

（1）重组大肠杆菌产酶条件优化

①表达载体：将最佳突变体 $PmLAAD^{M5}$ 的基因分别连接不同的表达载体（pET-28a、pET-20b、pET-22b、pET-24a），通过诱导表达，确定了最佳的表达载体为 pET-20b，此时的酶活性最高。

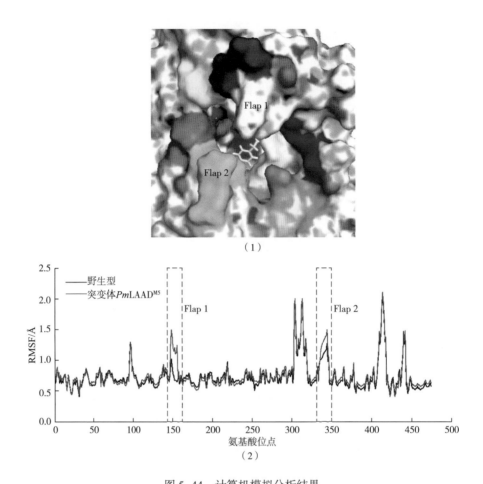

图 5-44　计算机模拟分析结果

（1）LAAD 结合口袋示意图；（2）突变体 $PmLAAD^{M5}$ 与野生型的 RMSF 值比较

②培养基种类：将含突变酶的重组大肠杆菌接种在不同发酵培养基（LB、TB、SB、LBA、TBA、SBA 和 SOC）上培养，比较其产酶能力。结果如图 5-45（2）所示，用不同培养基培养收获的酶的活性不同，其中在 TB 培养基中获得的酶活性最高，在 SB 培养基中的酶活性次之，在 LB 培养基中的酶活性最低。

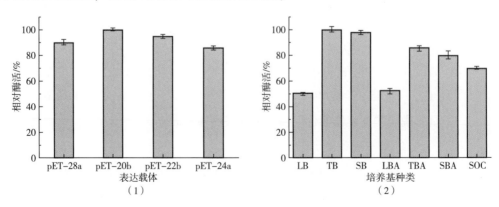

图 5-45　不同表达载体（1）和不同培养基（2）对产酶的影响

③诱导条件：分别对诱导条件（诱导剂种类、诱导剂浓度、诱导温度、诱导时间等）进行优化，确定最佳诱导条件，如图5-46所示。

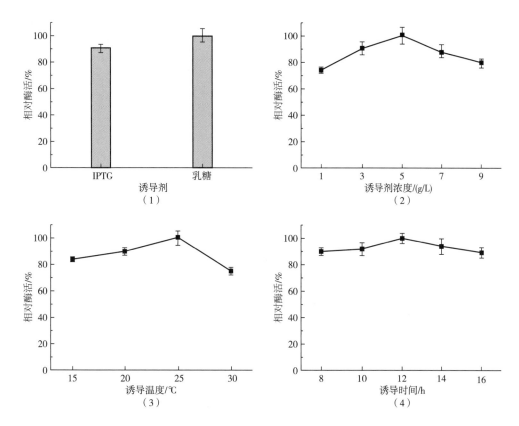

图5-46　诱导条件对产酶的影响

（1）诱导剂；（2）诱导剂浓度；（3）诱导温度；（4）诱导时间

通过比较 IPTG 和乳糖两种常用的诱导剂对产酶的影响，确定乳糖为诱导剂；接着考察了诱导剂乳糖的浓度（1、3、5、7 和 9g/L）对产酶的影响，随着诱导剂乳糖浓度的增加，酶活性出现先上升后下降的趋势，诱导剂浓度为 5g/L 时，酶活性最高；最后，通过在不同温度条件下诱导不同的时间，比较酶活性，确定最佳诱导温度为 25℃，诱导时间为12h。随着诱导温度的提高，酶活性逐渐降低，可能是因为温度高导致蛋白形成过快，不能正确折叠，致使活力不高。

（2）L-苯丙氨酸转化生产 PPA 条件优化

①转化条件：为了进一步提高 PPA 的产量，分别对转化的 pH、温度、底物浓度、催化剂用量进行了优化，确定了最佳的 pH、温度、底物浓度、菌体量，如图5-47所示。

在 pH 7.5 条件下，PPA 产量最高为 69.50g/L；当 pH<7.5 时，PPA 的产量与 pH 呈正相关；当 pH>7.5 时，PPA 的产量与 pH 呈负相关；在 pH 7~8，酶活性下降不明显，PPA 产量略有下降，超出这个范围（pH<7 和 pH>8），PPA 产量急剧下降。所以 L-苯丙氨酸转化生产 PPA 的最适 pH 为 7.5。

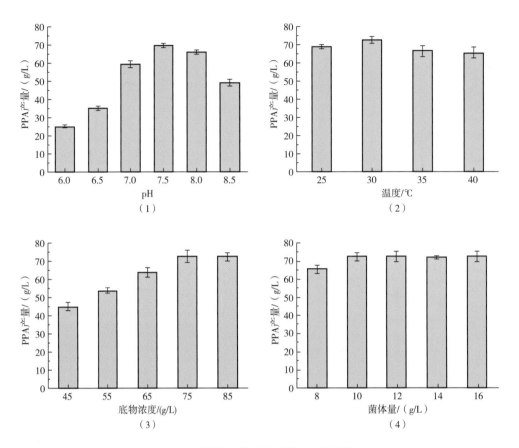

图 5-47 转化条件对苯丙酮酸产量的影响

（1）pH；（2）温度；（3）底物浓度；（4）菌体量

在温度为 30℃时，PPA 产量最高为 72.50g/L。随着温度的升高，产量略有降低，但是底物消耗情况和 30℃时相同，推测可能是由于 PPA 在较高温度下稳定性较差。

当底物浓度为 75g/L 时，PPA 产量最高为 72.50g/L。进一步提高底物浓度，产量不再增加。当菌体浓度达 30g/L 时，产量达到最高为 72.50g/L，转化率为 96.67%，进一步提高菌体浓度，产量不再增加。

②添加剂：比较不同添加剂（CTAB、曲拉通 X-100、吐温-80、Mn^{2+}、Mg^{2+}、DMSO）对 PPA 产量的影响。如图 5-48 所示，DMSO 对 PPA 产量有一定促进作用，但是提高幅度不大，而且工业化应用过程中添加大量的 DMSO 会提升生产成本。所以，后续转化实验中不添加。其他添加剂都存在不同程度的抑制作用：CTAB 的抑制作用最强，可能是 CTAB 主要用于破坏菌体的膜结构，增加了膜的通透性，而 LAAD 为膜结合蛋白，破坏了膜结构，影响 LAAD 活力，使产量下降。

（3）苯丙氨酸的规模化制备　在摇瓶转化条件的基础上进行放大转化实验（3.5L 发酵罐）。转化体系为：75g/L L-苯丙氨酸、30g/L 湿菌体。控制 pH 7.5、温度 30℃、通气 $3m^3/(m^3 \cdot min)$、搅拌转速 500r/min。转化过程曲线如图 5-49 所示。12h 内，底物 L-苯

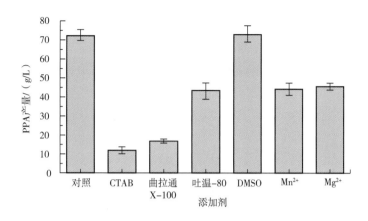

图 5-48　添加剂对苯丙酮酸产量的影响

丙氨酸急剧消耗，产物大量积累，到达 12h 时，PPA 产量最高为 72.50g/L，转化率为 96.67%，12h 后 PPA 的产量略有下降但总体保持稳定，推测产物 PPA 在体系中存在微量降解的情况。

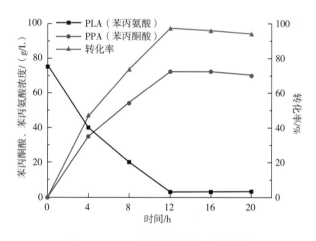

图 5-49　L-苯丙氨酸转化过程曲线

五、甘氨酸氧化酶转化甘氨酸生产乙醛酸

乙醛酸又名甲醛甲酸、二羟乙酸，是一种最简单的醛酸，兼具醛和羧酸的双官能团特性，可以衍生出多种精细下游化合物。比如，由乙醛酸和尿素缩合生成的尿囊素是良好的皮肤创伤愈合剂和消化系统用药；乙醛酸还可用于合成左旋苯甘氨酸（DPG）和混旋苯甘氨酸（DLPG），DPG 可进一步合成 β-内酰胺类抗生素、农药及多肽激素等；由愈创木酚和乙醛酸为原料制成的香兰素和乙基香兰素是化妆品及食品香料行业广泛应用的香料等。目前乙醛酸的工业制备方法以化学法为主，生物法制备乙醛酸主要包括乙醇酸氧化酶法和微生物发酵法，目前尚处于实验室研究阶段。

甘氨酸氧化酶（Glycine oxidase，GO，EC 1.4.3.19）是一种包含非共价结合的 FAD 的黄素蛋白，具有同源二聚体结构，是一种新型的脱氨氧化酶，也是目前报道的唯一能够催化甘氨酸生成乙醛酸和过氧化氢的酶，反应过程如图 5-50 所示。甘氨酸是无侧链的最小氨基酸，氨基酸氧化酶、D-氨基酸氧化酶及 L-氨基酸氧化酶均对甘氨酸没有反应活性。

$$H_2N \overset{O}{\underset{OH}{\diagup}} \quad \text{甘氨酸} \quad + \quad O_2 \quad + \quad H_2O \quad \xrightarrow{\text{甘氨酸氧化酶}} \quad O = \overset{O}{\underset{OH}{\diagup}} \quad + \quad H_2O_2 \quad + \quad NH_3$$

图 5-50　甘氨酸氧化酶氧化甘氨酸生成乙醛酸

1. 甘氨酸氧化酶的筛选与表达

（1）甘氨酸氧化酶的筛选　枯草芽孢杆菌（*Bacillus subtilis*）168 来源的甘氨酸氧化酶 *Bs*GO 已经得到了广泛的研究和报道，以 *Bs*GO 的基因序列作为分子探针可以挖掘更具多样性和底物特异性的 GO。综合菌株的安全性、易得性和基因序列相似性考虑，在 NCBI 数据库中选取了 9 种含有不同甘氨酸氧化酶基因的菌株作为研究对象，对甘氨酸氧化酶进行筛选，获得包括苏云金芽孢杆菌（*Bacillus thuringiensis*）、巨大芽孢杆菌（*Bacillus megaterium*）、解淀粉芽孢杆菌（*Bacillus amyloliquefaciens*）、铜绿假单胞菌（*Pseudomonas aeruginosa*）、谷氨酸棒状杆菌（*Corynebacterium glutamicum*）等 9 种来源的甘氨酸氧化酶。使用分子生物学手段对这些菌株基因组进行提取、甘氨酸氧化酶片段扩增、质粒酶切连接、重组质粒转化等操作，成功构建 9 株含 GO 基因的重组大肠杆菌菌株，经过培养和异丙基-β-D-硫代半乳糖苷（IPTG）诱导表达后，对底物甘氨酸进行转化，结果如图 5-51 所示。*Ba*GO、*Cg*GO 和 *Pa*GO 均未检测到产物乙醛酸的生成，而 *Bs*GO 相较于 *Bm*GO、*Bl*GO、*Gk*GO、*Bt*GO 和 *Pp*GO 等显示出对甘氨酸最高的活性，在未经优化的反应条件下获得 0.15g/L 的乙醛酸，所以确定 *Bs*GO 为后续的研究对象。

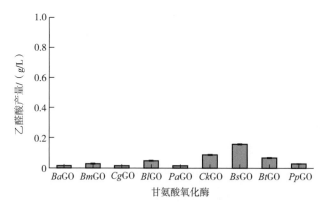

图 5-51　不同来源甘氨酸氧化酶的转化能力

（2）甘氨酸氧化酶的表达及优化　为了验证上述构建的 *E.coli* BL21 [pET28a（+）-

*Bs*GO〕大肠杆菌重组菌株是否可溶性表达相应的 *Bs*GO，将菌体细胞进行超声破碎，离心后分别对上清液和沉淀处理，进行聚丙烯酰胺凝胶电泳检测，结果如图 5-52 所示。菌体破碎样品在 44ku 大小附近有明显的蛋白亮条带，与文献报道的甘氨酸氧化单体分子质量大小一致，且 *Bs*GO 在重组菌株中表达充分；而菌体培养上清液样品在 44ku 大小附近没有明显的蛋白亮条带，表明菌株 *E. coli* BL21〔pET28a (+) -*Bs*GO〕的表达主要以不溶性的包涵体的形式存在。因而，重组蛋白 *Bs*GO 活性低，菌体转化甘氨酸生成乙醛酸产量低。

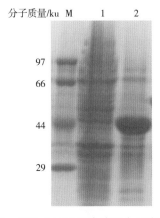

图 5-52　SDS-PAGE 电泳检测全细胞裂解液

M：蛋白质分子质量标准；1：*E. coli* BL21〔pET28a (+) -*Bs*GO〕菌体破碎上清液；2：*E. coli* BL21〔pET28a (+) -*Bs*GO〕菌体破碎沉淀

①重组蛋白 *Bs*GO 表达条件优化：

a. 表达载体优化。使用不同表达载体，构建不同的表达系统，可能提高 *Bs*GO 的可溶性表达水平。选择了 pET-32a、pET-39b、pGEX-6P-1 和 pCOLDI 4 个有助于可溶性表达的载体进行探究，pET-32a 载体带有 Trx·Tag 融合标签，是高度可溶的多肽，可以与甘氨酸氧化酶共表达，增加目的蛋白的溶解性；pET-39b 载体带有 DsbA 酶的基因，DsbA 蛋白能够促进蛋白的正确折叠从而产生生物活性；pGEX-6P-1 载体含有 N-GST 的融合蛋白，可以与蛋白融合表达，增加目的蛋白的溶解性；pCOLDI 载体的启动子为 CSPA 冷启动子，通过低温诱导降低翻译速度促进蛋白的正确折叠，表达外源蛋白。

通过甘氨酸氧化酶片段扩增、质粒酶切连接、重组质粒分子转化等分子生物学操作，成功构建了 *E. coli* BL21（pET32a-*Bs*GO）、*E. coli* BL21（pET39b-*Bs*GO）、*E. coli* BL21（pGEX-6P-1-*Bs*GO）和 *E. coli* BL21（pCOLDI-*Bs*GO）等 4 株含不同表达载体的大肠杆菌重组菌株。检测了 4 株菌株转化甘氨酸的能力，结果如图 5-53 所示。*E. coli* BL21（pET32a-*Bs*GO）、*E. coli* BL21（pET39b-*Bs*GO）转化产量分别为 0.16g/L 和 0.17g/L，pET32a、pET39b 和 pET28a (+) 同为 pET 系统，在转化能力上没有显示出差异；*E. coli* BL21〔pGEX-6P-1-*Bs*GO〕的转化产量为 0.23g/L，比 *E. coli* BL21〔pET28a (+) -*Bs*GO〕提高了 54%，分析表明 pGEX-6P-1 载体提高了 *Bs*GO 的可溶性表达水平；而 *E. coli* BL21（pCOLDI-*Bs*GO）的转化产量最高为 0.25g/L，提高了 67%，但仍然没有实现 *Bs*GO 的可溶性表达。

b. 表达宿主优化。尝试在枯草芽孢杆菌中表达 *Bs*GO。以菌株 *B. subtilis* 168 为宿主，pP43NMK 为表达载体，通过甘氨酸氧化酶片段扩增、质粒酶切连接、重组质粒分子转化等操作，成功构建了重组菌株 *B. subtilis* 168（pP43NMK-*Bs*GO）。pP43NMK 的启动子为

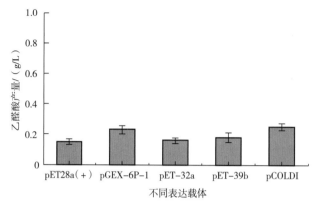

图 5-53　不同菌株转化甘氨酸的能力

P43 组成型启动子，不需要诱导表达，菌株培养 12h 后收菌处理，检测菌株转化甘氨酸的能力，结果如图 5-54 所示。*B. subtilis* 168（pP43NMK-*Bs*GO）重组菌在相同反应条件下产量达到 1.50g/L，是 *E. coli* BL21（pCOLDI-*Bs*GO）转化产量的 6 倍，也是目前报道的生物法生产乙醛酸的最高产量。

为了验证上述构建的 *B. subtilis* 168（pP43NMK-*Bs*GO）重组菌株是否实现 *Bs*GO 可溶性表达，将菌体细胞超声破碎，离心后分别对上清液和沉淀做处理，进行聚丙烯酰胺凝胶电泳检测，结果如图 5-55 所示。菌体破碎沉淀样品没有蛋白亮条带，而菌体破碎上清样中，44ku 大小附近有明显的蛋白亮条带，与甘氨酸氧化酶的单体分子质量大小一致。根据条带浓度估计 *Bs*GO 在 *B. subtilis* 168 中表达量低于 *E. coli* BL21（DE3），但实现了 *Bs*GO 的可溶性表达，因而重组菌转化甘氨酸能力大大提升。

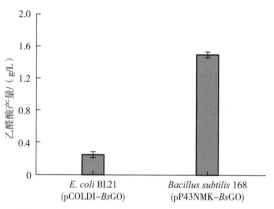

图 5-54　*Bacillus subtilis* 168（pP43NMK-*Bs*GO）
重组菌的转化能力

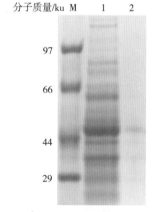

图 5-55　SDS-PAGE 电泳检测全细胞裂解液
M：蛋白质分子质量标准；1：*B. subtilis* 168（pP43NMK-*Bs*GO）菌体破碎上清液；2：菌体破碎沉淀

（3）重组枯草芽孢杆菌的表达条件优化

①发酵培养基种类优化和种子液培养时间选择：为考察重组菌 *B. subtilis* 168（pP43NMK-

*Bs*GO）发酵过程中培养基种类对产酶的影响，使用包括 TB、LB、TBA、LBA、SB、SOC 和 SBA 等 7 种不同营养成分的培养基用于培养重组菌株。结果如图 5-56（1）所示，SB 培养基发酵产酶的相对酶活最高，TB 培养基次之。接着，考察种子液培养时间对重组菌产酶的影响，将发酵转接前的种子液分别培养不同的时间，然后接种到 SB 培养基中培养，通过酶活性来确定最佳种子液培养时间，结果如图 5-56（2）所示，当种子液培养液 OD_{600} 为 0.6 时转接到 SB 培养基中培养，表达后 *Bs*GO 酶活性最高。

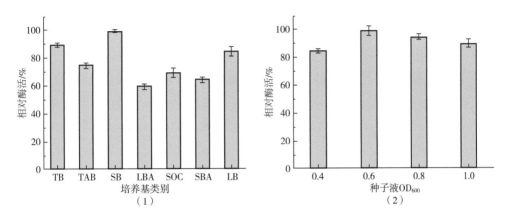

图 5-56　不同发酵培养基（1）和种子液 OD_{600}（2）对酶活性的影响

②发酵条件优化：对影响重组菌 *B. subtilis* 168（pP43NMK-*Bs*GO）发酵的两个主要条件（温度和时间）进行优化。结果如图 5-57（1）所示，在发酵培养的前 16h 酶活性随时间增加，在 16h 达到最大值（100%）并保持到 24h，原因可能是 P43 组成型启动子控制重组菌株在对数期和稳定期启动转录表达并达到最大值。因此，重组菌在 16h 达到生长稳定期，之后酶活性保持稳定，16h 为最佳发酵时间。发酵温度与酶相对活性的关系如图 5-57（2）所示，酶活性随着温度的上升而上升，在 30℃ 时酶活性达到最大值 100%，继续升高温度，酶活性下降，因此，30℃ 为最佳发酵温度。

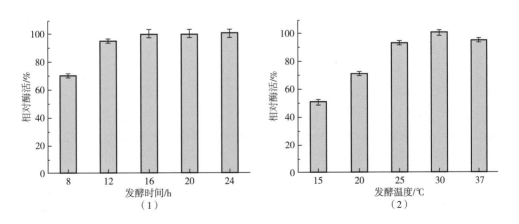

图 5-57　发酵时间（1）和发酵温度（2）优化

综上所述，重组枯草芽孢杆菌株 *B. subtilis* 168（pP43NMK-*Bs*GO）可实现甘氨酸氧化酶（*Bs*GO）的可溶性表达，最佳培养条件和发酵条件为：采用 SB 培养基，种子液 OD_{600} 0.6 时接种到发酵培养基，在 30℃ 发酵培养 16h 后，BsGO 酶活性最高。

2. 全细胞转化甘氨酸制备乙醛酸条件优化

（1）底物浓度和菌体浓度对制备乙醛酸的影响　考察不同浓度的底物甘氨酸对制备乙醛酸的影响。底物添加量分别为 5、10、30、50、70 和 90g/L，结果如图 5-58（1）所示：当甘氨酸浓度低于 30g/L 时，甘氨酸的转化率随着浓度的增加而增加，并在 30g/L 时达到最大值为 20%；继续增加底物浓度直至 50g/L，转化率保持不变；当底物浓度达到 70g/L 时转化率逐渐降低（<20%）。因此反应的最佳底物浓度为 50g/L。

考察不同的菌体浓度对甘氨酸转化制备乙醛酸的影响，菌体添加量分别为 5、10、15、20、25、30g/L，结果如图 5-58（2）所示：菌体浓度低于 20g/L 时，转化效率随着菌体浓度增加而增加；在菌体浓度为 20g/L 时获得最高转化率 20%，之后不再随着浓度增加而增加。

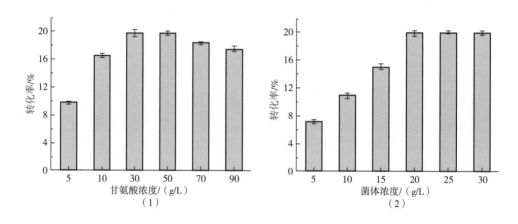

图 5-58　底物浓度（1）和菌体浓度（2）对制备乙醛酸的影响

（2）温度和 pH 对制备乙醛酸的影响　温度升高可以提升转化反应速度，同时也可能使全细胞催化剂中酶蛋白活性下降，因此全细胞转化甘氨酸制备乙醛酸的最佳温度的选择要综合考虑这两种因素。在 15~45℃ 范围内测定了全细胞转化反应过程中的相对酶活，获得全细胞催化剂相对酶活与温度变化的关系。如图 5-59（1）所示，15~30℃，酶活力随温度逐渐上升，30℃ 时酶活性达到最大值（100%）并开始逐渐降低，因此重组菌株 *B. subtilis* 168（pP43NMK-*Bs*GO）全细胞催化剂的最适转化温度为 30℃。接着，分别考察了 5 个温度下重组菌株的热稳定性。如图 5-59（2）所示，在 25℃ 和 30℃ 保温 8h 条件下，全细胞催化剂基本不损失活性；35℃ 保温 8h 后仍保持 90% 以上的酶活性；40℃ 条件下，活性缓慢损失，8h 后残留 75% 的酶活力。综合考虑酶的最适反应温度和稳定性，确定 30℃ 为最佳转化温度。

反应体系的 pH 情况与全细胞催化剂的活性和稳定性密切相关，考察全细胞催化剂在

pH 6.0~9.5 范围内的酶活性变化情况。如图 5-59（3）所示，pH 6.0~6.5 的酸性条件下，全细胞催化剂基本丧失催化能力；pH 7.0~9.0 时显示 60% 以上活性，且酶活性呈现先上升后下降趋势；pH 8.0~8.5 时显示 90% 以上高活性，且在 pH 8.3 时酶活性达到100%。接着，考察重组菌的 pH 稳定性。如图 5-59（4）所示，维持 pH 8.3 的催化条件1h 时活性下降至 75%，继续保持至 5h，酶活性持续下降，直至残留 25% 的活性，5h 后活性缓慢下降直到丧失。而在 pH 7.0 和 pH 9.0 条件下，1h 时活性残留保持 40% 的较低水平，之后活性迅速丧失。因此，全细胞催化剂的 pH 稳定性较差，在缓冲体系中会逐渐失活直至完全丧失活性，这可能是全细胞催化剂转化甘氨酸获得乙醛酸产量不高的原因之一。

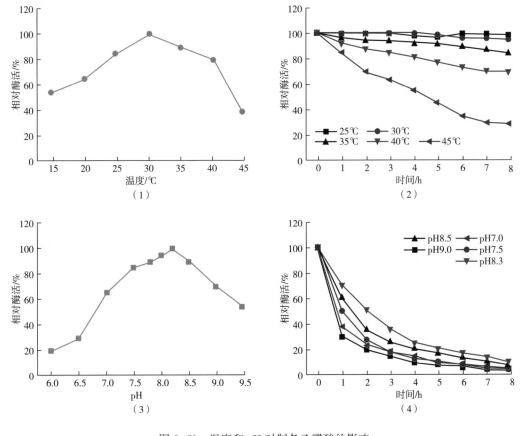

图 5-59　温度和 pH 对制备乙醛酸的影响

（1）温度优化；（2）温度稳定性；（3）pH 优化；（4）pH 稳定性

（3）添加剂对制备乙醛酸的影响　添加剂对于转化体系至关重要，添加有激活作用的化合物能增加转化效率，提高产量，而抑制作用的添加剂又会限制转化反应的进行，考察了辅因子 FAD、过氧化氢酶、不同的通透剂和不同金属离子的添加对全细胞转化生产乙醛酸的影响。

*Bs*GO 催化的转化反应需要辅因子 FAD 参与。向催化体系中加入不同浓度的辅因子FAD，考察制备乙醛酸的影响。结果如图 5-60（1）所示，额外添加不同浓度的辅因子

FAD 对酶活性没有促进作用，表明菌体自身表达所产生的 FAD 能够满足整个转化反应需要。同时考察添加不同浓度的过氧化氢酶对转化体系的影响，结果如图 5-60（2）所示，添加不同浓度的过氧化氢酶对反应有显著的促进作用，酶的相对活性随着过氧化氢酶浓度的增加而增加，添加量为 0.15% 时获得最高酶活性（120%），继续增加过氧化氢酶浓度则酶活性不会上升。

接着考察 DDM、CTAB、吐温-80 和曲拉通 X-100 等四种表面活性剂对酶活性的影响。如图 5-60（3）所示，与不添加通透剂的空白对照组相比，4 种表面活性剂对转化甘氨酸均有抑制作用，酶活性均下降，其中 X-100 对转化的抑制作用最强，仅保持 30% 相对活性。同时考察 Ca^{2+}、Zn^{2+}、Na^+、Mn^{2+} 和 Mg^{2+} 等 5 种金属离子对酶活性的影响。结果如图 5-60（4）所示，与不添加金属离子的空白对照相比，仅 Mg^{2+} 的添加对 BsGO 的活性没有影响（酶的相对活性为 100%），其他金属离子对酶活性均具有抑制作用。因此，全细胞转化甘氨酸制备乙醛酸的反应不需添加通透剂和金属离子参与反应。

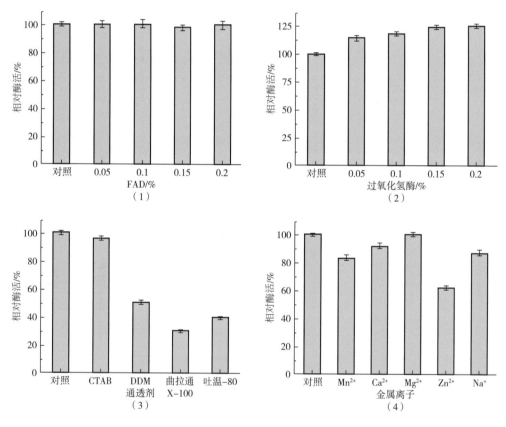

图 5-60　添加剂对制备乙醛酸的影响

综上所述，在 20mL 的摇瓶体系中全细胞转化甘氨酸制备乙醛酸最佳条件为：菌体浓度 20g/L，底物甘氨酸浓度为 50g/L，转化温度 30℃，转化体系 pH 8.3，过氧化氢酶的添加量为 0.15%。

3. 3L 发酵罐上乙醛酸的生产情况

将摇瓶全细胞转化条件放大到 3L 发酵罐上，控制发酵条件如下：通气 $1m^3/$ $(m^3 \cdot min)$，搅拌转速 500r/min，反应12h。转化的过程曲线如图 5-61 所示，在 3h 以内，乙醛酸产量迅速积累达到 7g/L，当转化进行到 11h 时，乙醛酸产量达到最大值 9.75g/L，转化率为 19.5%，与摇瓶优化结果基本一致，但到达最大产量的反应时间比摇瓶减少了 3h。

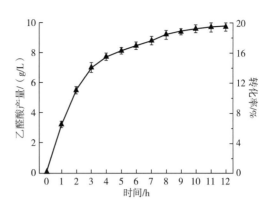

图 5-61　乙醛酸放大体系转化生产过程

目前对重组枯草芽孢杆菌全细胞转化甘氨酸生产乙醛酸尚属于实验室探索阶段，后续还需要进一步对甘氨酸氧化酶进行分子改造以提高酶活性和适应转化条件。

4. 改造甘氨酸氧化酶 pH 稳定性及生产乙醛酸

甘氨酸氧化酶在重组 *B. subtilis* 168 （pP43NMK-ThiO） 中可实现可溶性表达，但是 *Bs*GO 的 pH 稳定性不佳，在 pH 缓冲体系中会逐渐失活，因而难以应用于全细胞转化生产乙醛酸。通过蛋白质工程改造提高 *Bs*GO 的 pH 稳定性，具有重要的理论意义和实际应用价值。

二硫键（Disulfide bond）是连接同一肽链或不同肽链中两个不同半胱氨酸巯基的化学键，是一种比较稳定的共价键，在蛋白质分子中发挥稳定肽链空间结构的作用。二硫键可以增加蛋白质结构的刚性，二硫键的数目越多，交联的肽链范围越广泛，蛋白质分子对抗环境因素的能力就愈强。有研究报道在蛋白质分子中引入二硫键，可提高结构的稳定性。因此尝试通过构建双半胱氨酸突变体向甘氨酸氧化酶分子结构中引入二硫键以增加 pH 稳定性。

（1）突变体的设计　软件 Disulfide by Design™ 可以预测二硫键的形成，其工作原理是以酶的空间结构为模板进行扫描，充分考虑引入形成二硫键的两个半胱氨酸的空间距离、巯基的键角、成键距离等各个要素，经过模拟和运算，预测出可能形成二硫键的双氨基酸位点。主要通过 Chi3 值和成键能量值评估引入二硫键的难易程度，Chi3 值为两个氨基酸位点突变成半胱氨酸后 S—S 键和 C—S 键对应的角度计算数值，取值在 $(-87°\pm20°)$ 或者 $(+97°\pm20°)$ 范围内较合理。能量值为模拟两个半胱氨酸巯基形成二硫键所需的能量，越低越易形成二硫键。使用 Disulfide by Design™ 对蛋白质编号为 1ng4 的 *Bs*GO 的空间结构进行扫描分析，筛选 *Bs*GO 同源二聚体结构两条肽链上 728 个残基位点可能引入二硫键的双氨基酸位点，结果如表 5-19 所示。在 Chi3 值合理范围内共获得 A 链上 15 对双氨基酸位点，B 链上 15 对双氨基酸位点和 1 对 A 链与 B 链结合的 K251-D87 双氨基酸位点，从成键能上比较可以得到 S35-P173 双氨基酸位点的能量值为 1.79，G93-T237 双氨基酸位点的能量值为 1.11，K251-D87 双氨基酸位点的能量值为 1.81，是所有双氨基酸位点中能量值最低的三组，可选为构建双半胱氨酸突变体的位点。

表 5-19　　　　　　　甘氨酸氧化酶中可能引入二硫键的双氨基酸位点

残基1		残基2		键位	
位点	氨基酸	位点	氨基酸	Chi3 值	能量值
A-9	Val	A-32	Leu	114.11	5.53
A-24	Ala	A-166	Ala	114.07	6.37
A-35	Ser	A-173	Pro	67.47	1.79
A-51	Gly	A-54	Ala	-112.65	8.41
A-61	Ala	A-358	Ala	-74.58	4.30
A-80	Leu	A-156	Ala	98.44	5.53
A-86	Val	A-156	Ala	-96.39	2.22
A-93	Gly	A-237	Thr	-116.2	1.11
A-99	Ala	A-104	Asp	-72.61	4.39
A-120	Tyr	A-124	Glu	110.02	6.57
A-142	Ile	A-145	Asp	-107.06	5.25
A-204	Val	A-303	Pro	123.39	1.59
A-223	Lys	A-265	Asp	120.42	2.32
A-251	Lys	B-87	Asp	-66.81	1.81
A-305	Thr	A-326	Gly	122.39	2.71
A-344	Asp	A-349	Lys	108.77	2.47
B-4	His	B-194	Trp	116.82	8.08
B-9	Val	B-32	Leu	114.46	2.12
B-18	Ala	B-335	Ala	-92.23	3.33
B-24	Ala	B-164	Leu	100.66	6.54
B-35	Ser	B-173	Pro	-72.89	6.22
B-61	Ala	B-358	Pro	-86.13	7.71
B-86	Val	B-156	Ala	-84.48	7.86
B-108	Leu	B-140	Ser	-111.61	3.24
B-142	Ile	B-145	Asp	118.98	3.01
B-169	Phe	B-172	Thr	-114.38	2.37
B-222	Val	B-302	Arg	-107.9	6.49
B-225	Glu	B-270	Pro	-100.25	2.48
B-262	Lys	B-265	Asp	106.56	6.11
B-315	His	B-318	Asp	-91.91	7.09
B-352	Asn	B-355	Trp	115.49	7.19

（2）突变体的模拟与构建　使用 SWISS-MODEL 对 S35-P173、G93-T237、K251-D87 等 3 对双氨基酸位点进行模拟突变，得到 3 对双半胱氨酸突变体（S35C-P173C、G93C-T237C 和 K251C-D87C），相应的二硫键模拟如图 5-62 所示，绿色为 A 链，蓝色为 B 链。S35C-P173C 二硫键为 A 链上 S35 氨基酸位点所在 loop 环与 P173 位点所在 loop 环通过橙色的二硫键交联；G93C-T237C 二硫键为 A 链上 G93 氨基酸位点所在 loop 环与 T237C 位点所在 loop 环通过模拟生成的二硫键交联。K251C-D87C 二硫键为 A 链上 D87C 所在 loop 环与 B 链上 K251C 所在 loop 环通过模拟生成的二硫键交联，是可以实现 A 链与 B 链交联的双氨基酸位点。亚基间的非共价作用对于多亚基结构的酶的稳定性而言至关重要，在不利的环境中亚基间非共价作用力被破坏，酶的立体结构解离，从而失去催化活性。而 *Bs*GO 属于同源二聚体结构酶，突变体 K251C-D87C 的二硫键引入将会极大的提高 *Bs*GO 的稳定性。

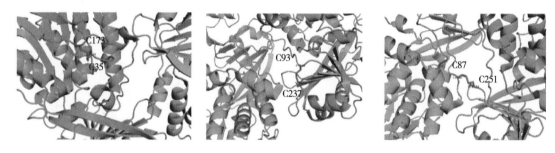

图 5-62　双半胱氨酸突变体的二硫键模拟图

以 pP43NMK-*Bs*GO 重组质粒为模板进行全质粒 PCR 扩增和质粒分子转化等操作，构建 S35C-P173C、G93C-T237C 和 K251C-D87C 质粒，导入 *B. subtilis* 168 感受态细胞，成功获得 S35C-P173C、G93C-T237C 和 K251C-D87C 双半胱氨酸突变体。使用 DTNB（即 Ellmann 试剂）检测二硫键是否成功引入，DTNB 在巯基化合物存在时可形成黄色的 5-巯基-2-硝基苯甲酸，在紫外光 412nm 处具有最大吸收值，因此可以用于比色法测定生物样品中的自由巯基。

将上述 3 组双半胱氨酸突变体培养发酵产酶，并进行自由巯基检测。设置精氨酸激酶为阳性对照组，根据半胱氨酸标准曲线确定自由巯基个数，发现野生型 *Bs*GO 和 3 组双半胱氨酸突变体中均有 2 个自由半胱氨酸，表明 3 组两个突变的半胱氨酸的巯基全部形成了二硫键。

（3）突变体的评价　在含有 50g/L 甘氨酸和 20g/L 全细胞催化剂的 20mL 摇瓶体系中，检测 3 组双半胱氨酸突变体的转化能力，结果如图 5-63 所示。作为对照的野生型 *Bs*GO 乙醛酸产量为 9.72g/L，突变体 S35C-P173C、G93C-T237C 和 K251C-D87C 的产量分别为 5.23g/L、12.15g/L 和 13.56g/L，可见突变体 G93C-T237C 和 K251C-D87C 的转化率较野生型分别提高了 4.3% 和 7.1%，突变体 S35C-P173C 的转化率则低于野生型。

进一步检测突变酶 G93C-T237C 和 K251C-D87C 的 pH 稳定性，结果如图 5-64 所示：

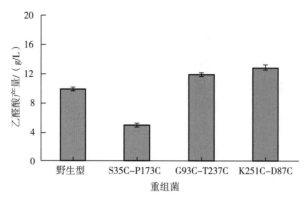

图 5-63　突变体转化能力检测

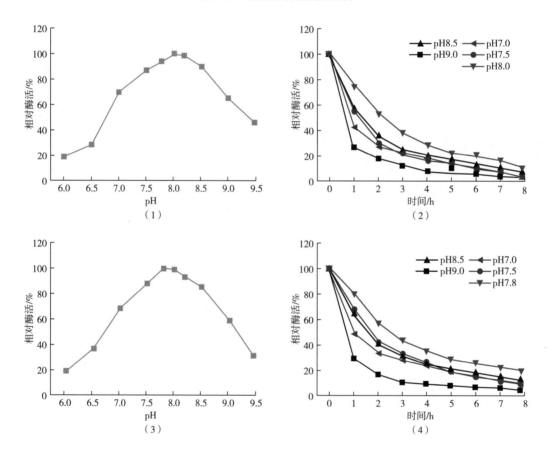

图 5-64　pH 对两株双半胱氨酸突变体的影响

（1）pH 对突变体 G93C-T237C 的影响；（2）突变体 G93C-T237C 的 pH 稳定性；（3）pH 对突变体 K251C-D87C 的影响；（4）突变体 K251C-D87C 的 pH 稳定性

①突变酶 G93C-T237C 在 pH 6.0~6.5 的酸性条件下相对酶活约为 25%，pH 7.0~9.0 时上升到 60% 以上，在 pH 8.0 时相对酶活达到 100%，突变酶 G93C-T237C 的最适 pH 较野生型 *Bs*GO（pH 8.3）向酸性方向位移了 0.3 个单位；突变酶 G93C-T237C 在 pH 8.0 的最佳条件下，1h 后活性下降至 78%，5h 时残留酶活性为 27%，活性下降趋势较野生型 *Bs*GO

有所缓解。②突变酶 K251C-D87C 在 pH 6.0 的酸性条件下酶相对活性仅为 20%，随着 pH 升高相对酶活增加，在 pH 7.8 时最大，最适 pH 较野生型 *Bs*GO（pH 8.3）向酸性方向位移了 0.5 个单位；突变酶 K251C-D87C 在 pH 7.8 的最适条件下，1h 后活性下降至 80%，5h 时残留酶活性为 30%，活性下降趋势较野生型 *Bs*GO 有所缓解，5h 后活性随时间缓慢降低并维持在 20% 左右。因此，突变酶 G93C-T237C 和 K251C-D87C 二硫键的引入同样使得甘氨酸氧化酶 5h 内活性的损失速度减慢，提高了蛋白质分子的 pH 稳定性，K251C-D87C 较 G93C-T237C 提升效果更佳。

二硫键的引入在一定程度上提升了野生型甘氨酸氧化酶催化甘氨酸生成乙醛酸的转化能力，提升了 pH 稳定性，但是与工业化生产的要求还有很大差距，后续生物酶法生产乙醛酸的酶和相关工艺还有待深入研究。

六、L-谷氨酸氧化酶转化 L-谷氨酸生产 α-酮戊二酸

α-酮戊二酸（α-ketoglutaric acid，α-KG）作为一种重要的有机酸，被广泛应用于医药、食品和精细化工等领域。α-酮戊二酸铁可用于治疗多种贫血症，α-酮戊二酸组合物可治疗肝损伤，α-酮戊二酸还可作为共同底物参与羟基氨基酸的合成等。目前，α-KG 的主要生产方法有化学法、微生物发酵法和酶法，仅有化学方法实现了工业化生产。采用微生物发酵法或者酶催化法生产 α-KG 具有环保、价格低廉等优势，已替代化学合成法成为一种未来发展趋势。

已报道的可以转化 L-谷氨酸生产 α-KG 的酶有 L-谷氨酸脱氢酶（Glutamate dehydrogenase，GDH）、L-氨基酸氧化酶（L-amino acid oxidase，LAAO，EC 1.4.3.2）和 L-谷氨酸氧化酶（L-glutamate oxidase，LGOX，EC 1.4.3.11）（图 5-65）。其中，LGOX 可以专一性氧化 L-谷氨酸生成 H_2O_2、NH_3 和 α-KG，反应条件温和，催化效率高。

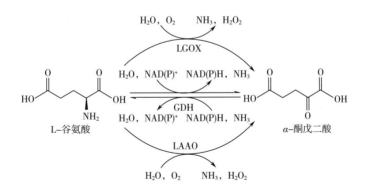

图 5-65　酶法转化 L-谷氨酸生成 α-KG 的途径

1. LGOX 生产菌株的选育和 LGOX 的发酵生产

由于从自然界筛选获得 LGOX 生产菌株产酶酶活性较低，通过对 LGOX 生产菌株进行诱变育种是一种常用的方法，采用传统的物理诱变、化学诱变及两者结合的复合诱变可以

达到选育高产菌株的目的。为了进一步提高 LGOX 酶活性，需要对其进行营养条件和环境条件优化，包括培养基组成、诱导物、温度和 pH 等因素。

（1）平板显色反应筛选 LGOX 高产突变菌株　在实验室保藏的一株生产 LGOX 菌株的链霉菌属（*Streptomyces* sp.）FMME066（生产能力 0.002U/mL）的基础上，为了提高菌株发酵产酶能力，对其孢子进行亚硝基胍（NTG）诱变处理，根据 Trinder 反应，测定菌落产酶能力（R 值）。500 个菌落中 406 株周围产生紫色变色圈，22 株菌产酶能力比野生菌株（R 值 1.57）高；对这 22 株菌进行发酵验证，有 5 株产酶能力超过 0.01U/mL，对这 5 株突变株进行传代实验，发现突变株 FMME067 表现出较强的 LGOX 生产能力和良好的遗传稳定性（表 5-20），故选取 FMME067 作为后续研究菌株。

表 5-20　　　　　　　　　　　　　　　　突变菌株的筛选

传代次数	LGOX 酶活性/（U/mL）					
	FMME066	FMME067	FMME068	FMME069	FMME070	FMME071
1	0.002	0.013	0.021	0.015	0.015	0.010
2	0.002	0.014	0.020	0.010	0.016	0.004
3	0.002	0.014	0.009	0.006	0.006	0.002
4	0.002	0.013	0.005	0.003	0.006	0.002
5	0.002	0.013	0.005	0.003	0.005	0.002

（2）突变菌株 FMME067 生产 LGOX 的营养条件优化　为了进一步提高突变株 FMME067 生产 LGOX 能力，采用单因素实验对突变株 FMME067 营养条件进行优化。Chen 等研究发现不同碳源对 LGOX 生产有很大的影响；从图 5-66（1）和（2）可见：①在不同碳源条件下菌体都能正常生长，而其中只有以葡萄糖、蔗糖、果糖和乳糖为碳源时，发酵液中可以检测到有 LGOX 活性存在，以果糖为碳源，突变株 FMME067 发酵生产 LGOX 酶活性最高为 0.018U/mL。②进一步对果糖浓度进行研究，发现在 0~15g/L 范围内，随着果糖浓度的增加，LGOX 酶活性逐渐增加，当浓度为 15g/L，LGOX 酶活性为 0.022U/mL，菌体干重为 2.7g/L；之后果糖浓度继续增加，菌体干重也不断增加（35g/L 果糖浓度下，菌体干重达到 3.6g/L，增加了 33.3%），而 LGOX 酶活性开始下降（35g/L 果糖浓度下，LGOX 酶活性为 0.007U/mL，比最高值下降了 68.2%）。说明菌体干重与 LGOX 酶活性不成正比例关系，在此条件下果糖最适浓度为 15g/L。

对不同氮源进行研究发现［图 5-66（3）和（4）］：① 在添加有机氮源的培养基中，菌体干重可以达到 3.0g/L 以上，有 LGOX 产生；无机氮源培养基中菌体生长较差（菌体干重低于 1.5g/L），无 LGOX 产生；有机氮源中以蛋白胨为有机氮源的培养基，菌体干重和 LGOX 酶活性都达到最高，分别为 3.5g/L 和 0.044U/mL。② 进一步对最适蛋白胨浓度进行研究，结果显示，随着蛋白胨浓度的增加，菌体干重不断增大，15g/L 时达到 4.2g/L；而蛋白胨浓度为 7.5g/L 时，LGOX 酶活性最高（0.049U/mL），过高过低均不利于 LGOX 的生产。说明高浓度的蛋白胨更有利于菌体生长，而不利于生产 LGOX。

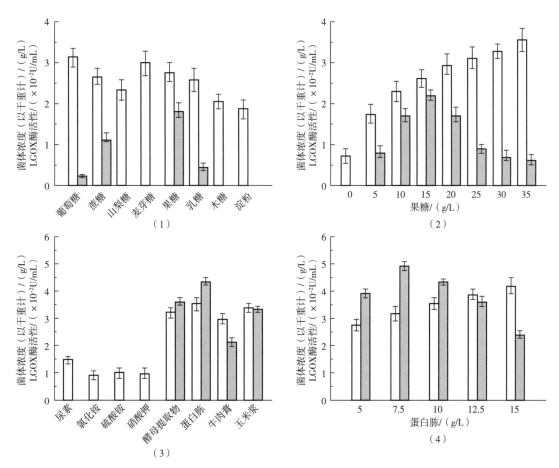

图 5-66　碳氮源对菌体生长和 LGOX 酶活性的影响
□菌体浓度；▨ LGOX 酶活性

　　研究不同的无机盐对突变株生产 LGOX 的影响发现（图 5-67），KH_2PO_4 和 Ca^{2+} 对 LGOX 生产有明显促进作用，LGOX 酶活性分别提高了 20.4% 和 8.2%，在对 *Streptomyces* sp. Z-11-6 菌株的研究中也发现 Ca^{2+} 可以促进 LGOX 的分泌；Fe^{2+}、Cu^{2+} 和 Ag^+ 对 LGOX 生产有明显抑制作用，LGOX 酶活性分别降低了 90.0%、85.7% 和 96.0%；与对照相比 Mg^{2+} 和 Zn^{2+} 作用不明显 [图 5-67（1）]。通过优化发现 KH_2PO_4 和 $CaCl_2$ 最适添加浓度分别为 0.5g/L 和 0.07g/L，LGOX 酶活性分别比对照提高了 40.8% 和 14.3%；而同时添加 0.5g/L KH_2PO_4 和 0.07g/L $CaCl_2$，LGOX 酶活性为 0.073U/mL，比对照提高了 48.9% [图 5-67（2）]。

　　（3）正交试验提高突变株 FMME067 发酵生产 LGOX 酶活性　对果糖、蛋白胨、KH_2PO_4 和 $CaCl_2$ 四个因素设计正交试验 $L_9(3^4)$ 优化营养条件，进一步提高突变株生产的 LGOX 酶活性。结果如表 5-21 所示，正交试验组合中实验组合 2（A1B2C2D2）最优，LGOX 酶活性达到最大（0.135U/mL）。因素指标分析发现，影响 LGOX 生产的因素

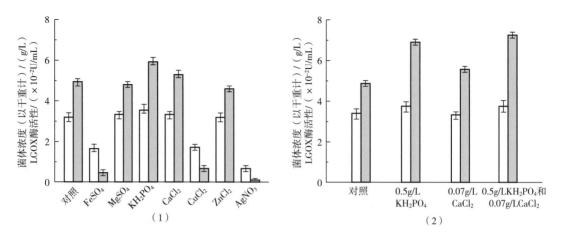

图 5-67　无机盐对菌体生长和 LGOX 酶活性的影响

□菌体浓度；▨LGOX 酶活性

顺序为：蛋白胨 >CaCl$_2$>KH$_2$PO$_4$>果糖，而最佳营养条件组合为 A2B2C2D1（果糖 10g/L、蛋白胨 7.5g/L、KH$_2$PO$_4$ 1g/L、CaCl$_2$ 0.05g/L），未出现在实验组合中；进一步对最佳营养条件组合 A2B2C2D1 进行发酵，结果发现 LGOX 酶活性为 0.144U/mL，比组合 2 提高了 6.7%。

表 5-21　　　　　　　　　　　　培养基营养条件正交试验

组合	因素水平				因素组成/（g/L）				LGOX 酶活性/（U/mL）
	A	B	C	D	果糖	蛋白胨	KH$_2$PO$_4$	CaCl$_2$	
1	1	1	1	1	5	5	0.5	0.05	0.055
2	1	2	2	2	5	7.5	1	0.07	0.135
3	1	3	3	3	5	10	1.5	0.1	0.054
4	2	1	2	3	10	5	1	0.1	0.014
5	2	2	3	1	10	7.5	1.5	0.05	0.118
6	2	3	1	2	10	10	0.5	0.07	0.126
7	3	1	2	2	15	5	1.5	0.07	0.010
8	3	2	1	3	15	7.5	0.5	0.1	0.073
9	3	3	2	1	15	10	1	0.05	0.124
均值 1					0.081	0.026	0.085	0.099	
均值 2					0.086	0.109	0.091	0.090	
均值 3					0.069	0.101	0.061	0.047	
极差					0.017	0.083	0.030	0.052	
Rank					4	1	3	2	

（4）7L 发酵罐中突变菌株 FMME067 生产 LGOX　在最优营养条件下（果糖 10g/L，

蛋白胨 7.5g/L，KH$_2$PO$_4$ 1g/L，CaCl$_2$ 0.05g/L），于 7L 发酵罐中研究突变株 FMME067 发酵生产 LGOX 过程参数变化特征。结果如图 5-68 所示：①随着菌体的生长，在 30h 内，pH 由初始 7.2 上升至 8.9，之后维持在 8.7~8.9；②随着果糖的不断消耗，菌体干重不断增加，并在 42h 达到最大值 4.21g/L；③LGOX 在 24h 时开始生成，酶活性逐渐增加，于 48h 时达到最大值（0.14U/mL）。

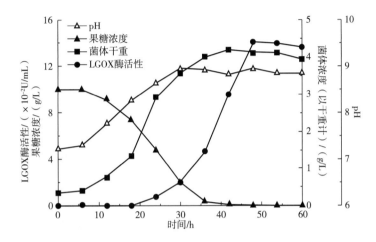

图 5-68　7L 发酵罐中突变株发酵生产 LGOX 参数变化过程

2. LGOX 转化 L-谷氨酸生产 α-KG 的条件优化

（1）pH 和温度对转化的影响　在突变株最优发酵结果的基础上，添加 15g/L 的 L-谷氨酸转化生产 α-KG。结果如图 5-69 所示，在 pH6.0~8.5 范围内，随着 pH 的升高，α-KG 的产量不断增加，pH8.5 时，α-KG 产量达到最大值 8.1g/L；pH>8.5 时，α-KG 产量开始下降。在 20~35℃范围内，随着温度的升高，转化的 α-KG 不断增加；当温度为 35℃时，α-KG 产量达到最大（9.4g/L）；温度>35℃时，α-KG 产量明显下降，温度为 50℃时，α-KG 产量为 3.5g/L，比最高值下降了 62.8%。说明最适转化条件为 35℃，pH8.5。

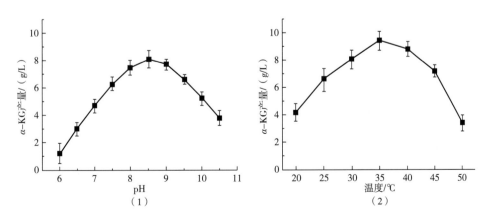

图 5-69　pH 和温度对转化生产 α-KG 的影响

（2）L-谷氨酸、H_2O_2 和金属离子对转化的影响　在 pH8.5，35℃转化条件下，研究不同浓度底物 L-谷氨酸对生产 α-KG 的影响，结果发现 L-谷氨酸在 7.8~23.4g/L 范围内，随着浓度的增加，α-KG 产量不断增加；当谷氨酸浓度为 23.4g/L 时，α-KG 产量达到最大（16.1g/L）；之后随着 L-谷氨酸浓度继续增加，α-KG 产量不再增加（图 5-70），可能由于转化过程中产生的 H_2O_2 对 LGOX 有抑制作用。通过添加 20U/mL H_2O_2 酶去除 H_2O_2，消除 H_2O_2 对 LGOX 的影响，结果发现，在 47g/L L-谷氨酸条件下，α-KG 产量达到最大值，为 32.9g/L，比未添加过氧化氢酶提高了 126.9%。说明高浓度 H_2O_2 的产生对转化有明显的抑制作用，添加 H_2O_2 酶能有效地去除 H_2O_2，从而可以显著提高 α-KG 产量。

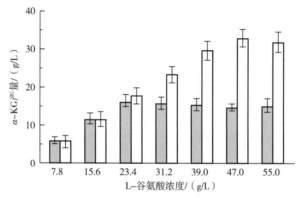

图 5-70　L-谷氨酸浓度对转化生产 α-KG 的影响

▨不同浓度 L-谷氨酸；□添加 H_2O_2 酶

研究不同金属离子（3mmol/L）对生产 α-KG 的影响，结果如图 5-71（1）所示。Mn^{2+}、Ca^{2+} 和 Mg^{2+} 对转化有促进作用，α-KG 产量分别提高了 10.9%、9.1% 和 2.5%；Zn^{2+}、Fe^{2+}、Ba^{2+}、Cu^{2+} 和 Ag^+ 则对转化生产 α-KG 有抑制作用，α-KG 产量分别比对照下降了 46.5%、58.7%、73.8%、75.8%、83.9%。研究不同浓度 Mn^{2+} 对生产 α-KG 的影响 [图 5-71（2）]，发现当添加 5mmol/L 的 $MnCl_2$ 时，α-KG 产量最高，转化 24h 的产量为 38.1g/L，比对照（未添加 Mn^{2+}）提高了 15.8%。

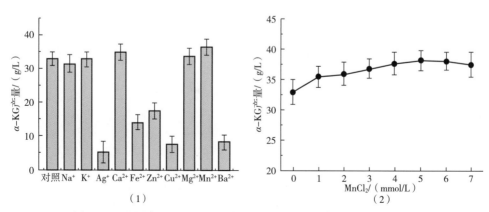

图 5-71　金属离子和 $MnCl_2$ 浓度对转化 L-谷氨酸生产 α-KG 的影响

（3）转化 L-谷氨酸生产 α-KG 过程

在 pH8.5、35℃，添加 20U/mL H₂O₂ 酶、5mmol/L MnCl₂、47g/L L-谷氨酸和 0.14U/mL LGOX 的条件下，研究 LGOX 转化 L-谷氨酸生产 α-KG 过程参数变化。结果如图 5-72 所示，转化 24h，α-KG 浓度达到最大值 38.1g/L，转化率为 81.4%，α-KG 初始生成速率为 3.53g/(L·h)，平均生成速率为 1.58g/(L·h)。

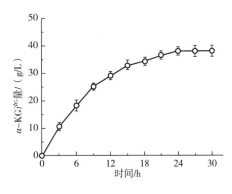

图 5-72　转化时间过程曲线

综上所述，*Streptomyces* sp. FMME067 发酵 48h 生产 LGOX 酶活性为 0.144U/L，转化生产 α-KG 产量可以达到 38.1g/L。但是该突变株发酵周期长，酶活性低，限制了其工业化应用。为了缩短发酵周期，提高酶活性，将链霉菌中生产 LGOX 的基因异源表达于大肠杆菌中获得过量表达的重组 LGOX。

3. L-谷氨酸氧化酶在大肠杆菌中的重组表达

（1）重组大肠杆菌菌株的构建、表达和验证　　以加纳链霉菌（*S. ghanaensis*）ATCC14672 的全基因组为模板，设计引物 PCR 扩增得到 L-谷氨酸氧化酶基因（SSFG_06931 基因）。将 SSFG_06931 基因克隆到表达质粒 pMD19Tsimple 中，获得重组质粒 pET28a-SSFG_06931，质粒构建过程如图 5-73 所示。

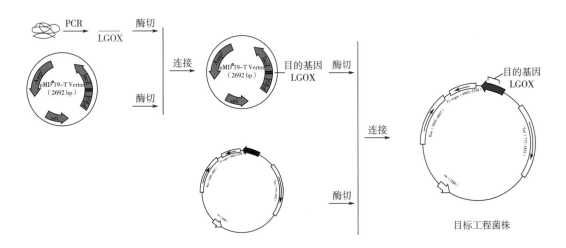

图 5-73　表达质粒 pET28a-SSFG_06931 的构建过程

重组质粒转化大肠杆菌 BL21（DE3），获得测序正确的重组菌株命名为 FMME089。进一步优化确定最佳诱导条件为：菌体浓度 OD₆₀₀ 为 0.6，添加 0.4mmol/L 异丙基-*β-d*-硫代吡喃-乳糖苷（IPTG）于 30℃诱导 4h。蛋白电泳分析表明，重组大肠杆菌全细胞裂解液在 65ku 有明显条带（如图 5-74 所示），表明重组 LGOX 蛋白成功表达。通过 Trinder 反

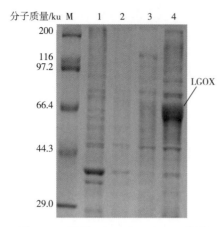

图 5-74　重组 LGOX SDS-PAGE 分析

M：蛋白质分子质量标准；1：对照；2、3：重组菌株的上清液；4：重组菌细胞破碎液

应测定重组 LGOX 蛋白主要集中于胞内，胞外上清液中未检测到 LGOX 蛋白。

（2）重组菌株 FMME089 发酵生产 LGOX 条件优化　以 TB 培养基为基础，研究不同碳源（葡萄糖、果糖、乳糖、蔗糖、麦芽糖、甘油、山梨醇、甘露醇）对重组菌株 FMME089 生产 LGOX 的影响。结果如图 5-75 所示，以甘油为碳源时 LGOX 酶活性最高，为 0.54U/mL，比 LB 培养基（对照）提高了 35.0%；菌体干重为 1.82g/L，比 LB 培养基提高了 136%；而单位菌体产酶能力为 296.7U/g，比 LB 培养基下降了 44.0%。综合考虑选择 TB 培养基为发酵培养基，并进行诱导条件优化，进一步提高 LGOX 酶活性。

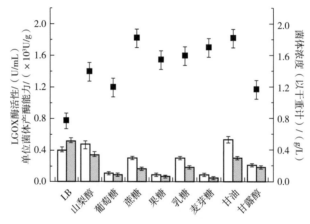

图 5-75　碳源对重组菌株 FMME089 生产 LGOX 的影响

□LGOX 酶活性；▨单位菌体产酶能力；▪菌体浓度

在不同菌体浓度下添加 0.4mmol/L 诱导剂 IPTG 进行诱导，研究诱导时间对重组菌株 FMME089 产酶的影响。结果如图 5-76 所示，在菌体 OD_{600} 0.6 时添加 IPTG 开始诱导最佳，比 OD_{600} 1.0 酶活性提高 16.7%，单位菌体产酶能力提高 54.5%，说明在菌体生长对数期开始诱导产酶最高，因为这个时期菌体分裂最快并且蛋白质表达能力最强。研究不同浓度的诱导剂 IPTG（0～0.9mmol/L）对产酶的影响，发现最适诱导剂 IPTG 浓度为 0.4mmol/L；研究诱导时间对产酶的影响，发现在 1～4h 范围内随着诱导时间的增加，LGOX 活力不断增加，诱导 4h 时达到最大值 0.59U/mL，之后 LGOX 活力不断下降；诱导 7h 后，LGOX 酶活性为 0.46U/mL，降低了 22.0%，可能是由于 LGOX 不断被胞内蛋白酶降解的原因。

大肠杆菌生产重组蛋白过程中，诱导温度是一个重要的影响因素。采用双阶段温度发

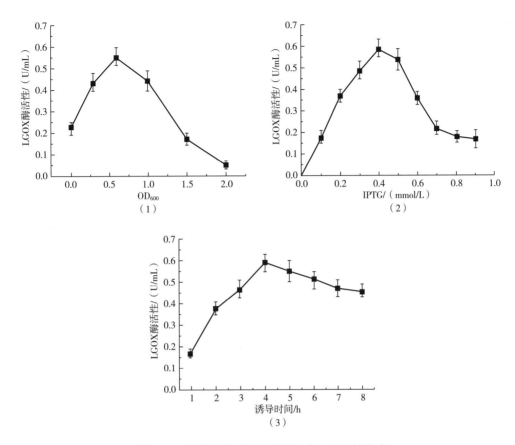

图 5-76 诱导条件对重组菌株生产 LGOX 的影响

酵生产 LGOX 策略，研究不同温度对发酵生产 LGOX 的影响（诱导阶段温度分别为 20、25、30 和 37℃）。结果如图 5-77 所示，在 30℃下诱导 7h，LGOX 酶活性达到最大值 1.01U/mL，分别是 20、25 和 37℃的 2.7、1.2 和 1.7 倍。而 37℃下菌体浓度最高为 2.10g/L，分别是 20、25 和 30℃的 4.1、2.1 和 1.4 倍，说明高的菌体浓度并不对应

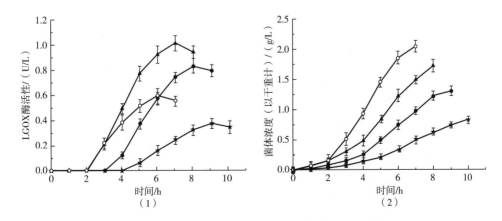

图 5-77 诱导温度对重组菌株生长和产酶的影响

○ 37℃；▲ 30℃；● 25℃；★ 20℃

高 LGOX 酶活性。因此诱导温度选择 30℃ 最佳，LGOX 酶活性为 1.01U/mL，单位菌体产酶能力为 664.5U/g。

在上述研究的基础上（TB 培养基、30℃），于 5L 发酵罐中研究重组菌株 FMME089 生产 LGOX 的参数变化过程（溶氧通过转速调节维持在 30% 以上）。结果如图 5-78 所示，①初始阶段菌体生长缓慢，发酵 2h，菌体浓度 OD_{600} 为 0.65（菌体干重 0.21g/L），之后进入对数生长期，发酵 12h 菌体干重达到最大值（3.42g/L）；②初始阶段甘油消耗缓慢，随着菌体不断增长，甘油消耗速率增加，发酵 12h 后，甘油消耗完全；③菌体浓度 OD_{600} 为 0.65 时（发酵 2h）添加 0.4mmol/L IPTG 进行诱导，LGOX 开始产生，诱导 5h（发酵 7h）后，LGOX 活性达到最大值（1.94U/mL），此时菌体干重为 2.05g/L，单位菌体产酶能力为 946.3U/g；与摇瓶中 LGOX 酶活性相比（1.01U/mL），发酵罐中 LGOX 酶活性提高了 93.1%，单位菌体产酶能力提高了 42.4%。可能是因为重组菌株 FMME089 产酶过程中需要消耗大量氧气，而发酵罐中溶氧条件较好，从而更有利于蛋白 LGOX 的生产。之后由于 LGOX 被胞内蛋白酶降解，LGOX 酶活性开始下降，发酵 12h，LGOX 酶活性为 1.23U/mL，比最高值下降了 55.2%。

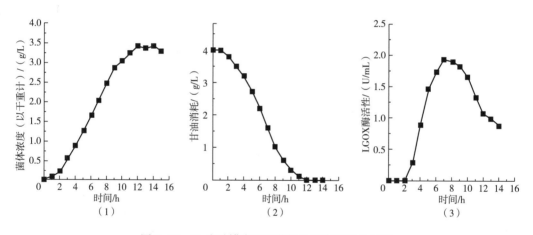

图 5-78　5L 发酵罐中重组菌株发酵参数变化过程

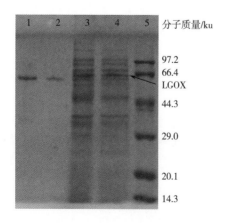

图 5-79　重组 LGOX 纯化及 SDS-PAGE 分析

（3）重组 LGOX 的蛋白纯化

由于重组菌株 FMME089 中表达质粒 pET28a C 端含有 His 标签，因此培养重组菌株，收集菌体进行破碎，离心取上清液使用 HisTrap™FF 亲和层析柱进行蛋白纯化（表 5-22）。结果如图 5-79 所示，粗酶液经一步纯化后得到单一的蛋白条带，纯化后 LGOX 比酶活为 9.54U/mg 蛋白。

表 5-22　　　　　　　　　　　　　　　　重组 LGOX 纯化步骤

步骤	总蛋白量/mg	总酶活/U	比酶活/(U/mg 蛋白)	收率/%	纯化倍数
1. Culture filtrate（1L）	860	590	0.69	100	1
2. Amicon Ultra-15 10K	685	546	0.80	92.5	1.2
3. HisTrap	39	372	9.54	63.1	12.2

（4）重组 LGOX 活性的影响因素　研究不同 pH（4.0~10.0）和温度（20~70℃）对重组 LGOX 活性的影响。结果如图 5-80 所示，重组 LGOX 最适 pH 为 6.5，有较好的 pH 稳定性，在 pH 6.0~7.5 范围，LGOX 酶活性维持最大值的 80% 以上。在 20~30℃ 范围内，重组 LGOX 酶活性随着温度的升高而增大，30℃ 时达到最大值；而在 30~70℃ 范围内，LGOX 酶活性随着温度的升高而降低。因此重组 LGOX 最适温度为 30℃。

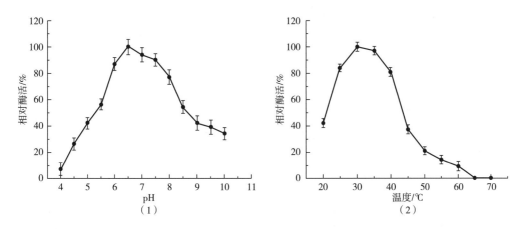

图 5-80　pH（1）和温度（2）对重组 LGOX 活性的影响

研究外源添加金属离子（2mmol/L）对 LGOX 活性的影响。结果如图 5-81 所示，Mn^{2+}、Ca^{2+} 和 Mg^{2+} 对 LGOX 有激活作用，LGOX 活性分别提高了 19.0%、7.6% 和 5.4%，与文献报道类似，白眉蝮乌苏里亚种（*Agkistrodon blomhoffii ussuriensis*）中 L-氨基酸氧化酶在外源添加 Mn^{2+} 的情况下，酶活性提高了 18.0%；Zn^{2+}、Cu^{2+}、Ba^{2+} 和 Fe^{2+} 对 LGOX 活性有不同的抑制作用，LGOX 活性分别降低了 62.6%、53.7%、44.2% 和 28.4%；其他金属离子（Li^+ 和 K^+）无影响。由于 LGOX 催化需要辅因子 FAD，研究外源 FAD 对 LGOX 酶活性的影响。发现外源添加 FAD 对 LGOX 酶活性无影响，说明重组 LGOX 不需要外源添加辅因子 FAD，这对工业化生产具有重要意义，可以降低生产成本。

以 20 种氨基酸（Ala、Arg、Asn、Asp、Cys、Glu、Gly、Gln、His、Ile、Leu、Lys、Met、Phe、Pro、Ser、Thr、Trp、Tyr 和 Val）以及 D-谷氨酸和谷氨酰胺为底物，对 LGOX 进行底物特异性实验，发现 LGOX 有很高的底物特异性，只对 L-谷氨酸、谷氨酰胺有活性，相对酶活分别为 100%、31%。

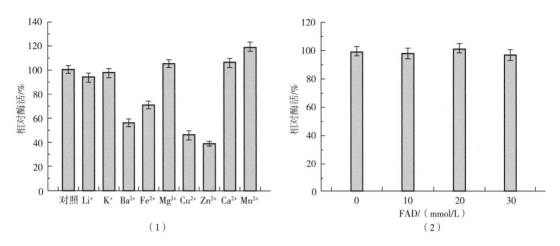

图 5-81　金属离子（1）和 FAD（2）对重组 LGOX 活性的影响

4. 重组 LGOX 转化 L-谷氨酸生产 α-KG 体系的构建

（1）过氧化氢酶、LGOX、L-谷氨酸浓度对 α-KG 生产的影响　在 pH6.5、温度 30℃的转化条件下，以 50g/L 的 L-谷氨酸为底物，研究不同浓度的 LGOX 对生产 α-KG 的影响。结果如图 5-82（1）所示，在 0.25~1.0U/mL 范围内，随着 LGOX 酶活性的增加，α-KG 产量不断增加，LGOX 酶活性为 1.0U/mL 时，α-KG 产量最高为 10.7g/L，转化率为 21.5%，继续增加 LGOX 酶活性 α-KG 产量不再增加。

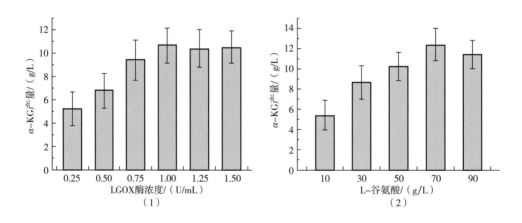

图 5-82　LGOX（1）和 L-谷氨酸（2）添加量对转化的影响

在添加 1.0U/mL LGOX 的条件下，研究不同浓度的底物 L-谷氨酸对生产 α-KG 的影响。结果如图 5-82（2）所示，在添加 70g/L L-谷氨酸条件下，α-KG 产量达到最高（12.4g/L），转化率为 17.8%；而当 L-谷氨酸浓度高于 70g/L 后，α-KG 产量不再增加。在转化 L-谷氨酸生产 α-KG 的过程中，伴随着 H_2O_2 的生成，而高浓度 H_2O_2 可以氧化 α-KG 生成其他有机酸。

通过添加不同浓度的过氧化氢酶除去 H_2O_2，来研究 H_2O_2 对 LGOX 转化生产 α-KG 的影响。结果如图 5-83 所示，以 90g/L L-谷氨酸为底物，在添加 150U/mL 过氧化氢酶的条件下，α-KG 产量最高为 67.1g/L，转化率为 75.1%，是未添加过氧化氢酶的 5.4 倍。验证了 H_2O_2 对转化反应的不利影响，因此在转化反应中应除去 H_2O_2。

（2）正交试验优化催化体系　为了进一步优化转化条件，提高 α-KG 产量，对 L-谷氨酸、LGOX 和过氧化氢酶三个因素进行正交试验（表 5-23）。结果发现在实验组合 6（L-谷氨酸 110g/L、LGOX

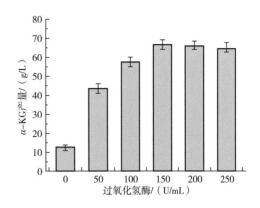

图 5-83　过氧化氢酶添加量对转化的影响

1.5U/mL、过氧化氢酶 250U/mL）条件下，α-KG 产量最高为 95.6g/L，转化率为 87.5%，α-KG 产量比优化前提高了 42.5%。通过对正交试验因素指标分析发现对转化影响因素顺序为：过氧化氢酶>L-谷氨酸>LGOX，其中过氧化氢酶是影响生产 α-KG 的最主要因素。

表 5-23　　　　　　　　　　　　　转化条件正交试验

| 组合 | 因素水平 | | | A | B | C | α-KG 产量/ |
	A	B	C	LGOX/ （U/mL）	过氧化氢酶/ （U/mL）	L-谷氨酸/ （g/L）	（g/L）
1	1	1	1	1.0	150	90	67.1±3.7
2	1	2	2	1.0	200	110	79.4±4.3
3	1	3	3	1.0	250	130	92.6±3.9
4	2	1	3	1.5	150	130	71.8±3.9
5	2	2	1	1.5	200	90	75.5±4.0
6	2	3	2	1.5	250	110	95.6±4.4
7	3	1	2	2.0	150	110	70.6±4.5
8	3	2	3	2.0	200	130	88.4±4.1
9	3	3	1	2.0	250	90	78.9±3.9
均值 1				79.700	69.833	73.833	
均值 2				80.967	81.100	81.867	
均值 3				79.300	89.033	84.267	
极差				1.667	19.200	10.434	
Rank				3	1	2	

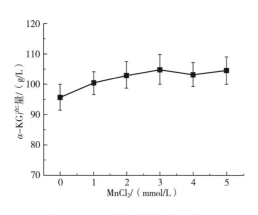

图 5-84　Mn^{2+} 浓度对转化的影响

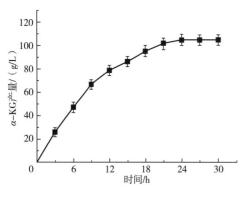

图 5-85　转化过程曲线

（3）Mn^{2+} 对转化 L-谷氨酸生产 α-KG 的影响　前述研究中发现外源添加 Mn^{2+} 对 LGOX 有激活作用，因此在最优转化条件下进一步考察 Mn^{2+} 浓度对生产 α-KG 的影响。结果如图 5-84 所示，转化过程中添加不同浓度的 $MnCl_2$，α-KG 产量随着 Mn^{2+} 浓度（在 0~3mmol/L 范围内）的增加而增加，Mn^{2+} 为 3mmol/L 的浓度时，α-KG 产量最高为 104.7g/L，转化率为 95.8%，比未添加 Mn^{2+} 提高了 9.5%。

（4）静息细胞转化 L-谷氨酸生产 α-KG　由于重组 LGOX 在分离纯化过程中有很大的损失，并且增加工业生产成本，静息细胞转化法可以克服 LGOX 分离纯化的问题，并且在完整的细胞中更有利于 LGOX 的稳定性，因此采用静息细胞转化法生产 α-KG，同时选择增加大肠杆菌细胞通透性的洗涤剂曲拉通 X-100 预处理菌体。如图 5-85 所示，在最优催化体系 [1.5g/L 菌体细胞（曲拉通处理 30min）、底物 L-谷氨酸 110g/L、过氧化氢酶 250U/mL、Mn^{2+} 3mmol/L、pH6.5、30℃] 条件下，转化 24h，α-KG 产量达到最大值（102.4g/L），α-KG 初始生成速率为 8.6g/（L·h），平均生成速率为 4.3g/（L·h），转化率为 93.7%，与发酵法相比 [发酵周期 117h，平均生产速率为 1.6g/（L·h）]，酶法转化明显缩短了生产周期，提高了生产强度。

为了进一步提高 α-KG 产量并降低生产成本，还可以从两方面入手：一是提高重组菌生产 LGOX 酶的酶活性；二是消除或减少过氧化氢。因此提出了高密度发酵 E.coli FMME089 生产 L-谷氨酸氧化酶的策略和构建 LGOX 与过氧化氢酶双酶共表达菌株共同转化 L-谷氨酸生产 α-酮戊二酸的方法。

5. 高密度发酵 E. coli FMME089 生产 L-谷氨酸氧化酶

由于 α-KG 主要应用于食品和医药领域，IPTG 毒性限制了其应用范围，因此采用廉价、无毒的乳糖替代 IPTG 进行诱导生产 LGOX。同时通过优化乳糖诱导条件，降低了诱导剂成本并提高了 LGOX 表达能力，并通过对 DO-stat、指数补料等方式进行研究，提出两阶段补料策略以提高工程菌细胞浓度，随后采用有效的诱导策略通过指数阶段补料速率和乳糖诱导时间、诱导浓度等条件优化使得 LGOX 酶活性大幅度提高。

（1）摇瓶水平上优化乳糖诱导条件 在对数生长前期（OD_{600} 约为 0.6）时研究了乳糖浓度（1、3、5、7g/L）和诱导时间（3、4、5、6h）对 LGOX 生产的影响，结果如图 5-86（1）（2）所示。当添加 5g/L 乳糖，诱导 4h 时酶活性达到 4.53U/mL；当诱导时间为 5h，酶活性达到 4.78U/mL，比 IPTG 诱导的对照组（3.12U/mL）分别提高了 45.2% 和 53.2%。将上述最佳诱导条件于 5L 发酵罐中进行重复实验，添加 5g/L 乳糖诱导 5h，最终细胞浓度和 LGOX 酶活性分别达到 4.40g/L 和 9.43U/mL［图 5-86（3）］，分别比摇瓶水平提高了 54.5% 和 97.3%。

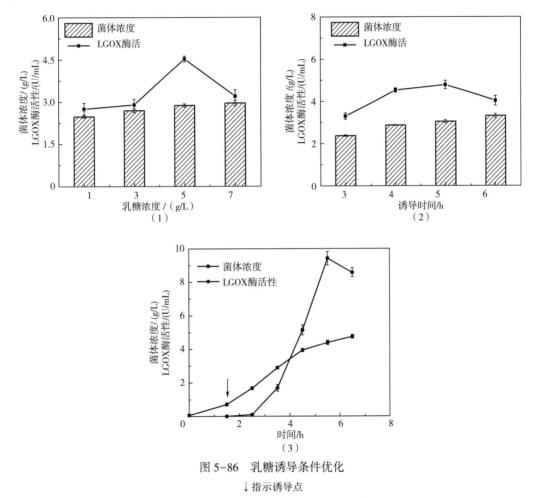

图 5-86 乳糖诱导条件优化

↓指示诱导点

（2）DO-stat 补料策略对细胞生长的影响 DO-stat 补料策略对细胞浓度的影响如图 5-87 所示。分批生长阶段通过控制转速和通气量将溶氧酶（DO）控制在 25%～35%，随后发酵 4h 碳源消耗完全，此时开始补料，每当溶氧高于 30% 即开始补料，当细胞浓度基本不增长或略有下降时加入 5g/L 的乳糖进行诱导。发酵 16h，细胞浓度和 LGOX 酶活性分别达到 21.4g/L 和 35.6U/mL［图 5-87（1）（2）］，且整个补料阶段中乙酸浓度低于 0.68g/L。虽然 LGOX 酶活性得到较大的提高，但是细胞生长速率仅为 1.34g/（L·h），且最终的细胞浓度较低。

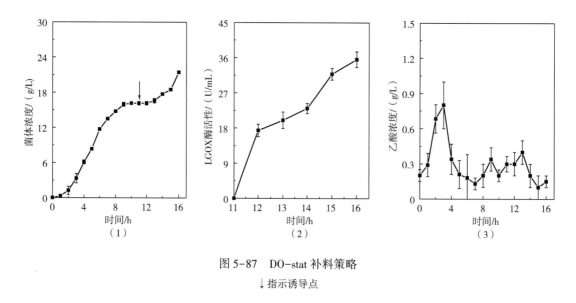

图 5-87　DO-stat 补料策略
↓指示诱导点

（3）指数补料策略对细胞生长的影响　指数补料对细胞浓度的影响如图 5-88 所示。指数补料从发酵 4h 时开始，以比生长速率的设定值 $\mu_{set}=0.25\text{h}^{-1}$ 进行指数流加补料，补料过程中通过转速和通气量调控溶氧，直到达到最大限制值（900r/min，6L/min）。当细胞浓度基本不增长或略有下降时加入 5g/L 乳糖进行诱导。发酵 16h 细胞浓度和 LGOX 酶活性分别达到 33.7g/L 和 33.9U/mL ［图 5-88（1）（2）］，且细胞生长速率达到 2.1g/（L·h），但发酵后期副产物乙酸浓度却增加到了 9.5g/L ［图 5-88（3）］，显著抑制了细胞生长和重组蛋白的生产，LGOX 酶活性与 DO-stat 相比略有下降。

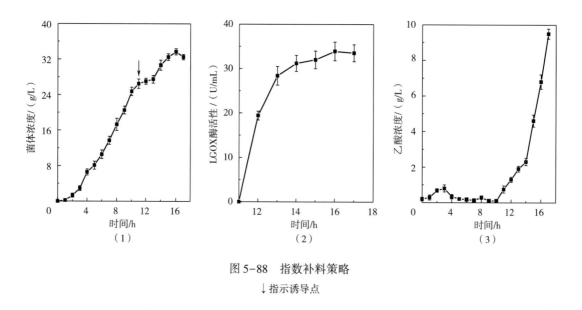

图 5-88　指数补料策略
↓指示诱导点

（4）两阶段补料策略的提出及对细胞生长的影响　将上述（2）和（3）部分相关数据整理成表 5-24，发现：①指数补料策略能加快细胞的生长，比细胞生长速率 ［2.41g/

（L·h）〕较 DO-stat〔1.45g/（L·h）〕提高了 36%；②由于乙酸的积累，导致 LGOX 比酶活（1.0U/mg 蛋白）较 DO-stat（1.66U/mg 蛋白）低了 40%。因此提出了分阶段补料策略：发酵 4h 当甘油消耗完毕时（DO 突然上升），以 $\mu_{set}=0.25h^{-1}$ 的设定值进行指数补料，通过转速和通气量调控溶氧，直到达到限定值（900r/min 和 6L/min）后，改为 DO-stat 补料。采用两阶段补料策略，如图 5-89 所示，发酵 18h，细胞浓度、LGOX 酶活和细胞生长速率达到了 41.6g/L、59U/mL 和 2.31g/（L·h），比 DO-stat 分别提高了 94.4%、65.7%、72.4%，比指数补料策略分别提高了 23.4%、74%、10%（表 5-24）。同时，整个补料阶段乙酸浓度低于 0.80g/L，对细胞生长和 LGOX 表达无抑制作用；对比诱导后细胞浓度增加情况，发现采用两阶段补料策略细胞浓度增加了 14.6g/L（27.0g/L 到 41.6g/L），是指数补料策略（26.5g/L 到 33.7g/L）的 2.02 倍。然而，两阶段补料时，LGOX 的比酶活仅为 1.42U/mg，比 DO-stat 策略（1.66U/mg 蛋白）低 14.5%，因此，需要在后续研究中进一步提高单位细胞的 LGOX 表达量。

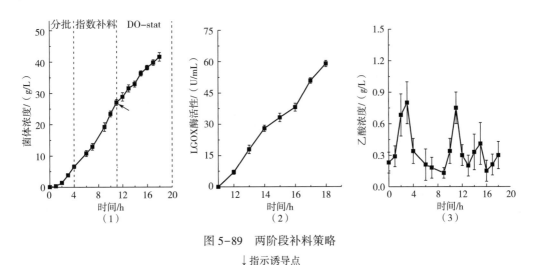

图 5-89　两阶段补料策略

↓指示诱导点

表 5-24　　　　　　　　　　　　不同补料策略对 LGOX 生产的影响

参数	DO-stat/ A	指数补料/ B	两阶段补料/ C	〔（C/A）-1〕×100%	〔（C/B）-1〕×100%
发酵时间/h	16	16	18	12.5	12.5
细胞浓度/（g/L）	21.4±0.91	33.7±0.51	41.6±1.36	94.4	23.4
细胞生长速率/〔g/（L·h）〕	1.34	2.1	2.31	72.4	10
LGOX 酶活性/（U/mL）	35.6±2.0	33.9±2.1	59±1.5	65.7	74
比酶活/（U/mg 蛋白）	1.66	1.0	1.42	-14.5	42
诱导时间点/h	11	11	11	—	—
诱导时细胞浓度/（g/L）	15.9±0.45	26.5±0.60	27.0±0.72	69.8	1.9
诱导前细胞生长速率/〔g/（L·h）〕	1.45	2.41	2.46	69.7	2.1
最大乙酸浓度/（g/L）	0.68±0.12	9.5±0.2	0.80±0.15	—	—

（5）指数流加速率对 L-谷氨酸氧化酶生产的影响　在两阶段补料策略的基础上，对指数补料阶段补料速率进行优化。不同指数流加速率 μ［0.25、0.4 和 0.55（1/h）］对 LGOX 生产的影响如图 5-90 所示。指数流加速率为 0.25、0.4 和 0.55（1/h）时，实际比生长速率分别为 0.20、0.28 和 0.38（1/h），分别在 11、8 和 7h 达到发酵罐最大溶氧水平（转速 900r/min 和通气量 6L/min），此时改用 DO-stat 补料方式，当细胞浓度 OD_{600} 60 时添加 5g/L 乳糖诱导，至发酵结束细胞浓度分别达到 41.6、42.7 和 43.2g/L［图 5-90（1）］；LGOX 酶活性分别为 50.9、75.6 和 70U/mL［图 5-90（2）］；补料阶段最高乙酸含量分别为 0.8、0.9 和 1.6g/L，低于抑制细胞生长和蛋白表达的最小值［图 5-90（3）］；补料阶段最高甘油浓度分别为 0.43、0.54 和 0.9g/L［图 5-90（4）］，没有造成碳源积累。综上，选取指数流加速率 $0.4h^{-1}$ 进行后续研究，此时 LGOX 酶活性由摇瓶水平的 18.9 倍提高到 24.2 倍。

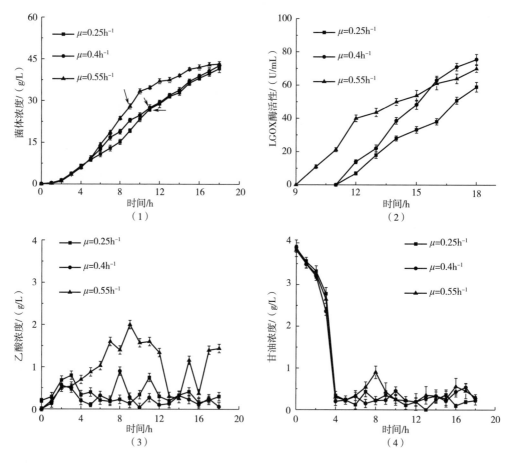

图 5-90　指数流加速率 μ 对细胞生长（1）、LGOX 酶活性（2）、乙酸浓度（3）和甘油浓度（4）的影响
↓指示诱导点

（6）诱导时间对 L-谷氨酸氧化酶生产的影响　在指数补料速率 $0.4h^{-1}$ 的两阶段补料策略的基础上，采用不同时间进行乳糖诱导，发酵 8h 时将指数补料改为 DO-stat。5g/L 乳

糖诱导时间点（OD$_{600}$=20、40、60）对细胞生长和 LGOX 表达的影响如图 5-91 所示。发酵 20h 结束时，OD$_{600}$=20、40、60 的细胞浓度分别为 48、48 和 42.7g/L，LGOX 酶活性分别为 83、101.3 和 80U/mL。综上，最佳时机为 OD$_{600}$=40 时进行乳糖诱导，并以此进行后续研究，此时 LGOX 酶活性由摇瓶水平的 24.2 倍进一步提高到 32.5 倍。

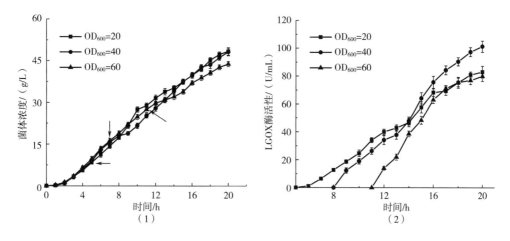

图 5-91　诱导时机对细胞生长（1）和 LGOX 表达（2）的影响
↓指示诱导点

（7）乳糖添加模式对 L-谷氨酸氧化酶生产的影响　在指数流加速率为 0.4h^{-1} 的两阶段补料策略条件下，OD$_{600}$=40 时分别采用 8h（5g/L 乳糖），8h（10g/L 乳糖），8h（5g/L 乳糖）加 14h（5g/L 乳糖）的乳糖添加模式进行诱导。不同乳糖诱导模式对细胞生长和 LGOX 生产的影响如图 5-92 所示。发酵 20h，三种乳糖添加模式下细胞浓度均为 48g/L 左右，LGOX 酶活性分别为 101.4、156.1 和 107.1U/mL。LGOX 酶活性进一步提高，由摇瓶水平的 32.5 倍提高到 50 倍。

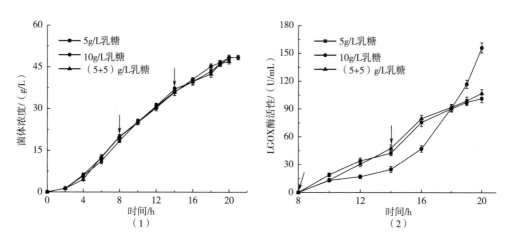

图 5-92　不同乳糖添加模式对 LGOX 生产的影响

↓指示诱导点；5g/L、10g/L 为在 8h 时进行诱导，（5+5）g/L 为分别在 8h 和 14h 时进行两次诱导

（8）高密度发酵策略总结　对上述研究结果进行总结，列于表5-25中。发现：①采用乳糖替代IPTG进行LGOX诱导，细胞浓度提高到2.76g/L，LGOX酶活性为4.78U/mL，比IPTG诱导的对照组提高了53.2%；②采用指数DO-stat两阶段补料策略，将细胞浓度从2.76g/L提高到41.6g/L，LGOX酶活性也提高到59U/mL；③在高细胞浓度的基础上，通过优化诱导前后条件将LGOX酶活性提高到156.1U/mL，细胞浓度为48.4g/L；④高密度发酵策略获得的细胞浓度、细胞生产速率、LGOX酶活性、比酶活和LGOX生产速率分别为48.4g/L、2.42g/（L·h）、156.1U/mL、3.23U/mg蛋白和7804U/（L·h），是摇瓶水平的19.4、6.7、50、2.6和17.5倍，实现了高细胞浓度和高LGOX酶活性的目的。

表5-25　　　　　　　　　不同阶段高密度发酵策略的参数对比

参数	摇瓶IPTG诱导	摇瓶乳糖诱导	两阶段补料策略	最优诱导策略
发酵时间/h	7	7	18	20
细胞浓度/（g/L）	2.49±0.23	2.76±0.23	41.6±1.36	48.4±0.91
细胞生长速率/[g/（L·h）]	0.36	0.39	2.31	2.42
LGOX酶活性/（U/mL）	3.12±0.2	4.78±0.3	59±2.9	156.1±5.4
比酶活/（U/mg）	1.25	1.64	1.42	3.23
LGOX生产速率/[U/（L·h）]	445.7	647.1	3277.8	7804
最大乙酸浓度/（g/L）	—	—	0.75±0.15	1.32±0.19
甘油消耗量/（g/L）	—	—	150±5.0	155±4.5

6. 高密度细胞全细胞转化L-谷氨酸生产α-酮戊二酸

（1）高密度细胞全细胞转化体系的建立　重组LGOX的高效率表达有利于α-KG的工业化生产，为了降低酶转化体系粗酶获得的成本，采用全细胞转化生产α-KG。结合酶转化体系，确定转化条件为：底物L-谷氨酸浓度为110g/L、过氧化氢酶浓度为600U/mL、4%~5%曲拉通X-100、于pH 6.5的0.1mol/L的磷酸盐缓冲体系下，200r/min，30℃，转化24h。首先对全细胞催化剂的用量进行优化，用于25mL催化体系中分别添加1、2、3、4、5mL发酵液离心后获得的细胞进行催化反应，发现仅1mL发酵液所收集的细胞就能达到很好的转化效果，24h内α-KG产量达到103.2g/L，转化率为94.4%，随着全细胞的增加α-KG产量变化不大或略有下降（图5-93）。

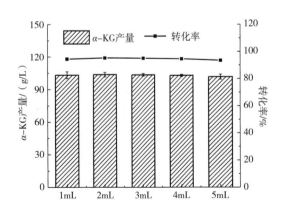

图5-93　全细胞添加量对转化的影响

对于 25mL 全细胞催化转化 L-谷氨酸生产 α-KG 的体系，高密度发酵前后全细胞转化的参数对比见表 5-26（对照组为 25mL 摇瓶水平 IPTG 诱导所获得的细胞），可见当全细胞催化剂浓度由 2.5g/L 降到 0.97g/L 时，α-KG 产量由 107.5g/L 下降为 103.2g/L，转化率由 98.4% 降为 94.7%，仅下降 4%。结合高密度发酵参数（菌体浓度 48.4g/L），单位发酵液所得菌体转化生产 α-KG，α-KG 总量是优化前的 48 倍。

表 5-26 高密度发酵前后全细胞转化参数对比

参数	对照组	高密度细胞	参数	对照组	高密度细胞
L-谷氨酸浓度/(g/L)	110	110	α-KG 产量/(g/L)	107.5±3.1	103.2±3.1
转化时间/h	24	24	转化率/%	98.4	94.7
全细胞催化剂浓度/(g/L)	2.5	0.97			

（2）优化全细胞转化体系提高 α-酮戊二酸产量 为了充分利用高密度发酵细胞的优势，进一步提高 α-KG 产量，对全细胞转化体系进行优化。以底物 L-谷氨酸浓度（110、132、154g/L）、过氧化氢酶浓度（600、900、1200U/mL）、全细胞催化剂浓度（3、4.5、6U/mL）做正交试验，结果列于表 5-27 中。通过对正交试验因素指标分析发现对转化影响因素由大到小排序为：全细胞催化剂>过氧化氢酶>L-谷氨酸。最优组合为 $A_2B_3C_3$（L-谷氨酸浓度 132g/L、过氧化氢酶浓度 1200U/mL、全细胞催化剂浓度 6U/mL），此时 α-KG 的产量最高为 116.2g/L，转化率为 88.6%。

表 5-27 全细胞转化正交试验

组合	因素水平			A L-谷氨酸/(g/L)	B 过氧化氢酶/(U/mL)	C 全细胞催化剂/(U/mL)	α-KG 产量/(g/L)
	A	B	C				
1	1	2	3	110	900	6	109.8±1.2
2	1	3	2	110	1200	4.5	110.4±1.2
3	1	1	1	110	600	3	94.7±3.1
4	2	3	3	132	1200	6	116.2±0.8
5	2	2	1	132	900	3	102.2±4.9
6	2	1	2	132	600	4.5	103.8±1.0
7	3	3	1	154	1200	3	104.5±2.9
8	3	1	3	154	600	6	104.3±3.3
9	3	2	2	154	900	4.5	108.5±6.0
均值				104.967	100.933	100.467	
均值				107.400	106.833	107.567	

续表

组合	因素水平			A L-谷氨酸/ （g/L）	B 过氧化氢酶/ （U/mL）	C 全细胞催化剂/ （U/mL）	α-KG 产量/ （g/L）
	A	B	C				
均值				105. 767	110. 367	110. 100	
极差				2. 433	9. 434	9. 633	
Rank				3	2	1	

由于 Mn^{2+} 对 LGOX 和过氧化氢酶均有激活作用，Mn^{2+} 浓度对 α-KG 转化生产的影响如图 5-94 所示。随着 $MnCl_2$ 浓度的增加，α-KG 产量也随之增加，当 Mn^{2+} 为 1mmol/L 时，α-KG 产量达到最高，为 127.2g/L，转化率 97.0%，比未添加 Mn^{2+} 提高了 9.5%。因此最优的转化体系为：底物 L-谷氨酸 132g/L、过氧化氢酶 1200U/mL、全细胞催化剂 6U/mL、Mn^{2+} 1mmol/L，pH 6.5、30℃下转化 24h，α-KG 的产量达到最大值（127.2g/L），α-KG 生产速率为 5.3g/（L·h），提高了 α-KG 产量和生产强度。

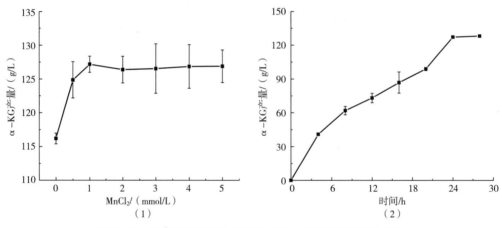

图 5-94　Mn^{2+} 浓度对转化的影响（1）及转化过程曲线（2）

7. LGOX 与过氧化氢酶（KatG）双酶共同转化 L-谷氨酸生产 α-酮戊二酸

LGOX 催化 L-谷氨酸生产 α-KG 的同时有 H_2O_2 生成，高浓度的 H_2O_2 会抑制 LGOX 的活性，还会氧化 α-KG 生成琥珀酸等其他有机酸，因此需要维持 H_2O_2 含量在一个较低的水平。添加过氧化氢酶虽然可以有效消除 H_2O_2，但同时增加了生产成本。为了更有效地消除 H_2O_2，构建一株可以同时生产 LGOX 和过氧化氢酶的菌株是一种理想的选择。共表达生产的 LGOX 和过氧化氢酶形成过氧化物酶体，LGOX 转化产生的 H_2O_2 会及时被过氧化氢酶分解为 O_2 和 H_2O，O_2 还可以为催化过程所利用（图 5-95）。

基于上述考虑，将来源于 *E.coli* K12W3110 的 KatG（具有过氧化氢酶 Catalase 和过氧化物酶 Prioxidase 双重活性）与 LGOX 同时过量表达于 *E.coli* 中。在同时过量表达两个酶的过程中，需要解决的问题是如何调控 LGOX 和 KatG 活性使得目标反应顺利进行。因此，

图 5-95　LGOX 与过氧化氢酶双酶共表达菌株转化 L-谷氨酸生产 α-酮戊二酸示意图

首先研究 LGOX 和 KatG 两种酶的生化性质，结合转录水平调控双酶表达确定最佳共表达构建方式；接着根据核糖体结合位点（RBS）强度与所调控蛋白表达量在统计学上的线性关系，设计合适的 RBS 序列构建单启动子双顺反子共表达菌株，并根据其产酶效果及转化效果筛选合适的共表达菌株；最后，共表达菌株进一步优化全细胞转化条件，以提高 α-KG 产量。

（1）KatG 性质研究及需求量分析

①重组 KatG 的表达和纯化：以 *E. coli* K12W3110 的全基因组为模版，PCR 扩增得到目的基因 KatG（图 5-96），经酶切后与表达载体 pET28a 相连接构建重组质粒 pET28a-KatG，转入 *E. coli* BL21DE3 中，经菌落 PCR 和酶切验证后筛选出正确的阳性菌株并命名为FXC007。将该菌株于 TB 培养基中培养至 OD_{600} 约为 0.6，添加 0.4mmol/L IPTG 诱导 4h，收集细胞进行蛋白电泳鉴定，与对照组［不含表达质粒 *E. coli* BL21（DE3）］相比，FXC007 菌株表达生产 KatG 蛋白大小约为 80ku，同时对 KatG 进行蛋白纯化备用。重组 KatG 纯化的SDS-PAGE 分析见图 5-97。

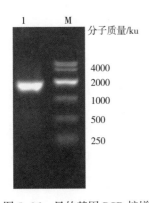

图 5-96　目的基因 PCR 扩增

1：PCR 扩增得到的 KatG 基因；M：蛋白质
分子质量标准

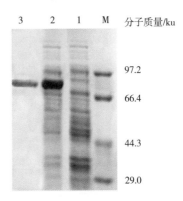

图 5-97　重组 KatG 纯化的 SDS-PAGE 分析

1：*E. coli* BL21DE3 菌株为对照；2：FXC007 菌株；3：纯
化后的 KatG 蛋白；M：蛋白质分子质量标准

②重组 KatG 需求量的确定：采用外源添加纯化 KatG 的方法来表征双酶反应中 KatG需求量。以 110g/L L-谷氨酸为底物，全细胞转化过程中添加纯化后的 KatG 代替外源过氧化氢酶，分别使过氧化氢酶活性为 0、250、500、750、1000、1250、1500、2000U/mL。转化效果如图 5-98 所示，L-谷氨酸转化生成产物 α-KG 的产量随过氧化氢酶活性的增高

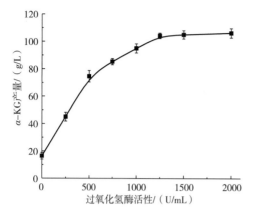

图 5-98 KatG 添加量对转化的影响

而增高，重组 KatG（过氧化氢酶）活性达到 1250U/mL 时，α-KG 产量为 104.2g/L，此时转化率达到 95%。因此，双酶表达体系中 KatG 的表达量需要使过氧化氢酶活性达到 1250U/mL 左右。

（2）KatG 与 LGOX 双酶共表达菌株的构建　不同的双酶表达构建方式是通过调控转录水平从 DNA 到 mRNA 的过程控制蛋白质的表达，从而实现双酶反应过程。

①KatG 与 LGOX 双酶共表达菌株的不同构建策略：以 pET28a 为表达载体，采用三种不同策略构建共表达菌株，实现同一菌株同时表达 LGOX 和 KatG 两种酶。如图 5-99 所示，策略 1 采用单启动子模式将 LGOX 和 KatG 串联表达，通过与 LGOX 前端相同的 RBS 序列连接 KatG，构建的共表达菌株 F008，转录生产一条 mRNA，含有两个核苷酸结合位点，翻译出两条蛋白质链；策略 2 采用双启动子模式，在 LGOX 和 KatG 前面添加同样的启动子及相关序列，构建共表达菌株 FXC008，转录出一大一小两条 mRNA，均含有核苷酸结合位点，翻译出两条蛋白质链；策略 3 采用单启动子模式将 LGOX 和 KatG 通过 Hind Ⅲ直接串联在一起，构建共表达菌株 FXC009，可以实现 LGOX 和 KatG 的二级结构的肽链数目一致，期望得到一个能够完成目标反应的融合酶。两种酶的活性与蛋白折叠有关，不易判断目标活性。

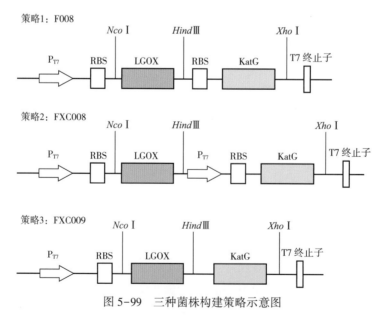

图 5-99 三种菌株构建策略示意图

②不同构建策略获得的双酶共表达菌株的性能比较：将采用三种不同构建策略获得的重组菌株于 TB 培养基中培养至 OD$_{600}$ 约为 0.6，添加 0.4mmol/L IPTG 诱导 5h，测定此时

的细胞浓度、LGOX 活性和 KatG 活性，并收集细胞进行蛋白电泳及全细胞转化生产 α-KG（110g/L L-谷氨酸、4%~5% 曲拉通 X-114、全细胞细胞、pH 6.5 磷酸盐缓冲液体系、200r/min、30℃转化 24h）。不同菌株的蛋白表达情况如图 5-100 所示，其中 F008 及 FXC008 均有 LGOX 和 KatG 的蛋白表达，FXC009 中重组蛋白的分子质量为约 145ku，为 LGOX 和 KatG 融合表达蛋白。

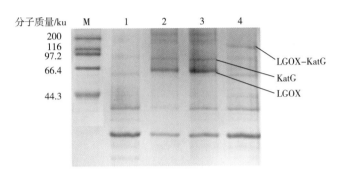

图 5-100　不同共表达菌株的蛋白表达图谱

M：蛋白质分子质量标准；1：FMME089 菌株为对照；2：F008 菌株；3：FXC008 菌株；4：FXC009 菌株

不同共表达菌株及对照组的细胞浓度、LGOX 酶活性、KatG 活性及全细胞转化 α-KG 产量结果总结在表 5-28 中，其中 KatG 酶活性情况：FXC008>F008>FXC009；LGOX 酶活性情况：FXC009>F008>FXC008；α-KG 产量情况：FXC009>F008>FXC008，但 F008 与 FXC009 的 α-KG 产量相差不大。因此，相同启动子串联表达不利于双酶表达，大片段基因融合表达可操作性较差且无法确定双酶活性，而策略一采用的单启动子双酶串联表达可以通过 RBS 调控各基因的表达水平，可操作性强且能较好保存双酶活性，可作为 KatG 与 LGOX 双酶共表达菌株的构建策略。

表 5-28　　　　　　　　不同共表达菌株的细胞浓度、产酶及转化效果比较

菌种	OD_{600}	LGOX 酶活性/(U/mL)	KatG/(U/mL)	α-KG/(g/L)
FMME089	6.06	3.12±0.20	—	20.1±0.8
F008	7.87±0.38	1.02±0.2	344.7±10.5	54.5±0.1
FXC008	7.79±0.37	0.24±0.08	385.2±26.3	24.2±1.2
FXC009	6.01±0.08	1.48±0.12	200.4±7.7	57.1±1.8

（3）单启动子双酶串联构建策略的优化

① SD 序列（Shine-Dalgarno sequence）与 ATG 间隔碱基数量的优化：在单启动子双酶串联表达中，SD 序列与 KatG 基因中 ATG 之间的间隔碱基数量对基因表达有很大的影响。因此，可通过优化间隔的碱基数量获得双酶表达效果更好的菌株。

通过传统方式构建并验证重组菌株，将构建成功的菌株分别命名为 FXC003、FXC004、FXC005、FXC006，并按前述方法培养、诱导表达并测定细胞浓度、LGOX 活性

及 KatG 活性，收集细胞进行蛋白电泳及全细胞转化生产 α-KG。结果发现，四株共表达菌株均有 LGOX 和 KatG 的表达，其中 FXC005 菌株的 KatG 活性最接近实验预测值 1250U/mL，α-KG 产量为 86.7g/L，转化率为 79.6%（表 5-29）。

表 5-29　　　　　　　　不同间隔共表达菌株细胞浓度、产酶及转化效果比较

菌种	特征	细胞浓度	LGOX 酶活性/（U/mL）	KatG/（U/mL）	α-KG/（g/L）
FXC003	SD 与 ATG 差 3bp	6.78±0.15	3.07±0.05	56±3.4	42.3±1.5
FXC004	SD 与 ATG 差 6bp	7.28±0.11	2.63±0.02	787.6±43.4	83.2±0.13
FXC005	SD 与 ATG 差 9bp	7.7±0.28	2.86±0.13	935.8±66.2	86.7±1.41
FXC006	SD 与 ATG 差 12bp	6.54±0.2	2.64±0.11	623.2±21.1	68.8±2.1

②核糖体结合位点（RBS）强度优化：由于 RBS 影响核糖体和 mRNA 的结合，进而影响 mRNA 的翻译速率和重组蛋白的表达量，因此通过优化 RBS 强度也可以调控 KatG 的表达量。结合 The RBS calculator v 1.1 评估核糖体与细菌 mRNA 的结合自由能，预测目的蛋白序列的翻译起始速率 TIR（0.1～100000 或者更多），根据自由能 ΔG_{tot} 与翻译起始速率的关系：$r \propto \exp(\beta \Delta G_{tot})$，在已知 ΔG_{tot} 和 TIR 的菌株 FXC003 的基础上，对所需 RBS 序列进行预测和优化。

a. RBS 序列的设计与菌株构建。在 FXC003 菌株中，LGOX 以 *Nco* I 和 *Hind* III 为酶切位点连接到 pET28a，对应的 ΔG_{tot} 为 17.61kJ/mol，TIR 为 375.4au；KatG 以 *Hind* III 和 *Xhol* I 插入 pET28a-LGOX，对应的 ΔG_{tot} 为 7.74kJ/mol，TIR 为 1087.31au；KatG 活性为 56U/mL，约为需求量的 4.5%（所需 KatG 活性为 1250U/mL），因此所需 RBS 的 TIF 在 24433.9au 以上为宜。

设计 4 组 rbs 序列，分别命名为 rbs5、rbs6、rbs7 和 rbs8，其序列见表 5-30，其 TIR 均在 24000au 以上，并分别设计上游引物 KatG-rbs5、KatG-rbs6、KatG-rbs7 和 KatG-rbs8。

表 5-30　　　　　　　　　　　　　RBS 及其特征

RBS 序列	mRNA 序列（包括 RBS 和 KatG 前端序列的一部分，包括 *Hind* III 或 *Xba* I 酶切位点）	ΔG_{tot}/（kJ/mol）	TIR/au
rbs1	AAGCTTCGCTTAAGGAGGCTTatgagcacgtcagacgatatccataacaccacagccac	7.74	1087.31
rbs5	AAGCTTTCTAGAAAAAAAATAAGGAGGTAAAAatgagcacgtcagacgatatccataacaccacagccac	−47.99	436225.98
rbs6	AAGCTTTCTAGAACCCCACGACTAAACTA-TAAAATAAGGAGGTACGCATGGCTGAAGCGCAAAACGATCCCCTGagcacgtcagacgatatcc	−39.20	169536.1
rbs7	AAGCTTTCTAGAAGAACAATACAGGAGGA-CAATTCGCCCTATGTCCAGATTAGATAAAGTAAAGTTagcacgtcagacgatatcc	−22.22	27239.81
rbs8	AAGCTTTCTAGATTCCCCCGGAAACCAATAAAAGAAGGCCATCGTCATGTCCAGATT AGATAAAGTAAAGTTagcacgtcagacgatatcc	−21.34	24850.31

为了节约实验资源和测序成本，通过对 LGOX 和 KatG 基因序列进行分析，发现两段基因仅在 KatG 基因第 193 号位置具有一个 *EcoR* Ⅰ 酶切位点，因此更换 RBS 序列时仅通过简单的酶切、连接手段将 rbs1 和 KatG 前 193 个碱基一起更换即可，由此设计下游引物KatG-A′：CCGGAATTCTTTGCGGTAGTCAAAGTCC。重组质粒按照图 5-101 流程进行构建，以 *E. coli* K12W3110 的全基因组为模版，以上述引物 PCR 扩增得到约 250bp 的目的片段，连接到 pMD19-Tsimple 载体中，得到重组质粒 pMD19-T-rbs-KatG′（KatG′代表 KatG 的前 193bp 序列）。测序成功后的质粒经过酶切得到 250bp 和 2.7kb 的片段，其中 250bp 为 rbs-KatG′基因。将两端分别带有 *Hind* Ⅲ 和 *EcoR* Ⅰ 酶切位点的 rbs-KatG′基因，与表达载体 pET28a-LGOX-rbs1-KatG 相连接构建重组质粒 pET28a-LGOX-rbs（5-8）-KatG。将重组质粒 pET28a-LGOX-rbs（5-8）-KatG 转入 *E. coli* BL21DE3 中，对在 *Kan* 抗性平板中长出的单菌落进行 PCR 和酶切验证（*Xba* Ⅰ，图 5-102），筛选出正确的阳性菌株并分别命名为 F002、F005、F006、F007（注：新设计引物引入酶切位点 *Xba* Ⅰ，而 pET28a 质粒 T7 启动子前也含有 *Xba* Ⅰ，FXC003 中仅有一个 *Xba* Ⅰ，所以新构建共表达菌株采用 *Xba* Ⅰ 单酶切出现两条条带，且其中一条约 2000bp，FXC003 仅有一条，则说明菌株构建正确）。

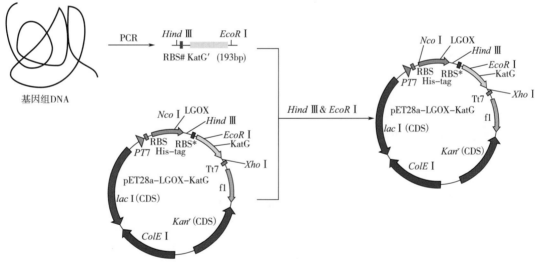

图 5-101　不同 RBS 共表达质粒的构建示意图

* 表示不同的 RBS。

b. 含不同强度 RBS 的共表达菌株的表达及验证。将验证成功的共表达菌株于 TB 培养基中培养至 OD_{600} 约为 0.6，添加 0.4mmol/L IPTG 诱导 4h，收集细胞进行蛋白电泳。结果如图 5-103 所示，与对照（*E. coli* BL21 和 FXC001）相比，共表达菌株生产 LGOX 蛋白大小约为 65ku，KatG 蛋白大小约为 80ku，两种蛋白都有表达。其中 F002 和 F005 的 KatG 条带明显高于 LGOX，F006 中 KatG 和 LGOX 相差不大，F007 中 LGOX 的条带明显超过 KatG。总体 KatG 的条带亮度 F002>F005>F006>F007，符合 TIR 预测。

c. 含不同强度 RBS 的共表达菌株产酶及转化效果分析。按照前述方法对共表达菌株 F002、F005、F006 和 F007 进行产酶效果表征，如表 5-31 所示，LGOX 酶活性：F007>F006>

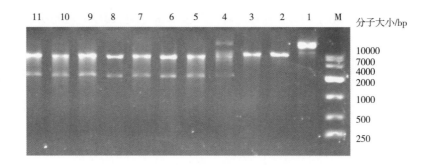

图 5-102　重组质粒酶切验证

1：重组质粒 pET28a-rbs1-KatG；2：重组质粒 pET28a-LGOX-rbs1-KatG（*Xba* I）；3：重组质粒 pET28a-LGOX-rbs1-KatG（*Hind* Ⅲ 和 *EcoR* I）；4～5：F002 或 pET28a-LGOX-rbs2-KatG（*Xba* I）；6～7：F005 或 pET28a-LGOX-rbs3-KatG（*Xba* I）；8～9：F006 或 pET28a-LGOX-rbs4-KatG（*Xba* I）；10～11：F007 或 pET28a-LGOX-rbs5-KatG（*Xba* I）；M：10kb 蛋白质分子质量标准

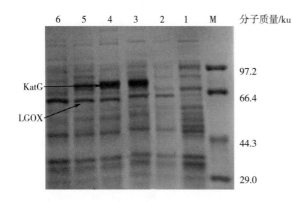

图 5-103　LGOX 和 KatG 共表达蛋白电泳图

1：对照（*E. coli* BL21）；2：对照（FXC001）；3：F002；4：F005；5：F006；6：F007；M：蛋白质分子质量标准

F002＞F005，KatG 活性：F005＞F006＞F002＞F007 且 F005 及 F006 的 KatG 活性接近预测值 1250U/mL，结合 SDS-PAGE 图谱发现 KatG 蛋白表达量与 KatG 活性不成比例，且 TIF 预测有一定的偏差（F006 和 F007）。将四株菌进行全细胞转化生产 α-KG（110g/L L-谷氨酸，4%～5%曲拉通 X-114，pH 6.5 磷酸盐缓冲液体系，200r/min，30℃ 转化 24h），发现 α-KG 产量 F006＞F005＞F002＞F007，KatG 活性高的菌株转化效果较好，其中 F006 的转化效果最好，α-KG 产量达到 103.1g/L，转化率达到 94.6%，实现了较好的双酶转化效果。

表 5-31　　　　重组菌产酶效果

菌种	TIF/au	细胞浓度	LGOX 酶活性/（U/mL）	KatG/（U/mL）	α-KG/（g/L）
F002	436225.98	6.58±0.22	1.7±0.2	779.8±31.5	71.9±1.6
F005	169536.1	9.33±0.66	1.45±0.06	1241.3±176.4	98.7±0.65
F006	27239.81	8.74±0.08	2.09±0.04	1185.3±132.4	103.1±5.2
F007	24850.31	7.92±0.03	2.4±0.28	140.2±0.3	58.6±1.24

综上所述，在利用 LGOX 转化 L-谷氨酸生产 α-KG 基础上，通过补料策略提高细胞密度、诱导策略提高 LGOX 表达量、双酶反应的分析、重组酶的表达与调控、高效产酶工程菌株的构建、转化体系优化等方面对生物催化法转化 L-谷氨酸生产 α-KG 的途径进行优化，建立了两种生产 α-KG 的全细胞催化体系：第一种是高密度细胞直接应用于全细胞转化 L-谷氨酸生产 α-KG，在 110g/L 底物水平下，反应 24h，α-KG 产量最高达到 127.2g/L，转化率为 97.0%，α-KG 生产速率为 5.3g/(L·h)。第二种是采用 LGOX 和 KatG 双酶共表达工程菌株 F006，可实现在不添加过氧化酶条件下生产 α-KG，在 110g/L 底物水平下，反应 24h，α-KG 产量达到 103.1g/L，转化率为 94.6%。

第二节　转化（S）-氨基为（R）-氨基合成 D-氨基酸

一、概述

D-氨基酸广泛应用于医药、化妆品、精细化学品等领域，如 D-对羟基苯甘氨酸（D-HPG）参与合成 β-内酰胺类抗生素；D-苯丙氨酸作为重要的医药中间体，参与合成贝他定、格列奈、缬沙坦等手性药物。

1. D-氨基酸的合成方法简介

目前 D-氨基酸合成方法有化学合成法、酶转化法和发酵法。化学合成法包括化学拆分法、不对称转化法和诱导晶体法，其中化学拆分法使用拆分剂与外消旋氨基酸相互作用，生成两种非对映异构体衍生物，再根据两者理化性质的不同分别获得 D-氨基酸和 L-氨基酸，存在拆分剂价格昂贵、拆分的产率和产品的旋光纯度不高、存在安全隐患等问题。不对称转换法则是使用适当催化剂在有机酸溶剂中使外消旋氨基酸与手性有机酸相互作用生成非对映体盐，再根据溶解度不同使 D-氨基酸与手性有机酸所形成的盐先沉淀下来，该方法可以使过饱和体系中光学异构体的分步结晶和 L-异构体的消旋化相结合，提高对 L-异构体的利用率，比传统拆分法的拆分效率有所提高，在工业中应用较多。但由于每个氨基酸产品的复盐溶解度不尽相同，部分氨基酸产品无法应用此方法。诱导结晶法是通过加入单一对映异构体的晶种，利用对映异构体物理性质的差异进行分步拆分。用该方法制备 D-对羟基苯甘氨酸，先将 DL-HPG 转化为盐，再在含醇溶剂中加入少量 D-HPG 盐晶体作为晶种，通过逐步降温得到析出的 D-HPG 盐晶体并进行离心分离，最后重复拆分 L-HPG 盐或用碱对 D-HPG 盐处理得到 D-HPG。该方法具有拆分成本相对较低和一步拆分收率较高等优点，但是对结晶温度和离心分离时间的要求很高，操作繁杂，并且另一光学异构体在结晶过程中易被夹带析出，工业应用不多。发酵法则主要利用微生物的不对称降解原理，对 DL-氨基酸中的 L-氨基酸降解获得 D-氨基酸，难以制备光学纯度高的产品。相比之下，酶转化法合成 D-氨基酸具有立体选择性高、反应条件温和、操作简单且环保等优点，有较好的工业应用前景。

酶法制备 D-氨基酸主要有以下四种途径：海因酶途径、转氨酶途径、外消旋体的拆分和不对称还原胺化。

海因酶途径是工业上经典的动态动力学拆分（Dynamic kinetic resolution，DKR）的多酶级联过程，包含了海因消旋酶（Hydantoin racemase，HRase）、D-海因酶（D-hydantoinase，DHHase，又名乙内酰脲酶）和 N-氨甲酰-D-氨基酸酰胺水解酶（N-carbamoyl-D-amino acid amidohydrolase，DCHase，简称氨甲酰水解酶）等三种酶。在这一系统中，L-或D-型的海因作为底物，首先在 HRase 的作用下外消旋化产生 D-海因，D-海因被 D-特异性的 DHHase 水解成 D-N-氨甲酰-D-氨基酸，然后，N-氨甲酰-D-氨基酸又在 DCHase 的作用下发生水解最终形成 D-氨基酸。Nozaki 等人通过在大肠杆菌中同时表达这三种酶，采用全细胞催化成功制备了 D-苯丙氨酸、D-酪氨酸、D-色氨酸等 8 种 D-氨基酸。其中，D-苯丙氨酸在 48h 的浓度达到 45.9g/L，且具有 ee 99%。虽然该路线成本较低、工艺流程简单，但它在工业应用上依旧存在着一些问题，如海因底物在水中的溶解度小，DCHase 的可溶性表达差、易氧化失活、热稳定性差以及三种酶反应条件不兼容等，成为转化过程中的限制性因素。因此，发掘具有高立体选择性、高可溶性表达且具兼容性的氨甲酰水解酶，建立一个高效的 DKR 级联过程对 D-氨基酸的生产十分关键。为此，王胜锋等人通过在原有苄基海因水解工艺的基础上增加了海因消旋酶的投入，同时优化转化温度，以固定化的三种酶催化 30g/L 的 L-5-苄基海因转化，实现 D-苯丙氨酸的收率提高至 90.4%。此外，倪晔等筛选获得来源于成晶节杆菌（Arthrobacter crystallopoietes）的氨甲酰水解酶 AcHyuC，该酶具有较高的对映选择性和活性，蛋白高可溶性表达且兼容反应条件，将其引入级联反应，D-色氨酸的生产能力达到 36.6g/(L·d)。通过这种动态动力学拆分过程，许多 D-氨基酸能够以工业级规模进行合成，具有 100%理论转化率及较高的立体选择性，是一种经济性较高的合成 D-氨基酸的策略。

转氨酶途径是指 D-氨基酸转氨酶（D-amino acid aminotransferase，DAAT，EC 2.6.2.21）能够利用辅因子吡哆醛 5′-磷酸（PLP）催化 D-氨基酸（供体）和 α-酮酸（受体）之间氨基的转移，从而生成新的 D-氨基酸和新的 α-酮酸。DAAT 具有较高立体选择性且对底物结构特异性不高，因此常常用于多酶级联系统的开发。通过耦联谷氨酸消旋酶（GluRA）、谷氨酸脱氢酶（GluDH）以及甲酸脱氢酶（FDH），能够实现许多 D-氨基酸的高效生产。Soda 等人通过耦联 D-氨基酸转氨酶（DAAT）、丙氨酸消旋酶（AlaR）、L-丙氨酸脱氢酶（L-AlaDH）和甲酸脱氢酶（FDH）进行级联反应，获得光学纯的 D-苯丙氨酸、D-谷氨酸以及 D-酪氨酸（转化率>80%）。

外消旋体的拆分是利用苯丙氨酸氨裂解酶（Phenylalanine ammonia lyases，PAL）立体选择性地催化 L-苯丙氨酸脱氨形成反式肉桂酸，可用于手性拆分 DL-苯丙氨酸以生产 D-苯丙氨酸。反式肉桂酸在酸性条件下溶解度很低（25℃、pH 5，溶解度为 0.006g/L），通过调控 pH，反式肉桂酸能很容易从反应溶液中析出而分离。因此，PAL 不对称拆分 DL-苯丙氨酸外消旋体极具吸引力，具有商业应用的潜能。周哲敏等人将黏红酵母（Rhodotorula glutinis JN-1）来源的 RgPAL 纯化酶固定在一个改良的介孔氧化硅基质上（MCM-41-NH-GA），所形成的催化剂 MCM-41-NH-GA-RgPAL 以 100mmol/L 外消旋化的苯丙氨酸为底物，在一个 25L 的再循环填充床反应器（RPBR）中进行转化，D-苯丙氨酸的最大生产率达到 7.2g/（L·h），光学纯度>99%；连续运行 16 个批次，性能也未出现明显的降低。

不对称还原氨化是以 α-酮酸为底物，NH$_3$ 作为氨基给体，NADPH 为辅因子，以改造的 meso-二氨基庚二酸脱氢酶（meso-Diaminopimelate dehydrogenase，meso-DAPDH）为催化剂，催化 α-位的酮羰基不对称还原胺化，生成 D-氨基酸。朱敦明等对嗜热共生杆菌（Symbiobacterium thermophilum）来源的 StDAPDH 进行蛋白质工程改造，获得 StDAP-DHH227V，将其与葡萄糖脱氢酶进行耦联构建辅酶循环系统；以 100mmol/L 的苯丙酮酸为底物生产 D-苯丙氨酸，转化率达到 97.7%，且 ee>99%。聂尧等在此基础上引入了 L-氨基酸脱氨酶（PmLAAD）全细胞，并耦联甲酸脱氢酶（BsFDH）进行辅酶循环，构建了三酶共表达菌株 E.coli pET 21b MBP-laad/pET 28a dapdh fdh，实现了从廉价的 L-苯丙氨酸（150mmol/L）出发，反应 24h，完全转化为 D-苯丙氨酸（ee>99%）。

然而，上述 4 种酶法生产 D-氨基酸的工艺目前尚处于实验室阶段，要实现工业化应用，还要进一步提高酶的活性和稳定性，降低成本。下面主要介绍 meso-DAPDH 酶在转化 L-氨基酸生成 D-氨基酸方面的应用。

2. meso-二氨基庚二酸脱氢酶合成 D-氨基酸的研究进展

（1）meso-二氨基庚二酸脱氢酶的简介　meso-DAPDH 是一类 NADP$^+$ 依赖性的氧化还原酶，存在于 Lys 的生物合成途径中［图 5-104（1）］。DAPDH 催化的反应具有可逆性，对于该酶的天然底物 meso-2-6-二氨基庚二酸（meso-DAP，简称 DAP），既能够催化 DAP 在 D-中心发生氧化脱氨生成对应的 α-酮酸（L-2-氨基-6-氧代庚酸），又能催化对应的 α-酮酸（L-2-氨基-6-氧代庚酸）再次还原胺化生成 D-氨基酸产物（DAP）。在热力学上，反应平衡是朝着氨基酸生成的方向进行的［图 5-104（2）］。因此，DAPDH 是一种特殊的 D-氨基酸脱氢酶。

基于酶的进化分析及催化活性，DAPDH 可以分为两种类型［图 5-104（3）］。Ⅰ型 DAPDH，以 CgDAPDH（谷氨酸棒状杆菌，Corynebacterium glutamicum）和 UtDAPDH（嗜热球形脲芽孢杆菌，Ureibacillus thermosphaericus）为代表，主要来源于厚壁菌、放线菌，以及变形菌，平均由 327 个氨基酸组成，对天然底物 DAP 具有极高的特异性。Ⅱ型 DAP-DH，以 StDAPDH（嗜热链球菌）为代表，主要来源于噬纤维菌、屈挠杆菌以及拟杆菌，平均由 299 个氨基酸组成，具有较为宽泛的底物谱，能够催化除天然底物以外的其他 α-酮酸发生还原胺化。

从二级结构上看，StDAPDH 缺失的氨基酸残基存在于 CgDAPDH 的 α2、α9 以及一些 linker 上，而不在催化口袋。CgDAPDH 和 UtDAPDH 中的两个 α 螺旋（α9、α10）在 StDAPDH 中则被一段较短的 loop 环所替代（少了 16 个氨基酸残基）。在四级结构上，Cg-DAPDH 形成二聚体，StDAPDH 则形成六聚体，如图 5-104（4）所示，与 CgDAPDH 两个亚基的组装相似，StDAPDH 的 b、c 两个亚基会通过蛋白-蛋白相互作用进行组装，然后它还会进一步和 a 亚基进行作用。显然，a 亚基与 b/c 亚基之间的相互作用与 α2 和 α9 的

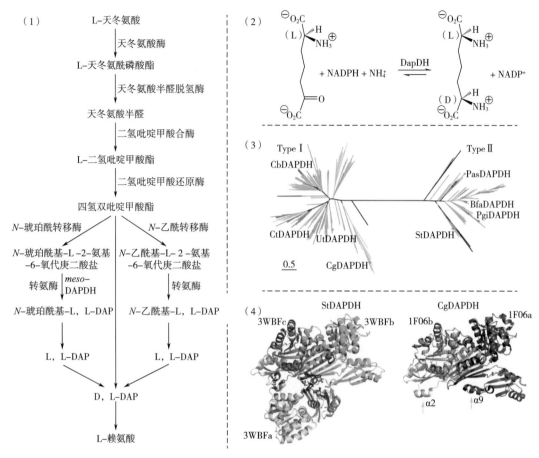

图 5-104 *meso*-二氨基庚二酸脱氢酶的简介

（1）存在于赖氨酸生物合成路径；（2）催化 *meso*-DAP 可逆地氧化脱氨及还原胺化；（3）结构分类；（4）Ⅰ型与Ⅱ型的结构对比

缺失直接相关，极有可能由于 α2 和 α9 的存在阻碍了 *Cg*DAPDH 六聚体的形成。

（2）*meso*-二氨基庚二酸脱氢酶的反应机理 DAPDH 对 *meso*-DAP 具有绝对的特异性，能够区分同一对称底物上的两个手性相反的氨基酸中心。通过测定酶-DAP 复合物的三维结构，揭示了该酶能够区分这种立体特异性的分子基础：底物结合在一个细长的口袋中，作为氢键供体或受体的残基的分布确保底物结合在一个单一的方向，以便将 DAP 的D-氨基酸中心定位在氧化核苷酸附近。通过观察 *N*-端二核苷酸结构域和 *C*-端底物结合域在晶体（DAPDH-NADP+、DAPDH-DAP、DAPDH-NADPH-抑制剂）中的相对位置，发现酶在结合二核苷酸和底物时构象会发生巨大的改变。

DAPDH 既能催化 α-酮酸的还原胺化，又能催化 D-氨基酸的氧化脱氨，具有可逆性。其还原氨化的基本过程如下：首先氨基进攻酮酸的羰基碳原子形成甲醇胺中间体，接着甲醇胺中间体脱水形成亚胺中间体，最后 NADPH 上 C4′上还原 H 转移至亚胺的 C 原子上最终形成 D-氨基酸［图 5-105（1）］。对比分析 L-氨基酸脱氢酶和 D-氨基酸脱氢酶的晶体结构，发现氨基酸脱氢酶的立体选择性是由底物与辅因子 NAD（P）H 的相对位置决定的。如图5-105（2）所示，在L-苯丙氨酸脱氢酶（PheDH，PDB ID：1C1D）中，当把辅因子NAD(P)$^+$置于底物右下方时，可以看到L-苯丙氨酸的氨基（蓝色）则朝向观察者；对于meso-二氨基庚二酸脱氢酶来说（DAPDH，PDB ID：3WBF），DAP在D-中心的氨基（蓝色）则是远离观察者。底物结合口袋处的残基通过与底物相互作用，使底物手性碳上的基团具有不同的朝向，从而决定了反应的对映选择性。

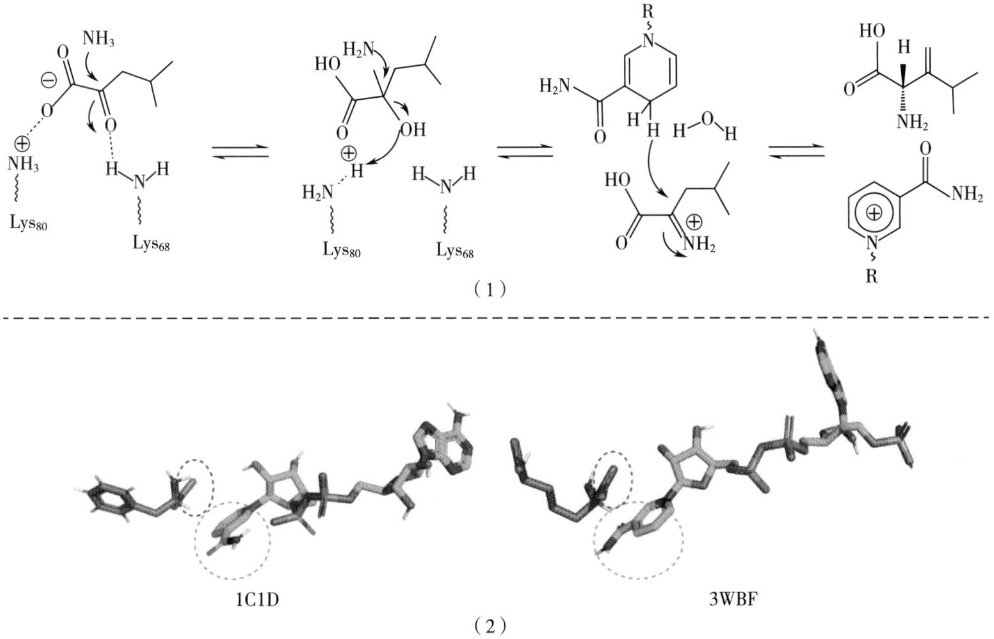

（1）

1C1D   3WBF

（2）

图5-105　DAPDH的催化机理

（1）还原氨化的基本过程（以亮氨酸脱氢酶催化酮亮氨酸的还原胺化为例）；

（2）氨基酸脱氢酶底物和辅因子的相对位置

（3）meso-二氨基庚二酸脱氢酶的蛋白质改造与基因挖掘　　meso-二氨基庚二酸脱氢酶具有高度的D-立体专一性，在Ⅱ型meso-DAPDH发现前，研究人员主要对Ⅰ型的meso-二氨基庚二酸脱氢酶进行蛋白质工程改造，以期获得能够催化多种D-氨基酸合成的突变体。2006年，Vedha-Peters等对来源于谷氨酸棒杆菌的CgDAPDH进行了三轮突变，创造出第一个宽底物谱且高立体选择性的D-氨基酸脱氢酶（DAADH）。在第一轮突变中，根据酶的晶体结构，选择了与天然底物L-手性中心相互作用的残基进行定点饱和突变，突变体BC540（CgDAPDH$^{R196M/T170I/H245N}$）降低了底物特异性，拓展了酶的底物谱；接下来又对全基因进行两轮随机突变，进一步拓展底物谱，提高酶的催化活性，最终获得了一个五突变体BC621（CgDAPDH$^{R196M/T170I/H245N/Q150L/D155G}$），该突变体对脂肪族底物（包括支链、支链、环状的）以及芳香族底物均表现出较大的活性。通过将这5个突变体引入其他来源的Ⅰ型meso-二氨基庚二酸脱氢酶，可以获得许多性能优异的D-氨基酸脱氢酶。Ohshima等人通对嗜热球形脲芽孢杆菌来源的UtDAPDH进行相应残基的替换，获得的突变体可用于制备同位素标记的 D-支链氨基酸，包括亮氨酸、异亮氨酸以及缬氨酸。Hanson 等人将这 5 个突变点引入球形芽孢杆菌来源的 *Bs*DAPDH，并耦联氧化葡萄糖杆菌来源的 *Go*GDH 以再生辅因子；为消除背景因素造成的 *ee* 降低，还敲除了内源性的谷氨酸脱氢酶；以全细胞催化剂进行转化，最终以 89% 的产率制备了 100% 光学纯的 (*R*)-5,5,5-三氟戊氨酸。Fabio 等人则将 *Cg*DAPDH 的五突变体与 GDH 共表达，并加入 LAAD 全细胞进行耦联，使反应能够从廉价的 L-氨基酸或消旋体出发生产一系列 D-氨基酸，具有广泛的底物谱。

直到 2012 年，第一个 II 型的 meso-二氨基庚二酸脱氢酶 *St*DAPDH 被发现，它具有较为宽泛的底物谱及热稳定性，是作为蛋白质工程改造生产 D-氨基酸的一个优异的出发酶。为扩展酶的底物结合口袋以容纳大体积的 α-酮酸，朱敦明课题组通过对底物结合口袋 0.5nm 范围的残基进行定点饱和突变，获得了一个单突变体 *St*DAPDH^{H227V}，该突变体对苯丙酮酸的比活达到 2.39U/mg，相较野生型提高了 35 倍。为进一步提高该酶对大体积底物（如苯甲酰甲酸、2-氧代-4-苯基丁酸、吲哚-3-丙酮酸等）的催化活性，对底物 0.4nm 范围的 8 个残基进行迭代饱和突变；通过对底物结合口袋的重塑，最终获得了一个双突变体 *St*DAPDH$^{W121L/H227I}$，能够合成许多空间上具有挑战性的 D-氨基酸。改造后的 *St*DAPDH 突变体，也被用于多酶级联，从 L-氨基酸或消旋体出发制备一系列的 D-氨基酸。

除了运用蛋白质工程的手段扩展 DAPDH 的底物谱、提高催化性能外，赵雷明等人也对辅因子的偏好性进行研究。通过在 *St*DAPDH 中引入 R35S/R36V/Y76I，可扭转辅因子的偏好为 NAD$^+$，使 NAD$^+$ 与 NADP$^+$ 活力比从 0.13 提升至 1.39。陈曦等人在制备 D-2-氨基丁酸时，以苏氨酸为出发底物进行多酶级联反应，采用 NAD$^+$ 依赖的 *St*DAPDH 突变体催化还原胺化过程，并运用甲酸脱氢酶进行辅因子循环，这不仅降低了辅因子的成本、同时大大提高了原子的经济性。

此外，Akita 等也一直持续对 DAPDH 进行基因挖掘。2020 年，解脂嗜热互营杆菌（*Thermosyntropha lipolytica*）来源的 *Tl*DAPDH 被发现能够催化酸性 D-氨基酸的合成（包括 D-天冬氨酸、D-谷氨酸等），这在其他的 II 型酶中未曾报道过。同年，芽孢杆菌属的 *Numidum massiliense* 来源的 *Nm*DAPDH 被发现同时对 NAD$^+$ 和 NADP$^+$ 两种辅因子具有活性，且对天然底物 meso-DAP 的 k_{cat}/K_M 值较 *St*DAPDH 有 2 倍之高，也能够合成 D-天冬氨酸、D-谷氨酸。

当前，DAPDH 的研究主要集中在拓展底物谱的改造以及突变体在多酶级联生产中的应用。然而，有限的来源以及较低的催化性能依旧无法满足工业生产的需求。此外，对于 DAPDH 的催化机制目前依旧不清楚，这也限制了对 DAPDH 更为理性的改造。因此，挖掘新型 DAPDH 拓宽酶的来源，解析酶的催化机理用以指导酶的理性改造，创造宽底物谱、高催化性能的 DAPDH 应用于 D-氨基酸的生产仍是今后的研究热点。

二、三酶级联转化生产 D-苯丙氨酸

D-苯丙氨酸（D-Phenylalanine，D-Phe），又名 (*R*)-2-氨基-3-苯基丙酸，是一种

非蛋白类 α-氨基酸。α-C 原子上的手性为 R-构型，结构上与 L-苯丙氨酸互为对映异构体（图 5-106）。D-Phe 自身可作为暖血动物的镇痛剂、抗抑郁药以及用于治疗帕金森病，并参与抗生素及阿片肽的组成，同时作为重要的医药中间体，可用于合成抗糖尿病药物那格列奈、抗癌药物贝他定以及抗高血压药物缬沙坦等。

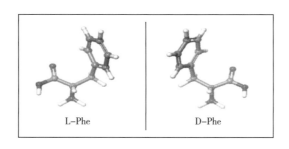

图 5-106　D、L-苯丙氨酸的结构图

1. D-苯丙氨酸合成路径的设计与构建

（1）路径的设计　D/L-苯丙氨酸在结构上互为对映异构体。从 L-苯丙氨酸出发，通过级联反应对 α-碳原子上的手性进行重置可以生产 D-苯丙氨酸。如图 5-107 所示，该反应分为两步：①L-苯丙氨酸经过 L-氨基酸脱氨酶（LAAD）的氧化脱氨作用生成苯丙酮酸（PPA）；②苯丙酮酸经过 meso-DAPDH 的还原胺化作用生成 D-苯丙氨酸，该过程需耦联葡萄糖脱氢酶（GDH）用于辅因子 NADPH 的再生。通过 LAAD、meso-DAPDH 和 GDH 联用，可以实现一锅法转化 L-苯丙氨酸制备 D-苯丙氨酸。

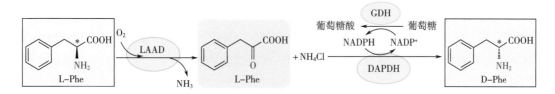

图 5-107　级联反应催化 L-苯丙氨酸生产 D-苯丙氨酸的路径设计

（2）酶的筛选及 PvDAPDH 重组菌的构建　基于前期的改造研究，选择奇异变性杆菌（P. mirabilis）来源的 L-氨基酸脱氨酶突变体（PmLAAD）用于 L-苯丙氨酸的氧化脱氨，该突变体对 L-苯丙氨酸具有较高的催化活性（比酶活为 0.12U/mg 蛋白）。基于文献报道，选择了巨大芽孢杆菌（Bacillis megaterium）来源的葡萄糖脱氢酶（BmGDH）用于辅因子 NADPH 的再生（比酶活为 8.25U/mg）。对于 meso-二氨基庚二酸脱氢酶，则以 StDAPDH（PDB ID：3WBF）为参考，在 NCBI 数据库上选择 7 种不同来源的野生型 meso-DAPDH（序列相似度为 30%~70%），通过在 E. coli 中异源表达及测定酶活性，最终确定 DAPDH 的最适酶源为普通变形杆菌（P. vulgaris）（图 5-108 展示了 PvDAPDH 重组大肠杆菌的构建和表达结果）。

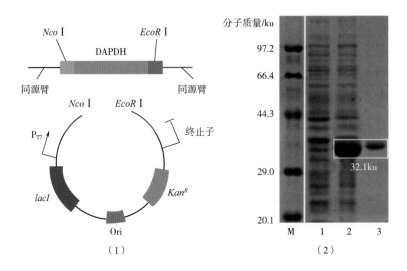

图 5-108 *meso*-二氨基庚二酸脱氢酶重组菌的构建

M：蛋白质分子质量标准；1：宿主菌株对照；2：重组菌株全细胞蛋白；3：纯化的 PvDAPDH

（3）路径的构建和体外验证　利用纯酶构建体外转化体系，验证级联路径的可行性（图 5-109）：将等摩尔量的 *Pm*LAAD、*Pv*DAPDH 和 *Bm*GDH 三种纯酶蛋白添加到转化体系（100mmol/L、pH 9.0 的 Na_2CO_3-$NaHCO_3$ 缓冲液，5g/L 底物 L-苯丙氨酸，0.5mmol/L NADP$^+$，1g/L NH_4Cl，7g/L 葡萄糖），30℃反应 4h，反应终产物使用液相色谱检测到 1.2g/L 的 D-苯丙氨酸产物生成；延长反应时间至 24h，使 L-苯丙氨酸完全转化为 D-苯丙氨酸，对产物进行分离纯化和质谱鉴定：在正离子模式下测到了［M+1］$^+$峰及相应大小的离子碎片，核磁氢谱又进一步确定了产物的 D-构型；^{1}H NMR （400MHz，D_2O）δ 7.50～7.38 （m，3H），7.35 （d，*J* = 7.4Hz，2H），4.01 （dd，*J* = 7.9，5.2Hz，1H），3.31 （dd，*J* = 14.5，5.1Hz，1H），3.14 （dd，*J* = 14.5，8.0Hz，1H），表明由 *Pm*LAAD、*Pv*DAPDH 和 *Bm*GDH 三酶构建的体外级联反应能够实现 D-苯丙氨酸的合成。

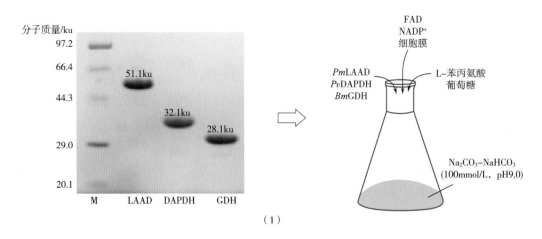

（1）

图 5-109　级联路径的可行性验证

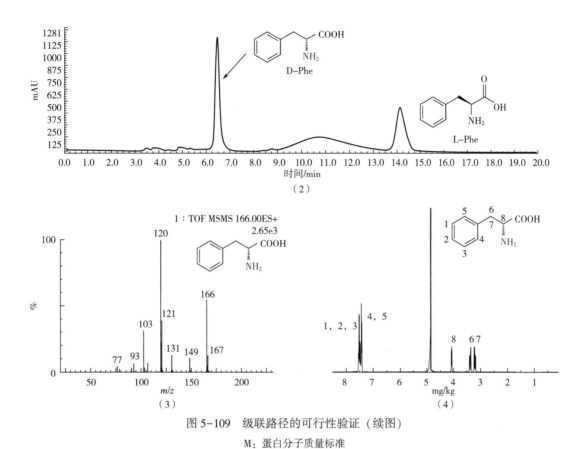

（3）

（4）

图5-109 级联路径的可行性验证（续图）

M：蛋白分子质量标准

（4）限速步骤分析 为了确定该级联过程中的限速步骤，对三酶催化 L-苯丙氨酸生成 D-苯丙氨酸的初始反应速率进行测定。以 L-苯丙氨酸为底物，测定不同浓度的 LAAD、DAPDH 和 GDH 对 D-苯丙氨酸产物生成速率的影响。如图 5-110 所示，当 LAAD、DAPDH、GDH 三者以等摩尔比（均为 4mmol/L）进行反应，D-苯丙氨酸的生成速率为 17.6μmol/（L·min）。当增加 LAAD 的浓度至 2 倍，D-苯丙氨酸的生成速率仅稍微增加了 7%，为 18.6μmol/（L·min）。然而，增加 DAPDH 的浓度至 2 倍，D-苯丙氨酸的生成速率大大增加，变为原来的 1.7 倍，为 30.2μmol/（L·min）。而加倍 GDH 浓度，D-苯丙氨酸的生成速率却无明显变化 [17.8μmol/（L·min）]。由上可知，只有 DAPDH 的浓度会明显影响级联反应的初速度，且反应初速度随着 DAPDH 浓度的增加而增大。因此，DAPDH 催化的还原胺化为该级联过程中的限速步骤，该结果也与 DAPDH 的较低的催化活性相符（比酶活

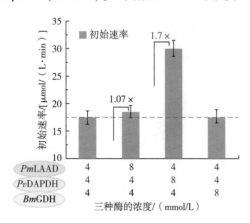

图5-110 LAAD、DAPDH 和 GDH 浓度对
L-苯丙氨酸转化为 D-苯丙氨酸初速度的影响

为 0.08U/mg）。接下来，需要通过蛋白质改造的手段提高 DAPDH 对苯丙酮酸等非天然底物的催化性能，这是生物法还原胺化制备 D-氨基酸的关键。

2. 蛋白质改造 *meso*-二氨基庚二酸脱氢酶提高催化活性

（1）底物谱研究　*Pv*DAPDH 在氨基酸长度上属于典型的Ⅰ型 *meso*-二氨基庚二酸脱氢酶，理论上具有较为宽泛的底物谱，于是首先对其底物谱进行研究。测定 *Pv*DAPDH 对 3 种脂肪族 α-酮酸底物以及 3 种含有芳环结构的 α-酮酸底物的催化性能，发现 *Pv*DAPDH 能催化多种 α-酮酸的还原氨化。如表 5-32 所示，*Pv*DAPDH 对苯丙酮酸以外的其他非天然 α-酮酸底物均表现出较低的催化活性（比酶活最高仅为 0.15U/mg 蛋白）。然而，*ee* 却保持在较高的水平（97%~99%），具有很强的立体专一性。因此，通过蛋白质工程改造，可将 *Pv*DAPDH 改造为一个极具潜能的 D-氨基酸生产用酶。

表 5-32　　　　　　　　　　　　　　*Pv*DAPDH 的底物谱研究

底物	比酶活/(U/mg 蛋白)	*ee*[a]/%	底物	比酶活/(U/mg 蛋白)	*ee*[a]/%
苯丙酮酸	0.08±0.02	99[b]	2-氧代丁酸	0.03±0.01	98[c]
苯甲酰甲酸	—	99[b]	2-氧代戊酸	0.03±0.01	97[c]
2-氧代-4-苯基丁酸	0.15±0.02	98[b]	4-甲基-2-氧代戊酸	0.02±0.01	98[c]
对羟基苯丙酮酸	0.05±0.02	99[b]			

—，未检测到酶活性；

[a] 转化体系为 1mL；

[b] 检测方案同 D/L-苯丙氨酸；

[c] 需经 FDAA 衍生后液相测定。

（2）突变体设计　由于 *Pv*DAPDH 的晶体结构未有报道，首先需同源建模以获得其三维结构。来源于嗜热链球菌的 *meso*-二氨基庚二酸脱氢酶（*St*DAPDH，PDB ID：3WBF）与 *Pv*DAPDH 具有最大的序列相似度（64%），故用作同源建模的模板；利用 SWISS-MODEL 在线网站进行同源建模，所得模型结构如图 5-111 所示。使用 SAVES 6.0 网站对模型质量进

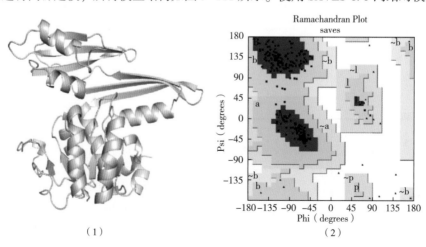

（1）　　　　　　　　　　　　（2）

图 5-111　*Pv*DAPDH 的三维结构

行评估，93.9%的残基落在红色核心区，6.1%的残基落在黄色允许区，一般认为落在允许区和核心区的残基比例高于90%，则模型质量较高。因此，通过同源建模所获得的 *Pv*DAPDH 三维结构模型具有较高的可信度。

在获得 *Pv*DAPDH 的三维结构后，进行分子对接。由于 *Pv*DAPDH 是辅因子 NADPH 依赖性的，辅因子的结合口袋与底物的结合口袋相互贯通形成了一个狭长的空穴，为保证底物的准确定位，需先将辅因子 NADPH 对接进辅因子结合位点，获得一个酶-辅因子的二元复合物，在此基础上再将底物对接进催化口袋。在还原氨化的过程中，酮酸底物会与氨形成亚胺中间体，继而被辅因子上的［H］还原。因此，为了准确模拟底物和酶的结合方式，选择将底物苯丙酮酸与氨形成的亚胺中间体（2-亚胺-3-苯基丙酸）对接进酶-辅因子的二元复合物中，对接结果如图 5-112 所示：亚胺中间体在 D-中心处（氢键）相互作用的残基为 N253、M152、G153、D92 以及 D122，与天然底物 *meso*-DAP 在 D-中心的作

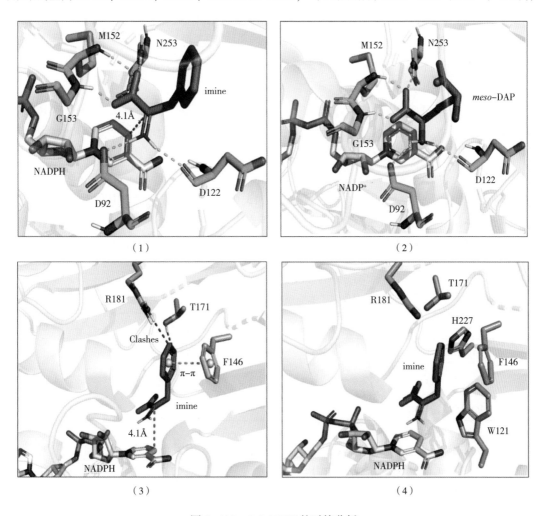

图 5-112　*Pv*DAPDH 的对接分析

（1）亚胺中间体的对接姿态；（2）天然底物 *meso*-DAP 的对接姿态；（3）亚胺中间体 L-中心的作用力分析；
（4）L-中心处 5 个热点残基

用残基基本一致，这些作用力使得中间体与天然底物 meso-DAP 具有大致相同的朝向，表明中间体以正确的姿势进行结合。测定还原过程中 [H] 的转移距离，即 NADPH 上 C_4' 到亚胺中间体 N 上的距离为 $4.1×10^{-10}$m，大于文献所报道的距离（StDAPDH^{H227V} 中 [H] 转移距离为 $3.6×10^{-10}$m）。观察中间体的 L-中心，可以看到侧链上的苯环朝向口袋外侧，处在暴露于溶剂的一侧。空间上，苯环与 T171 和 R181 形成了位阻，这增加了中间体的分子张力，不利于中间体与酶的稳定结合；此外，F146 与苯环形成 π-π 相互作用，可能会拉动亚胺中间体远离活性口袋，进一步加剧亚胺中间体的内部张力，形成一个不利的催化距离。因此，提出苯丙酮酸 L-中心侧链释放张力的策略以提高酶的催化性能。

张力的释放从两方面出发，一方面扩大底物结合口袋，消除底物口袋的空间位阻，另一方面，解除底物进入口袋的阻碍作用力，即消除 F146 对侧链苯环的牵拉作用。因此，热点残基包括已存在空间位阻的残基以及一些体积较大的可能会存在位阻的残基，在底物口袋 $5×10^{-10}$m 范围共选取了 5 个残基（为了维持对映选择性，热点残基只选择 L-中心周围的残基）：W121、F146、T171、R181、H227。为实现底物 L-中心张力的释放并同时降低筛选的工作量，采用 NBT 半饱和突变，该突变体库具有较小的库容量（12 个氨基酸）且编码着许多小体积氨基酸。

（3）突变位点的构建与筛选　以野生型 PvDAPDH 质粒为模板，通过全质粒 PCR 构建半饱和突变体库。利用基于 NADPH 吸光度变化的高通量方法（酶标仪测定 340nm 下吸光度的减少值）筛选阳性突变体，成功获得 PvDAPDH^{W121A}、PvDAPDH^{T171L}、PvDAPDH^{R181S} 和 PvDAPDH^{H227I} 4 个单突变体，将这 4 个单突变体进行转化实验复筛，如表 5-33 所示，四个突变体中生产 D-苯丙氨酸的产量分别为 16.9、13.9、15.3、25.4g/L，比野生型分别提高 293%、156%、256% 和 490%。为了进一步发挥各位点的协同作用，提高酶的催化性能，将这四个突变体进行随机组合，最终获得一个最优三突变体 PvDAPDH$^{W121A/R181S/H227I}$，转化苯丙酮酸生产 D-苯丙氨酸的产量达到 37.9g/L。

表 5-33　　　　　　　单突变体及组合突变体摇瓶转化苯丙酮酸生产 D-苯丙氨酸

催化剂	产量/(g/L)	催化剂	产量/(g/L)
PvDAPDH^{WT}	4.3	PvDAPDH^{W121A}	16.9
PvDAPDH^{T171L}	13.9	PvDAPDH^{H227I}	25.4
PvDAPDH^{R181S}	15.3	PvDAPDH$^{W121A/R181S/H227I}$	37.9

（4）突变体的酶学性质研究与底物谱评价　为了进一步验证上述突变体的效果，对获得的突变体进行了酶活性测定以及动力学参数的表征，结果如表 5-34 所示。各突变体的活性较野生型均有较大提升，其中最佳的三突变体 PvDAPDH$^{W121A/R181S/H227I}$，比酶活由原来的 0.08U/mg 蛋白提升至 6.86U/mg 蛋白，提高了 85 倍。突变体的 K_m 较野生型都有所增加，与此同时，酶的转化数 k_{cat} 与 WT 相比却有较大提升，最终导致整体的催化效率（k_{cat}/K_m）提高。最优的三突变体 PvDAPDH$^{W121A/R181S/H227I}$，k_{cat}/K_m 由 0.038L/(mmol·s)

提高至 2.43L/(mmol·s)，较 WT 提高了 64 倍，说明酶活性及催化效率的提高是产量提升的主要原因。

表 5-34　　　　　　　　　　　　　　突变体的酶活性及动力学参数

催化剂	比酶活/ （U/mg）	K_m/ （mmol/L）	k_{cat}/ （1/s）	（k_{cat}/K_m）/ [L/(mmol·s)]
PvDAPDH^{WT}	0.08	4.3	0.19	0.038
PvDAPDH^{T171L}	0.35	13.9	2.19	0.35
PvDAPDH^{R181S}	0.67	15.3	2.35	0.35
PvDAPDH^{W121A}	1.23	16.9	3.73	0.60
PvDAPDH^{H227I}	2.56	25.4	8.54	1.04
PvDAPDH$^{W121A/R181S/H227I}$	6.86	37.9	24.8	2.43

　　测试最优突变体 PvDAPDH$^{W121A/R181S/H227I}$ 对 2-氧代-4-苯基丁酸、对羟基苯丙酮酸、3-吲哚丙酮酸等 3 种大体积酮酸底物的转化能力。结果如图 5-113 所示，三突变体转化三种酮酸的产量分别为 38.5、35.7、7.8g/L，分别为野生型的 3.6、9.4、8.2 倍。因此，三突变体不仅提升了对苯丙酮酸的转化能力，也提升了对大体积的芳香族酮酸的催化性能。

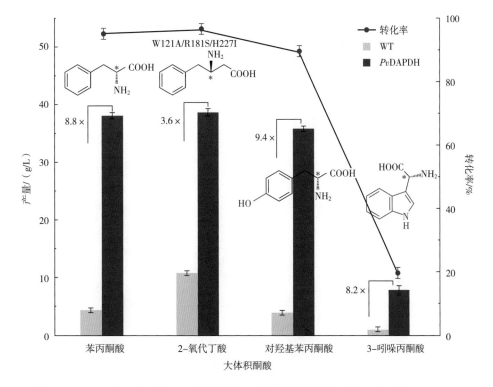

图 5-113　WT 及三突变体对 3 种大体积 α-酮酸的转化能力比较（底物浓度 40g/L）

（5）突变体催化性能提高的机制解析　　为了解析三突变体 $PvDAPDH^{W121A/R181S/H227I}$ 活性提高的机制，对比分析了野生型 $PvDAPDH^{WT}$ 和突变体 $PvDAPDH^{W121A/R181S/H227I}$ L-中心处的空间位阻及作用力的变化。首先，利用蛋白质活性口袋预测网站，测定了口袋的总体积（底物结合口袋+辅因子结合口袋）。如图 5-114（1）和（2）所示，野生型中口袋总体积为 $12.12×10^{-10}m^3$，而突变体的口袋总体积为 $12.65×10^{-10}m^3$，底物结合口袋的突变使整个口袋的体积增加了 $6.25×10^{-10}m^3$，能够容纳大体积的苯环，同时突变体的侧链发生了较大程度的旋转，最终苯环深埋于新拓展的口袋内部；而在野生型中，苯环却是投向口袋外侧，更易接近溶剂［图 5-114（3）］。相应地，构象的旋转也导致作用力发生变化：苯环与 F146 的 π-π 相互作用消失，取而代之的是与口袋内部 H227I 以及 W121A 残基形成更弱的 π-alkyl 以及 π-sigma 相互作用。这些变化都允许底物的侧链去释放张力，同时催化过程中［H］的转移距离也被缩短，由 $4.1×10^{-10}m$ 减小为 $3.9×10^{-10}m$，使得中间体更容易接近辅因子 NADPH ［图 5-114（4）］。突变体的米氏常数 K_m 由 4.95mmol/L 增加至 10.2mmol/L，

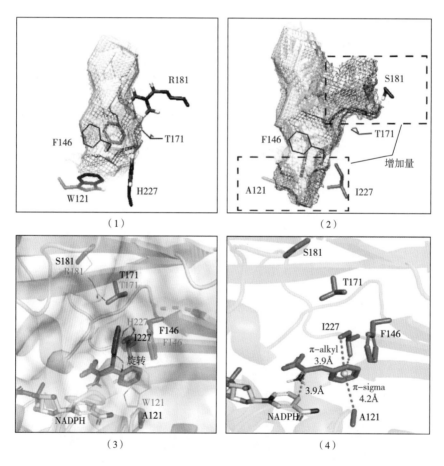

图 5-114　$PvDAPDH$ 突变前后的变化

（1）$PvDAPDH^{WT}$ 的底物结合口袋；（2）$PvDAPDH^{W121A/R181S/H227I}$ 的底物结合口袋；（3）突变前后亚胺中间体的构象变化；（4）$PvDAPDH^{W121A/R181S/H227I}$ L-中心作用力及催化距离的变化

表明酶与底物的亲和力降低，这与对接时得到的结合能变化趋势一致（由31.38kJ/mol增加至-29.71kJ/mol），推测亲和力的降低可能与π-π作用的消失有关。亲和力虽有降低，但底物口袋的扩大以及氢转移距离的减小，却使酶的转化数（k_{cat}）提升了130倍，最终使催化效率（k_{cat}/K_m）提升64倍。总之，口袋体积的增大以及氢转移距离的缩小，是酶活性增加、催化性能提升的关键因素。

3. 三酶组装生产 D-苯丙氨酸

三酶级联转化L-苯丙氨酸生产D-苯丙氨酸需用到LAAD、DAPDH和GDH三个酶。若将三个酶分别表达、采用混菌的体系进行转化，则中间产物苯丙酮酸需要跨膜后才能被转化。此外，体系的黏度也将增加，不利于传质。对于三个单表达的细胞催化剂，还需要分别培养、收集，也会增加工艺的复杂性及生产成本，不利于工业化应用。因此，将三个酶组装进一个质粒，在大肠杆菌中进行共表达，通过协调酶与酶之间的平衡，实现D-苯丙氨酸的高效生产。

（1）三酶共表达菌株的构建　为了实现体内的级联反应，将*Pm*LAAD突变体、*Pv*DAPDH$^{W121A/R181S/H227I}$三突变体和*Bm*GDH三个酶在大肠杆菌中进行共表达。为保证所有酶的高效表达，选择含有两个启动子的表达载体pCDFDuet-1，三个酶的连接顺序如图5-115（1）所示，*Pm*LAAD连接在第一个T7启动子后，*Pv*DAPDH连接在第二个T7启动子后，之后再添加一段RBS序列，再将*Bm*GDH连接于其后。将构建完成的质粒转化大肠杆菌，获得*E. coli* 01。诱导蛋白表达，收集菌体，并对全细胞进行SDS-PAGE验证，如图5-115（2）所示，三个酶在大肠杆菌中均实现了共表达。

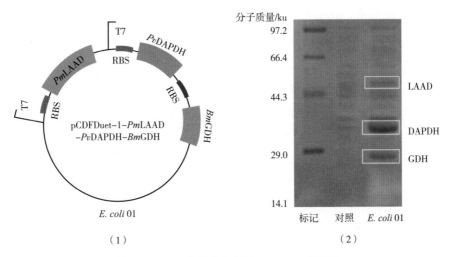

图5-115　三酶共表达菌株*E. coli* 01的构建

接下来，测试共表达菌株*E. coli* 01的催化性能。以10~40g/L的L-苯丙氨酸为底物，20g/L的*E. coli* 01为催化剂，结果如图5-116所示：产物D-苯丙氨酸的产量随着底物L-苯丙氨酸浓度的增加而增加，且反应结束后无中间产物苯丙酮酸的积累，表明DAPDH酶活性较低引发的还原氨化受阻这一限速步骤已经被消除。然而，当L-苯丙氨酸底物浓度达到 40g/L 时，底物开始剩余，为 3.8g/L，推测原因可能是系统中 LAAD 的活性不够，无法催化高浓度的 L-苯丙氨酸底物完全转化为苯丙酮酸，成为级联过程中的限速瓶颈。进一步测定 *E.coli* 01 的酶活性，LAAD、DAPDH 和 GDH 分别为 42.3、120.8 和 532.3U/mg，比例为 0.35:1:4.4，验证了 LAAD 活性不够，与活性较高的还原氨化过程的协同性差，表明需进一步优化体内的表达比例，提高级联系统的催化效率。

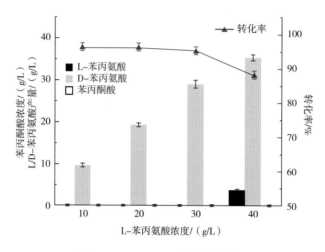

图 5-116 *E.coli* 01 的催化性能 L

（2）三酶比例的优化

①体外三酶比例的优化：为了提高体内级联系统的催化效率，则利用纯酶在体外测定三酶最佳的酶活性比例，用以指导体内酶活性的优化。首先，对辅因子再生和还原胺化这个级联系统进行优化，即确定 GDH 和 DAPDH 酶活性的最佳比例。将 GDH 和 DAPDH 的酶活性比例设置在（0.1:1）~（3:1）的范围，底物苯丙酮酸的浓度为 20g/L，结果如图 5-117（1）所示，随着 GDH 和 DAPDH 的比例达到 0.3:1，D-苯丙氨酸的浓度增加并稳定在 18.5g/L，转化率达到 97.2%，表明该比例下 GDH 再生的辅因子已足够用于 DAP-DH 的还原胺化。接下来，对氧化脱氨和还原胺化这个级联过程进行优化，即确定 LAAD 和 DAPDH 的最佳酶活性比例。为保证反应的正向进行，同时添加 GDH 并固定 GDH 和 DAPDH 的酶活性比例为 0.3:1。将 LAAD 和 DAPDH 的酶活性比例设置在（0.2:1）~（3:1）的范围，底物 L-苯丙氨酸浓度为 20g/L，如图 5-117（2）所示，当 LAAD 和 DAPDH 的比例为（0.6~1.0）:1，D-苯丙氨酸的产量最大，约为 16.5g/L；继续增大 LAAD 的比例，D-苯丙氨酸产量开始下降，表明过快的氧化脱氨对级联反应产生了抑制；当 LAAD 和 DAPDH 的活力之比小于 0.6:1 时，LAAD 因酶活性过低使中间体苯丙酮酸的生成速率过慢，也导致了产量的下降。因此，为了控制级联反应的平衡，转化过程中 LAAD、DAPDH 和 GDH 的比例应控制在（0.6~1.0）:1:0.3 的范围。

②体内三酶比例的优化：为提高级联系统转化高浓度底物的能力，需要提高 LAAD 的酶活性比例，因此对 LAAD 基因进行重复表达。考虑到 LAAD 基因较长（1422bp），过多

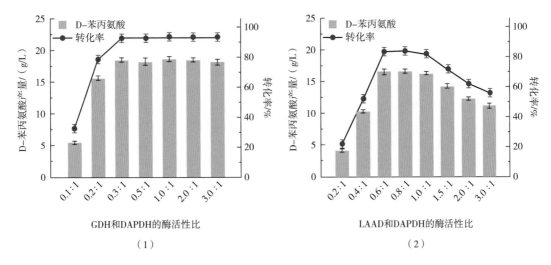

图 5-117　LAAD、DAPDH 和 GDH 的不同酶活性比例对 D-苯丙氨酸产量的影响

次数的表达可能会增加菌株的负荷，故尝试对其重复表达 2 次（2 copies）和重复表达 3 次（3 copies）［图 5-118（1）］，构建 E.coli 02（2copies）和 E.coli 03（3copies）。同样以 40g/L 的 L-苯丙氨酸为底物，20g/L 的菌体量对 E.coli 02 和 E.coli 03 的转化能力进行评估，结果如图 5-118（2）所示，在 E.coli 02 和 E.coli 03 的转化体系中，均未检测到 L-苯丙氨酸底物的剩余，表明基因重复表达策略能够提高 LAAD 的酶活性。然而，D-苯丙氨酸产量在以 E.coli 02 为催化剂时达到最高，为 38.7g/L；而在 E.coli 03 中，产量及转化率却发生了降低。同时还检测到了中间体苯丙酮酸的少量积累，表明还原胺化的过程受到阻碍。于是，测定了 E.coli 02 和 E.coli 03 中各酶的活性对该现象进一步验证，如图 5-118（3）所示，重复表达策略在提高 LAAD 活力的同时（酶活性分别提升到 58.4U/g 和 68.2U/g），会造成 DAPDH 和 GDH 的酶活性降低。在 E.coli 02 中，LAAD 在活性提高的同时，未见中间体的积累，此时三酶的活性比例为 0.57∶1∶3.1，接近体外测定的最优比例（0.6~1.0）∶1∶0.3，最适于转化。而在 E.coli 03 中，由于 LAAD 的过度重复表达，大大降低了 DAPDH 的活力（降为 75.7U/g），造成了中间体的积累。

（3）全细胞转化生产 D-苯丙氨酸条件的优化

① 发酵产酶条件的优化

a. 诱导时机。诱导时的菌体浓度（OD_{600}）会影响菌体的生长以及最终的酶活性。在菌体浓度过低时进行诱导，则目的蛋白会过早表达从而影响菌体生长；菌体浓度过高时进行诱导，则不利于目的蛋白的积累。考察了不同诱导时机收获的菌体对 D-苯丙氨酸产量的影响，结果如图 5-119（1）所示：当 OD_{600} 为 0.8 时进行诱导，D-苯丙氨酸具有最高的产量（38.2g/L），转化率为 63.7%。

b. IPTG 的浓度。诱导剂 IPTG 的浓度同样会影响酶的表达以及菌体的生长。过低的 IPTG 浓度会导致酶的表达量偏低，而较高浓度的诱导剂浓度则会对细胞产生毒性。在确

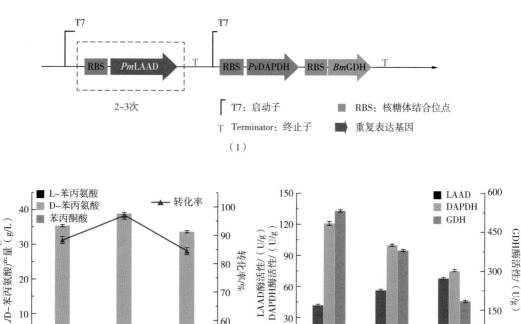

图 5-118　基因重复表达策略优化共表达菌株中三酶的协同性

（1）*Pm* LAAD 基因重复表达示意图；（2）*Pm*LAAD 重复表达菌株的性能评估（40g/L 底物浓度）；（3）*Pm*-LAAD 重复表达菌株的酶活性

定最佳的诱导时机后，对诱导剂的添加量（0.2、0.4、0.6、0.8mmol/L）进行了优化，结果如图 5-119（2）所示：当诱导剂为 0.4mmol/L 时，D-苯丙氨酸具有最高的产量（40.7g/L），转化率达到 67.8%。

c. 诱导温度。诱导的温度同样会影响蛋白的表达。过高的诱导温度，会导致蛋白表达过快从而加速蛋白的错误折叠，致使产生没有活性的包涵体；过低的诱导温度则可能降低酶蛋白的表达量。在此，对诱导蛋白表达的温度进行了优化，测试了 4 种常见诱导温度对转化率的影响。如图 5-119（3）所示，25℃时，D-苯丙氨酸具有最高的产量（44.1g/L），转化率为 73.5%。

d. 诱导时间。诱导时间同样会影响酶的表达。诱导时间过短可能会造成酶的整体表达量偏低，而诱导时间过长也会使酶活性降低。在此，对诱导蛋白表达的时间进行了优化，测试了 4 个诱导时间段对 D-苯丙氨酸产量的影响。结果如图 5-119（4）所示，菌株诱导时间在 18h 时与 14h 时的 D-苯丙氨酸产量均较高且较为相近，分别为 44.1g/L 和 44.9g/L，转化率分别为 73.5% 和 74.8%，因此为节省时间成本，确定了 14h 的诱导时间。

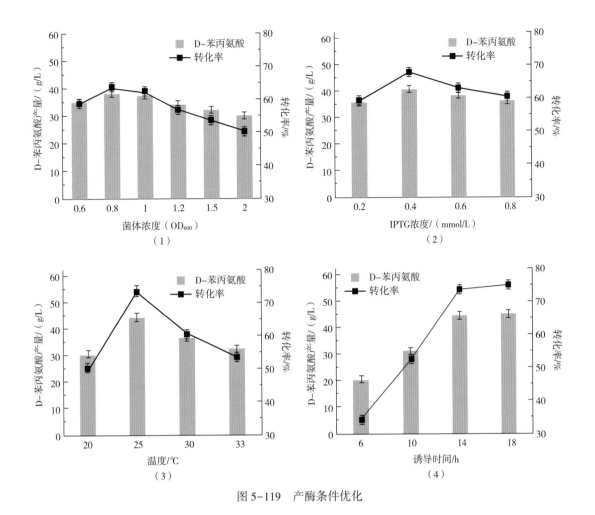

图 5-119　产酶条件优化

②转化条件的优化

a. 分批补料：L-苯丙氨酸的氧化脱氨速率受到 L-苯丙氨酸浓度、苯丙酮酸浓度以及溶液中氨浓度的影响。通过分批补料能够一定程度上缓解这种抑制作用，因此，需要对分批补料的速率进行优化。共 60g/L 的 L-苯丙氨酸底物，按照一次性投入的方式以及每 2h 添加浓度为 10、20、30g/L 的速率进行补料。结果如图 5-120（1）所示，D-苯丙氨酸的产量随着补料速率的增大而降低，在每 2h 添加 10g/L L-苯丙氨酸的补料速率下，D-苯丙氨酸产量最高，为 52.1g/L。

b. 缓冲液种类：缓冲液的种类也会对转化反应产生较大影响。考察浓度为 100mmol/L、pH 均为 9.0 时，碳酸盐缓冲液和 Tris-HCl 缓冲液对 D-苯丙氨酸产量的影响。如图 5-120（2）所示，在 Tris-HCl 的缓冲条件下，D-苯丙氨酸具有更高的产量，为 54.2g/L。

c. 缓冲液 pH。酶只能在一定限度的 pH 范围内行使催化功能，且在最适 pH 时反应速率最大。在确定 100mmol/L Tris-HCl 为最适缓冲液的基础上，对缓冲液 pH（7.5、8.0、8.5、9.0、9.5）进行优化。如图 5-120（3）所示，在 pH 8.5 条件下，D-苯丙氨酸具有最高的产量，达到 56.1g/L。当 pH<8.5 时，产量降低较为明显；同样，当 pH>8.5 时，产量也逐渐降低。因此，最终选择了 pH 8.5 作为转化反应缓冲液 pH。

d. 转化温度：在一定范围内，酶的活性随着温度的升高而提高，从而加快反应速率，但同时也会使酶的热变性加快，使酶丧失活性。在上述已优化的反应条件下，继续对转化温度（20、25、30、33、37℃）进行优化，以找到最适于级联反应的温度。如图 5-120 (4) 所示，当温度为 25℃，D-苯丙氨酸产量最高，为 57.4g/L，转化率为 95.7%；当温度为 20℃，D-苯丙氨酸产量最低；而当温度达到 30℃，D-苯丙氨酸产量也逐渐开始降低。因此，最终选择 25℃作为转化反应的温度。

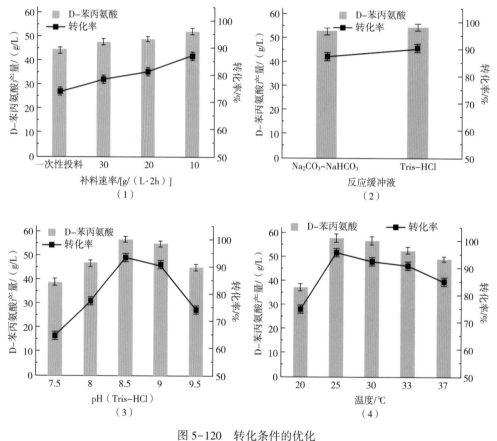

图 5-120　转化条件的优化

（1）补料速率；（2）缓冲液种类；（3）缓冲液 pH；（4）转化温度

4. L-苯丙氨酸生产 D-苯丙氨酸的规模化制备

在摇瓶水平获得最优的转化条件下，将反应放大到 3L 发酵罐上制备 D-苯丙氨酸。以 *E.coli* 02 作为全细胞催化剂，初始转化体系设置为：1L 的 Tris-HCl 缓冲体系（100mmol/L，pH 8.5），含有 10g/L 的 L-苯丙氨酸、2g/L NH_4Cl、14g/L 葡萄糖、0.5mmol/L $NADP^+$以及 20g/L 的湿菌体。控制转化过程中 pH 8.5、温度 25℃、通风比 $1m^3/(m^3 \cdot min)$、搅拌转速为 500r/min，每隔 2h，进行 10g/L 的 L-苯丙氨酸、2g/L

NH$_4$Cl、14g/L 葡萄糖的补料，共补料 5 次，使 L-苯丙氨酸的底物总投料达到 60g/L，整个转化过程曲线如图 5-121 所示。转化过程中，中间产物苯丙酮酸的积累量基本维持在 0.4g/L 以下，最终转化 30h 时，D-苯丙氨酸的产量为 57.8g/L，转化率达到 96.3%且 ee>99%。D-苯丙氨酸产物的液相检测见图 5-122。

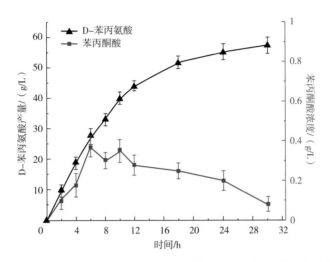

图 5-121　三酶共表达菌株 *E.coli* 02 在 3L 发酵罐中转化生产 D-苯丙氨酸的过程曲线

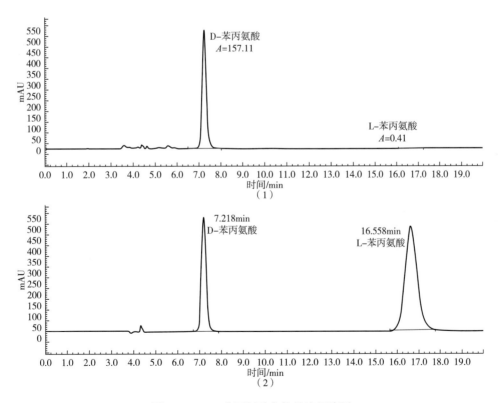

图 5-122　D-苯丙氨酸产物的液相检测

（1）转化液；（2）D-苯丙氨酸和 L-苯丙氨酸的标样

三、四酶级联转化 L-酪氨酸生产 D-对羟基苯甘氨酸

D-对羟基苯甘氨酸（D-p-hydroxyphenylglycine，D-HPG）是一种具有手性中心的非经典氨基酸，化学结构式如图5-123所示。D-HPG 是氨基酸生物合成的重要中间体，被广泛用于合成肽类激素和农药；作为医药中间体，广泛用于制备 β-内酰胺类抗生素，如阿莫西林、氨羟苄头孢菌素和头孢哌酮等。

1. D-HPG 合成级联路径的设计与构建

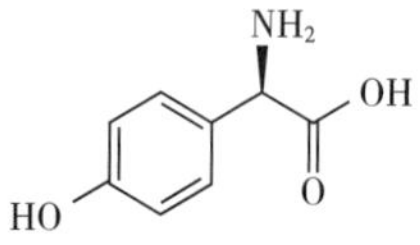

（1）D-HPG 合成级联路径的设计　比较 L-酪氨酸和 D-HPG 的化学结构（图5-124），与 D-HPG 的侧链为酚基（—C_6H_5O）相比，L-酪氨酸侧链为亚甲基苯酚基（—C_7H_7O），L-酪氨酸比 D-HPG 多一个亚甲基（—CH_2—）。然而，自然

图 5-123　D-HPG 的化学结构

界中的天然酶无法催化该亚甲基的消除反应。因此，设计一个四酶级联路径，以 L-酪氨酸为底物合成 D-HPG（图5-124）：第一步，L-酪氨酸经过 LAAD 的脱氨作用生成4-羟基苯丙酮酸；第二步，4-羟基苯丙酮酸经过对羟基扁桃酸合酶（HmaS）的氧化脱羧作用生成（S）-4-羟基扁桃酸；第三步，（S）-4-羟基扁桃酸被苹果酸脱氢酶（MDH）氧化为4-羟基苯乙醛酸（HPGA）；第四步，在 DAPDH 催化下，4-羟基苯乙醛酸还原胺化生成 D-HPG。通过耦联 LAAD、HmaS、MDH 和 DAPDH 实现一锅法转化 L-酪氨酸合成 D-HPG。

（2）D-HPG 合成级联路径的体外构建　基于 BRENDA 数据库中的比酶活数据以及实验室保藏的菌株，分别筛选2种不同来源的 LAAD、5种不同来源的 HmaS、7种不同来源的 MDH 和5种不同来源的 DAPDH，以 *E. coli* BL21（DE3）为蛋白表达宿主，对比分析比酶活并最终选定最适的酶源。以 *P. mirabilis* 来源的 LAAD 菌株构建为例，构建过程如下：①提取 *P. mirabilis* 基因组，设计引物，扩增出1400bp 的目的基因，如图5-125（1）所示，利用 *EcoR* I 和 *Xho* I 酶切位点将表达载体 pET28a（+）双酶切，通过一步同源重组将质粒与目的片段拼接，最后将连接产物转化到 *E. coli* BL21 中，得到菌株 *E. coli PmLAAD-28a*；②重组菌株 *E. coli PmLAAD-28a* 经 TB 培养基培养和诱导表达后离心收集，加入磷酸盐缓冲液重悬菌体后进行超声破碎（约10min），利用 SDS-PAGE 验证蛋白表达效果 ［图5-125（2）］，在50ku 附近存在与 *PmLAAD* 理论分子质量基本一致的蛋白条带，表明 *PmLAAD* 在 *E. coli* BL21 中成功实现了异源表达；③体外测定 *PmLAAD* 的比酶活为8.95U/mg 蛋白（表5-35）。其余18个路径酶的重组菌株均按照上述步骤①进行构建，并按照步骤③对各个来源的路径酶进行比酶活测定，测定结果如表5-35所示。结果表明 *PmLAAD*、生二素链霉菌（*S. ambofaciens*）来源的 HmaS（*SambHmaS*）、铜绿假单胞菌（*P. aeruginosa*）来源的 MDH（*PaMDH*）以及 *CgDAPDH*[BC621] 均具有最高的比酶活，分别为8.95、7.25、9.26和0.14U/mg 蛋白。然后按照步骤②对 *SambHmaS*、*PaMDH* 和 *Cg-DAPDH*[BC621] 进行 SDS-PAGE 验证，结果如图5-125（2）所示。结果表明 *SambHmaS*、

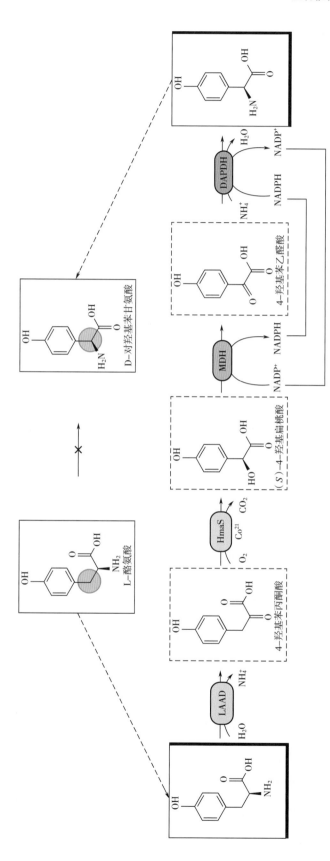

图5-124　四级酶联以L-酪氨酸转化生产D-HPG的路径示意图

*Pa*MDH 和 *Cg*DAPDH^{BC621} 在电泳图中的相应位置均显示明显条带，证明这些酶均能在大肠杆菌中异源表达。因此，选择 *Pm*LAAD、*Samb*HmaS、*Pa*MDH 和 *Cg*DAPDH^{BC621} 构建四酶级联反应以转化 L-酪氨酸合成 D-HPG。

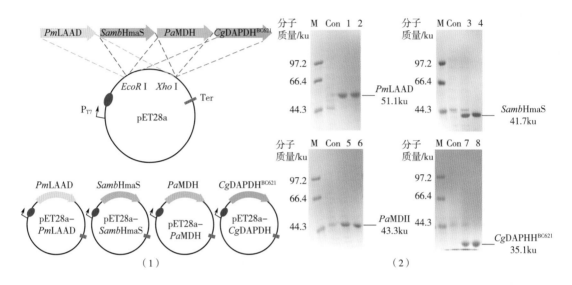

图 5-125 单酶表达菌株的构建及 SDS-PAGE 分析

（1）单酶表达质粒的构建；（2）单酶表达菌株的 SDS-PAGE 分析

M：蛋白质分子标准；Con：*E. coli* BL21 的粗提取物；1：菌株 *Pm*LAAD-28a 的粗提取物；2：纯化的 *Pm*LAAD 蛋白；3：菌株 *Samb*HmaS-28a 的粗提取物；4：纯化的 *Samb*HmaS 蛋白；5：菌株 *Pa*MDH-28a 的粗提取物；6：纯化的 *Pa*MDH 蛋白；7：菌株 *Cg*DAPDH^{BC621}-28a 的粗提取物；8：纯化的 *Cg*DAPDH^{BC621} 蛋白

表 5-35 不同物种来源路径酶的比较分析

酶	来源	比酶活/（U/mg 蛋白）
*Pv*LAAD	普通变形杆菌（*Proteus vulgaris*）	7.39
*Pm*LAAD	奇异变形杆菌（*Proteus mirabilis*）	8.95
*Ao*HmaS	东方拟无枝酸菌（*Amycolatopsis orientalis*）	6.09
*Sco*HmaS	天蓝色链霉菌（*Streptomyces coelicolor*）	3.18
*Samb*HmaS	生二素链霉菌（*Streptomyces ambofaciens*）	7.25
*Mau*HmaS	橙黄小单胞菌（*Micromonospora aurantiaca*）	0.68
*Sro*HmaS	玫瑰链孢囊菌（*Streptosporangium roseum*）	n/a
*Hel*MDH	伸长盐单胞菌（*Halomonas elongata*）	0.24
*Bgl*MDH	唐菖蒲伯克氏菌（*Burkholderia gladioli*）	2.35
*Csal*MDH	需盐色盐杆菌（*Chromohalobacter salexigens*）	5.33
*Ppu*MDH	恶臭假单胞菌（*Pseudomonas putida*）	5.69

续表

酶	来源	比酶活/（U/mg 蛋白）
*Sp*MDH	鞘氨醇菌（*Sphingobium* sp.）	4.37
*Cb*MDH	巴塞尔贪铜菌（*Cupriavidus basilensis*）	0.04
*Pa*MDH	铜绿假单胞菌（*Pseudomonas aeruginosa*）	9.26
*St*DAPDH	嗜热共生杆菌（*Symbiobacterium thermophilum*）	0.09
*Cg*DAPDH	谷氨酸棒状杆菌（*Corynebacterium glutamicum*）	n/a
*Cg*DAPDH[BC621]	*Corynebacterium glutamicum*	0.14
*Bf*DAPDH	脆弱拟杆菌（*Bacteroides fragilis*）	n/a
*Pv*DAPDH	普通变形杆菌（*Proteus vulgaris*）	n/a
*Pm*DAPDH	奇异变形杆菌（*Proteus mirabilis*）	n/a

（3）D-对羟基苯甘氨酸合成级联路径的体外验证　为了验证该级联路径的可行性，利用纯化的 *Pm*LAAD、*Samb*HmaS、*Pa*MDH 和 *Cg*DAPDH[BC621] 进行体外转化实验并通过高分辨质谱（HRMS）以及核磁共振图谱（NMR）对产物进行结构鉴定。首先，对四个路径酶进行蛋白纯化，并利用 SDS-PAGE 验证蛋白的纯化效果，结果如图 5-126（1）所示，各泳道内条带单一且明显，证明纯化效果较好。然后利用纯酶进行体外转化实验，具体转化条件为：控制 *Pm*LAAD、*Samb*HmaS、*Pa*MDH 与 *Cg*DAPDH[BC621] 的摩尔比为 1∶1∶1∶1，起始底物 L-酪氨酸的添加量为 2mmol/L，反应时间为 4h，反应温度为 30℃。反应结束后，将转化液经过离心过滤处理，通过 HRMS 检测得到质荷比为 168 的最大碎片峰，与 D-HPG 的分子质量加一的理论值相符［图 5-126（2）］。最后，通过过滤、色谱层析以及重结晶等步骤对 D-HPG 进行分离纯化，利用氘代试剂 NaOD 的 D_2O 溶液将纯化产物溶解后进行 NMR 结构鉴定，由于 D_2O 会与活泼氢交换，因此，核磁图谱中的活泼氢不出峰。NMR 检测结果如图 5-126（3）和（4）所示，通过比较 ^{1}H-NMR 中的化学位移、偶合常数及峰面积积分曲线等信息确定了苯环以及氨基的特征结构，结合 ^{13}C-NMR 图谱证明生成的物质为 D-HPG。上述结果表明 *Pm*LAAD、*Samb*HmaS、*Pa*MDH 和 *Cg*DAPDH[BC621] 构建的四酶级联路径可以实现 L-酪氨酸到 D-HPG 的体外转化。

（4）限速步骤的鉴定　在验证了该级联路径可行性的基础上，利用纯酶进行体外实验以进一步确定限速步骤。利用摩尔比为 1∶1∶1∶1 的四个纯酶作为催化剂，检测其转化 10mmol/L 起始底物 L-酪氨酸合成 D-HPG 的反应曲线，反应时间为 12h，反应温度为 30℃。结果如图 5-127 所示，底物 L-酪氨酸在 6h 内被快速消耗完全，中间产物 4-羟基苯丙酮酸和（*S*）-4-羟基扁桃酸在反应前期快速积累并随着反应的进行被逐渐消耗完全，而中间体 4-羟基苯乙醛酸在反应过程中逐渐积累，反应结束后积累量达到 7.34mmol/L，导致 D-HPG 的产量仅有 1.48mmol/L。结合 *Cg*DAPDH[BC621] 比酶活数据（0.14U/mg 蛋白），4-羟基苯乙醛酸的积累可能是由于 *Cg*DAPDH[BC621] 较低的催化活性无法持续高效地转化 4-

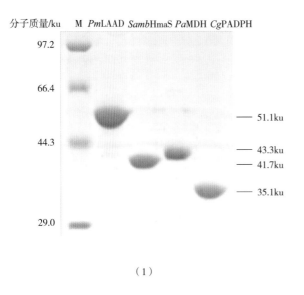

（1）

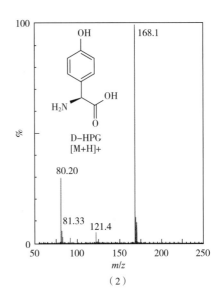

（2）

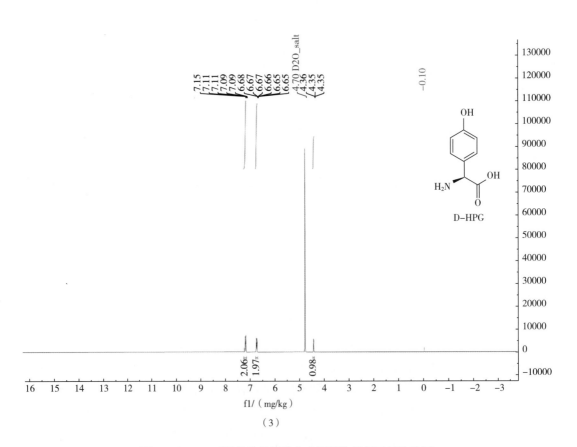

（3）

图 5-126 D-对羟基苯甘氨酸合成级联路径的可行性验证

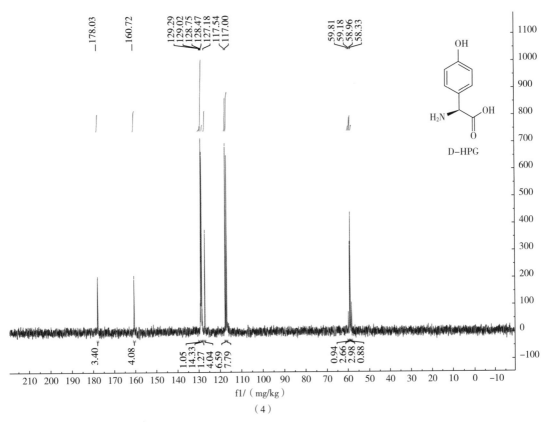

图5-126　D-对羟基苯甘氨酸合成级联路径的可行性验证（续图）

（1）蛋白经诱导表达纯化后的SDS-PAGE图；（2）D-HPG的HRMS图谱；

（3）D-HPG的¹H-NMR图谱；（4）D-HPG的¹³C-NMR图谱

M：蛋白质分子质量标准

羟基苯乙醛酸合成目标产物D-HPG。因此，CgDAPDH[BC621]是该级联路径中的限速酶，而提高CgDAPDH[BC621]的催化活性则是蛋白质改造的方向。

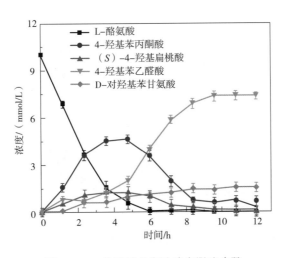

图5-127　体外转化实验确定限速步骤

2. 蛋白质改造 *meso*-二氨基庚二酸脱氢酶提高催化活性

（1）突变体的理性设计　为了更加高效地获得高催化活性的 $Cg\text{DAPDH}^{BC621}$，在反应机理的基础上，通过对接分析对 $Cg\text{DAPDH}^{BC621}$ 进行半理性蛋白质工程改造。

①反应机理：能否符合催化机理是酶能否发挥催化功能的关键性因素。如图 5-128（1）所示，DAPDH 酶催化 DAP 脱氨基生成 L-2-氨基-6-酮基庚酸的催化机制可以分为三步：第一步（Ⅰ），H^+ 从 DAP 的 C_α 转移到 $NADP^+$ 烟酰胺环的 C4N 上，导致亚氨基酸中间体的形成；第二步（Ⅱ），在残基 His152 的作用下，一个水分子随后攻击亚氨基酸中间体以形成甲醇胺；第三步（Ⅲ），甲醇胺分解分别生成 L-2-氨基-6-酮基庚二酸以及 NH_3。根据该机制，进一步研究发现了可以代表生产性构象的两个关键距离，如图 5-128（2）所示：①H^+ 转移距离（$d_{\text{C6HDAP-C4NNADP}}$）是指 DAP 的 $C_\alpha H$ 原子与 $NADP^+$ 的 C4N 原子之

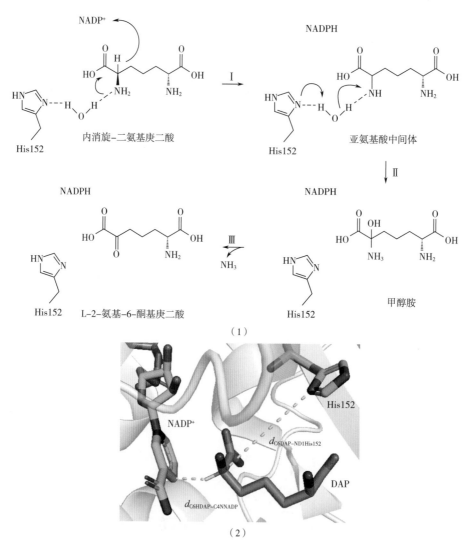

（1）

（2）

图 5-128　*meso*-二氨基庚二酸脱氢酶催化不对称还原胺化机理

（1）*meso*-二氨基庚二酸脱氢酶催化不对称还原胺化的反应机理示意图；（2）还原胺化过程中的两个关键距离

间的距离。该距离可以代表催化步骤的第一步，当该距离在 0.23～0.27nm 时表明可以实现有效的氢原子转移；②水分子攻击距离（$d_{\text{C6DAP-ND1His154}}$）是 DAP 的 C6 原子与 His152 上的 ND1 原子之间的距离，可用于表示催化反应的第二步，当该距离在 0.6～0.68nm 可以代表第二步的顺利进行。推测 CgDAPDH$^{\text{BC621}}$ 较低的比酶活主要是由于 $d_{\text{C6HDAP-C4NNADP}}$ 或 $d_{\text{C6DAP-ND1His152}}$ 不在最佳 DAPDH 催化所需的范围内。

②对接分析：在明确反应机理的基础上，使用 CgDAPDH$^{\text{BC621}}$ 结构模型和 D-HPG 进行对接分析以验证 CgDAPDH$^{\text{BC621}}$ 是否可以满足 $d_{\text{C6DAP-C4NNADP}}$ 和 $d_{\text{C6DAP-ND1His152}}$。结果如图 5-129 所示，$Cg$DAPDH$^{\text{BC621}}$ 中 $d_{\text{C6DAP-ND1His152}}$ 为 0.6nm，在合适的水分子攻击距离范围内；然而，$d_{\text{C6HDAP-C4NNADP}}$ 达到 0.35nm，超过合适的氢原子转移距离范围（0.23～0.27nm）。由此可见，较长的 $d_{\text{C6HDAP-C4NNADP}}$ 是限制 CgDAPDH$^{\text{BC621}}$ 转化 4-羟基苯乙醛酸（HPGA）生成 D-HPG 的关键原因。结合残基的空间布局进一步分析 $d_{\text{C6HDAP-C4NNADP}}$ 较长的原因，残基 W119 和 W144 与 D-HPG 的苯环存在空间冲突，并且 W144、H152、I169 和 Y223 等大体积氨基酸残基围绕在 D-HPG 的酚羟基周围。因此，可以推测这些残基会阻碍 D-HPG 处于合适的催化构象，使其无法灵活地向辅因子靠近。此外，在 CgDAPDH$^{\text{BC621}}$ 的活性位点中，D-HPG 与 D120、L150、G151 和 N270 之间的四个氢键相互作用以及 D-HPG 与 W144 的吡咯环之间的 π-π 堆积相互作用使得 D-HPG 以相对单一的构象锚定在结合腔中。因此，通过反应机理以及分子对接分析，设计了"构象旋转"蛋白质改造策略：通过重塑口袋，使 D-HPG 在活性中心处的构象以 C_α 为中心向辅因子 NADP$^+$ 方向旋转，从而使 C_αH 原子靠近 NADP$^+$ 的 C4N 原子，最终满足 $d_{\text{C6HDAP-C4NNADP}}$ 的催化范围。

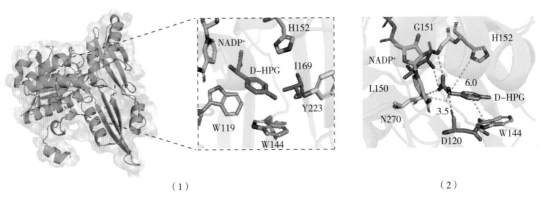

（1） （2）

图 5-129　D-HPG 与 CgDAPDH$^{\text{BC621}}$ 的分子对接分析

（1）残基的空间分布图　（2）残基与 D-HPG 之间的相互作用

（2）突变体的构建与筛选　通过对反应机理和活性口袋的分析，共确定了处于活性中心周围的 9 个候选残基，分别为 W119、D120、W144、L150、G151、H152、I169、N270 和 Y223。按照前述方法，以 T0（CgDAPDH$^{\text{BC621}}$）的质粒作为模板，设计突变引物，借助全质粒 PCR 构建上述 9 个残基的单突变体库。再通过基于甲䓬的高通量筛选方法对共计 864 个突变体进行筛选，最终的筛选结果如表 5-36 所示。突变体 D120S、I169P、I169Y

和 Y223C 在 590nm 处的吸光值与亲本酶 T0 吸光值的比值<0.8，其中突变体 T1（CgDAP-DH$^{BC621/I169P}$）及 CgDAPDH$^{BC621/I169Y}$ 与 T0 的吸光度比值最低为 0.62。然后，对这四个突变体的比酶活进行测定，结果如图 5-130 所示，突变体 T1 的比酶活为 0.32U/mg 蛋白，比亲本 T0 的比酶活提高了 1.3 倍。

表 5-36　　　　　　　　　　　　NNK 定点饱和突变体库的高通量筛选

突变体位点	最低的吸光度比值	突变体	突变体位点	最低的吸光度比值	突变体
BC621	1	—	G151	0.94	—
W119	1.19	—	H152	1.03	—
D120	0.70	D120S	I169	0.62	I169P、I169Y
W144	0.83	—	N270	0.95	—
L150	1.06	—	Y223	0.77	Y223C

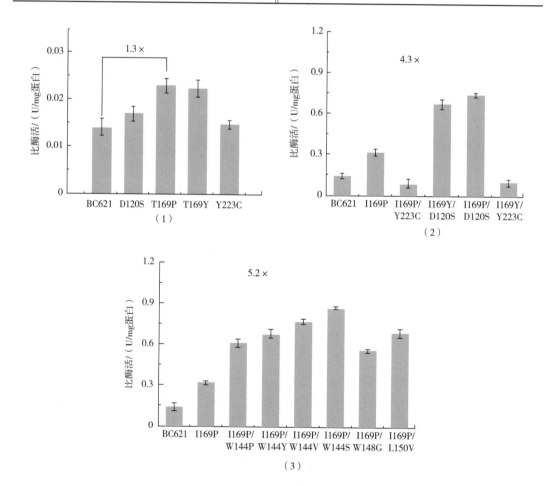

图 5-130　突变体文库筛选结果及比酶活的比较

（1）定点饱和突变体文库的筛选；（2）重组突变体文库的筛选；（3）迭代饱和突变体文库的筛选

在第一轮定点饱和突变的基础上，利用组合突变策略将 D120S、I169P、I169Y 和 Y223C 进行组合突变以进一步增强 CgDAPDH 的还原胺化活性，最终得到四个双突变体菌株 CgDAPDH$^{BC621/D120S/I169P}$、CgDAPDH$^{BC621/I169P/Y223C}$、CgDAPDH$^{BC621/D120S/I169Y}$ 和 CgDAP-DH$^{BC621/I169Y/Y223C}$。如图 5-130（2）所示，其中，T2（CgDAPDH$^{BC621/D120S/I169P}$）的活性可以进一步提高至 0.74U/mg 蛋白，相对于亲本酶 T0 提高了 4.3 倍。另一方面，利用迭代饱和突变策略构建了基于突变体 T1 的迭代饱和变体文库。如图 5-130（3）所示，其中，T3（CgDAPDH$^{BC621/W144S/I169P}$）的活性相对于 T0 提高了 5.2 倍，达到 0.87U/mg 蛋白。最后，将突变体 T2 和 T3 通过组合突变的方式得到突变体 T4（CgDAPDH$^{BC621/D120S/W144S/I169P}$），其比酶活达到 5.32U/mg 蛋白，与 T0 相比提高了 37 倍（图 5-131）。由此可见，D120S 以及 W144S 两个突变点具有协同作用，在 I169P 位点的基础上同时引入 D120S 和 W144S 可以显著增强催化活性，最终获得的突变体 T4 是最优 CgDAPDH 突变体。

（3）突变体的酶学性质研究　对获得的突变体 T1~T4 以及亲本酶 T0 进行酶学性质表征，对参数进行比较以验证上述突变效果，结果如表 5-37 所示。突变体 T1~T3 对底物 4-羟基苯乙醛酸的 K_m 分别为 8.17、7.83 和 8.07mmol/L，比 T0 分别降低了 59.9%、61.6% 和 60.4%。突变体 T4 的 K_m 值最低为 2.48mmol/L，比 T0 降低了 87.8%，这表明突变可以有效地提高 DAPDH 对 4-羟基苯乙醛酸的亲和力。另一方面，突变体 T1~T3 对底物 4-羟基苯乙醛酸的 k_{cat}/K_m 值从 T0 的

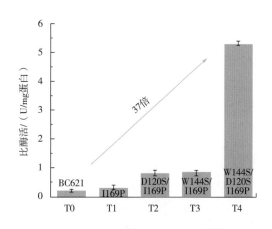

图 5-131　蛋白质工程改造 CgDAPDH^{BC621} 的过程

0.009L/（mmol·min）分别提升至 0.18、0.19L/（mmol·min）以及 0.17L/（mmol·min），分别提高了 19、20.1 以及 17.9 倍。突变体 T4 的 k_{cat}/K_m 提升的效果最为显著，达到 1.08L/（mmol·min），比亲本酶 T0 提高了 119 倍。以上结果表明，通过对 CgDAPDH 进行蛋白质工程改造，显著提高了 CgDAPDH 的动力学性质，使其具有更优越的还原胺化效率。

表 5-37　　　　　　　　　　CgDAPDH^{BC621} 及其突变体的动力学参数测定

酶	比酶活/（U/mg 蛋白）	K_m/（mmol/L）	k_{cat}/（1/min）	（k_{cat}/K_m）/[L/（mmol·min）]
T0（BC621）	0.14	20.37	0.19	0.009
T1（I169P）	0.32	8.17	1.48	0.18
T2（D120S/I169P）	0.74	7.83	1.46	0.19
T3（W144S/I169P）	0.87	8.07	1.35	0.17
T4（D120S/W144S/I169P）	5.32	2.48	2.69	1.08

（4）突变体提高催化活性的机制解析　为了对亲本酶 T0 以及最佳突变体 T4 进行更深入的比较分析，利用构象比对以及分子动力学模拟手段解析 CgDAPDH 突变体催化活性提高的潜在机制。

通过比对突变体 T4-D-HPG 复合物以及亲本酶 T0-D-HPG 复合物的结构，发现活性口袋以及底物与酶之间相互作用的变化使 D-HPG 在 CgDAPDH 结合口袋中的构象发生了旋转。对活性口袋进行分析时发现，第 169 位异亮氨酸突变为脯氨酸以及第 144 位色氨酸突变为丝氨酸后，D-HPG 的酚基与周围残基的空间冲突得到了缓解，如图 5-132（1）和（2）所示。此外，当将第 120 位的天冬氨酸替换为丝氨酸后，S120 与 D-HPG 氨基之间的氢键长度缩短至 0.29nm，L150 和 D-HPG 羧基之间的距离也从 0.33nm 缩短至 0.31nm；与此同时，当第 144 位的色氨酸被丝氨酸取代时，W144 和 D-HPG 之间的 π-π 堆积作用被消除，如图 5-132（3）所示。这些结果使 D-HPG$_{C_\alpha H}$-D-HPG$_{C_\alpha}$-NADP$_{C4N}^+$ 的角度从 59.9° 减小至 52.8°，并且导致 T4-D-HPG 复合物中的 $d_{\text{C6HDAP-C4NNADP}}$ 缩短至 0.27nm，如图 5-132（4）和（5）所示。因此，突变显著改变了活性口袋以及酶与小分子之间的相互作用，并导致 D-HPG 的构象旋转 7.2°，从而使 $d_{\text{C6HDAP-C4NNADP}}$ 满足了氢原子转移的标准（0.23~0.27nm）。这可能是因为缩短的 $d_{\text{C6HDAP-C4NNADP}}$ 可以降低氢原子转移发生所需的能垒，使得氢原子在底物与辅因子之间的转移更容易，导致催化活性的提高。

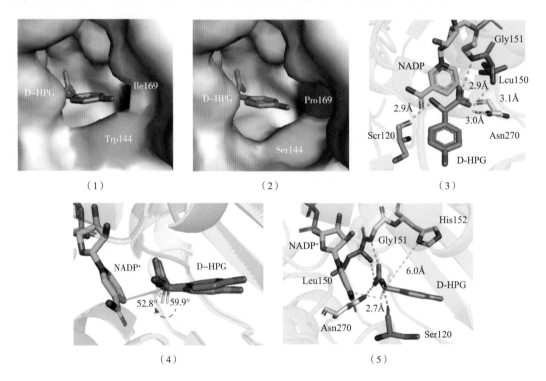

（1）　　　　　　　　　　（2）　　　　　　　　　　（3）

（4）　　　　　　　　　　　　　　（5）

图 5-132　T0-D-HPG 复合物与 T4-D-HPG 复合物的构象比对

（1）T0-D-HPG 活性口袋的表面分析；（2）T4-D-HPG 活性口袋的表面分析；（3）D-HPG 与残基之间的氢键相互作用；（4）D-HPG 在 T0 以及 T4 中的构象叠加图；（5）氢原子转移距离以及水分子攻击距离

另一方面，通过分子动力学模拟，比较分析亲本酶T0与最佳突变体T4之间的构象动力学差异，结果如图5-133（1）所示。以分子动力学模拟后15s的均方根差值（Root-mean-square deviation，RMSD）进行计算，亲本酶T0的RMSD为$3.1×10^{-10}$m，而最佳突变体T4的RMSD值降低至$2.8×10^{-10}$，这表明突变体T4具有更加稳定的整体蛋白构象。进一步比较T4和T0氨基酸位点的RMSD发现，突变体T4的A区域的RMSD从$2.91×10^{-10}$m下降至$2.45×10^{-10}$m，表明这些区域中残基的柔韧性相对于T0中的残基有所降低，结果如图5-133（2）所示，这可能是蛋白内部的相互作用得到加强的结果。

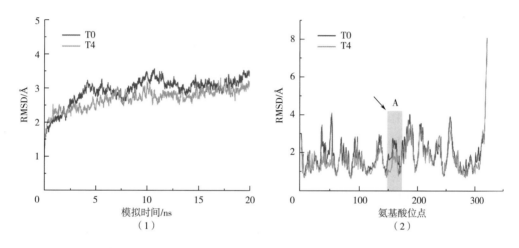

图5-133　分子动力学模拟比较分析亲本酶T0和突变体T

（1）T0和T4的RMSD值分析；（2）T0和T4氨基酸位点的RMSD值分析

3. 四酶组装合成D-对羟基苯甘氨酸

（1）级联路径的构建

体内构建：以L-酪氨酸为底物生产D-HPG的级联路径涉及LAAD、HmaS、MDH和DAPDH四个酶，若采取单菌表达单酶的混菌转化方式，会使得中间产物4-羟基苯丙酮酸、(S)-4-羟基扁桃酸和4-羟基苯乙醛酸进行跨膜运输，从而影响传质效率，最终影响整体级联反应的转化效率。此外，单菌单酶的表达方式迫使转化体系的黏度增加，不利于产物后期的分离纯化。因此将四酶共表达在一株E. coli BL21（DE3）中以实现L-酪氨酸生产D-HPG的单菌转化。为了避免单菌中的质粒负荷过大并保证蛋白表达，按照级联反应中路径酶的顺序，将PmLAAD和SambHmaS以及PaMDH和T4分别构建在两个不同拷贝数的质粒中。

①PmLAAD和SambHmaS酶共表达质粒的构建。根据前期研究结果，PmLAAD和SambHmaS的酶活性可以达到8.95以及7.25U/mg蛋白，中间体4-羟基苯丙酮酸和(S)-4-羟基扁桃酸不会积累。因此，为了间接保证T4在共表达菌株中的表达情况，将编码PmLAAD和SambHmaS的基因插入拷贝数为10的质粒pACYCDuet-1中，如图5-134（1）所示：第一步，以pET28a-PmLAAD质粒为模板，设计引物克隆用于构建双质粒表达菌株

的 *Pm*LAAD 编码基因, 利用 *Sac* I 和 *Sal* I 酶切位点将其插入 pACYCDuet 质粒, 构建完成的质粒命名为 pACYCDuet-*Pm*LAAD; 第二步, 以 *Samb*HmaS 基因组为模板, 设计引物克隆用于构建双质粒表达菌株的 *Samb*HmaS 编码基因, 利用 *Nde* I 和 *Xho* I 酶切位点将其插入 pACYCDuet-*Pm*LAAD 质粒, 构建完成的质粒命名为 pACYCDuet-*Pm*LAAD/*Samb*HmaS。

②*Pa*MDH 和突变体 T4 共表达质粒的构建。为了促进突变体 T4 在共表达菌株中的蛋白表达, 将编码 *Pa*MDH 和 T4 的基因插入拷贝数为 40 的质粒 pETDuet-1 中。按照上述第一步利用 *EcoR* I 和 *Hind* III 酶切位点将 *Pa*MDH 编码基因插入 pETDuet-1 后, 按照上述第二步插入突变体 T4 的编码基因, 构建质粒 pETDuet-*Pa*MDH/T4。

将质粒 pACYCDuet-*Pm*LAAD/*Samb*HmaS 和 pETDuet-*Pa*MDH/T4 转化到同一株 BL21 (DE3) 感受态中, 获得菌株 *E. coli* 01。然后使用 TB 培养基对重组菌株 *E. coli* 01 进行培养和诱导表达, 用 SDS-PAGE 验证共表达效果。如图 5-134 (2) 所示, 与对照菌株相比, *E. coli* 01 的破碎液在 51、41 和 35ku 左右存在较粗的蛋白条带, 与四个路径酶的理论分子质量一致, 由于 *Samb*HmaS 和 *Pa*MDH 的蛋白大小相近, 所以在该图中只有一条清晰的条带, 由此证明了 *Pm*LAAD、*Samb*HmaS、*Pa*MDH 和 T4 在 *E. coli* 中实现了异源表达。

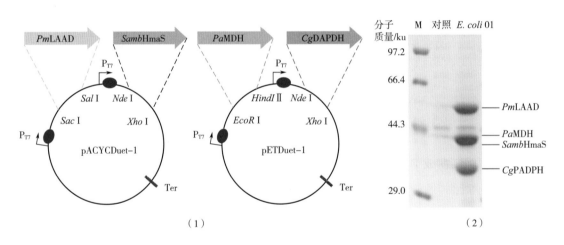

图 5-134　构建四酶共表达菌株 *E. coli* 01

(1) 四个酶的编码基因分别连接 pACYCDuet-1 和 pETDuet-1 质粒的示意图; (2) *E. coli* 01 经诱导表达破碎后的上清液 SDS-PAGE 分析, M: 蛋白质分子质量标准

(2) 级联路径的体内优化　为了评估四酶级联路径的体内转化能力, 利用 *E. coli* 01 作为全细胞催化剂评估其转化不同浓度 L-酪氨酸合成 D-HPG 的能力, 结果如图 5-135 所示。在 L-酪氨酸浓度从 5mmol/L 增加至 25mmol/L 时, D-HPG 产量从 2.35mmol/L 显著增加到 3.62mmol/L; 但是, 当 L-酪氨酸浓度>15mmol/L 时, D-HPG 产量微弱增加, 最终 D-HPG 产量为 3.68mmol/L。与此同时, 中间体 4-羟基苯乙醛酸在转化液中的积累量则从 1.21mmol/L 增加到 11.25mmol/L, 而中间体 4-羟基苯丙酮酸和 (*S*)-4-羟基扁桃酸则没有发现积累。推测这是由于 *E. coli* 01 中 *Pm*LAAD、*Samb*HmaS、*Pa*MDH 和 *Cg*DAPDH 催化效率不平衡导致 4-羟基苯乙醛酸的积累。为了进一步表征酶的催化效率, 对 *Pm*LAAD、

$Samb$HmaS、PaMDH 和突变体 T4 的酶学性质进行了表征（表 5-38）。结果显示 PaMDH 的比酶活最高，达到 8.42U/mg 蛋白，而 CgDAPDH[BC621] 的比酶活仅为 3.14U/mg 蛋白，导致 PaMDH∶T4 的比率为 2.7∶1。上述结果表明 PaMDH 与 T4 不平衡的催化效率导致中间体 4-羟基苯乙醛酸的积累，使得 L-酪氨酸无法持续向 D-HPG 转化。

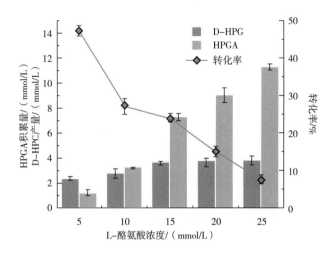

图 5-135　L-酪氨酸浓度对 D-HPG 产量的影响

表 5-38　　　　PmLAAD、$Samb$HmaS、PaMDH 和突变体 T4 的动力学参数

酶	比酶活/(U/mg 蛋白)	K_m/(mmol/L)	k_{cat}/(1/min)	(k_{cat}/K_m)/[L/(mmol·min)]
PmLAAD	7.33	1.29	5.78	4.48
$Samb$HmaS	6.59	2.37	6.44	2.72
PaMDH	8.42	3.92	10.11	2.58
T4	3.14	2.47	2.69	1.09

　　为了控制 $E.\,coli$ 01 菌株中 PaMDH 和突变体 T4 的表达水平，选择四个表达强度较低的启动子序列来替代 PaMDH 编码基因前的 T7 启动子，一方面降低 PaMDH 表达水平，另一方面减弱 PaMDH 与 T4 的表达竞争，最终获得 $E.\,coli$ 02~05 菌株。对其进行培养、诱导表达后测试 PaMDH 和 T4 的酶学参数。结果如图 5-136 所示，$E.\,coli$ 05 中 PaMDH 的比酶活值显著降低至 4.98U/mg 蛋白，并且 T4 的比酶活为 5.25U/mg 蛋白，PaMDH 与 T4 的比率降至 1∶1.05。结果表明，通过启动子调控策略可以优化 PaMDH 与 T4 之间的表达水平，并且相对活性较高的 T4 有助于加快级联反应的进行。以 $E.\,coli$ 05 湿细胞为催化剂对 25mmol/L L-酪氨酸进行转化测试显示，D-HPG 产量提高至 22.58mmol/L，摩尔转化率提升为 90.32%，相对于以 $E.\,coli$ 01 作为催化剂可以增加 5.14 倍。以上结果表明 $E.\,coli$ 05 具有更高效转化 L-酪氨酸生产 D-HPG 的潜力。

　　（3）全细胞转化 L-酪氨酸生产 D-对羟基苯甘氨酸的体系优化　为了进一步提高 D-

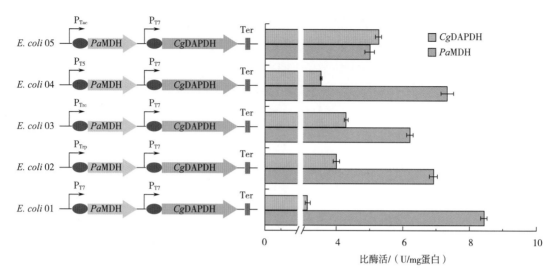

图 5-136　利用启动子工程策略优化 *E. coli* 01 中的 *Pa*MDH 与 *Cg*DAPDH[BC621] 的表达水平

HPG 产量，通过单因素优化实验分别对产酶体系中的起始诱导菌体浓度、诱导剂种类、诱导时间和诱导温度以及转化体系中的底物浓度、催化剂浓度、反应 pH 和反应温度等进行优化。

①产酶条件优化：

a. 起始诱导菌体浓度。诱导时的菌体浓度是影响菌体生长以及酶催化活性的关键因素。在低菌体浓度时进行诱导，会过早地表达目的蛋白，从而抑制细胞生长；在高菌体浓度时进行诱导，则不利于目的蛋白的高效表达。前期研究表明 DAPDH 较低的还原胺化活性是生产 D-HPG 的关键瓶颈，所以以菌体量和 DAPDH 的比酶活作为评价指标，对起始诱导菌体浓度进行优化，结果如图 5-137（1）所示。当起始诱导 OD_{600} 从 2 增加到 8 时，诱导结束后测定的大肠杆菌细胞量 OD_{600} 从 33.1 增加至 57.7，而 DAPDH 的比酶活逐渐下降。但 $OD_{600}=4$ 与 $OD_{600}=2$ 时诱导相比，DAPDH 的比酶活仅下降3%，且诱导 15h 后最终的 OD_{600} 为 47.4，比起始诱导 $OD_{600}=2$ 时最终的 OD_{600} 值提高了 42.6%。因此，最适的起始诱导浓度是 $OD_{600}=4$。

b. 诱导剂种类。为了使酶活性以及菌体生长情况达到最佳，比较了异丙基-β-d-硫代吡喃半乳糖苷（IPTG）和乳糖对诱导产酶的影响，结果如图 5-137（2）所示。利用 IPTG 诱导 14h 后，DAPDH 的比酶活为 5.42U/mg 蛋白，且细胞生长 OD_{600} 达到 50.1；利用乳糖作为剂诱导同样诱导 14h 后，DAPDH 的比酶活仅为 4.6U/mg 蛋白，此时 OD_{600} 值为 43.54。因此，利用 IPTG 诱导所得到的 DAPDH 比酶活和 OD_{600} 值分别比利用乳糖诱导提高了 17.8% 和 15%。利用 IPTG 诱导可以获得更高的 DAPDH 活性以及更好的菌株生长情况，因此确定 IPTG 为最佳的诱导剂。

c. 诱导时间。考察诱导时间对 DAPDH 酶活性的影响，结果如图 5-136（3）所示。当诱导时间从 2h 增加到 15h，酶活性呈上升趋势，15h 时比酶活达到最高，为 6.02U/mg 蛋白，此时 OD_{600} 为 42；继续延长诱导时间至 18h 时，酶活性则降低至 5.38U/mg 蛋白。

因此，选择诱导时间为15h。

d. 诱导温度。考察了16、20、25和30℃这四种温度对DAPDH酶活性的影响情况，结果如图5-137（4）所示。当诱导温度从16℃增加到25℃时，酶活性逐渐提升，25℃时酶活性达到最高，为6.14U/mg蛋白。当将诱导温度提高到30℃时，DAPDH酶活性下降至4.71U/mg蛋白，而细胞OD_{600}值仅提高了22.7%（从41.5增加到50.9）。因此，选择在25℃条件下对细胞进行诱导。

综上所述，催化剂 *E. coli* 05的最佳产酶条件如下：在OD_{600}为4时，利用IPTG作为诱导剂，在25℃下诱导15h。此时，重组菌株的产酶能力最佳。

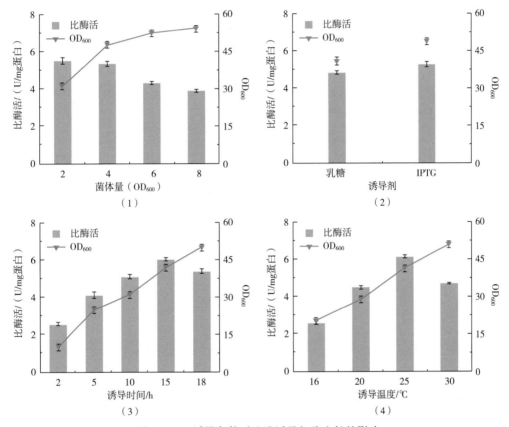

图5-137　诱导条件对比酶活及细胞生长的影响

②转化条件优化：

a. 底物浓度。考察全细胞转化不同浓度L-酪氨酸（L-酪氨酸浓度从20g/L增加到60g/L）生产D-HPG的能力，结果如图5-138（1）所示。随着L-酪氨酸的浓度从20g/L增加到50g/L，D-HPG的产量从17.34g/L提升至35.75g/L，但是转化率却从94%降至77.5%；当将L-酪氨酸的底物负载量升至60g/L时，D-HPG的产量下降至33.77g/L，转化率则进一步降低至61%。这可能是由于高底物浓度或者高中间体浓度对路径酶存在底物抑制，造成路径酶的催化效率降低从而导致L-酪氨酸转化生成D-HPG的整体转化率降低。因此，综合考虑D-HPG的产量以及转化率，选择50g/L的L-酪氨酸进行转化。

　　b．全细胞催化剂浓度。考察不同全细胞催化剂浓度对 D-HPG 生产的影响，结果如图 5-138（2）所示。当全细胞催化剂的浓度从 10g/L 增加至 40g/L 时，D-HPG 的产量从 29.3g/L 提高至 42.0g/L，但是单位菌体生产 D-HPG 能力从 2.93g/g 逐渐降低至 1.05g/g。当以 20g/L 湿菌体作为催化剂时，D-HPG 的产量为 36.7g/L，单位菌体的生产能力可以达到 1.835g/g，与 10g/L 的全细胞催化剂用量相比，产量提高 25.3%，单位菌体的生产能力下降 37%；与 40g/L 的全细胞催化剂用量相比，产量降低 12.6%，但是单位菌体的生产能力却可以提高 74.8%。因此，考虑到工业生产对高产量以及低催化剂成本的需求，选择 20g/L 的全细胞催化剂用量用于 D-HPG 的生产，此时转化率可以达到 79.6%。

　　c．反应 pH。考察了不同反应 pH（6.0～9.0）对 D-HPG 产量的影响，结果如图 5-138（3）所示。当转化反应控制 pH 为 8.5 左右时，D-HPG 产量最高达到 40.2g/L，转化率达到 87.1%。当 pH<8.5 时，随着 pH 的降低，产量也呈逐渐降低的趋势；当 pH>8.5 时，产量则小幅度降低。由此说明弱碱性的环境条件有利于 E.coli 05 转化 L-酪氨酸生产 D-HPG。这可能是因为弱碱环境有利于促进酸性中间体成盐，从而提高了中间体的水溶性。因此，最终选择在 pH 8.5 的条件下进行转化反应。

　　d．反应温度。考察 20、25、30 和 35℃这四种温度对 D-HPG 产量的影响。如图 5-138（4）所示，当反应温度从 20℃升高至 30℃时，D-HPG 的产量及转化率逐渐提升，在 30℃时，D-HPG 的产量达到最高为 40.31g/L，转化率达到 87.4%；当反应温度进一步升高至

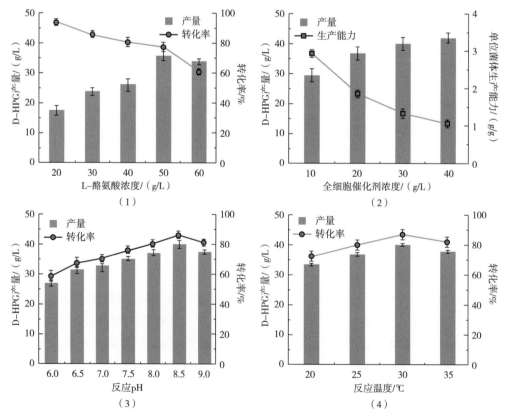

图 5-138　四酶菌株 E.coli 05 的转化条件优化

35℃时，D-HPG产量则会下降至37.3g/L，这可能是由于高温影响了酶的结构稳定性。因此，为了节约能耗成本，同时提高D-HPG的产量，选择30℃为最优的反应温度。

4. D-对羟基苯甘氨酸的规模化制备

以 *E.coli* 05 为全细胞催化剂，将转化体系放大到3L发酵罐，以测试重组菌株转化L-酪氨酸生产D-HPG的工业化应用水平。转化体系为：50g/L L-酪氨酸、250g/L 氯化铵、20g/L *E.coli* 05 湿菌体、0.5mmol/L NADP$^+$、0.5mmol/L 硫酸钴、20mmol/L Tris-HCl 缓冲液、控制pH为8.5、温度30℃、通风比1.5m^3/（m^3·min）、转速600r/min。如图5-139所示，20h内D-HPG迅速积累，20h后的D-HPG产量不再提升，此时D-HPG的产量达到最高，为42.69g/L，转化率达到92.5%。产量与摇瓶水平相比略有提升，但反应时间缩短4h，这可能是由于发酵罐的搅拌速度快，O$_2$供应充足，有利于反应的进行。

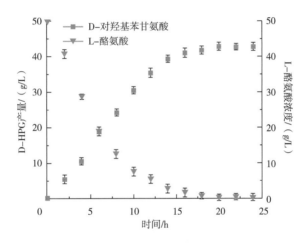

图5-139　D-HPG在3L发酵罐中的生产过程

第三节　转化 α-氨基为羟基合成 α-羟基酸

一、概述

1. 催化 L-氨基酸合成羟基酸

光学纯度的 α-羟基酸作为手性中间体广泛应用于医药行业。Busto 等提出了生物法转化L-氨基酸生产相应（*R/S*）-羟基酸的方法：利用来源于产黏变形杆菌（*P. myxofaciens*）的L-氨基酸脱氨酶（LAAD）氧化L-氨基酸生成相应的酮酸，利用来源于副干酪乳杆菌（*Lactobacillus paracasei*）DSM 20008 的 D-异己酸还原酶（D-Hic）不对称还原酮酸生成（*R*）-羟基酸，利用来源于混淆乳杆菌（*Lactobacillus confuses*）DSM 201966 的L-异己酸还原酶（L-Hic）不对称还原酮酸生成（*S*）-羟基酸，利用来源于博伊丁假丝酵母（*Candida boidinii*）的甲酸脱氢酶构建 NADH 的循环系统。这些方法能够转化 L-苯丙氨酸、L-色氨酸、L-亮氨酸、L-正亮氨酸、L-甲硫氨酸和L-酪氨酸六种L-氨基酸生成相应的（R/S）-羟基酸（图5-140），获得了光学纯度的α-羟基酸（$ee>99\%$），分离得率在73%~85%，且不需要色谱纯化。Gourinchas等利用合成生物学的方法转化L-氨基酸生产（R/S）-羟基酸。在一个菌株中共表达上述三种酶，通过调控基因的位置、启动子强度和核糖体结合位点的强度调控三个酶的表达水平，以平衡氧化和还原反应。该方法可以转化L-苯丙氨酸、L-酪氨酸和L-亮氨酸合成相应的（R/S）-羟基酸，以冻干的全细胞作为催化剂能够转化100~200mmol/L的底物，获得的（R/S）-羟基酸ee为98%~99%，分离得率为71%~86%。

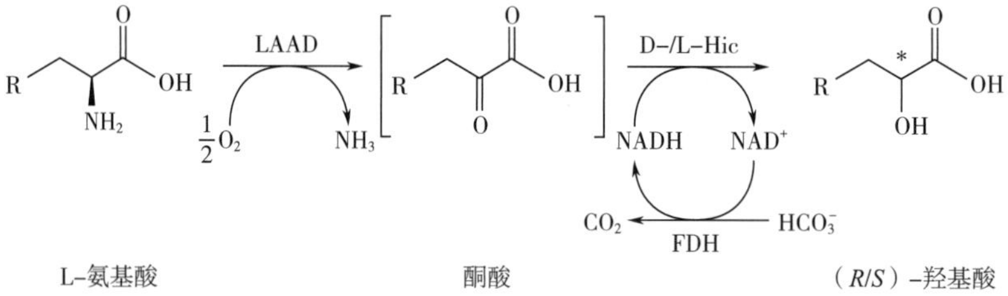

图5-140　级联反应催化L-氨基酸合成（R/S）-羟基酸

（R/S）-2-羟基丁酸是合成抗癫痫药物的关键中间体。Yao等提出了高效的转化L-苏氨酸合成（R/S）-2-羟基丁酸的方法（图5-141）：利用来源于大肠杆菌K-12的L-苏氨酸脱氨酶（TD）转化L-苏氨酸合成2-酮丁酸，利用来源于穴兔（*Oryctolagus cuniculus*）的L-乳酸脱氢酶（L-LDH）不对称还原2-酮丁酸合成（S）-2-羟基丁酸，利用来源于表皮葡萄球菌（*Staphylococcus epidermidis*）ATCC 12228的D-乳酸脱氢酶（D-LDH）不对称还原2-酮丁酸合成（R）-2-羟基丁酸，利用来源于*Candida boidinii*的甲酸脱氢酶（FDH）提供还原力NADH，在大肠杆菌中分别表达或者共表达上述这些酶，750mmol/L L-苏氨酸能够被完全转化生成光学纯度的（R/S）-2-羟基丁酸（$ee>99\%$）。

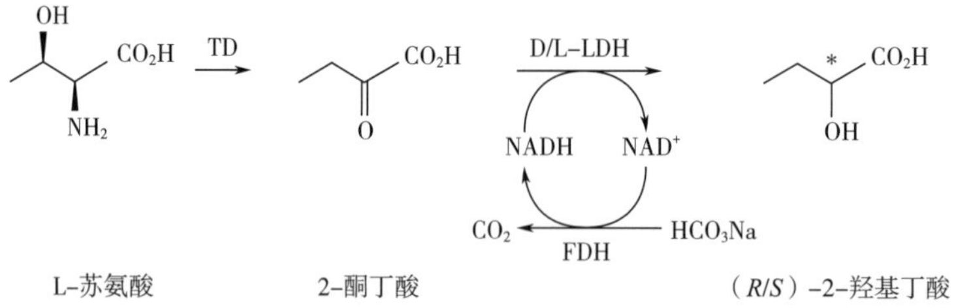

图5-141　级联反应催化L-苏氨酸合成（R/S）-2-羟基丁酸

2. 羟基甲硫氨酸及其生产方法

（1）羟基甲硫氨酸简介　羟基甲硫氨酸［2-Hydroxy-4-（methylthio）butanoic acid，HMTBA］，学名为2-羟基-4-甲硫基丁酸，又称甲硫氨酸羟基类似物，结构式如图5-142所示。因其α碳为手性碳，所以存在两种不同的立体异构体：（R）-羟基甲硫氨酸和

(S) -羟基甲硫氨酸。羟基甲硫氨酸为棕褐色黏稠状液体，有含硫化合物的特殊臭气，易溶于水，其钙盐形式是组成复方 α-酮酸片的成分之一，用于治疗肾功能衰竭。羟基甲硫氨酸在体内可转化为 L-甲硫氨酸，广泛应用于畜禽的饲料添加剂中。

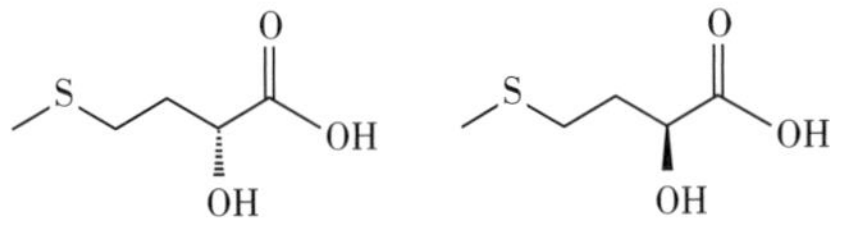

（R）-羟基甲硫氨酸　　（S）-羟基甲硫氨酸

图 5-142　（R/S）-羟基甲硫氨酸的化学结构

（2）羟基甲硫氨酸的生产方法　羟基甲硫氨酸的合成方法主要有化学合成法和酶转化法。化学合成法从头合成 HMTBA，包括氰醇和酯的水解、丁二烯和酮醇的氧化法：①氰醇水解法就是利用甲硫醇与丙烯醛反应合成 3-甲硫基丙醛，随后和氰化钠反应生产 2-羟基-4-甲硫基丁腈，最后利用 65%～70% 的盐酸或硫酸经过两步水解反应即可生成 HMT-BA。该过程产率高且操作简单，是生产羟基甲硫氨酸的主要工艺。但是最后水解反应需在高温下进行，使用强酸（硫酸），因此能量需求高，造成设备腐蚀，且以有毒的丙烯醛、甲硫醇和氢氰酸作为原料，严重限制其在食品和医药行业的应用。②酯水解法利用①方法得到的 2-羟基-4-甲硫基丁腈在 98℃ 下经氧化锰或四硼酸钠催化生成 2-羟基-4-甲硫基丁酰胺，再与甲酸甲酯反应得到 2-羟基-4-甲硫基丁酸甲酯，最后在 95℃ 条件下使用 H_2SO_4 水解 5h 即可制备羟基甲硫氨酸。该方法可避免硫酸铵的生成，但是合成过程复杂。③丁二烯氧化法以丁二烯作为原料，经多步化学氧化得到 2-羟基-4-甲硫基丁醇，后经过戈登式菌（Gordonia）或红球菌（Rhodococcus）的氧化得到羟基甲硫氨酸，该过程避免使用剧毒物质氢氰酸，但是最后氧化步骤的反应慢，因此产量低。④酮醇氧化法以 3-甲硫基丙醛、甲醛和 3-乙基苯并噻唑溴化铵为原料，与三乙胺、正丁醇和 KOH 反应得到 2-酮-4-甲硫基丁醇，最后经铜化合物催化和酸化即可制备羟基甲硫氨酸，但其产量低。

酶转化法主要有基于 2-羟基-4-甲硫基丁腈的转化方法和基于 L-甲硫氨酸的转化方法。第一种方法涉及腈水解酶和腈水合酶：腈水解酶通过直接水解 2-羟基-4-甲硫基丁腈（HMTBN）得到 2-羟基-4-甲硫基丁酸。已有研究报道通过将腈水解酶固定到硅酸盐载体中，经固定化后的酶显示了更好的热稳定性、pH 稳定性，在 30min 内 200mmol/L HMTBN 能被完全转化且固定化的酶能够连续使用多批次；腈水合酶首先水合 HMTBN 为 2-羟基-4-甲硫基丁酰胺，后经过酰胺酶或者化学法转化生产 HMTBA。徐红梅等利用西洼湖戈登氏菌（Gordonia sihwensis CGMCC 4.218）高效的腈水合酶和酰胺酶催化 HMTBN 生产 HMT-BA，在最优的条件下，细胞重复使用 23 批次，在 44h 时 HMTBA 的产量为 164g/L，产率为 95%。但该方法以 HMTBN 为底物，稳定性差，会分解为 3-甲硫基丙醛和剧毒物质氢氰酸。相比而言，第二种转化方法以 L-甲硫氨酸为底物，更加安全无毒。自然界不存在直接催化氨基酸合成羟基酸的酶，因此人为设计了生产羟基甲硫氨酸多酶级联反应，包括两步转化过程：①L-甲硫氨酸向酮甲硫氨酸的转化；②酮甲硫氨酸向羟基甲硫氨酸的转化。

第一步反应过程涉及 L-甲硫氨酸的氧化。已有研究报道 *P. vulgaris* 的 L-氨基酸脱氨酶对 L-甲硫氨酸的酶活性为 100%，*P. mirabillis* 的 L-氨基酸脱氨酶 *Pml* 和 *Pma* 对转化 L-甲硫氨酸的效率分别为 2.6% 和 16.7%，*P. myxofaciens* 的 L-氨基酸脱氨酶对 L-甲硫氨酸的酶活性为 1.03U/mg 蛋白。Hossain 等以经过改造后的 *E. coli* 为全细胞催化剂，实现了环境友好转化 L-甲硫氨酸生产酮甲硫氨酸：首先在 *E. coli*（DE3）中表达来源于 *P. vulgaris* 的 L-氨基酸脱氨酶，经过进一步的转化条件优化，以 70g/L 的 L-甲硫氨酸为底物，转化率为 71.2%。为了进一步提高转化率，通过易错 PCR，鉴定了两个有益的突变体（K104R、A337S），转化率分别提高到 82.2% 和 80.8%，然后进行组合突变，构建的最佳突变体（$PvLAAD^{K104R/A337S}$）转化率提高到 91.4%，酮甲硫氨酸的产量达到 63.6g/L。

第二步反应过程涉及酮甲硫氨酸羰基的还原反应。Mahn-Joo 等将乳酸脱氢酶固定到聚丙烯酰胺载体上，以此作为催化剂还原酮甲硫氨酸（2-酮-4-甲硫基丁酸）生产羟基甲硫氨酸，虽然产品纯度高但转化周期长，且需要在体系中添加昂贵的 NADH，因此不适合工业化生产。酮甲硫氨酸向羟基甲硫氨酸的转化过程是消耗还原力［NAD(P)H］的，因为 NADH 和 NADPH 价格昂贵，因此要实现大规模制备羟基甲硫氨酸，必须构建辅酶的再生系统。有两种工业上常用的辅酶再生系统，根据氢供体来源的不同分为：甲酸类（甲酸脱氢酶，FDH）和葡萄糖类（葡萄糖脱氢酶，GDH）。因其催化反应的不可逆性，所以能够驱动酮甲硫氨酸向羟基甲硫氨酸的完全转化，因此理论转化率为 100%。FDH 氧化甲酸盐生成 CO_2，并伴随 NAD^+ 还原为 NADH，已克隆出多种来源的 FDH，例如 *C. boidinii* 和 *Pseudomonas* sp.。为了增加辅因子再生的效率，利用蛋白质改造提高 FDH 的稳定性、催化活性和改变辅因子的偏好性。GDH 以 NAD^+ 或 $NADP^+$ 作为辅因子，氧化葡萄糖为葡萄糖酸，使反应的 pH 下降，生成的辅产物葡萄糖酸会增加后续的分离纯化成本。

Busto 等结合两个转化过程设计了多酶级联反应：分别在大肠杆菌中表达来源于 *P. myxofaciens* 的 L-氨基酸脱氨酶将 L-甲硫氨酸转化为酮甲硫氨酸，表达来源于副干酪乳杆菌（*Lactobacillus paracasei*）DSM 的 D-异己酸还原酶和 FDH 催化酮甲硫氨酸合成（*R*）-羟基甲硫氨酸；表达来源于 *Lactobacillus confuses* 的 L-异己酸还原酶用于转化酮甲硫氨酸生产（*S*）-羟基甲硫氨酸，并伴随 FDH 介导的辅酶循环系统。一锅法以同步级联催化的模式，转化 14h，（*R/S*）-羟基甲硫氨酸的产量为 30g/L，转化率为 99%。

二、多酶级联转化 L-甲硫氨酸生产羟基甲硫氨酸

1. 级联反应生产（*R/S*）-羟基甲硫氨酸的设计与构建

（1）级联反应的设计　级联催化 L-甲硫氨酸生产羟基甲硫氨酸的反应分为两个模块（图 5-143）：基础模块（BM）和扩展模块（EM）。基础模块将 L-甲硫氨酸转化为潜手性的酮甲硫氨酸（KMTB）。扩展模块分为两部分：扩展模块 1（EM1）和扩展模块 2（EM2）：扩展模块 1 将酮甲硫氨酸不对称还原生成（*R*）-羟基甲硫氨酸；扩展模块 2 将酮甲硫氨酸不对称还原生成（*S*）-羟基甲硫氨酸。如图 5-144 所示，耦联 BM 和 EM1 模块时，整个级联反应过程用于催化 L-甲硫氨酸合成（*R*）-羟基甲硫氨酸；相似地，耦联 BM

和 EM2 模块时，整个级联反应过程用于催化 L-甲硫氨酸合成（S）-羟基甲硫氨酸。使用廉价易得的 L-甲硫氨酸作为起始底物，通过整个级联反应可以获得高附加值的 L-甲硫氨酸衍生物：酮甲硫氨酸、（R）-羟基甲硫氨酸和（S）-羟基甲硫氨酸。为了便于调控不同模块之间酶的比例，将每个模块连接表达载体 pET28a 之后分别在大肠杆菌 BL21 中进行表达，因此需要构建三个不同的重组菌株：表达 BM 模块的重组菌株、表达 EM1 模块具有 R 立体选择性的重组菌株、表达 EM2 模块具有 S 立体选择性的重组菌株。

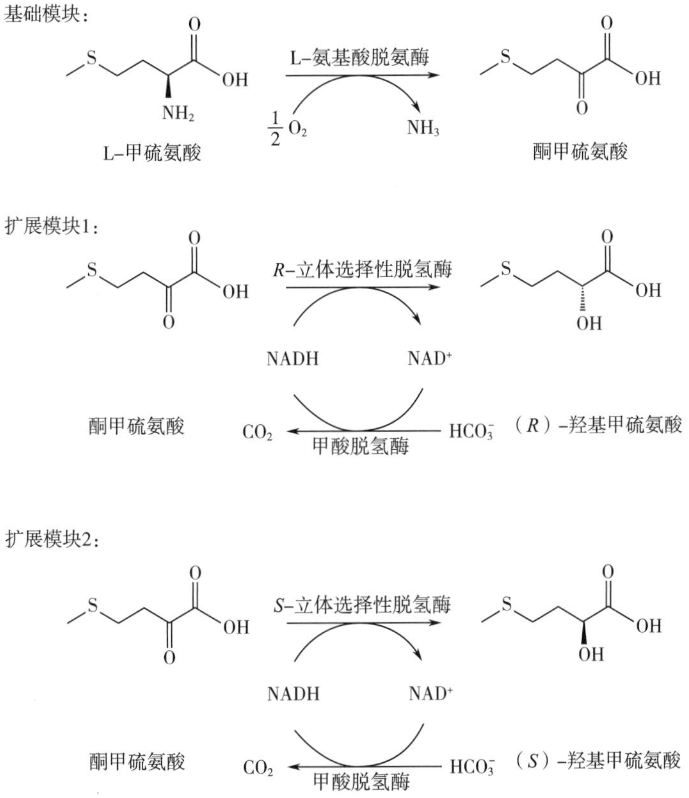

图 5-143　级联反应催化 L-甲硫氨酸生成（R/S）-羟基甲硫氨酸的模块化设计

（2）基础模块（BM）的设计和构建

①BM 的设计：L-甲硫氨酸向酮甲硫氨酸的转化共涉及 4 种酶：L-氨基酸氧化酶、L-氨基酸脱氨酶、L-氨基酸转氨酶、L-氨基酸脱氢酶。考虑到催化反应的不可逆性，L-氨基酸脱氨酶和 L-氨基酸氧化酶更有利于 BM 模块的转化。它们是黄素腺嘌呤二核苷酸（FAD）依赖型的酶，以氧气作为最终的电子受体，能够催化典型的脱氨反应，产生水和相应的亚胺，因为亚胺结构不稳定，会快速地水解生成相应的酮酸和氨。但是考虑到 L-氨基酸氧化酶在氧化 L-甲硫氨酸的过程中会伴随有毒物质过氧化氢的生成，过氧化氢一方面会使中间产物酮甲硫氨酸变得不稳定，另一方面会使蛋白质变性。相比而言，L-氨基酸脱氨酶为膜结合酶，将 FADH$_2$ 中的电子传递到耦联电子呼吸传递链的细胞色素 b，经过

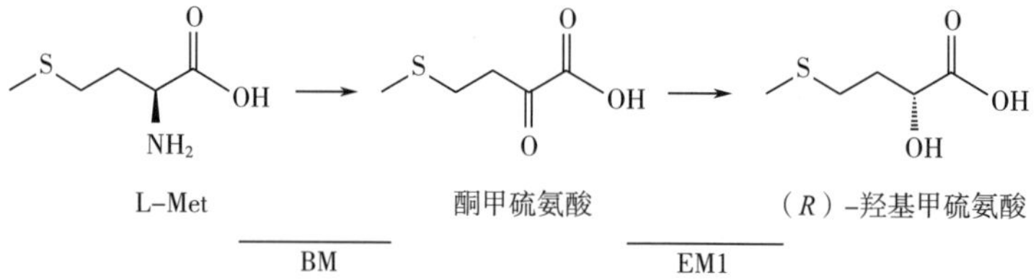

图 5-144　模块化组装催化 L-甲硫氨酸生成（R/S）-羟基甲硫氨酸

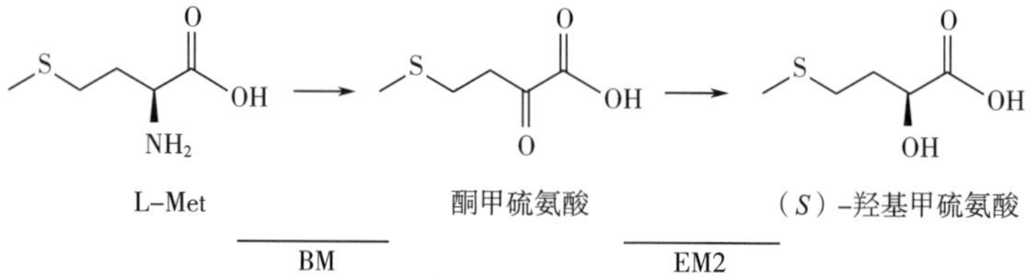

（1）级联反应 1：BM 和 EM1 模块组装合成（R）-羟基甲硫氨酸；（2）级联反应 2：BM 和 EM2 模块组装合成（S）-羟基甲硫氨酸

电子传递链，将电子传递给氧气，氧气被还原形成水，因此选择 L-氨基酸脱氨酶催化 L-甲硫氨酸合成酮甲硫氨酸。

②BM 的构建：首先，在大肠杆菌 BL21 表达系统，按照前文所述方法分别克隆表达来源于普通变形杆菌和奇异变形杆菌的 L-氨基酸脱氨酶——PvLAAD 和 PmLAAD，并测定不同来源的 L-氨基酸脱氨酶对 L-甲硫氨酸的酶活性，结果显示 PvLAAD 的冻干细胞对 L-甲硫氨酸的酶活性为 0.28U/mg，PmLAAD 的冻干细胞对 L-甲硫氨酸的酶活性为 0.15U/mg，因此选择 PvLAAD 的全细胞催化剂构建 BM 模块。

（3）扩展模块 1（EM1）的设计与构建

①EM1 的设计：扩展模块用于引入手性的羟基基团。酶具有高的立体选择性，因此选择具有 R-立体选择性的脱氢酶催化酮甲硫氨酸不对称还原合成（R）-羟基甲硫氨酸。该过程需要消耗还原力［NAD(P)H］，所以需要构建辅因子再生系统，有两个工业化常用的辅因子循环系统：葡萄糖-葡萄糖脱氢酶（GDH）系统和甲酸盐-甲酸脱氢酶（FDH）系统。考虑到葡萄糖脱氢酶系统以葡萄糖作为电子的供体，氧化葡萄糖会产生辅产物葡萄糖酸，增加下游分离纯化的成本，而甲酸脱氢酶系统以甲酸盐作为电子的供体，氧化甲酸盐产生 CO_2，不会增加下游的分离纯化成本，因此选择甲酸脱氢酶构建辅因子循环系统。甲酸脱氢酶只能依赖 NAD^+ 作为辅酶，考虑到辅因子的匹配性，因此选择 NAD^+ 依赖性的具有 R 立体选择性的脱氢酶催化酮甲硫氨酸合成（R）-羟基甲硫氨酸。

②EM1 的构建：底物特异性是选择脱氢酶的重要依据，目前报道的催化酮甲硫氨酸生成羟基甲硫氨酸的相关酶较少。因为苯丙酮酸和酮甲硫氨酸具有相似的结构（酮甲硫氨酸的体积小于苯丙酮酸的体积），姑且认为能够催化苯丙酮酸的脱氢酶也可以转化酮甲硫氨

酸生成羟基甲硫氨酸。比较已报道的催化苯丙酮酸生成（R）-苯乳酸的相关酶类，选择具有高 R-立体选择性的脱氢酶进行催化反应，获得 3 种来源的 NAD$^+$ 依赖性的脱氢酶作为候选酶。第一种是来源于乳杆菌属（*Lactobacillus* sp.）CGMCC9967 的 NAD$^+$ 依赖性的苯丙酮酸还原酶（LaPPR），该酶在 pH6.5、30℃ 条件下稳定，半衰期为 152h，在大肠杆菌 BL21 中共表达苯丙酮酸还原酶和葡萄糖脱氢酶，能够将 100g/L 的苯丙酮酸不对称还原为（R）-苯乳酸，分离得率为 91.3%，生产强度为 243g/（L·d），ee>99%；第二种是来源于 *Lactobacillus paracasei* DSM 20008 的 D-异己酸还原酶（D-HicDH），该酶可将 100mmol/L 苯丙酮酸催化生成（R）-苯乳酸，ee>99%；第三种是来源于乳酸片球菌（*Pediococcus acidilactici*）的 D-乳酸脱氢酶（D-LDH），该酶最适 pH 为 5.5，最适温度为 30℃，对于苯丙酮酸的催化活性为 140U/mg，K_m 值为 2.9mmol/L，k_{cat} 值为 305s^{-1}，k_{cat}/K_m 值为 105L/（mmol·L·s）。

将包含上述 3 种酶来源的野生型菌株提取相应的基因组，设计不同的特异性引物，扩增出相应的脱氢酶基因，分别与 pMD19-T 载体相连接，导入大肠杆菌 JM109 中，取含氨苄青霉素的平板上长出的单菌落进行菌落 PCR 验证，阳性克隆进行测序。双酶切 T 载重组质粒和 pET28a 表达载体，连接转化至大肠杆菌 BL21 中。用在含卡那霉素的平板上长出的单菌落进行菌落 PCR 验证，正确的即为构建成功的表达 R-立体选择性脱氢酶的基因工程菌株。接着将三种重组蛋白诱导表达并经 SDS-PAGE 分析（图 5-145 所示）：重组蛋白质均在 37ku 左右有明显条带，分别与乳杆菌属 CGMCC9967、*L. paracasei* 和 *P. acidilactici* 脱氢酶的理论分子质量大小一致，表明 3 种来源脱氢酶均已实现可溶性表达。分别检测 3 种重组脱氢酶对于酮甲硫氨酸底物的酶活性，发现来源于 *P. acidilactici* 的 D-乳酸脱氢酶的催化活性最高（酶活性为 0.68U/mg），选择该酶作为催化酮甲硫氨酸生成（R）-羟基甲硫氨酸的酶源。

进一步将 R-立体选择性的乳酸脱氢酶和甲酸脱氢酶共表达在大肠杆菌 BL21 中构建 EM1 模块。首先，选择来源于 *C. boidinii* 的甲酸脱氢酶（*Cb*FDH）构建辅酶循环系统，为了更好地适应大肠杆菌表达系统，人工合成经过密码子优化的甲酸脱氢酶基因，双酶切后连接 pET28a，获得重组质粒 pET28a-*Cb*FDH。以来源于 *P. acidilactici* 的 D-乳酸脱氢酶基因为模板，扩增出两端含有 *Sal* I 和 *Xho* I

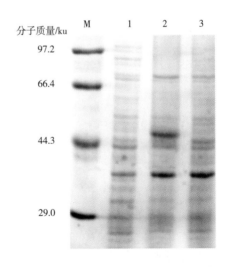

图 5-145　重组 R-立体选择性脱氢酶的蛋白表达情况

M：蛋白质分子质量标准；1：表达来源于 *Lactobacillus* sp. CGMCC9967 的脱氢酶；2：表达来源于 *L. paracasei* 的脱氢酶；3：表达来源于 *P. acidilactici* 的脱氢酶

酶切位点同时带有特定核糖体结合位点的 D-乳酸脱氢酶基因，用 *Xho* I 和 *Sal* I 双酶切 pET28a-*Cb*FDH 质粒和 D-乳酸脱氢酶基因片段，过夜连接后转化至大肠杆菌 BL21，经菌落 PCR 验证正确的即为共表达 *R*-立体选择性的乳酸脱氢酶和甲酸脱氢酶的基因工程菌株（图 5-146），将此菌株培养并诱导重组蛋白质的表达，SDS-PAGE 分析结果如图 5-147 所示，两种重组蛋白质在 40ku 和 37ku 附近有明显条带，与甲酸脱氢酶和 D-乳酸脱氢酶的理论分子质量大小一致，表明 *R*-立体选择性的乳酸脱氢酶和甲酸脱氢酶均已在大肠杆菌中成功表达。

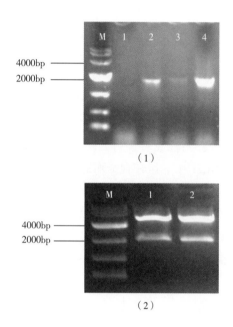

图 5-146　共表达 *Cb*FDH 基因和 D-LDH 基因的验证

（1）菌落 PCR 验证，M：DNA 分子质量标准（DNA Marker）；1～4：共表达 *Cb*FDH 基因和 D-LDH 基因；（2）双酶切验证：M：DNA 分子质量标准（DNA Marker）；1、2：双酶切 pET28a-*Cb*FDH-D-LDH 基因

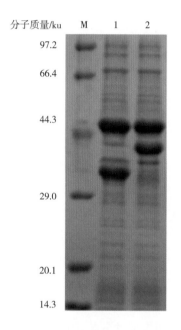

图 5-147　共表达甲酸脱氢酶和 D/L-乳酸脱氢酶的蛋白表达情况

M：蛋白质分子质量标准；1：共表达 L-乳酸脱氢酶和甲酸脱氢酶；2：共表达 D-乳酸脱氢酶和甲酸脱氢酶

（4）扩展模块 2(EM2)的设计与构建　同理选择具有 *S*-立体选择性的脱氢酶催化酮甲硫氨酸不对称还原合成(*S*)-羟基甲硫氨酸。以甲酸脱氢酶构建辅因子再生系统，考虑到辅因子的匹配性，选择 NAD⁺ 依赖性的具有 *S*-立体选择性的脱氢酶催化酮甲硫氨酸合成(*S*)-羟基甲硫氨酸。

为了获得光学纯度的(*S*)-羟基甲硫氨酸，选择具有高 *S*-立体选择性的脱氢酶进行催化反应。比较已报道的催化苯丙酮酸生成(*S*)-苯乳酸相关酶类，获得 2 种来源的 NAD⁺ 依赖性脱氢酶作为候选酶。第一种是来源于 *Lactobacillus confuses* DSM20196 的 L-异己酸还原酶，该酶可催化 100mmol/L 苯丙酮酸生成(*S*)-苯乳酸，*ee*>99%。第二种是来源于凝结芽孢杆菌（*Bacillus coagulans*）的 L-乳酸脱氢酶，在大肠杆菌中共表达该酶和甲酸脱氢酶，全细胞催化 82.8mmol/L 苯丙酮酸生成 79.6mmol/L(S)-苯乳酸，ee>99%。将包含这 2 种
酶来源的野生型菌株在培养基中经过活化培养，提取相应的基因组。针对这两种基因设计不同的特异性引物，扩增出来源于 $L.\ confuses$ 和 $B.\ coagulans$ 的大小分别为 933bp、939bp 的脱氢酶基因，分别与 pMD19-T 载体连接，导入大肠杆菌 JM109 中，验证正确后转化至大肠杆菌 BL21 中。将含卡那霉素的平板上长出的单菌落进行 PCR 验证，正确的即为表达 S-立体选择性脱氢酶的基因工程菌株。将 2 种重组酶蛋白诱导表达后经 SDS-PAGE 分析（图 5-148），在 33ku 和 34ku 附近有明显条带，与来源于 $L.\ confuses$ 和 $B.\ coagulans$ 的脱氢酶蛋白的理论分子质量大小一致，表明 2 种重组脱氢酶均已实现可溶性表达。分别测定 2 种重组脱氢酶对于酮甲硫氨酸底物的酶活性，发现来源于 $B.\ coagulans$ 的 L-乳酸脱氢酶活性较高（0.67U/mg），可作为催化酮甲硫氨酸生成(S)-羟基甲硫氨酸的酶源。

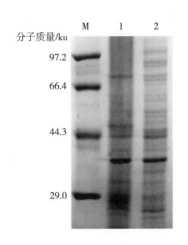

图 5-148　重组 S-立体选择性脱氢酶的
蛋白表达情况

M：蛋白质分子质量标准；1：表达
来源于 $L.\ confuses$ 的脱氢酶；2：表达来
源于 $B.\ coagulans$ 的脱氢酶

同理在大肠杆菌中使用 pET28a 质粒系统共表达 S-立体选择性的乳酸脱氢酶和甲酸脱氢酶以构建 EM2 模块。重组菌株的构建过程同 EM1 模块相似，即得到 S-立体选择性的重组菌株，将此重组菌株经培养和诱导表达，经 SDS-PAGE 分析发现在蛋白质分子质量大小为 40ku 和 33ku 附近出现清晰条带（图 5-149），与两种酶蛋白的理论分子质量接近，表明 S-立体选择性的乳酸脱氢酶和甲酸脱氢酶均已在大肠杆菌中成功表达。

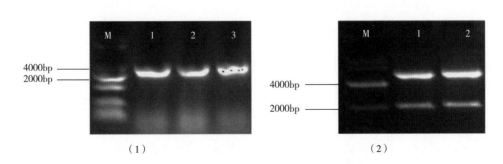

（1）　　　　　　　　　　　　　（2）

图 5-149　共表达 CbFDH 基因和 L-LDH 基因验证

（1）菌落 PCR 验证：M：DNA 分子质量标准；1～3：共表达 CbFDH 基因和 L-LDH 基因；（2）双酶切验证：M：DNA 分子质量标准；1、2：双酶切 pET28a-CbFDH-L-LDH 基因

2. 酮甲硫氨酸的生产

（1）BM 发酵产酶条件的优化　考察不同的发酵培养基、不同的诱导温度和诱导剂浓度对 pvLAAD 重组菌株发酵产酶的活性影响。发现 TB 培养基培养时菌体产酶的酶活性最高。采用 TB 培养基，在不同诱导温度（15、20、25 和 30℃）和不同乳糖诱导剂浓度（1、3、5、7 和 9g/L）下，待 OD_{600} 为 0.6 时开始诱导，诱导 12h，检测 pvLAAD 重组菌株单位菌体的酶活性情况，如图 5-150 所示：单位菌体的酶活性随着诱导温度的增加呈现先上升后下降的趋势，在诱导温度为 25℃时，酶活性达到最大值。在 25℃下，随着乳糖诱导剂浓度的增加，酶活性呈现先上升后下降的趋势，酶活性最高时的诱导剂浓度为 5g/L。当乳糖浓度低于 5g/L 时，酶活性会随着诱导剂浓度的增加而增加，可能因为诱导剂浓度低，蛋白质的表达量低，酶活性低；当乳糖浓度高于 5g/L，酶活性会随着诱导剂浓度的增加而降低，可能因为在高浓度诱导剂作用下，蛋白质发生错误折叠，酶活性降低。

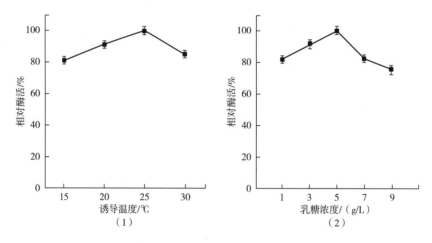

图 5-150　诱导条件对产酶的影响
（1）诱导温度；（2）乳糖浓度

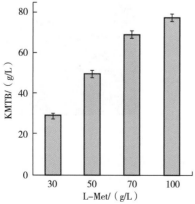

图 5-151　不同底物浓度下 pvLAAD
全细胞的转化情况

（2）BM 转化条件的优化　高底物的耐受性是工业化应用酶技术需要考虑的关键因素。为了测试 pvLAAD 的全细胞催化剂转化底物 L-甲硫氨酸的能力，在不同的底物浓度下进行转化实验。如图 5-151 所示，20g/L 的湿菌体条件下，24h 可以完全转化的底物浓度为 30、50、70g/L；转化 100g/L 底物时，酮甲硫氨酸的产量达到 77.4g/L 后则不再增加，底物仍有剩余，可能由于高浓度的底物对酶有一定的抑制作用。

为了进一步提高酮甲硫氨酸的产量，研究了转化温度、pH、底物浓度等对转化的影响。结果如图 5-152 所示：当温度为 25℃时，酮甲硫氨酸达到了最高产量，为 88.28g/L；当温度低于 25℃时，随着温度的增高，转化效率逐渐提高［图 5-152（1）］；当温度高于 25℃时，随着温度的升高，转化效率则在逐渐降低，可能因为温度过高会使蛋白质变性。接着在转化温度为 25℃时，研究了转化时的 pH 对转化效率的影响［图 5-152（2）］。酮甲硫氨酸产量在 pH 7.5 时达到了最高值，为 98.5g/L；当 pH>7.5 时，酮甲硫氨酸产量则随着 pH 增加逐渐降低。在转化温度为 25℃、pH7.5、20g/L 湿菌体条件下，研究了不同底物浓度对酮甲硫氨酸产量的影响［图 5-152（3）］：随着 L-甲硫氨酸浓度从 100g/L 增加到 140g/L，即使延长转化时间，酮甲硫氨酸的产量几乎没有变化，说明酶已经达到了饱和状态，最多可以催化 100g/L 的 L-甲硫氨酸进行转化。

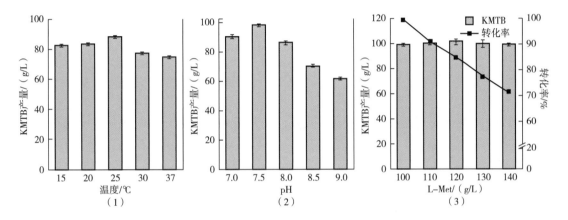

图 5-152　BM 模块转化条件的优化

（3）酮甲硫氨酸的规模化制备

①转化体系放大：在摇瓶最佳转化条件的基础上，在 5L 发酵罐体系进行了 L-甲硫氨酸转化成酮甲硫氨酸的放大实验，1L 发酵液的转化体系为：100g/L L-甲硫氨酸，20mmol/L pH7.5 的 Tris-HCl 缓冲液，20g/L pvLAAD 湿菌体，转化温度 25℃，转速 600r/min，通风比 2m³/（m³·min）。转化过程曲线如图 5-153 所示，转化至 14h 时酮甲硫氨酸的产量达到 98.7g/L。

②酮甲硫氨酸的鉴定：pvLAAD 全细胞转化液经 12000r/min 离心后，上清液经过 HPLC 鉴定的结果如图 5-154 所示：

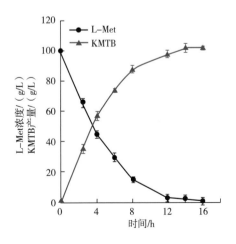

图 5-153　5L 发酵罐中 L-甲硫氨酸转化为酮甲硫氨酸的过程曲线

酮甲硫氨酸标样的出峰时间为 12.611min，样品的出峰时间为 12.608min，与标样的出峰时间基本吻合。为了进一步确定中间产物是否为酮甲硫氨酸，将上清液经过质谱检测，酮甲硫氨酸的相对分子质量为 148，其阴离子质谱图中的质核比为 147，样品的质谱图中存在 147 的峰，说明转化的中间产物确实为酮甲硫氨酸。

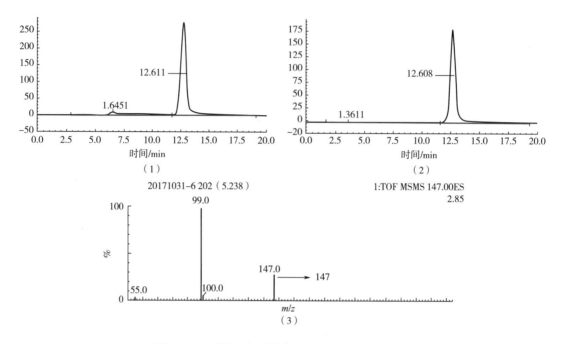

图 5-154　酮甲硫氨酸转化液的 HPLC 和 MS 检测

（1）KMTB 标样；（2）样品的液相图；（3）样品的质谱图

3. （R）-羟基甲硫氨酸的生产

（1）EM1 发酵产酶条件的优化　考察发酵培养基种类、诱导温度和诱导剂浓度对 R-立体选择性重组菌株发酵产酶活性的影响，发现以 TB 作为发酵培养基时显示了最高的酶活性。使用该培养基在不同的诱导温度和不同的乳糖诱导剂浓度下，待菌体生长至 OD_{600} 为 0.6 时开始诱导，诱导 12h，检测 R-立体选择性重组菌株单位菌体的酶活性情况。如图 5-155（1）所示，单位菌体的酶活性随着诱导温度的增加呈现出先上升后下降的趋势，在诱导温度为 25℃时，酶活性达到了最大值。在 25℃条件下，随着乳糖诱导剂浓度的增加，酶活性呈现先上升后下降的趋势，酶活性最高时诱导剂浓度为 5g/L［图 5-155（2）］。

（2）EM1 转化条件的优化　以 20g/L R-立体选择性的湿菌体作为催化剂，在以 90g/L 的酮甲硫氨酸为底物、温度 25℃、pH6.5、1mmol/L NAD^+、125g/L 甲酸钠存在的情况下，转化过程曲线如图 5-156 所示：转化 15h，（R）-羟基甲硫氨酸的产量达到了 68.4g/L，继续延长转化时间，（R）-羟基甲硫氨酸的产量不再增加。

为进一步提高（R）-羟基甲硫氨酸的产量，研究转化温度、pH 和 NAD^+ 添加量对于转化的影响。结果如图 5-157 所示，当温度低于 30℃时，随着温度的升高，（R）-羟基甲硫

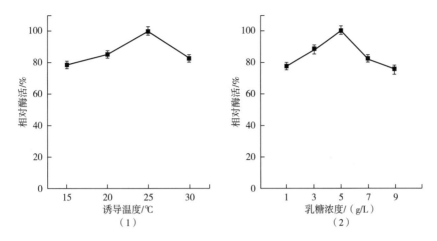

图 5-155　诱导条件对产酶的影响

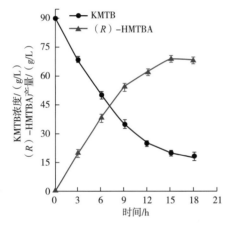

图 5-156　酮甲硫氨酸向（R）-羟基
甲硫氨酸的转化过程曲线

氨酸的产量逐渐增加；当温度高于 30℃ 时，随着温度的升高，（R）-羟基甲硫氨酸的产量逐渐降低。在 30℃ 时，（R）-羟基甲硫氨酸达到最高产量为 81.2g/L。在 pH7.0 时，（R）-羟基甲硫氨酸达到最高产量为 76.10g/L。当 $NAD^+<0.4mmol/L$ 时，随着 NAD^+ 添加量的增加，转化效率逐渐增加；当 NAD^+ 添加量在 0.4~1.0mmol/L 范围时，（R）-羟基甲硫氨酸的产量不再发生变化，因此最适的 NAD^+ 添加量为 0.4mmol/L。综上所述，酮甲硫氨酸转化为（R）-羟基甲硫氨酸的最适条件为温度 30℃，pH7.0，0.4mmol/L NAD^+。

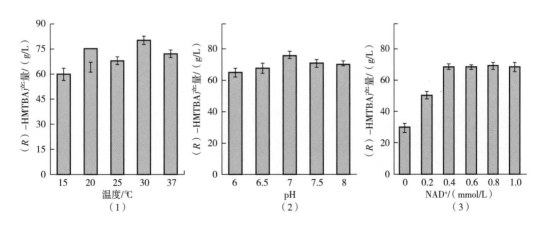

图 5-157　EM1 模块转化条件的优化

（1）转化温度；（2）转化 pH；（3）NAD^+ 添加量

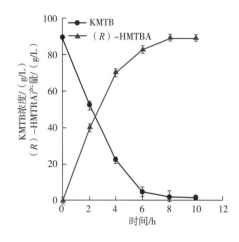

图 5-158 酮甲硫氨酸转化成（R）-羟基甲硫氨酸的过程曲线

（3）（R）-羟基甲硫氨酸规模化制备

① （R）-羟基甲硫氨酸的规模化制备：根据摇瓶最佳转化条件，在 5L 发酵罐上进行酮甲硫氨酸向（R）-羟基甲硫氨酸转化放大实验。转化体系包括：90g/L 酮甲硫氨酸，20g/L 具有 R-立体选择性的湿菌体，125g/L 甲酸钠，0.4mmol/L NAD⁺，转化温度 30℃，控制 pH7.0，转速 500r/min，转化过程曲线如图 5-158 所示，转化 8h 后（R）-羟基甲硫氨酸的产量为 89.6g/L，转化率为 98.2%。

② （R）-羟基甲硫氨酸的鉴定：R-立体选择性全细胞转化液经 12000r/min 离心后，相应的上清液样品经 HPLC 和质谱检测，确定终产物为羟基甲硫氨酸。

为了确定 R-立体选择性全细胞转化液中羟基甲硫氨酸的对映体过量率（ee），转化后的上清液经手性柱分析，结果显示酮甲硫氨酸经过不对称还原确实生成了光学纯度的（R）-羟基甲硫氨酸（ee>99%）。

③一锅法级联催化 L-甲硫氨酸制备（R）-羟基甲硫氨酸：因为 BM 模块和 EM1 模块的最适温度分别为 25℃和 30℃，为避免反应不兼容，采用两阶段法级联催化 L-甲硫氨酸生产羟基甲硫氨酸：先在 25℃下进行 BM 模块的催化，待 BM 模块反应到达终点，再添加 R-立体选择性全细胞催化剂、辅底物甲酸钠、NAD⁺等进行 EM1 模块的催化反应。

在 5L 发酵罐上进行级联催化 L-甲硫氨酸生产（R）-羟基甲硫氨酸的转化放大实验，转化过程曲线如图 5-159 所示：第一阶段，100g/L 的 L-甲硫氨酸，温度 25℃，转化 14h，

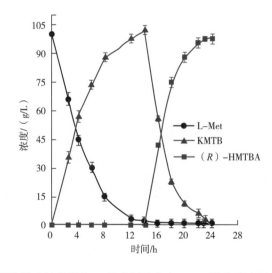

图 5-159　两阶段法级联催化 L-甲硫氨酸生产（R）-羟基甲硫氨酸的过程曲线

中间产物酮甲硫氨酸的转化率为99.6%，此时反应到达终点。升高温度到30℃，进行第二阶段的反应，进一步转化9h后（R）-羟基甲硫氨酸产量为97.6g/L，L-甲硫氨酸向（R）-羟基甲硫氨酸的转化率为96.9%。

4.（S）-羟基甲硫氨酸的生产

采用"3.（R）-羟基甲硫氨酸的生产"类似的方法进行"（S）-羟基甲硫氨酸的生产"，不再赘述。

第四节　转化 α-氨基为 β-氨基合成 β-氨基酸

一、概述

1. β-丙氨酸的简介

β-丙氨酸（β-alanine），又名3-氨基丙酸，是天然存在的唯——种 β 型氨基酸。其化学结构式如图5-160所示，与左旋 α-丙氨酸互为异构体，具有相同的分子式，但氨基位置不同。β-丙氨酸是一种非蛋白质氨基酸，虽然它不直接参与到蛋白质的合成过程中，但是参与生物体的生长和发育过程，是一种潜在的功能性氨基酸，广泛应用于医药等多个领域，被认为是12种最具发展潜力的三碳化合物之一。β-丙氨酸是合成泛酸、泛酸钙和肌肽等生物活性物质的重要前体，也是合成巴柳氮和帕米膦酸二钠等药物的前体；可以用

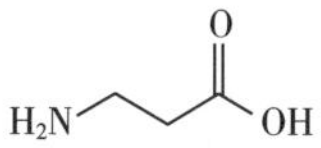

图 5-160　β-丙氨酸化学结构式

作食品添加剂和动物饲料添加剂，是一种对身体健康有益的膳食补充剂；其形成的聚合物聚 β-丙氨酸是一种高效的絮凝剂，可用于工业污水的处理等。

2. β-丙氨酸的合成方法

β-丙氨酸的合成方法可以分为化学合成法以及生物合成法。

（1）化学合成法　目前，化学合成法是 β-丙氨酸的主要生产方法。按照生产原料进行分类，主要分为丙烯腈法、丙烯酸法和亚氨基二丙烯法等。然而，化学合成法需要在高温高压以及强酸强碱等严苛的工艺条件下进行，能耗较大并且反应过程中的强酸强碱等物质会对环境产生毒害作用。此外，反应过程中存在的副产物增加了后期分离纯化的难度，造成 β-丙氨酸的得率低。因此，利用化学合成法制备 β-丙氨酸不符合绿色、安全和可持续发展的要求。

（2）生物合成法　与传统的化学合成法相比，生物合成法一般以水作为转化体系的溶剂，因此具备反应条件温和、环境友好等特点。虽然这种方法发展时间较短，并且应用于实际工业化生产中会面临许多挑战，如底物抑制、反应的稳定性差等问题，但因其更符合可持续发展的趋势，是21世纪以来制备化学品的首选方法，且随着生物技术的发展，这些难题可以通过蛋白质改造或者反应过程优化得到解决。

生物法生产 β-丙氨酸涉及一个关键酶，L-天冬氨酸 α-脱羧酶（Laspartate-α-decarboxylase，PanD/ADC，EC 4.1.1.11），该酶特异性催化 L-天冬氨酸，使其在 α 位发生脱羧反应，形成 β-丙氨酸。进一步按照 β-丙氨酸的具体生产方式分类，生物法又可分为微生物发酵法和酶转化法。

微生物发酵法是利用代谢工程方法和合成生物学等手段，改造代谢物合成的代谢流，使目标产物积累。利用发酵法生产精细化学品具有原料来源广泛（如葡萄糖、甘油等）且廉价的显著优点，其相对较低的底物成本为大规模工业化生产带来巨大的商业效益。White 等人 2003 年报道了在酿酒酵母中，乙醛脱氢酶基因 ald2 和 ald3 与 β-丙氨酸的生物合成途径相关，但是没有后续的报道。而 Chan 等人通过代谢工程改造 E. coli，即在富马酸生产菌株中通过替换编码 L-天冬氨酸酶基因 aspA 的启动子和过表达 PanD 酶，首次在 E. coli 中实现了以葡萄糖为原料生产 β-丙氨酸，最终罐上发酵时间为 39h，产量达到 32.3g/L；国内研究通过发酵法生产 β-丙氨酸的一个实例是通过敲除副产物合成基因、删除 β-丙氨酸竞争代谢途径及分解代谢途径基因，在 E. coli 中实现了以甘油为代谢底物发酵生产 β-丙氨酸，发酵 42h 后摇瓶水平产量达到 5g/L，进一步优化罐上发酵条件，产量达到 18.4g/L。陶勇教授课题组以葡萄糖为原料，通过敲除编码丙酮酸激酶的基因 pykA 和 pykF 以及过表达编码磷酸烯醇丙酮酸（PEP）羧化酶的基因 ppc、pck，将 PEP 向丙酮酸的代谢流引到 PEP 向草酰乙酸（L-天冬氨酸的前体）的代谢流，再通过敲除草酰乙酸向苹果酸的下游基因（即删除竞争代谢途径）以及过表达 L-天冬氨酸转氨酶基因 aspC 和 L-天冬氨酸 α-脱羧酶基因 panD，获得 β-丙氨酸生产菌株 XBR22，最终经过 24h 的补料分批发酵，实现了 33.1g/L 的 L-天冬氨酸积累和 37.7g/L 的 β-丙氨酸产量，这也是目前为止报道的通过微生物发酵法生产 β-丙氨酸的最高产量。

随着代谢过程和合成生物学的发展，利用发酵法生产 β-丙氨酸将会迎来更多的机遇，但是实现大规模的工业化生产，目前仍面临着巨大的挑战。主要体现在以下几点：①通过发酵法生产精细化学品，细胞生长与酶的表达之间存在竞争，如何平衡两者关系成为关键问题；②发酵法发酵周期长，必然导致生产强度低，增加生产成本；③β-丙氨酸的高浓度积累会抑制细胞的生长和酶的表达，从而降低生产能力；④细胞存在大量竞争代谢途径，导致目标代谢流较弱，即使敲除一些副产物基因，增强目标路径酶的表达，但是仍然存在副产物积累过多的问题，影响产品得率，并增加下一步分离纯化工艺的困难。考虑上述因素，酶转化法可能是目前生物法合成 β-丙氨酸最具潜力的方法。

3. 酶转化法合成 β-丙氨酸的研究进展

通过酶转化法生产 β-丙氨酸是目前 β-丙氨酸生产的研究热点。它克服了传统发酵法转化周期短、生产强度大等难题，有利于节约生产成本和减少能耗；与微生物发酵法相比，微生物代谢网络对 L-天冬氨酸生成 β-丙氨酸反应的干扰可以忽略，副产物较少，产物容易分离纯化，纯度较高。因此，酶转化法是目前生物合成法制备 β-丙氨酸的主要方法。根据参与反应的酶种类，进一步分为单酶法和双酶法。

（1）单酶合成 β-丙氨酸　单酶法仅涉及一个酶，转化体系相对简单，转化率较高，是目前研究较多的方法。基于底物类型的区别，单酶合成 β-丙氨酸又可分为 β-氨基丙腈法和 L-天冬氨酸法。

① β-氨基丙腈法：以 β-氨基丙腈为底物通过酶转化反应制备 β-丙氨酸。及川利洋等筛选出产碱杆菌属（*Alcaligenes* sp.）OMT-MY14 菌株，利用其产出的有机腈降解酶，在 30℃ 条件下，游离细胞可以催化 1% 浓度的 β-氨基丙腈水解生成 β-丙氨酸，反应 1h，最终 β-丙氨酸浓度达到 47mmol/L。但是这种方法直接利用微生物的天然合成途径，转化能力较低，且底物与产物的分离纯化较困难，不适用于大规模工业化生产。

② L-天冬氨酸法：利用 L-天冬氨酸 α-脱羧酶对 L-天冬氨酸脱羧，通过一步反应直接生成 β-丙氨酸。Li 等人通过在 *E. coli* BL21（DE3）中表达谷氨酸棒状杆菌（*Corynebacterium glutamicum*）来源的天冬氨酸脱羧酶（PanD），在最优转化条件（37℃，pH 6.0，50mmol/L Fe^{2+}，40g/L L-天冬氨酸）下反应 20h，β-丙氨酸产量达到 24.8g/L，转化率为 92.6%。张腾辉等利用 *Bs*PanD 突变菌株，在最优转化条件（OD$_{600}$ 为 100，37℃，pH7.0，转速 600r/min）下，利用 5L 发酵罐转化 9h，β-丙氨酸产量高达 215.3g/L，转化率为 94%。这些都是关于原核生物来源的 PanD 转化 L-天冬氨酸生产 β-丙氨酸的情况，也是目前研究较多的方法。近几年，也有部分研究利用真核生物来源的 PanD 实现 β-丙氨酸的制备。陈虹等通过在 *E. coli* 中表达昆虫赤拟谷盗（*Tribolium castaneum*）来源的 PanD 突变体，通过补料分批投入的方式，在全细胞催化剂浓度 OD$_{600}$ 为 80 的条件下反应 48h，β-丙氨酸产量达到 170.53g/L，转化率为 95.5%。但是，这些高产量的转化反应需要添加大量的酶制剂（酶或细胞），增加了酶制剂制备及分离纯化的成本，这可能是 PanD 较差的稳定性造成的，因此，研究如何开发更高效的 PanD 酶从而减少酶制剂的用量，具有重要的工业价值。

（2）双酶法合成 β-丙氨酸　双酶法合成 β-丙氨酸利用两种酶级联催化制备 β-丙氨酸。双酶法是单酶法的进一步延伸，是在单酶转化关键酶 PanD 的基础上进一步引入第二个酶，该酶能够利用更廉价易得的底物生成 PanD 的底物 L-天冬氨酸。与单酶法相比，级联反应通过耦联其他酶，可以利用更简单、廉价的底物实现目标产品的生产；可以解决底物浓度过高对 PanD 造成的抑制问题，并且改变反应的平衡；还节约了中间产物分离纯化的成本，更符合绿色生产的需求。

上述级联路径中引入另一个酶的催化反应产物应为 L-天冬氨酸，而工业制备 L-天冬氨酸，一般是利用 L-天冬氨酸酶（L-aspartase，AspA，EC 4.3.1.1）催化富马酸的加氨反应，该反应是可逆反应，理论上富马酸无法实现完全转化。但是，当 AspA 与 PanD 耦联时，由于中间产物 L-天冬氨酸被不断消耗，因此对于 AspA，该反应平衡不断向富马酸生成 L-天冬氨酸的方向移动，因此通过合理调控 AspA 与 PanD 的表达比例，可以使富马酸实现完全转化。基于这种级联反应策略，高宇等通过耦联来源 *T. castaneum* 的 PanD 酶（*Tc*PanD）和来源 *E. coli* 的 AspA 酶（*Ec*AspA），将其分别过表达于 *E. coli* BL21（DE3）中，进一步调控 *Ec*AspA 与 *Tc*PanD 蛋白添加量的比例，当 AspA 和 PanD 的添加量分别为 10μg/mL 和 80μg/mL（即 AspA : PanD 的浓度比为 1 : 8）时，AspA 催化富马酸形成 L-天冬氨酸的生成量与第二步 PanD 酶对 L-天冬氨酸的消耗量相平衡，实现了最佳转化效果，避免了 L-天冬氨酸过量积累的问题，最终在 1mL 的反应体系中反应 24h，可转化 400mmol/L 富马酸生成 340mmol/L 的 β-丙氨酸（约 26.5g/L）。虽然通过一锅酶法级联 AspA 酶和 PanD 酶解决了 L-天冬氨酸价格贵的问题，但是仍存在限制其工业化制备 β-丙氨酸的瓶颈问题，比如采用双菌分别发酵和分离纯化 AspA 和 PanD 用于转化，增加了工厂操作的复杂性，增加了设备、能耗的投入；PanD 是该级联反应的限速酶，但并未深入研究造成 TcPanD 转化效率低的具体原因以及如何根本解决或缓解该问题，仅通过增加 TcPanD 蛋白的添加量实现两步反应的协同性，增加了生产成本，并不适合实际的工业化生产。

4. L-天冬氨酸 α-脱羧酶研究进展

（1）L-天冬氨酸 α-脱羧酶简介　现有报道的对 PanD 的研究多集中在原核生物和真核生物来源。

①原核生物的主要来源是大肠杆菌、枯草芽孢杆菌、结核分枝杆菌和谷氨酸棒状杆菌。这类来源的 PanD 依赖于丙酮酰基团，属于丙酮酰基家族蛋白，该家族中与 PanD 催化机理相似的酶有研究最早的 S-腺苷甲硫氨酸脱羧酶、组氨酸 α-脱羧酶和精氨酸脱羧酶等。以结核分枝杆菌（M. tuberculosis）来源的 PanD 为例简单介绍细菌来源的 PanD 的结构，PanD 首先以无活性的酶原形式表达（被称为 π 蛋白，蛋白大小约为 13.8ku），进一步在 Gly24-Ser25 处通过自剪切形成 α-亚基（约 11ku）和 β-亚基（约 2.8ku），其中 α-亚基在断裂处（N 端）形成丙酮酰基团（即 PanD 的活性基团）。关于自剪切，除了大肠杆菌来源的 PanD 需要 PanM 蛋白的辅助，其他原核来源的 PanD 不需要借助其他蛋白即可实现自剪切，以形成活性基团。但是总体上，它们具有相似度很高的晶体结构（四聚体结构）。②对于真核生物来源的有昆虫赤拟谷盗（T. castaneum）和果蝇等，但是研究主要集中在 T. castaneum 来源。这类来源的 PanD 酶是磷酸吡哆醛（PLP）依赖型，即需要依靠 PLP 辅酶激活后才可发挥催化作用，但是具体的催化机理尚无明确报道。由于原核生物来源的 PanD 晶体结构和催化机理已知、转化过程中不需要额外添加辅因子且序列较短，有利于蛋白质改造，因此这里选择原核生物来源的 PanD 作为研究对象。

（2）L-天冬氨酸 α-脱羧酶的反应机理　原核生物来源的 PanD 酶催化 L-天冬氨酸脱羧生成 β-丙氨酸的反应过程高度相似，具体分成四步，以晶体结构已经被解析的 M. tuberculosis 为例进行介绍，如图 5-161 所示：①PanD 自剪切后在 Ser25 处形成的丙酮酰基团和底物 L-天冬氨酸形成了一个席夫碱结构；②第一步中生成的酶-底物席夫碱的中间体通过脱羧作用，释放 CO_2，从而形成一个烯醇结构；③Tyr58 酚基上的"H^+"攻击第二步中生成的烯醇结构的中间体，形成 β-丙氨酸的亚胺加合物；④酶与产物的复合物通过水解作用释放产物 β-丙氨酸，丙酮酰基团（活性基团）再生。

（3）L-天冬氨酸 α-脱羧酶的蛋白质改造进展　原核生物来源的 PanD 蛋白质工程改造多集中于解决催化过程中的机制性失活问题。例如，Pei 等利用易错 PCR 技术，创建了一个随机突变文库。通过测试 4000 个转化子，成功筛选到 V68I 和 I88M 两个突变体，其酶活性和催化稳定性相比野生型分别提高了 18%~22% 和 29%~64%。这是首次利用蛋白质工程改造 PanD 缓解机制性失活的报道，同时，也是这篇报道首次将"催化稳定性"用

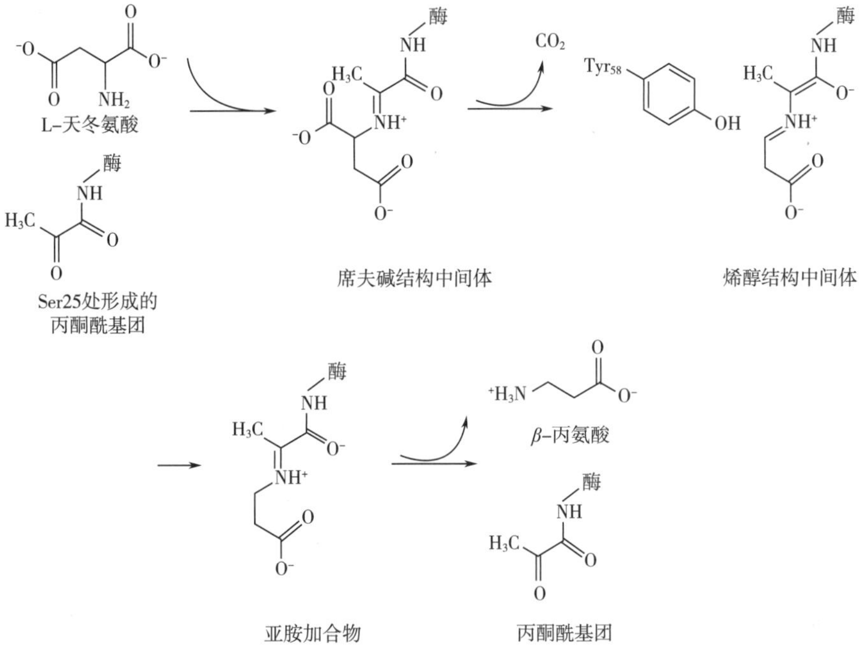

图 5-161　L-天冬氨酸 α-脱羧酶催化反应机理

来形容由机制性失活而引起的 PanD 稳定性的问题。这种随机突变的方法不需要关注酶的结构和序列信息，适用于所有酶的蛋白质工程改造，但是这种方法产生的突变往往是负突变，因此带来筛选工作量大的缺点，且该方法依赖于高灵敏性的高通量筛选，因此具有局限性。随着越来越多的酶蛋白晶体结构被解析，基于结构和序列等信息的更加理性化的改造方案被应用于 PanD 的改造中。在此背景下，Zhang 等提出了一种基于酶的结构-功能关系的更合理的设计。通过将 BsPanD 中与酶活性位点相邻的氨基酸残基 E56 突变为丝氨酸，最终酶活性提高了 40%，催化半衰期提高了 40%。Mo 等筛选获得具有高活性的杰氏棒杆菌（Corynebacterium jeikeium）来源的 PanD，进一步结合酶-底物复合物的构象分析以及具有不同失活程度的 PanD 间的序列分析，通过饱和突变，最终获得 4 个有益突变体，酶活性比野生型提高 3.2%~24.7%，其中 A74G 和 R3K 突变体催化稳定性分别提高 22.6% 和 66.4%。这些研究代表了 PanD 在分子改造方面显著的进步，但是对于规模化应用仍然存在许多挑战，例如：对 PanD 的理性设计仍然不足，对研究中获得的有效突变体的催化机制解析不充分等。如何解决 PanD 的机制性失活问题是其规模化应用的关键。

二、双酶级联转化富马酸生产 β-丙氨酸

1. 级联反应生产 β-丙氨酸的设计、构建和验证

（1）级联路径的设计　级联催化富马酸生产 β-丙氨酸的反应分为两步：首先富马酸经过 L-天冬氨酸酶（AspA）的加氨作用生成 L-天冬氨酸，接着 L-天冬氨酸经过 L-天冬氨酸 α-脱羧酶（PanD）的脱羧作用生成 β-丙氨酸。通过耦联 AspA 和 PanD，可以实现一

锅法转化富马酸制备 β-丙氨酸。基于 BRENDA 数据库中的比酶活数据，分别筛选出 6 种不同来源的 PanD 和 6 种不同来源的 AspA，再在 *E. coli* 中异源表达这些潜在催化效率较高的蛋白质，比较并最终选定最适的酶源，从而构建级联路径（图 5-162）。

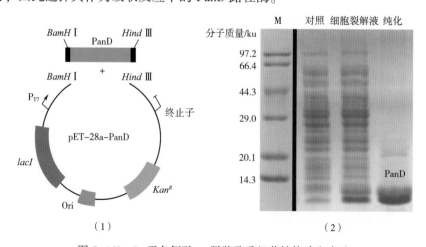

图 5-162　级联反应催化富马酸生成 β-丙氨酸的路径设计

（2）L-天冬氨酸 α-脱羧酶重组菌的构建和表达　以枯草芽孢杆菌来源的 PanD 菌株构建为例，构建过程如下（图 5-163）：①提取 *B. subtilis* 菌株的基因组为模板，设计引物克隆 *panD* 基因，双酶切后插入 pET28a（+）质粒并转化 *E. coli*21，构建完成的菌株命名为 pET28a-*Bs*PanD。②使用 TB 培养基对重组菌株 pET28a-*Bs*PanD 进行培养和诱导表达，然后收集菌体、重悬并进行超声破碎，再利用 His 亲和柱进行纯化，纯化效果经 SDS-PAGE 验证。如图 5-163（1）所示，在 12ku 左右有较粗的蛋白条带，与 *Bs*PanD 的理论分子质量一致，证明了 *Bs*PanD 在 *E. coli* 中实现了可溶性表达，且纯化出的条带单一，纯化效果较好。③对纯化的 *Bs*PanD 蛋白进行体外酶活性测定，获得 *Bs*PanD 的比酶活为 3.25U/mg 蛋白。

采用上述类似方法获得来源于 *C. glutamicum*、*Streptomyces* sp.、污染棒杆菌（*Corynebacterium pollutisoli*）、*Mycobacterium tuberculosis* 和玫瑰红红球菌（*Rhodococcus rhodochrous*）的 PanD 编码基因，并在大肠杆菌中表达，进行蛋白纯化以及酶活性测定。比较所有来源的重组 PanD 的酶活性，发现 *Bs*PanD 的比酶活最高，更具有转化 L-天冬氨酸生成 β-丙氨酸的潜力，因此选择其作为级联反应中的 PanD 路径酶。

图 5-163　L-天冬氨酸 α-脱羧酶重组菌株构建和表达

（1）*panD* 基因连接 pET-28a（+）示意图；（2）*Bs*PanD 蛋白经诱导表达后的 SDS-PAGE 图

M：蛋白质分子质量标准

（3）L-天冬氨酸酶重组菌的构建和表达　以大肠杆菌来源的 AspA 菌株构建为例，构建过程如下（图 5-164）：①以提取的 *E. coli* 基因组为模板，设计引物，克隆 *aspA* 基因，双酶切后插入 pET28a（+）质粒，并转化 *E. coli*21，构建完成的菌株命名为 pET28a-*Ec*AspA。②对 *Ec*AspA 进行蛋白纯化和 SDS-PAGE 验证。如图 5-164（2）所示，在 50ku 左右有明显的条带，与 *Ec*AspA 的理论分子质量相符，证明了 *Ec*AspA 在 *E. coli* 中实现了可溶性表达，且纯化出的条带单一，表明纯化效果较好。③对纯化的 AspA 蛋白进行体外酶活性测定，得到比酶活为 102.86U/mg 蛋白。

采用上述类似方法获得来源于 *Thermophile Bacillus*、*Pseudomonas fluorescens*、嗜纤维菌属（*Cytophaga* sp.）、蜂房哈夫尼菌（*Hafnia alvei*）和假结核耶尔森菌（*Yersinia pseudotuberculosis*）的 AspA 编码基因，将这些基因在大肠杆菌中表达，进行蛋白纯化以及酶活性测定。比较所有来源的重组 AspA 的酶活性，发现 *Ec*AspA 的比酶活最高，更具有转化富马酸生产 L-天冬氨酸的潜力，因此将其作为级联反应中的 AspA 路径酶。

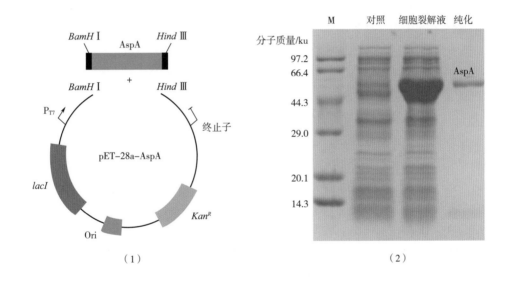

图 5-164　构建 L-天冬氨酸酶重组菌株

（1）*aspA* 基因连接 pET-28a（+）示意图；（2）*Ec*AspA 蛋白经诱导表达后的 SDS-PAGE 图

M：蛋白质分子质量标准

（4）体外级联路径的验证　为了验证该级联路径的可行性，利用纯化的 *Bs*PanD 和 *Ec*AspA 酶蛋白构建体外转化体系，具体转化条件为：*Bs*PanD 与 *Ec*AspA 的摩尔比为 1∶1（20μg/mL），起始底物富马酸的上载量为 100mmol/L，反应时间为 2h，反应温度为 37℃。将其转化液处理后选择高分辨质谱（HRMS）进行阳离子质谱检测，检测结果如图 5-165 所示，获得了理论分子质量加一（90）的产物峰，与 β-丙氨酸的理论分子质量（89）大小相符，样品进一步纯化进行 NMR 结构鉴定，证明生成的物质为 β-丙氨酸。上述结果表明 *Bs*PanD 与 *Ec*AspA 构建的体外级联反应可以实现富马酸到 β-丙氨酸的转化。

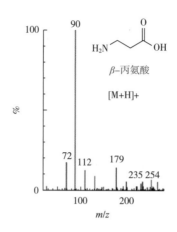

图 5-165　体外级联转化富马酸生产 β-丙氨酸的结构鉴定图

（5）限速步骤的确定　为了提高整个级联反应的催化效率，分别对单步反应进行转化测定，以确定限速步骤。结果显示，*Ec*AspA 表现出持续高效的转化，而 *Bs*PanD 在转化过程中前期转化迅速，后期转化缓慢，因此 *Bs*PanD 是该级联路径中的限速酶。具体结果如图 5-166（1）所示，在转化体系中加入 20g/L 的全细胞催化剂，转化前 2h，单位时间的 β-丙氨酸的生产强度高于 7g/（L·h），转化后期（转化 8~12h），单位时间产物的生产强度低于 2g/（L·h）。最终，β-丙氨酸的产量为 38.3g/L。推测该现象发生的原因是转化后期酶的稳定性较差导致酶活性不足，因此在转化 12h 后，向转化体系中补加 20g/L 菌体，β-丙氨酸产量迅速上升，最终达到 72.9g/L ［图 5-166（2）］，并且转化曲线与前 12h 相似。为进一步表征酶的稳定性，对 6 种来源的 PanD 进行转化过程中的剩余酶活性测定（转化 0~12h 后）。如图 5-166（3）所示，所有来源的 PanD 均有不同程度的失活问题，*Bs*PanD 和 *St*PanD（*Streptomyces* sp. PanD）转化 12h 后残存酶活性分别为初始酶活性的 5% 和 45%。为了进一步确定 *Bs*PanD 失活是受环境稳定性影响还是内源催化稳定性影响，在不加入底物 L-天冬氨酸的条件下（其他条件与前述残存酶活性测定实验相同）测定所有 PanD 来源的残存酶活性，结果如图 5-166（4）所示。可以发现，所有来源的 PanD 转化 12h 后仍有超过 90% 的残存酶活性。该结果说明了 PanD 有优异的环境稳定性，可以推断 PanD 较差的稳定性主要是由内源催化稳定性所致。该结果与文献报道的 PanD 存在严重的机制性失活现象相符，是 PanD 蛋白质工程改造的重要方向。

2. 蛋白质工程改造 L-天冬氨酸 α-脱羧酶提高催化稳定性

酶的失活一般分为两种，一种是因为受外界环境影响，这类因环境稳定性的失活常常涉及热稳定性、酸稳定性和有机溶剂稳定性等，可以通过改变环境条件以提高酶的稳定性，比如利用固定化技术保护酶免受环境伤害，还可以通过蛋白质工程改造提高酶的稳定性；另一种是内源机制性失活，该过程不可逆，一旦发生，便永久性失活。伴随着脱羧反应的进行，PanD 会发生机制性失活，且反应越快，失活越快。为了更加理性地改造 *Bs*PanD，缓解其机制性失活问题，首先需要了解其失活机制。

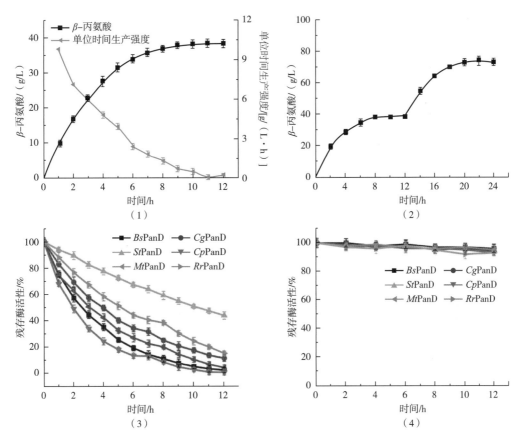

图 5-166　L-天冬氨酸 α-脱羧酶的机制性失活鉴定

（1）L-天冬氨酸 α-脱羧酶失活机制推测　根据前述 PanD 的反应机理，第 2 个步骤中，理想情况下，烯醇部分被 Tyr58 的"H"攻击，最终释放 β-丙氨酸和再生的丙酮酰基团。但是，当 Tyr58 的"H"错误地攻击烯醇中间体的丙酮酰基团部分，则会最终释放错误的产物，丙酮酰基团发生转氨基作用而失活（图 5-167）。基于这种失活机制，猜测通过调整 Tyr58 与活性基团的构象，可能有利于降低失活概率。再结合文献报道，距离越长，反应越难发生，因此推测：通过增加 Tyr58 与活性基团之间的距离，错误加氢的概率会降低，从而提高酶的催化稳定性。

图 5-167　L-天冬氨酸 α-脱羧酶失活途径

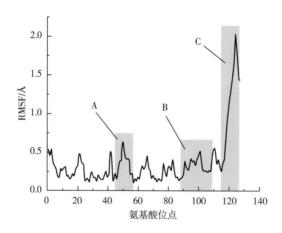

图 5-167　L-天冬氨酸 α-脱羧酶失活途径（续图）

图 5-168　分子动力学模拟计算野生型 BsPanD（Q0）的 RMSF
（灰色阴影部分代表灵活性较高的区）

（2）突变体的设计

① 基于构象动力学设计突变体：按照前文所述的构象动力学方法进行 BsPanD 野生型的同源模型构建和分子动力学模拟，重点分析氨基酸序列的均方根波动值（RMSF），选择三个较灵活的区域 A、B 和 C（图 1-168）。RMSF 值较高的序列存在显著的运动，因此对这些具有高灵活性的序列进行改造可能改变 Tyr58 周围的构象及蛋白质的整体稳定性，考虑到 C 末端区域远离 Tyr58 及活性中心，因此优先选择 A 和 B 区域作为改造的候选区域。

②基于结构比对设计突变体：蛋白质的结构与功能之间存在密切联系，不同来源的酶蛋白结构间的差异可能导致催化效率不同，因此可以结合结构比对策略，进一步指导蛋白质改造。前文结果显示 *St*PanD 在所有 PanD 中表现出最高的催化稳定性，因此选为 *Bs*PanD 结构比对的模板，指导 *Bs*PanD 的改造。首先通过同源建模方法模拟 *St*PanD 的理论三维结构，然后将其与 *Bs*PanD 的三维结构通过 PyMOL 软件的 Alignment 功能进行结构比对，再基于上述构象动力学方法鉴定 A 和 B 区域，找出结构差异较大的地方（这些结构差异之处可能是导致 *St*PanD 和 *Bs*PanD 催化稳定性相差较大的原因）。如图 5-169 所示，基于 A 区域鉴定出了 A1 和 A2 两个区域，基于 B 区域鉴定出了 B1 区域。进一步排除绝对保守的氨基酸残基，共确定了 14 个候选残基，分别为：K43、V44、Q45、I46、V47、A53、L55、E56、K104、V105、A106、V107、L108 和 N109。

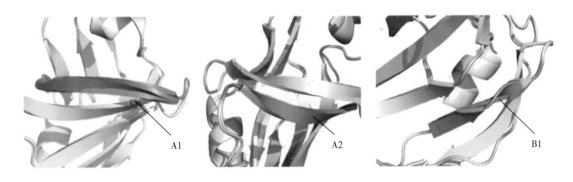

图 5-169　*Bs*PanD 和 *St*PanD 结构比对（*Bs*PanD：褐色；*St*PanD：绿色）

（3）突变体的构建与筛选　以野生型 *Bs*PanD 突变体质粒为模板，利用全质粒 PCR 方法构建突变体库，再利用荧光的高通量方法筛选 NNK 位点饱和突变，最终在 I46 和 K104 位点成功筛选出两个突变体，经过进一步测序鉴定为 *Bs*PanD^{I46V}（Q1）和 *Bs*PanD^{K104S}（Q2），将这两个突变体在 50mL 的摇瓶中进行复筛，评价指标为 β-丙氨酸的产量。获得突变体 Q1 和 Q2 生产 β-丙氨酸的产量分别达到 49.4g/L 和 45.2g/L，比野生型 Q0（38.0g/L）分别提高 30% 和 19%。最后，将 I46V 和 K104S 两个突变点进行组合，构建了双突变体 Q3（*Bs*PanD$^{I46V/K104S}$），该突变体摇瓶转化 L-天冬氨酸生产 β-丙氨酸的产量为 61.9g/L，比 Q1 和 Q2 分别提高了 25% 和 37%。

酶蛋白的 C 末端删除有可能增加酶的稳定性，因此，为了进一步提高 *Bs*PanD 的催化稳定性，将该策略应用于 Q3 的改造。一共构建了 7 个 C 末端氨基酸删除的突变体，即分别将 Q3 氨基酸序列末端的 1~7 个氨基酸残基突变为终止密码子 TAG，实现末端序列的删除。将它们分别在摇瓶水平进行转化效果验证，转化结果如表 5-39 所示。其中，删除了 C 末端区域两个氨基酸残基的突变体 Q4（*Bs*PanD$^{I46V/K104S/I126*}$）在 7 个突变体中的 β-丙氨酸产量最高，达到 74.1g/L，比对照菌株 Q3 产量提高 19.7%，进一步删除 C 末端氨基酸，其产量与对照菌株 Q3 相比均下降。

表 5-39　不同位置 C 末端删除突变体摇瓶中转化 L-天冬氨酸生产 β-丙氨酸转化结果

突变体	β-丙氨酸产量/(g/L)	突变体	β-丙氨酸产量/(g/L)
BsPanD$^{I46V/K104S}$	61.9	BsPanD$^{I46V/K104S/R124*}$	56.4
BsPanD$^{I46V/K104S/L127*}$	68.2	BsPanD$^{I46V/K104S/A123*}$	53.3
BsPanD$^{I46V/K104S/I126*}$	74.1	BsPanD$^{I46V/K104S/P122*}$	55.8
BsPanD$^{I46V/K104S/T125*}$	59.7	BsPanD$^{I46V/K104S/E121*}$	54.2

* 表示在该位置末端删除突变体。

为了更好地增强突变效应，在突变体 Q4 的基础上引入了文献报道的突变位点 I88M，产生了突变体 Q5（BsPanDI46V/I88M/K104S/I126*）。在摇瓶水平验证 Q5 的转化效果，如图 5-170 所示，β-丙氨酸产量达到 98.0g/L，相比于 Q0~Q4 分别增加了 158%、98%、117%、58% 和 32%。因此，Q5 是本研究中获得的最优 BsPanD 突变体。

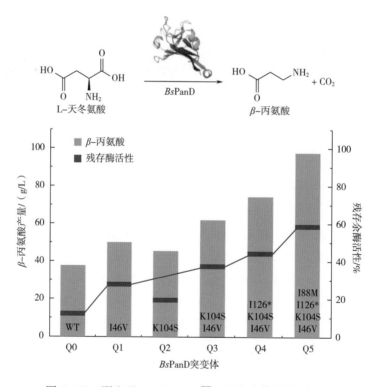

图 5-170　野生型 Q0（BsPanD^{WT}）及突变体的转化效果

（4）突变体的酶学性质研究与评价　为了进一步验证上述突变效果，对突变体 Q0~Q5 进行动力学参数表征，结果如表 5-40 所示。可以看出：①各突变体的催化效率 k_{cat}/K_m 与 Q0 相比差距不大，其中最佳突变体 Q5 的 k_{cat}/K_m 仅比 Q0 提高 12%，相对应地，Q5 的比酶活从 Q0 的 3.25U/mg 蛋白增加到 3.64U/mg 蛋白，仅提升了 15%，而摇瓶测得的 β-丙氨酸产量提高了 157%，说明酶活性提高不是产量提高的主要原因。②由于转化反应是体内全细胞催化，因此进一步验证了体内反应的催化半衰期（指以 L-天冬氨酸为底物的催化反应过程中酶活性剩余一半所需的时间）。将 Q0~Q5 以 L-天冬氨酸为底物进行转化实验，过程中取样测定残存酶活性，从而计算出半衰期，残存酶活性的时间变化曲线如图 5-171 所示，半衰期结果如表 5-40 所示。结果表明，突变体 Q1~Q5 的催化半衰期分别比 Q0（2.1h）提高了 33%、57%、85%、148% 和 248%，其中 Q5 的催化半衰期延长至 7.3h，表明了催化反应中突变体可以维持更长时间的活性，即突变体的催化稳定性更高。③进一步测定 Q5 和 Q0 体外纯化酶的催化半衰期，结果如图 5-172 所示，Q5 的半衰期（2.9h）比 Q0（1.1h）延长了 164%，与体内催化半衰期的结果相一致，进一步表明突变提高了 BsPanD 的催化稳定性；④对于总转换数 TTN，突变体 Q5（30200）是野生型 Q0（12000）的 2.52 倍。该结果结合上述动力学参数表明了突变体是通过缓解了机制性失活提高了转化效率，使得酶蛋白在转化过程中长时间保持活性状态，从而在用酶量相同的情况下，突变体可以转化更多的底物 L-天冬氨酸生成 β-丙氨酸。

表 5-40　　　　　　　　　　BsPanD 野生型及突变体的动力学参数测定

突变体	$(k_{cat}/K_m)/$ [L/(mmol·s)]	比酶活/ （U/mg 蛋白）	催化半衰期/h	TTN
Q0	0.39	3.25	2.1	12000
Q1	0.43	3.46	2.8	16000
Q2	0.41	3.29	3.3	14200
Q3	0.46	3.54	3.9	19500
Q4	0.37	3.09	5.2	23800
Q5	0.44	3.64	7.3	30200

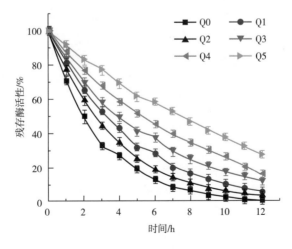

图 5-171　全细胞测定 BsPanD 野生型和突变体的残存酶活性

注：转化过程中每小时测定一次，初始酶活性设定为 100%。

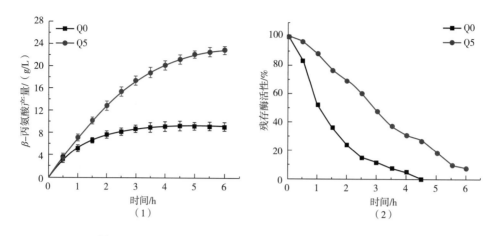

图 5-172　野生型 Q0 和最佳突变体 Q5 纯酶测定催化稳定性

（1）体外测定 Q0 和 Q5 转化生产 β-丙氨酸曲线图；（2）根据（1）图计算出的 Q0 和 Q5 的体外残存酶活性

（5）突变体提高催化稳定性机制解析　通过对野生型 Q0 和最佳突变体 Q5 的三维结构进行比较，对 Q0 和 Q5 中错误加氢的距离（距离 d1，即 Ser25 处丙酮酰基团与 Tyr58 的酚基之间的距离）进行测量，结果如图 5-173 所示，Q5 和 Q0 的错误加氢距离分别为 $5.5×10^{-10}$ m 和 $4.9×10^{-10}$ m。该结果验证了"增加错误加氢距离可以有效减少失活的频率"的推测。该机制发生的深层原因可能是：催化距离越长，反应发生所需的能垒也越高，因此反应越难发生。本研究中，d1 距离的增加，增加了该失活途径发生所需的能量，因此增加了错误加氢反应的难度，失活反应减少。

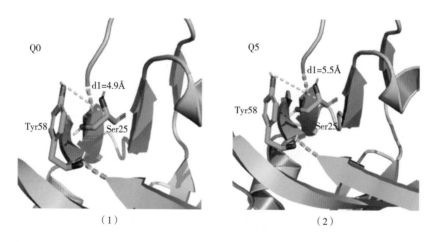

图 5-173　Tyr58 的酚基与 Ser25 处活性基团丙酮酰基团的距离（错误加氢距离 d1）

（1）野生型 Q0（BsPanD^{WT}）的距离 d1；（2）突变体 Q5（BsPanD$^{I46V/I88M/K104S/I126*}$）的距离 d1

利用分子动力学模拟，对最佳突变体 Q5 与野生型 Q0 的构象动力学进行比较分析。如图 5-174（1）所示，与野生型 Q0 相比，最佳组合突变体 Q5 的 RMSD 值显著降低，表明突变体 Q5 的整体蛋白构象更加稳定；突变体 Q5 在原先波动较大的 A、B 和 C 三个区域 RMSF

值显著减小，表明突变降低了这些区域的灵活性［5-174（2）］。基于该结果，推测 Q5 蛋白内部的作用力增强，因此计算了分子动力学模拟中平均氢键数，结果如图 5-174（3）所示，Q5 的平均氢键数从 Q0 的 25.8 个增加到 29.2 个，验证了该推测。以上结果表明，突变体通过增加错误加氢距离以及增强蛋白内部作用力提高了 PanD 的催化稳定性。

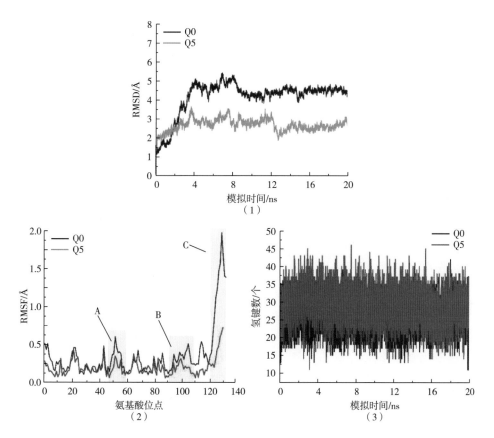

图 5-174　构象动力学方法分析 Q5 稳定性提高机制

3. 双酶组装合成 β-丙氨酸

以富马酸为底物生产 β-丙氨酸的级联路径涉及 AspA 和 PanD 两个酶，若采取单酶表达菌株的混菌转化，会增加转化体系的黏度，且 AspA 和 PanD 处于独立的细胞内，中间产物 L-天冬氨酸需要跨越细胞膜的障碍才能被 PanD 进一步转化，影响传质效率。此外，两个单表达菌株需分别培养收集，增加了操作的复杂性以及酶制剂的生产成本。因此，采用双酶在一株 *E. coli* BL21（DE3）中共表达的方式，实现富马酸生产 β-丙氨酸的单菌转化。

（1）共表达菌株的构建及验证　以 pET28a-*Ec*AspA 菌株提取的基因为模板，设计引物扩增并完成双酶共表达菌株的构建，重组菌株命名为 pBsPA。将其诱导培养后，收集菌体进行超声破碎，利用 SDS-PAGE 验证和分析 AspA 和 PanD 的蛋白表达情况。如图 5-175 所示，在 50ku 和 12ku 左右出现明显的目的条带，分别与 *Ec*AspA 和 *Bs*PanD 蛋白的大小相符，表明该双酶菌株的共表达系统成功构建，且可实现高效的可溶性表达。

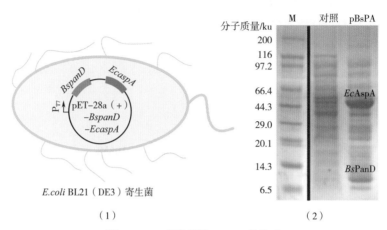

图 5-175　双酶菌株 pBsPA 的构建

（1）pBsPA 菌株所用质粒构建示意图；（2）pBsPA 菌株诱导表达及菌体破碎后上清液 SDS-PAGE 分析，M：蛋白质分子质量标准

测试重组 pBsPA 菌株全细胞转化不同浓度的富马酸（富马酸浓度从 10g/L 逐渐增加至 60g/L）生产 β-丙氨酸的能力，湿菌体质量与转化体系中底物的质量比为 1：5。如图 5-176 所示，各转化体系中均检测到 β-丙氨酸的生成，验证了该级联反应在体内实施的可行性。随着起始底物富马酸的浓度从 10g/L 增加到 30g/L，β-丙氨酸的产量也随之从 7.3g/L 提高到 18.2g/L。但是继续增加富马酸的浓度，β-丙氨酸的产量降低。此外，随着富马酸浓度的增加，中间产物 L-天冬氨酸的积累量从 0.1g/L 增加到 53.3g/L，转化率从 95.2% 降低至 18.9%。出现上述现象的原因可能是：①双酶菌株中的 AspA 的酶活性高于 PanD 酶活性，从而导致两步反应不平衡，引起 L-天冬氨酸过量积累；②随着富马酸浓度越高，L-天冬氨酸积累越多，导致 PanD 的底物抑制越严重，从而阻碍了 PanD 催化的第

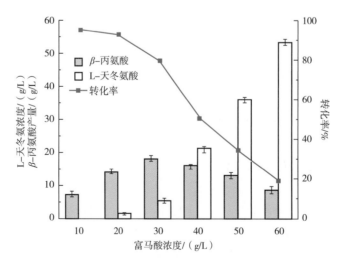

图 5-176　pBsPA 双酶菌株转化不同浓度的富马酸对 β-丙氨酸产量的影响

二步脱羧反应，造成富马酸生成 β-丙氨酸的整体转化率不断降低。为了验证该猜测，对 pBsPA 的全细胞酶活性进行测定，结果显示：AspA 的酶活性为 705U/g 湿菌体，而 PanD 酶活性仅为 27.4U/g 湿菌体，两者的酶活性比例为 26∶1，表明酶活性差异较大是引起上述现象的主要原因。

（2）体外双酶比例优化　为了解决上述问题，需要对 AspA 与 PanD 的酶活性比例进行优化。首先在体外进行双酶比例的优化，将 AspA 与 PanD 突变体（Q5）酶活性之间的比例设置在（10∶1）～（0.5∶1）范围，底物富马酸浓度为 40g/L，PanD 酶活性固定为 4U/mL。结果如图 5-177 所示。随着 AspA 与 PanD 酶活性比从 10∶1 降低到 1.5∶1，β-丙氨酸的产量不断增加，当比例低于 1∶1 时，产量开始显著下降。分析该现象的可能原因是：①当 AspA 酶活性过高时，AspA 转化富马酸生成 L-天冬氨酸的反应速率远快于 PanD 转化 L-天冬氨酸生成 β-丙氨酸的反应速率，因此造成中间产物 L-天冬氨酸过量积累，对 PanD 造成底物抑制，这一结果与文献报道的 PanD 存在严重的底物抑制现象相符；②当 AspA 酶活性过低时（AspA 与 PanD 酶活性比小于 1∶1 时），L-天冬氨酸的生成速率满足不了其消耗速率，导致 β-丙氨酸产量的下降。因此，为了控制级联路径的两个反应相平衡，转化过程中的 AspA 与 PanD 酶活性比应该控制在（1∶1）～（1.5∶1），此时 β-丙氨酸的产量为 28.5g/L，转化率为 92.7%。

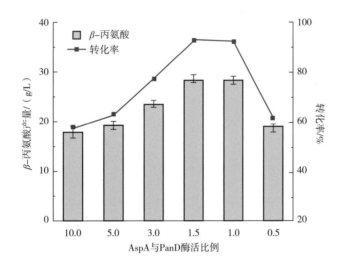

图 5-177　不同 AspA 与 PanD 酶活性比例对 β-丙氨酸产量的影响

（3）体内双酶比例优化　通过体外实验获得 AspA 与 PanD 酶活性的最佳比例后，对这两个酶的体内酶活性比例进行优化。为了使体内共表达菌株的酶活性水平控制在上述获得的最佳比例之间，通过以下两种方式对 AspA 与 PanD 的表达水平进行精细调控。

①RBS 调控：由于体内构建的双酶菌株 pBsPA 全细胞酶活性测定实验中，AspA 酶活性远高于 BsPanD 酶活性，因此利用较低结合强度的 RBS 序列调控 aspA 基因，一方面降低 AspA 酶的表达水平，另一方面减少与 PanD 酶的竞争表达，从而提高 PanD 酶活。

一共筛选了四种低强度的 RBS 序列，将菌株 pBsPA 中 *EcaspA* 基因序列前原先使用的 RBS 序列替换，从而构建了四种 RBS 优化菌株，对其 AspA 和 PanD 的全细胞酶活性进行测定，结果如图 5-178 所示，四种 RBS 优化菌株与对照菌株 pBsPA 相比，AspA 的酶活性均降低，表明了通过调控 RBS 序列可以实现酶的表达量的调控。此外，除了 pBsPA-2 菌株，其余 RBS 菌株的 PanD 酶活性均得到提高。其中 pBsPA-1 的效果最显著，其 AspA 酶活性为 214.2U/g，比对照菌株（pBsPA）降低 70%，PanD 酶活性为 46.8U/g，比对照菌株提高 71%，最终 AspA 与 PanD 的酶活性比例由 26∶1 降低到 4.6∶1，证明了 RBS 调控策略可以有效调控多酶之间的表达水平，但是与体外优化的最佳酶活性范围（1∶1）～（1.5∶1）相比，仍需要进一步优化 AspA 和 PanD 的表达。

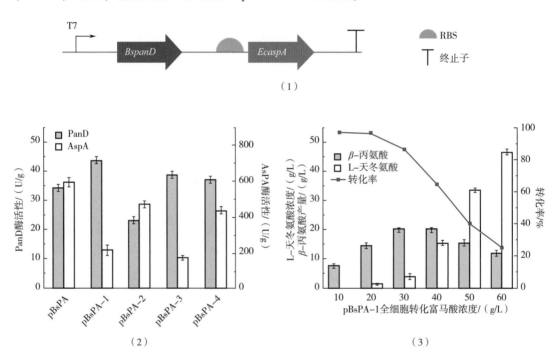

图 5-178　利用 RBS 调控策略体内优化双酶共表达菌株中 AspA 和 PanD 酶活性比例

②PanD 重复表达：为了使 AspA 与 PanD 的体内酶活性比例控制在（1∶1）～（1.5∶1）范围内，利用基因重复表达提高 PanD 的表达水平。因此，在菌株 pBsPA-1 的基础上，*BspanD* 突变基因被重复表达了 2～5 遍［图 5-179（1）］，新构建了四株重复表达菌株，对其进行全细胞酶活性测定，结果如图 5-179（2）所示。可以发现，当 *panD* 基因在质粒上的拷贝数由 1 提高到 3 时，PanD 酶活性由 47.1U/g 提高到 65.4U/g，而继续增加 *panD* 基因的表达遍数，PanD 酶活性开始下降。因此，表达了 3 遍的重组菌株 pBs3PA-1 的 PanD 酶活性最高，此时，AspA 和 PanD 酶活性的比例为 1.3∶1，符合最适的酶活性比例范围（1∶1）～（1.5∶1）。为进一步验证其转化效果，对新构建的四株重复表达菌株在富马酸浓度为 40g/L 的条件下进行了转化实验。如图 5-179（3）所示，*β*-丙氨酸的产量随 *panD* 基因重复表达遍数增加呈现"钟形"分布曲线，菌株 pBs3PA-1 的产量最高，因此被选择

作为最终转化反应所用的双酶菌株。此外，中间产物 L-天冬氨酸的积累随着 *panD* 基因重复表达遍数增加而不断减少，但是菌株 pBs4PA-1 和菌株 pBs5PA-1 的 β-丙氨酸产量反而出现下降，推测原因可能是 AspA 酶活性出现下降，导致起始底物富马酸剩余较多，采用 HPLC 法测定了富马酸浓度，结果与推测相符（数据未显示）。

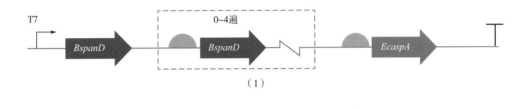

（1）

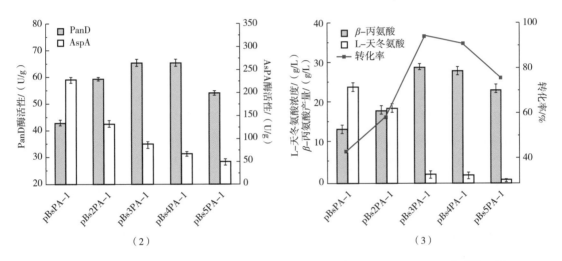

（2） （3）

图 5-179 利用基因重复表达策略体内优化双酶共表达菌株中 AspA 和 PanD 酶活性比例

（4）全细胞转化富马酸生产 β-丙氨酸的体系优化

①发酵条件对产酶情况的影响：

a. 接种量对发酵产酶的影响。接种量的多少会影响菌体生长和酶活性情况，因此需要对接种量进行优化，其余发酵条件为：细胞生长至 OD_{600} 为 5 时开始诱导，诱导 14h，结果如图 5-180（1）所示。当接种量从 1% 逐渐增加至 9% 时，发酵结束时的菌体量基本没有变化，维持在 $OD_{600} = 40$ 左右，但是对 PanD 和 AspA 的酶活性有一定影响，具体表现为：当接种量从 1% 增加至 5%，该影响较弱，可以忽略；当接种量从 5% 增加至 9% 时，两种酶活性均有轻微程度的下降。由于接种量越高，发酵开始到诱导前的时间越短，可以减少发酵过程中产生的能耗和时间成本，因此最终选择接种量为 5%。

b. 诱导条件对发酵产酶的影响。诱导条件对酶活性的影响较大，它会直接影响目的蛋白的表达水平，因此分别考察不同起始诱导菌体浓度、不同诱导剂种类（乳糖和 IPTG）、不同诱导时长和不同诱导温度对 *Bs*PanD 和 *Ec*AspA 酶活性的影响。

起始诱导菌体浓度对最终的酶活性和菌体生长有显著影响。如果诱导时菌体浓度太低，目的蛋白过早表达，会严重影响菌体生长；如果诱导时菌体浓度太高，则不利于目的蛋白的高量积累。因此考察了发酵开始后菌体生长至不同细胞浓度诱导对酶活性和发酵结束时菌体量的影响，结果如图 5-180（2）所示。当诱导 OD_{600} 从 1 增加到 7 时，发酵结束时测定的大肠杆菌细胞量 OD_{600} 从 33.4 增加至 56.5，而 AspA 和 PanD 酶活性均下降。但 OD_{600} 为 3 时诱导与 OD_{600} 为 1 时诱导相比，AspA 和 PanD 酶活性降低 <5%，且发酵结束时 OD_{600} 达到 48.2，比 OD_{600} 为 1 时诱导增加 44.3%。因此，最终选择 OD_{600} 为 3 时开始诱导。

不同的诱导剂对菌株发酵产酶的效果影响较大。分别利用 IPTG 和乳糖作诱导剂，发酵过程中取样测定酶活性以及菌体生长情况，结果如图 5-180（3）和（4）所示。IPTG 和乳糖诱导对前期（诱导 2~10h）的两种酶活性差距均较明显，IPTG 诱导的酶活性显著高于乳糖，后期（诱导 10~18h）的酶活性差别较小，特别是 14~18h，IPTG 和乳糖几乎没有差别。从整体看，当诱导时间从 2h 增加至 14h，两种诱导剂的 AspA 酶活性和 PanD 酶活性均不断增加；之后继续延长诱导时间，酶活性变化较小。最终，PanD 酶活性稳定在 62U/g 左右，AspA 酶活性稳定在 79U/g 左右。此外，以乳糖作为诱导剂的菌株生长情况明显好于 IPTG 作诱导剂的，因此，最终选择乳糖作为菌株发酵的诱导剂，诱导时间为 14h。

接着对菌体诱导过程中的乳糖添加浓度进行优化，结果如图 5-180（5）所示。AspA 和 PanD 酶活性随乳糖添加浓度的增加，均呈现"钟形"曲线的分布趋势，PanD 酶活性的最高点（68.1U/g）出现在乳糖浓度为 5g/L 时，AspA 酶活性（82.8U/g）的最高点出现在浓度为 3g/L 时。乳糖浓度为 3g/L 和 5g/L 时的 AspA 与 PanD 酶活性的比例分别为 1.3:1 和 1.2:1，均在最适范围（1:1）~（1.5:1）以内，结果表明这两种浓度均能保证级联反应中两个反应的平衡，进一步考虑到 PanD 为级联反应中的限速酶。因此，最终选择 PanD 酶活性更高的 5g/L 乳糖浓度进行诱导。

诱导温度是发酵体系中影响酶蛋白表达的关键因素。温度越高，酶蛋白表达越快，而折叠速度过快，容易发生错误折叠，导致包涵体产生。因此，需要对诱导温度进行优化，考察了 16、25 和 30℃ 这三种温度条件对两种酶活性的影响情况，结果如图 5-180（6）所示。在 16℃ 条件下，PanD 和 AspA 的酶活性以及细胞生长情况均较差，在 25℃ 条件下，PanD 和 AspA 的酶活性均达到最高，分别为 76.9U/g 和 86.7U/g。继续提高诱导温度，两种酶活性均出现明显降低，而细胞 OD_{600} 仅提高了 12.0%（从 43.2% 增加到 48.4%），因此，最终选择 25℃ 作为诱导温度。

②转化条件对转化反应的影响：

a. 反应温度。反应温度会对酶的催化反应有显著的影响。一定范围内，提高反应温度可以加快反应速率，促进底物传质过程，但是同时也会促使酶蛋白热变性加快，从而使其逐渐丧失活性。因此，需要对反应温度进行优化，考察 30、37 和 44℃ 这三种温度对转化反应的影响，以找到最适的级联体系温度。结果如图 5-181（1）所示，当反应温度从 30℃ 升高至 44℃，虽然转化时间从 15h 缩短至 12h，但是 β-丙氨酸产量也逐渐下降。当反应温度为 37℃ 时，转化时间为 13h，比 30℃ 时缩短 2h，而 β-丙氨酸产量仅出现略微下降（从 30℃ 时的 114.8g/L 降低至 114.2g/L）。因此，综合考虑能耗成本，最终选择 37℃ 作为

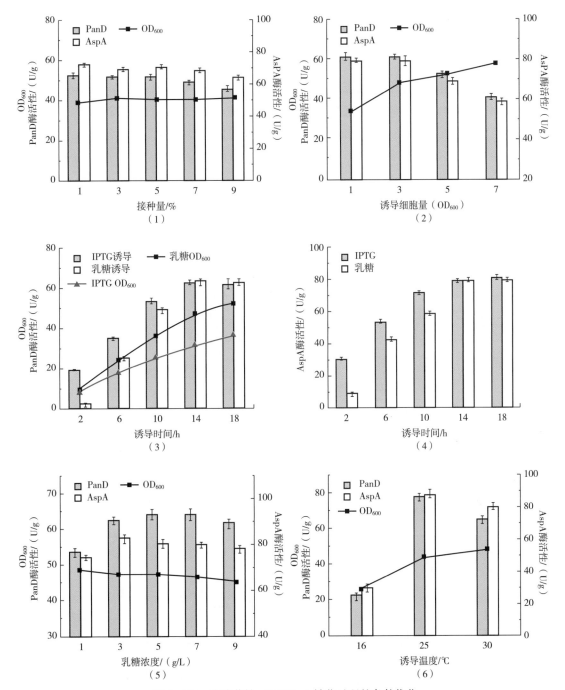

图 5-180　双酶菌株 pBs3PA-1 转化过程的条件优化

转化反应的温度。

　　b. 反应 pH。反应 pH 也会对转化反应的效率产生较大影响。文献报道 PanD 的催化 pH 一般为中性或弱酸性，因此考察了不同反应 pH（5.8~7.9）对 β-丙氨酸产量的影响，结果如图 5~181（2）所示。当转化反应控制 pH 为 6.5 左右时，β-丙氨酸产量最高，达到 117.3g/L；当 pH 低于 6.5 时，产量降低较明显；当 pH 高于 6.5 时，产量逐渐降低。

因此，最终选择 pH 6.5 作为转化反应的 pH。

c. 添加剂。由于本研究中的转化反应是在全细胞内进行的，添加剂会影响底物与酶的接触反应，因此一开始添加了表面活性剂 CTAB 以加快转化反应的进行。不同的添加剂对细胞与酶的作用有差异，因此需要对添加剂进行优化，考察了在转化体系中分别添加 CTAB、曲拉通和吐温-80 对转化富马酸生产 β-丙氨酸产量的影响，结果如图 5-181（3）所示。CTAB 和曲拉通对转化反应的影响相似，曲拉通的产量略高，为 118.8g/L，而添加吐温-80 的转化体系 β-丙氨酸产量仅为 111.3g/L。因此，最终选择曲拉通作为转化反应的添加剂。

d. 全细胞催化剂浓度。尽管本研究缓解了 PanD 的机制性失活问题，但并未根本解决，所以，一定范围内较高的菌体量仍有利于 β-丙氨酸产量的提升，但同时也增加了工业生产成本。因此，对加入转化体系中的全细胞催化剂的用量进行优化，结果如图 5-181（4）所示。随着湿菌体的用量从 10g/L 增加至 50g/L，β-丙氨酸的产量从 58.9g/L 提高至 220.8g/L，但是单位菌体 β-丙氨酸的生产能力从 6.2g/g 湿菌体逐渐降低至 4.7g/g 湿菌体。因此，考虑到工业生产对高产量以及低催化剂（菌体）的用量的要求，最终选择 20g/L 的全细胞催化剂添加到转化体系中，此时 β-丙氨酸的产量为 119.3g/L。

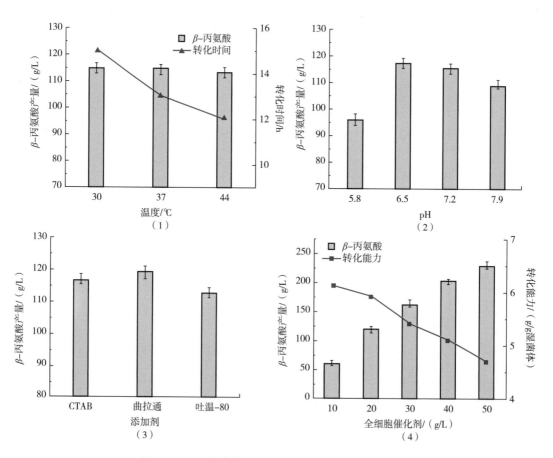

图 5-181　双酶菌株 pBs3PA-1 的发酵产酶条件优化

（5）β-丙氨酸的规模化制备　为进一步测试重组菌株的工业化应用水平，扩大应用规模，将最优的共表达菌株 pBs3PA-1 在中试水平（15L 发酵罐）进行放大，测定其全细胞转化富马酸生产 β-丙氨酸的能力。如图 5-182 所示，在整个转化过程中 L-天冬氨酸的积累量基本维持在 1~3g/L 范围之内，再次验证了该级联反应中 AspA 和 PanD 分别催化的两步反应处于平衡状态。最终转化 13h 时，β-丙氨酸产量为 118.6g/L，单位细胞的 β-丙氨酸生产能力为 5.9g/g 湿菌体，转化富马酸生产 β-丙氨酸的转化率>99%。

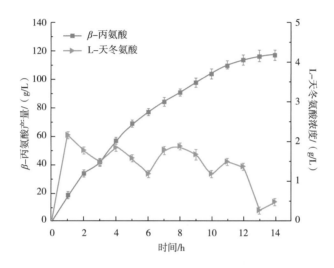

图 5-182　双酶菌株 pBs3PA 在 15L 发酵罐中转化富马酸生产 β-丙氨酸的曲线图

参考文献

［1］卢翠．三酶级联转化 L-苯丙氨酸生产 D-苯丙氨酸的研究［D］．无锡：江南大学，2021.

［2］牛盼青．酶法转化 L-谷氨酸生产 α-酮戊二酸［D］．无锡：江南大学，2014.

［3］裴杉杉．分子改造 L-氨基酸脱氨酶生产 α-酮缬氨酸［D］．无锡：江南大学，2020.

［4］钱园园．双酶转化富马酸生产 β-丙氨酸的研究［D］．无锡：江南大学，2020.

［5］谭旭．多酶级联转化 L-酪氨酸生产 D-对羟基苯甘氨酸［D］．无锡：江南大学，2021.

［6］王玉成．甘氨酸氧化酶催化合成乙醛酸的研究［D］．无锡：江南大学，2020.

［7］吴法浩．非天然手性氨基酸合成的研究进展［J］．生物化工，2020，6（1）：122-125，129.

［8］武耀运，陈城虎，宋伟，等．生物催化氨基酸 C—N 裂解反应的研究进展［J］．生物加工过程，2022，20（1）：137-147.

［9］杨彬．构象动力学方法改造酶性能以生产医药中间体［D］．无锡：江南大学，2018.

［10］袁宇翔．L-氨基酸脱氨酶分子改造提高 α-酮异己酸和 α-酮-β-甲基正戊酸合成效率［D］．无锡：江南大学，2019.

［11］张灿．级联反应催化 L-蛋氨酸生产羟基蛋氨酸［D］．无锡：江南大学，2019.

［12］Biasini M，Bienert S，Waterhouse A，et al. SWISS-MODEL：modelling protein tertiary and quaternary structure using evolutionary information［J］．Nucleic Acids Research，2014，42（W1）：W252-W258.

［13］Gallagher D T, Mayhew M, Holden M J, et al. The crystal structure ofchorismate lyase shows a new fold and a tightly retained product ［J］. Proteins, 2001, 44 (3): 304-311.

［14］Han S S, Kyeong H H, Choi J M, et al. Engineering of the conformational dynamics of an enzyme for relieving the product inhibition ［J］. ACS Catalysis, 2016, 6: 8440-8445.

［15］Holden M J, Mayhew M P, Gallagher D T, et al. Chorismate lyase: kinetics and engineering for stability ［J］. Biochim Biophys Acta, 2002, 1594 (1): 160-167.

［16］Hu X, Robin S, O'Connell S, et al. Engineering of a fungal beta-galactosidase to remove product inhibition by galactose ［J］. Applied Microbiology and Biotechnology, 2010, 87 (5): 1773-1782.

［17］Kim E, Lee S, Jeon A, et al. A single-molecule dissection of ligand binding to a protein with intrinsic dynamics ［J］. Nature Chemical Biology, 2013, 9 (5): 313-331.

［18］Okai N, Miyoshi T, Takeshima Y, et al. Production of protocatechuic acid by *Corynebacterium glutamicum* expressing chorismate-pyruvate lyase from *Escherichia coli* ［J］. Applied Microbiology and Biotechnology, 2016, 100 (1): 135-145.

［19］Oyen D, Fenwick R B, Stanfield R L, et al. Cofactor-mediated conformational dynamics promote product release from *Escherichia coli* dihydrofolate reductase via an allosteric pathway ［J］. Journal of the American Chemical Society, 2015, 137 (29): 9459-9468.

［20］Patil N A, Tailhades J, Hughes R A, et al. Cellular disulfide bond formation in bioactive peptides and proteins ［J］. International Journal of Molecular Sciences, 2015, 16 (1): 1791-1805.

［21］Reading N S, Aust S D. Role of disulfide bonds in the stability of recombinant manganese peroxidase ［J］. Biochemistry, 2001, 40 (27): 8161-8168.

［22］Song G Y, Wang X Y, Wang M. Influence of disulfide bonds on the conformational changes and activities of refolded phytase ［J］. Protein and Peptide Letters, 2005, 12 (6): 533-535.

［23］Venelina Yovkova, Christina Otto, Andreas Aurich, et al. Engineering the α-ketoglutarate overproduction from raw glycerol by overexpression of the genes encoding $NADP^+$-dependent isocitrate dehydrogenase and pyruvate carboxylase in *Yarrowia lipolytica*. Applied Microbiology and Biotechnology, 2014, 98 (5): 2003-13.

第六章　生物催化氨基酸 α-羧基的衍生化技术

羧基（—COOH）由羰基（—CO—）和羟基（—OH）两部分组成，但并不是这两个部分的简单加成。羧基中的羟基比醇羟基更活泼，而羰基比正常羰基更稳定。因此，α-羧基的衍生化主要针对羟基（—OH）部分或整个羧基。基于此，衍生 α-羧基的两种主要反应是：①酯化生成氨基酸酯或肽；②脱羧形成相应的伯胺。

第一节　α-羧基酯化合成氨基酸酯

一、概述

氨基酸的酯化合成氨基酸酯可以通过蛋白酶，如 α-胰凝乳蛋白酶、胰蛋白酶和木瓜蛋白酶等催化的反应来实现。这些蛋白酶表现出不同的底物特性，例如，α-胰凝乳蛋白酶偏好芳香底物；胰蛋白酶则偏好赖氨酸和精氨酸；而木瓜蛋白酶具有广泛的底物范围，可以接受各种类型的氨基酸（图 6-1）。这种不同的底物专一性便于选择合适的催化剂对不同的氨基酸进行酯化。然而，蛋白酶所催化的酯化反应具有一定的局限性，主要在于反应的可逆性。克服这一问题的一个潜在策略是通过两相系统进行转化，这可能会削弱水解活性，使反应更容易发生酯化。Hideo 等建立了乙醇浓度大于 90% 的"水-乙醇"混合体系，利用 α-胰凝乳蛋白酶（图 6-1）合成 N-乙酰-L-色氨酸和 N-乙酰-L-酪氨酸乙酯。降低水溶液的比例会使得反应的平衡更倾向于酯的形成。但是，有机溶剂有时会导致操作稳定性差，降低生物催化剂的活性，而固定化是一种比较有效的改善方法。例如，Yesim 等用聚乙烯醇固定牛胰蛋白酶来提高酶的稳定性和活性，以不同的醇（如乙醇、丙醇和丁醇）和 N-苯甲酰-DL-精氨酸为原料合成了 N-苯甲酰-DL-精氨酸酯。在此研究中，聚乙烯醇/胰蛋白酶的比例为 10 : 1，水的含量为 0.25%，其转化率从 20% 提高到了 80%。

二、固定化胰蛋白酶提高 N-苯甲酰-DL-精氨酸酯的合成能力

1. 酯化反应的条件和关键参数

胰蛋白酶（EC 3.4.21.4）催化 N-α-苯甲酰-DL-精氨酸（Bz-Arg）在醇（乙基、丙基和丁基）中的酯化反应如下进行：将牛胰蛋白酶（5mg）与一定量的纯水混合，并将聚乙烯醇（PVA）粉末（0.5g）添加到牛胰蛋白酶溶液中。将混合物静置约 10min 后，加入 Bz-Arg（28mg，10mmol/L）和含有特定量水的 10mL 醇（乙醇、1-丙醇和 1-丁醇），在

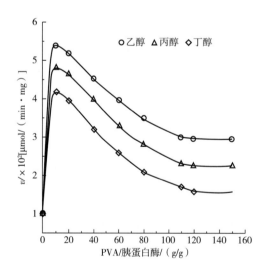

图 6-1　酯化 α-羧基合成氨基酸酯

37℃以恒定速率往复振荡（约每分钟 150 个循环）孵育 24h。反应结束后，使用 HPLC 法检测产物中 Bz-Arg 及其酯（苯甲酰精氨酸乙基酯、1-丙基酯和 1-丁基酯）的含量。初始反应速率定义为反应进行 30min 形成的 N-苯甲酰-DL-精氨酸酯的量。酯形成的平衡常数 K 由 5~6d 后反应组分的量确定。

图 6-2　PVA/胰蛋白酶比值对反应速率的影响

2. 酯化反应关键参数的影响因素

（1）反应速率的影响因素　在相同反应条件下（胰蛋白酶，5mg；Bz-Arg，28mg；醇类，10mL；水，0.25mL；37℃），获得的苯甲酰精氨酸乙酯的产率最高。反应 24h 后，初始反应速率 v 与 PVA/胰蛋白酶比值的关系如图 6-2 所示。不添加 PVA 时，反应缓慢，反应 24h 后乙醇中形成的苯甲酰精氨酸乙酯的产率为 20%；逐步增加 PVA 的添加量，三种醇中的反应速率均显著提高，在 PVA/胰蛋白酶比值为 10 时，反应速率达到最大值；随着 PVA/胰蛋白酶比值的增加，反应速率逐渐降低。

这表明 PVA 是苯甲酰精氨酸酯合成中胰蛋白酶的良好支持，且 PVA/胰蛋白酶比值是影响反应速率的关键因素。

接着，考察反应混合物中的水含量对反应速率的影响。反应体系：5mg 胰蛋白酶、28mg Bz-Arg、0.5g 聚乙烯醇、10mL 醇类，37℃反应 24h，在反应体系的水含量为 1.5%~7%时的反应速率变化情况如图 6-3 所示，在固定化胰蛋白酶量不变的情况下，没有水，反应无法进行；随着反应混合物中水含量的增加，反应速率会增加，因此，反应混合物中的水含量是影响反应速率的另一个关键因素。

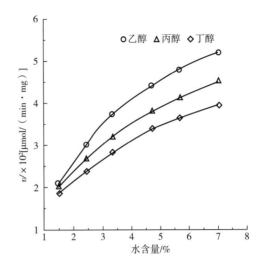

图 6-3　水含量对反应速率的影响

（2）酯化产率的影响因素　酯化产率是通过使用 9 种不同的 PVA/胰蛋白酶比值来确定的。将 5mg 胰蛋白酶、28mg Bz-Arg、10mL 醇类（乙醇、1-丙醇和 1-丁醇）和 0.25mL 水在 37℃ 下孵育 24h。图 6-4 显示了反应 24h 后三种酯（Bz-Arg-OEt、Bz-Arg-OPro 和 Bz-Arg-OBut）的产率与 PVA/胰蛋白酶比值的关系，随着 PVA/胰蛋白酶比值的增加，三种酯的产率都急剧增加，当比值接近 60 时，三种酯的产率达到最大值；比值再增大时，三种酯的产率几乎保持不变。表明 PVA/胰蛋白酶比值在一定范围内是影响苯甲酰精氨酸酯化产率的关键因素。

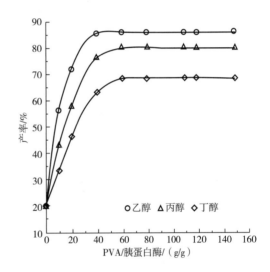

图 6-4　PVA/胰蛋白酶比值对酯化产率的影响

接着，考察反应混合物中水含量对酯化产率的影响。反应体系：5mg 胰蛋白酶、28mg Bz-Arg、0.5g 聚乙烯醇、10mL 醇类，37℃反应 24h，在反应体系的水含量为 1.5%~7%时的酯化产率变化情况如图 6-5 所示。在水含量为 1.5%~3.0%时，酯化产率随水含量的增加而增加，在水含量约为 3%时三种酯均获得最大产率；水含量继续增加时，酯化产率开始下降。这表明反应混合物中水含量是影响苯甲酰精氨酸酯化产率的关键因素。

进一步考察了反应时间对酯化产率的影响。反应体系：5mg 胰蛋白酶、28mg Bz-Arg、0.5g 聚乙烯醇、10mL 醇类、0.25mL 水含量、37℃，研究了 100h 的反应时间对酯化产率的影响，结果如图 6-6 所示。酯化产率随反应时间的延长而大幅增加，这表明反应时间也是影响苯甲酰精氨酸酯化产率的关键因素。

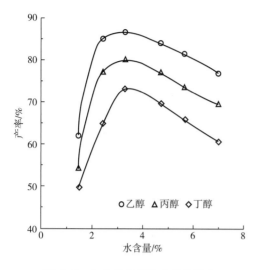

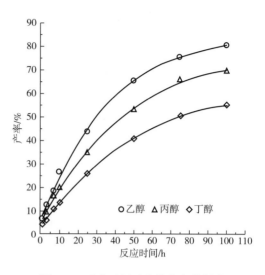

图 6-5　水含量对酯化产率的影响　　　　图 6-6　反应时间对酯化产率的影响

（3）酯形成平衡常数的影响因素　　在与上述图 6-4 相同的反应体系和反应条件下，考察平衡常数 K_1（$K_1 = [Bz\text{-}Arg\text{-}OEt][H_2O]$）、$K_2$（$K_2 = [Bz\text{-}Arg\text{-}OPro][H_2O]$）、$K_3$（$K_3 = [Bz\text{-}Arg\text{-}OBut][H_2O]$）与 PVA/胰蛋白酶比值的关系，结果如图 6-7 所示。有趣的是，三个 K 值均随着 PVA/胰蛋白酶比值的增加而降低。K 对 PVA/胰蛋白酶比值的依赖性可能是胰蛋白酶附近水含量变化的结果。

在与上述图 6-3 相同的反应体系和反应条件下，考察水解平衡常数 K_4（$K_4 = [Bz\text{-}Arg\text{-}OEt][H_2O]/[Bz\text{-}Arg][OEt\text{-}OH]$）、$K_5$（$K_5 = [Bz\text{-}Arg\text{-}OPro][H_2O]/[Bz\text{-}Arg][Pro\text{-}OH]$）、$K_6$（$K_6 = [Bz\text{-}Arg\text{-}OBut][H_2O]/[Bz\text{-}Arg][But\text{-}OH]$）相对于水含量的变化情况，结果如图 6-8 所示。三个 K 值随着含水量的增加而增加。这些结果表明，水与底物或产品的特定相互作用的变化可能至少部分导致 K 随水含量的变化。

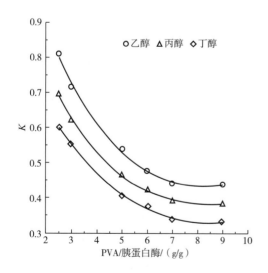

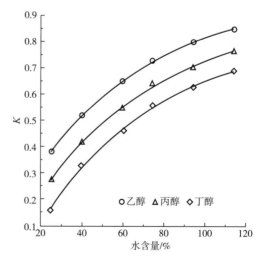

图 6-7　PVA/胰蛋白酶比值对酯形成平衡常数的影响　　图 6-8　水含量对酯形成平衡常数的影响

为考察 PVA 固定化胰蛋白酶的稳定性，进行了连续反应，每 24h 向反应混合物中加入 28mg Bz-Arg，持续 7d，该反应混合物体系为 10mL 水溶液，含有 0.25mL 乙醇、5mg 胰蛋白酶固定在 0.5g PVA 中，温度为 37℃。苯甲酰精氨酸乙基酯（Bz-Arg-OEt）每 24h 的总产率接近平衡产率，表明 PVA 固定化胰蛋白酶在反应混合物中至少可保持其大部分初始催化活性至少 7d。

总之，胰蛋白酶可以通过简单的吸附方法固定到 PVA 中，固定化的胰蛋白酶是一种稳定有效的催化剂，用于在亲水性有机溶剂中从 Bz-Arg 合成酯，不需要胰蛋白酶与 PVA 的共价结合，这可能是一种将酶固定在有机溶剂中的简单且通用的方法。对于酯合成，发现水含量是影响反应速率和产物收率的主要因素。PVA 与胰蛋白酶的比值也是影响反应的重要因素，可能是通过胰蛋白酶周围水含量的变化影响反应。

第二节　α-羧基酯化合成多肽

一、概述

多肽因具有多样化的生物化学功能而备受关注，比如 L-丙氨酸（Ala）和 L-甘氨酸（Gly）的共聚多肽［Poly（Ala-co-Gly）］是胶原蛋白（如弹性蛋白和丝素蛋白）等结构蛋白的主要成分。传统的多肽合成，如固相和液相合成或 n-羧酸酐开环聚合反应，需要多步脱保护和使用有机溶剂或有毒光气衍生物，这些限制导致多肽合成的高成本，降低了大规模多肽合成的可能性。而化学酶聚合合成多肽则是一种经济、高效和绿色的方法。

通过蛋白酶和过量的活性氨基酸单体动力学控制合成多肽（The kinetically controlled synthesis，KCS）是目前研究最多的化学酶法聚合工艺。在 KCS 的引发过程中，蛋白酶的催化残基与活性氨基酸单体的羧基酯键形成共价键，产生酶-底物（ES）复合物。游离单体的氨基与水作为亲核试剂竞争 ES 的去酰化作用，从而通过氨解形成肽键（图 6-9）。合成的效率取决于酶囊对单体的特异性亲和力。因此，蛋白酶的活性位点起着结合底物和催化反应的双重作用。

通过调整反应条件，可以对 KCS 进行优化，例如，酶、底物的添加比例、反应液 pH 等反应条件的变化均可以改变所合成多肽的聚合度（Degree of polymerization，DP），从而影响 KCS。然而，KCS 仍然存在一些局限性，特别是 DP、氨基酸序列和合成肽的组成没有得到充分的控制，这种缺乏控制的原因是蛋白酶对不同氨基酸单体的亲和力不同，导致蛋白酶对具有较高亲和力的氨基酸的优先聚合。为了调节共聚肽的组成，可以通过在氨基酸单体上使用不同的酯基来控制蛋白酶对氨基酸单体的亲和力。

木瓜蛋白酶是一种半胱氨酸蛋白酶，是氨基酸化学酶法聚合的模式蛋白酶，其聚合活性高于蛋白酶 k、菠萝蛋白酶和 α-糜蛋白酶等其他蛋白酶，已成功地用于多种多肽的 KCS。可以将木瓜蛋白酶固定化在二氧化硅颗粒上，方便其在催化过程中重复利用。选用 Ala 和 Gly 作为活性氨基酸单体以及 4 种酯基［甲酯基（Methyl）、乙酯基（Ethyl）、苄酯

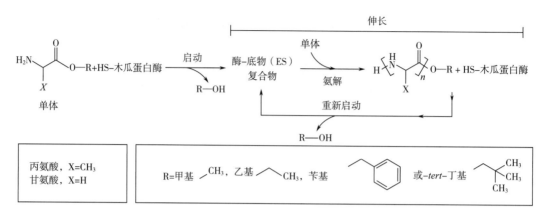

图 6-9　木瓜蛋白酶介导的化学酶促多肽合成反应方案

基（Benzyl）和叔丁酯基（*tert*-butyl）] 来调节木瓜蛋白酶对 Ala 和 Gly 的亲和力，Ala 和 Gly 是最简单的模式氨基酸，Ala 对木瓜蛋白酶的亲和力明显高于 Gly，可以比较其连接不同酯基对木瓜蛋白酶催化聚合反应的影响。

二、不同酯基对丙氨酸单体聚合的影响

Ala 和 Gly 的化学酶聚合反应在 EYELA 化学反应器中进行，不同酯基的丙氨酸单体浓度为 $0.1 \sim 1 mol/L$，木瓜蛋白酶浓度为 $0.5 \sim 10 U/mL$，反应在浓度为 $1 mol/L$ 的磷酸盐缓冲液中进行（反应初始 pH 为 8.0），搅拌温度为 40℃。L-丙氨酸甲酯盐酸盐（Ala-OMe）、L-丙氨酸乙酯盐酸盐（Ala-OEt）和 L-丙氨酸苄酯对甲苯磺酸盐（Ala-OBzl）在木瓜蛋白酶的催化下成功聚合，产生白色沉淀物，不加酶或单体的阴性对照反应没有显示任何沉淀。通过 ^1H NMR 和 MALDI-TOF 证实聚丙氨酸（poly-Ala）产物的成功合成（如图 6-10 所示）。相比之下，木瓜蛋白酶与 L-丙氨酸叔丁酯盐酸盐（Ala-OtBu）反应不产生沉淀，表明木瓜蛋白酶不识别 Ala-OtBu 的叔丁酯基，可能由于叔丁酯基体积太大而不能被木瓜蛋白酶在当前反应中识别。

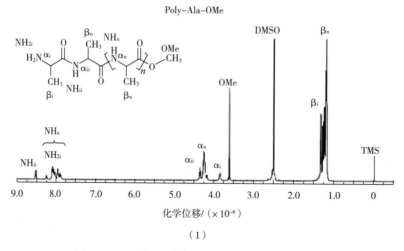

（1）

图 6-10　聚 Ala 的 ^1H NMR 和 MALDI-TOF 图谱

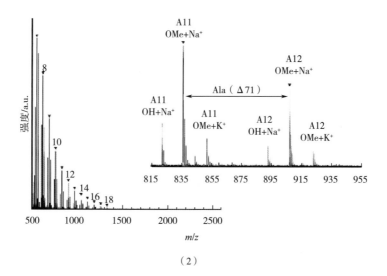

（2）

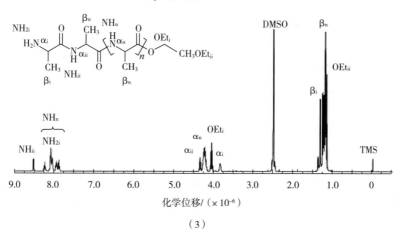

（3）

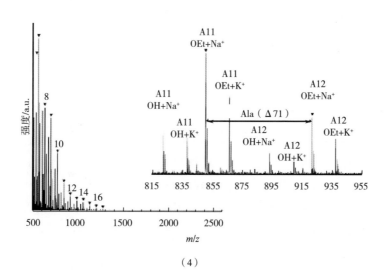

（4）

图 6-10　聚 Ala 的 ^{1}H NMR 和 MALDI-TOF 图谱（续图）

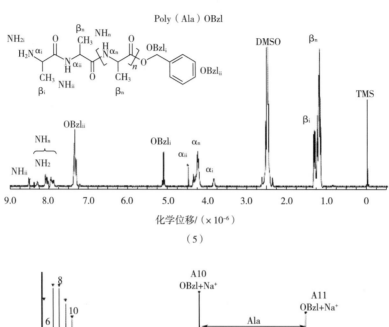

（5）

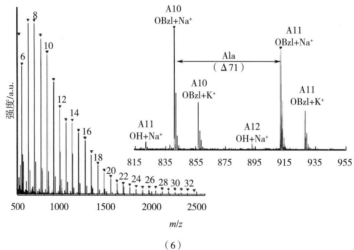

（6）

图 6-10　聚 Ala 的 ^{1}H NMR 和 MALDI-TOF 图谱（续图）

注：本图是以木瓜蛋白酶为催化剂，由 Ala-OMe［（1）和（2）］、Ala-OEt［（3）和（4）］与 Ala-OBzl［（5）和（6）］合成的 Poly-Ala 的 ^{1}H NMR［（1）（3）（5）］和 MALDI-TOF 图谱［（2）（4）（6）］。

1. 不同酯基单体合成聚丙氨酸的 KCS 动力学

为了比较不同酯基单体的 KCS 动力学，测量木瓜蛋白酶分别催化 Ala-OMe、Ala-OEt 和 Ala-OBzl 生成聚丙氨酸的产量情况，具体反应条件为：木瓜蛋白酶浓度为 1U/mL，Ala-OMe、Ala-OEt 和 Ala-OBzl 浓度均为 0.6mol/L，反应在 40℃、pH8.0 的 1mol/L 磷酸盐缓冲液中进行，结果如图 6-11 所示。随着反应时间的增加，Ala-OEt 的产率增加到约 60%；Ala-OBzl 的聚合随时间呈指数累积曲线，120min 后趋于平稳，且 Ala-OBzl 的聚合产率在 180min 内没有下降。这一结果表明，与其他酯基相比，Ala-OBzl 显著提高聚合效率并抑制外源型水解（该反应只纯化了不溶性产物，可溶的低分子质量产物忽略不计）。

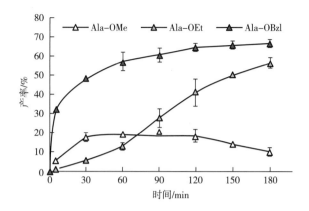

图 6-11　木瓜蛋白酶催化不同酯基丙氨酸单体聚合情况

采用不同的单体/酶比值考察丙氨酸单体酯基的反应性，具体考察了固定浓度的酶对单体的浓度效应和固定浓度的单体对酶的浓度效应，结果如图 6-12（1）所示。Ala-OMe 浓度为 0.3mol/L 时的 KCS 产量最高（40%），不同浓度下 Ala-OMe 的平均聚合度（DP_{avg}）相似［平均值（7.5±0.3）mol/L］，而最大聚合度（DP_{max}）随着浓度的增加略有增加［最大值（7.5±0.2）mol/L］；Ala-OEt 浓度为 0.5mol/L 时的 KCS 产量最高（60%），乙基聚丙氨酸［poly-Ala-OEt］的 DP_{avg} 值为（7.6±0.8）mol/L，在 0.3mol/L 和 0.5mol/L 的反应中，MALDI-TOF 检测的 DP_{max} 值均为（17±1）mol/L；以 Ala-OBzl 为单体的 KCS 在不同单体浓度下的产率和聚合度均高于其他类型的酯。Poly-Ala-OBzl 的 DP_{avg} 为（11.1±1.3）mol/L，而 DP_{max} 在各个浓度下均高于其他单体的，特别是 Ala-OBzl 浓度为 0.7mol/L 和 1mol/L 时，聚合了 30 多个重复单元。这些结果表明，在单体浓度为 0.3~1.0mol/L 范围内，Ala-OBzl 的产率是恒定的，并且聚 Ala-OBzl 的聚合度也随单体浓度的增加而增加。

与单体浓度对 KCS 的影响相似，木瓜蛋白酶的浓度主要影响反应产率。如图 6-12（2）所示，在 Ala-OMe、Ala-OEt 和 Ala-OBzl 的浓度均为 0.7mol/L 时，随着木瓜蛋白酶浓度的增加，聚丙氨酸的产量逐渐增加；与 Ala-OMe 和 Ala-OEt 的聚合反应相比，Ala-OBzl 单体可以在较低的木瓜蛋白酶浓度下有效地合成 Poly-Ala；同等条件下，Ala-OEt 和 Ala-OMe 需要 2~5 倍的木瓜蛋白酶浓度才能达到与 Ala-OBzl 相当的产量。当木瓜蛋白酶浓度大于 2.5U/mL 时，由于水解反应，所有单体的反应产率均降低，^{1}H NMR 的检测结果显示，在木瓜蛋白酶浓度为 1U/mL 时，Ala-OMe、Ala-OEt 和 Ala-OBzl 的水解产物占比分别为 40%±6%、20%±2% 和 11%±4%。Poly-Ala 的 DP_{avg} 受木瓜蛋白酶浓度的影响不明显，而 Poly-Ala-OBzl 的 DP_{max} 随着 Ala-OBzl 浓度的增加而增加，Ala-OBzl 是三者中最具活性的 Ala 单体。与氨基酸苄基酯的反应活性的增强可以拓宽酶催化剂的选择范围，这表明氨基酸的化学酶法聚合虽然活性较低，但具有不同的底物特异性。

2. 反应的初始 pH 对丙氨酸单体聚合的影响

反应的 pH 是多肽 KCS 的一个重要因素，有报道显示反应的 pH 影响 Poly-Ala-OEt 合

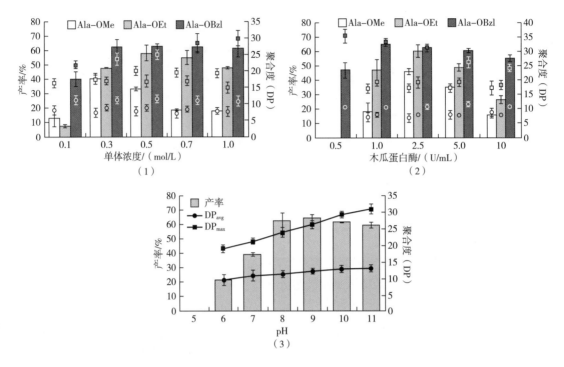

图 6-12　聚合条件对不同单体合成聚丙氨酸的收率和聚合度的影响

（1）Ala-OMe、Ala-OEt 和 Ala-OBzl 的浓度效应；（2）木瓜蛋白酶的浓度效应；（3）初始反应 pH 对 Ala-OBzl 聚合度的影响

成的产率和长度。然而，化学酶聚合使用高浓度的酸性单体导致更酸性的反应条件，这导致难以控制反应液的 pH。在不同 pH 的反应液中木瓜蛋白酶（1U/mL）催化 Ala-OBzl 聚合时，产率随初始 pH 的增加而增加，在 pH9 时达到最大［图 6-12（3）］。在 pH 5 时未检测到聚合产物，而在 pH 6 时收率约为 20%。虽然 DP$_{max}$ 和 DP$_{avg}$ 随反应 pH 的增加而增加，但由于苄基酯对碱性皂化反应的稳定性大于乙基酯，因此 Ala-OBzl 的收率不受碱性 pH 的显著影响。

三、不同甘氨酰单体酯基对合成的影响

木瓜蛋白酶既不能识别未保护的甘氨酸，也不能水解二肽甘氨酰甘氨酸，但可以水解单体的 Gly-Gly 键。据报道，木瓜蛋白酶对氨基保护的丙氨酸酯的活性是 N-保护的甘氨酸酯的 2 倍。在甘氨酸的氨解中，已报道了甘氨酸使木瓜蛋白酶酰基复合物脱酰基、形成肽键以及木瓜蛋白酶使 Ala-Gly-OEt 聚合等，聚甘氨酸的 KCS 之前未见报道，可能是因为其对蛋白酶的亲和力低。

为了聚合 Gly 单体，将固定浓度（0.6mol/L）的 Gly-OMe、Gly-OEt、Gly-OBzl 和 Gly-OtBu 与几种浓度（0.5~10U/mL）的木瓜蛋白酶一起孵育（1mol/L 磷酸盐缓冲液（pH 8，40℃），结果如图 6-13 所示，与 Ala 单体的聚合情况类似，Gly-OtBu 单体不能被

聚合，Gly-OMe 和 Gly-OEt 在大于 2.5U/mL 的酶浓度下聚合，而 Gly-OBzl 在所有研究的酶浓度下均能聚合形成聚甘氨酸。根据的产率和所需木瓜蛋白酶的浓度，Gly-Obzl 合成聚甘氨酸的效率分别是 Gly-OMe 和 Gly-OEt 的 10 倍和 5 倍。与 Ala 相比，Gly 的聚合需要较高浓度的木瓜蛋白酶才能达到相似的收率，因为木瓜蛋白酶对 Gly 的亲和力较低。

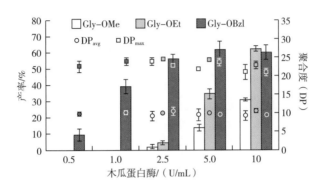

图 6-13　木瓜蛋白酶浓度对 Gly-OMe、Gly-OEt 和 Gly-OBzl 合成聚合物的产率和聚合度的影响

以商品化的聚甘氨酸（Poly-Gly）为对照，不同单体合成的聚甘氨酸通过 MALDI-TOF、^{1}H NMR 和 gHMBCAD 进行验证，结果如图 6-14 所示。不同酯基合成的聚甘氨酸的 NMR 信号仅在末端基团的信号中有不同。N 端 $CH_{2\alpha i}$（化学位移 3.66×10^{-6}）与 NH_{2i}（化学位移 8.10×10^{-6}）相连，第二 N 端 $CH_{2\alpha ii}$（化学位移 3.90×10^{-6}）与 NH_{ii}（化学位移 8.67×10^{-6}）相连，链重复单元 $CH_{2\alpha n}$［化学位移 $(3.75 \sim 3.85) \times 10^{-6}$］与 NH_n［化学位移 $(8.13 \sim 8.22) \times 10^{-6}$］相连。然而，在聚甘氨酸的情况下，观察到末端氨基酸 $CH_{2\alpha}C$ 和 NH_c 的单独信号：Poly-Gly-OMe 3.88 和 8.31，Poly-Gly-OEt 3.86 和 8.26，Poly-Gly-OBzl 3.94 和 8.33。基于 gHMBCAD 的分析也实了 Poly-Gly-OBzl 的 ^{13}C 和 ^{1}H NMR 分配。

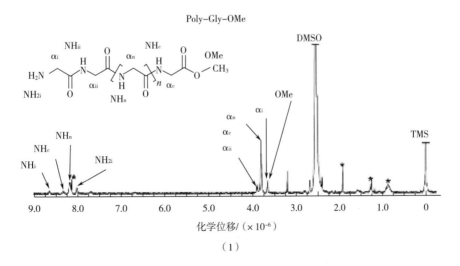

（1）

图 6-14　不同单体合成的聚甘氨酸的 ^{1}H NMR 和 MALDI-TOF 验证

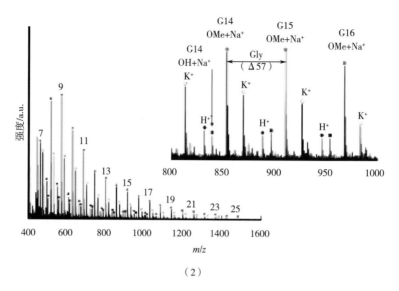

（2）

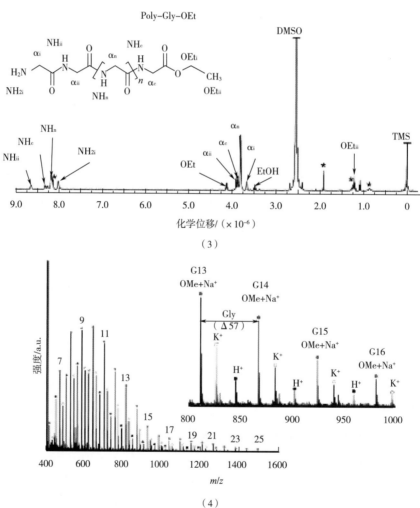

（3）

（4）

图 6-14　不同单体合成的聚甘氨酸的 ^{1}H NMR 和 MALDI-TOF 验证（续图）

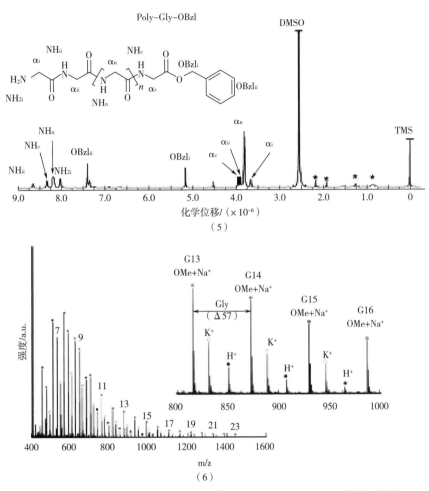

图 6-14　不同单体合成的聚甘氨酸的 ¹H NMR 和 MALDI-TOF 验证（续图）

注：木瓜蛋白酶分别催化 Gly-OMe［（1）和（2）］、Gly-OEt［（3）和（4）］和 Gly-OBzl［（5）和（6）］合成聚甘氨酸

　　OBzl 基团的相互作用可以通过与活性位点周围残基的相互作用来解释，特别是那些已报道与芳香族部分发生相互作用的残基，例如 Gly65、Pro68、Val133 和 Ala160。与 OMe 基团的类似反应相比，氨基酸与 OBzl 基团的反应速度比与 OMe 基团的快 4 倍，水解较少。甘氨酸-OBzl 在相对较低的木瓜蛋白酶浓度下的活性也可以这样解释：OBzl 基团通过酯基增强底物对木瓜蛋白酶的亲和力，改善多肽 KCS 的合成起始。

四、不同单体酯基对共聚的影响

　　木瓜蛋白酶对 Gly 的亲和力低于对 Ala 的，这阻碍了 Gly 通过化学酶氨解的同时共聚。在共聚反应中，用 1U/mL 木瓜蛋白酶测定了不同单体比例的 Ala-OEt/Gly-OEt 和 Ala-OBzl/Gly-OBzl［含 OMe 基团单体的反应性低，未测出结果（图 6-13）］。在使用 OEt 单体的 KCS 中，共聚物中的 Gly 含量低于进料比，同时，产率随着 Gly-OEt 的进料含量的增加而降低。Ala-OEt/Gly-OEt 单体比例为 50/50 时的共聚反应产率仅为 2%［图 6-15（1）］，即使使用较高浓度(高达 10U/mL)的木瓜蛋白酶，产率也不增加，从而实现了 Poly-Gly-OEt 的合成。另外，当进料中的 Gly-OEt 的浓度高于 Ala-OEt 的浓度时，不发生共聚合。这些结果证实了木瓜蛋白酶对 Ala-OEt 和 Gly-OEt 的亲和力的差异，正如在它们的聚合中所观察到的（图 6-11 和图 6-13）。

通过 ^{1}H 和 ^{13}C 核磁共振和 MALDI-TOF 分析［图 6-15（2）］证实，Ala-OBzl 和 Gly-OBzl 的共聚物在所有原料配比下都能产生共聚物（Ala-co-Gly）。共聚物的 MALDI-TOF 光谱包含一系列相距 $57m/z$ 和 $71m/z$ 单位的重复质量峰，分别对应 Gly 和 Ala。

在共聚物(80mol%Ala-co-20mol%Gly，Ala/Gly 投料比＝20∶80）中获得了最大摩尔质量（M_{max}）和平均摩尔质量（M_{avg}），而在 Ala/Gly 投料比＝80/20 的反应中得到的共聚物（82mol%Ala-co-18mol%Gly）产率最高。共聚物（53mol%Ala-co-47mol%Gly）的 M_{avg} 和 M_{max} 分别为（1059±114）g/mol 和（2186±203）g/mol。通过整合共聚物的 ^{1}H 核磁共振信号确定甘氨酸和丙氨酸含量与进料比一致［图 6-15（3）］，表明两种单体与 OBzl 的反应性相似。

共聚物（53mol% Ala-co-47mol% Gly）在 DMSO/TFA（9∶1）中溶解度较低，因此采用 TFA 作为核磁共振测量的溶剂，TFA 中的 CHα 和 CH2α 相对于 DMSO/TFA（9∶1）混合溶液中的 CHα 和 CH2α 向下移动。如前所述，^{13}C NMR 光谱中的羰基信号转移到螺旋结构信号的报道值。相比之下，胺信号强度降低，向上移动。如前所述，共聚物的 ^{1}H 核磁共振谱显示了 Ala 和 Gly 的信号，其积分值与进料比例一致［图 6-15（3）和 6-16（1）］。与均聚物相比，随着 Gly 含量的增加，Ala 的 CHα 信号略微向下移动，而 Gly 的 CH2α 信号随着 Ala 含量的增加而向上移动。因此可以区分 Ala-Gly（A_G）和 Gly-Ala（G_A）之间连接的残基［图 6-16（1）］。在 Ala/Gly 比例为（8∶2）～（5∶5）时，AlaCHαi 信号的存在意味着聚合优先用 Ala 而不是 Gly 引发。根据 ^{13}C 核磁共振谱中的羰基区，Ala-Gly（A-G）羰基连接的化学位移从 Ala-Ala（An）羰基信号下移，而 Gly-Ala（G-A）羰基连接的化学位移从 Gly-Gly（Gn）羰基信号上移［图 6-16（2）］。基于 Ala 和 Gly 之间的连接，证实了使用 OBzl 酯基成功合成了 Ala 和 Gly 的共聚物。

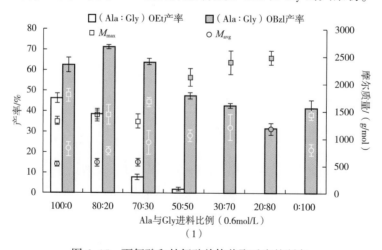

图 6-15　丙氨酸和甘氨酸单体共聚反应的研究

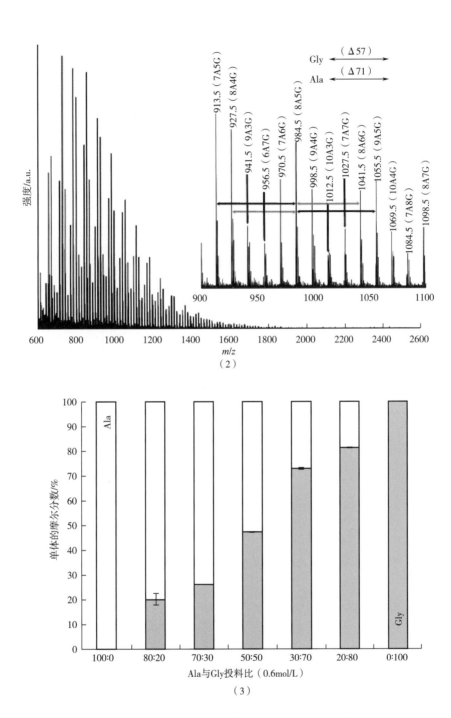

图 6-15　丙氨酸和甘氨酸单体共聚反应的研究（续图）

（1）Ala 与 Gly 进料比对产率和摩尔质量的影响，单体的总浓度为 0.6mol/L，反应在含有 1U/mL 木瓜蛋白酶的 pH8 的 1mol/L 磷酸盐缓冲液中进行。误差线表示重复的标准偏差（$n=3$）；（2）聚合物（53mol% Ala-co-47mol% Gly）的 MALDI-TOF 分析，插图表示 Ala 和 Gly 共聚物的摩尔质量分布。（3）在不同 Ala-OBzl/Gly 比例下合成的 Poly（Ala-co-Gly）的 Ala 和 Gly 组成，每个误差线表示重复的标准偏差（$n=3$）

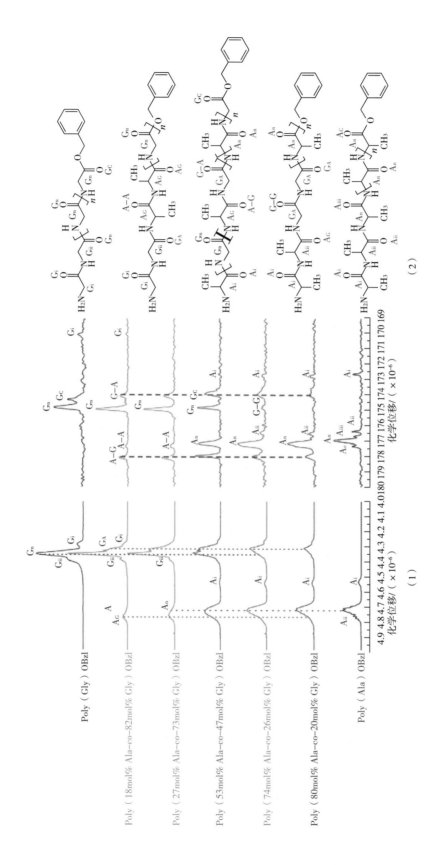

图6-16 不同比例的Ala-OBzl和Gly-OBzl合成聚（Ala）、聚（Gly）和聚（Ala-co-Gly）的¹H和¹³C核磁共振图谱

（1）α-碳区的¹H NMR图谱；（2）羰基区的¹³C NMR图谱，用于明确指定Ala和Gly连接

五、丙氨酸-甘氨酸共聚物 Poly（Ala-co-Gly）的表征

通过化学酶法合成家蚕丝模型多肽聚合物（Ala-co-Gly），并通过红外光谱（FTIR）对合成的聚合物（Ala-co-Gly）的二级结构进行表征（图6-17），聚合物（Ala-co-Gly）的结构与功能关系揭示 Ala 和 Gly 在家蚕丝和蜘蛛丝中的作用。

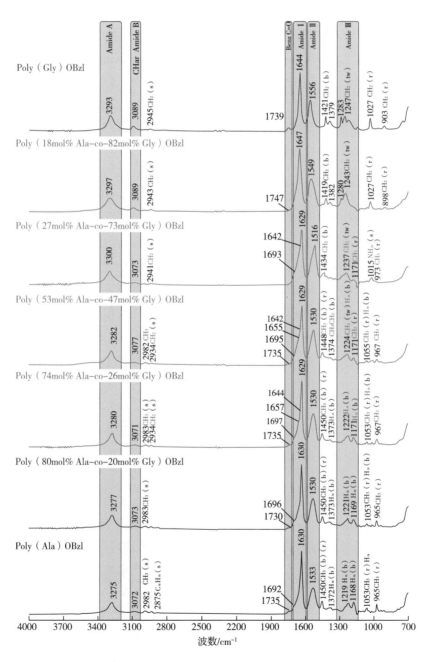

图 6-17　Poly-Ala、Poly-Gly 和 Poly（Ala-co-Gly）的红外光谱图

（Bend：b. Rock：r. Stretch：s. Twist：tw）

根据前期研究结果，Poly-Ala-OMe、Poly-Ala-OEt 和 Poly-Ala-OBzl 光谱显示对应于 β 形式的谱带，而 Poly-Gly-OMe、Poly-Gly-OEt 和 Poly-Gly-OBzl 的二级结构为聚甘氨酸Ⅱ，该结构具有类似于 β-折叠的平面"之"字形构象，单体酯基对其结构没有影响，聚甘氨酸Ⅰ则具有 3 倍螺旋构象。聚合物（18mol%Ala-co-82mol%Gly）OBzl 的 FTIR 光谱与 Poly-Gly-OBzl 相同，因此，聚合物（18mol%Ala-co-82mol%Gly）OBzl 的构象为聚甘氨酸Ⅱ。有趣的是，根据 1516cm^{-1} 和 1015cm^{-1} 处的谱带，聚合物（27mol%Ala-co-73mol%Gly）OBzl 的构象可归属于聚甘氨酸Ⅰ。聚合物（Ala-co-Gly）的光谱与聚合物（Ala）OBzl 在酰胺Ⅰ和酰胺Ⅱ区域（1630cm^{-1} 和 1550cm^{-1}）的相似。1630cm^{-1} 处的条带和约 1690cm^{-1} 处的肩部源自反平行 β 片，这些与基于 Ala/Gly 组成的构象变化有关的结果表明，大约 30mol% 的 Ala 或 Gly 足以诱导共聚物中的片状构象，而含有 80mol% 以上 Gly 的共聚物倾向于形成聚甘氨酸Ⅱ，类似于聚甘氨酸。因此，除了纺丝条件外，聚合物（Ala-co-Gly）的单体组成是决定二级结构的主要因素之一。

接着，用热重分析和差示扫描量热分析法（TGA/DSC）研究 Ala/Gly 组成和二级结构对热稳定性的影响。如图 6-18 所示，根据热重分析曲线计算 DTG 痕迹，并将商用聚甘氨酸和聚丙氨酸样品用作参考材料，商用聚甘氨酸和聚丙氨酸的摩尔质量分别为 500～5000g/mol 和 1000～5000g/mol。另外，两种商业多肽的化学结构均通过 ^{1}H NMR 证实。温度低于 100℃，在所有样品的热重分析和差示扫描量热分析曲线中，均检测到因去除水分子而产生的初始重量损失，未在样品中检测到转变温度和熔化温度。此外，还测定了热降解温度 T_d。与商业参考样品 Poly-Ala-OH 和 Poly-Gly-OH 类似，Poly-Ala-OBzl 比 Poly-Gly-OBzl 具有更高的 T_d。只有 Poly-Ala-OH 几乎完全分解，这可能是由于 ^{1}H NMR 检测到的杂质引起的。结果表明，当 Ala 含量超过 18mol% 时，共聚物的 T_d 增加，因为较高的 Ala 含量会引起更多的疏水相互作用，并形成片状结构。Poly-Gly 形成了聚甘氨酸Ⅱ片状结构，与具有聚甘氨酸Ⅰ螺旋结构的聚合物（18mol%Ala-co-82mol% Gly）OBzl 相比，具有更高的 T_d 值。因此，Ala 和 Gly 共聚物的热降解行为和稳定性取决于氨基酸组成和所得的二级结构。此外，这些热性能的共聚物（Ala-co-Gly）再现了报道的蜘蛛丝和蚕丝的热性能。

总之，通过氨基酸单体的酯基对木瓜蛋白酶介导的 KCS 的影响，发现在丙氨酸单体和甘氨酸单体的聚合过程中，木瓜蛋白酶与 KCS 中酯基的聚合效率排序为 OBzl >OEt >OMe，而 OtBu 对聚合反应活性不足。在较短的聚合时间和较低的木瓜蛋白酶浓度下，Ala-OBlz 和 Gly-OBlz 单体具有较高的反应活性，提高了产率和肽长度。这项工作代表利用活性单体 Gly-OBlz 进行木瓜蛋白酶化学酶促合成 Poly-Gly 的首次报道，该方法的成功表明 OBzl 基团扩大了木瓜蛋白酶的底物特异性，提高了单体底物的反应性，特别是 Gly 和 Ala。这种更高的反应性使 Ala 和 Gly 的受控共聚合成为可能，其对木瓜蛋白酶表现出显著不同的反应性和亲和力。Ala 和 Gly 反应所得共聚物在二级结构和热性能方面是蚕丝和蜘蛛丝的合适模型共聚物。研究结果表明，酯的性质影响 KCS 的功效。

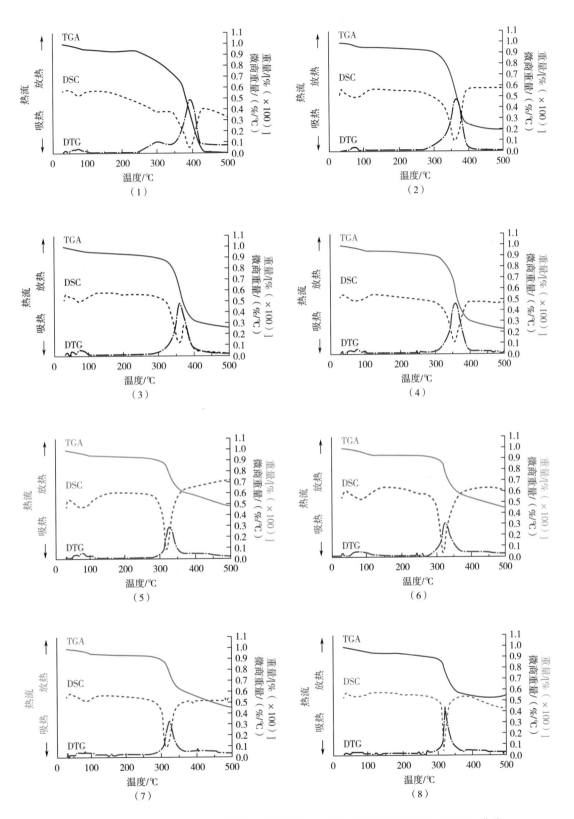

图 6-18　热重分析（TGA）、差示扫描量热法（DSC）和导数热重分析（DTG）曲线

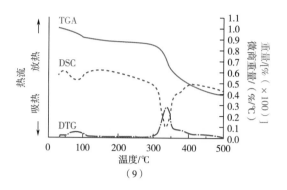

图 6-18　热重分析（TGA）、差示扫描量热法（DSC）和导数热重分析（DTG）曲线（续图）

（1）Poly-Gly-OBz；（2）Poly-Ala-OBzl；（3）聚合物（80mol% Ala-co-20mol% Gly）OBzl；（4）聚合物（74mol% Ala-co-26mol% Gly）OBzl；（5）聚合物（53mol% Ala-co-47mol% Gly）OBzl；（6）聚合物（27mol% Ala-co-73mol% Gly）OBzl；（7）聚合物（18mol% Ala-co-82mol% Gly）OBzl；（8）Poly-Gly-OBzl；（9）Poly-Gly-OH

第三节　α-羧基消除生成伯胺

一、概述

胍基丁胺（Agmatine，AGM）是一种具有生物活性的伯胺类物质，广泛分布在哺乳动物的胃、肠道、脾脏、骨骼肌和脑中，1994 年在哺乳动物脑中得到分离纯化后，胍基丁胺的生理功能、代谢及合成得到了越来越多的关注。胍基丁胺是 L-精氨酸（L-Arg）重要的代谢产物之一，在生物体内的代谢途径主要有两条：①L-精氨酸脱羧酶（L-arginine decarboxylase，ADC，EC 4.1.1.19）催化 L-精氨酸脱羧，直接生成胍基丁胺，产物胍基丁胺可经胍基丁胺水解酶（Agmatinase，EC 3.5.3.11）的催化降解为腐胺；②二胺氧化酶（Diamine oxidase，DAO，EC 1.4.3.22）催化 L-精氨酸生成胍基丁胺醛，再经乙醛脱氢酶（Acetaldehyde dehydrogenase，ALDH，EC 1.2.1.10）催化生成胍基丁胺（图 6-19）。

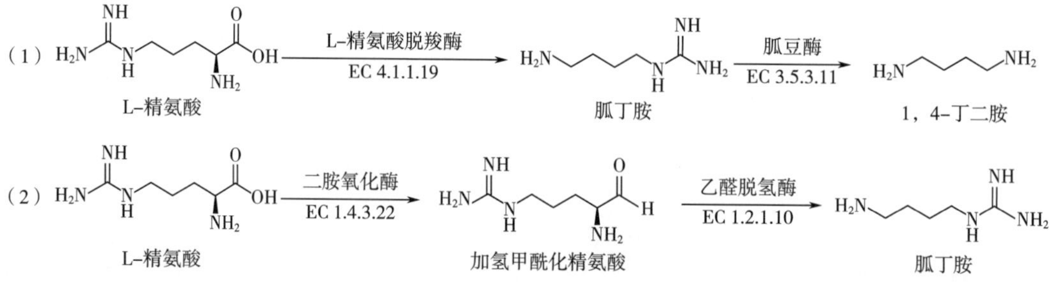

图 6-19　胍基丁胺的生物合成途径

胍基丁胺作为一种新的神经递质，是生物体内 L-精氨酸、NO 和生物胺代谢途径及多种神经受体的关键调节因子，具有丰富的生理功能，可影响胰岛素或儿茶酚胺类神经递质的释放，可抑制糖氧化和胞内脂肪的形成从而降低血糖，具有舒张血管、降低血压、增加冠状动脉流量、降低心肌细胞坏死率的作用，可用于治疗血管平滑肌增生所造成的功能性失常疾病，还可以抑制诱导型-氧化氮合酶（iNOS）活性从而发挥消炎的作用等。

胍基丁胺的生产方法主要有化学法和酶法两种。化学法按照底物的不同，可分为 1,4-丁二胺途径、己二酸二乙酯途径、1,4-二溴丁烷途径和 1,4-二氯-2-丁烯途径等。这些方法有的过程复杂、收率低、成本高，有的反应安全性较低，不适合大规模工业化生产，因此开发新的符合绿色生产要求的胍基丁胺的生产方法仍是亟待解决的问题。

酶法生产胍基丁胺是利用 L-精氨酸在 L-精氨酸脱羧酶的作用下脱去羧基，生成目标产物的过程。L-精氨酸脱羧酶属于氨基酸脱羧酶家族，磷酸吡哆醛（PLP）依赖型，主要分布在植物体和微生物体内。Zhang 等通过分子生物学的手段，构建了一株可以过表达 *E. coli* K12 来源精氨酸脱羧酶基因的 *E. coli* BL21 菌株，并建立了一个连续转化生产胍基丁胺的生物过程（100mmol/L L-Arg、50mmol/L PLP、pH 7.0、45℃、15h），使得胍基丁胺的最高产量可达 20g/L。同时，采用海藻酸盐对细胞进行固定化，固定化细胞循环使用 6次后，平均转化率可达 55.6%。但总体而言，该反应过程时间长、转化率低，不适合胍基丁胺的大规模工业化生产。如何提高 L-精氨酸脱羧酶的活性，形成辅因子 PLP 的循环再生途径，降低生产成本，是实现酶法生产胍基丁胺大规模应用的关键。

二、精氨酸脱羧酶制备胍基丁胺

1. 精氨酸脱羧酶基因的挖掘

（1）精氨酸脱羧酶基因库的构建和筛选　　目前已报道的用于胍基丁胺制备的精氨酸脱羧酶主要来源于 *E. coli*，基因名称为 *speA*，酶蛋白简称 *Ec*C2。精氨酸脱羧酶 *Ec*C2 在连续转化体系（100mmol/L L-Arg、50mmol/L PLP、pH 7.0、45℃、15h）中最高可以积累 20g/L 的胍基丁胺；在分批转化体系（20g/L L-Arg、3.5g/L 湿菌体、4mmol/L Mg^{2+}、30mmol/L PLP、pH 7.0、37℃）中 6h 内可生产 14.3g/L 的胍基丁胺，转化率达 95.3%。因此选择 *Ec*C2 为探针，在蛋白质数据库 Uniprot 中进行 BLAST 比对搜索，同时考虑菌株是否安全易得，最终选择了与 *Ec*C2 序列一致性在 10%~95% 的 7 个序列构建精氨酸脱羧酶备选酶库（表 6-1）。

表 6-1		精氨酸脱羧酶备选菌株信息		
编号	缩写	菌株/Uniprot 登录号	分子质量/ku	一致性
1	*Ec*C2	大肠杆菌（*Escherichia coli*）（*speA*）/C3SVB2	73.797	100
2	*Ec*A3	阴沟肠杆菌（*Enterobacter cloacae*）/A0A0H3CRH3	71.075	94.94
3	*Sp*A9	腐败希瓦氏菌（*Shewanella putrefaciens*）/A4Y5Y9	70.881	55.37
4	*Fa*H6	金黄色斑假单胞菌（*Frateuria aurantia*）/H8L256	69.532	48.11
5	*Tt*F8	嗜热栖热菌（*Thermus thermophilus*）/F6DEC8	70.110	38.62
6	*As*G7	游动放线菌（*Actinoplanes* sp.）/G8SG37	18.643	13.99

续表

编号	缩写	菌株/Uniprot 登录号	分子质量/ku	一致性
7	*Ec*A7	大肠杆菌 (*Escherichia coli*) (*adiA*) /A7ZUY7	84.443	11.38
8	*Bm*D2	巨大芽孢杆菌 (*Bacillus megaterium*) /D5E0C2	53.570	11.31

将表 6-1 中筛选所得菌株活化后，提取相应的基因组，琼脂糖凝胶电泳检测结果显示所有条带大小均>10kb，且无蛋白质 RNA 等污染，说明基因组提取成功，可用作模板扩增目的片段。对照目标基因序列的特性设计上下游扩增引物并进行 PCR 扩增，产物经核酸凝胶电泳检测，各精氨酸脱羧酶目的片段均得到了特异性的扩增，其片段大小依次为1899、1914、1890、1890、528、2268 和 1476bp。目的片段经切胶纯化后与 pMD19-T 载体连接，转化 *E.coli* JM109 宿主，用于质粒扩增及测序。测序正确重组质粒经相应限制性内切酶切割后与线性化表达载体 pET-28a-c (+) 连接，转入 *E.coli* BL21 (DE3) 宿主，经 IPTG 诱导表达后，用聚丙烯酰胺凝胶电泳分析目的蛋白表达情况。如图 6-20 所示，*Ec*A3、*Tt*F8、*As*G7 来源的精氨酸脱羧酶不表达；*Bm*D2、*Ec*A7、*Fa*H6 和 *Sp*A9 来源的精氨酸脱羧酶部分形成包涵体，部分可溶性表达。可溶性表达的蛋白质，*Sp*A9 表达量最高，*Ec*A7 和 *Fa*H6 次之，*Bm*D2 最少。说明由于基因来源的菌株差异和宿主密码子偏好性，大肠杆菌表达系统对目的蛋白表达有选择性。对可溶性表达的蛋白质进行进一步酶活性检测。

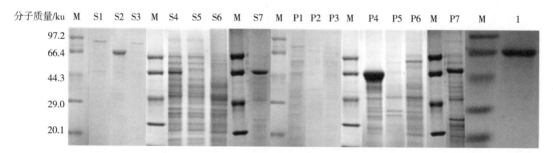

图 6-20　重组精氨酸脱羧酶蛋白表达情况

M：蛋白质分子质量标准；S1~S7 以及 P1~P7 分别表示 *Bm*D2、*Ec*A7、*Ec*A3、*Fa*H6、*Tt*F8、*As*G7 和 *Sp*A9 的上清液、沉淀；1 表示纯化的 *Sp*A9

（2）精氨酸脱羧酶的功能性筛选及产物鉴定　对来源于 *Bm*D2、*Ec*A7、*Fa*H6 和 *Sp*A9 的重组精氨酸脱羧酶进行酶活性检测，检测结果如图 6-21 所示，*Ec*C2 是表 6-1 所选探针酶性，其酶活性为 0.53U/mg 总蛋白。*Bm*D2 和 *Ec*A7 没有精氨酸脱羧酶活性；*Fa*H6 酶活性为 3.95U/mg，为探针酶 *Ec*C2 的 7.5 倍；*Sp*A9 酶活性为 15.8U/mg，为探针酶 *Ec*C2 的 29.8 倍。因此，选择腐败希瓦氏菌 (*S. putrefaciens*) 来源的 *Sp*A9 作为进一步研究的催化用酶。

为了进一步确认 *Sp*A9 催化 L-精氨酸的产物，将催化反应液进行质谱检测分析，结果如图 6-22 (1) 所示。图中所示 131.20 的摩尔质量 (M) 与产物胍基丁胺 ($M=130$g/mol) 结合一个质子后的大小相吻合，175.45g/mol 的摩尔质量与底物精氨酸 ($M=174$g/mol) 结合一个质子后的大小相吻合，说明 *Sp*A9 催化 L-精氨酸脱羧生成了胍基丁胺。此外，HPLC

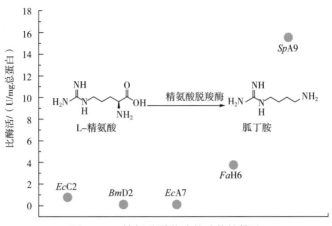

图 6-21 精氨酸脱羧酶的功能性筛选

［图 6-22（2）］结果显示 *Sp*A9 催化后的反应液中出现的未知峰（min）与标准品胍基丁胺出峰时间相同，结合内标实验，进一步证实 *Sp*A9 可以催化 L-精氨酸生产胍基丁胺。

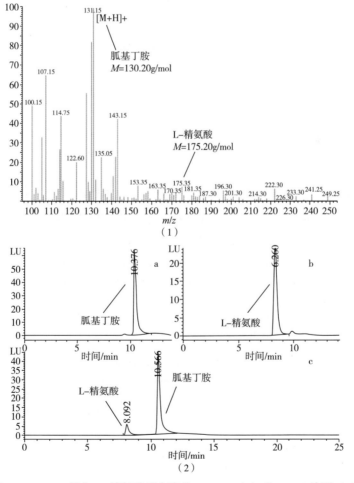

图 6-22 *Sp*A9 催化 L-精氨酸反应液的 ESI-MS（1）和 HPLC 检测（2）

2. 重组精氨酸脱羧酶 *Sp*A9 的表达纯化和性质表征

（1）重组精氨酸脱羧酶 *Sp*A9 的表达和纯化　　表达载体 pET28a 在表达目的蛋白时，通过设计引物起始密码子和终止密码子位置的不同，可在目的蛋白一端或两端同时融合表达多个连续组氨酸（组氨酸标签）。组氨酸的分子结构内含有咪唑环，在一定浓度下，可与镍离子发生特异性亲和反应，进而可利用该性质实现目标蛋白的纯化。异源表达 *Sp*A9 时，在其蛋白的 *N* 端融合表达了 6 个组氨酸，成功表达后使用 AKTApure 蛋白纯化仪对目的蛋白粗酶液进行纯化，纯化过程曲线如图 6-23 所示。可见粗酶液中杂蛋白含量较高，其相应峰高度（2600mAU 左右）远大于目的蛋白洗脱峰的高度（1400mAU 左右）；当咪唑浓度为 180mmol/L 左右时，目的蛋白开始被大量洗脱出来。

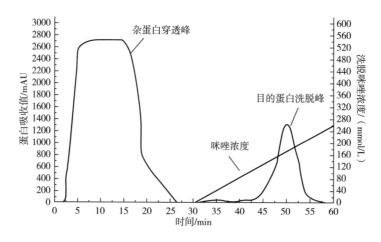

图 6-23　目的蛋白纯化过程曲线示意图

纯化蛋白溶液在其洗脱过程中不可避免地会带入高浓度的咪唑，会对蛋白的活性产生负面影响，因此需要对纯化蛋白进行脱盐处理。纯化各阶段蛋白浓度及纯度等基本性质如表 6-2 所示，可见：①杂蛋白在胞内总蛋白中所占比重极大（92.5%）；②目的蛋白和酶活性的回收率均较低（4.8% 和 36.5%），可能是由于纯化过程中酶的高温失活或亲和特异性不强等因素引起；③蛋白比酶活由 15.8U/mg 上升到 121.9U/mg，蛋白的纯度提高了7.7 倍。纯化后的蛋白经聚丙烯酰胺凝胶电泳检测，检测结果如图 6-20 所示，蛋白条带清晰单一，大小约为 70.8ku，可用于酶学性质表征。

表 6-2　　　　　　　　　　　　　　　L-精氨酸脱羧酶的纯化

步骤	总蛋白/mg	总酶活/U	比酶活/ （U/mg 蛋白）	蛋白 回收率/%	酶活 回收率/%	纯化 倍数
1. 粗酶液	87.2	1376.6	15.8	100.0	100.0	1.0
2. HisTrap 螯合	5.0	527.9	105.1	5.7	38.3	6.7
3. PD10 脱盐	4.2	502.4	121.9	4.8	36.5	7.7

（2）精氨酸脱羧酶的酶学性质表征及动力学参数测定

①*Sp*A9 的最适温度与温度稳定性：首先考察 *Sp*A9 在 30~80℃ 条件下的活性，如图 6-24（1）所示。在 37℃ 下，酶的活性最高，低于或高于该温度，酶的活性均有所下降。特别地，当反应温度为 80℃ 时，*Sp*A9 的活性仅残存 8%。接着考察 *Sp*A9 在最适温度附近的温度稳定性 ［图 6-24（2）］，在最适温度 37℃ 下孵育 1h 后，酶的活性丧失 61%，孵育温度越高，酶活性丧失越多。总之，*Sp*A9 的最适催化温度为 37℃，但热稳定性较差，高温易变性，宜在低温下储存。

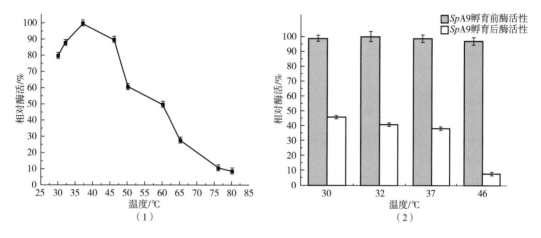

图 6-24　温度对 *Sp*A9 活性的影响

②*Sp*A9 的最适 pH 及 pH 稳定性：首先考察 *Sp*A9 在 pH 7.0~11.0 环境中的活性变化情况，如图 6-25（1）所示。*Sp*A9 的 pH 依赖性比较窄，在 pH 8.5 时，*Sp*A9 的活性最高；在 pH 8.0~9.0 时可以保持 90% 以上的活力；当 pH 高于 9.0 或者低于 8.0 时，其活性都会迅速下降；特别是当 pH11 时，*Sp*A9 的活性仅剩最适条件下的 23%。接着考察 *Sp*A9 的 pH 稳定性 ［图 6-25（2）］，在最适 pH 下孵育 1h 后，*Sp*A9 可保留初始酶活性的

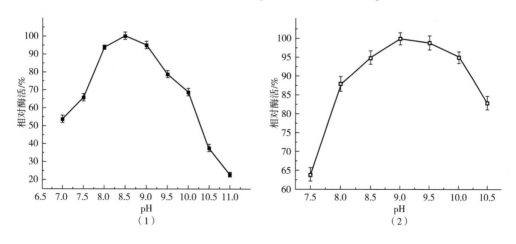

图 6-25　pH 对 *Sp*A9 活性的影响

94%，pH 稳定性佳。总之，SpA9 的最适催化 pH 为 8.5，反应过程中应控制在 pH 8.0~9.0，确保酶活性稳定。

③SpA9 的金属离子依赖性：生物催化过程中，通常会添加一种或多种辅因子，常见的有 NADPH、PLP 及各种金属离子。如图 6-26 所示，以添加 Mg^{2+} 的反应为对照组，考察了 SpA9 在 6 种常见金属离子（Zn^{2+}、Mn^{2+}、Ca^{2+}、Fe^{2+}、Cu^{2+} 和 K^+）作用下的相对酶活大小，发现除 Mg^{2+} 外，其他 6 种金属离子对 SpA9 的活性均为抑制作用，其中 Zn^{2+} 对酶活的抑制性最强（与 Mg^{2+} 对照组比，酶活性降低 81%）。总之，在催化制备胍基丁胺的过程中，添加适量

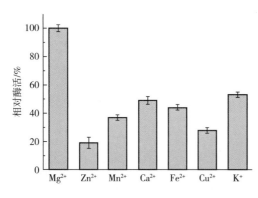

图 6-26　金属离子对 SpA9 活性的影响

的 Mg^{2+} 有助于 SpA9 酶活性的发挥，而 Zn^{2+}、Mn^{2+}、Ca^{2+}、Fe^{2+}、Cu^{2+} 和 K^+ 的添加会抑制 SpA9 酶活性的发挥。

④SpA9 的表观动力学参数：酶表观动力学参数是反映酶催化性能的指标之一。在 pH 8.5，37℃的条件下，测定了 SpA9 对底物 L-精氨酸的表观动力学参数，在底物浓度范围为 0.3~2.0mmol/L 时，测得 SpA9 的转化数 k_{cat} 为 10.4（1/s），米氏常数 K_M 为 2.2mmol/L，专一性常数 k_{cat}/K_M 为 4.8L/（mmol·s）。如表 6-3 所示，比对文献中已报道精氨酸脱羧酶的动力学参数，可知 SpA9 的转化数 k_{cat} 是目前已报道文献中最高的，说明 SpA9 转化能力强；但是其米氏常数 K_M 比已报道数据高，说明 SpA9 对底物 L-精氨酸的亲和能力较弱。这也为后续 SpA9 的分子改造提供了一定的基础与方向。

表 6-3　　　　　　　　　不同来源菌株精氨酸脱羧酶的动力学参数

菌株	$k_{cat}/$（1/s）	$K_M/$ （mmol/L）	k_{cat}/K_M [L/（mmol·s）]
艰难梭菌（_Clostridium difficile_）	0.03	0.70	0.04
凡赛堤革兰氏菌（_Gramella forsetii_）	0.40	2.20	0.20
枯草芽孢杆菌（_Bacillus subtilis_）	1.40	1.10	1.30
硫矿硫化叶菌（_Sulfolobus solfataricus_）	2.60	0.20	13.00
大肠杆菌（_E. coli_）	3.30	0.04	83.50
橙色绿弯菌（_Chloroflexus aurantiacus_）	11.00	0.60	18.60
E. coli BL21/pET28a-SpA9	10.40	2.20	4.80

（3）酶的底物专一性及催化机理预测　酶的分子结构，特别是底物结合口袋的空间构象和电荷分布情况，决定了酶的底物特异性和底物谱范围。相反地，对酶底物谱范围的检测，也有助于人们对底物结合口袋空间结构及催化机理的研究。考虑到 L-精氨酸的分子

结构特点，考察 SpA9 对另外 14 种常见 R 基团链状烃取代氨基酸的催化性能，结果如图 6-27 所示。SpA9 只能专一性地催化 L-精氨酸发生脱羧反应，对其他 14 种物质均无催化作用，说明 SpA9 是一种高度底物专一性的 L-精氨酸脱羧酶。

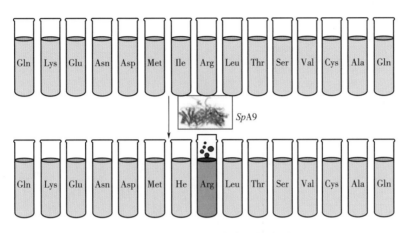

图 6-27　SpA9 的底物专一性检测

在实验结果的基础上，使用 Discovery Studio 2.5 对 SpA9 与不同底物分子之间相互作用情况进行了分析模拟，并推测了 SpA9 具有底物专一性的原因。

①SpA9 同源模型的建立及评价：选择 Protein Data Bank 数据库中与 SpA9 氨基酸序列一致性为 68% 的蛋白质结构（PDB ID：3n2o）为模板，通过 Swiss-Model 构建同源模型，如图 6-28 所示，SpA9 蛋白是由两个相同的单体组成，结构缜密，严格对称。该模型经 Procheck 与 Verify-3D 检测评价，图 6-28（1）为拉氏图，表明除丙氨酸外氨基酸落在核心区、允许区及最大允许区内的氨基酸残基数大于 95%，证明该模型构象符合立体构象规则，模型质量优良。图 6-28（2）为 Verify-3D 结果，所有氨基酸残基的 Verify 值均>0，证明该模型结构与氨基酸一级结构之间关系良好，模型质量优良。综合考虑，该模型可用于下一步对接分析。

②LibDock 对接分析 SpA9 与不同氨基酸间的相互作用：采用快速柔性对接的 LibDock 方法对 SpA9 与不同氨基酸间的相互作用进行分析。根据文献报道，选择 Asp508、Asp510 和 His555 作为 SpA9 上的对接位点，对 SpA9 与底物间的相互作用进行分析。LibDock 对接结果通过 LibDock Score 显示，该分值反映了酶与底物之间几何结构及能量上的匹配度，分数越高，两者之间匹配程度越大。如图 6-29（1）所示，这是 SpA9 与 15 种 R 基团链烃基取代氨基酸相互作用的 LibDock Score，可以看出，SpA9 的天然底物 Arg 得分最高，说明 SpA9 与 Arg 的几何结构与能量匹配度最高，特别是 SpA9 与 Cys、Ala 和 Gly 对接所得 LibDock Score 最低，可能由于这三种氨基酸 R 取代基碳链较 Arg 短，无法在空间上与 SpA9 之间形成合适的化学键。

为了进一步探究 SpA9 底物专一性的机理，选择 LibDock Score 得分前 50% 的氨基酸（Gln、Lys、Glu、Asn、Met、Ile 和 Leu），分析其与 SpA9 之间成键相互作用关系。根据

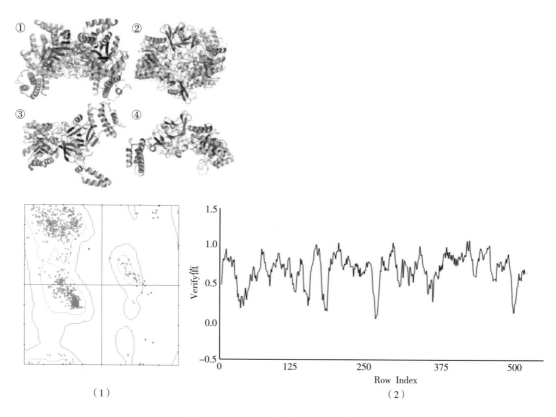

（1）　　　　　　　　（2）

图 6-28　*Sp*A9 同源建模及模型评价

①和②表示乙聚体；③和④表示单位

Phillips 等的研究，底物与 *Sp*A9 之间会形成许多氢键、离子键等相互作用，其中 *Sp*A9 Cys507 残基与底物氨基残基之间形成的氢键，对 *Sp*A9 的催化活性至关重要。氨基酸与 *Sp*A9 对接复合物成键结果分析显示，只有 Arg-*Sp*A9 复合物中存在 Cys507 与 L-Arg 之间相互作用的氢键 ［图 6-29（2）］。该结果从分子间相互作用的角度，进一步解析了 *Sp*A9 的底物专一性的机理。

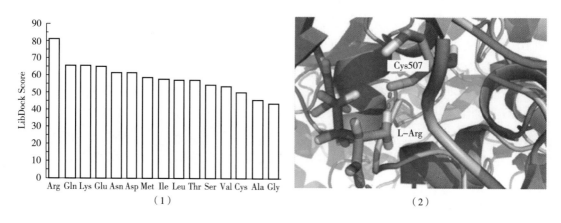

（1）　　　　　　　　　　　　　　　　　　　（2）

图 6-29　*Sp*A9-底物复合物对接模型分析

三、胍基丁胺的大规模制备

1. 重组精氨酸脱羧酶的高效生产

（1）培养基组分对精氨酸脱羧酶生产的影响　研究不同的发酵培养基（LB、TB、SBA、TBA、LBA、SOC 和 SB）对重组菌 E. coli/pET28a-SpA9 产酶能力的影响，结果如图 6-30（1）所示。重组 SpA9 在不同发酵培养基下诱导产酶能力不同，在 SOC 培养基中产酶能力最强，为 803.33U/mL。在 LB、TB、SBA、TBA、LBA 和 SB 培养基中的产酶能力分别为：532.45、559.69、328.02、276.85、278.63 和 663.16U/mL。

以 SOC 培养基为基础，对其主要营养成分碳氮源含量的比例进行优化。选择不同梯度浓度蛋白胨含量（14、16、18、20、22、24 和 26g/L），如图 6-30（2）所示，在蛋白胨含量为 18g/L 时所对应的 E. coli/pET28a-SpA9 产酶能力最高，为 1049U/mL；在此基础上，选择不同浓度梯度酵母粉含量（2、3、4、5、6、7 和 8g/L），如图 6-30（3）所示，发现酵母粉含量在 5g/L 时所对应的 E. coli/pET28a-SpA9 产酶能力最高，为 783U/mL；选择不同浓度梯度的葡萄糖含量（0.6、1.6、2.6、3.6、4.6、5.6 和 6.6g/L），如图 6-30（4）所示，在葡萄糖含量 4.6g/L 时所对应的 E. coli/pET28a-SpA9 产酶能力最高，为 940U/mL。综合上述

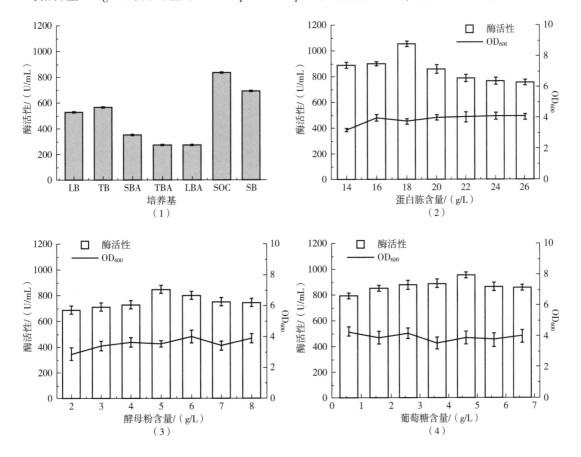

图 6-30　培养基组分对 E. coli/pET28a-SpA9 产酶能力的影响

结果，得到最优的重组菌 *E. coli*/pET28a-*Sp*A9 发酵诱导培养基组分为 18g/L 蛋白胨、5g/L 酵母粉、4.6g/L 葡萄糖、0.5g/L NaCl、0.186g/L KCl 和 2.033g/L MgCl$_2$·6H$_2$O。

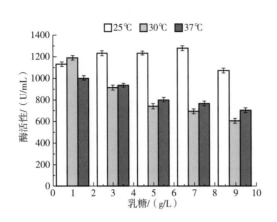

图 6-31　诱导温度及乳糖浓度对
E. coli/pET28a-*Sp*A9 产酶能力的影响

（2）诱导方式及诱导条件对精氨酸脱羧酶生产的影响　考察诱导温度及诱导剂浓度对重组菌 *E. coli*/pET28a-*Sp*A9 表达精氨酸脱羧酶水平的影响。分别选择在不同温度（25、30 和 37℃）下以不同浓度乳糖（1、3、5、7 和 9g/L）诱导 12h 后，检测发酵液酶活性。如图 6-31 所示，在 25℃时，7g/L 乳糖诱导下重组菌 *E. coli*/pET28a-*Sp*A9 的酶活性最高为 1281U/mL。这可能是由于乳糖浓度较低时，诱导表达的蛋白量较少，随着乳糖浓度的增加，蛋白表达量增加促使单位体积酶活性上升，并在 7g/L 时达到最高；随着乳糖浓度的继续增加，蛋白表达量增加过快，来不及正确折叠成具有活性的蛋白，所以单位体积发酵液的酶活性开始下降。在 37℃时，酶活性变化呈现出与 25℃不同的规律。随着乳糖浓度的增加，单位发酵液的酶活性逐渐下降，这可能是由于温度较高，蛋白表达较快引起的，因此在低浓度乳糖条件下即可大量表达目的蛋白。

2. L-精氨酸转化制备胍基丁胺的体系优化

（1）转化条件优化　为了进一步提高胍基丁胺的产量，对转化体系各物质（L-精氨酸、5′-PLP、镁离子、湿菌体量）含量及其比例进行了优化。

考察了辅因子 5′-PLP 与底物 L-精氨酸摩尔添加比例对胍基丁胺产量的影响，结果如图 6-32（1）所示。转化体系底物投料 20g/L，辅因子与底物添加比在 0.02~0.13 范围内。当辅因子与底物的摩尔比为 0.06 时，胍基丁胺的产量最高，为 3.3g/L，此时底物转化率为 22.07%；在辅因子与底物摩尔比低于 0.06 时，胍基丁胺的产量随两者比例的增加而增加；在辅因子与底物摩尔比高于 0.06 时，胍基丁胺的产量随两者比例的增加而减少。这可能是由于 *Sp*A9 酶活性的发挥需要一定量的 5′-PLP，但超过这个需求量的 5′-PLP 会对 *Sp*A9 的酶活性产生抑制作用。

考察了镁离子浓度（1~6mmol/L）对胍基丁胺的影响，结果如图 6-32（2）所示。当镁离子浓度为 4mmol/L 时，胍基丁胺产量最高为 6.7g/L，转化率为 44.81%。在镁离子浓度低于 4mmol/L 时，胍基丁胺的产量随着镁离子浓度的增加而增加；当镁离子浓度高于 4mmol/L 时，胍基丁胺的产量随着镁离子浓度的增加而降低。可能原因是 *Sp*A9 对镁离子有一定的需求量，但过高的镁离子浓度会抑制 *Sp*A9 的活性。

考察了底物浓度 20g/L 时，湿菌体投量与底物浓度质量比对胍基丁胺产量的影响，结果如图 6-32（3）所示。结果发现，随着菌体投量与底物浓度质量比的增加，胍基丁胺的产量呈现上升趋势。特别地，当两者比例低于 1.5 时，胍基丁胺产量随两者比例增加而显著提高；当两者比例为 1.5 时，胍基丁胺的产量为 7.3g/L，转化率为 48.83%；当两者比例大于 1.5 时，胍基丁胺产量增长缓慢。考虑到湿菌体的成本及其对产量的投入产出比，选择 1.5 作为湿菌体投量与底物浓度的最佳比例。

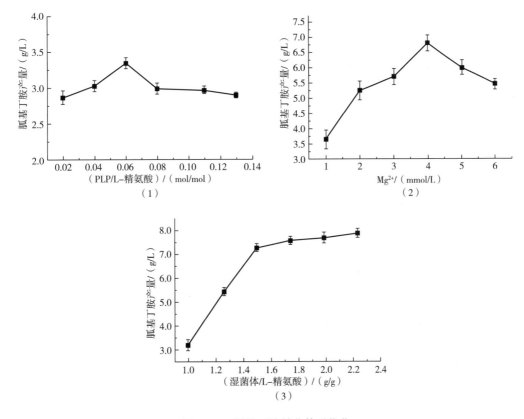

图 6-32　胍基丁胺转化体系优化

（2）转化体系的放大与十克级胍基丁胺的制备　在摇瓶水平上，以上述最佳转化体系为基础，提高转化体系中底物 L-精氨酸的载量，考察 SpA9 在高底物浓度下的转化能力。如图 6-33（1）所示，当 L-Arg 的初始浓度为 25g/L 时，反应在 6h 达到平衡，此时胍基丁胺的产量为 15.78g/L，转化率为 84.39%；当 L-Arg 的初始浓度为 125g/L 时，反应在6h 达到平衡 ［图 6-33（2）］，此时转化率为 56.19%。说明 L-Arg 的初始底物投料量越高，L-精氨酸的转化率越低，胍基丁胺的产量越高。

在摇瓶转化条件的基础上进行 3.5L 罐体放大转化实验。转化体系为：90g/L L-精氨酸、18mmol/L MgSO$_4$、31.5mmol/L PLP、135g/L 湿菌体、2%曲拉通 X-100，控制 pH 为8.5、温度为 37℃、通风比为 1m^3/（m^3·min）、搅拌转速为 400r/min。转化过程曲线如图 6-34 所示。初始 2h 内，底物 L-精氨酸急剧消耗，产物胍基丁胺大量积累。2h 时，胍基丁胺产量最高为 52.66g/L，转化率为 78.27%，时空产率为 26.33g/（L·h）。2h 后胍基丁胺的产量略有下降但总体保持稳定，说明产物胍基丁胺在体系中存在微量降解的情况。

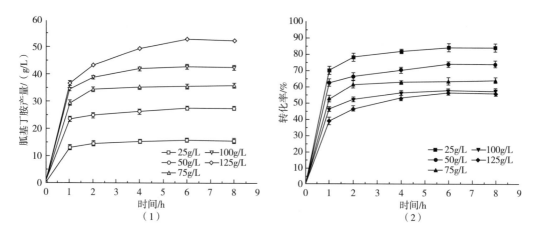

图 6-33 不同底物浓度对 SpA9 转化能力的影响

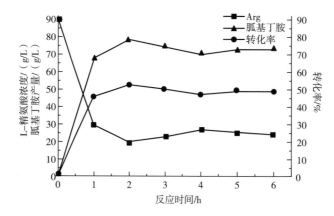

图 6-34 L-精氨酸转化过程曲线

参考文献

［1］孙安然. 酶法转化 L-精氨酸生产胍基丁胺［D］. 无锡：江南大学，2017.

［2］Anderson B A, Hansen M M, Harkness A R, et al. Application of a practical biocatalytic reduction to an enantioselective synthesis of the 5h-2, 3Benzodiazepine Ly300164［J］. Journal of the American Chemical Society, 1995, 117（49）：12358-12359.

［3］Deng X Y, Lee J, Michael A J, et al. Evolution of substrate specificity within a diverse family of beta/alpha-barrel-fold basic amino acid decarboxylases：X-ray structure determination of enzymes with specificity for L-arginine and carboxynorspermidine［J］. Journal of Biological Chemistry, 2010, 285（33）：25708-25719.

［4］Hideo K, Hitoshi S. Synthesis of aromatic amino acid ethyl esters by α-chymotrypsin in solutions of high ethanol concentrations［J］. Tetrahedron Letters, 1985, 26（49）：6081-6084.

［5］Jose M A, Kenjiro Y, Ayaka T, et al. The benzyl ester group of amino acid monomers enhances substrate affinity and broadens the substrate specificity of the enzyme catalyst in chemoenzymatic copolymerization［J］. Biomacromolecules, 2016, 17（1）：314-23.

［6］Luetz S G L, Lalonde J. Engineered enzymes for chemical production ［J］. Biotechnology and Bioengineering, 2008, 101 （4）: 647-653.

［7］Schoemaker H E, Mink D, Wubbolts M G. Dispelling the myths－biocatalysis in industrial synthesis ［J］. Science, 2003, 299 （5613）: 1694-1697.

［8］Yesim Y, Ismail K. Polyviny alcohol-trypsin as a catalyst for amino acid ester synthesis in organic media ［J］. Preparative Biochemistry & Biotechnology, 2004, 34 （4）: 365-375.

［9］Yesim Y, Ismail K. Polyviny alcohol-trypsin as a catalyst for amino acid ester synthesis in organic media ［J］. Preparative Biochemistry & Biotechnology, 2004, 34 （4）: 365-375.

第七章　生物催化氨基酸侧链的衍生化技术

第一节　概述

氨基酸侧链（—R）决定了氨基酸的物理、化学和生理特性。蛋白氨基酸侧链的衍生化可用于合成多种非蛋白氨基酸，这些氨基酸具有新的侧链，新的化学和生物学特性。氨基酸侧链的衍生化可通过羟基化、脱羟基化、水解、酰化和C—C加成反应来实现。

一、侧链羟基化

催化氨基酸羟基化的酶有：依赖于蝶呤的单加氧酶和依赖 α-KG 的双加氧酶（图7-1）。蝶呤依赖性氨基酸单加氧酶，也称芳香氨基酸羟化酶，只接受芳香底物；此外，根据底物的特异性，这些酶可分为苯丙氨酸4-羟化酶（P4H）、酪氨酸3-羟化酶（Y3H）、色氨酸5-羟化酶（T5H）和苯丙氨酸3-羟化酶（P3H）等。其中，T5H 能将 L-色氨酸转化为5-羟色胺的直接前体5-羟基色氨酸（5-HTP），5-HTP 可用于治疗抑郁症、失眠和慢性头痛，因此备受关注。然而，T5H 催化依赖于昂贵的动物源蝶呤类辅酶 BH4（Tetrahydro-biopterin）［图7-1（1）］，难以实现5-HTP 的大规模生产。作为一种替代方法，细菌 P4Hs 也表现出色氨酸羟基化活性，但却不需要 BH4 作为辅因子，而是依赖微生物来源的蝶呤类辅酶 MH4（Tetrahydromonapterin）。在这方面，通过蛋白质工程改造野油菜黄单胞菌（*Xanthomonas campestris*）P4H，获得了具有高色氨酸羟基化活性的突变体 *Xc*P4H[W179F]，并与微生物 MH4 循环系统共同表达，最后可实现将 2.0g/L L-色氨酸转化为 1.2g/L 的 5-HTP［图7-1（1）］。

相比之下，脂肪族氨基酸的羟基化可以通过依赖 α-KG 的双加氧酶实现，包括 L-天冬酰胺羟化酶、L-精氨酸羟化酶、L-脯氨酸羟化酶和 L-异亮氨酸羟化酶等。最典型的例子是 L-脯氨酸羟化酶，包括 L-脯氨酸-*cis*-4-羟化酶（*cis*-P4H）、L-脯氨酸-*trans*-4-羟化酶（*trans*-P4H）和 L-脯氨酸-*cis*-3-羟化酶（*cis*-P3H）。这些 L-脯氨酸羟化酶催化反应需要提供足够的 α-KG，例如在以 *Streptomyces* sp. TH1 来源的 *cis*-P3H 为催化剂合成 *cis*-3-羟基-L-脯氨酸的过程中，通过外源添加 α-KG 可使 *cis*-3-羟基-L-脯氨酸的产量从 6.1g/L 增加到 9.1g/L［图7-1（2）］。此外，Shibasaki 等通过改造代谢途径来增加细胞内 α-KG 含量，使得指孢囊菌属（*Dactylosporangium* sp.）RH1*trans*-P4H 催化的 *trans*-4-羟基-L-脯氨酸产量达到 41g/L，转化率为 87%［图7-1（2）］。

（1）单加氧酶催化的芳香族氨基酸羟基化
例如：基于T5H和P4H突变体的5-HTP合成

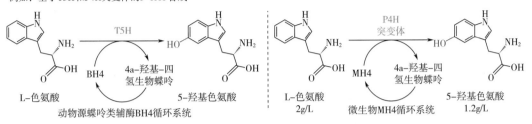

（2）双加氧酶催化的脂肪族氨基酸羟基化
例如：添加α-KG生成cis-3和trans-4-L-脯氨酸

图7-1　氨基酸侧链羟基化

二、侧链脱羟基化

L-苏氨酸、L-丝氨酸和L-酪氨酸的侧链中含有一个羟基，去除该羟基可分别生成L-2-氨基丁酸（L-ABA）、L-丙氨酸和L-苯丙氨酸。其中，L-ABA是合成抗癫痫药物（左乙拉西坦和布瓦西坦）以及抗结核药物（乙胺丁醇）的重要前体。自然界中没有直接催化L-苏氨酸形成L-ABA的酶。因此，研究者们设计了两步人工级联反应来实现转化（图7-2）：第一步，通过 C. glutamicum 苏氨酸脱氨酶（TD）将L-苏氨酸转化为2-酮丁酸；第二步，通过蜡样芽孢杆菌（Bacillus cereus）L-亮氨酸脱氢酶将2-酮丁酸转化为L-ABA。通过级联反应，71.5g/L L-苏氨酸在50L发酵罐中被转化为60.2g/L L-ABA，转化率为97.3%，时空产率为6.4g/（L·h）。此外，将相关酶纯化并固定化后作为催化剂，可使L-ABA产量和时空产率分别提升为73.9g/L和37g/（L·h）。

图7-2　苏氨酸脱羟基合成 L-氨基丁酸

三、侧链水解

胍基、酰胺基等侧链可以很容易地被相应的水解酶水解。例如，Wang 等利用精氨酸酶（ARG）将 L-精氨酸水解为 L-鸟氨酸，产量为 356.9g/L，转化率为 85.5%，时空产率为 29.7g/（L·h）［图 7-3（1）］。此外，L-精氨酸的亚氨基可以被精氨酸脱氨酶（ADI）水解形成羰基，从而产生 L-瓜氨酸。Su 等报道将 *P. putida* ADI 与褐色嗜热裂孢菌（*Thermobifida fusca*）角质酶共表达，水解细胞磷脂，增加膜透性，从而提高 ADI 的细胞外表达水平。最终 L-瓜氨酸的产量达到了 650g/L，在 5L 发酵罐中转化率高达 99% 以上，时空产率为 92.9g/（L·h）［图 7-3（2）］。

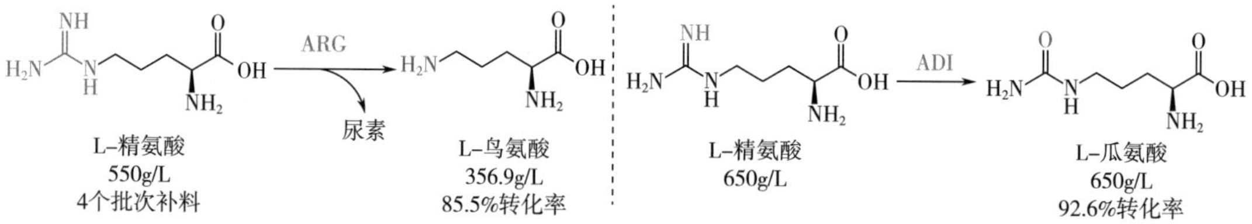

（1）L-精氨酸水解为 L-鸟氨酸 （2）L-精氨酸水解为 L-瓜氨酸

图 7-3　L-精氨酸水解合成 L-瓜氨酸和 L-鸟氨酸

四、侧链酰基化

酰化反应是酰基供体和受体之间的亲核取代反应，其中受体的活性氢（—OH、—SH 或—NH$_2$）被酰基取代。氨基酸在酰化反应中可以作为酰基供体也可作为受体。例如，L-谷氨酸、L-谷氨酰胺、L-天冬氨酸和 L-天冬酰胺等可以用作酰基供体。目前，以 L-谷氨酸或 L-谷氨酰胺作为酰基供体合成 γ-谷氨酰胺化合物的报道最多，相关酶主要包括：以 L-谷氨酸为酰基供体的 L-谷氨酰胺合成酶（GS）、γ-谷氨酰胺甲酰胺合成酶（GMAS）和 L-谷氨酰胺酶（GLS），以及以 L-谷氨酰胺为酰基供体的 γ-谷氨酰胺转肽酶（GGT）。其中，GS 和 GMAS 依赖于 ATP，而 GLS 的转肽效率低于水解效率。相比之下，GGT 的转化率高，反应过程便于操控。芽孢杆菌和大肠杆菌的 GGT 已经被证明可以将 L-谷氨酰胺转化为 γ-谷氨酰胺乙酰胺［L-茶氨酸，图 7-4（1）］，但这两种酶各有优势：芽孢杆菌 GGT 的 L-茶氨酸时空产率较高，而大肠杆菌 GGT 产品浓度较高。例如，用地衣芽孢杆菌（*B. licheniformis*）的 GGT 合成 L-茶氨酸的产量仅为 12.2g/L，转化率为 87%，时空产率为 3.0g/（L·h）。相比之下，使用 *E. coli* K-12 合成 L-茶氨酸时，产量高达 40.9g/L，转化率为 88%，但时空产率仅为 1.7g/（L·h）。

L-半胱氨酸、L-赖氨酸、L-丝氨酸、L-精氨酸和 L-苏氨酸可作为酰基受体。目前，研究较多的是用 L-丝氨酸作为酰基受体，通过磷脂酶 D（PLD）的转磷脂酰活性来产生磷脂酰丝氨酸（PS）。该反应将磷脂酰胆碱（PC，如大豆卵磷脂）的极性头部基团与 L-丝氨酸交换，生成 PS［图 7-4（2）］。许多微生物 PLD 已经被鉴定出来，其中，链霉菌来源的 PLD 表现出更广泛的底物特异性和相对较高的转磷脂酰化活性。然而，PLD 具有水解活性，可消耗磷脂酰供体，导致副产物磷脂酸（PA）的积累。为了解决这一问题，Lwasaki 等设计了一种以硫酸钙粉末为卵磷脂吸附剂，以抗生链霉菌（*Streptomyces antibioticus*）PLD 为催化剂的水-固两相体系，在 24h 内将>80% 的 PC（149.4g/L）转化为 PS。在最近的报道中硅胶 60H 被用作卵磷脂吸附剂，将 24h 内 PS 的转化率提高到 99.5%［图 7-4（2）］。

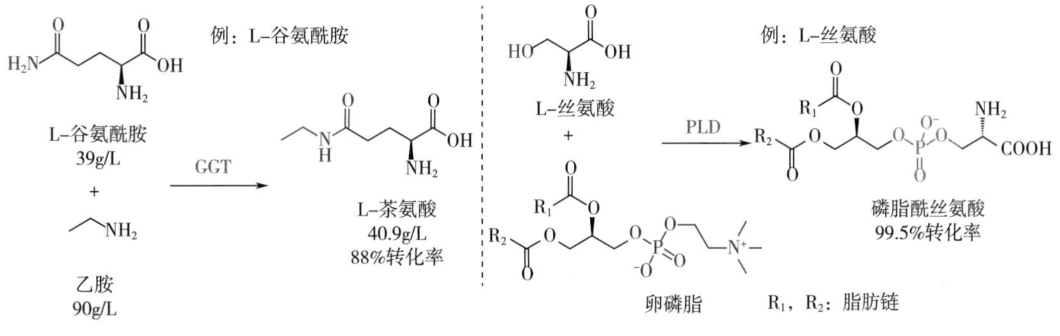

图 7-4　氨基酸侧链酰化

五、C—C 加成

小分子氨基酸，如甘氨酸、L-丝氨酸、L-丙氨酸和 L-苏氨酸等，可通过 C—C 加成与其他砌块（如醛和吲哚）发生缩合反应，生成一系列非蛋白氨基酸，如 β-羟基-α-氨基酸、β-羟基-α,α-二烷基-α-氨基酸、α,α-二烷基-α-氨基酸以及色氨酸类似物。根据形成的 C—C 键的位置，分为在 α 碳和 β 碳上发生的 C—C 加成反应（图 7-5）。

在氨基酸的 α 碳上形成 C—C 键可以通过 PLP 依赖型的缩合酶实现，如苏氨酸醛缩酶（TA）、L-丝氨酸羟甲基转移酶（SHMT）、α-甲基丝氨酸羟甲基转移酶（MSHMT）和 α-甲基丝氨酸醛缩酶（MSA）。由于底物范围广，TA 常用于催化氨基酸和醛的缩合形成 β-羟基-α-氨基酸和 β-羟基-α,α-二烷基-α-氨基酸［图 7-5（1）］。TA 催化的反应会形成两个手性中心，在 C_α 上的特异性很好（高 *ee*），然而形成的 β-羟基总是只能表现出中等的特异性，导致低的 *de*。增加 *de* 有两种不同的方法。第一种方法是蛋白质工程，例如：通过定向进化方法改造天蓝色链霉菌（*Streptomyces coelicolor*）L-TA 的 C_β 立体选择性，用于转化甘氨酸和 3,4-二羟基苯甲醛合成 L-*threo*-3,4-二羟基苯丝氨酸，使得 *de* 值从 14% 提高到 60%。类似地，Chen 等通过底物结合指导的突变方法提高了 *Pseudomonas* sp. L-TA 的 C_β 立体选择性，使得 L-*threo*-*o*-氟苯基丝氨酸的 *de* 值由 31% 提高到 69%。

在氨基酸的 C_β 上形成 C—C 键是以色氨酸合成酶（TrpS）为代表催化的反应，它可以将小的氨基酸（如 L-丝氨酸和 L-苏氨酸）与吲哚类似物［图 7-5（2）］缩合成色氨酸类似物。TrpS 是一种 $\alpha\beta\beta\alpha$ 异构酶复合物，只有 β 亚单位（TrpB）是连接氨基酸和吲哚所必需的。然而，TrpB 在脱离其天然复合物结构后损失超过 90% 的活性。为了创造一种高酶活性且稳定的 TrpB，Aronld 教授课题组通过定向进化改造了来自激烈火球菌（*Pyrococcus furiosus*）的 TrpB（*Pf*TrpB），将催化效率提高到野生型 *Pf*TrpB 的 9.4 倍和天然复合物 *Pf*TrpS 的 3 倍。此外，该课题组还采用定向进化技术获得了一系列 TrpB 突变体，以接受大体积的氨基酸以及卤化或缺乏电子的吲哚作为底物来合成多种色氨酸类似物。目前已合成了超过 50 多种色氨酸类似物，例如（2*S*,3*S*）-β-甲基色氨酸、（2*S*,3*S*）-β-乙基色氨酸、（2*S*,3*S*）-β-丙基色氨酸、（2*S*,3*S*）-4-硝基色氨酸、（2*S*,3*S*）-5-羟色氨酸、7-硝基色氨酸、（2*S*,3*S*）-4-氰基色氨酸、（2*S*,3*S*）-5-氟-β-乙基色氨酸和（2*S*,3*S*）-7-甲基-β-乙基色氨酸［图7-5（2）］。最近，该课题组还对 *Pf*TrpB 进行了改造，以接受硝基烷烃作为多功能亲核剂，用于酶法合成 γ-硝基-α-氨基酸。

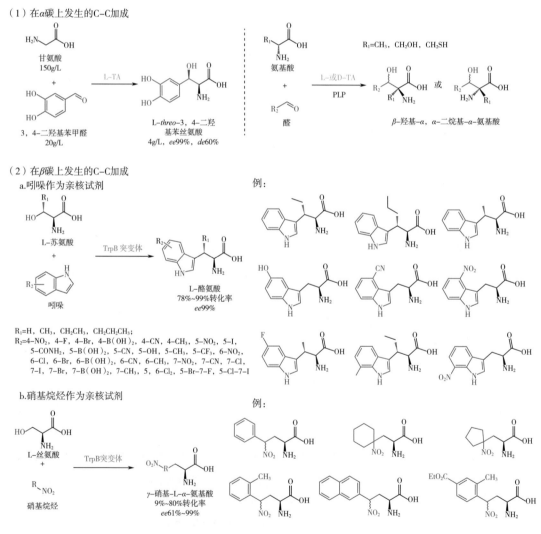

（1）在α碳上发生的C—C加成

甘氨酸
150g/L
+
3，4-二羟基苯甲醛
20g/L

L-TA

L-*threo*-3，4-二羟基苯丝氨酸
4g/L，*ee*99%，*de*60%

氨基酸
+
醛

L-或D-TA
PLP

$R_1=CH_3$，CH_2OH，CH_2SH

β-羟基-α，α-二烷基-α-氨基酸

（2）在β碳上发生的C—C加成

a.吲哚作为亲核试剂

L-苏氨酸
+
吲哚

TrpB 突变体

L-酪氨酸
78%~99%转化率
*ee*99%

$R_1=H$，CH_3，CH_2CH_3，$CH_2CH_2CH_3$；
$R_2=4-NO_2$，4-F，4-Br，4-B(OH)$_2$，4-CN，4-CH$_3$，5-NO$_2$，5-I，
5-CONH$_2$，5-B(OH)$_2$，5-CN，5-CH$_3$，5-CF$_3$，5-NO$_2$，
6-Cl，6-Br，6-B(OH)$_2$，6-CN，6-CH$_3$，7-NO$_2$，7-CN，7-Cl，
7-I，7-Br，7-B(OH)$_2$，7-CH$_3$，5，6-Cl$_2$，5-Br-7-F，5-Cl-7-I

b.硝基烷烃作为亲核试剂

L-丝氨酸
+
R—NO$_2$
硝基烷烃

TrpB突变体

γ-硝基-L-α-氨基酸
9%~80%转化率
*ee*61%~99%

图 7-5 氨基酸侧链 C—C 加成反应

第二节　色氨酸侧链羟基化合成 5-羟色氨酸

一、概述

5-羟基色氨酸（5-Hydroxytryptophan，5-HTP）是一种临床上对抑郁症、失眠、肥胖症、慢性头痛等有效的药物。长期以来因为缺乏有效的化学合成方法，仅从单叶沙棘种子中提取 5-HTP，限制了其广泛应用。

在人和动物体内 5-HTP 在色氨酸 5-羟化酶（T5H）的作用下从色氨酸中天然产生，然后在正常生理条件下转化为神经递质血清素。T5H 属于蝶呤依赖性芳香族氨基酸羟化酶（AAAH），AAAH 家族包括苯丙氨酸 4-羟化酶（P4Hs）和酪氨酸 3-羟化酶（T3Hs）两个亚群。由于与苯丙酮尿症、帕金森病等人类疾病的发生具有相关性，AAAH 在动物体内得到了广泛的鉴定和研究。这些酶由三个结构域组成，即 N 端调节结构域、中心催化结构域和 C 端结构域，通常利用四氢生物蝶呤（BH4）作为辅酶（或共底物）参与四聚体形成。动物 T5H 被证明是不稳定的，很难在微生物宿主中进行功能表达。最近的一项专利报告了使用 *Oryctolagus cuniculus* 来源的截短 T5H1，从大肠杆菌中的色氨酸产生高达 0.9mmol/L（相当于 198mg/L）的 5-HTP。为了提供蝶呤辅酶，需要在大肠杆菌中共表达动物 BH4 生物合成途径和包含总共五种酶的再生系统。然而，对于规模化生产，生产效率不能令人满意。

在假单胞菌和色杆菌等细菌中也发现了少量 AAAH。到目前为止，所有这些基因都被鉴定为 P4H，色氨酸羟基化活性很低，但据报道，当将突变引入紫色杆菌（*Chromobacterium violaceum*）的 P4H 时，可以提高色氨酸羟基化活性。原核 P4H 仅由一个结构域组成，对应于动物 AAAH 的催化结构域。因为大多数细菌中没有天然存在的 BH4，四氢单蝶呤（MH4）是大肠杆菌中蝶呤的主要形式，细菌 P4H 可以利用 MH4 代替 BH4 作为天然的蝶呤辅酶。

下面的研究通过回收和利用内源性 MH4 在大肠杆菌中重建细菌 P4H 活性，结合生物勘探和蛋白质工程学的方法，开发高度活跃的 P4H 突变体，将色氨酸转化为 5-HTP，从而进一步通过代谢工程学建立一个高效的 5-HTP 生产平台。这种从头开始的过程不需要补充昂贵的蝶呤辅因子或前体，而只利用可再生的简单碳源，这种碳源具有在微生物中大规模生产 5-HTP 的巨大潜力。

二、大肠杆菌中原核苯丙氨酸-4-羟化酶（P4H）的生物勘探和重建

1. AAAH 的系统发育分析

为了探索 AAAH 家族亚群之间的进化关系，随机选择了 25 个来自原核生物和动物的氨基酸序列，使用 ClustalX 2.1 进行蛋白质序列比对，使用 MEGA 5.02 通过邻接法构建了系统进化树（图 7-6），自举方法用于系统发育测试（1000 次重复）。该进化树反映了原

核生物和动物 AAAH 之间相当大的进化分离，动物 AAAH 的三个亚家族（P4H、T5H 和 T3H）明显分离，其中 P4H 与 T5H 的系统发育关系比与 T3H 的系统发育关系更密切。这些结果与目前已报道的对 AAAH 的系统发育研究一致。

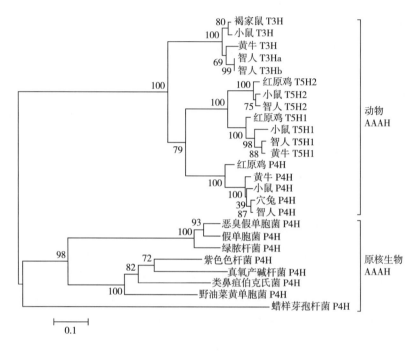

图 7-6　原核生物 P4H 与动物 AAAH 的系统发育关系
（与分支相关的数字代表每个氨基酸残基的置换频率）

考虑到系统发育证据，结合功能多样性的发展，推断动物 AAAH 是通过复制和分化从原核 P4H 进化而来的。因此，假设即使经过长期的进化过程，原核生物和动物 P4H 仍然可能共享一些保守的氨基酸残基，这些氨基酸残基决定了它们对苯丙氨酸底物的偏好。同时，动物 P4H 和 T5H 具有高度的序列相似性，表明底物偏好从苯丙氨酸向色氨酸的转换可能只涉及少量残基的取代。基于这些假设，推测通过对动物 AAAH 和原核 P4H 序列进行全面的比对分析，可能能够识别来自后者的底物决定性残基，并人为地使其进化成 T5H。

2. 大肠杆菌中原核 P4H 的生物勘探和重建

在探索底物决定氨基酸残基之前，从不同的微生物［绿脓杆菌、恶臭假单胞菌、荧光假单胞菌、真菌性葡萄球菌（*Staphylococcus*）和野油菜黄单胞菌］中挑选了 5 个 P4H，对它们的活性和底物偏好进行了验证和比较。已有的遗传和生化证据表明，*Pa*P4H 利用 MH4 而不是 BH4 作为天然的蝶呤辅酶。因此，首先选择它作为原型，在大肠杆菌中建立其体内活性，因为 MH4 是大肠杆菌产生的主要蝶呤（图 7-7）。为了获得 *Pa*P4H 的表达，从铜绿假单胞菌基因组 DNA 中扩增出 *phhA* 基因，并将其克隆到 IPTG 诱导型启动子 $P_L la$-

$cO1$ 调控下的高拷贝数质粒中。将得到的表达载体 pZE-PaphhA 导入大肠杆菌 BW25113$\Delta tnaA$（缩写为 BW$\Delta tnaA$）中。由于 tnaA 编码的色氨酸酶能够催化色氨酸和 5-HTP 的降解，因此本研究中使用的所有菌株都将该基因敲除。观察到携带 pZE-PaphhA 的 BW$\Delta tnaA$ 的细胞生长显著延迟，其 OD_{600} 值在培养 8h 后仅为 $0.8\sim1.0$，显著低于 OD_{600} 值为 $5.5\sim6.0$ 的对照菌株（携带空载体的 BW$\Delta tnaA$）。当细胞与苯丙氨酸（500mg/L）一起孵育时，几乎没有检测到羟基化产物（酪氨酸）。事实上，铜绿假单胞菌具有一个蝶呤 4a-甲醇胺脱水酶（PCD，编码 $phhB$），负责再生二氢单蝶呤（MH2），进一步还原为 MH4，但大肠杆菌没有这样的天然机制。为了建立人工 MH4 循环系统（图 7-7），利用 pZE-PaABM 载体，将铜绿假单胞菌 $phhB$ 和大肠杆菌 $folM$ ［编码二氢单蝶呤还原酶（DHMR）］与 $phhA$ 共表达。有趣的是，含有该载体的大肠杆菌菌株显著提高了细胞活力（培养 8h 后 OD_{600} 值达到 $4.5\sim5.5$），与对照菌株相当。当收集这些细胞并与苯丙氨酸一起温育时，大量的酪氨酸以 $83.50\mu mol/(L \cdot h \cdot OD_{600})$ 的速率产生，如表 7-1 所示。这些结果表明，引入 MH4 回收系统不仅恢复了细胞生长，而且还促使大肠杆菌菌株将苯丙氨酸转化为酪氨酸。此外，该菌株还能将色氨酸转化为 5-HTP（表 7-1），但产率较低［$0.19\mu mol/(L \cdot h \cdot OD_{600})$］，只相当于苯丙氨酸转化率的 0.23%。

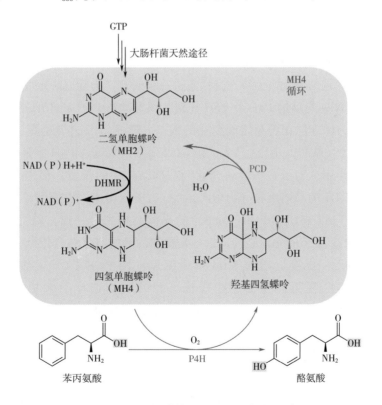

图 7-7 大肠杆菌中原核 P4H 活性的重建

GTP，鸟苷 5′-三磷酸；PCD，蝶呤-4α-甲醇胺脱水酶；DHMR，二氢单蝶呤还原酶；P4H，苯丙氨酸 4-羟化酶

注：黑色和蓝色箭头分别表示大肠杆菌天然途径和重构反应途径；粗体箭头是指过度表达的步骤；引入的 MH4 回收系统由灰色框表示。

表 7-1　　　　　　　　　　　　不同微生物来源 P4H 的体内活性

P4H 的来源	体内活性/[μmol/(L·h·OD$_{600}$)]^a		偏好（Phe：Trp）
	苯丙氨酸	色氨酸	
铜绿假单胞菌（*P. aeruginosa*）	83.50±16.00	0.19±0.02	439.5
恶臭假单胞菌（*P. putida*）	76.32±10.02	0.12±0.03	636.0
荧光假单胞菌（*P. fluorescens*）	82.47±12.05	0.20±0.05	412.4
巴氏芽孢杆菌 H16（*R. eutropha* H16）	73.33±4.63	1.22±0.04	60.1
野油菜黄单胞菌（*X. campestris*）	97.40±4.42	2.91±0.21	33.5

[a] 所有数据均来自三次独立实验数据的平均值±标准差。

在此基础上，将 pZE-*Pa*ABM 上的 *Pa*P4H 基因替换为 4 种不同微生物来源的 P4H 基因并进行活性检测。如表 7-1 所示，所有鉴定的 P4H 在大肠杆菌中显示出高活性和对苯丙氨酸的强底物偏好。其中，来自 *X. campestris*（*Xc*P4H）的 P4H 对苯丙氨酸和色氨酸都表现出最高的活性。来自假单胞菌物种的三种 P4H 显示出最相似的催化活性，这与它们亲密的系统发育关系一致。因此，能够证实所有 5 种来源的 P4H 可以通过利用大肠杆菌内源性蝶呤辅酶 MH4 在存在回收系统的情况下发挥正常功能。

3. 蛋白质工程改造 *Xc*P4H 的底物选择性

*Xc*P4H 由于其优越的催化潜力被选择用于进一步研究。为筛选决定底物选择性的氨基酸残基，将 *Xc*P4H 序列与动物 P4H 和 T5H 比对。仅对动物 P4H 和 T5H 的序列进行比较，确定了许多在各组内保守但在各组之间变化的残基。然而，当这些残基与 *Xc*P4H 序列比对时，只有 Q85、L98、W179、L223、Y231 和 L282 等 6 个残基在 P4H 中是保守的，可能对底物选择性起关键作用。为了进一步研究它们在酶结构中的位置，使用来自紫色色杆菌（*C. violaceum*）的 P4H 的晶体结构（PDB：3tk2）为模板构建同源模型，其保守位点与人 P4H（PDB：1mmk）和 T5H1（PDB：3hf6）的晶体结构完全一致，说明模型的可靠性。在这个结构中，W179 位于催化口袋内，恰好是预测的苯丙氨酸结合位点，而 L98 和 y231 位于口袋的入口附近，更接近辅酶 MH4 结合位点［图 7-8（1）］。然而，Q85、L223 和 L282 不在催化口袋附近，表明这些残基与酶的底物选择不太相关。因此，选择 W179、L98 和 Y231 作为进一步突变分析的目标。假设：如果这些残基在 T5H 上分别被它们各自的 F、Y 和 C 残基取代，突变体可能对色氨酸表现出更强的偏好。结果表明，*Xc*P4H 突变体 W179F 的色氨酸羟化活性比野生型（WT）酶高 17.4 倍，对苯丙氨酸的活性下降约 20%。苯丙氨酸的底物偏好性高于色氨酸（表 7-2）。当 L98Y 或 Y231C 突变与 W179F 突变结合时，底物偏好性进一步向色氨酸转移，虽然它们对色氨酸的活性不如 W179F 突变高。三重突变体对两种底物显示出几乎相同的偏好［图 7-8（2）］。正如前文提到的，L98 和 Y231 更接近 MH4 结合位点，表明这两个残基可能不会有助于芳香族氨基酸底物的选择。

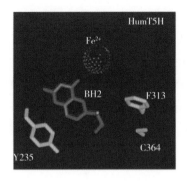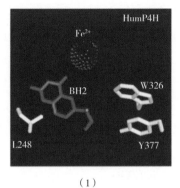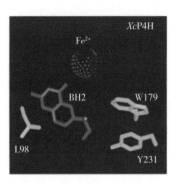

（1）

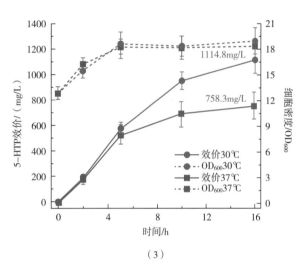

（2）　　　　　　　　　　　　　　　　（3）

图 7-8　通过蛋白质工程修饰 XcP4H

（1）三个关键残基（L98、W179 和 Y231）在 XcP4H、P4H（HumP4H）和 T5H1（HumT5H）结构中的位置比较；（2）野生型 XcP4 及其突变体的体内活性，红色和黑色条分别表示对色氨酸和苯丙氨酸的活性；（3）使用 XcP4H 突变体 W179F 将色氨酸全细胞生物转化为 5-HTP，实线和虚线分别表示 5-HTP 产生和细胞密度随时间的变化，绿色和红色的线分别表示 30℃ 和 37℃ 的情况

注：所有数据来源于三次独立实验的平均值±标准差；误差线定义为标准差。

表 7-2　　　　　　　　　　XcP4H 突变体的体内活性和底物偏好

P4H 的来源	苯丙氨酸		色氨酸		偏好
	体内活性[a] $\mu mol/(L \cdot h \cdot OD_{600})$	RA[b]/%	体内活性[a] $\mu mol/(L \cdot h \cdot OD_{600})$	RA[b]/%	（Phe：Trp）
WT	97.40±4.42	100	2.91±0.21	100	439.5
W179F	78.05±4.34	80	50.60±4.72	1739	636.0
W179F/L98Y	44.49±4.95	46	35.13±1.67	1207	412.4
W179F/Y231C	50.92±4.36	52	27.71±2.99	952	60.1
W179F/198y/Y231C	16.56±1.86	17	16.58±2.59	570	33.5

[a] 所有数据均来自三次独立实验数据的平均值±标准差；

[b] RA，relative activity 缩写，将 WT XcP4H 的相对活性设置为 100%。

为了进一步探索 *Xc*P4H 突变体 W179F 在全细胞生物催化中的潜力，将含有 pZE-*Xc*ABMW179F 质粒的预培养大肠杆菌细胞（初始 OD$_{600}$ 为 12~13）与 2.0g/L 色氨酸进行共孵育。如图 7-8（3）所示，初始转化率在 30℃ 和 37℃ 时相似，尽管细胞在 37℃ 时生长略快。在 30℃ 和 37℃ 条件下培养 16h 后，5-羟色胺的浓度分别为 1114.8mg/L 和 758.3mg/L，色氨酸的浓度分别为 1503.2mg/L 和 1417.1mg/L。同时，观察到培养物在 5h 后颜色逐渐变暗，特别是在 37℃ 时颜色更深，可能是由于 5-羟色胺和色氨酸在好氧条件下的氧化作用导致。

4. 微生物代谢工程从头合成 5-HTP

在实现了色氨酸高效生物转化为 5-HTP 之后，继续构建一个产生 5-HTP 的菌株，该菌株可以利用简单碳源产生内源性色氨酸。

首先，构建过量生产色氨酸的重组大肠杆菌菌株。在大肠杆菌中，色氨酸生物合成通过色氨酸调节子［图 7-9（1）］的作用从莽草酸途径分支出来，并且受到色氨酸转录抑制子（TrpR）的负调控以响应细胞内色氨酸水平。为了规避转录水平的内在调控，将 trpED-CBA 等 trp 操纵子克隆到带 IPTG 诱导型启动子的低拷贝数质粒中。同时，为了消除反馈抑制作用，将 S40F 突变并入 TrpE 中，产生质粒 pSA-*Trp*EDCBA。将该质粒导入大肠杆菌 BWΔ*tnaA* 中，经 24h 培养，在 37℃ 下产生 292.2mg/L 色氨酸，48h 后产生的色氨酸浓度显著下降（74.4mg/L），可能是由于氧化降解所致。当生长温度调整为 30℃ 时，该问题得到解决［图 7-9（2）］。除了 BWΔ*tnaA* 菌株以外，尝试使用 QH4Δ*tnaA* 菌株作为通过莽草酸途径增加碳通量的宿主，因为 QH4 是发育良好的苯丙氨酸过量生产菌株 ATCC31884（敲除 pheLA 和 *tyrA*）的衍生物，并且 QH4 曾经成功地用于提高咖啡酸、水杨酸和黏液酸的产量。然而，在这项研究中，含有质粒 pSA-*Trp*EDCBA 的 QH4Δ*tnaA* 菌株并没有显著提高色氨酸的产生，但与 BWΔ*tnaA* 宿主相比，在 30℃ 时色氨酸浓度略微提高，到 48h 结束时，色氨酸产量达到 304.4mg/L［图 7-9（2）］，而没有 trp 操纵子过表达的对照菌株 QH4Δ*tnaA* 在任意温度下都不积累色氨酸。

基于色氨酸的产生和色氨酸生物转化为 5-HTP 过程的实现，以及 30℃ 条件对两种产物生产情况的改善，进一步通过整合这两个模块来建立 30℃ 下 5-HTP 的从头生物合成途径。当质粒 pZE-*Xc*ABMW179F 和 pSA-*Trp*EDCBA 共转染大肠杆菌 BWΔ*tnaA* 和 QH4Δ*tnaA* 时，产生的 5-HTP 分别只有 19.9mg/L 和 11.5mg/L，培养物中没有色氨酸积累。显然，与其亲本菌株相比，高拷贝数质粒引入 5-羟基化反应对碳流流向色氨酸产生了负面影响。因此推测，具有 MH4 循环系统的 *Xc*P4H 突变体的过度表达可能导致代谢失衡并扰乱了向色氨酸的碳通量。为了验证这一假设，将 *Xc*P4H 突变体 W179F、PCD 和 DHMR 的编码序列克隆到一个中等拷贝数的质粒中，获得质粒 pCS-*Xc*ABMW179F。有趣的是，携带该质粒的菌株 BWΔ*tnaA* 和 QH4Δ*tnaA* 的 5-HTP 产量显著提高，到 48h 结束时，这两个菌株的 5-HTP 产量分别为 128.6mg/L 和 152.9mg/L［图 7-9（3）］，葡萄糖消耗量分别为 8.5g/L 和 9.7g/L。进一步在 5-HTP 浓度分别为 166.3mg/L 和 339.7mg/L 时测定两个菌株的色氨酸积累量，结果表明通向色氨酸途径的碳通量完全恢复，产生 5-HTP 菌株遵循生长依赖性生产模式［图7-9（3）］。

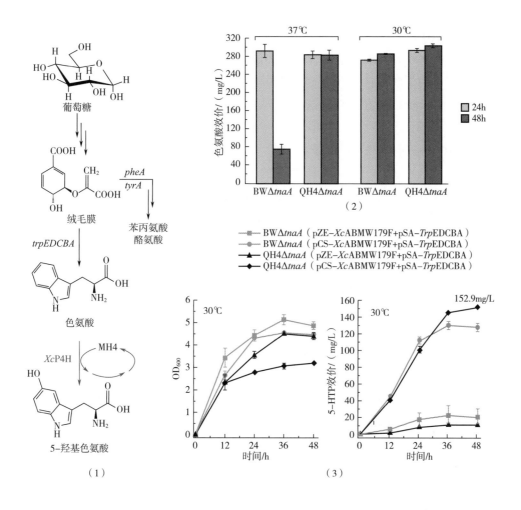

图 7-9　微生物代谢工程利用葡萄糖从头合成 5-HTP

（1）完整的 5-HTP 生物合成途径示意图，黑色和蓝色箭头分别表示大肠杆菌天然途径和重构反应途径；（2）在 30℃和 37℃从葡萄糖生产的色氨酸的效价；（3）分别含有质粒 BWΔtnaA（灰色）和 QH4ΔtnaA（黑色）的两个宿主菌株的细胞生长和 5-HTP 生产的情况。

注：所有数据来源于三次独立实验的平均值±标准差；误差线定义为标准差。

　　缺乏合适的酶是微生物途径工程中最常遇到的问题之一。真核生物酶的功能性表达通常比较困难，因为它们具有低溶解度、低稳定性和/或翻译后修饰等特点。例如，虽然色氨酸 5-羟基化反应的发现已经很长时间了，来自人类和动物的许多 T5H 也已经被鉴定和表征，但是动物 AAAH 很难以可溶和稳定的形式在大肠杆菌中表达。尽管使用截短或融合蛋白有助于产生可溶性和有活性的重组酶，但利用截短的动物来源的 T5H 在大肠杆菌中重组表达产生的 5-HTP，催化效率比较低。近年来，蛋白质工程已成为酶修饰的有效工具，可以获得具有理想催化性能的酶。

辅因子（包括辅酶和辅基）的自我供应或再生是全细胞生物合成和生物催化的最大优势之一。在大肠杆菌宿主中，许多这样的分子可以随着细胞的生长而自然产生，如 FMN/FMNH2、FAD/FADH2、NAD（P）$^+$/NAD（P）H、辅酶 A、乙酰辅酶 A、丙二酰辅酶 A、MH4 等。尽管利用这些内源性辅因子更方便和经济，但有时异源酶需要外源辅因子帮助才能实现催化功能。为了解决这一问题，一种方法是用外源辅因子补充培养基，但是大多数辅因子如四氢蝶呤价格昂贵，补充这些辅因子对于商业生产来说在经济上是不可行的。另一种方法是将辅因子生物合成和/或再生机制引入宿主菌株，比如在利用动物来源 T5H 产生 5-HTP 的研究中，将一条以 GTP 为起点的 BH4 生物合成途径引入大肠杆菌中。有研究报道，在 BH4 再生系统存在的情况下，小鼠 T3H 也可以利用大肠杆菌 MH4，但效率较低。总之，本研究展示了在宿主菌代谢途径的微小改变下，原核生物 P4H 和突变体则能够利用和回收大肠杆菌内源性 MH4 和 NAD（P）H（图 7-7）生产 5-HTP。

第三节　侧链脱羟基化生成非蛋白氨基酸

一、概述

L-苏氨酸、L-丝氨酸和 L-酪氨酸的侧链中含有一个羟基，去除该羟基可分别生成 L-2-氨基丁酸（L-ABA）、L-丙氨酸和 L-苯丙氨酸，其中 L-ABA 是抑制人体神经信息传递的非经典氨基酸。作为重要的化工原料和医药中间体，L-ABA 是合成新型抗癫痫药左乙拉西坦的主要生产原料，也是合成抑菌抗结核药乙胺丁醇盐酸盐的关键手性前体，乙胺丁醇也是多种手性药物的手性中间体。

受技术和成本的限制，我国 L-ABA 的产量不能满足国内和外贸出口的需求。L-ABA 的制备方法包括化学法和生物法，传统的化学法不论是有机合成或化学拆分均因生产成本高而失去竞争力。生物法中因酶催化方法制备效率高、专一性强而得到广泛关注。在酶法制备 L-ABA 的研究中，转氨酶法和脱氢酶法是报道较多的方法。转氨酶法中最为典型的是 Fotheringham 等研究者开发的以 L-苏氨酸为原料，建立的三酶催化体系制备 L-ABA 的方法，其三酶体系包括苏氨酸脱氨酶、芳香氨基酸转氨酶和乙酰乳酸合成酶。但该法生产 L-ABA 的转化率只有 54%，浓度只有 20g/L 左右，而且转化时产生副产物 NH₃、L-丙氨酸和 3-羟基-2-丁酮，产品分离纯化困难，质量难以提高。因此，有必要进一步开发一种高效、低成本，且易于产业化大规模生产的酶催化制备 L-ABA 的新方法。

二、苏氨酸侧链脱羟基化生成 L-2-氨基丁酸

本研究以 L-苏氨酸为原料，建立一种改进的三酶催化体系制备 L-ABA 的方法。如图 7-10 所示，以 L-苏氨酸为原料，先由苏氨酸脱氨酶转化成 α-酮丁酸，再由亮氨酸脱氢酶催化 α-酮丁酸合成 L-2-氨基丁酸，反应中加入用于再生辅酶的甲酸脱氢酶。

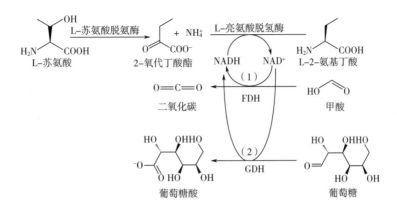

图 7-10　L-苏氨酸脱氨酶催化脱氨，L-亮氨酸脱氢酶催化加氢反应合成 L-ABA）

FDH，甲酸脱氢酶；GDH，葡萄糖脱氢酶

1. 重组菌株的构建和表达

分别构建编码 L-苏氨酸脱氨酶（TD）的 *ilv* 的基因表达载体 pET28b-*ilvA*（基因 ID：948287），编码 L-亮氨酸脱氢酶（LeuDH）的 *leudh* 基因的表达载体 pET28b-*leudh*（基因 ID：AP009048），编码葡萄糖脱氢酶（GDH）的 *gdh* 基因的表达载体 pET24a-*gdh*，编码甲酸脱氢酶（FDH）的 *fdh* 基因的表达载体 pET24a-*fdh*，将得到的质粒转化大肠杆菌 BL21（DE3）感受态细胞，并且所有基因在 T7 启动子的控制下表达。

分别将含有 pET28b-*ilvA*、pET28b-*leudh*、pET24a-*gdh* 和 pET24a-*fdh* 四种基因表达载体的重组菌株 BL21（DE3）加入含有卡那霉素（100μg/mL）的 LB 培养基中培养，后转接 Terrific 肉汤（TB）培养基（含 100μg/mL 卡那霉素），用 IPTG 诱导培养后收集菌体用于分析，结果如图 7-11 所示。*ilvA*、*leudh*、*fdh* 和 *gdh* 基因在摇瓶发酵过程中过度表达，损害 35%~57% 的大肠杆菌总蛋白和 68%~90% 的可溶性蛋白。TD、LeuDH 和 GDH 的总酶活分别为（134±17）、（16.9±0.8）和（118±3）U/mL。但 FDH 相对于其他脱氢酶活性较低（<3U/mL），因此采用以甘油为碳源的 TY 培养基分批补料发酵工艺进行了优化。最终 OD_{600} 达到约 20，总 FDH 活性增加到（26±3）U/mL。

2. TD、LeuDH 和 GDH 催化大规模制备 L-ABA

由于 FDH 发酵的成本高于 GDH，FDH 添加量减少到 GDH 的一半。然而，由 1mol/L L-苏氨酸、1mol/L 甲酸铵和 20mg/L NAD$^+$ 经 25000U/L TD、7500U/L LeuDH 和 12500U/L FDH 催化，在 9h 内仅产生 45.3g/L L-ABA［图 7-12（1）］。由于第二个氢化步骤是由 LeuDH 和 FDH 催化（以 NAD$^+$ 作为辅因子），FDH 活性的增加受到其成本的限制，尝试增加了 LeuDH 活性和/或 NAD$^+$ 浓度。当 LeuDH 活性倍增至 12500U/L 时，L-ABA 浓度在 9h 内仅增加 15.6%（52.3g/L）；将 NAD$^+$ 浓度从 20g/L 增加到 30g/L 时，L-ABA 浓度在 15h 内进一步提高 30%（从 52.3g/L 提高到 68.4g/L），达到理论产量的 70.8%，这表明 NAD$^+$ 浓度是限速步骤。当反应进行到 3h 和 6h 时向反应液中补加 10mg/L

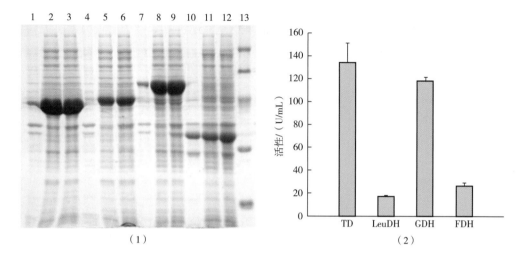

图 7-11　重组大肠杆菌 BL21（DE3）裂解物的（1）SDS-PAGE 分析及
（2）发酵末期发酵液中相关酶活性的计算

1、4、7、10：不溶性部分；2、5、8、11：可溶性部分；3、6、9、12：全蛋白提取物；13：蛋白质分子质量标准

NAD$^+$（NAD$^+$初始浓度为 30mg/L），L-ABA 产量达到 94.7g/L，达到理论产率的 98.4%。经过纯化和结晶后，获得 81.7g/L L-ABA，纯度为 99.1%（ee>99.5%）。

　　进一步将该工艺用于一锅法生产 L-ABA 的放大过程，甲酸盐作为共底物用于 NADH 再生。在 50L 发酵罐中，30mol/L 苏氨酸转化为 29.2mol/L L-ABA，达到 97.3% 的理论产量，产率为 6.9g/（L·h）。

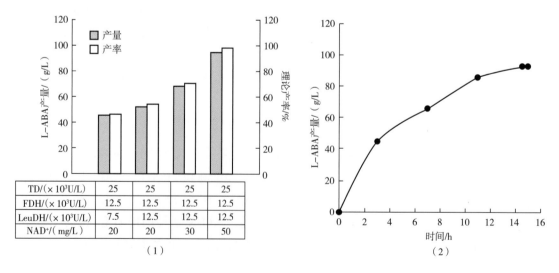

图 7-12　重组 TD、FDH、LeuDH 和 NAD$^+$组合催化生产 L-ABA
及补加 NAD+生产 L-ABA

本研究以脱氢酶为基础，通过与 NADH 再生系统相结合的生物转化方法，从 L-苏氨酸中产生 L-ABA。以 α-酮丁酸为起始原料，以中间型高温放线菌（*T. intermedius*）来源的 LeuDH 与甲酸脱氢酶联合进行催化加氢反应生成 L-ABA，产率达 88%，最终效价为 0.35mol/L。L-苏氨酸脱氨加氢反应的理论收率可达 97.3%，在本研究的放大过程中接近理论收率，因此有工业化生产的可能性。

有几种策略可以进一步提高已建立的基于脱氢酶的生物工艺的经济优势。一种策略是以固定化形式或薄膜反应器重复使用酶以增加总周转数。比如在 L-叔亮氨酸的生产中使用聚乙二醇（PEG）共价技术和膜反应器。另一种策略是提高酶的活性，特别是 FDH 的活性，可以通过合理的设计和蛋白质工程改造等手段实现。最近报道的以苄胺或异丙胺作为氨基供体的基于 ω-转氨酶的反应，允许热力学上不受限制地不对称合成 L-ABA，产率超过 99%，这为 L-ABA 的生物法合成提供了另一条有前景的途径。

第四节 侧链水解生成非蛋白氨基酸

一、概述

L-精氨酸（L-arginine，L-Arg），化学名称为 L-2-氨基-5-胍基戊酸或 L-胍基戊氨酸，结构式如图 7-13 所示。作为动物细胞内功能最多的氨基酸和最丰富的氮载体，L-精氨酸多样化的官能团在其生理生化功能的展现上表现出了非常重要的作用。精氨酸的主要

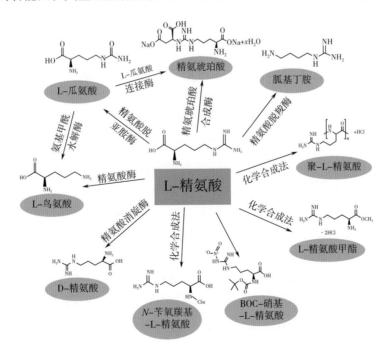

图 7-13 精氨酸衍生化的关键反应

功能基团有羧基、氨基以及侧链胍基：羧基中的羰基在羟基的影响下变得很不活泼，而羟基比醇羟基容易解离，显示弱酸性；氨基是一个活性大、易被氧化的碱性基团；侧链胍基是一种碱性基团，易于水解，其基本结构来自胍（亚氨脲）。以 L-精氨酸为底物，水解胍基基团可生成 L-瓜氨酸和 L-鸟氨酸等产品；消旋反应可生成 D-精氨酸；脱羧反应可生成胍基丁胺；酯化反应可生成 L-精氨酸甲酯等产品；取代反应取代氨基上的氢可生成 N-苄氧羰基-L-精氨酸和聚-L-精氨酸等多种衍生化产品。

L-鸟氨酸（L-ornithine，L-Orn），化学名称为 α,δ-二氨基戊酸，结构式如图 7-14（1）所示。鸟氨酸在生物体内不参与蛋白质的合成，主要参与尿素循环，对体内氨态氮的代谢过程起重要作用。鸟氨酸常被用作保肝解毒的试剂和注射液，还可与精氨酸一起用于配制缓解疲劳、恢复体力的饮料。L-瓜氨酸（L-citrulline，L-Cit）是一种 α-氨基酸，又名氨基甲酰鸟氨酸，结构式见图 7-14（2）所示。L-瓜氨酸作为尿素循环和氨基酸代谢中重要的非蛋白质氨基酸，在 NO 形成和氮转运中扮演着重要的角色。L-瓜氨酸能够清除羟基，可有效保护 DNA 及 PMN 免受氧化反应的侵害，L-瓜氨酸与枸橼酸西地那非具有类似的药理作用，是一种促进男性功能的纯天然药物。近年来，L-鸟氨酸和 L-瓜氨酸因其多功能的保健作用，被广泛应用于食品、医药和工业领域。

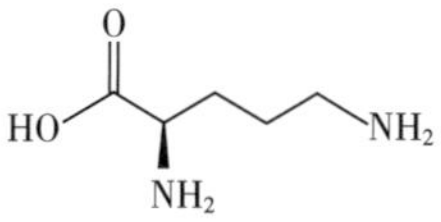

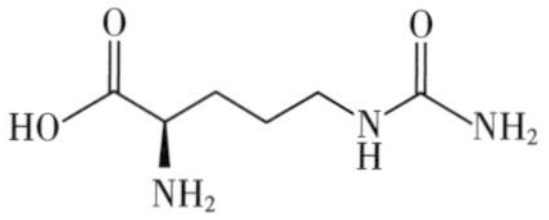

图 7-14　L-鸟氨酸（1）和 L-瓜氨酸结构式（2）

二、精氨酸侧链胍基水解制备 L-鸟氨酸和 L-瓜氨酸

1. 精氨酸胍基基团上的生化反应与典型产品

（1）精氨酸胍基基团的生化反应及其关键酶类　针对 L-精氨酸胍基基团的生化反应主要为水解反应，催化反应发生所需的酶类主要为脲水解酶类。经数据库挖掘可知精氨酸胍基基团衍生化反应的关键酶类有精氨酸酶和精氨酸脱亚胺酶。

精氨酸酶（Arginase，ARG，EC 3.5.3.1）是生物体内尿素循环过程中一种标志性的酶类，ARG 催化精氨酸水解是尿素循环五个重要代谢步骤中的最后一步，决定着尿素的形成过程，在整个尿素循环中起着非常重要的作用。ARG 对肿瘤和癌症的治疗也起着非常重要的作用。精氨酸酶来源比较广泛，分布于不同生物体内，如细菌、真菌、植物、无脊椎动物、爬行动物和哺乳动物等。因此，不同来源的 ARG 的氨基酸组成和酶学性质有较大差别，分子质量从 30~330ku 不等，最适 pH 在 6~11 范围内，最适反应温度在 22~60℃范围内。

精氨酸脱亚胺酶（Arginine deiminase，ADI，EC 3.5.3.6）属于胍基修饰酶超家族，可以催化精氨酸代谢途径的第一个反应，将精氨酸水解为瓜氨酸和氨。ADI 还是一种颇具前景的抗肿瘤酶类，当前对 ADI 的研究主要集中在对白血病、肝细胞瘤和黑色素瘤体内抑制效果等方面。ADI 主要来源于支原体、乳球菌、假单胞杆菌和原生动物。不同来源的 ADI 的氨基酸组成、酶学性质有较大的差别，分子质量从 46~190ku 不等，其最适 pH 在 4.4~9.7 范围内，最适反应温度在 25~60℃ 范围内。

（2）基于精氨酸胍基基团的典型产品　L-精氨酸和 L-鸟氨酸均为碱性氨基酸，且分子结构也相似，只在侧链末端的结构稍有不同：L-精氨酸侧链末端是胍基，而 L-鸟氨酸则是氨基。由 KEGG 数据库查得，在尿素循环中，L-精氨酸在精氨酸酶（ARG）的作用下，侧链上的胍基基团结合一个水分子，经胍基水解反应，生成 L-鸟氨酸与尿素，其反应式如图 7-15 所示。

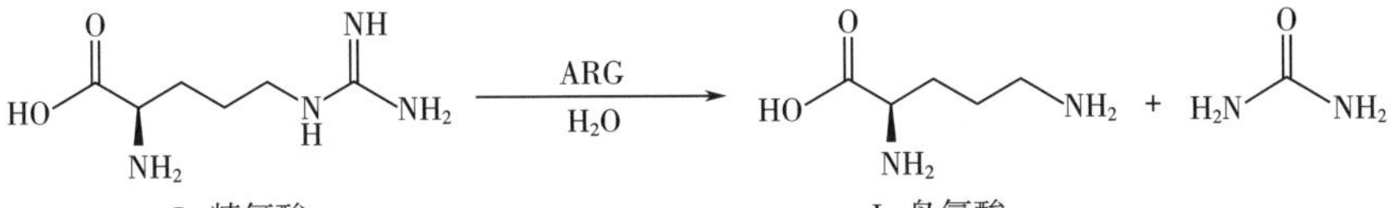

图 7-15　精氨酸胍基水解生产 L-鸟氨酸反应式

L-精氨酸和 L-瓜氨酸的化学结构基本相似，只在侧链末端有一定差别：L-精氨酸侧链末端有一个亚氨基，而 L-瓜氨酸在同一位点上则是一个氧原子。由 KEGG 数据库查得，在尿素循环中，L-精氨酸在精氨酸脱亚胺酶（ADI）的作用下，精氨酸胍基上的亚氨基团被水分子中的氧所取代生成 L-瓜氨酸，其反应式如图 7-16 所示。

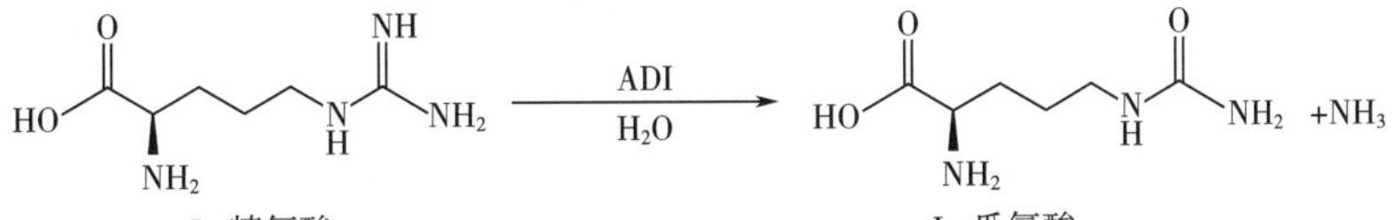

图 7-16　精氨酸胍基水解生产 L-瓜氨酸反应式

2. 精氨酸胍基水解生产 L-鸟氨酸

（1）精氨酸酶重组菌株的构建表达和发酵条件优化

①精氨酸酶的基因挖掘：经 Brenda 数据库搜索，获得几株酶学性质较好的 ARG 生产菌株，列于表 7-3 中。其中来源于嗜热菌（$B. caldovelox$，DSM411）的 ARG 的 K_m 值和 v_{max} 分别为 3.4mmol/L 和 $4.3×10^3 μmol/（min·mg）$。K_m 值越低，底物亲和力越高，经比较发现来源于嗜热菌的 ARG 最大反应速率和底物亲和力最高，是酶法生产鸟氨酸极具潜力的催化剂。但是 ARG 为胞内酶，且在野生菌株内的产量比较低，从而影响其工业应用。因此，为了提高 ARG 酶性活水平和表达量，对来源于 DSM411 菌株的 ARG 进行密码子优化，然后在 $E. coli$ BL21 中进行过量表达。

表 7-3 精氨酸酶生产菌株

菌株	$K_m/$ (mmol/L)	$v_{max}/$ [μmol/(min·mg)]	最适 pH	最适温度/℃
热溶芽孢杆菌（*Bacillus caldovelox*）	3.4	$4.3×10^3$	9.0	60
短小芽孢杆菌（*Bacillus brevis*）	12.8	—	10.0	37
枯草芽孢杆菌（*Bacillus subtilis*）KY3281	13.5	—	10	37
苏云金芽孢杆菌（*Bacillus thuringiensis*）	15.6	538.9	10.0	40
酿酒酵母（*Saccharomyces cerevisiae*）	15.7	887.5	9.5	30
幽门螺杆菌（*Helicobacter pylori*）	22.0	0.2	6.1	37
粗糙脉孢菌（*Neurospora crassa*）	131.0	—	9.5	37

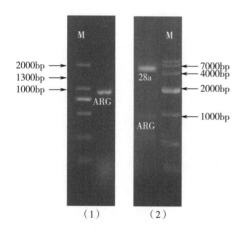

图 7-17 目的基因 PCR 扩增（1）和
重组质粒双酶切验证（2）
M：DNA 分子质量标准

②过量表达精氨酸酶的重组菌株构建：将人工合成的含有 *Nco* I 和 *Hind* Ⅲ 酶切位点的 ARG 基因片段进行双酶切，然后与同样双酶切得到的表达载体 pET28a 连接构建重组质粒 pET28a-ARG，将重组质粒转化表达于宿主大肠杆菌 DE3 中，取 *Kan* 抗性平板中长出的单菌落进行 PCR 和酶切验证，如图 7-17 所示，得到 5.2kb 和 900bp 的片段，分别为表达载体 pET28a 和 ARG 基因，筛选出正确的阳性菌株并命名为 *E. coli*（pET28a-ARG）FMME096。

③重组菌株 FMME096 生产精氨酸酶的发酵条件优化：研究不同培养基（LB、TB、SB、LBA、TBA、SBA）对重组菌株 FMME096 生产 ARG 的影响。结果如图 7-18 所示，以 TB 为培养基时 ARG 酶活性和菌体干重分别为 116.3U/mL 和 3.3g/L，比对照 LB 培养基的 ARG 酶活性（79.5U/mL）和菌体干重（2.1g/L）分别提高了 46.3% 和 57.1%；而单位菌体产酶能力为 $3.3×10^4$U/g，比 LB 培养基（$3.8×10^3$U/g）下降了 12.8%。综合考虑选择 TB 培养基为发酵培养基，并进行诱导条件优化，进一步提高 ARG 酶活性。

在重组菌株 FMME096 发酵过程（7L 发酵罐中）的不同时间添加 0.1mmol/L 诱导剂 IPTG 进行诱导，研究诱导剂添加时间与诱导周期对重组菌株 FMME096 产酶的影响。结果如图 7-19 所示，在重组菌 FMME096 发酵的第 6 小时添加 IPTG 开始诱导最佳，此时菌体生长旺盛，菌体分裂最快以及蛋白表达能力最强；诱导周期为 6h 时产酶效果最好，此时 ARG 酶活性达到最大值（133.4U/mL）。研究不同浓度的诱导剂 IPTG（0.1~0.6mmol/L）

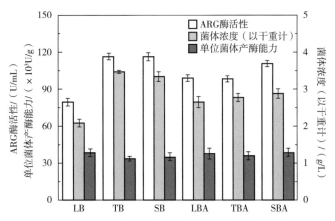

图 7-18   不同培养基对重组菌株 FMME089 生产 ARG 的影响

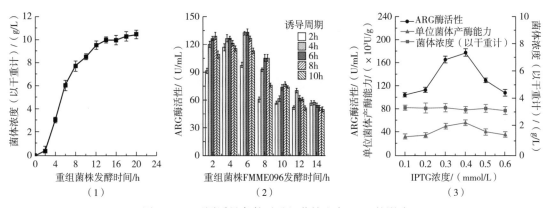

图 7-19   不同诱导条件对重组菌株生产 ARG 的影响

对产酶的影响，结果发现，诱导剂 IPTG 的最适浓度为 0.4mmol/L，此时 ARG 酶活性最高可达 177.3U/mL，比优化前提高了 52.5%，是野生型菌株（3.7U/mL）的 47.9 倍。单位菌体产酶能力为 5.5×10⁴U/g，比优化前提高了 44.7%。

（2）重组精氨酸酶的纯化与酶学性质表征

①重组精氨酸酶的纯化： 由于重组 ARG 来源于嗜热菌株 DSM411（培养温度为70℃），其在 70℃条件下的耐受性较大肠杆菌 DE3 中的其他蛋白更好，所以利用简单的热激步骤即可除去 90%以上的杂蛋白。基于此，将重组菌株培养并收集菌体，破碎、离心取上清液，参照表 7-4 所示步骤进行蛋白纯化。结果如图 7-20 所示，粗酶液经纯化后得到单一的蛋白条带，纯化后 ARG 比酶活为 4.3×10³U/mg 蛋白，纯化倍数为 9.8 倍，收率为 9.2%。

表 7-4   重组 ARG 纯化步骤

步骤	总酶活性/U	总蛋白/mg	比酶活/（U/mg 蛋白）	纯化倍数	收率/%
粗酶液	33864.9	77.1	439.2	1	100.00
70℃热激	11476.3	3.62	2892.6	6.59	33.9

续表

步骤	总酶活性/U	总蛋白/mg	比酶活/ （U/mg 蛋白）	纯化倍数	收率/%
盐析	5853.7	0.43	3978.3	9.05	17.3
纯化酶	3185.3	0.34	4304.5	9.8	9.4

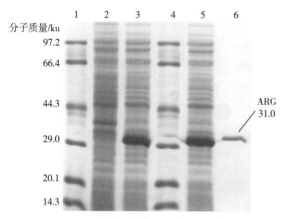

图 7-20 重组 ARG 纯化及 SDS-PAGE 分析

1、4：蛋白质分子质量标准；2：宿主菌全细胞
蛋白对照；3、5：重组菌全细胞蛋白；6：纯化合的
重组精氨酸

②重组精氨酸酶的酶学性质

a. 最适 pH 和最适温度。在 pH7.0~12.0 范围内测定 ARG 的最适 pH，结果如图 7-21 所示。重组 ARG 最适 pH 为 9.0，当 pH 在 8.5~10.0 时，相对酶活可维持最大值的 80% 以上；当 pH>10.0 时，相对酶活急剧下降。在 30~90℃ 内测定重组 ARG 的最适温度，结果发现在 30~60℃ 范围内，酶活性随着温度的升高而逐渐增加，在 60℃ 时达到最大值；而当温度超过 60℃ 时，重组 ADI 酶活性急剧下降。因此重组 ARG 最适 pH 为 9.0，最适温度为 60℃。

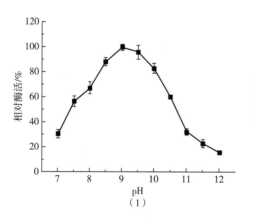

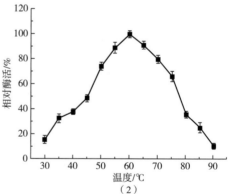

图 7-21 不同 pH（1）和温度（2）对重组 ARG 活性的影响

b. 金属离子对酶活性的影响。研究外源添加金属离子（0.1mmol/L）对 ARG 活性的影响。结果如图 7-22 所示，Mn^{2+}、Co^{2+} 和 Ni^{2+} 对 ARG 有激活作用，ARG 活性分别提高了 28.0%、20.1% 和 17.0%，与文献报道类似，*B. thuringiensis* SK20.001 中精氨酸酶在外源添加 Mn^{2+} 的情况下，酶活性提高了 5 倍以上；Cu^{2+}、Ca^{2+}、Mg^{2+}、Fe^{2+} 和 Zn^{2+} 对 ARG 活性有不同程度的抑制作用，ARG 活性分别降低了 17.5%、21.7%、26.8%、31.1% 和 23.5%。

（3）酶促胍基水解生产 L-鸟氨酸的条件优化

①精氨酸浓度和精氨酸酶浓度对酶促胍基水解生产 L-鸟氨酸的影响：在 ARG 生化特征的基础上（pH9.0，温度 60℃），以 150g/L 的 L-精氨酸为底物，研究不同的菌体浓度（0~21g/L）对 L-鸟氨酸生产的影响。结果如图 7-23（1）所示，在 0~9g/L 范围内，随着菌体浓度的增加，L-鸟氨酸产量不断增加；之后菌体浓度增加，L-鸟氨酸的产量反而降

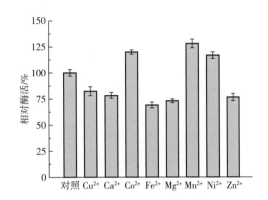

图 7-22　不同金属离子对重组 ARG 活性的影响

低；当菌体量为 9g/L 时，L-鸟氨酸产量最高，为 83.3g/L。在添加 9g/L 菌体的条件下，研究不同浓度的底物 L-精氨酸（120~200g/L）对 L-鸟氨酸生产的影响。结果如图 7-23（2）所示，在 120~170g/L 范围内，随着底物浓度的增加，L-鸟氨酸产量不断增加；而当 L-精氨酸浓度高于 170g/L 后，L-鸟氨酸产量反而开始降低；在添加 170g/L L-精氨酸的条件下，L-鸟氨酸产量达到最大值，为 91.4g/L。

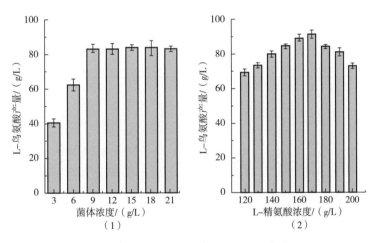

图 7-23　菌体浓度（1）和 L-精氨酸（2）对转化的影响

②精氨酸浓度和细胞浓度对酶促胍基水解生产 L-鸟氨酸的影响：为进一步优化转化条件，提高 L-鸟氨酸产量，对 L-精氨酸和细胞浓度两个因素进行正交试验（表 7-5）。两列的极差分别为 17.5 和 8.8，极差顺序为 $A>B$，即 L-精氨酸浓度>细胞浓度。通过对正交试验因素指标分析发现对转化影响因素顺序为 L-精氨酸>细胞浓度，其中精氨酸对实验指标的影响最大，细胞浓度的影响最小。由正交试验结果可以看出最佳实验组合为 A_2B_2（组合 5）。因此，反应体系的最适配比为：170g/L 的 L-精氨酸和 12g/L 的菌体。此时 L-瓜氨酸的产量即可达到最大值（105.3g/L），转化率为 81.3%，单位菌体 L-鸟氨酸产量为 8.8g/g。

表 7-5　　　　　　　　　　　　　　　　转化条件正交试验

组合	因素水平 A	因素水平 B	A L-精氨酸/（g/L）	B 细胞浓度/（g/L）	L-鸟氨酸产量/（g/L）
1	1	1	150	9	82.8
2	1	2	150	12	83.7
3	1	3	150	15	83.9
4	2	1	170	9	92.6
5	2	2	170	12	105.3
6	2	3	170	15	105.0
7	3	1	190	9	87.1
8	3	2	190	12	99.7
9	3	3	190	15	100.1
均值 1			83.5	87.5	
均值 2			101.0	96.3	
均值 3			95.6	96.2	
极差			17.5	8.8	
Ran			1	2	

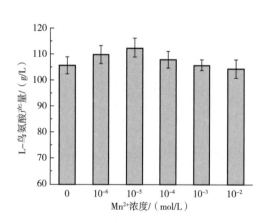

图 7-24　不同浓度 Mn^{2+} 对转化的影响

③Mn^{2+} 对酶促胍基水解生产 L-鸟氨酸的影响：根据重组 ARG 生化特征研究发现外源添加 Mn^{2+} 对 ARG 有激活作用，因此在转化过程中研究 Mn^{2+} 对生产 L-鸟氨酸的影响。结果如图 7-24 所示，在转化体系中添加不同浓度的 $MnCl_2$，L-鸟氨酸产量随着 Mn^{2+} 浓度（$0 \sim 10^{-2}$ mol/L）的增加呈先增加后减少的趋势，当 Mn^{2+} 的浓度为 $10\mu mol/L$ 时，L-鸟氨酸的产量最高为 112.3g/L，转化率为 87.1%，比未添加 Mn^{2+} 的对照组提高了 6.6%。

（4）7L 发酵罐中酶促胍基水解生产 L-鸟氨酸的过程曲线　在 pH9.0，60℃，$10\mu mol/L$ $MnCl_2$，170g/L L-精氨酸和 12g/L 菌体浓度的条件下，研究 ARG 酶促胍基水解生产 L-鸟氨酸过程参数变化。结果如图 7-25 所示，在 4h 的转化周期内，L-鸟氨酸浓度达到最大值（104.7g/L），转化率 81.2%，L-鸟氨酸平均生成速率为 26.2g/（L·h）。

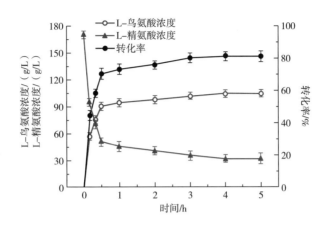

图7-25　小型发酵罐（7L）中酶促胍基水解生产L-鸟氨酸的过程曲线

在ARG生化特征的基础上，通过对ARG转化L-精氨酸生产L-鸟氨酸的研究，发展了酶转化法生产L-鸟氨酸的新工艺。转化体系：12g/L的菌体细胞、170g/L的L-精氨酸和10μmol/L的Mn^{2+}在60℃、pH9.0的条件下转化4h，L-鸟氨酸产量达到了112.3g/L，转化率87.1%。

与化学合成法相比，酶转化法在环境保护方面更具有优势，且转化率高。与微生物发酵法相比，发酵法生产过程中副产物多，不利于后期提取纯化；而该催化法转化L-精氨酸生成L-鸟氨酸的同时只有尿素生成，而尿素容易清除，有利于后期的提取纯化。在近年来关于L-鸟氨酸生产的报道中，鸟氨酸生产强度均在0.8~7.4g/（L·h）的范围内，而本工艺中鸟氨酸的平均生产强度为28.4g/（L·h），显著高于文献报道水平。本工艺中酶转化法生产L-鸟氨酸周期短，仅需4h，而发酵法一般需要60h或更长，其他酶法也需要至少10h。

在本工艺中反应温度为60℃，一个高的反应温度有许多优点，包括有利于吸热反应的进行，因反应体系黏度降低和底物扩散系数增加而导致反应速率提高，因底物和产物溶解度的增加而导致生产效率提高等。底物精氨酸和产物鸟氨酸在60℃下均稳定，且因为反应温度的提高抑制了大肠杆菌本身酶系的活性，使得杂酶引起的副反应大大减少。以最优转化条件进行生产放大，在30L发酵罐内L-鸟氨酸的产量可达104.7g/L，为该方法的工业化奠定了坚实的基础。

3. 精氨酸胍基水解生产L-瓜氨酸的研究

（1）精氨酸脱亚胺酶重组菌株的构建表达

①精氨酸脱亚胺酶基因的挖掘：经Brenda数据库搜索，获得几株酶学性质较好的ADI生产菌株，列于表7-6中。其中来源于 *L. lactis* 的ADI的K_m值和比酶活分别为8.67mmol/L和140.3U/mg蛋白。经比较发现，来源于食品安全级菌株 *L. lactis* 的ADI比酶活最高，是酶法生产瓜氨酸极具潜力的催化剂。但是ADI为胞内酶，且在野生菌株内的产量比较低，为了提高ADI酶活性水平，将来源于 *L. lactis* 的ADI在 *E. coli* BL21 中进行过量表达。

表7-6 精氨酸脱亚胺酶生产菌株

菌株	K_m 值/（mmol/L）	比酶活/（U/mg 蛋白）	蛋白大小/ku	最适温度/℃	最适pH
乳球菌或乳酸乳球菌（*Lactococcus lactis*）	8.67	140.3	138	50	7.2
蜡样芽孢杆菌（*Bacillus cereus*）	0.06	—	—	25	7.0
恶臭假单胞菌（*Pseudomonas putida*）	0.2	58.8	120	30	6.0
粪肠球菌（*Enterococcus faecalis*）	3.27	8.2	—	50	6.0
精氨酸支原体（*Mycoplasma arginine*）	0.2	32.7	90	50	6.0
布氏乳杆菌（*Lactobacillus buchneri*）	0.83	—	199	50	6.0
纤细裸藻（*Euglena gracilis*）	—	—	87	30	9.7
盐杆菌（*Halobacterium salinarium*）	—	90.2	105	40	7.6

②过量表达精氨酸脱亚胺酶的重组菌株构建与验证：以 NZ9000 的全基因组为模板，PCR 扩增得到 1.3kb 的目的基因片段，连接到 pMD19T simple 载体中，得到重组质粒 pMD19T-ADI，经酶切验证后，连入表达载体 pET28a，构建重组质粒 pET28a-ADI，转入大肠杆菌 DE3 中。将在 Kan 抗性平板中长出的单菌落进行 PCR 和酶切验证，筛选出正确的阳性菌株命名为 *E.coli* BL2-ADI。

将重组菌株 *E.coli* BL2-ADI 于 LB 培养基中培养至 OD_{600} 为 0.6 时加入终浓度为 0.1mmol/L 的 IPTG 进行诱导，诱导 4h 后收集菌体进行蛋白电泳。结果如图 7-26 所示，与对照相比［不含表达质粒的 *E.coli* BL21（DE3）］，重组 ADI 蛋白大小约为 45ku。收集的重组菌，经超声破碎后检测粗酶液与胞外上清液的 ADI 酶活性，结果发现重组 ADI 蛋白主要集中于胞内，酶活性为 1.1U/mL，胞外上清液中未检测到 ADI 酶活性。因野生型 ADI 的 K_m 值为 8.6mmol/L，为改善其对底物 L-精氨酸的亲和力，以重组菌株 *E.coli* BL21-ADI 为模板，对 ADI 进行定向进化筛选目的菌株。

（2）精氨酸脱亚胺酶的理性设计与定向进化 经过一轮易错 PCR 筛选，从 900 株突变文库中筛选得到活性最高的一株突变株 FMME106（突变点为：R127T，R395M）。在最适 pH 条件下，K_m 值从 8.6mmol/L 降为 3.5mmol/L；比酶活从 141.5U/mg 蛋白提升为 195.7U/mg 蛋白，提高了 38.3%。在 100g/L L-精氨酸，5g/L 菌体，50℃条件下转化 8h，转化过程曲线如图 7-27 所示，突

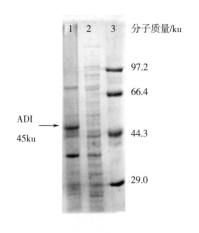

图 7-26 重组 ADI SDS-PAGE 分析

1：蛋白质分子质量标准；2. 宿主菌全细胞蛋白对照；

3：重组菌全细胞蛋白

变株 FMME106 的瓜氨酸产量比突变前提高了 14.2%，起始反应速率提高了 21.4%。

以化脓链球菌（*Streptococcus pyogenes*）ADI 结构模型为模板，模拟突变体 FMME106 结构模型，两者 ADI 序列同源性为 45.8%。R127 位于第四个 α 螺旋区域与第五个 α 螺旋区域之间的 loop 环上，突变后的 loop 环多了一小段 α 螺旋结构 [图 7-28（1）]，而且突变后苏氨酸残基骨架的旋转刚性约为 Arg 的 3 倍，使得这个 loop 环的结构更加稳定。Arg395 位点靠近催化中心，当 R 突变为 M 后，酶与底物精氨酸的结合能增加了 11.5%，

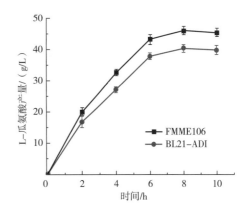

图 7-27　突变株 FMME106 与原菌株瓜氨酸生产曲线对比

表明突变位点 R395M 可能是改善 ADI 酶学性质的关键位点。此外，突变后底物结合口袋的表面积增加了 31.0%［图 7-28（2）］，有利于提高 ADI 对底物的亲和力。

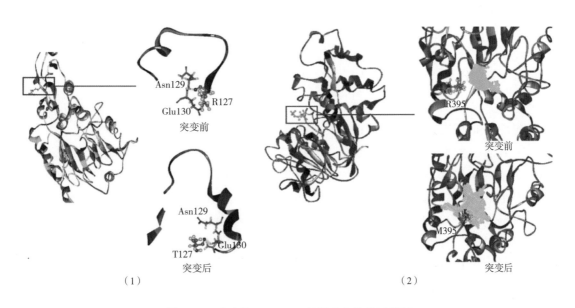

（1）　　　　　　　　　　　　（2）

图 7-28　突变株 FMME106 性质改变的分子机制
（1）loop 结构分析；（2）底物结合口袋表面积分析

（3）重组突变菌株 FMME106 生产精氨酸脱亚胺酶的发酵条件优化与生化特征

① 重组精氨酸脱亚胺酶的摇瓶发酵条件优化：考察六种常用的发酵培养基（LB、TB、SB、LBA、TBA、SBA）对 ADI 生产的影响。结果如图 7-29（1）所示，TBA 培养基更有利于 ADI 的生产，ADI 酶活性可达 4.3U/mL，是 LB 培养基的 3.9 倍；在 TBA 培养基中单位菌体产酶能力最高为 1.5×10^3 U/g，是 LB 培养基的 3 倍。除 LB 外，其他培养基中均添加甘油，甘油对 ADI 的生产或者稳定性保持可能具有一定作用。TBA 培养基中同时含有甘

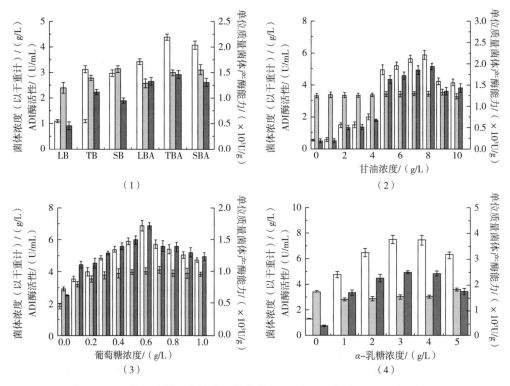

图 7-29　培养基种类以及甘油、葡萄糖和 α-乳糖浓度对 ADI 酶活性的影响

□ADI 酶活性　　▨菌体浓度（以干重计）　　■单位菌体产酶能力

油、葡萄糖和乳糖三种碳源，因此需要对这三种碳源进行单因素优化试验。

a. 甘油浓度对 ADI 生产的影响。在 TBA 培养基中其他成分不变的情况下，改变甘油的浓度（0~10g/L），观察其对 ADI 酶活性和菌体浓度的影响，结果如图 7-29（2）所示。甘油浓度在 0~8g/L 范围内时，ADI 酶活性和单位质量菌体产酶能力均不断升高，当甘油浓度为 8g/L 时，ADI 酶活性和单位质量菌体产酶能力达到最大值，分别为 5.9U/mL 和 1.72×10³U/g；当甘油浓度超过 8g/L 时，ADI 酶活性和单位质量菌体产酶能力开始下降；同时发现添加甘油对菌体量并无显著影响。

b. 葡萄糖浓度对 ADI 生产的影响。在 TBA 培养基中，大肠杆菌首先利用葡萄糖生长，故葡萄糖对菌体生长有很大影响。在上述实验的基础上，考察葡萄糖浓度对重组菌生长以及产酶的影响，结果如图 7-29（3）所示。葡萄糖浓度在 0~0.6g/L 范围内，ADI 酶活性和单位质量菌体的产酶能力也随着葡萄糖浓度的增加而升高，当葡萄糖浓度为 0.6g/L 时，ADI 酶活性和单位质量菌体的产酶能力达到最大值，分别为 6.9U/mL 和 1.7×10³U/g；当葡萄糖浓度超过 0.6g/L 时，ADI 酶活性和单位质量菌体产酶能力开始下降。因此，葡萄糖浓度为 0.6g/L 时，ADI 表达效果最好。

c. α-乳糖浓度对 ADI 生产的影响。在使用 TBA 培养基生产 ADI 过程中，并不需要监控菌体浓度并人为添加诱导剂。因为在 TBA 培养基中，重组菌直接利用乳糖作为诱导剂和碳源生产 ADI。所以，在上述研究的基础上研究乳糖浓度（0~5g/L）对 ADI 生产的影响，结果如图 7-29（4）所示。乳糖浓度在 0~3g/L 的范围内，ADI 酶活性和单位质量菌体的产酶能力也随着乳糖浓度的增加而升高，当乳糖浓度为 3g/L 时，ADI 酶活性与单位质量菌体产酶能力最高，分别为 7.5U/mL 和 2.5×10³U/g；当乳糖浓度超过 3g/L 时，ADI 酶活性和单位质量菌体产酶能力开始下降。综合考虑到 ADI 酶活性和乳糖的利用率，将 TBA 培养基内的乳糖浓度定为 3g/L。

综上所述，TBA 培养基成分为（单位：g/L）：甘油 8，葡萄糖 0.6，乳糖 3，胰蛋白胨 12，酵母粉 24，（NH₄）₂SO₄ 3.3，KH₂PO₄ 6.8，Na₂HPO₄·12H₂O 7.1，MgSO₄ 0.15。ADI 酶活性为 7.5U/mL，比优化前提高 6.8 倍；单位质量菌体产酶能力为 2.5×10³U/g，比优化前提高 5 倍。

②重组精氨酸脱亚胺酶在 7L 发酵罐上的表达：在摇瓶工艺的基础上，考察重组菌 FMME106 在 7L 发酵罐上的产酶能力，每隔 3h 取样进行菌体浓度和酶活性检测，结果如图 7-30 所示。ADI 酶活性在 15h 达到最高值（9.4U/mL），比摇瓶中最高酶活性 7.5U/mL 提高 25.3%；菌体浓度在 15h 达到最大值 4.4g/L，比摇床试验中最大菌体浓度 3.1g/L 提高 41.9%；单位质量菌体产酶能力在 12h 达到最高值 2.1U/g，比摇瓶中的最大单位质量菌体产酶能力 2.4U/g 降低 12.5%。

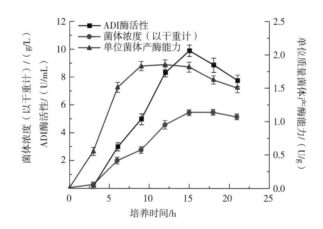

图 7-30　7L 发酵罐中 ADI 酶生产过程

③重组精氨酸脱亚胺酶的酶学性质表征

a. 最适 pH 和最适温度。在不同 pH（5.0~9.0）条件下检测重组 ADI 酶活性，研究重组 ADI 最适 pH。结果如图 7-31（1）所示，重组 ADI 酶最适 pH 为 7.2，当 pH 在 7.0~7.4 时，相对酶活可保持在 90% 以上；当 pH 超出 7.0~7.4 的范围时，相对酶活急剧下降。在 10~80℃ 温度条件下测定重组 ADI 的最适温度 [图 7-31（2）]，发现在 10~50℃ 范围内，酶活性随着温度的升高而逐渐增加，在 50℃ 时达到最大值；而当温度超过 50℃ 时，重组 ADI 酶活性急剧下降。因此重组 ADI 最适 pH 为 7.2，最适温度为 50℃。

b. 金属离子对酶活性的影响。研究外源添加金属离子（0.1mmol/L）对 ADI 活性的影响。结果如图 7-32 所示，Mg²⁺、Mn²⁺ 和 K⁺ 对 ADI 有激活作用，ADI 活性分别提高了

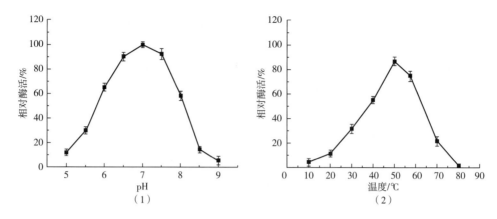

图 7-31　不同 pH（1）和温度（2）对重组 ADI 活性的影响

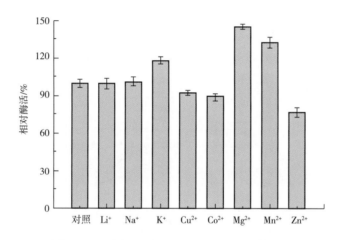

图 7-32　不同金属离子对重组 ADI 活性的影响

45.2%、32.8%和 18.3%；Cu^{2+}、Co^{2+} 和 Zn^{2+} 对 ADI 活性有不同程度的抑制作用，ADI 活性分别降低了 7.7%、11.1%和 23.5%；其他金属离子（Li^+ 和 Na^+）无影响。但在转化试验中，Mg^{2+} 对瓜氨酸产量并无明显影响。

（4）酶法水解胍基生产 L-瓜氨酸的影响因素

①精氨酸浓度和精氨酸脱亚胺酶浓度对胍基水解生产 L-瓜氨酸的影响：在转化温度为 50℃、pH 7.2、菌体浓度为 6g/L 的条件下，研究底物浓度（100~200g/L）对 L-瓜氨酸产量的影响。结果如图 7-33（1）所示，当底物 L-精氨酸的浓度低于 190g/L 时，L-瓜氨酸的产量随着底物浓度的增加而增加；当底物浓度为 190g/L 时，瓜氨酸的产量达到最高，为 121.8g/L，此时转化率为 63.7%，生产强度为 15.2g/L；当底物浓度超过 190g/L 时，瓜氨酸的产量反而降低。可能是因为底物浓度过高，引起反应体系黏度增大而不利于反应的进行。另一方面，底物浓度过高，反应体系渗透压增大，改变了 ADI 的构象，对转化反应产生了不利影响。

在转化温度为 50℃、pH7.2、底物浓度为 190g/L 的条件下，研究菌体浓度（0~

24g/L）对 L-瓜氨酸产量的影响，结果如图 7-33（2）所示，15g/L 的破碎菌体可以使 L-瓜氨酸的产量达到最大值（166.0g/L），单位质量菌体的 L-瓜氨酸产量为 11.1g/g；而 24g/L 未经破碎的菌体，才能使得 L-瓜氨酸产量达到最大值（165.1g/L），单位质量菌体的 L-瓜氨酸产量仅为 6.9g/g，比破碎菌体低 37.8%。破碎细胞消除了细胞壁和细胞膜对酶与底物接触的阻碍，因而较之完整细胞反应速率更快，达到最大产量所需菌体更少。细胞壁与细胞膜的存在影响着底物与产物进出细胞的速率，阻碍了底物与酶的互相接触，影响着转化反应的进行速度，降低了细胞的利用率。

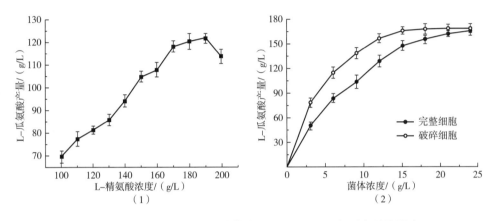

图 7-33　底物浓度（1）和菌体浓度（2）对 L-瓜氨酸产量的影响

②透性剂对酶促胍基水解生产 L-瓜氨酸的影响：为验证细胞通透性对酶促脱亚胺生产 L-瓜氨酸的影响，在底物浓度 190g/L、菌体浓度 15g/L、转化温度 50℃、pH 7.2 的条件下，以相同浓度（体积分数 2%）的不同通透剂（曲拉通 X-114、曲拉通 X-100、乳化剂 OP-10、乙醇、异丙醇、吐温-20、吐温-80）分别处理菌体，考察其对 L-瓜氨酸产量

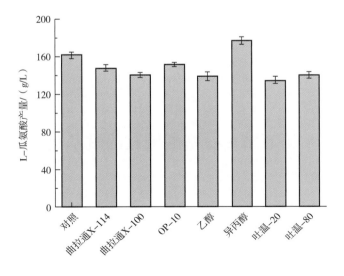

图 7-34　通透剂对瓜氨酸产量的影响

的影响。结果如图 7-34 所示，在同等浓度条件下，异丙醇对 L-瓜氨酸生产具有促进作用，此时 L-瓜氨酸产量为 172.5g/L，比对照提高了 6.4%，此时的转化率为 90.3%，生产强度为 21.6g/(L/h)。其他透性剂均对 L-瓜氨酸的生产表现出负面作用，其中乙醇和吐温-20 对 L-瓜氨酸生产的抑制作用最强，L-瓜氨酸产量分别降低了 16.3% 和 20.1%。

③酶促胍基水解生产 L-瓜氨酸正交条件优化：为了进一步优化酶促脱亚胺生产 L-瓜氨酸的条件，提高 L-瓜氨酸的产量，对 L-精氨酸浓度、菌体浓度和异丙醇浓度三个因素进行正交试验优化。通过对正交试验因素指标分析发现对转化影响因素顺序为菌体浓度>L-精氨酸>异丙醇。由正交试验结果可以确定反应体系的最适配比为：190g/L 的 L-精氨酸和 15g/L 的菌体浓度（2% 的异丙醇处理 30min）。以最佳实验组合进行转化实验，转化 8h 后 L-瓜氨酸产量即可达到最大值（176.9g/L），转化率为 92.6%，生产强度为 22.1g/(L·h)，单位菌体 L-瓜氨酸产量为 11.8g/g。

（5）7L 发酵罐中酶促胍基水解生产 L-瓜氨酸的过程曲线　以上述试验获得的菌体进行酶促胍基水解转化试验，在反应体系的最适配比条件下，在 7L 发酵罐上进行转化试验，每隔 2h 取样检测瓜氨酸产量，转化过程曲线如图 7-35 所示。瓜氨酸产量在 8h 达到最大值（172.1g/L），转化率 90.1%，生产强度为 21.5g/(L·h)，比摇瓶中最高产量 176.9g/L 稍低。

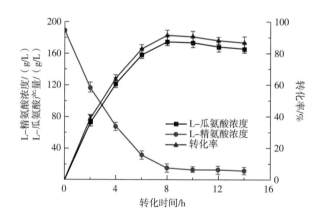

图 7-35　7L 发酵罐中酶促胍基水解生产 L-瓜氨酸的过程曲线

第五节　氨基酸侧链的酰基化

一、概述

1. 磷脂酰丝氨酸及其生产方法

磷脂酰丝氨酸（Phosphatidylserine，PS）为磷脂组分中的一种，在磷脂中的占比为 1%~10%，分布于植物、酵母、细菌和哺乳动物细胞中。PS 在脑神经细胞中含量较为丰富，其占比达到17%。因此，磷脂酰丝氨酸又被称为"大脑维生素"。

磷脂酰丝氨酸的具体化学结构如图7-36所示，主要由三部分组成：极性的甘油骨架为头部，非极性的两条长烃链为尾部。由于尾部两条长烃链R基团的不同，所以PS是一类化合物的总称。PS的结构决定了其同时具有亲水性和亲脂性，易溶于非极性溶剂，难溶于水，且暴露于空气中极易被氧化。

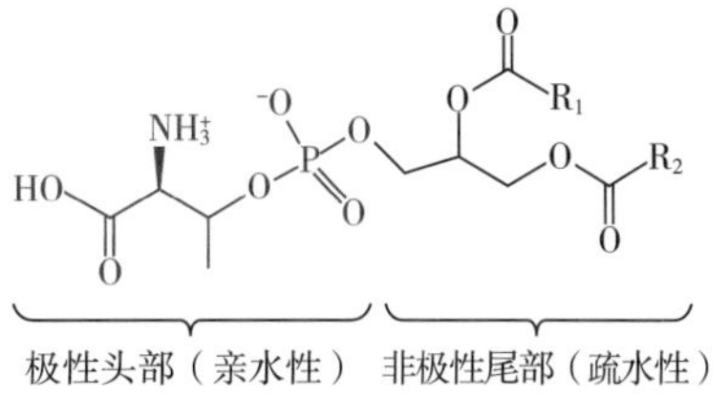

图7-36 磷脂酰丝氨酸的化学结构式

目前，磷脂酰丝氨酸的制备方法主要包括提取法和生物酶法。提取法主要是从动植物（特别是大豆和蛋黄）中提取，由于提取的PS中含有大量的其他磷脂成分［如磷脂酸（PA）、磷脂酰胆碱（PC）、磷脂酰肌醇（PT）等］，因此在提取完成后需要对其成分进行分离，在此过程中会涉及大量有机试剂的使用，从而导致产品的安全性无法得到保证，同时在分离纯化的过程中PS的成分也会被氧化进而无法保证产品的质量；生物酶法主要是以磷脂酶D（Phospholipase D，PLD，EC 3.1.4.4）为催化剂，催化合成PS的工艺路线如图7-37所示：①转磷脂酰反应（PLD与L-Ser反应将其结合到PC的磷脂头部形成PS）；②水解反应（PLD与水反应将其结合到PC的磷脂头部，水解生成PA）。由于PLD催化生成PS的反应体系中避免不了水的存在，所以在反应过程中会产生副产物PA，降低目标产物PS的合成效率。基于此，许多研究者对制备PS的反应体系进行了大量的研究。目前利用生物酶法制备PS的催化工艺主要集中在水相反应体系或双相反应体系（水相-有机相）。

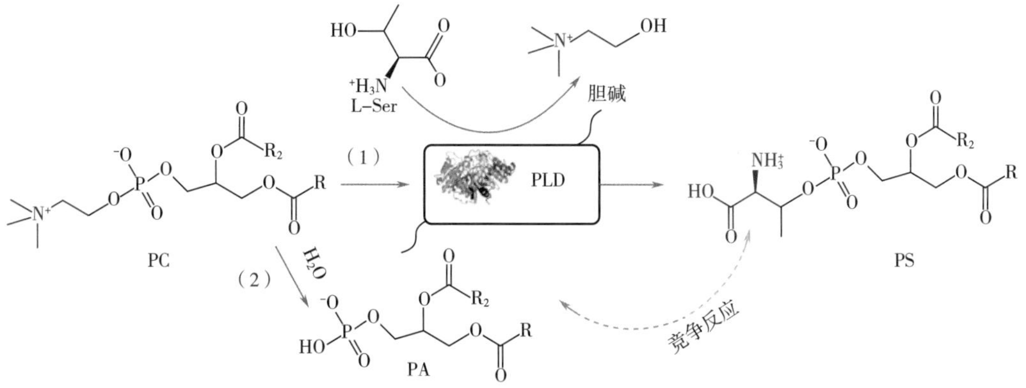

图7-37 磷脂酶D催化反应示意图
（1）转磷脂酰反应；（2）水解反应

（1）水相反应体系 水相反应体系简单而言就是整个反应在水溶液中进行，底物PC以悬浊液的形式进行反应。Birichevskaya等研究了在不同反应体系中PLD催化生成PS的情况，当完全在水相中进行反应时，PLD转磷脂酰活性急剧下降，此时PS的产率只有24%。基于这一现象，目前利用水相体系制备PS更趋向于添加吸附剂或采用固定化酶的方式。Iwasaki等使用水悬浮液体系作为转磷脂反应系统，即在反应体系中加入硫酸钙用于卵磷脂催化载体，与完全在水相中反应对比，PS 的转化率从 20% 上升到 80%。Zhang 等将介孔二氧化硅立方体（HMSC）应用到 PLD 的固定化中，在最佳条件下，PS 的最大转化率高达 90.40%。同时，利用固定化酶的方式还能够有效地降低水解反应的发生。如 Li 等利用生物印迹方法激活 PLD，通过吸附和沉淀的方法来固定 PLD，固定化后的 PLD 最大活性为 166953U/g，是游离酶的 14 倍，与游离酶对比，固定后的 PLD 选择性显著提高，PA 的产率由 35.3% 降为 5.96%，副反应得到了很好的控制。但目前使用固定化酶的方式来生产 PS 都是在微量的底物（0.1~10mg/mL）中进行，无法扩大底物的投料量和反应体系，难以实现工业化生产。

（2）双相反应体系（有机相-水相） 双相反应体系是指以溶解底物 PC 的非极性溶剂作为有机相，以含有 L-Ser 的粗酶液作为水相，在反应过程中使两相液体充分接触，从而产生 PS。Zhang 等总结了不同极性的有机试剂对 PLD 催化产 PS 的影响，其中乙醚和乙酸乙酯作为有机相时，PLD 的转磷脂酰活性最高，此时 PS 的转化率分别为 80% 和 71%。但乙醚和乙酸乙酯具有强烈的挥发性和毒性，不利于 PS 应用于食品和生物医药等领域。随着绿色有机溶剂在化工和生物领域中广泛的应用，Bi 等以柠檬烯和对异丙基甲苯作为有机相时，PS 转化率可分别达到 88% 和 95%。Duan 等以 γ-戊内酯和 2-甲基四氢呋喃作为有机相时，PS 的转化率分别为 95% 和 90%。因此，以绿色有机溶剂代替常用的乙酸乙酯、甲醚等有毒有机试剂，更有利于 PS 的合成。

为了满足 PS 日益增长的需求，大规模生产 PS 的研究势在必行。因此，开发易于规模化生产和高效纯化的 PS 生产方法是实现大规模生产 PS 的关键。Casado 等在含有乙酸钠的缓冲溶液和丁酸乙酯的双相体系中，研究了 1L 不锈钢反应器生产 PS 的方法，通过半连续离心的方式得到了 40g 高纯度的 PS。该研究在分离纯化步骤中避免了有机试剂的应用，达到食品工业级 PS 的要求。

2. 磷脂酶 D 研究进展

磷脂酶 D 是磷脂酶超家族的成员，能够水解底物的磷酸二酯键。如图 7-38 所示，根据磷脂酶水解位置的不同，磷脂酶主要被分为四大类，分别为 PLA 类（PLA$_1$、PLA$_2$）、

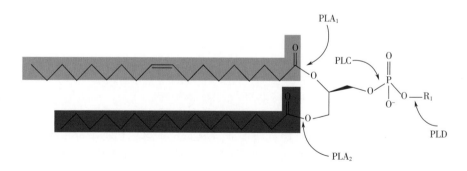

图 7-38 不同磷脂酶的作用位点

R$_1$：磷脂头部

PLB、PLC 以及 PLD。而 PLD 因能够发生转磷脂酰反应生成稀有磷脂而受到关注。PLD 是原核生物和真核生物中主要的膜磷脂修饰酶，主要分布于植物、动物的肝脏以及大肠杆菌、链霉菌、棒状杆菌和假单胞等微生物中，对细胞活动具有重要的调节作用。真核来源的 PLD 具有 N 端、PX/PH 或 C2 等结构域，需要多种辅助因子激活，例如 4,5-二磷酸磷脂酰肌醇、脂肪酸或 Ca^{2+} 等。与动植物来源的 PLD 相比，链霉菌来源的 PLD 因表现出强的底物耐受性和高的转磷脂酰活性而更适合用于 PS 的合成。

（1）磷脂酶 D 的异源表达　来源于链霉菌的 PLD 存在活性低、链霉菌发酵周期长、培养条件复杂等问题，因此，在多种宿主中表达磷脂酶 D 得到了广泛的研究：

①以枯草芽孢杆菌为宿主。Huang 等将来源于穗产色链霉菌（*Streptomyces racemochromogenes*）菌株 10-3 的 PLD 在枯草芽孢杆菌中进行异源表达，并通过一系列的基因工程改造策略（信号肽筛选、表达质粒、RBS 和 spacer 区）使 PLD 的活性从 1.8U/mL 提高到 24.2U/mL，发酵时间缩短到 36h。Hou 等人首次在谷氨酸棒杆菌表达系统中成功地表达了磷脂酶 D，并对信号肽、核糖体结合位点和启动子等影响磷脂酶 D 的表达水平的因素进行了研究，最终在摇瓶中发酵 12h 后，磷脂酶 D 的最高活性达到 1.9U/mL，是初始水平的 7.6 倍。

②以变铅青链霉菌（*Streptomyces lividans*）为宿主。将来源于穗产色链霉菌（*S. racemochromogenes*）和肉桂色链轮丝菌（*Streptoverticillium cinnamoneum*）的 PLD 分别克隆到质粒 pES103 和 pUC702 中，并将其异源表达在 *S. lividans* 中，前者重组菌株 PLD 的活性（30U/mL）相较于原始菌株提高了 90 倍，后者的重组菌株通过优化初始葡萄糖浓度和碳氮源，培养 60h 后 PLD 活性达到 55U/mL 左右。然而，用于生产 PLD 的 *S. lividans* 菌株培养需要较长的发酵时间，并不适用于工业生产。

③以大肠杆菌为宿主。已有报道将来源于链霉菌（*Streptomyces* sp. PMF）、*Streptomyces antibioticus* 和 *Streptomyces* sp. 的 PLD 异源表达在大肠杆菌中，但 PLD 在大肠杆菌中大多以不溶性形式表达。因此，可以从转录水平、翻译水平以及表达阶段进行优化，提高外源蛋白在大肠杆菌中的表达。Wu 等将来源于色褐链霉菌（*Streptomyces chromofuscus*）的 PLD 异源表达在大肠杆菌中，并研究了利用不同表达质粒（pET-20b、pET-22b、pET-32a 和 pET-28a）的可溶性表达情况，结果发现以 pET-20b 和 pET-22b 为表达载体时，PLD 以包涵体的形式存在；以 pET-28a 为表达载体时可溶性要高于其他三种载体，此时 PLD 的活性达到（26.22±0.84）U/mL，随后优化了诱导条件和培养基成分，最终在摇瓶水平下 PLD 活性高达（104.28±2.67）U/mL。

（2）磷脂酶 D 的结构　磷脂酶 D 超家族中第一个确定的晶体结构来自链霉菌 *Streptomyces* sp. PMF，其三维结构如图 7-39 所示。HKD 结构域类似三明治结构，由 8 或 9 条 β 链及周围的 10 条 α 螺旋组成，两个 HKD 结构域位于活性中心处。据推测，位于 C 末端的 α14 和 α15 螺旋结构保持了活性位点的开放和闭合的构象，用于结合底物。Uesugi 等根据 *Streptomyces* sp. PMF 的 PLD 结构推测出 TH-2PLD 的结构，并认为 PLD 表面有两个识别底物的柔性环区域，这两个区域位于 β7~α7 和 β13~β14 之间，并且在结构域-结构域界面中以面对面的方式呈现。两个柔性环与每个环相互配合，形成的两个 HKD 结构域组成了活性中心的入口，并通过定点突变证实了 TH-2PLD 的 Gly188、Asp191、Ala426 和 Lys438 是参与磷脂识别的关键氨基酸。同时，GG/GS 基序中较小侧链的氨基酸能够容纳大体积底物（如磷脂酰胆碱）的极性磷脂头部，进而有利于转磷脂酰反应的发生。Li 等成功地解析了拟南芥 PLDα1 的三维结构，该 PLD 与链霉菌来源的结构很类似，底物的结合口袋处于两个 HKD 结构域之间，该研究为进一步了解 PLD 功能提供了相关的结构基础。

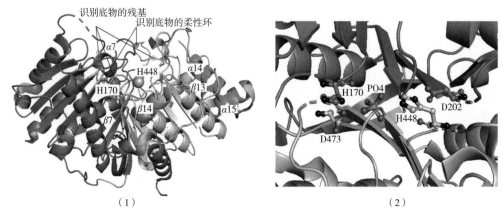

图 7-39　PMF-PLD 的结构（1）和活性部位（2）

（3）磷脂酶 D 的催化机理　目前关于 PLD 催化的转磷脂酰反应主要是通过形成共价的"磷脂酰-酶"中间体进行的。首先，通过 $H_2^{18}O$ 的标记方法证明了 PLD 催化的反应是通过断裂 P—O 键而不是 C—O 的方式进行的。然后 McSweeney 等通过同位素标记法初步证明 PLD 是通过共价方式进行结合的。随着来源于链霉菌的 PLD 晶体结构的解析，PLD 催化机制又得到了详细的认证。Leiros 等通过晶体与底物的浸泡实验发现 HKD 结构域在催化过程中的关键作用，His170 在催化反应前是朝着活性入口旋转，此时带负电荷的 Asp473 侧链处于未结合的状态，进而引导底物进入催化活性中心；在催化反应过程中，His170 的咪唑环 N1 原子仅和磷酸分子形成氢键，但 Asp473 侧链的 O 原子与 His170 的 N1 原子相距甚远，可能是由于磷酸酯分子能够更深入地渗透到活性位点，并通过相对强的氢键取代了蛋白质-蛋白质分子间的相互作用，进而在催化反应结束后，能够引导底物离开活性位点。随后，Nathan 等利用 QM/MM 方法构建的计算模型来阐明中间体的形成过程，通过能垒计算发现四配位的磷酸-组氨酸中间体在热力学和动力学上是有利的。

总体而言，PLD 的催化机制可遵循两步机理：首先，其中一个 HKD 结构域处的组氨酸作为亲核试剂攻击底物（如 PC）的磷酸二酯键，而另外一个 HKD 结构域的组氨酸通过将氢传递给脱去的胆碱，从而产生不带电荷的磷脂酰基-酶的反应中间体。其次，N 端的 HKD 结构域会对进入活性中心的醇（如丝氨酸、水和肌醇等）进行去质子化，活化后的醇作为亲核试剂攻击磷脂酰基-酶反应中间体的磷原子，从而产生 PA、PS 等磷脂类化合物。

（4）磷脂酶 D 的蛋白质工程改造　由于 PLD 的高成本、低生产率、游离酶的不稳定性以及低活性等缺点限制了 PLD 催化生产稀有磷脂的工业化应用。此外，PLD 催化的反应是在两相体系中进行，这也会大大降低 PLD 的活性，因此需要通过蛋白质工程改造策略提高 PLD 的转磷脂酰活性,以满足工业应用的需求。已有相关研究者通过定点突变(SDM)、随机突变、片段缺失和分子印迹等方法来获得性能增强的 PLD。目前,关于 PLD 的蛋白质工程改造主要集中在提高稳定性以及扩展底物谱等方面,而关于提高转磷脂酰活性进而提高磷脂酰丝氨酸产量的研究较少。

①提高 PLD 的稳定性。定向进化是蛋白质工程最常用的方法之一,通过定向进化会增强对 PLD 的三维结构和催化机制的理解,最常用的定向进化技术为易错 PCR 和 DNA shuffling。Hatanaka 等人通过 DNA shuffling 的定向进化技术,在不耐热的 K1PLD 和热稳定的 TH-2PLD 两个不同的链霉菌 PLDs 中构建了一个基因文库,识别出 346 位和 188 位的氨基酸是影响 PLD 热稳定性的关键氨基酸残基,随后构建了一个 K1PLD 突变体,它表现出与 TH-2PLD 几乎相同的热稳定性。同时,Huang 等人采用易错 PCR 的方法,通过高通量实验,筛选出一个 S163F 突变体,其最适温度比野生型(WT)高 $10℃$,且在 $50℃$ 时的半衰期是 WT 的 3.04 倍,并通过动力学模拟分析发现 Ser163Phe 突变导致了 Lys300 和 Glu314 之间形成了盐桥,同时 Phe163 与 Pro341、Leu342 和 Trp460 之间的疏水相互作用明显增强,从而提高了结构刚度和高温稳定性。B 因子被用来评估蛋白质的柔性,B 因子越高表明蛋白的柔性越高,而 B 因子越低表明蛋白刚性越高。Jasmina 等人根据野生型 PLD 及其复合物的 B 因子分析,利用引物 NNK 进行反向 PCR 构建突变文库,在 $65℃$ 时,突变体 D40H/T291Y 半衰期比对照延长了 8.7min,为提高 PLD 特性以满足工业需求提供了理论基础和初步的工程信息。

②扩展 PLD 的底物谱。通过对链霉菌来源的 PLD 的合理设计,PLD 的底物由丝氨酸扩展为苏氨酸、肌醇以及葡萄糖等。在伯醇存在的情况下,该酶能够催化磷脂底物头部残基转磷脂化以合成大多数天然磷脂(PS、PE、PI)。Damnjanovic 等以野生型的 PLD 为模板通过饱和突变得到 G186T/W187N/Y191Y/Y385R(TNYR)突变体,该突变体能够合成 1-磷脂酰肌醇,其位置特异性高达 98%。为了更好地了解 TNYR 突变体的底物结合特性,Samantha 等进一步解析了 PLD 及其与磷酸盐、磷脂酸和 1-肌醇磷酸盐的配合物的晶体结构,与野生型结构相比,TNYR 突变体具有更大的结合口袋以适应大体积的仲醇底物。这些研究揭示了 TNYR 突变体识别肌醇的潜在机制,为进一步研究其催化机制奠定了基础。为了能够获得更多的稀有磷脂,Jasmina 等利用 PLD 催化的转磷脂酰化反应,首次报道了用酶法合成稀有磷脂-磷脂酰苏氨酸(Ptd-L-Thr)。作者首先利用野生型 PLD 催化 PtdCho 和 L-Thr 反应但并未成功,推测可能是由于 L-Thr 的侧链羟基远离催化残基导致的。为了合成 Ptd-L-Thr,筛选得到 187F/191Y/385L(FYL)突变体,此时,Ptd-L-Thr 的摩尔转化率可以达到 30%,柱层析分离后总收率为 5.2%。由此可得,PLD 的分子改造对利用转磷脂酰反应合成天然磷脂的工艺具有重要意义。

③提高 PLD 的活性。PLD 超家族含有 HKD 和 GG/GS 基序,这些基序已被证明与酶活性相关。Ogino 等利用 SDM 方法构建了 15 个 GG/GS 基序突变体,与野生型相比,这些突变体显著提高了转磷脂酰活性,并证明了保守序列 GG/GS 基序在 PLD 的催化过程以及酶学性质中起着关键作用。与此同时,Wang 等以 $1.79×10^{-10}m$ 的分辨率获得了来源于沙雷

氏杆菌（*Serratia plymuthica*）菌株 AS9 磷脂酶 D（*Sp*PLD）的晶体结构，再次证实了 GG/GS 基序的作用。此外，该研究还发现 β11 和 β12 之间的 loop 环形成了催化口袋的入口，并与底物识别密切相关，*Sp*PLD 是唯一一个具有该结构特征的酶，由此获得的结构信息有助于 PLD 的合理设计，进而提高其在磷脂修饰方面的应用。Lu 等在利用在线工具（SIFT）分析 PLD 结构的基础上，得到了三个单突变体（F139L、F139M 和 P272A），进而实现了高达 40% 的 PS 的转化率。最近，Hu 等对来源于克伦基链霉菌（*Streptomyces klenkii*）磷脂酶 D 活性位点的一个柔性环（氨基酸 376-382）进行探索，发现 Ser380 对酶的界面吸附和底物识别起着至关重要的作用。该 loop 环与底物的进入和产物的释放有很大的关联，与野生型 *Sk*PLD 相比，S380V 转磷脂酰活性提高了 4.8 倍，吸附平衡系数高出近 7 倍。单分子膜技术证实，Ser380 被缬氨酸取代后，酶与不同酰基链长度的 PC 之间表现出正相互作用。界面结合特性表明，S380V 突变体具有较好的磷脂酰丝氨酸合成活性。

因此，基于 PLD 的三级结构，对其进行合理的蛋白质工程设计有望提高 PLD 的转磷脂酰活性，并将其应用到 PS 的合成中，提高其产量以满足工业需求。

二、磷脂酶 D 催化丝氨酸生产磷脂酰丝氨酸

1. 磷脂酶 D 的筛选及可溶性表达

（1）磷脂酶 D 的筛选和初步重组表达研究　通过 NCBI 数据库挖掘到 7 个已知具有转磷脂酰活性的 PLD，构建了 7 个重组菌株并验证了目的基因的正确整合。测定重组菌发酵液上清液中的酶活性，结果如表 7-7 所示。来源于穗产色链霉菌（*Streptomyces racemochromogenes*）的 PLD（*Sr*PLD）相较于其他 6 种重组菌株，具有较高的酶活性（0.74U/mL）和 PS 的产量（6.77g/L）。因此，选用 *E. coli-Sr*PLD-28a 作为生产 PS 的重组菌株。

表 7-7　　　　　　　　　不同来源野生型菌株的 PLD 活性以及 PS 的产量

重组菌株	来源	酶活性/（U/mL）	PS/（g/L）
*E. coli-Sr*PLD-28a	穗产色链霉菌（*Streptomyces racemochromogenes*）	0.74±0.08	6.77±0.14
*E. coli-Sk*PLD-28a	卡特拉链霉菌（*Streptomyces katrae*）	0.29±0.05	2.49±0.16
*E. coli-Sm*PLD-28a	莫巴拉链霉菌（*Streptomyces mobaraensis*）	0.27±0.06	2.35±0.15
*E. coli-Sd*PLD-28a	达勒姆链霉菌（*Streptomyces durhamensis*）	0.31±0.06	3.67±0.15
*E. coli-Sa*PLD-28a	金色链霉菌（*Streptomyces auratus*）	0.34±0.07	3.52±0.17
*E. coli-Sc*PLD-28a	制胞链霉菌（*Streptomyces cellostaticus*）	0.29±0.06	2.35±0.23
*E. coli-Ar*PLD-28a	抗辐射不动杆菌（*Acinetobacter radioresistens*）	0.34±0.05	3.51±0.21

将重组菌株 *E. coli-Sr*PLD-28a 进行摇瓶发酵，收集菌体，破碎、离心后将获得的上清液和沉淀通过 SDS-PAGE 检测 PLD 的表达情况。结果如图 7-40 所示，蛋白在 50ku 附近出现清晰的条带，与重组蛋白 *Sr*PLD 的理论分子质量大小（53ku）近似，表明 *Sr*PLD 在大肠杆菌中表达成功，但上清液中的表达量很少，重组蛋白 *Sr*PLD 主要是以包涵体的形

式存在。据报道，PLD 基因中的信号肽序列可能会影响 PLD 在大肠杆菌中的表达。基于此，进一步构建不含信号肽的 $E.\,coli\text{-}Sr\text{PLD}_0\text{-}28a$ 重组菌株，并通过 SDS-PAGE 验证，结果如图 7-40 所示，去除 PLD 自身的信号肽后，$Sr\text{PLD}_0$ 的表达量得到了显著增加，但 $Sr\text{PLD}_0$ 的可溶性表达并没有增加。

（2）不同促溶标签重组质粒构建

由于促溶标签有提高目的蛋白可溶性表达、减少目的蛋白水解以及易于蛋白纯化等优点，促溶标签在大肠杆菌系统中得到了广泛的应用，尤其是 NusA、MBP、TrxA 和 SUMO 等标签。因此，本

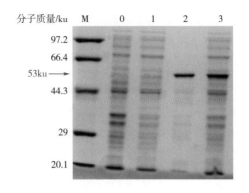

图 7-40　SrPLD 重组菌株的 SDS-PAGE 检测图

M：低分子质量蛋白标准；0：空感受态细胞 $E.\,coli$ BL21（pET-28a）的蛋白条带；1~3：依次为 SrPLD 上清液、沉淀和全细胞的蛋白条带。

研究采用添加促溶标签的策略，提高 SrPLD 的可溶性表达。首先构建了 4 个含有不同促溶标签的 PLD 表达质粒，分别为 pET28a-Sr_{NusA}PLD、pET28a-Sr_{MBP}PLD、pET28a-Sr_{TrxA}PLD 和 pET28a-Sr_{SUMO}PLD，设计引物进行 PCR 扩增，再进行琼脂糖凝胶电泳验证。将构建成功的 4 种质粒分别导入 $E.\,coli$ BL21（DE3）中，并进行诱导表达，收集菌体，采用 SDS-PAGE 法检测携带不同质粒的重组菌的 PLD 蛋白的表达情况，结果如图 7-41 所示。所有的重组菌均能实现 PLD 的表达，但携带不同促溶标签的 PLD 的可溶性表达有明显差异。含有 TrxA 和 SUMO 促溶标签的重组质粒几乎不能以可溶性形式表达 PLD，而含有 NusA 和 MBP 促溶标签的重组质粒能够实现 PLD 在大肠杆菌中的可溶性表达，且重组菌 $E.\,coli\text{-}Sr_{\text{MBP}}$PLD-28a 可溶性表达量最高。

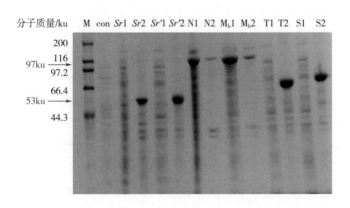

图 7-41　携带不同质粒的 SrPLD 重组菌的 SDS-PAGE 检测图

M：低分子质量蛋白标准；con：空感受态细胞 $E.\,coli$ BL21（pET-28a）的蛋白条带；Sr：含有信号肽的菌株；Sr'：不含信号肽的菌株；N：促溶标签 NusA；M_b：促溶标签 MBP；T：促溶标签 TrxA；S：促溶标签 SUMO；下标 1 和 2 表示重组菌株上清液和沉淀的蛋白条带

（3）不同促溶标签重组质粒酶活性验证 为了验证4种重组菌株表达的PLD的酶活性，采用酶联比色法测定上清液中的酶活性，发现携带MBP标签的重组菌株 $E.coli$-Sr_{MBP}PLD-28a颜色最深，同时测得4种重组菌株的酶活性分别为6.31、11.82、3.52和3.67U/mL。随后，以上述的4种重组菌为全细胞催化剂，对其生产PS的能力进行了评估。结果如表7-8所示，PS的产量分别为10.77、13.75、9.82和10.02g/L，相应的转化率为14.45%、18.45%、13.18%和13.45%。基于PLD酶活性和PS的产量为评估标准，选择 $E.coli$-Sr_{MBP}PLD-28a为生产PS的重组菌株。

表7-8　　　　　　　　　含有不同促溶标签重组菌的酶活性、PS产量及其转化率

重组菌株	酶活性/（U/mL）	PS产量/（g/L）	PS转化率/%
$E.coli$-SrPLD-28a	0.74±0.08	6.77±0.12	9.08±0.12
$E.coli$-Sr_{NusA}PLD-28a	6.31±0.13	10.77±0.13	14.45±0.13
$E.coli$-Sr_{MBP}PLD-28a	11.82±0.21	13.75±0.09	18.45±0.09
$E.coli$-Sr_{TrxA}PLD-28a	3.52±0.11	9.82±0.15	13.18±0.15
$E.coli$-Sr_{SUMO}PLD-28a	3.67±0.09	10.02±0.18	13.45±0.18

（4）产酶条件的优化

①IPTG的浓度：考察了IPTG浓度（0.10、0.20、0.40和0.60mmol/L）对酶活性的影响，结果如图7-42（1）所示。随着IPTG浓度不断上升，Sr_{MBP}PLD酶活性呈上升的趋势，在IPTG为0.40mmol/L时，Sr_{MBP}PLD酶活性达到最大值，为13.32U/mL；IPTG浓度增加到0.60mmol/L时，Sr_{MBP}PLD酶活性下降至11.32U/mL。因此，IPTG的最佳诱导浓度为0.40mmol/L。

②诱导温度：考察了诱导温度（16、20、25和30℃）对酶活性的影响。结果如图7-42（2）所示，随着温度不断升高酶活呈现下降趋势，可能是因为低温下 $E.coli$-Sr_{MBP}PLD-28a重组菌株生长速度慢，酶蛋白的折叠速率较慢，易形成更多有活性的蛋白。在16℃时，Sr_{MBP}PLD酶活性最高为16.32U/mL。因此，最佳诱导温度确定为16℃。

③诱导时间：考察了诱导时间（10、12、14和16h）对酶活性的影响。结果如图7-42（3）所示，随着诱导时间的延长，Sr_{MBP}PLD酶活性呈上升的趋势，在14h到达最大值，为18.57U/mL。因此，最佳诱导时间为14h。

综上所述，Sr_{MBP}PLD的最佳产酶条件为：0.40mmol/L IPTG在16℃诱导14h，获得的酶活性为18.57U/mL。

（5）转磷脂酰反应的限制因素 由于底物PC和产物PS不溶于水的特性，设计两相体系以增加底物的溶解度，进而增加酶对底物的负载量。反应在10mL体系中进行，反应体系为：pH 5的乙酸-乙酸钠缓冲液为水相，乙酸乙酯为有机相，两相体积比为1∶2，L-Ser和PC的底物浓度比为2∶1，在35℃反应12h。基于以上条件，获得了19.57g/L PS，转化率为26.27%。同时，生成了大量的副产物PA，相应的产量和转化率为19.33g/L和

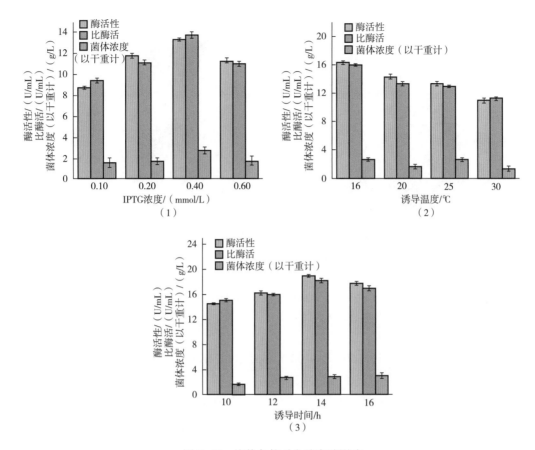

图 7-42　培养条件对发酵产酶影响

20.35%。基于此，本研究确定了一个用于评价转磷脂酰活性的参数 r_{tp}/r_h，在以上条件下，r_{tp}/r_h 的比值较低为 0.77。为了进一步提高 r_{tp}/r_h，需要深入理解转磷脂酰反应的催化机理，以指导蛋白质工程改造磷脂酶 D。

2. 蛋白质工程改造磷脂酶 D 提高转磷脂酰活性

（1）磷脂酶 D 的理性设计

①同源建模：首先，由于来源于 *S. racemochromogenes* 的磷脂酶 D 缺乏晶体结构，所以以链霉菌（*Streptomyces* sp.）PMF 的 PLD 晶体结构（PDB ID：1F01）为模板，利用 Swiss-Model 在线软件，建立了 Sr_{MBP}PLD 的同源模型，该模型与 *Streptomyces* sp. PMF-PLD 的同源性为 75%。与 *Streptomyces* sp. PMF 的 PLD 结构叠加如图 7-43 所示，Sr_{MBP}PLD 的基本骨架与 PLM-PLD 具有很高的一致性；基于 Ramachandran plot 来评价该模型的质量，发现 88.2% 的残基位于最适区域，没有残基位于不允许区域。因此，预测模型质量良好，可以用于分子对接和分子动力学模拟。

基于报道的磷脂酶 D 超家族的结构特征发现，"HxKxxxxD（HKD）"结构域存在于一级结构中，且催化过程中关键残基为组氨酸。为了确定 Sr_{MBP}PLD 同源建模结构的保守区域，将该结构与其他具有转磷脂酰活性的 PLD 序列进行比对，发现 Sr_{MBP}PLD 有两个 HKD

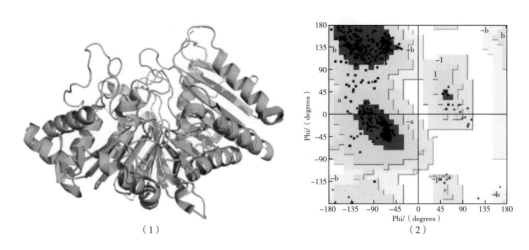

图 7-43　Sr_{MBP}PLD 同源建模的结构评价

（1）PLM-PLD（绿色）与 Sr-PLD（蓝色）结构叠加图；（2）拉氏图（Ramachandran plots）（红色代表最适区域；黄色和浅黄色代表允许区域；白色代表不允许区域）

区域，分别对应于保守的 His166、Lys168、Asp173 和 His436、Lys438、Asp443 残基，其中 His166 和 His436 在催化过程中发挥重要作用。

②反应机理：为了确定限制 PC 转磷脂酰活性的因素，根据保守残基 His166/His436 和 PLD 超家族的催化机理，推测 SrPLD 的催化机制分为四个步骤（图 7-44）：①亲核试剂 His166 进攻 PC 磷脂头部的磷原子，形成 PC-酶中间体；②His436 提供质子给 PC-酶中间体，以便释放"磷脂酰-酶"中间体；③被去质子化的 His436 激活 L-Ser 进一步进攻"磷脂酰-酶"中间体中的磷原子，形成 PS-酶复合物；④该复合物脱离活性位点即生成目标产物 PS。若"磷脂酰-酶"中间体被水进攻则会生成 PA。因此，最后一步直接关系到转磷脂酰产物的形成，是影响转磷脂酰化效率的关键因素。

③分子对接与 MD 模拟分析：为了了解影响最后一步的关键因素，利用 AutoDock 软件对获得的 Sr_{MBP}PLD 结构模型和配体分子（PC、L-Ser）进行分子对接。如图 7-45（1）所示，根据静态结构，底物 PC 的磷脂头部基团面向 H166 的咪唑环，有利于 H166 对 PC 的磷脂头部 P 原子进行亲核进攻。但底物结合口袋对于大体积底物 PC 分子来说太小，导致 PC 不能灵活移动并锚定在 H166 残基上；并且 L-Ser 侧链—OH 基团远离 H436，不利于 H436 的去质子化。根据催化机制，定义了两个关键的距离：d_1 是指底物 PC 磷脂头部 P 与 H166 远端 N 之间的距离，用来描述 H166 亲核进攻的速率；d_2 是指 H436 远端的 N 原子与第二底物 L-Ser 侧链—OH 之间的距离，用来表明 H436 去质子化的速率。利用 Amber18 软件对 PLD 与配体（PC 和 L-Ser）复合物进行 MD 模拟，结果如图 7-45（2）所示。d_1 和 d_2 分别为 $3.80×10^{-10}$m 和 $4.50×10^{-10}$m，高于反应距离（$<3×10^{-10}$m），而 d_1 与 d_2 的距离决定 H166 的亲核攻击和 H436 的去质子化难易程度，很大程度上影响了转磷脂酰的活性。因此，缩短 d_1 和 d_2 的距离有望显著提高转磷脂酰效率。

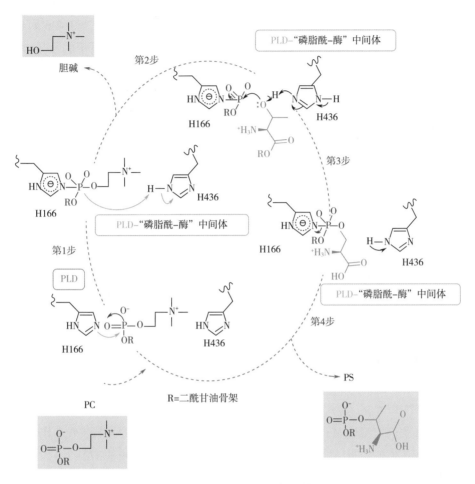

图 7-44 *Sr*PLD 的反应机制

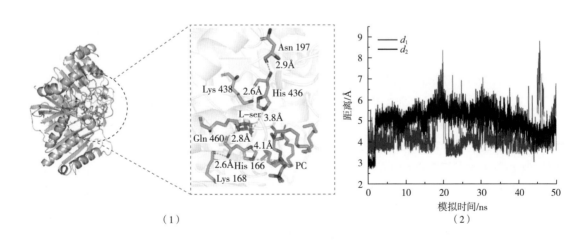

（1）　　　　　　　　　　　　　（2）

图 7-45 底物与 *Sr*PLD 的分子对接和 MD 模拟

（1）残基与底物相互作用；（2）MD 模拟 d_1 与 d_2 的距离

为了缩短 d_1 和 d_2 的距离，需要考虑以下两个方面：①减弱 PC 与酶空间的冲突，保证 PC 在口袋中的灵活性，这有助于将 H166 锚定在磷脂头部中；②改变 H436 附近的氢键网络，破坏了活性位点的水网络，提高了 H436 从 L-丝氨酸中获得质子的特异性。因此，通过以上分析，设计了"重构底物口袋"蛋白质改造策略：通过减弱 PC 与酶空间的冲突和改变 H436 附近的氢键网络，使底物 PC 能够灵活地锚定到 H166，以及 L-丝氨酸的侧链—OH 基团朝向 H436，从而缩小 d_1 和 d_2，最终满足其催化距离。

（2）突变体库的构建与筛选　首先，对 PC 和 H436 周围的 14 个氨基酸［图 7-46（4）］进行 NNK 位点饱和突变。对于每一轮的突变，酶文库以 Sr_{MBP}PLD 全细胞的形式表达在 96 孔板中，并通过高效液相色谱法（HPLC）筛选有益突变体。在这些饱和突变体中，发现 W164Y 和 Y189R 具有较好的转磷脂酰活性，相应的 r_{tp}/r_h 比值比野生型分别增加了 25.97% 和 40.25%。随后，将单突变体 W164Y 和 Y189R 组合得到双突变体 Mu_1（Sr_{MBP}PLD$^{W164Y/Y189R}$），其 r_{tp}/r_h 比值较野生型增加了 75.32%。

通过分析 Mu_1 和 WT 中 PC 与酶的相互作用［图 7-46（3）］，发现在 WT 中 W164Y 与底物 PC 形成氢键相互作用力，限制了 PC 的构象翻转，进而阻碍了 H166 对 PC 的亲核攻击，而突变体 W164Y 消除了这一作用力，进而会加快转磷脂酰速率。为了进一步提高 H166 对 PC 的亲核进攻，对 H166 周围的 6 个氨基酸进行了 NNK 饱和突变，分别为 L86、W164、K168、S451、L459 和 D461。在这些饱和突变体中，得到一个单突变体 L86E，相应的 r_{tp}/r_h 比值比野生型增加了 32.46%，并与突变体 Mu_1 相结合，产生突变体 Mu_3（Sr_{MBP}PLD$^{L86E/W164Y/Y189R}$），其 r_{tp}/r_h 比值增加了 125.91%。

为了进一步提高突变体 Mu_3 的转磷脂酰活性，选择顶部环上的氨基酸残基作为定向进化的目标，因为 MD 模拟表明，顶部 loop 环上的柔性区域（氨基酸残基 372~379）倾向于接近活性位点［图 7-46（1）和（2）］。以突变体 Mu_3（Sr_{MBP}PLD$^{L86E/W164Y/Y189R}$）为模板，对构成该顶部 loop 环的氨基酸残基进行饱和突变，得到了突变体 Mu_4（Sr_{MBP}PLD$^{L86E/W164Y/Y189R/D377G}$）和 Mu_5（Sr_{MBP}PLD$^{L86E/W164Y/Y189R/Y379L}$），其 r_{tp}/r_h 比值相对于 WT 分别增加了 171.62% 和 189.29%（图 7-47）。随后将突变体 Mu_4 和 Y379L 进行组合得到最佳突变体 Mu_6（Sr_{MBP}PLD$^{L86E/W164Y/Y189R/D377G/Y379L}$），其 r_{tp}/r_h 比值相对于 WT 增加了 203.90%，此时，PS 的产量为 44.12g/L，相应的转化率为 59.21%。

（3）酶学性质研究　Sr_{MBP}PLD^{WT} 及其上述获得的突变体 Mu_1-Mu_6 的动力学参数如表 7-9 所示。从该表中可以看出，突变体 Mu_1［（24.72±0.98）mmol/L］和 Mu_2［（19.42±1.07）mmol/L］与 WT［（25.37±2.39）mmol/L］具有相似的 K_m［（25.37±2.39）mmol/L］值，但突变体 Mu_3［（13.01±6.31）mmol/L］和 Mu_6［（7.73±1.09）mmol/L］相对于 WT 分别降低了 59.2% 和 30.5%，这表明突变体 Mu_3 和 Mu_6 对 PC 的亲和力显著提高。另外，Mu_1［（10.74±0.26）min^{-1}］、Mu_2［（13.86±0.16）min^{-1}］和 Mu_3［（18.83±0.27）min^{-1}］的 k_{cat} 值分别增加了 3.20、4.13 和 5.61 倍。然而最佳突变体 Mu_6 的 k_{cat} 值增加了 8.58 倍，从 3.36min^{-1} 到 28.83min^{-1}，这意味着转磷脂酰反应的速率更快。由此可得，这四种突变体的 k_{cat}/K_m 值分别增加了 3.31、5.46、11.15 和 28.69 倍。综上所述，通过对 Sr_{MBP}PLD

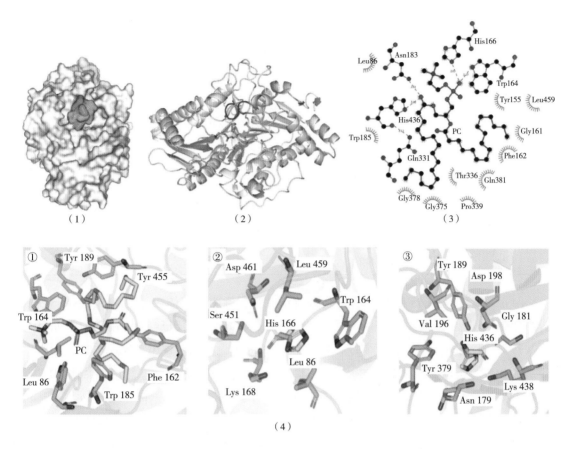

（1）　　　　　　　　　　（2）　　　　　　　　　　（3）

（4）

图 7-46　顶部 loop 环表面图和底物相互作用图

（1）WT 和 Mu$_1$ 的表面图（绿色：WT，蓝色：Mu$_1$）；（2）WT 和 Mu$_1$ 的 loop 环图（蓝色：WT，红色：Mu$_1$）；
（3）WT 与 PC 的相互作用图；（4）PC①、His166②和 His 436③4×10^{-10}m 附近的残基

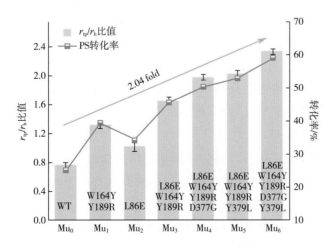

图 7-47　Sr_{MBP}PLD 定向进化

进行蛋白质工程改造，有效提高了 PLD 转磷脂酰速率。

表 7-9 Sr_{MBP}PLD 及其突变体对底物 PC 的动力学参数

突变体	K_m/(mmol/L)	k_{cat}/(1/min)	(k_{cat}/K_m)/[L/(mmol·min)]
WT	25.37±2.39	3.36±0.82	0.13
Mu$_1$	24.72±0.98	10.74±0.26	0.43
Mu$_2$	19.42±1.07	13.86±0.16	0.71
Mu$_3$	13.01±6.31	18.83±0.27	1.45
Mu$_4$	9.62±0.29	25.05±0.55	2.60
Mu$_5$	8.83±2.41	22.05±0.34	2.49
Mu$_6$	7.73±1.09	28.83±0.62	3.73

（4）突变体提高转磷脂酰活性的机理解析 为了阐明突变体 Sr_{MBP}PLD^{Mu_6} 转磷脂酰酶活性增强的分子机制，基于链霉菌 *Streptomyces* sp. PMF 的 PLD 晶体结构（PDB ID：1F01），利用 Swiss-Model 在线软件，建立了 Sr_{MBP}PLD^{Mu_6} 的同源模型。Sr_{MBP}PLD^{Mu_6} 与野生型 Sr_{MBP}PLD^{WT} 结构比对有以下三个方面不同：①将 Sr_{MBP}PLD^{Mu_6} 和 Sr_{MBP}PLD^{WT} 的结构进行叠加，发现顶部 loop 环（氨基酸残基 372~379）构象不同，如图 7-48（1）所示，Mu$_6$ 顶部 loop 环更倾向于接近活性中心位点。这种环的重新定位似乎有助于扩大底物催化口袋，进而提高了 PC 在底物口袋的灵活性，并且有相关研究表明，该顶部的 loop 环在底物识别以及催化过程中起着重要的作用。②如图 7-48（2）和 7-48（3）所示，R189 的侧链朝向蛋白结构的外部，而在 WT 结构中 Y189 的侧链朝向内部，指向活性位点区域。与此同时突变体 D377 和 L379 的侧链比 Sr_{MBP}PLD^{WT} 小，这种氨基酸的不同取向以及较小的侧链导致形成更大的结合口袋。使用在线软件 Pocasa 1.1 对突变前后的底物口袋大小进行了预测，突变体 Mu$_6$ 的底物口袋从 58.9nm^3 扩大到 86.3nm^3。以上结果表明顶部 loop 环构象的转变以及重新定位有助于扩大底物口袋，进而有助于 PC 在底物口袋的灵活性。③G377 和 L379 非极性残基的引入有效地提高了酶的活性和底物亲和力。如图 7-48（4）、（5）和（6）所示，较高的疏水性增强了范德华力和疏水相互作用，从而促进了底物与 PLD 活性位点的结合。并且，突变体 Mu$_6$ 与 PC 的结合能相对于 WT 提高了 7.20kJ/mol，进一步说明了突变体 Mu$_6$ 更易接受 PC 分子。

综上所述，突变体 Sr_{MBP}PLD^{Mu_6} 通过不同侧链的取向以及疏水性相互作用，导致更大的结合口袋适应大体积底物 PC，且顶部 loop 环的取向有助于改变底物与 PLD 结合的特异性。

随后，利用获得的 Sr_{MBP}PLD^{Mu_6} 结构模型与底物 PC、L-Ser 进行分子对接和分子动力学模拟。野生型 WT 和 Mu$_6$ 的 RMSD 和 RMSF 如图 7-49 所示，突变体 Mu$_6$ 的 RMSD 比 WT 略低，这表明突变体 Mu$_6$ 具有更加稳定的整体蛋白构象。并且从 RMSF 可以看出突变体

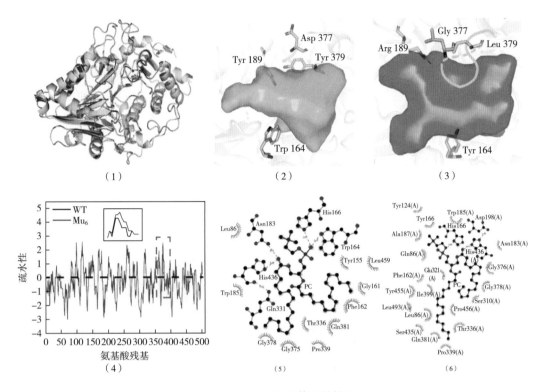

图 7-48　WT 和突变体的结构图

（1）WT（灰色）、Mu$_3$（黄色）和 Mu$_6$（红色）的 loop 灵活性；（2）WT 的口袋体积；（3）Mu$_6$ 的口袋体积；（4）WT 和 Mu$_6$ 疏水性评估图；（5）WT 与 PC 相互作用图；（6）Mu$_6$ 与 PC 相互作用图

Mu$_6$ 顶部 loop 环（氨基酸残基 372~329）比 WT 更加灵活，进而引起顶部 loop 环更趋向于活性中心，有助于底物与酶的结合。

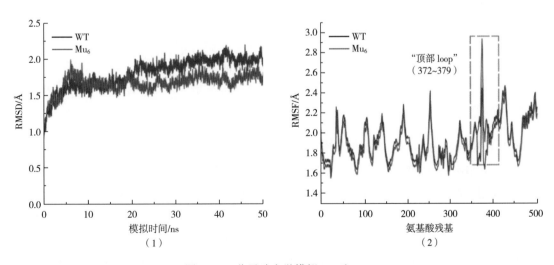

图 7-49　分子动力学模拟 WT 和 Mu$_6$

MD 模拟分析 Mu6 与 PC 的相互作用，结果如图 7-50 所示。PC 的 P 原子与 H166 上的 N_ε 原子的距离从 $3.80×10^{-10}$ m 缩短到 $2.90×10^{-10}$ m，表明突变体 Mu_6 有效缩短了 d_1 的距离，通过减弱 PC 与酶空间的冲突，保证了 PC 在口袋中的灵活性。将 86 位的亮氨酸突变为谷氨酸，E86 可以与 H166 形成氢键，稳定 H166 侧链构象，促进磷脂-H166 中间体的形成，进而加快转磷脂酰化速率。与此同时，Mu_6 使 PC 的构象发生了一定的变化，突变后 W185 与 PC 的极性头部形成了阳离子-π 相互作用，对稳定胆碱侧链的季铵盐基团起重要作用，进而有利于 PC 磷脂头部正确地定位到 H166。

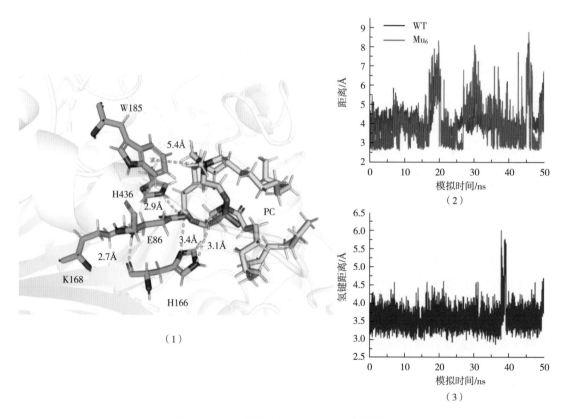

（1）

图 7-50　MD 模拟分析 Mu_6 与 PC 相互作用

（1）Mu_6 与 PC 相互作用；（2）PC 中的 P 原子与 H166 中 N_ε 原子在 WT 和 Mu_6 中之间的距离；（3）Mu_6 中 H166 到 E86 的氢键距离

MD 模拟分析 Mu_6 与 L-Ser 相互作用，结果如图 7-51 所示。将 189 位的酪氨酸突变为精氨酸（3-16A），改变了该残基的相互作用网络。在野生型的蛋白结构中 D198 与 H436 形成氢键相互作用力，加强了 H436 的去质子化能力，从而导致大量水解产物的生成。而在 $Sr_{MBP}PLD^{Mu_6}$ 结构中，R189 的侧链与 D198 的侧链形成了氢键相互作用力，同时 R189 的主链与 W185 的主链也形成了相互作用力，增加了 2 个氢键相互作用力。D198 可以与 R189 形成氢键，导致 D198 与 H436 的相互作用力减弱。从机理上看，组氨酸残基作为碱激活的亲核剂，在水解反应中，水作为亲核试剂被激活，而在转磷脂酰反应中，L-Ser

作为亲核试剂被激活。但考虑到 L-Ser 的亲核性比水高，可以认为较弱的碱性残基可能足以激活 L-Ser。在这种氢键网络作用下，L-Ser 在活性口袋中重新定位，使得 L-Ser 的 —OH 基团接近并朝向 H436，有利于 H436 对 L-Ser 的激活。事实上，如图 7-51（2）所示，d_2 的距离从 $4.50 \times 10^{-10}\,\mathrm{m}$ 缩短到 $2.90 \times 10^{-10}\,\mathrm{m}$。相对于 WT，本研究中获得的突变体 $Sr_{\mathrm{MBP}}\mathrm{PLD}^{\mathrm{Mu_6}}$ 与 L-Ser 的结合能提高了 15.45kJ/mol。由此说明，通过较弱碱性的作用能够提高 H436 对 L-Ser 激活的特异性，从而降低水解反应。同样类似的策略也被应用到酰基转移酶中，通过改变催化残基的碱性，提高了酰基转移能力，进而提高了生物催化的效率。

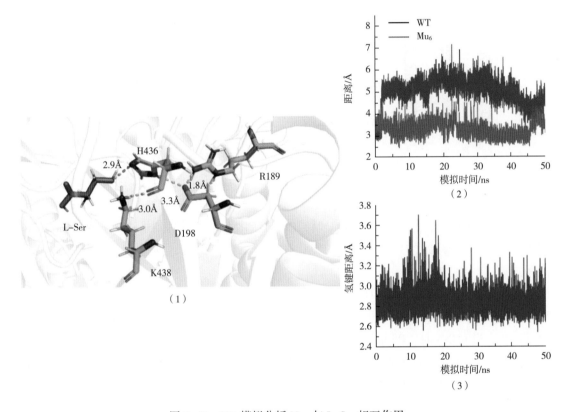

图 7-51　MD 模拟分析 Mu_6 与 L-Ser 相互作用

（1）Mu_6 与 L-Ser 相互作用；（2）L-Ser 中的 —OH 与 H436 中 N_e 原子在 WT 和 Mu_6 中之间的距离；（3）Mu_6 中 R189 到 D198 的氢键距离

综上所述 $Sr_{\mathrm{MBP}}\mathrm{PLD}^{\mathrm{Mu_6}}$ 具有以下两个作用：①非极性以及较小侧链氨基酸的引入，增加了活性位点的空间和疏水性，促进底物在结合口袋灵活地结合构象；②通过形成新的氢键网络，操纵 L-Ser 在活性位点的配位，提高了 H436 从 L-Ser 获得质子的特异性。结果表明，$Sr_{\mathrm{MBP}}\mathrm{PLD}^{\mathrm{Mu_6}}$ 使反应向更有利于转磷脂酰方向进行，提高了 PS 的产量。

3. 磷脂酰丝氨酸的制备

为了考察 $Sr_{\mathrm{MBP}}\mathrm{PLD}^{\mathrm{Mu_6}}$ 合成 PS 的能力，进一步考察了两相体系的有机溶剂种类、反应温度、缓冲溶液 pH、两相体积比以及底物浓度比对全细胞转化的影响。

（1）转化条件优化

①有机溶剂种类：由于底物 PC 和产物 PS 的疏水性，设计两相体系以增加底物的溶解度，进而增加酶对底物的负载量。在该两相体系中，底物 PC 溶于有机相中，L-Ser 则溶于乙酸-乙酸钠缓冲溶液中。由于乙酸乙酯相对于乙醚等有机试剂具有低毒性的特点，被广泛应用到生产 PS 的研究中。随着绿色有机溶剂，如 2-甲基四氢呋喃（2-MeTHF）、环戊基甲醚（CPME）、γ-戊内酯等不断被发现，也为 PS 合成提供了一条绿色的途径。因此，本研究选用了酯类的有机试剂（乙酸乙酯和乙酸丁酯）和绿色有机溶剂（2-MeTHF、CPME 和 γ-戊内酯）作为有机相的反应介质，考察对 PS 生产的影响。结果如图 7-53 所示，当有机试剂为 CPME 时，PS 的转化率和产量最高，分别为 63.38% 和 7.23g/L。基于此，选择 CPME 作为反应的有机相。

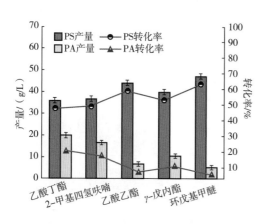

图 7-52　有机相类型对产 PS 和 PA 的影响

②反应温度：考察反应温度（30、35、40、45 和 50℃）对 PS 产量的影响。结果如图 7-53 所示，反应温度在 40℃时，PS 的转化率和产量达到最高，分别为 66.33% 和 49.42g/L。随着温度的上升，PS 的转化率显著下降。因此，选择 40℃ 为最优的反应温度。

③缓冲液 pH：考察不同 pH（4、5、6、7 和 8）的乙酸-乙酸钠缓冲液对 PS 产量的影响。结果如图 7-54 所示，当 pH 为 6 时，PS 的转化率和产量达到最高，分别为 73.43% 和 54.71g/L。当 pH>6 时，PS 的产量有下降的趋势，但副产物 PA 的积累量逐渐升高。由此说明，乙酸-乙酸钠缓冲液处于酸性条件下更有利于 PS 的生成。基于此，选择 pH 为 6 的乙酸-乙酸钠缓冲液作为两相体系中的水相。

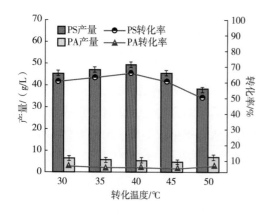

图 7-53　反应温度对产 PS 和 PA 的影响

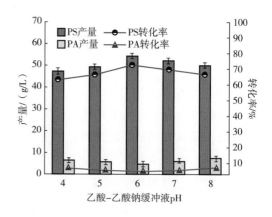

图 7-54　缓冲液对产 PS 和 PA 的影响

④两相体积比（相比）：根据 PLD 的反应机理以及反应路径可知，PLD 会发生水解反应，导致转磷脂酰的反应速率降低。若相比过大，会导致酶活性下降，而相比过小，会导致 PC 的水解速率提高。所以，合适的相比对合成 PS 是至关重要的。以 CPME 为有机相，考察不同体积的水相和有机相配比（1∶1、1∶2、1∶3、1∶4 和 1∶5）对 PS 产量的影响，结果如图 7-55 所示。随着相比的不断升高，PS 的产量呈现先上升后降的趋势，副产物 PA 的积累量逐渐下

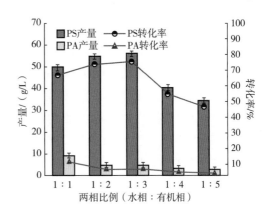

图 7-55　水相与有机相比对产 PS 和 PA 的影响

降，PS 产量在相比为 1∶3 时达到最高值，对应的 PS 转化率和产量分别为 75.28% 和 56.09g/L，但当再增加相比时，PS 的产量显著下降，这可能是因为随着 CPME 浓度不断增加，改变了酶分子周围的水环境，破坏了酶的相互作用力，导致酶活性下降。因此，选择相比为 1∶3 进行后续研究。

⑤底物浓度比：除了相比会影响 PS 和 PA 的分配，双底物（PC 和 L-Ser）的配比也会影响 PS 的生成。所以，合适的底物浓度比对合成 PS 也是至关重要的。考察不同的底物浓度配比（PC∶L-Ser=1∶1、1∶2、1∶4、1∶6 和 1∶8）对 PS 产量的影响，结果如图 7-56 所示。随着比值的不断增加，PS 的产量先上升后趋于平稳，且副产物产量也有下降的趋势，PS 的产量在底物浓度比为 1∶4 时达到最高值，此时，PS 转化率和产量分别为 76.82% 和 57.24g/L。但

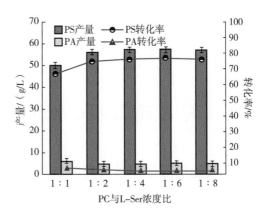

图 7-56　PC 与 L-Ser 浓度比对产 PS 和 PA 的影响

当增加 L-Ser 的浓度时，PS 的产量逐渐趋于平稳，且副产物 PA 的积累量也不再上升，可能是因为增加 L-Ser 的浓度能够使整个反应朝着有利方向进行，有效地抑制了水解反应，进而增加了转磷脂酰反应的速率。但由于过量的 L-Ser 会改变其在反应中的溶解度，所以转磷脂酰反应速率不再增加。因此，选择 PC∶L-Ser 浓度比为 1∶4 进行后续研究。

综上所述，在最优的反应条件下（20g/L $Sr_{MBP}PLD^{Mu_6}$ 全细胞，以环戊基甲醚作为有机相，以 pH 6 的乙酸-乙酸钠缓冲液作为水相，且两相比为 1∶3，PC∶L-Ser 浓度比为 1∶4，在 40℃下，反应 12h）获得了 57.24g/L 的 PS，转化率为 76.82%。

（2）PS 的规模化制备　为了评估重组菌株 *E. coli*-Mu₆ 在工业应用中的可行性，在 3L

发酵罐中进行了放大实验。使用 $E.coli$-Mu_6 和 WT 湿细胞作为生物催化剂，在上述最佳转化条件下进行反应，结果如图 7-57 所示。重组菌株 $E.coli$-Mu_6 的 PS 产量在 12h 时达到最高值（59.69g/L），比 WT（25.32g/L）高 135.74%。此外，$E.coli$-Mu_6 达到 PS 最大产量的时间比 WT 快 2h，由此说明 $E.coli$-Mu_6 的转磷脂酰效率更高。$E.coli$-Mu_6 催化生成 PS 的时空转化率为 4.97g/(L·h)，相对于 WT [1.81g/(L·h)] 提高了 174.59%。在 3L 发酵罐中进行反应获得的 PS 与 10mL 的摇瓶水平相比略有上升，这可能是由于发酵罐搅拌速度快，两相接触面更大，有利于反应的进行。这些结果表明 $E.coli$-Mu_6 在大规模生产 PS 方面具有潜在的有效性，为工业化生产 PS 奠定了基础。

图 7-57　3L 发酵罐上 $Sr_{MBP}PLD^{Mu_6}$ 发酵产 PS 的过程曲线

第六节　C—C 加成反应生成非蛋白氨基酸

一、L-丝氨酸羟甲基转移酶催化 C_α 加成反应合成 α-二烷基-α-氨基酸

α,α-双取代的 α-氨基酸是生物技术和生物医学化学过程的核心，合成的生物活性分子在免疫学（如肉豆蔻素，图 7-58）、传染病（如杀真菌剂鞘氨醇霉素 E 和 F，图 7-58）、心血管疾病（如 DOPA 脱羧酶抑制剂）和神经病学（如乳酸菌素）等领域具有有益的生物医学应用。

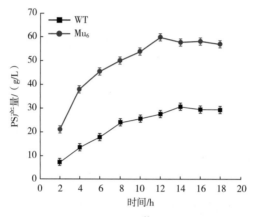

图 7-58　肉豆蔻素和鞘氨醇霉素 E 和 F 的结构

手性纯 α,α-二烷基化 β-羟基-α-氨基酸的合成仍然是一个具有挑战性的课题，因为它需要在严格控制立体选择性的情况下构建立体四取代碳中心。生物催化方法因其在温和水相条件下具有可控的立体选择性和高效率而变得越来越重要。制备光学纯 α,α-二烷基化 β-羟基-α-氨基酸的最简明的酶法路线涉及将 α 取代的 α-氨基酸立体选择性地加入醛中。先前已经使用 Gly 依赖的醛缩酶实现了 Gly 对醛的 Aldol 加成，但是生物催化其他 α-氨基酸的 Aldol 加成反应是罕见的。此外，大多数催化剂的催化效率低，对进入的 β-羟基的非对映体控制较差。

（1）重组 L-丝氨酸羟甲基转移酶及其突变酶的表达和催化活性比较　从嗜热链球菌（*Streptococcus thermophilus*）中克隆并鉴定了一种新的吡哆醛-5′-磷酸（PLP）依赖性 L-丝氨酸羟甲基转移酶（SHMT$_{Sth}$，EC 2.1.2.1），发现 SHMT$_{Sth}$ 在动力学控制下催化甘氨酸与醛的羟醛加成反应，具有良好的立体选择性。

来自 *Paracoccus* sp. AJ110402 的 α-甲基丝氨酸羟甲基转移酶（MSHMT$_{Pc}$，EC 2.1.2.7）可以在四氢叶酸存在的条件下催化 α-甲基丝氨酸和 D-丙氨酸之间的互相转化。有趣的是，野生型的 SHMT$_{Sth}$ 可以催化 L-丝氨酸和甘氨酸之间的相互转化（图 7-59），两种酶有 50% 的序列同源性。

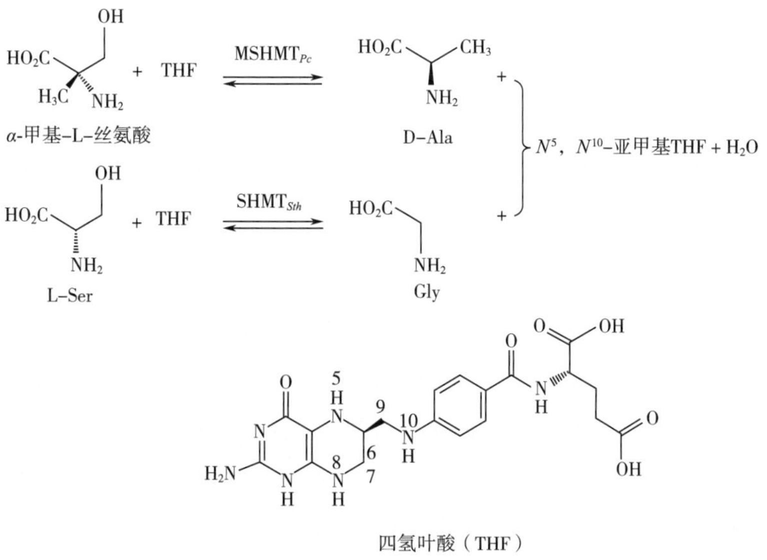

图 7-59　MSHMT$_{Pc}$ 和 SHMT$_{Sth}$ 分别催化 α-甲基-L-丝氨酸
转化为 D-丙氨酸和 L-丝氨酸转化为甘氨酸

对 MSHMT$_{Pc}$ 和 SHMT$_{Sth}$ 的蛋白序列进行比对，发现三个可能参与供体选择性的残基：MSHMT$_{Pc}$ 的 T60、H70 和 T236 分别对应 SHMT$_{Sth}$ 的 Y55、Y66 和 H229。因此，构建 SHMT$_{Sth}$ 突变体 Y55T、Y65H、H229T、Y55T/Y65H、Y55T/H229T、Y65H/H229T 和 Y55T/Y65H/H229T，经过重组蛋白表达和纯化后，检测其作为催化剂催化 D-Ser（1a）

与 2-苄氧基乙醛（2a）进行醛醇加成反应的活性（野生型酶没有这种活性），结果如表 7-10 所示。在相同的条件下，Y55T 具有最高的立体选择性，产物 3aa 的产率达到 37%，经过反应条件优化后，产物 3aa 的产率可以提高到 50%［3aa 是（2S，3R）构型的非对映异构体］。

表 7-10   SHMT$_{Sth}$ 野生型和突变体作为 D-Ser（1a）加成 2a 的催化剂

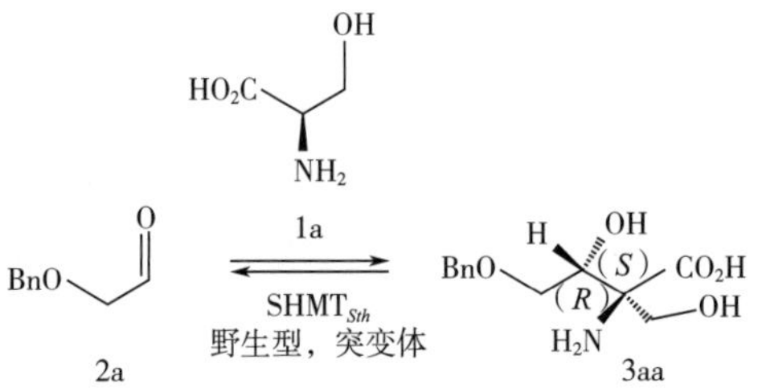

SHMT$_{Sth}$ 催化剂	羟基化合物（Aldol adduct 3aa）/%[b]	SHMT$_{Sth}$ 催化剂	羟基化合物（Aldol adduct 3aa）/%[b]
WT	—[c]	Y55T/Y65H	10
Y55T	37（50[d]）	Y55T/H229T	8
Y65H	—[c]	Y65H/H229T	—[c]
H229T	—[c]	Y55T/Y65H/H229T	21

[a] 反应（1mL），D-Ser（0.1mmol），2a（0.1mmol），PLP（0.3mmol），pH6.5（氨基酸为体系缓冲液），DMF 或 DMSO（体积分数 20%），SHMT$_{Sth}$ 催化剂（2mg 蛋白质）。

[b] 24h 后形成的 Aldol 产物。

[c] 未检测到。

[d] 反应优化后的结果：水/DMSO 为 1:1，［醛］/［D-Ser］为 1:4，pH6.5，25℃。

通过在 Y55 残基处进行定点饱和突变生成含有 94 个克隆的突变体文库。D-丝氨酸和 D-苏氨酸作为假定的供体底物被筛选。假设 D-丝氨酸可以和受体结合，那么 D-丙氨酸可能也是一个很好的供体。用 2a 作为受体，两个新的突变体 Y55S 和 Y55C 在 D-丝氨酸上显现出羟醛缩合活性，但是没有发现对 D-苏氨酸有活性的突变体。D-苏氨酸和 D-半胱氨酸类似物发生不可逆副反应，与磷酸吡哆醛一起连接到 SHMT$_{Sth}$ 上，形成四氢噻唑并使酶失活。SHMT$_{Sth}$ Y55T、Y55S 和 Y55C 对 D-苏氨酸没有表现出反羟醛缩合的活性，这与所报道的来自嗜热脂肪芽孢杆菌（B. stearothermophilus）变种 Y51F 中的 SHMT 结果是一致的。测定 SHMT$_{Sth}$ 野生型及其突变体 Y55T、Y55S 和 Y55C 分别催化 D-丝氨酸、D-丙氨酸和甘氨酸和 2a 的羟醛缩合反应的初始反应速率并进行比较，结果如图 7-60 所示。D-丙氨酸是对 SHMT$_{Sth}$ 突变体和野生型最好的供体。SHMT$_{Sth}$ Y55T 是 D-丙氨酸和 D-丝氨酸供体的最佳催化剂，而野生型酶是甘氨酸的最佳催化剂，且对 D-丝氨酸无效。

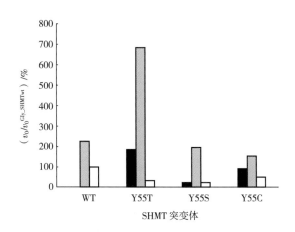

图 7-60　SHMT$_{Sth}$ 突变体与野生型催化的 D-Ser（1a）（黑色）、D-Ala（1b）（灰色）和

Gly（1c）（白色）和 2a 的缩合反应的初始反应速率比

（$v_0/v_0^{\text{Gly-SHMTwt}}$）（$v_0^{\text{Gly-SHMTwt}}$ 代表野生型 SHMT$_{Sth}$ 催化 1c 至 2a 的羟醛加成的初始反应速率）

进一步检测野生型 SHMT$_{Sth}$ 全酶及突变体在不添加 PLP 的情况下催化 D-Ala 的情况，反应在 96 孔板上进行，反应体系为 300μL、pH 6、25℃，分别含有 5mg/mL 全酶或者突变酶、0.1mol/L D-Ala，结果如图 7-61（1）所示。当 D-丙氨酸与野生型 SHMT$_{Sth}$ 孵育时，会发生转氨反应，产生磷酸吡哆醛和丙酮酸，而 D-丙氨酸与突变酶 Y55T、Y55S 和 Y55C 的转氨反应速率则降低到原来的 1/10，说明 Y55 是控制 SHMT$_{Sth}$ 催化多种反应的关键残基。当在上述反应体系中添加 0.025mol/L 2,3,4,5,6-五氟苯甲醛（2m）作为受体时，醛缩酶活性会恢复［图 7-61（2）和（3）］。

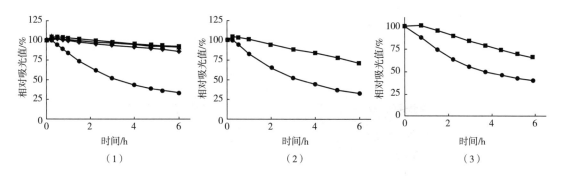

图 7-61　野生型 SHMT$_{Sth}$ 全酶及突变体在不添加 PLP 的情况下催化 D-Ala 的情况

（1）●：WT　◆：SHMT$_{Sth}$ Y55T，■：SHMT$_{Sth}$ Y55S，▲：SHMT$_{Sth}$ Y55C；（2）■：添加 2,3,4,5,6-五氟苯甲醛（2m），●：不添加醛；（3）●：反应体系 pH 6，■：反应体系 pH8

即使是对于水溶性的醛，助溶剂的作用也是至关重要的。实际速率下产物的形成只能在水/DMSO1＝1 的条件下才能观察到，如在 2,3,4,5,6-五氟苯甲醛（2m）中添加 D-丙氨酸。助溶剂分子可能会聚集在酶的活性中心附近，以不同方式影响着酶和底物的相互作

用，比如通过改变转化率来影响。

（2）野生型 SHMT$_{Sth}$ 及其突变酶催化羟醛加成反应　接着，对野生型 SHMT$_{Sth}$ 及上述三种突变酶进行了筛选，以确定 D-Ser（1a）、D-Ala（1b）和 Gly（1c）对醛 2a~p 的羟醛加成反应的最佳催化剂，结果如图 7-62 所示。突变体 Y55T 和 Y55C 是 D-Ser 发生羟醛缩合反应最好的催化剂，而 SHMT$_{Sth}$ 野生酶则是甘氨酸缩合反应最好的催化剂；对于 D-Ala 的添加，SHMT$_{Sth}$ 野生型和 Y55T 都是最好的，前者对醛 2l~n 表现出显著的活性。Y55S 和 Y55C 突变体的催化效率整体上比 Y55T 和野生型要低，证实了生物催化剂最初的

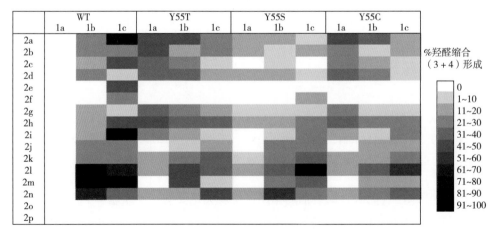

图 7-62　SHMT$_{Sth}$ 野生型及其突变体 Y55T、Y55S 和 Y55C 催化 1a~c 与醛 2a~p 的羟醛加成反应

理性设计合理。对于有吸电子基团的芳香醛 2L 和 2n，会发生具有高产率的反应，但是对于那些有给电子基团的芳香醛 2o 和 2p，就没有检测到羟醛缩合产物。苯甲醛（2j）就是一种弱底物，这也与先前的报道是一致的。

由 SHMT$_{Sth}$Y55T 催化的 D-Ser（1a）与醛的羟醛加成反应在 NMR 检测范围内具有高度（95：5）至完全非对映选择性（表 7-11）。从机理上讲，任何亲电试剂与酶供体的复合物始终发生在 si 面（即始终为 S 构型的 C2 立体中心），这将确保 SHMT 与任何供体/受体组合催化的反应具有完全的对映选择性。此外，相对 α-氨基和 β-羟基的功能（即总是 si→re 进攻），所得到的羟醛加合物总是 trans（3）（图 7-63），并且只有醛 2g 有中等的非对映异构选择性（87：13 3ag/4ag）。在 SHMT$_{Sth}$ 野生型和 Y55T 的催化下将 D-Ala 添加到醛上，这样就可以比较相同底物时的立体化学产物（表 7-11）。Y55T 与野生型 SHMT$_{Sth}$不同，催化的反应有很高的立体选择性［trans（3），但受体 2,3,4,5,6-五氟苯甲醛（2m）除外，其主要产物为 cis 产物（4）］。SHMT$_{Sth}$ 野生型在大多数情况下生成的产物为 cis/trans 混合物，trans 是主要加合物，而 cis 主要由芳香醛形成。SHMT$_{Sth}$ Y55T 对于 D-Ser（1a）和 D-Ala（1b）的高选择性可以用下面的计算机模型（图 7-64）来解释。另一方面，野生型 SHMT$_{Sth}$ 催化 Gly（1c）的反应显示出中低水平的非对映选择性和转化率（表 7-11）。

表 7-11　SHMT$_{Sth}$ 野生型和 Y55T 催化的 1a~c 与醛 2 的羟醛加成反应的转化率、
分离产物的产率和非对映体比率

| R$_1$ | CH$_2$OH（a） | | CH$_3$（b） | | SHMT$_{Sth}$Y55T | | H（c） | |
| | SHMT$_{Sth}$Y55T | | SHMT$_{Sth}$WT | | | | SHMT$_{Sth}$WT | |
R$_2$	转化率（产率）/%	非对映体比率 3/4	转化率（产率）/%	非对映体比率 3/4	转化率（产率）/%	非对映体比率 3/4	转化率（产率）/%	非对映体比率 3/4
a	47（28）	>95：5	24（21）	95：5	61（36）	>95：5	—	—
b	32（20）	>95：5	27（11）	72：28	45（22）	95：5	15（5）	67：33
c	44（21）	>95：5	44（18）	93：7	39（23）	>95：5	—	—
d	31（16）	>95：5	25（9）	91：9	38（6）	>95：5	—	—

续表

R_1	CH$_2$OH (a) SHMT$_{Sth}$ Y55T		CH$_3$ (b) SHMT$_{Sth}$ WT		SHMT$_{Sth}$ Y55T		H (c) SHMT$_{Sth}$ WT	
R_2	转化率 （产率）/%	非对映体比率 3/4	转化率 （产率）/%	非对映体比率 3/4	转化率 （产率）/%	非对映体比率 3/4	转化率 （产率）/%	非对映体比率 3/4
g	22 (14)	87:13			34 (22)	86:14	—	—
h	31 (23)	95:5	44 (31)	65:35	52 (35)	85:15	18 (10)	49:51
i	40 (22)	>95:5	40 (21)	86:14	71 (20)	95:5	33 (13)	50:50
j	—	—	25 (16)	42:58	—	—	29 (10)	37:63
k	12 (5)	95:5	35 (20)	40:60	24 (12)	71:29	29 (15)	50:50
l	14 (9)	95:5	55 (29)	29:71	48 (26)	76:24	59 (48)	33:67
m	—	—	94 (31)	8:92	43 [d]	8:92	86 (65)	87:13
n	21 (15)	95:5	83 (51)	44:56	61 (43)	92:8	60 (56)	50:50

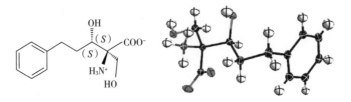

图 7-63　X 射线衍射分析确定 3ah 构型

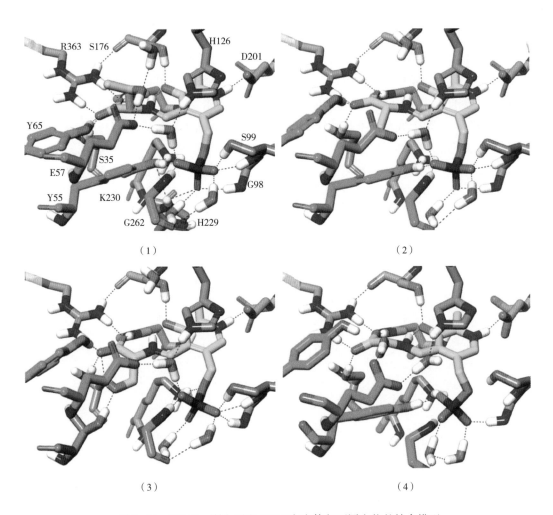

图 7-64　SHMT$_{Sth}$ 野生型和 Y55T 突变体与不同底物的结合模型

SHMT$_{Sth}$ 野生型与 L-苏氨酸（1）、D-丙氨酸（2）和 D-丝氨酸（4）的外部醛亚胺结合，以及 Y55T 突变体与

D-丝氨酸（3）外部醛亚胺结合的模型结构

注：醛亚胺（黄色），蛋白质残基（灰色和绿色，表示它们属于不同的蛋白质单体），突变体 T55 残基（C）

（橙色）。根据对应的 X 射线结构建立模型。

（3）野生型 SHMT$_{Sth}$ 及其突变酶的结构和催化机制解析　为了表征催化体系的结构框架，测定了野生型 SHMT$_{Sth}$ 全酶（PDBID-4WXB）的 X 射线结构，与 Gly-PLP（PDBID-4WXF）以及 L-Thr-PLP 与 Gly-PLP 混合物（PDBID-4WXG）的复合物结构。根据野生型 L-Thr-PLP 复合物的结构，制作了 SHMT$_{Sth}$ 醛聚合物外部模型。基于野生酶-L-Thr-PLP 复合物的结构 [图 7-64（1）]，生成了 SHMT$_{Sth}$ 野生酶的外部醛亚胺模型（图 7-65）。这些模型表明，正如在 L-Thr-PLP 复合物中观察到的那样，D-Ala 可以与 SHMT$_{Sth}$ 野生型 [图 7-64（2）] 生成醛亚胺中间体（图 7-65）。

在这种构象中，α 碳上的氢（H-C$_α$）被去除以形成醌类中间体（图 7-65），位于 E57 的 0.44nm 处和水分子的 0.39nm 处，这里的水分子似乎被 PLP 磷酸盐和 E57 及 H126

的氢键激活。从 Y55T 突变体的 D-丝氨酸醛亚胺模型［图 7-64（3）］可以看出，产生的空间已部分地被 D-丝氨酸的羟甲基占据，并且和 T55 的羟基和 D-丝氨酸的羧基建立氢键相互作用。在这个构象中，α碳上的氢原子到 E57 的距离（0.30nm）比到水分子更近些（0.33nm）。因此，其中一种可以作为催化碱，触发醌类化合物形成。E57 和 H126 变体的初步结果表明，这两个残基都不是活性所必需的。因此结晶水似乎是最有可能介导 α碳上的氢原子提取的物质。野生型 SHMT$_{Sth}$ 的结构表明，D-丝氨酸（d-Ser）也可以形成醛亚胺 I 复合物［图 7-64（4）］。然而，与 Y55T 突变体相比较，这里 D-丝氨酸的羟基通过与 E57 和 Y65 形成氢键而采用相反取向，阻止 α碳上的氢原子进入，该原子将位于与 E57 和水分子的距离>0.5nm 处。因此 D-丝氨酸和野生型 SHMT$_{Sth}$ 之间缺乏反应活性可能是由位于催化水和 α碳上的氢原子之间的 D-丝氨酸的羟基引起的空间位阻所致。

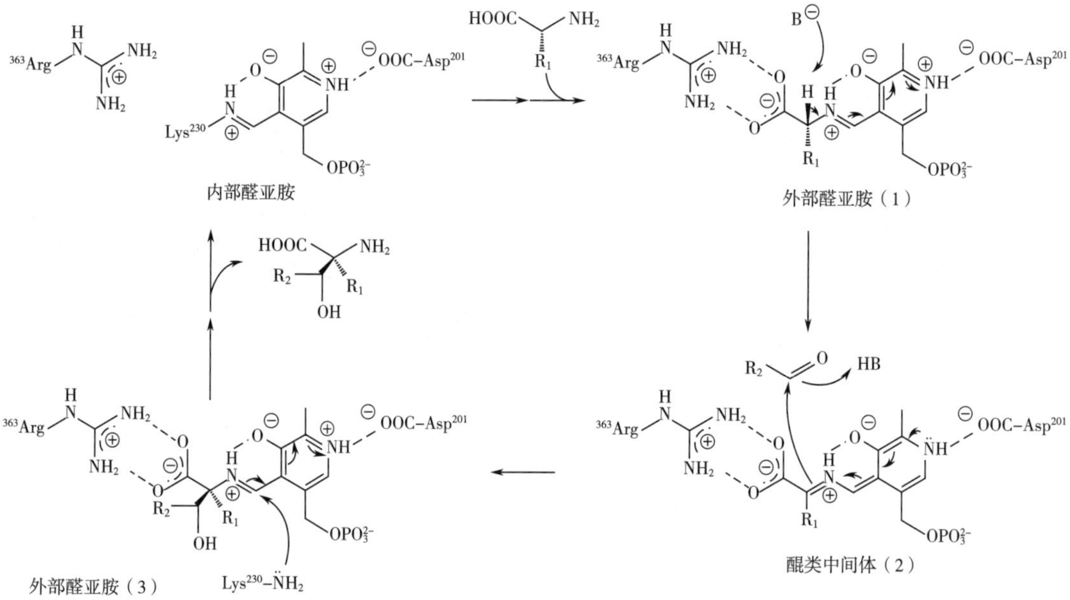

图 7-65　本研究提出的 SHMT$_{Sth}$ 羟醛加成机制

　　总之，本研究发现了 SHMT$_{Sth}$ Y55T 变体，可用于高效、高对映选择性和非对映选择性合成 α,α-二烷基化 β-羟基-α-氨基酸，这是利用甘氨酸的醛缩酶所不能实现的反应。

二、苏氨酸醛缩酶 C$_β$-立体选择性的分子改造

　　苏氨酸醛缩酶（Threonine aldolases，TAs）是一类吡哆醛 5′-磷酸酯（pyridoxal 5′-phosphate，PLP）依赖性酶，催化醛与甘氨酸的羟醛缩合反应，为在温和条件下在一个反应中构建两个立体中心提供了有用的工具。所得产物 β-羟基-α-氨基酸是制备甲砜霉素、L-3,4-二羟基苯丝氨酸等药物和农药有效成分的前体。已经分离并表征了不同来源的几个 TAs。

　　L-TAs 催化甘氨酸与醛的羟醛加成反应，生成 L-苏氨酸和 L-erythro 产物，而 D-TAs

则生成 D-苏氨酸/D-L-*erythro* 产物的混合物（图 7-66）。它们通常对 α-碳具有很高的立体选择性（*ee*>99%），但对 β-碳的立体选择性较差，限制了 TAs 在有机合成中的应用。

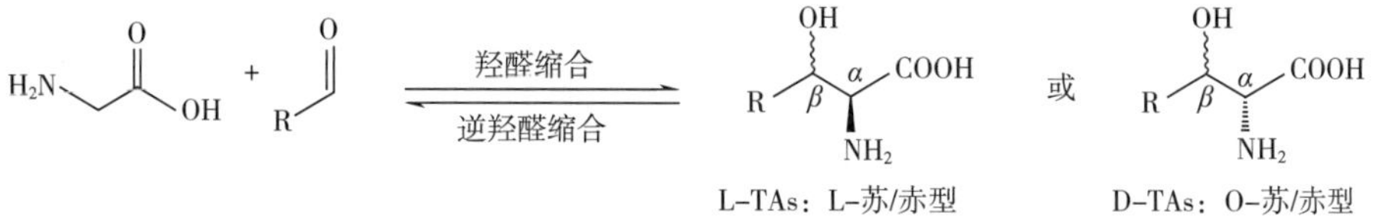

图 7-66　L-或 D-TAs 催化的 Aldol 和 retro-Aldol 反应

虽然酶工程是获得具有优良性质突变体的有效策略，但是在提高 TAs 的 β 碳的立体选择性方面还是收效甚微。这在很大程度上是因为缺少合适的筛选方法，在动力学和热力学控制的反应中，同时确定酶的活性和 β 碳的立体选择性以及 β 碳原子立体选择性的变化较为困难。鉴于 TAs 在工业应用中的重要性，人们在利用蛋白质工程或酶固定化等方法来提高酶的稳定性方面做了很多努力。

在本研究中，通过检测 β-羟基-α-氨基酸水解过程中释放的醛或者在羟醛缩合反应中消耗的有毒醛来筛选高活性和高稳定性的突变体。根据第一进化定律——"所筛即所得"，直接测定 TAs 催化形成 β-羟基-α-氨基酸的立体选择性是非常重要的。目前还没有基于立体选择性的 TA 突变体的高通量筛选（High-throughput screening，HTS）方法，这也是该酶工程化的实验瓶颈。在 TAs 催化的羟醛缩合反应的初始阶段，通过动力学控制 β 碳原子有较高的立体选择性，但是随着反应的进行，会导致热力学控制的非对映异构体产物的比率变低。这样的变化对获得所需的具有 β 碳原子立体选择性的 TAs 是另一个巨大的挑战。

在此背景下，开发出一种逐步可视化（A stepwise visual screening，SVS）的筛选方法，该方法采用立体选择性苯基丝氨酸脱水酶（Phenylserine dehydratase，PSDH）测定产物的转化率和非对映体过量值。通过该方法，可以在假单胞菌属的 L-TA 中获得具有改良的或者反转的 C_β-立体选择性以及对芳香醛有高活性的突变酶。

1. 建立基于 C_β-立体选择性筛选 TA 突变体的 HTS 方法

为寻找不对称合成 β-羟基-α-氨基酸的潜在催化剂，克隆了 20 个不同来源的 L-TA，其中 18 个以可溶性蛋白的形式表达。使用苯甲醛和甘氨酸进行全细胞生物转化，但所有 L-TAs 的 C_β-立体选择性都很低（*de* 为 14%~46%）。

（1）筛选工具酶　为开发一种 HTS 方法，通过使用参与 β-羟基-α-氨基酸转化的立体选择性酶来测量 TAs 的活性和立体选择性。根据官能团分析，β-羟基-α-氨基酸可以进行脱氢、脱水和脱羧。苯基丝氨酸的脱氢酶和脱羧酶不符合筛选目的，因为它们不能区分 β-羟基-α-氨基酸中 β 碳原子的手性。依赖 PLP 的苯基丝氨酸脱水酶催化苯丝氨酸脱水反应形成苯丙酮酸，该酶对 β 碳原子具有立体选择性，只有 D-或 L-苏氨酸异构体可以脱水。因此，苯基丝氨酸脱水酶可以与羟醛缩合反应耦联，以开发基于 C_β-立体选择性筛选 TA 突变体的 HTS 方法。

首先筛选具有脱水酶活性的菌株，发现嗜异源化合物伯克氏菌（*Paraburkholderia xenovorans*）菌株（DSM 17367）对 DL-苏氨酸-苯基丝氨酸具有脱水活性。根据 *P. xenovorans* 菌株的基因信息，扩增和表达了该菌株的脱水酶基因（GenBank：AIP32383）（图 7-67）。对该重组脱水酶 *Px*PSDH 的立体选择性检测结果显示，只有 L-苏氨酸-苯基丝氨酸才能被完全脱水（图 7-68），进一步说明了该酶是符合我们要求的。该酶可以以苯基丝氨酸的邻位和对位取代物（*o*-F，Cl，Br；*p*-F，Cl，Br）为底物，获得转化率 50% 和 *ee*>99% 的苯基丝氨酸衍生物，以间位取代物（*m*-F，Cl，Br）为底物时，也可以获得一般转化率和 *ee* 的衍生物（表 7-12）。因此，L-*Px*PSDH 有宽泛的底物范围，可作为开发高通量筛选方法的工具酶。

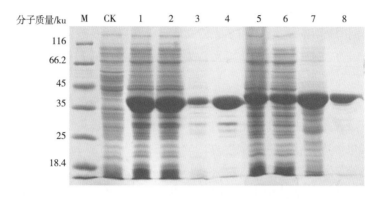

图 7-67　重组 L-*Ps*TA 和 L-*Px*PSDH 的 SDS-PAGE 分析

M：蛋白质分子质量标准；CK：对照（非诱导全细胞提取物）；1~4：分别为重组 L-*Ps*TA 的全细胞提取物、上清液、沉淀物和纯化酶；5~8：分别为重组 L-*Px*PSDH 的全细胞提取物、上清液、沉淀物和纯化酶

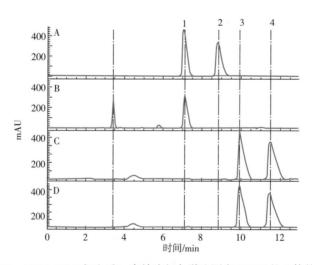

图 7-68　（OPA/NAC 衍生后）高效液相色谱法测定 PSDH 的立体特异性

1：D-*threo*-苯基丝氨酸；2：L-*threo*-苯基丝氨酸；3：D-*erythro*-苯基丝氨酸；4：L-*erythro*-苯基丝氨酸；（A）和（C）：DL-*threo*-苯基丝氨酸或 DL-*erythro*-苯基丝氨酸的对照组；（B）和（D）：添加 L-*Px*PSDH 的 D-*threo*-苯基丝氨酸或 D-*erythro*-苯基丝氨酸的实验组

表 7-12　　　　　　　　　　　　　　　　**L-*Px*PSDHa 的底物分析**

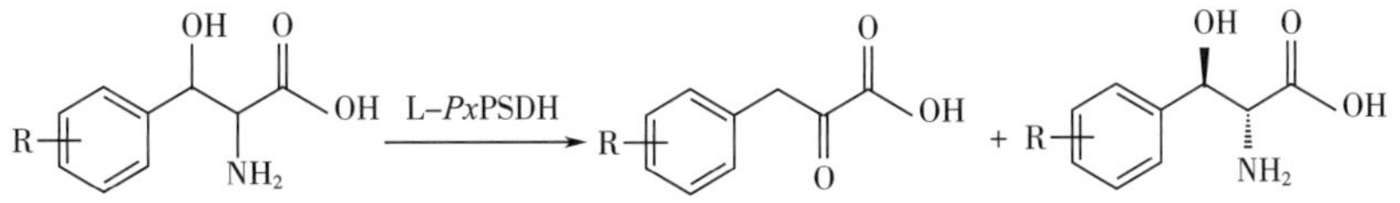

序号	X	转化率/%	ee/%	序号	X	转化率/%	ee/%
1	*o*-F	50	>99	6	*p*-Cl	50	>99
2	*m*-F	38	61	7	*o*-Br	50	>99
3	*p*-F	50	>99	8	*m*-Br	37	59
4	*o*-Cl	50	>99	9	*p*-Br	50	>99
5	*m*-Cl	44	79				

注：反应条件为 0.5mg/mL 纯化酶在 Tris-HCl 缓冲液（100mmol/L，pH7.5）中与 20mmol/L DL-苏/赤苯基丝氨酸衍生物在 30℃下反应 4h。

（2）耦联具有立体选择性的 PSDH 的筛选方法的建立　选用假单胞菌的 L-TA（*Pseudomonas* sp. L-*Ps*TA）作为工具酶，验证了该 HTS 方法的可靠性，因为 L-*Ps*TA 对芳香烃具有广泛的底物特异性，也是进一步改造的模板。采用纯化的 L-*Ps*TA 进行苯甲醛（10mmol/L）和甘氨酸（100mmol/L）的羟醛缩合反应，终止反应并用二氯甲烷萃取反应混合物后，通过向水溶液中加入 L-*Px*PSDH 进行脱水反应。未反应的苯甲醛和生成的苯丙酮可以用 2,4-二硝基苯肼法（2,4-dinitrophenylhydrazine，DNPH）稀释 40 倍后进行分子中羰基的定量测定，也可以用 HPLC 来测定 L-*β*-苯基丝氨酸的含量。比色测定法和 HPLC 分析的结果显示了类似的趋势。因此，建立了一种逐步筛选方法，用于通过耦联脱水测定 TA 催化的羟醛缩合反应的转化率和产物的 *de*（图 7-69），其中醛的消耗和苯丙酮酸的生成可以分别根据 L-苏氨酸/*erythro*-苯基丝氨酸和 L-*threo*-苯丝氨酸的产率来测量。D-TAs

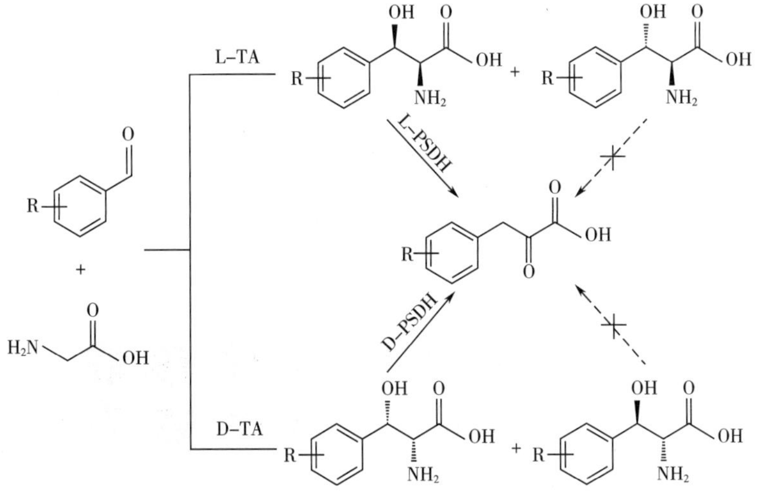

图 7-69　耦联立体选择性 PSDH 的筛选分析原理

的筛选试验可以通过使用已报道的 D-PSDH 以相同的方式建立，该 D-PSDH 特异性催化 D-苏氨酸-苯基丝氨酸的脱水。

（3）逐步视觉筛选（SVS）方法的建立和优化　受甲醛羰基与酮糖基的干扰以及 DN-PH 法检测范围的限制，研究以 4-氨基-3-肼基-5-巯基-1,2,4-三唑（Purpald）和 Fe^{3+} 络合物分别作为显色剂用于苯甲醛和苯丙酮酸的测定。由于苯丙酮酸能形成共面烯醇结构，与 Fe^{3+} 反应形成青色配合物 [图 7-70（1）]。多波长检测显示 540 和 640nm 是比色法测定 Purpald 和 Fe^{3+} 适合的吸收波长 [图 7-70（2）]。此外，目标检测化合物不需要稀释和提取操作，检测范围可达 10mmol/L [图 7-70（3）和（4）]。通过 18 个新克隆的 L-TA 全细胞生物转化进行羟醛加成反应，通过该方法测量的转化率和 de 与 HPLC 分析所得结果类似 [图 7-70（5）]。由于 Purpald 和 Fe^{3+} 络合物显示不同的颜色 [图 7-70（4）]，这种逐步视觉筛选（SVS）方法提供了一种快速 HTS，其中一个 96 深孔板的整个处理时间不超过 5.5h，而 HPLC 法为 30h。值得注意的是，通过选择具有不同底物谱的合适的立体选择性脱水酶，该筛选方法可用于筛选范围广泛的 TAs 底物。

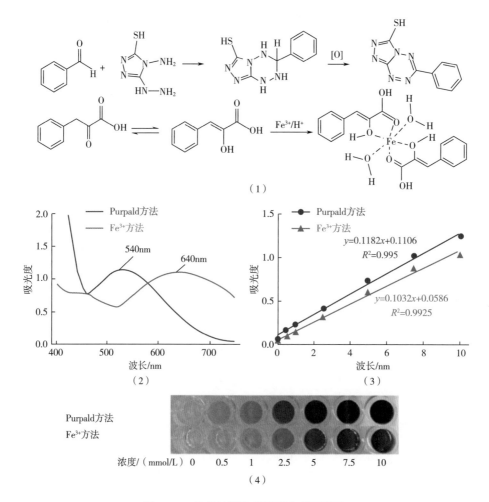

图 7-70　比色法测定苯甲醛和苯丙酮酸

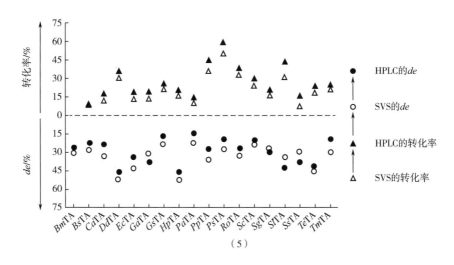

图 7-70　比色法测定苯甲醛和苯丙酮酸（续图）

（1）苯甲醛和苯丙酮酸比色法测定的反应原理；（2）多波长扫描；（3）矫正曲线；（4）不同浓度比色测定的比较；（5）用 HPLC 法和 SVS 技术测定新克隆的 TAs 全细胞生物转化的转化率和 de

2. 快速 HTS 筛选具有较高 C_β-立体选择性的 L-PsTA 突变酶

（1）突变文库的建立和筛选　将上述筛选方法应用于 L-PsTA 突变文库的筛选，以获得具有较高 C_β-立体选择性的突变酶。L-PsTA 的结构模型是基于已知的同源晶体结构（PDB：1V72）构建的，使用 Discovery Studio 4.1（Accelrys）将 L-β-苯基丝氨酸对接到同源模型中。最初，对底物结合口袋内的氨基酸残基进行位点饱和突变 ［图 7-71（1）］，并用 SVS 方法筛选所得的突变文库。羟醛缩合反应进行了 12h，以确保反应在热力学控制下进行。实验结果却没有获得活性和立体选择性提高的突变体，该研究结果与前期发现的大肠杆菌 L-TA 的动力学和晶体学研究结果一致，表明 L-TAs 的 thero（苏式）异构体和 erythro（赤式）异构体之间的底物偏好是由酶活性位点结合的底物周围的整体微环境决定的，而不是由某一个特定残基决定。因此，假设单个氨基残基可能对酶活性和立体选择性没有显著影响。因此，为了研究残基的协同效应，将相邻残基（S10/N12、A34/Y35、H89/D93、I132/H133、T146/E147、A176/R177、T206/k207 和 R321/M323）组合在一起，构建了组合活性位点饱和文库。

如图 7-71（2）所示，底物的羧基和羟基分别与 R177 和 R321 或 D93 相互作用。由于空间位阻，E147 接近底物的氨基，彼此没有直接相互作用。经过上述不成功的尝试后，为了提高 TAs 的立体选择性，可能有必要通过同时突变与底物不同功能基团相互作用的氨基酸残基来调节氨基酸残基与底物不同功能基团的相互作用。为了验证这一假设，以苯甲醛和邻氟苯甲醛为底物，利用 SVS 法建立了 D93/E147、E147/R321 和 R177/R321 三个饱和突变文库，并进行了筛选。来自 D93/E147 突变体文库的阳性突变体表现出 C_β-立体选择性的改善或逆转。野生型酶催化邻氟苯甲醛和甘氨酸的羟醛加成，得到 de 为 31% 的产物，而 D93F/E147D、D93H/E147D 和 D93N/E147D 催化的反应，*de* 分别为 68%、69% 和 70%（表 7-13）。研究还发现具有较低 *de* 的 D93S/E147D 也被鉴定为具有较高活性的变体。据报道，位于 H85 和 H128 附近的詹氏气单胞菌（*Aeromonas jandaei*）L-TA 的 E90 和 D126，在帮助这两种组氨酸残基识别底物过程中发挥了重要作用，在本研究中，D93 接近 H89（相当于 H85），而 E147 不靠近 H133（相当于 H128），如图 7-72 所示，D147 的突变可能不直接有助于 H133，但会影响底物识别过程中的整体微环境。

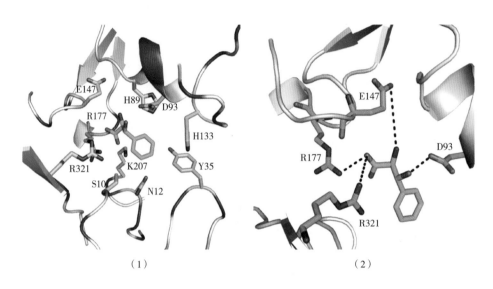

图 7-71　在 L-*Ps*TA 的同源模型中标记诱变的目标氨基酸残基

（1）初选的 10 个氨基酸残基（S10、N12、Y35、H89、D93、H133、E147、R177、K207 和 R321）用柠檬黄色表示，图中显示的扩展的 18 个参加以红色显示；（2）基于与底物不同官能团相互作用的氨基酸残基选择（黑色虚线）

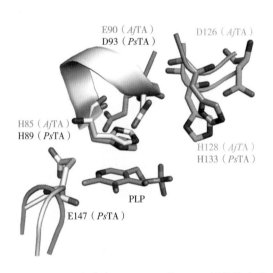

图 7-72　L-*Ps*TA 和来自 *A. jandaei* 的 L-TA 活性位点的重叠

表 7-13　　采用 L-*Ps*TA 及其突变体合成 β-羟基-α-氨基酸生成产物的比较

1 R=H　　　　2 R=*o*-F　　　3 R=*m*-F　　　4 R=*p*-F
5 R=*o*-Cl　　　6 R=*m*-Cl　　7 R=*o*-Br　　8 R=*m*-Br
9 R=*o*-NO$_2$　　10 R=*m*-NO$_2$　11 R=*p*-NO$_2$

底物	WT	D93F/E147D	D93H/E147D	D93N/E147D
1	55[b], 19[c] (*threo*)	42, 12 (*erythro*)	62, 30 (*threo*)	36, 74 (*erythro*)
2	55, 31 (*threo*)	80, 68 (*threo*)	84, 69 (*threo*)	40, 40 (*erythro*)
3	47, 36 (*threo*)	54, 20 (*threo*)	43, 40 (*threo*)	65, 59 (*erythro*)
4	54, 36 (*threo*)	84, 18 (*threo*)	84, 26 (*threo*)	61, 43 (*erythro*)
5	75, 48 (*threo*)	34, 39 (*threo*)	91, 71 (*threo*)	43, 59 (*erythro*)
6	64, 26 (*threo*)	73, 25 (*threo*)	91, 26 (*threo*)	33, 49 (*erythro*)
7	62, 33 (*threo*)	46, 64 (*threo*)	81, 68 (*threo*)	38, 49 (*erythro*)
8	54, 59 (*threo*)	64, 9 (*erythro*)	66, 9 (*threo*)	30, 44 (*erythro*)
9	50, 33 (*threo*)	60, 36 (*threo*)	62, 45 (*threo*)	13, 24 (*erythro*)
10	43, 41 (*threo*)	62, 40 (*threo*)	63, 38 (*threo*)	41, 38 (*threo*)
11	42, 28 (*threo*)	45, 47 (*threo*)	29, 55 (*threo*)	46, 37 (*threo*)

[a] 反应条件：在 Tris-HCl 缓冲液（100mmol/L，pH7.5）中加入醛（100mmol/L）、甘氨酸（1mol/L）、PLP（10μmol/L）、10% 二甲亚砜（体积分数）和纯化突变体（1mg/mL）。反应在 25℃下进行 12h。

[b] 产率以百分比表示。

[c] *de* 以百分比表示，*threo*，苏型；*erythro*，赤型

（2）L-*Ps*TA 突变酶 C$_\beta$-立体选择性改变的验证　用纯化后的酶或突变体对一系列芳香醛底物进行研究。D93H/E47 对 *threo* 对映体产物在 β 碳原子上保持较高的立体选择性，特别是对苯环上邻卤素取代的苯甲醛的立体选择性达到 70%（表 7-13）。然而，D93N/E147D 反转了 β 碳原子的立体选择性，更偏向于 *erythro* 对映异构体产物，尤其是苯甲醛或者 3′-F 和 2′-Cl-苯甲醛作为底物时。苯环上具有硝基取代的苯甲醛对 β 碳原子的立体选择性影响不大。有趣的是，一个氨基酸残基在 93 位上的差异导致了 L-TA 对 β 碳原子立体选择性的逆转。尽管这种现象在其他酶中也有报道，但是对于 TAs 来说是第一例。此外，这项研究也是首次报道在高转化率下由工程化的 L-TA 催化的 C$_\beta$-立体选择性改善的例子。

虽然所有获得的突变体都有一个单点突变 E147D，但突变体 E147D 本身的活性较低，这就是为什么这种变体没有被 SVS 法从突变文库中筛选出来的原因。由于 Asp93 对活性和立体选择性有显著影响，在 E147D 的基础上用其他氨基酸取代了 Asp93，但这些突变体并不优于所获得的突变体。这些结果也证明了 SVS 方法的可行性。

3. L-PsTA 突变酶 C_β-立体选择性改变的分子机制

为了解突变体 D93H/E147D 和 D93N/E147D 的立体选择性改变的分子机制，根据已知的晶体结构（PDB：1V72）构建了突变体 D93H/E147D 和 D93N/E147D 的结构模型，并将 L-β-苯基丝氨酸和 L-β-o-氟苯基丝氨酸分别对接到野生型和突变型酶的底物结合位点。以往的研究表明，在大肠杆菌 L-TA 与 L-苏氨酸复合物的晶体结构中，水分子与苏氨酸的羟基和 PLP 的磷酸盐相互作用，由于 L-β-苯基丝氨酸比 L-苏氨酸更大和更疏水，因此在对接研究中省略了水分子。利用柔性对接程序的评分函数选择酶-底物配合物的能量最低的对接构象。在这些构象中，H89 与 PLP 辅因子之间形成 π-π 堆积作用，底物的氨基与辅因子 PLP 的醛基之间的距离在 0.24nm 和 0.42nm 的范围内，用来形成亚胺中间体。

之前的研究显示，两个保守的丝氨酸残基，H83 和 H126 或者 H85 和 H128，可以与 L-苏氨酸或 L-异构苏氨酸的羟基相互作用。两个组氨酸残基与底物羟基的相互作用可以激活羟基，促进反应的进行。即使芳香化合物的大小与苏氨酸非常不同，推测该反应的反应机理与本文研究的案例相同，H89 和 H133 在催化反应中起着相似的作用。对接研究证实了 L-threo-苯基丝氨酸、L-苏氨酸和 L-异源苏氨酸在野生型 L-PsTA 催化中心的底物结合相似。因此，比较了在酶的最低能量对接构象（即具有实验观察到活性的底物复合物）中 H133 或 H89 的咪唑与底物羟基之间的距离。threo 和 erythro 异构体的羟基 H13 之间的相似距离表明，野生酶在 β-碳上的立体选择性控制可能很差〔图 7-73（1）和（2）〕。这些模拟结果可以用实验数据证实：在变体 D93H/E147D 中，氨基酸残基 H93 和 D147 分别与底物的羟基和氨基相互作用，导致了 H133 与底物苯环之间的 π-π 叠加相互作用〔图 7-73（3）和（4）〕。对于 L-苏氨酸-苯基丝氨酸，H133 的咪唑和底物的羟基之间的距离从野生型酶中的 0.55nm 缩短到 0.46nm〔图 7-73（4）〕。由于苯环 2 位的氟原子和 His89 咪唑上的氢原子之间形成氢键，L-threo-邻-氟苯基丝氨酸的相应距离进一步缩短至 0.36nm〔图 7-73（4）〕。因此，D93H/E147D 表现出比野生型酶更高的 C_β-立体选择性，尤其是对于底物 2（L-erythro-邻氟苯基丝氨酸）。

特别值得注意的是，D93N/E147D 显示出对 erythro 异构体的偏好性大大增加。L-erythro-苯基丝氨酸的 erythro 异构体的羟基和氨基指向 N93 的酰胺侧链，苯基与 Y312 的苯环形成 CH-π 相互作用〔图 7-73（5）〕。因此，L-苯基丝氨酸的羟基与 H133 的咪唑之间的距离从 0.73nm 缩短到 0.39nm〔图 7-73（5）〕。这与 erythro 异构体的高 de（74%）一致。对于 L-erythro-邻氟苯基丝氨酸，邻位氟基团与 H89 的咪唑形成氢键，削弱了底物苯基与 Y312 的苯环之间的 CH-π 相互作用。因此，底物的羟基与 H133 的咪唑之间的距离增加到 0.51nm〔图 7-73（6）〕，de 比 L-erythro-苯基丝氨酸更低。对接结果还表明，突变体 D93H/E147D 和 D93N/E147D 的 H89 的咪唑与底物羟基的对应距离缩短。

突变为 Asp 后，D147 在两个突变体中均与 L-β-苯基丝氨酸或 L-β-氟苯基丝氨酸的 α-氨基相互作用；D147 的羟基与底物的 α-氨基之间的距离在 0.23~0.28nm 范围内，而野生酶为 0.66nm。因此，D93 和 E147 处的突变影响底物与催化位点的氨基酸残基的相互作用，从而导致底物的羟基与 H133 和 H89 的咪唑之间的距离变化，这可能通过调节逆醛醇反应中羟基的脱质子化或醛醇加成中醛基的质子化，在调节 β-碳的立体选择性方面发挥重要作用。

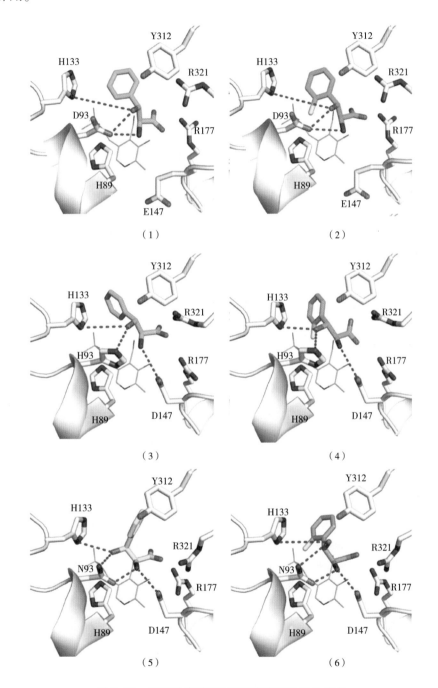

图 7-73　灵活对接到野生型和突变酶的活性位点

（1）和（2）：野生型酶分别与 L-*threo*-苯基丝氨酸和 L-*threo*-邻氟苯基丝氨酸络合的催化活性构象；（3）和（4）：突变体 D93H/E147D 分别与 L-*threo*-苯基丝氨酸（青色）和 L-*threo*-邻氟苯基丝氨酸（绿色）络合的催化活性构象；（5）和（6）：突变体 D93N/E147D 分别与 L-*erythro*-苯基丝氨酸（黄色）和 L-*erythro*-邻氟苯基丝氨酸（浅橙色）络合的催化活性构象；PLP 用绿色线条表示

综上所述，本研究建立了一种 SVS 方法，通过测定醛的消耗和酮酸的生成，来测定 TA 催化的羟醛缩合反应的转化率和立体选择性。优化后的 SVS 方法提供了一种简单、快速的方法，适用于高温热传导反应中发现具有理想合成活性和立体选择性的 TAs。在此方法下，获得了 L-$PsTA$ 的突变体，其对芳香醛的立体选择性有所改善或相反。常用的对底物结合位点内层氨基酸残基和邻近残基组合的位点饱和诱变没有产生有益的突变体，这表明 TAs 的立体选择性控制机制与其他酶不同，需要将底物与酶的相互作用作为一个整体来操作才能达到预期的立体选择性。通过同时突变与底物氨基和羟基相互作用的氨基酸残基，成功获得了对芳香醛具有改进或倒置的 β 碳原子立体选择性的突变体。分子模型研究表明，突变通过改变底物与催化位点氨基酸残基的相互作用，调节了底物羟基与 H133 和 H89 的咪唑基团之间的距离，从而导致了 β 碳原子对映选择性的变化。本研究不仅为鉴定有益的立体选择性突变体 TAs 提供了一种新的 SVS 方法，而且获得了具有改进或倒置 β 碳原子立体选择性的突变酶，为进一步的酶工程研究解决 TA 催化的醛醇缩合反应中 β-碳立体化学控制的挑战提供了一些线索。为了充分了解底物结合和立体选择性控制机制的分子基础，并最终解决 β 碳原子立体选择性问题，需要进行更多的研究，比如野生型 L-$PsTA$ 和突变酶的晶体结构测定等。

参考文献

［1］冯小娜. 磷脂酶 D 的蛋白质工程改造及其催化制备磷脂酰丝氨酸研究 ［D］. 无锡：江南大学，2020.

［2］齐娜. 磷脂酶 D 催化生产磷脂酰丝氨酸的研究 ［D］. 无锡：江南大学，2022.

［3］宋伟. 酶法水解精氨酸胍基制备 L-鸟氨酸和 L-瓜氨酸的研究 ［D］. 无锡：江南大学，2014.

［4］Chen Q，Chen X，Feng J，et al. Improving and inverting C$_\beta$-stereoselectivity of threonine aldolase via substrate-binding-guided mutagenesis and a stepwise visual screening ［J］. ACS Catalysis，2019，9（5）：4462-4469.

［5］di Salvo M. L，Remesh S. G，Vivoli M，et al. . On the Catalytic Mechanism and Stereospecificity of Escherichia coli L-Threonine Aldolase ［J］. The FEBS Journal，2014，281，129-145.

［6］Godehard S P，Badenhorst C P S，Müller H，et al. Protein engineering for enhanced acyltransferase activity，substrate scope，and selectivity of the *Mycobacterium smegmatis* acyltransferase MsAcT ［J］. ACS Catalysis，2020，10（14）：7552-7562.

［7］Hernandez K，Zelen I，Petrillo G，et al. Engineered L-serine hydroxymethyltransferase from *Streptococcus thermophilus* for the synthesis of α,α-dialkyl-α-amino acids ［J］. Angewandte Chemie International Edition，2015，127（10）：3056-3060.

［8］Jiang Y，Morley K L，Schrag J D，et al. Different active-site loop orientation in serine hydrolases versus acyltransferases ［J］. ChemBioChem，2011，12（5）：768-776.

［9］Lin Y，Sun X，Yuan Q，et al. Engineering bacterial phenylalanine 4-hydroxylase for microbial synthesis of human neurotransmitter precursor 5-hydroxytryptophan ［J］. ACS Synthetic Biology，2014，3（7）：497-505.

［10］Qin H M，Imai F L，Miyakawa T，et al. L-allo-threonine aldolase with an H128Y/S292R mutation from *Aeromonas jandaei* DK-39 reveals the structural basis of changes in substrate stereoselectivity [J]. Acta Crystallogr, Sect. D: Biol. Crystallogr. 2014, 70: 1695-1703.

[11] Rauwerdink A, Kazlauskas R J. How the same core catalytic machinery catalyzes 17 different reactions: the serine-histidine-aspartate catalytic triad of α/β-hydrolase fold enzymes [J]. ACS Catalysis, 2015, 5 (10): 6153-6176.

[12] Tao R, Jiang Y, Zhu F, et al. A one-pot system for production of L-2-aminobutyric acid from L-threonine by L-threonine deaminase and a NADH-regeneration system based on L-leucine dehydrogenase and formate dehydrogenase [J]. Biotechnology letters, 2014, 36 (4): 835-841.

第八章 生物催化氨基酸多基团的衍生化技术

在自然界中，连续级联反应常用于衍生化两个或多个不同的氨基酸基团，以合成诸如肽、C_{n-1} 化学品（例如醇、羧酸、环氧化物和二醇）、羟基酸和苯丙素类的化合物。其中许多反应涉及氨基酸代谢途径，并已被自然进化过程所精炼。在过去的几十年中，研究者们通过模拟、修饰和重新设计这些自然发生的级联反应以衍生氨基酸。

第一节 转化氨基酸合成肽类

一、概述

连接酶、水解酶和转移酶都可以将氨基酸转化为肽。最近，一种新的 L-氨基酸 α-连接酶（L-Amino acid ligase，Lal，EC 6.3.2.28）在微生物中被发现，它具有广泛的底物特异性，其中，丁香假单胞菌（*Pseudomonas syringae*）NBRC14081 的 Lal 具有最广泛的底物特异性，在测试的 231 组蛋白氨基酸底物组合中合成了 136 种二肽。选定五种功能肽 [图 8-1（1）] 为代表进行合成，包括 L-Arg-L-Phe、L-Leu-L-Ile、L-Gln-L-Tyr、L-Leu-L-Ser 和 L-Gln-L-Thr，转化率为 54%~96%。此外，Lal 还可以接受 L-哌啶酸、羟脯氨酸和 β-丙氨酸等非蛋白氨基酸为底物，用于合成一系列非天然肽。连接酶也可以用于合成三肽，比如谷胱甘肽（GSH）[图 8-1（2）]。Wang 等将嗜热链球菌（*Streptococcus thermophilus*）的谷胱甘肽合成酶（*St*GshF）过表达于 *E. coli* BL21 中，并使用乙酸激酶生成 ATP，以 L-谷氨酸、L-半胱氨酸和甘氨酸为底物合成了 18.3g/L GSH，时空产率为 6.1g/（L·h）。

水解酶家族中的蛋白酶也可以用于肽的合成。例如，N-保护的 L-天冬氨酸和 L-苯丙氨酸甲酯可通过四种蛋白酶（嗜热蛋白酶、木瓜蛋白酶、菠萝蛋白酶或胰凝乳蛋白酶）的催化合成 N-保护的阿斯巴甜前体（图 8-2）。与动植物蛋白酶相比，微生物嗜热蛋白酶具有更高的稳定性，因此被用于催化肽的形成。Nakanishi 等以固定化嗜热蛋白酶为催化剂，对阿斯巴甜前体进行 500h 以上的持续合成，平均转化率达到 95% 以上。在该研究中，使用含有 2.5% 水溶液的乙酸乙酯双相反应系统来降低蛋白酶的水解活性，以 10.7g/L Z-Asp 和 17.9g/L PheOMe 为底物合成了 16.3g/L Z-阿斯巴甜（图 8-2）。

转移酶也可用于肽的合成，例如 α-氨基酸酯酰基转移酶（AET）和 GGT。AET 利用一个氨基酸酯作为酰基供体，并使用另外一个氨基酸作为酰基受体来合成 α-肽。例如，Hirao 等筛选的泗阳鞘氨醇杆菌（*Sphingobacterium siyangensis*）AJ 2458 来源的 AET 可在

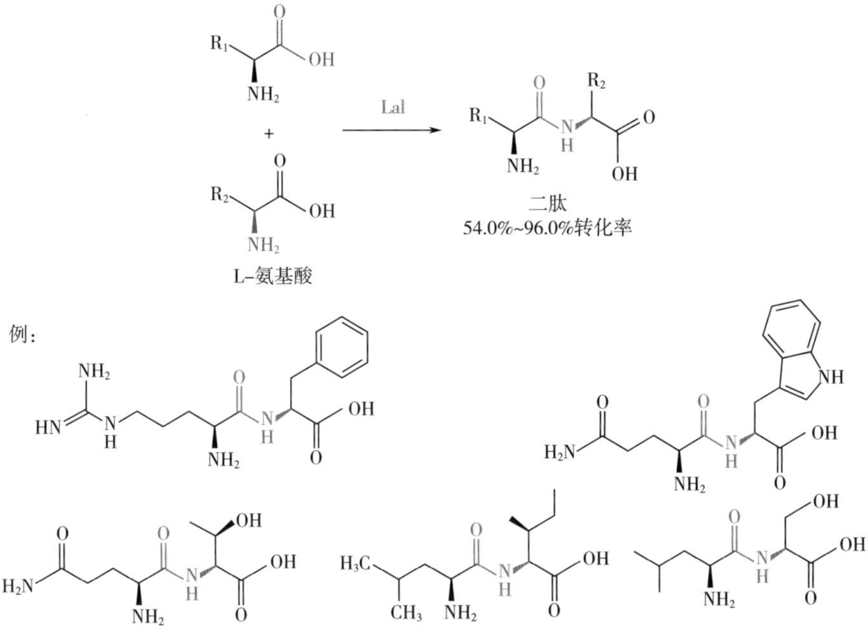

二肽
54.0%~96.0%转化率

L-氨基酸

例：

（1）Lal催化的二肽合成

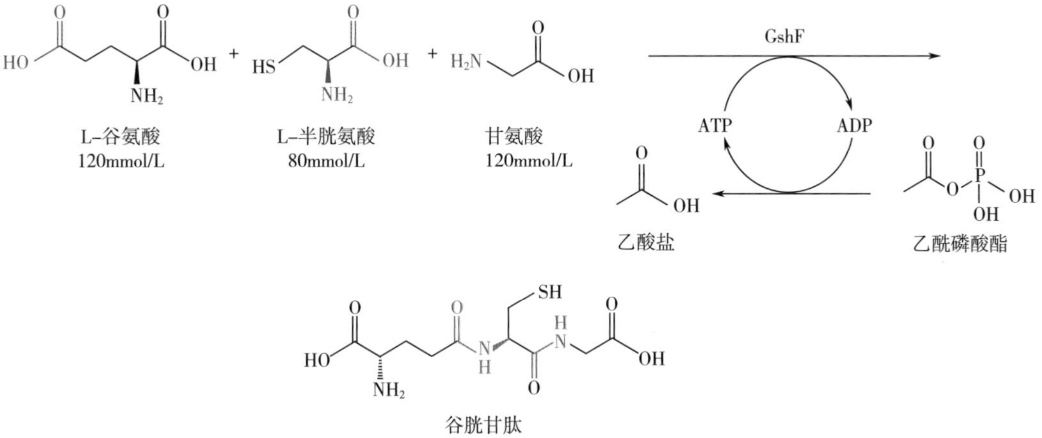

L-谷氨酸
120mmol/L

L-半胱氨酸
80mmol/L

甘氨酸
120mmol/L

GshF

ATP　ADP

乙酸盐

乙酰磷酸酯

谷胱甘肽
18.3g/L

（2）GshF催化的三肽（GSH）合成

图 8-1　连接酶催化的肽键生成反应

Z-L-天冬氨酸
10.7g/L

L-苯丙氨酸甲酯
17.9g/L

热溶菌素

Z-Asp-L-Phe-OMe
16.3g/L
>95%转化率

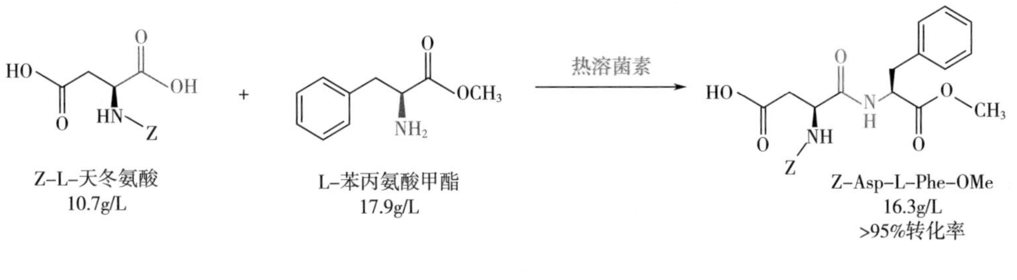

图 8-2　水解酶催化的肽键生成反应

40min 周期内合成 74.9g/L L-Ala-L-Glu，转化率 67%，时空产率为 112.3g/（L·h）[图 8-3（1）]。以谷氨酰胺为酰基供体，其他氨基酸作为受体，生产 γ-肽，如：γ-L-Glu-L-Tyr、γ-D-Glu-L-Trp、γ-L-Glu-L-DOPA、γ-L-Glu-L-Phe、γ-L-Glu-L-Leu 和 γ-L-Glu-L-His。其中一个典型的实例是以 *E. coli* K-12 GGT 为催化剂转化 L-谷氨酰胺和 L-DOPA 合成 γ-L-Glu-L-DOPA，在 3.5h 内产物产量可达 51.5g/L，转化率和时空产率分别为 79% 和 14.7g/（L·h）[图 8-3（2）]。

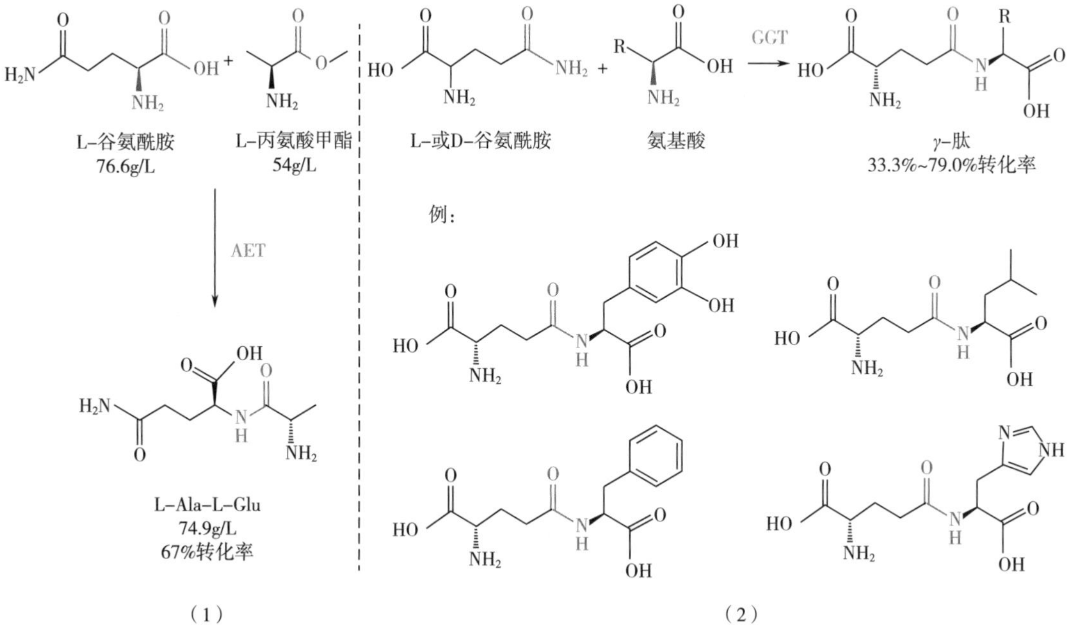

图 8-3 转移酶催化的肽键生成反应
（1）AET 催化肽形成；（2）GGT 催化 γ-肽的形成

二、L-氨基酸连接酶合成多种功能肽

功能肽（二肽及更长的多肽）具有单个氨基酸所没有的独特性质和生理功能，被认为是改善人们生活质量的有益化合物。关于功能肽的研究已涉及食品科学、医学和化妆品等多个领域，例如，L-谷氨酰-L-苏氨酸（L-Glu-L-Thr）和 L-亮氨酰-L-丝氨酸（L-Leu-L-Ser）是一类增咸剂，可以提高咸度并降低食物中的盐含量，为高血压患者提供健康饮食；L-精氨酰-L-苯丙氨酸（L-Arg-L-Phe）具有血管舒张活性；L-谷氨酰-L-胰蛋白酶（L-Glu-L-Trp）具有抑制血管生成和抑制肿瘤生长的作用；L-亮氨酸-L-异亮氨酸（Leu-Ile）具有抗抑郁功效；丙氨酰-组氨酸（Ala-His，肌肽）具有抗氧化功能，而 L-组氨酰-丙氨酸（His-Ala）作为肌肽的反向序列，两者的生物活性却截然不同，His-Ala 二肽具有镇静催眠作用。因此，肽生产过程的开发对于解决功能性肽日益增长的需求是十分必要的。

L-氨基酸连接酶属于 ATP 依赖性羧酸-胺/硫醇连接酶超家族，该家族也称为 ATP-grasp 酶超家族，广泛分布于自然界中。Lals 可以接受两种未受保护的 L-氨基酸作为其最佳底物，以 ATP 依赖性方式催化肽键的生物合成，通过 ATP 水解生成 ADP 和磷酸（Pi），形成氨酰-磷酸反应中间体，进而缩合形成二肽（图 8-4）。Lals 催化的反应是单向的，不需要复杂的底物保护或衍生程序，且反应产物不会发生降解。由于特殊的催化机制，Lals 被认为是二肽工业化生产的潜在工具。

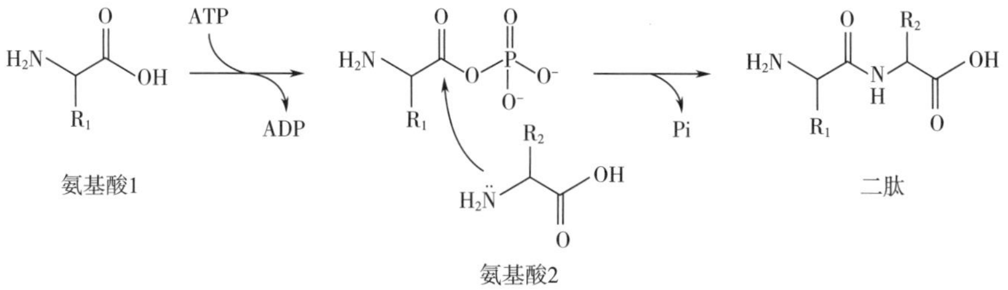

图 8-4　Lal 催化二肽合成示意图

为了增加可以合成的多肽的种类，从多种微生物来源的 Lal 中筛选具有广泛底物特异性的 Lal。烟草毒素是由丁香假单胞杆菌产生的二肽类毒素。该化合物由他布曲辛-β-内酰胺（TβL）和 L-苏氨酸（Thr，T）组成，TβL 位于 N 端，Thr 位于 C 端，形成 TβL-Thr。TβL-Thr 被水解，产生的 TβL 不可逆地抑制谷氨酰胺合成酶（EC 6.3.1.2），导致植物特有的黄化病。Willis 等人从丁香假单胞菌 ATCC11528（相当于 BR2）克隆了烟草毒素的生物合成基因簇，并分析了每个基因，其中 *tblF* 被鉴定为 ATP 抓握酶编码基因。TblF 酶可以识别 TβL 和 Thr，并催化形成二肽 TβL-Thr，另一方面，TβL 自发异构化为具有六元环的他布曲辛-δ-内酰胺（TδL），TblF 不识别 TδL 作为底物，不产生 TδL-Thr，表明 TblF 酶是一种具有新型底物特异性的 Lal。

本研究克隆了丁香假单胞菌 NBRC14081（ATCC 27881）的 *tblF* 同系物，并从肽合成酶的角度对其酶学性质进行了详细的研究，发现这种蛋白质可用于合成具有高选择性的多种功能肽。

1. *tabS* 基因的克隆和重组蛋白的过表达

根据丁香树 BR2 衍生的整个烟草毒素（tabtoxin）生物合成基因簇的序列设计引物，通过 PCR 从 *P. syringae* nbrc14081 的基因组 DNA 中扩增 *tblF* 的同系物 *tabS*，然后对得到的 *tabS* 基因进行测序。TabS 的氨基酸序列与 TblF 的氨基酸序列相同（在三个点发生沉默突变）。接着将 *tabS* 基因用限制性内切酶（*Nde* I 和 *EcoR* I）消化，连接到 pET-28a（+）载体中，所产生的质粒被设计成在 T7 启动子的控制下在 N 端表达带有 His 标签序列的基因，然后将质粒导入大肠杆菌 BL21（DE3）细胞。

用含 30μg/mL 终浓度卡那霉素的 LB 培养基培养重组细胞（37℃，160r/min，5h），将培养的细胞转移到含有与预培养相同抗生素的新鲜 LB 培养基中继续培养（37℃），然后加入终浓度为 0.1mmol/L 的异丙基-β-d-硫代吡喃半乳糖苷（IPTG）诱导培养（25℃，

120r/min，19h）。收集细胞、离心、超声破碎，去除细胞碎片，收集上清液，用 Ni 亲和柱纯化、PD-10 柱脱盐和 Tris-HCl 缓冲液（pH8 或 pH9）平衡。采用十二烷基硫酸钠-聚丙烯酰胺凝胶电泳（SDS-PAGE）确认溶液中蛋白质的存在，以牛血清白蛋白为标准，采用 Bradford 法测定蛋白质浓度。

2. TabS 的一般酶学性质

为了检测 TabS 的底物特异性，从 20 种蛋白原氨基酸和丙氨酸（Ala）中选择一种或两种氨基酸进行每种组合的检测（图 8-5），反应在 100mmol/L Tris-HCl 缓冲液（pH8）中进行，含有 25mmol/L 氨基酸底物、12.5mmol/L ATP、2.5mmol/L MgSO$_4$·7H$_2$O 和 0.1mg/mL 的 TabS，在 30℃孵育 20h。采用液相色谱-电喷雾电离-质谱联用仪（LC-ESI-MS）对反应产物进行分析，并测定 Pi 的含量。结果表明，TabS 具有广泛的底物特异性，在 231 个氨基酸底物组合中检测到 136 个与二肽相对应的 m/z 峰。TabS 的底物特异性是已报道的 Lal 中最广泛的。以 D-氨基酸为底物，检测到在酰胺键形成后 ATP 水解产生少量 Pi，表明 D-氨基酸不适合作为 TabS 的底物。

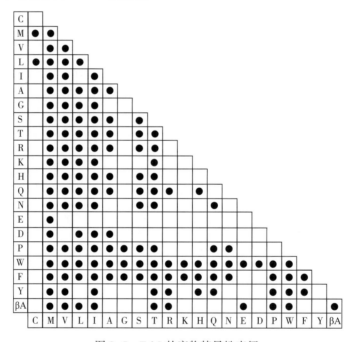

图 8-5　TabS 的底物特异性表征

通过 LC-ESI-MS 分析反应混合物。填充的圆圈表示形成相应的二肽。用作底物的氨基酸显示在左侧和底部，并通过单字母代码标识。

然后分别考察 pH、温度和蛋白质热稳定性的影响（以 Leu 为底物确定最佳反应条件），当考察 pH 的影响时，反应混合物在 pH7 或 pH8 的 100mmol/L 磷酸钠缓冲液中或者在 pH8~10 的 100mmol/LTris-HCl 缓冲液中孵育 60min；当考察温度的影响时，反应混合物于 20~50℃在 100mmol/L Tris-HCl 缓冲液（pH9）中孵育 60min。结果如图 8-6 所示，Leu-Leu 合成的最佳温度为 35℃，pH 为 9~9.5；TabS 蛋白的热稳定性实验表明其在

35℃以下活性基本保持稳定，温度超过 40℃活性急剧下降［图 8-7（1）］。TabS 的这些属性类似于已知的 Lals。此外，DTT 的加入可增加 TabS 特定的活性［图 8-7（2）］。根据 TabS 的氨基酸序列（包括标签序列）计算获得其理论分子质量为 48.4ku，凝胶过滤实验测得其分子质量为 45.4ku，实验测得的分子质量与理论值近似，因此推测 TabS 是一种单体酶。

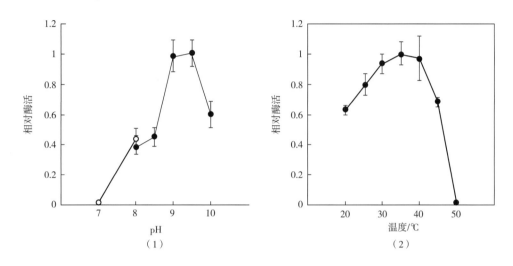

图 8-6　pH 和温度对 TabS 肽合成活性的影响

在图（1）中，空心圆圈表示在 pH 7~8 时使用 100mm 磷酸钠缓冲液，实心圆圈表示在 pH 8~10 时使用 100mm Tris-HCl 缓冲液。显示的数据是三次测量的平均值。

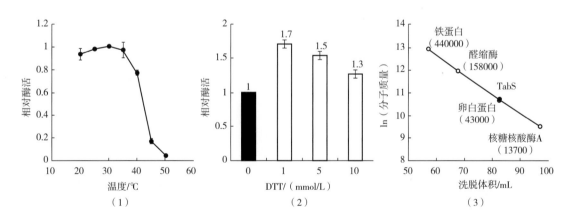

图 8-7　TabS 酶的性质

（1）温度与酶活性；（2）DTT 浓度与酶活性；（3）凝胶过滤测定 TabS 分子质量

3. TabS 酶的底物识别

根据 TabS 酶的来源（TabS 与 TblF 具有 100% 的同源性），推测其应该可以催化 TβL 和 Thr 的连接。据报道 Tb1F 以 ATP 依赖的方式催化 TβL 和 Thr 的缩合，因此，推测 TβL 可能是 TabS 最适合的 N 端底物。事实上，Walsh 等人通过测定 K_m 值揭示了 TβL 和 Tb1F

生物催化氨基酸衍生化的关键技术

之间的高亲和力。另一方面，据报道 TβL 抑制谷氨酰胺合成酶的活性。因此，选择 Gln 和 Thr 作为模型底物，研究多肽合成。

　　首先，通过 HPLC 测量反应产物的量。结果表明以 25mmol/L Gln 和 25mmol/L Thr 为原料合成了（23.9±0.60）mmol/L 的 Gln-Thr，收率约为 96%。另外，检测到（1.20± 0.60）mmol/L L-苏氨酰-L-苏氨酸（Thr-Thr），但未检测到 L-谷氨酰-L-谷氨酰胺（Gln-Gln）和 L-苏氨酰-L-谷氨酰胺（Thr-Gln）。因此，tabS 对位于 N 和 C 末端的氨基酸底物具有高选择性。然后，检查了 Gln-Thr 合成的动力学性质（图 8-8）。Gln、Thr 和 ATP 的 K_m 值分别为（70.4±2.3）、（2.0±0.4）和（2.5±0.3）mmol/L。Gln-Thr 合成的 v_{max} 为（728.8±21.5）nmol/（min·mg 蛋白）。

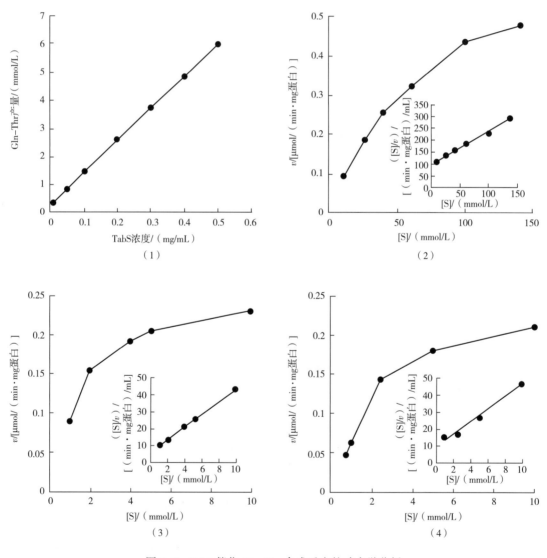

图 8-8　TabS 催化 Gln-Thr 合成反应的动力学分析

（1）Gln-Thr 的生产量与 TabS 浓度的相关性；（2）~（4）分别为 Gln、Thr 和 ATP 浓度与反应速度的关系图如上所述，TabS 不能以 Gln 为底物合成 Gln-Gln，表明与 Gln 不能被识别为 C 末端底物相反，Thr 能够被识别为 C 末端底物，尽管合成了微量的 Thr-Thr。因此，当反应以 Gln 和 Xaa（任意氨基酸）为底物时，检测到大量的 Pi，表明 Xaa 优先位于 C 末端。反之，当以 Xaa 和 Thr 为底物进行反应时，检测到大量的 Pi，表明 Xaa 优先位于 N 末端。反应进行 30min。结果表明，TabS 优先识别 Gln、Arg、Lys、Tyr、Asn、Pro、Phe、His、Met 和 Leu 等氨基酸为 N 端底物，而 Thr、Val、Ile、Ser、Ala、Cys、Trp 和 Gly 等氨基酸为 C 端底物（图 8-9）。Asp、Glu 和 Ala 显示低反应性。Pi 分析还表明，当 Xaa 作为底物时，检测到大量的 Pi，表明 Leu、Met 和 His 被识别为 C 末端底物。进一步研究表明，100mmol/L Pro 可以合成（0.27±0.03）mmol/L L-脯氨酰脯氨酸（Pro-Pro）。Pro 在 C 末端是可行的，但其在 N 末端的选择性更高。另外，当反应混合物与 Pro 和 Ala 孵育，Phe、Leu 或 Lys、L-脯氨酰-L-丙氨酸（Pro-Ala）、L-脯氨酰-L-苯丙氨酸（Pro-Phe）、L-脯氨酰-L-亮氨酸（Pro-Leu）和 L-脯氨酰-L-赖氨酸（Pro-Lys）被检测到，表明 Pro 的 N 端取向强于 Phe、Leu 和 Lys。

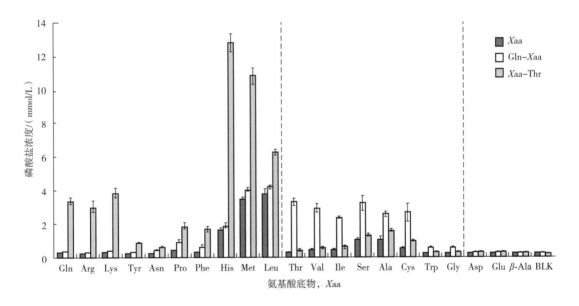

图 8-9　反应混合物中 Pi 的测量

黑色条表示同肽合成结果，其中使用任意氨基酸（Xaa）作为唯一底物；白色条表示用 Gln 和 Xaa 合成杂肽的结果；灰色条表示用 Xaa 和 Thr 合成杂肽的结果；BLK 表示当制备没有氨基酸底物的反应混合物时的结果。用垂直虚线划分区域，显示在 N 和 C 末端识别的优选底物。

TabS 还可以与 L-胡椒酸和 Thr 反应，因为 L-胡椒酸具有六元环结构，与 TδL 相似（据报道 TβL 可自发异构化为具有六元环的 TδL）。此外，cis-4-羟脯胺酸、trans-4-羟基-1-脯氨酸和 L-氮杂环丁烷-2-羧酸可作为 Pro 类似物进行反应。LC-ESI-MS 分析显示检测到对应于含有每种 Pro 类似物的杂二肽的 m/z 峰。Pi 分析表明，L-胡椒酸比 Pro 更适合作为 TabS 底物。以 Pro 类似物为底物的 TabS 催化反应产物的分析见表 8-1。

表 8-1 以 Pro 类似物为底物的 TabS 催化反应产物的分析

底物		平均磷酸盐[a] 浓度/	[M+H][+]	
1	2	（mmol/L）±SD	计算[b]	检测[c]
L-哌啶醇酸	Thr	7.6±0.26	231.13	231.16
L-脯氨酸（Pro）	Thr	6.9±0.13	217.12	217.13
顺式-4-羟基-L-脯氨酸	Thr	6.8±0.16	233.11	233.13
反式-4-羟基-L-脯氨酸	Thr	4.1±0.11	233.11	233.15
L-氮杂环丁烷-2-羧酸	Thr	4.1±0.09	203.10	203.11

[a] 显示了三个测量值的平均值。当使用 12.5mmol/L 单独的底物 1 而不使用 Thr（底物 2）进行反应时，反应混合物中产生的磷酸盐量小于 0.5mmol/L；

[b]［M+H][+]值是根据化学公式计算出来的；

[c] 所示的［M+H][+]值是当检测到对应于推导的肽的 m/z 峰时的数值。

4. TabS 合成的功能性肽

由于 TabS 在 N 和 C 末端均显示出明显的底物特异性，该酶适用于不产生副产物的高选择性肽合成。如上所述，TabS 以 96% 的收率合成 Gln-Thr，Gln-Thr 则可通过使用 N 末端酰胺酶转化为 Glu-Thr，这种肽可提高食品的咸度。因此，Gln-Thr 可用作 Glu-Thr 的前体，Glu-Thr 是高血压患者的一种重要肽，用于降低食物中的盐含量。此外，TabS 还可以选择性地合成多种功能肽，如 Arg-Phe、Leu-Ile、Gln-Trp（Glu-Trp 的前体，可以通过 N 末端酰胺酶转化）和 Leu-Ser 等（表 8-2），这些肽是主要产物，而副产物如同肽和其他异肽等则未检测到。所有这些肽对人类都有有益的作用。

表 8-2 TabS 合成的功能性肽

肽（反应产物）	功能	平均产物浓度[a]/（mmol/L）±SD	产率[b]/%
Arg-Phe	抗高血压作用	7.7±0.06	62
Leu-Ile	抗抑郁作用	9.6±0.09	77
Gln-Trp（Gln-Trp 的前体）	抗血管生成活性	6.8±0.02	54
Leu-Ser	增加咸度	10.5±0.18	83

[a] 反应产物通过 HPLC 进行分析，显示了三次测量的平均值；

[b] 收率是根据添加到反应混合物中的 ATP 量来计算的，因此，12.5mmol/L 的反应产物是最大的。

TabS 还合成了一种含有 β-Ala 的功能肽，如 β-Ala-His、β-His-Ala 和 β-Phe-Ala。由于与 β-Ala 的反应性较低，因此与 His 或 Phe 反应时，反应混合物的中 β-Ala 过量。高效液相色谱分析表明，在 20mmol/L His 和 100mmol/L β-Ala 中合成了（0.05±0.00）mmol/L β-Ala-His、（5.7±0.06）mmol/L β-His-Ala、（8.5±0.07）mmol/L β-His-His 和（0.23±0.00）mmol/L β-Ala-β-Ala。以 20mmol/L Phe 和 100mmol/L β-Ala 为原料，合成了

Phe-β-Ala、β-Ala-Phe、Phe-Phe、β-Ala-β-Ala，它们的浓度分别为（0.89±0.06）mmol/L、（0.95±0.00）mmol/L、（0.64±0.05）mmol/L 和（0.99±0.04）mmol/L。β-Ala-His、β-Ala-β-Ala 和 β-Ala-Phe 的标准差均小于 0.00mmol/L。因此，TabS 可以合成含有 β-Ala 的功能肽，但由于与 β-Ala 的反应性低，产率和选择性均较低。

5. 总结

综上所述，TabS 可以通过仅使用一种具有高选择性的酶来合成各种功能性肽，包括 Gln-Thr、Arg-Phe、Leu-Ile、Gln-Trp 和 Leu-Ser 等。研究还发现，TabS 在催化 Gln-Thr 合成中的 V_{max} 值与 YwfE 在催化 Ala-Gln 合成中的值相似，YwfE 已应用于 Ala-Gln 的商业化生产。因此，可以推测 TabS 也具有应用于工业规模肽生产的潜力，且可以以低成本建立各种功能肽的商业供应。

与已有报道的 Lal 相比，TabS 具有一些特殊性质。大多数已知的 Lal 显示出对 N 端底物的严格特异性，而对 C 端的底物特异性不强。因此，在合成目标肽时，副产物如同源多肽和具有相反序列的异源多肽被合成。相比之下，TabS 可以特异性地合成一种肽。以 Ala 和 Gln 为底物，合成的 Ala-Gln 为主要产物。YwfE 优先接受在 N 末端具有小残基的氨基酸和在 C 末端具有大残基的氨基酸，即在每个末端接受被归类为具有相同特征的氨基酸。相反，TabS 允许在 N 端和 C 端都有不同特征的氨基酸。TabS 允许选择性合成各种肽，其中 Gln、Arg、Lys、Tyr、Asn、Pro、Phe、His、Met 或 Leu 的各种组合作为 N 端底物，Thr、Val、Ile、Ser、Ala、Cys、Trp 或 Gly 作为 C 端底物。而且，TabS 还可以接受一些新的底物特性：TabS 接受 Lys 作为 N 端底物，β-Ala 作为 N 端或 C 端底物，Pro 及其结构类似物作为 N 端底物，Pro 在 C 端尽管亲和力很低，但也是可接受的。

研究结果还发现了关于烟草毒素（Tabtoxin）生物合成的新信息。在自然界中，可以观察到 TβL-Thr，但其序列与烟草毒素相反的 Thr-TβL 则没有。以 Thr 为底物时，合成了少量的 Thr-Thr，而以 Gln 和 Thr 为底物时，合成了高产率的 Gln-Thr，表明 Thr 不适合作为 N 端底物。关于 YwfE 的结构信息也可能支持这些结果：YwfE 具有不同的识别 N 端和 C 端氨基酸的底物口袋，这些口袋的大小、电荷和疏水性决定了 N 端和 C 端氨基酸底物的接受程度。TabS 的底物特异性可能由类似的因素决定。因此，Thr 适用于 C 端，但不适用于 N 端。相反，TβL 适用于 N 端，但不适用于 C 端。此外，Walsh 等人还发现，TblF 与 TabS 具有相同的氨基酸序列，其对 TβL 的 K_m 值为（1.60±0.1）μmol/L，对 TβL 的亲和力明显高于对 Gln 的亲和力［（70.4±2.3）mmol/L］。因此，TβL 应该仅被认为是 N 端底物，并且没有产生 Thr-TβL 和 TβL-TβL。另一方面，研究结果还表明，其他二肽（TβL-Xaa）包括 TβL-Ser、TβL-Ala、TβL-Gly、TβL-Cys、TβL-Val、TβL-Ile 和 TβL-Trp 等可以产生，TβL-Ser 自然发生，但其他尚未报道，这可能是由于亲和力低于 Thr 的原因。Walsh 等人证实，与 Thr 相比，Ser 和 Ala 的催化效率分别降低了 60% 和 98%。此外，上文的 Pi 分析表明，其他氨基酸的催化效率可能低于 Thr、Ser 和 Ala。此外，Durbin 等人报道了培养丁香假单胞菌（ATCC 11528）后 Woolley 培养基中 Thr 的积累。

研究结果还表明，在 pH 9 的反应中，L-胡椒酸作为 N 端底物是可接受的。TδI 是由

TβL 自发产生的，并且它与 L-胡椒酸共享六元环的基本结构。Walsh 等报道在 HEPES 缓冲液（pH7）中没有合成 TδL-Thr，表明 TδL 不适合作为底物。然而，pH 效应的结果显示 pH7 时的活性远低于 pH9 时。因此，这一结果是由于 TblF 在 pH7 时活性较低，并且 TblF 可能接受 TδL 或 L-胡椒酸作为底物。

总之，TabS 合成二肽具有高选择性，可以接受多种氨基酸作为底物，包括非蛋白原氨基酸和非经典氨基酸。因为含有内酰胺环的氨基酸是可以接受的，所以 TabS 的使用可能会导致新的抗生素的产生。根据 TabS 的结构信息，对 TabS 进行突变改造，可以拓宽其在多肽合成中的应用，为新多肽的发现和合成打开新的窗口。

三、重组 α-氨基酸酯酰基转移酶生产丙氨酰谷氨酰胺

L-谷氨酰胺（Gln）作为体内氮的主要载体，是血浆中最丰富的游离氨基酸，是一种条件必需氨基酸，也就是说 Gln 需要外部补充，以满足身体在剧烈运动、受伤和感染等特定条件下的需求。然而，由于其不利的物理化学性质，游离 Gln 的广泛临床应用受到很大限制。

克服谷氨酰胺的内在局限性的一种有效方法是通过与其他氨基酸耦联形成含谷氨酰胺的二肽。在临床实践中丙氨酰-谷氨酰胺（Ala-Gln）和甘氨酰-谷氨酰胺（Gly-Gln），被认为是两种主要的含谷氨酰胺的二肽。Ala-Gln 因其在热灭菌下的高热稳定性、高溶解度（568g/L）和较高的分解率而被临床选为 Gln 的最合适替代品。除此之外，经肠外给药后，Ala-Gln 将迅速从血浆中清除，不会在组织中积聚，也不会在尿液中检测到。这些特性表明，Ala-Gln 作为临床上合适的肠外营养，就像葡萄糖溶液或生理盐水一样，将成为临床上病人术后恢复的肠外营养必需品。

目前，工业生产 Ala-Gln 主要以化学合成为主，但化学合成途径有明显的缺点，可能增加生产成本，造成环境污染等。与传统的化学合成方法相比，微生物酶法具有操作简单、原料廉价、转化效率高、工艺环境友善以及在进一步工业化应用中可重复利用等独特优点，因而具有广泛的应用前景。近年来，Abe 等人在泗阳鞘氨醇杆菌（*Sphingobacterium siyangensis*）AJ2458 菌株中发现了一种新酶——α-氨基酸酯酰基转移酶（SsAet），它可以直接利用 L-丙氨酸甲酯盐酸盐（AlaOMe）和 Gln 产生 Ala-Gln。在大肠杆菌菌株中构建 SsAet 的异源表达系统，在 40min 内，总 Ala-Gln 收率为 69.7g/L，摩尔收率为 67%。在以往的研究中，表达来自 *S. siyangensis* SY1 的 SsAet 的最佳大肠杆菌工程菌株，命名为 OPA，其 Ala-Gln 产量最高，最大摩尔产量为 94.7%，产率为 1.89g/（L·min）。此外，经过多次细胞循环后，OPA 仍可以保持快速反应速率（约 10min）、高 Ala-Gln 产率和酶的稳定性。尽管重组大肠杆菌 OPA 获得了令人满意的结果，但内毒素和多种抗生素以及毒性诱导剂（IPTG）的使用给 Ala-Gln 的临床带来了潜在的生物安全隐患。

这里使用更安全的宿主巴斯德毕赤酵母 *Pichia pastoris* 来生产 Ala-Gln。通过整合表达异源基因而不添加抗生素，进一步提高了安全性，并且在纯化 Ala-Gln 的过程中，诱导剂甲醇很容易通过蒸发去除。为了提高源自细菌的 SsAet 在巴斯德毕赤酵母中的表达效率，

首先进行了密码子优化，随后，研究了培养和反应条件的优化以获得更高的催化活性。在此基础上，通过琼脂包埋和循环进行固定化，以进一步提高催化稳定性和生产效率。因此，利用过表达 SsAet 的巴斯德毕赤酵母 GS115 菌株构建了一个新的酵母系统，以改进原核系统，为进一步工业化绿色生产 Ala-Gln 奠定了良好的基础。

1. SsAet 在巴斯德毕赤酵母中的重组表达

（1）基于巴斯德毕赤酵母的 *SsAET* 基因密码子优化　从 *S. siyangensis* SY1 中获得的 *SsAET* 基因全序列与 *S. siyangensis* AJ2458（GenBank：AB610978.1）中的 *SsAET* 基因全序列的同源性为 98%。相应地，SsAet 酶含有 619 个氨基酸，分子质量估计约为 71.03ku。与来自 AJ2458 的 SsAet 相比，来自 SY1 的 SsAet 发生了三个氨基酸突变，这可能导致酶结构的意外改变和酶催化活性的提高。

自然界生物体中共有 61 种核苷酸三联体密码子编码 20 种氨基酸，不同物种中同义密码子的选择存在很大偏差。原核生物和真核生物（如巴斯德毕赤酵母）之间的密码子偏好差异非常明显，异源宿主中的靶蛋白通常由于密码子偏倚而难以正常发挥功能。为了提高表达效率，优化了 1878bp 的 DNA 序列，以利于目标蛋白质 SsAet 在巴斯德毕赤酵母中更好地表达。

密码子优化遵循以下原则：①调整密码子使用偏好以适应目标宿主的最高表达谱（通常认为密码子适应指数（Codon adaptation index，CAI）在 0.8～1.0 有利于目标蛋白的表达）；②（G+C）mol% 的理想范围为 40%～60%，去除了不利的 GC 峰；③修饰了不希望用于亚克隆的限制性酶切位点和负顺式作用位点；④对整个序列进行了微调，以提高翻译效率，并延长 mRNA 的半衰期。

基于上述原则，原始基因 *SsAET* 中的一些罕见密码子在合成基因 *SsAETp* 中使用巴斯德毕赤酵母的高频密码子选择性地取代，因此，原始基因 *SsAET* 共有 384 个非优先密码子被合成基因 *SsAET* 的优先密码子取代，占总氨基酸序列的 61.3%。此外，CAI 从 0.69 升级到 0.89，平均（G+C）mol% 调整为 40.3%。将密码子优化基因插入 pPIC9 载体，转入巴斯德毕赤酵母中构建重组菌株 GPAp，以原始基因作为对照来构建重组菌 GPA。

在 MD/MM 琼脂平板上长出的 His⁺ Mut^s 转化子采用 PCR 方法验证，泳道 2、18 和 20 都显示了约 2000bp（120bp+650bp+1200bp＝1970bp）的 PCR 产物，包含 1200bp 的部分载体片段，这表明 *AOX*1 基因被线性化的目标基因片段准确替换。DNA 测序后，成功获得 GPA 和 GPAp 的转化子（图 8-10）。

（2）Ala-Gln 生产菌株筛选和生产条件优化

① Ala-Gln 生产菌株筛选：诱导后，分别用上清液和细胞测定酶活性。发现，细胞的酶活性约为上清液的 10 倍。可能的原因是细胞中形成的蛋白质多聚体的大小和结构阻碍蛋白质分泌。因此，在随后的研究中使用 GPA 和 GPAp 作为全细胞生物催化剂来合成 Ala-Gln。在相同的培养条件和反应条件下对 GPA 和 GPAp 进行了筛选，并用高效液相色谱法测定了 Ala-Gln 的生成量。如图 8-11 所示，当 GPAp 的 Ala-Gln 积累达到最大值时，GPAp 产生的 Ala-Gln 是 GPA 的 2.5 倍左右，说明密码子优化在异源表达中的积极作用。

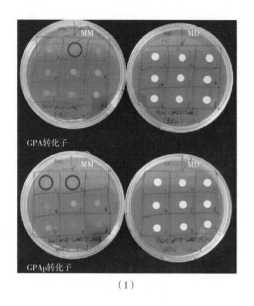

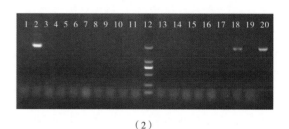

（1）　　　　　　　　　　　　　　　　　　　　　　　　　（2）

图 8-10　转化子的筛选和验证

（1）根据在 MD/MM 琼脂平板上的生长来选择 His+MutS 转化体；（2）重组子的 PCR 验证，1~10 为 GPA 重组子，12~20 是 GPAp 重组子，11 为 DL2000 DNA 标记。

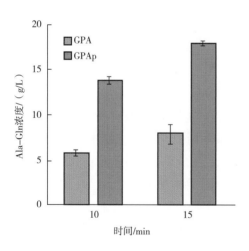

图 8-11　菌株 GPA 和 GPAp 的
全细胞催化活性比较

密码子优化实际上有利于提高异源基因的表达水平，从而提高酶催化活性。因此，GPAp（全细胞生物催化剂）是较优的 Ala-Gln 生产菌株。

②GPAp 生产 Ala-Gln 的诱导条件优化：为了进一步提高 SsAet 表达水平，从而提高 Ala-Gln 产量，需要对诱导条件进行优化。首先，在 18~30℃ 范围内研究诱导温度对 Ala-Gln 产量的影响，结果表明，在 18~26℃ 温度范围内，Ala-Gln 的积累（或酶活性）与温度呈稳定的正相关，而当温度超过 26℃ 时，Ala-Gln 的积累量明显下降［图 8-12（1）］，说明最佳诱导温度与适宜的细胞生长温度之间具有一致性。

其次，研究不同的诱导时长对 Ala-Gln 产量的影响。结果表明，诱导后 4d 酶活性最高，2d 和 3d 酶活性分别为最高酶活性的 82.0% 和 98.4%［图 8-12（2）］。此外，甲醇浓度对 Ala-Gln 产量的影响不大，这意味着适度的补充足以维持高酶活性。从经济性和效率两方面考虑，确定了 GPAp 的最佳诱导条件为：温度 26℃、连续诱导 3d、补充甲醇浓度为 1.5%。与原核诱导条件相比，GPAp 对于 Ala-Gln 生产具有两个竞争优势，一是可以在室温下诱导，设备要求低；另一是诱导剂容易蒸发去除，以确保产品的生物安全。

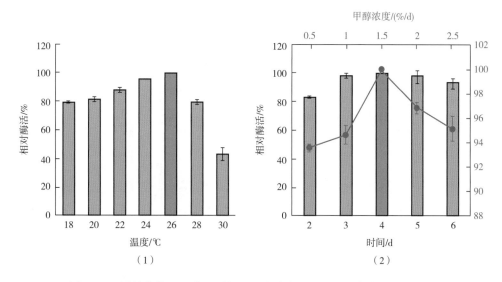

图 8-12　诱导条件（温度、时间和甲醇浓度）对 GPAp 催化活性的影响

（3）GPAp 生产 Ala-Gln 的反应条件优化

① 反应 pH、温度和底物的影响：在最佳诱导条件下使用 GPAp 全细胞催化 AlaOMe 和 Gln 生产 Ala-Gln，并优化生产条件。结果如图 8-13 所示，根据高效液相色谱相对活性测定结果，GPAp 法生产 Ala-Gln 的最佳反应温度为 28℃，pH 8.5。此外，GPAp 可以在 24~30℃ 的广泛范围内稳定维持超过 90% 的最高活性；在 pH 8.5~9.5 范围内时，酶活性仍然保持在最高活性的 85% 以上，而当 pH 接近或小于 7 时，酶几乎完全失活。

底物氨基酸酯的种类和投料量对 Ala-Gln 生成也有影响，使用 AlaOMe 时生成的 Ala-Gln 产量最高，而使用 AlaOBzl 时几乎不产生 Ala-Gln，表明 GPAp 可以选择性地与优选的氨基结合位点（如甲酯）结合。进一步优化两种底物（AlaOMe/Gln）的比例，以提高酶活性和产量：当 AlaOMe/Gln 的比值为 2 时酶活性最高，是比值为 1 时的 1.4 倍。比值为 1.5 时的酶活性与比值为 0.5 时的酶活性一致，仍保持在最高酶活性的 93% 以上。当两种底物（AlaOMe/Gln）的比值分别为 1:1、1:1.5、1:2、1.5:1 和 2:1 时，Ala-Gln 的摩尔产率分别为 47.2%、57.2%、59.9%、58.7% 和 62.8%。这些结果表明，当任一底物过量时，摩尔产量显著提高。因此，综合考虑酶活性和成本因素，确定 AlaOMe/Gln 比值为 1.5 时为最适宜的底物投放量。

② 金属离子、激活剂和蛋白酶抑制剂的作用：考察多种金属离子（K^+、Na^+、Ca^{2+}、Mg^{2+}、Zn^{2+}、Fe^{2+} 和 Fe^{3+}）、活化剂（半胱氨酸）和蛋白酶抑制剂（EDTA 和 PMSF）等对 GPAp 催化活性的影响。如表 8-3 所示，GPAp 的相对活性不受 K^+、Na^+、Ca^{2+}、Mg^{2+} 和 Zn^{2+} 等金属离子影响，与对照相比，酶活性保持在 99% 以上。然而，在 Fe^{3+} 存在下，SsAet 酶的相对活性呈下降趋势。而 Fe^{2+}、半胱氨酸、EDTA 和 PMSF 的正效应最明显，其中半胱氨酸和 PMSF 的增幅最大（分别约为 17% 和 13%）。这表明半胱氨酸作为还原剂可以保护酶的巯基不被氧化，从而提高 GPAp 的催化活性，而 PMSF 和 EDTA 可以抑制蛋白酶和

肽酶，避免 GPAp 降解。

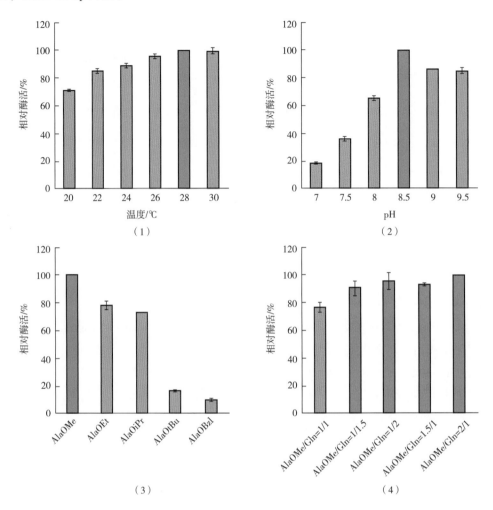

图 8-13　反应条件对 Ala-Gln 生成的影响

（1）反应温度为 20、22、24、26 和 28 和 30℃，pH 8.5；（2）反应 pH 为 7.0、7.5、8.0、8.5、9.0 和 9.5，在 24℃，用 6mol/LNaOH 调节；（3）不同的氨基酸酯，包括 AlaOMe、AlaOEt、AlaOiPr、AlaOtBu 和 AlaOBzl；（4）AlaOMe/Gln 比值分别为 1/1、1/1.5、1/2、1.5/1 和 2/1

表 8-3　　　　　　　　　　　各种添加剂对 GPAp 催化活性的影响

添加剂/（10mmol/L）	相对酶活/%	添加剂/（10mmol/L）	相对酶活/%
无	100.00±0.00	Fe^{2+}	108.36±1.83
K^+	99.82±0.63	Fe^{3+}	91.23±4.39
Na^+	101.52±1.34	半胱氨酸	116.50±1.48
Ca^{2+}	99.20±1.06	EDTA	107.13±2.81
Mg^{2+}	101.44±0.72	PMSF	112.59±0.71
Zn^{2+}	104.63±3.04		

③不同底物浓度下对 Ala-Gln 摩尔产量的影响：在上述最佳反应条件下，以 AlaOMe/Gln 比值为 1.5 投料，考察不同底物浓度（AlaOMe：Gln 分别为 150：100，300：200，450：300，600：400mm）对 GPAp 合成 Ala-Gln 的影响。图 8-14 显示 Ala-Gln 产量随时间的变化曲线，GPAp 可以在较低的底物浓度下在 20min 内快速产生 Ala-Gln，随着底物浓度的增加，反应时间相应延长至 40min。在不同底物浓度下的 Ala-Gln 产量和摩尔产率分别为 63.5mmol/L/63.5%、124.7mmol/L/62.3%、181.4mmol/L/60.5% 和 227.9mmol/L/57.0%，与原核表达系统相比，产量下降了 12%～15%。

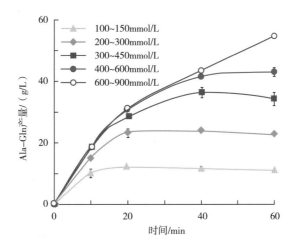

图 8-14　不同底物浓度下 Ala-Gln 产量随时间的变化曲线

由于蛋白酶或肽酶等的水解作用，Ala-Gln 通常被认为是不稳定的产物。因此，为了减少 Ala-Gln 的分解，敲除了多个相关的编码基因，但细胞生长通常受到阻碍。幸运的是，本研究的结果表明，在 60min 内，GPAp 催化产生的 Ala-Gln 比 OPA 催化产生的 Ala-Gln 更稳定，这可能是由于酵母的固有特性和生长环境（pH 低于中性 pH），蛋白酶表达较少或大部分蛋白酶和肽酶失活。此外，当底物浓度进一步提高到 600～900mmol/L 时，GPAp 仍然可以保持较高的 Ala-Gln 生成速率，这种高底物浓度不抑制 GPAp 催化活性的特性，增加了大规模工业生产的可行性。

2. 固定化 GPAp 及其可重复使用性

（1）GPAp 的催化稳定性和固定化的研究　作为后续实验的先决条件，从两个方面研究了 GPAp 的催化稳定性。一方面，在 pH 7.2、4℃条件下贮藏 5d，酶活性几乎没有下降；另一方面，如图 8-15（1）所示，在最佳反应条件下（pH 8.5，28℃），GPAp 可以保持稳定性（最高活性的 90%）5d。这些结果表明 GPAp 具有良好的可长期使用的催化稳定性。

此外，将 GPAp 固定在琼脂珠中以进一步改善催化稳定性并增加回收的方便性。检测并比较游离 GPAp 和固定 GPAp 之间的相关活性。结果显示，使用相同的生物量（OD_{600}），固定化 GPAp 的活性是游离 GPAp 的一半；当使用双生物量（OD_{600}）时，残余活性保持在

70%以上［图8-15（2）］。这些结果表明，导致部分GPAp失活和传质阻力的较高固定化温度（55℃）导致酶活性降低。可以想象，固定化生物量（OD_{600}）的持续增加实际上是实现游离GPAp的相似酶活性的有效方法。

（2）固定化GPAp的可重复使用性　在催化稳定性和固定化方法的基础上，研究了固定化GPAp的可重复使用性，以实现方便、高效和有效地重复循环批量生产Ala-Gln。结果如图8-15（3）所示，固定化GPAp的催化活性在重复循环10批次实验中可以保持极好的稳定性。此外，采用油包水（W/O）法制备固定化载体，该固定化载体在琼脂微珠表面留有油脂。当由于珠子的多次循环而逐渐除去油时，在5个循环中发现产量略有增加。

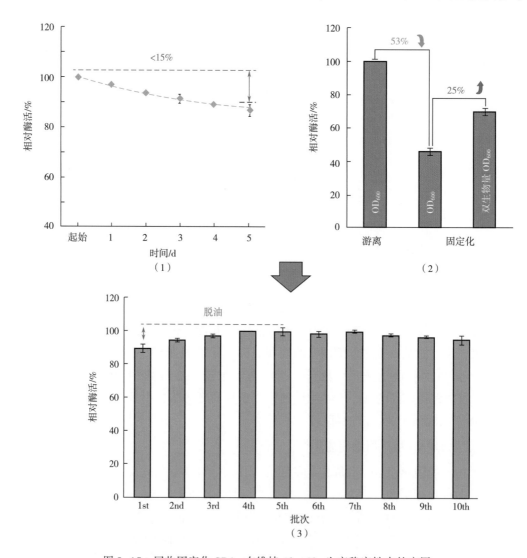

图 8-15　回收固定化 GPAp 在维持 Ala-Gln 生产稳定性中的应用

（1）采用高效液相色谱法测定 GPAp 在最佳反应 pH 和温度（8.5，28℃）条件下贮存 5d 的催化活性；（2）测定并比较了单位 OD_{600} 的游离 GPAp、单位 OD_{600} 的固定化 GPAp 和双 OD_{600} 的固定化 GPAp 的催化活性；（3）在回收 10次的最佳条件下检测固定化 GPAp 的可重复使用性毕赤酵母在生产 Ala-Gln 方面具有独特的优势。作为底盘细胞，良好的生物安全性为临床应用提供了更大的可能性。作为催化剂载体，由于温和的培养条件和较少的糖基化，酶催化活性将更好地维持。因此，预计固定化 GPAp 可以从以下三个方面实现 Ala-Gln 的工业化生产：①GPAp 作为整个生产过程的支柱，是一种更环保的方法，不存在化学方法的缺点，也不存在由内毒素和毒性诱导剂引起的潜在生物安全危害；②固定化 GPAp 具有较强的催化稳定性，省去了每次反应后离心回收的步骤，具有省时、省电、省力等优点；③可回收固定化 GPAp 还避免了重复细胞培养以降低生产成本，符合可持续发展战略。

在本研究中，SsAet 来源于原核生物，已在巴斯德毕赤酵母（*P. pastoris*）GS115 中进行了表达和表征。构建了具有密码子优化的 SsAet 的 GPAp，并因为其优异的催化能力和可靠的生物安全性而成为生产 Ala-Gln 的全细胞生物催化剂。通过诱导和反应条件的优化，用于循环利用的固定化 GPAp 代表了实现经济、高效和实用的 Ala-Gln 生产的一种有前景的方法。此外，该项研究为进一步研究 SsAet 的酶学性质提供了方向和基础，并指出了这种独特的酶在 Ala-Gln 绿色工业生产中的应用。

第二节　转化氨基酸为 1,2-二醇

一、概述

手性 1,2-二醇是精细化工和制药工业中重要的手性化合物，然而，将 AAs 转化为对映体富集的 1,2-二醇具有挑战性。如图 8-16 所示，Zhang 等最近成功地开发了一种一锅法将 AAs 转化为 1,2-二醇的工艺：首先利用 NaBH$_4$-H$_2$SO$_4$ 体系，通过氨基酸羧基还原将 AA 转化为 *S*-氨基醇；然后，利用三酶级联生物催化体系（转氨酶、羰基还原酶和葡萄糖脱氢酶），通过氨基醇脱氨基和 α-羟基酮不对称还原将氨基醇转化为 1,2-二醇。利用该方法，成功将 L-2-ABA、缬氨酸、蛋氨酸、苯丙氨酸等几种 AAs 转化为相应的手性 1,2-二醇，具有较好的转化率（69%~90%），和较高的 *ee* 值（91%~99%）。

二、化学-生物催化法转化 L-α-氨基酸为 （*R*）-和 （*S*）-邻位 1,2-二醇

光学纯邻位 1,2-二醇是精细化工和制药工业中的通用手性构建块。已报道的制备对映体富集邻位 1,2-二醇的化学方法包括烯烃的夏普利斯（Sharpless）二羟基化、环氧化物水解、不对称羟醛加成、不对称硅氢化和不对称转移氢化等。然而，这些方法通常具有一些缺点，例如使用复杂、昂贵、有毒的金属催化剂，或形成具有较低 *ee* 和较低产率的产物。另一方面，生物催化方法作为制备对映纯 1,2-二醇的可持续和高对映选择性策略引起了极大关注。已报道的生物催化方法包括苯乙烯的立体定向二羟基化、外消旋 PED 的动力学拆分、α-羟基酮的对映选择性还原、外消旋二醇的对映选择生物氧化和外消旋氧化苯乙烯（SO）的对映聚合水解。然而，现有邻位 1,2-二醇合成使用的大多数起始材料价格昂贵、非商业化且不可再生。因此，从易得和可再生原料合成手性 1,2-二醇仍然具有

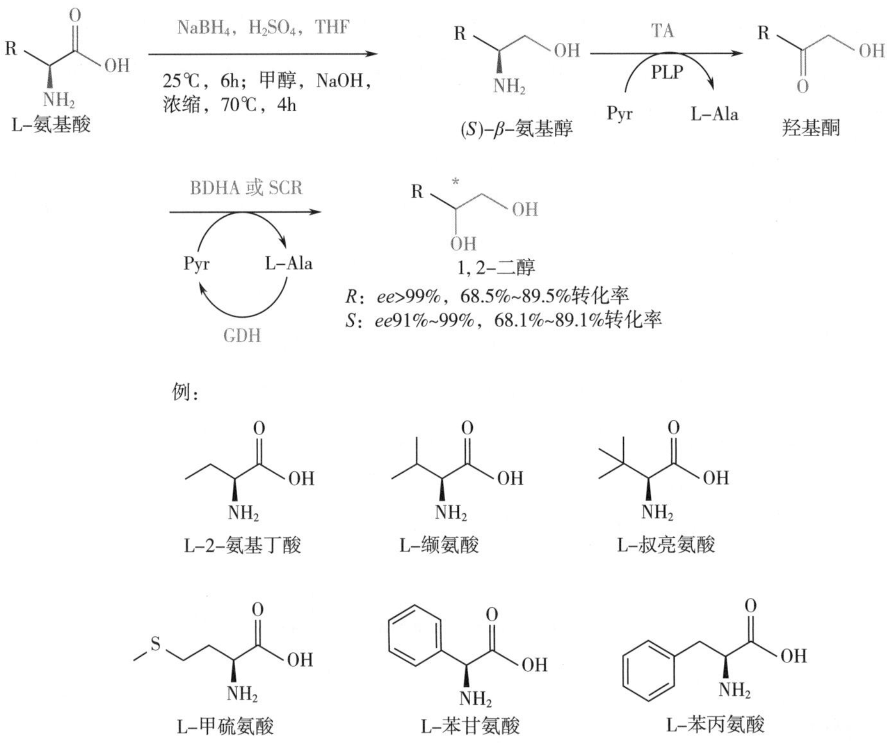

图 8-16　转化氨基酸为 1,2-二醇

挑战性。

　　L-α-氨基酸是可再生平台分子，可以从碳水化合物发酵或从可再生生物质（蛋白质）中获得纯品。与其他原料相比，一些 L-α-氨基酸更容易获得，这促使科学家们开发出多种方法，将 L-α-氨基酸一锅转化为其他高价值化合物。然而，目前尚没有关于 L-α-氨基酸转化为对映体富集的邻位 1,2-二醇的报道，这可能是由于该反应具有许多合成挑战，诸如羧基还原为羟基、氨基转化为羟基，以及需要区域和立体选择性等。将不同催化领域的化学反应组合在一锅中代表了一种具有较高收率、低成本、高选择性和环境效益的有吸引力的合成路线。近年来，这类组合反应，特别是对于化学和生物催化相结合的反应，发展迅速，可以实现单独使用两种催化剂都无法实现的转化反应。

1. 化学-酶级联催化方案的制定和关键酶的选择

　　在本研究中，结合简单的化学还原过程（NaBH$_4$-H$_2$SO$_4$ 系统）和三酶（转氨酶、羧基还原酶和葡萄糖脱氢酶）级联生物催化（图 8-17），在水介质中实施了一锅三步顺序化学酶转化，制备了对映体富集的邻位 1,2-二醇，具有良好的产率和优异的对映选择性。

　　在该方案中，将 L-α-氨基酸还原为（S）-β-氨基醇的第一步是通过化学还原过程进行的，选择便宜安全的 NaBH$_4$-H$_2$SO$_4$ 体系将 L-氨基酸还原为相应氨基醇，测试了将 L-α-氨基酸 1a～f（1mmol）还原为（S）-β-氨基醇（2a～f）的最佳方法：在四氢呋喃

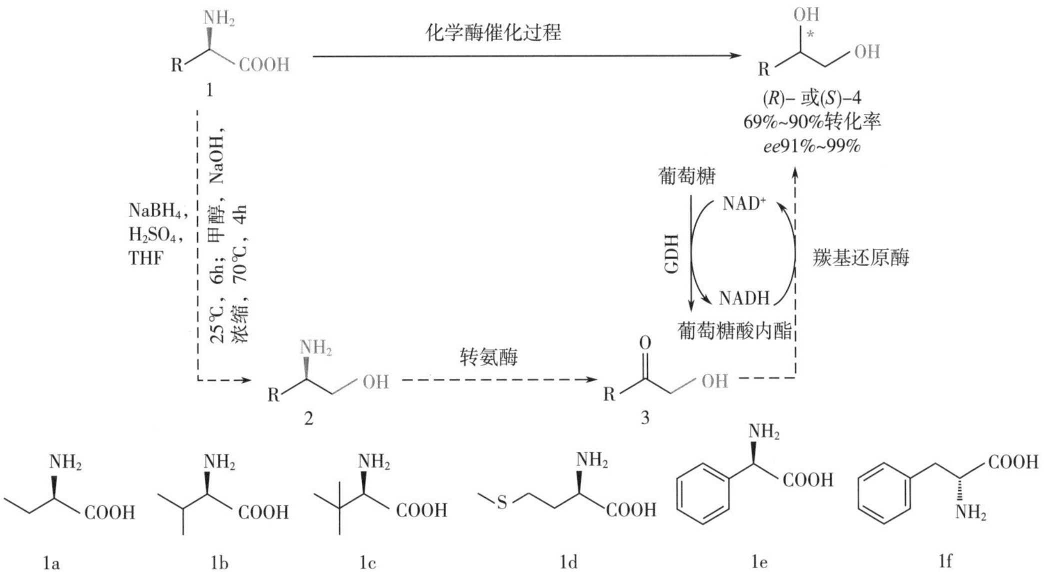

图 8-17　L-α-氨基酸通过化学酶法转化为对映体富集的邻位 1,2-二醇

（THF）中与 $NaBH_4$-H_2SO_4 反应 6h 后，小心添加甲醇以破坏过量的 BH_3，混合物用 5mol/L NaOH 碱化至 pH10 并搅拌 1h；接下来，蒸发浓缩混合物（最终体积为 5mL，THF 和甲醇几乎蒸发）并在 70℃ 加热 4h，最终以 69.0%～90.0% 的产率获得水相中的产物 (S)-β-氨基醇 1a～f（表 8-4）。第二步是筛选 (S)-β-氨基醇转化为 α-羟基酮的转氨酶。在前期研究中，构建了一种筛选氨基醇特异性转氨酶的高通量检测方法，并从万巴莱尼分枝杆菌（*Mycobacterium vanbaalenii*）中鉴定出一种 (R)-ω-转氨酶（MVTA），该酶对 (S)-β-氨基醇具有高活性和优异的对映选择性。如表 8-5 所示，测定过表达 MVTA 的大肠杆菌无细胞提取物对 (S)-β-氨基醇 2a～f 的活性。结果显示，在 (S)-2d（4.6U/mg）、(S)-2e（3.2U/mg）和 (S)-2b（2.3U/mg）中检测到 MVTA 的活性最高，而 MVTA 对 (S)-2a（1.2U/mg）、(S)-2c（1.4U/mg）和 (S)-2f（1.1U/mg）的活性中等，与 50mmol/L (S)-2a～f 反应 4～6h 后，氨基醇的转化率可以达到 99%。因此，在化学酶转化系统中，MVTA 是一种有潜力的催化氨基转移反应的酶。

表 8-4　　用 $NaBH_4$-H_2SO_4 体系将 L-α-氨基酸还原成氨基醇

序号	底物	时间/h	转化率/%
1	1a	10	69.5
2	1b	10	71.3
3	1c	10	72.5
4	1d	10	90.0
5	1e	10	81.0
6	1f	10	90.0

表 8-5　　　　　　　　　　　　　　　　MVTA 的底物特异性

2a　　　　　　2b　　　　　　2c　　　　　　2d　　　　　　2e　　　　　　2f

序号	底物	时间/h	比酶活/(U/mg)	转化率/%[a]
1	(S)-2a	6	1.2	99
2	(S)-2b	4	2.3	99
3	(S)-2c	6	1.4	99
4	(S)-2d	4	4.6	99
5	(S)-2e	4	3.2	99
6	(S)-2f	6	1.1	99

注：反应标准条件：1mL 磷酸钠缓冲液（100mmol/L，pH 7.5），含 50mmol/L 底物、50mmol/L 丙酮酸钠、0.1mmol/L PLP 和 100μL MVTA 无细胞提取物（2.8mg/mL），在 30℃下持续 4h。

[a] 转化率由（G+C）mol/%确定，误差限：<状态值的 2%。

在化学酶催化反应的第三步，选择羰基还原酶将相应的 α-羟基酮生物还原为手性邻位 1,2-二醇。前期研究中发现，来自 B. subtilis 的羰基还原酶 BDHA 和来自氧化葡萄糖杆菌（Gluconobacter oxydans）的羰基还原酶 GoSCR 对 2-羟基苯乙酮具有优异的活性和对映选择性。本研究进一步测试了这两种羰基还原酶的底物特异性和对映选择性，并扩展底物谱。如表 8-6 所示，BDHA 对 α-羟基酮 3a~f 表现出高活性和优异的对映选择性，在 3d（2.10U/mg）和 3e（2.11U/mg）检测到 BDHA 的最高活性；在 3a~c（1.39~0.88U/mg）检测到 BDHA 的中等活性。此外，与 BDHA 相比，GoSCR 显示出相对较低的活性，只对 α-羟基酮 3a~e（0.13~1.27U/mg）具有优异的对映选择性，对 3f 没有活性。然后，使用 BDHA 和 GoSCR 催化化学酶系统的羰基不对称还原步骤。由于 BDHA 和 GoSCR 都是 NADH 依赖性羰基还原酶，为了避免添加昂贵的辅因子 NADH，开发了原位辅因子再生系统（图 8-17）。来自枯草芽孢杆菌的葡萄糖脱氢酶（GDH）与 BDHA 和 GoSCR 耦联用于辅因子再生，以回收 NADH 并推动平衡向产物方向发展。GDH 分别与大肠杆菌细胞中的两种羰基还原酶共表达，重组大肠杆菌细胞用于将羟基酮 3 转化为二醇 4。如表 8-6 所示，(R)-邻位 1,2-二醇 4a~f 由 3a~f 用大肠杆菌的冻干细胞（BDHA-GDH）生产。反应 4h 后，转化率达 99%，产物 ee>99%。(S)-邻位 1,2-二醇 4c~e 通过大肠杆菌冻干细胞（GoSCR-GDH）的不对称还原从 3c~e 产生了出色的 ee 值（>99%）。最后，(S)-4a 和 (S)-4b 获得了高 ee［(S)-4a 为 91%，(S)-4b 为 98%］和 99%的转化率。

表 8-6　　　　　　　　　　　　　　　　所选羰基还原酶的底物特异性

酶	底物	时间/h	比酶活/(U/mg)[a]	转化率/%[b]	ee/%[c]
BDHA	3a	3	1.39	99	>99 (R)
BDHA	3b	3	0.72	99	>99 (R)
BDHA	3c	3	0.88	99	>99 (R)
BDHA	3d	3	2.11	99	>99 (R)
BDHA	3e	3	2.10	99	>99 (R)
BDHA	3f	3	0.29	99	>99 (R)
GoSCR	3a	4	0.20	99	91 (S)
GoSCR	3b	4	0.13	99	98 (S)
GoSCR	3c	4	0.19	99	>99 (S)
GoSCR	3d	4	1.27	99	>99 (S)
GoSCR	3e	4	1.10	99	>99 (S)
GoSCR	3f	12	nd	—	—

[a] 羰基还原酶的活性通过使用 340nm 处的 UV 吸光度监测 NADH 浓度降低来测量。

[b] 测定混合物体系为 1mL 磷酸钠缓冲液（pH7.5，100mmol/L），含有 10mmol/L 底物和大肠杆菌冻干细胞 BDHA-GDH 或 GoSCR-GDH（10g/L 细胞干重）。转化率由（G+C）mol/% 测定，误差限<状态值的 2%。

[c] 通过手性（G+C）mol/% 测定 ee。

　　基于上述结果，选择 MVTA、BDHA、GoSCR 和 GDH 作为新化学酶催化体系的合适酶。使用两个模块（模块 1 为 MVTA/BDHA/GDH，模块 2 为 MVTA/GoSCR/GDH）（表 8-7）将最后两个步骤组合成同时进行的一锅式，将（S）-β-氨基醇转化为手性二醇。重组大肠杆菌（MVTA）（2U/mL）、大肠杆菌（BDHA）（10U/mL）和大肠杆菌（GDH）（2U/mL）的无细胞提取物将（S）-β-氨基醇（2a~f）（20~50mmol/L）对映选择性转化为（R）-邻位 1,2-二醇（4a~f），转化率达到 99%，其中（R）-4a~f 的含量>99%（表 8-7，条目 1~6）。此外，使用大肠杆菌（MVTA）（2U/mL）、大肠杆菌（GoSCR）（20U/mL）和大肠杆菌（GDH）（4U/mL）的无细胞提取物，将（S）-β-氨基醇（2c~e）对映选择性转化为（S）-邻位 1,2-二醇（4c~e），转化率达到 99%，产物（S）-4c~e 的含量>99%（表 8-7，条目 9~11）。对于底物 2a 和 2b，产物（S）-4a 和（S）-4b 的转化率分别为 91% 和 98%（表 8-7，条目 7~8）。

表 8-7   通过转氨酶/羰基还原酶/葡萄糖脱氢酶级联反应将 (*S*)-
氨基醇 (**2a~f**) 一锅转化为对映体纯邻位二醇 (**4a~f**)

序号	底物名称	底物浓度/ (mmol/L)	模块	时间/h	转化率/%[a]	4 的 ee/%[b]
1	2a	50	1	6	99	>99 (*R*)
2	2b	20	1	6	99	>99 (*R*)
3	2c	50	1	12	99	>99 (*R*)
4	2d	50	1	6	99	>99 (*R*)
5	2e	50	1	6	99	>99 (*R*)
6	2f	50	1	6	99	>99 (*R*)
7	2a	20	2	12	99	91 (*S*)
8	2b	20	2	12	99	98 (*S*)
9	2c	50	2	12	99	>99 (*S*)
10	2d	50	2	12	99	>99 (*S*)
11	2e	50	2	12	99	>99 (*S*)

注：反应条件：磷酸钠缓冲液 （5mL，100mmol/L，pH 7.5，30℃），含底物 （20~50mmol/L）、丙酮酸钠 （20~50mmol/L）、NADH （0.002mmol/L）、PLP （0.1mmol/L） 和葡萄糖 （20~50mmol/L）。模块 1：MVTA （2U/mL） /BDHA （10U/mL） /GDH （2U/mL），模块 2：MVTA （2U/mL） /GoSCR （20U/mL） /GDH （4U/mL）。

[a] 转化率由 （G+C） mol/%确定，误差限<状态值的 2%。

[b] 通过手性 （G+C） mol/%测定 *ee*。

2. "一锅法" 直接转化 L-α-氨基酸 1 为对映纯邻位 1,2-二醇 4

借助有效的三个单独步骤羧基还原、氨基醇脱氨和 α-羟基酮不对称还原，将化学过程与 MVTA、BDHA 或 GoSCR 和 GDH 生物催化剂以一锅顺序方式直接转化 L-α-氨基酸 1 为对映纯邻位 1,2-二醇 4。如表 8-8 所示，具有脂肪族和芳香族部分的底物 1a~f （1mmol） 转化为对映纯邻位 1,2-二醇 （*R*)-4a~f 和 （*S*)-4a~e 由两种不同的催化系统产生：（*R*)-邻位 1,2-二醇 4a~f 具有出色的 *ee* （>99%） 和良好的转化率 （68.0%~90.0%）；（*S*)-邻位 1,2-二醇 4c~e 由 L-α-氨基酸 1c~e 生产，具有出色的 *ee* （>99%） 和良好的转化率 （71.0%~89.0%）。此外，（*S*)-4a~b 分别以 *ee* 91% 和 *ee* 98% 以及 68.1% 和 70.5% 的转化率从 L-α-氨基酸 1a 和 1b 获得。这些结果证明了设计的一锅顺序工艺从 L-α-氨基酸生产对映体纯邻位（R）-或（S）-1,2-二醇的可行性和效率。

表 8-8　　使用 NaBH₄-H₂SO₄ 系统结合大肠杆菌 MVTA、BDHA 或 GoSCR 和 GDH 的无细胞提取物将 L-α-氨基酸转化为手性邻位 1,2-二醇

序号	底物	时间/h	模块	2/%	3/%	4/%ᵃ	4 的 ee 值/%ᵇ
1	1a	16	1	<1	<1	68.5	>99 (R)
2	1b	16	1	<1	<1	70.1	>99 (R)
3	1c	16	1	<1	<1	71.5	>99 (R)
4	1d	16	1	<1	<1	89.5	>99 (R)
5	1e	16	1	<1	<1	80.6	>99 (R)
6	1f	16	1	<1	<1	89.7	>99 (R)
7	1a	24	2	<1	<1	68.1	91 (S)
8	1b	24	2	<1	<1	70.5	98 (S)
9	1c	24	2	<1	<1	71.8	>99 (S)
10	1d	24	2	<1	<1	89.1	>99 (S)
11	1e	24	2	<1	<1	80.4	>99 (S)

注：反应条件：底物（1mmol）、丙酮酸钠（75mmol/L）、NADH（0.003mmol/L）、PLP（0.15mmol/L）和葡萄糖（75mmol/L），30℃。模块 1：MVTA（2U/mL）/BDHA（10U/mL）/GDH（2U/mL），模块 2：MVTA（2U/mL）/GoS-CR（20U/mL）/GDH（4U/mL）。

ᵃ 转化率由（G+C）mol/%确定，误差限<状态值的 2%。

ᵇ 通过手性（G+C）mol/%测定 ee。

3. "一锅法"级联反应体系的简化

为简化实际应用过程，将上述催化系统的第二和第三步涉及的三种不同酶（转氨酶、羰基还原酶和 GDH）共表达在同一株重组大肠杆菌中。为了平衡同一菌株中酶的表达，研究了不同的质粒和质粒组合样式，构建了四种不同的重组大肠杆菌细胞：大肠杆菌（MVTA-BDHA-GDH）、大肠杆菌（MVTA-GDH-BDHA）、大肠杆菌（MVTA-GoSCR-GDH）和大肠杆菌（MVTA-GDH-GoSCR）。如图 8-18 所示，所有酶均成功在四种不同的重组大肠杆菌 BL21（DE3）细胞中共表达。重组大肠杆菌 MVTA-BDHA-GDH 和 MVTA-GoSCR-GDH 细胞对 2e 的比酶活分别为 88.3U/g 细胞干重和 93.4U/g 细胞干重，是大肠杆

菌 MVTA-GDH-BDHA（46.0U/g 细胞干重）和 MVTA-GDH-GoSCR（51.7U/g 细胞干重）的约两倍（图 8-19）。因此，选择大肠杆菌 MVTA-BDHA-GDH 和 MVTA-GoSCR-GDH 作为生物催化剂进行进一步研究。通过在不同时间点取样来监测两种重组大肠杆菌细胞的生长和比酶活（图 8-20）。大肠杆菌 MVTA-BDHA-GDH 细胞在生长 18h 后显示出将 2e 转化为（R）-4e 的最高比酶活（89.2U/g 细胞干重）［图 8-21（1）］。大肠杆菌 MVTA-Go-SCR-GDH 细胞在生长 18h 后显示出将 2e 转化为（S）-4e 的最高比酶活（93.4U/g 细胞干重）［图 8-20（2）］。在 6~22h 收获大肠杆菌细胞全细胞提取物进行 SDS-PAGE 分析，可以看出酶在大肠杆菌细胞中清楚地共表达［图 8-20（3）和（4）］。

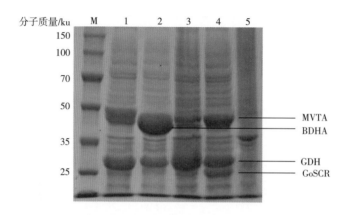

图 8-18　三种酶在大肠杆菌 BL21 中共表达的 SDS-PAGE 分析

1~4：分别为大肠杆菌 MVTA-GDH-BDHA、MVTA-BDHA-GDH、MVTA-GDH-GoSCR 和 MVTA-GoSCR-GDH 的全细胞提取物；M 和 5：分别为蛋白分子质量标准和大肠杆菌未诱导全细胞提取物对照

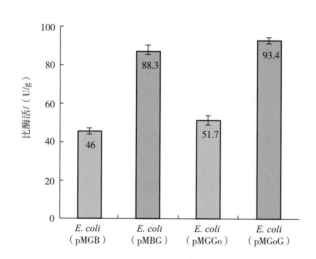

图 8-19　共表达转氨酶、羰基还原酶和葡萄糖脱氢酶的重组大肠杆菌细胞将 2e 转化为 4e 的活性

大肠杆菌（pMGB）含有质粒 MVTA-GDH-BDHA；大肠杆菌（pMBG）含有质粒 MVTA-BDHA-GDH；大肠杆菌（pMGGo）含有质粒 MVTA-GDH-GoSCR；大肠杆菌（pMGoG）含有质粒 MVTA-GoSCR-GDH

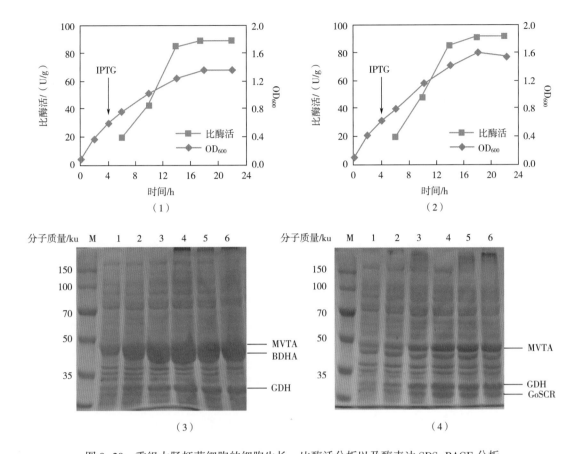

图 8-20　重组大肠杆菌细胞的细胞生长、比酶活分析以及酶表达 SDS-PAGE 分析

（1）*E. coli*（MVTA-BDHA-GDH）；（2）*E. coli*（MVTA-GoSCR-GDH）；（3）*E. coli*（MVTA-BDHA-GDH）；（4）*E. coli*（MVTA-GoSCR-GDH）；1~6：分别为相应重组菌株诱导 2、4、8、12、16 和 20h 后的全细胞提取物；M：蛋白质分子质量标准

接着，将化学还原过程与共表达三种酶的重组大肠杆菌（MVTA-BDHA-GDH）或大肠杆菌（MVTA-GoSCR-GDH）的静息细胞相结合，用于将脂肪族氨基酸 1a~d（1mmol）和芳香族氨基酸 1e~f（1mmol）转化为手性邻位 1,2-二醇 4a~f。如表 8-9 所示，由 NaBH$_4$-H$_2$SO$_4$ 和大肠杆菌（MVTA-BDHA-GDH）静息细胞（10g/L 细胞干重）系统组合转化 L-α-氨基酸 1a、1b 和 1c 生成（*R*）-4a、（*R*）-4b、和（*R*）-4c，转化率介于 69.0%~72.0%，*ee*>99%；（*R*）-4e 以高 *ee*（>99%）和 81% 的转化率获得；（*R*）-4d 和（*R*）-4f 由 L-α-氨基酸 1d 和 1f 以>99% *ee* 和 90% 的转化率生产。同时，为了生产（*S*）-邻二醇，使用 NaBH$_4$-H$_2$SO$_4$ 系统结合大肠杆菌（MVTA-GoSCR-GDH）静息细胞（15g/L 细胞干重），（*S*）-4a 和（*S*）-4b 的转化率分别为 69.5% 和 71%，*ee* 分别为 91% 和 98%；（*S*）-4c 可以>99% *ee* 和 72% 转化率下获得。（*S*）-1d 和（*S*）-1e 以良好的转化率（81% 和 90%）和优异的 *ee*（>99%）获得。在整个催化过程中，最终反应混合物中没有检测到中间体（氨基醇和 α-羟基酮）。这些结果表明，第一步和第二步中产生的中间体通过转氨酶和羰基还原酶迅速转化为邻位 1,2-二醇 4（4 为表 8-7 和表 8-8 中的编号）。

表 8-9　　　　　　使用 $NaBH_4$-H_2SO_4 系统结合三酶共表达菌株
将 L-α-氨基酸转化为手性邻位 1,2-二醇

底物	时间/h	催化剂 1/ (g/L 细胞干重)	催化剂 2/ (g/L 细胞干重)	2/%	3/%	4/%[a]	4 的 ee/ %[b]
1a	16	10		<1	<1	69.5	>99 (R)
1b	16	10		<1	<1	71.2	>99 (R)
1c	16	10		<1	<1	72.0	>99 (R)
1d	16	10		<1	<1	90.0	>99 (R)
1e	16	10		<1	<1	81.0	>99 (R)
1f	16	10		<1	<1	90.0	>99 (R)
1a	24		15	<1	<1	69.5	91 (S)
1b	24		15	<1	<1	71.0	98 (S)
1c	24		15	<1	<1	72.0	>99 (S)
1d	24		15	<1	<1	90.0	>99 (S)
1e	24		15	<1	<1	81.0	>99 (S)

注：反应条件：底物（1mmol）、丙酮酸钠（75mmol/L）、PLP（0.15mmol/L）和葡萄糖（75mmol/L），30℃；催化剂 1：大肠杆菌（MVTA-BDHA-GDH）（10g/L 细胞干重），催化剂 2：大肠杆菌（MVTA-GoSCR-GDH）（15g/L 细胞干重）；

[a] 转化率由（G+C）mol/%确定，误差限<状态值的 2%；

[b] 通过手性（G+C）mol/%测定 ee。

4. "一锅法"级联反应体系的规模化制备

为了进一步证明这种新的化学酶转化系统的合成潜力，使用底物 1d~f（2mmol）进行了 50mL 规模的制备实验。如表 8-10 所示，在反应 16~24h 后，所有 5 种有用且有价值的邻位 1,2-二醇 [（R）-4d~f 和（S）-4d~e] 均以优异的 ee（>99%）和良好的分离收率（70.0%~80.0%）获得（乙酸乙酯萃取和快速色谱法分离）。这些应用进一步证明了这种新型化学酶催化系统在将 L-α-氨基酸一锅法连续转化为（R）-和（S）-邻位 1,2-二醇的过程中的便捷性和高效性。

表 8-10　　　　　　一锅法催化 1d~f 制备（R）-4d~f 和（S）-4d~e

底物	底物/mg	时间/h	催化剂 1/ (g/L 细胞干重)	催化剂 2/ (g/L 细胞干重)	产物/mg	产率/%	产物 ee/ %[a]
1d	298	16	10		204	75.0	>99 (R)
1e	302	16	10		216	78.0	>99 (R)
1f	330	16	10		244	80.0	>99 (R)

续表

底物	底物/mg	时间/h	催化剂 1/ (g/L 细胞干重)	催化剂 2/ (g/L 细胞干重)	产物/mg	产率/%	产物 ee/ %[a]
1d	298	24		15	191	70.0	>99 (S)
1e	302	24		15	207	75.0	>99 (S)

注：标准条件：底物（2mmol）、丙酮酸钠（90mmol/L）、PLP（0.18mmol/L）和葡萄糖（90mmol/L），250r/min，30℃。催化剂 1：大肠杆菌（MVTA-BDHA-GDH）（10g/L 细胞干重），催化剂 2：大肠杆菌（MVTA-GoSCR-GDH）（15g/L 细胞干重）。

[a] ee 由手性（G+C）mol/%测定。

总之，通过氨基酸羧基还原、氨基醇脱氨基和 α-羟基酮不对称还原，开发了一种将 L-α-氨基酸转化为有用且有价值的对映体富集邻位 1,2-二醇的化学和生物催化联合工艺。将简单的化学还原过程（NaBH$_4$-H$_2$SO$_4$ 系统）与三种酶（转氨酶、醇脱氢酶和葡萄糖脱氢酶）级联生物催化系统相结合，在水介质中实施了一锅三步连续工艺，在微量 NADH 存在下，将 L-α-氨基酸 1a～f 转化为相应的（R）-1,2-二醇 4a～f 和（S）-1,2-二醇 4b～e，ee 介于 91%～99%，转化率介于 68.0%～90.0%。通过使用不含额外 NADH 辅因子的重组大肠杆菌细胞实现了化学还原处理与基于全细胞的级联生物催化相结合，获得的（R）-和（S）-1,2-二醇具有良好的转化率（69%～90%）和优良的 ee 值（91%～99%）。研究还采用该化学酶级联系统小规模制备产物（R）-4d～f 和（S）-4d～e，均以优异的 ee（>99%）和良好的分离产率（70%～80%）获得。该研究为从 L-α-氨基酸实际制备手性邻位 1,2-二醇提供了成功案例，显示了通过化学和生物催化相结合的方法从可再生原料合成高价值手性化合物的广阔前景。

第三节　转化 C$_n$ 氨基酸为 C$_{n-1}$ 化合物

一、概述

将 C$_n$ 氨基酸转化为 C$_{n-1}$ 化合物可以通过脱羧反应与其他反应串联来实现。根据得到的官能团，产物可分为 C$_{n-1}$ 醇、C$_{n-1}$ 羧酸和其他几种 C$_{n-1}$ 化学品。

当氨基酸的羧基被去除，且氨基被转化为羟基时，可生成 C$_{n-1}$ 醇。通过这种方法，可制备一些高附加值的伯醇，特别是芳香醇，如 2-苯乙醇（2-PE）和酪醇。一个代表性的实例是通过转氨酶将 L-苯丙氨酸转化为苯丙酮酸，随后通过脱羧酶催化转化为苯乙醛，然后再通过醇脱氢酶还原为 2-PE（图 8-21）。利用这种工程化的埃利希（Ehrlich）途径和产物原位分离技术，将 10g/L L-苯丙氨酸转化为了 6.1g/L 的 2-PE，转化率为 82.5%。

当羧基和氨基分别被羰基和羟基取代时，氨基酸可转化为 C$_{n-1}$ 羧酸，例如丙二酸（来自天冬氨酸）、琥珀酸（来自谷氨酸）、5-氨基戊酸（来自赖氨酸）和吲哚-3-乙酸（来自色氨酸）。其中，5-氨基戊酸是一种重要的 C5 平台化学品。Wang 等通过在 *E. coli*

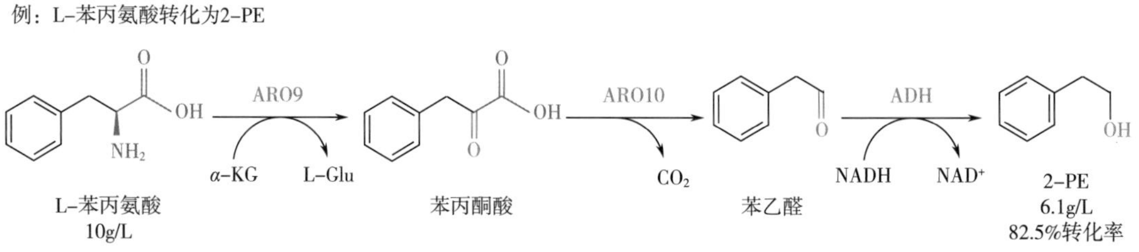

例：L-苯丙氨酸转化为2-PE

图 8-21　转化 C_n 氨基酸为 C_{n-1} 醇

W3110 菌株中共表达 *P. putida* 赖氨酸 2-单加氧酶（DavB）和 5-氨基戊酰胺酶（DavA），将 120g/L L-赖氨酸转化为 90.6g/L 的 5-氨基戊酸（5AVA），转化率为 94.2%（图 8-22）。

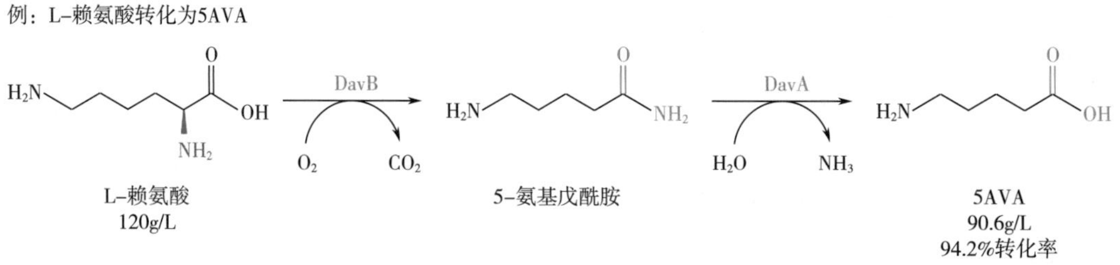

例：L-赖氨酸转化为5AVA

图 8-22　转化 C_n 氨基酸为 C_{n-1} 羧酸

　　氨基酸可以通过人工设计的级联反应转化为其他 C_{n-1} 化合物，如环氧化物和二醇，通过 5 个级联反应将 6.6~23.1g/L L-苯丙氨酸转化为 5.1~16.7g/L（*S*）-氧化苯乙烯、（*S*）-或（*R*）-1-苯基乙烷-1,2-二醇、（*S*）-扁桃酸以及（*S*）-苯甘氨酸，转化率为 85%~92%，*ee*>96%。级联 1：通过苯丙氨酸解氨酶（PAL）、苯丙烯酸脱羧酶和苯乙烯单加氧酶将 L-苯丙氨酸转化为（*S*）-环氧苯乙烯；级联 2 和 3：通过 *R*-或 *S*-选择性环氧水解酶扩展级联 1，合成（*R*）-或（*S*）-1-苯基乙烷-1,2-二醇；级联 4：通过醇脱氢酶和醛脱氢酶对级联 3 的产物（*S*）-1-苯基乙烷-1,2-二醇进行双重氧化，合成（*S*）-扁桃酸；级联 5：通过羟扁桃酸氧化酶和 α-转氨酶进一步将（*S*）-扁桃酸转化为（*S*）-苯甘氨酸。

二、L-苯丙氨酸级联生物转化生产天然 2-苯乙醇

　　2-苯乙醇（2-PE）是一种具有类似玫瑰气味的芳香化合物，广泛用于化妆品和食品行业，如添加于黑胡桃和葡萄酒等各种食品和饮料中，以增强产品的风味和口感；作为天然香料添加于化妆品和个人护理产品中。基于人们对健康绿色食品的需求增多和全球经济发展推动消费增长，2-PE 的需求量将持续快速增长。

　　目前，2-PE 主要通过化学法合成生产，以 Friedel-Craft 反应和氧化苯乙烯的催化还原等两种方法为主，但化学合成的风味化合物在某些应用中的使用受到限制，尤其是在食

品工业中，天然风味化合物是消费者的首选。然而，从花卉和植物精油中提取天然 2-PE 的生产成本高且效率低，无法满足市场需求。因此，利用微生物转化法用可再生资源生产 2-PE 可以成为传统萃取或蒸馏制备方法的一种有吸引力的替代方法，而且作为天然产品，其价值高于化学生产的 2-PE，可以产生巨大的经济效益。

已报道的微生物法转化生产天然 2-PE 的主要策略包括：①使用工程大肠杆菌菌种发酵葡萄糖，获得的 2-PE 最高浓度仅为 1.8g/L。②利用生长中的酵母细胞，通过自然的埃利希途径（转氨/脱羧/脱氢）将 L-苯丙氨酸（L-Phe）生物转化为 2-PE，随着 L-Phe 的供应，2-PE 的最大浓度达到了 3.8g/L，同时还有其他副产品。混合物的产生影响了 2-PE 的产量和香气质量，并使下游纯化工艺变得昂贵和困难。此外，用酵母生长细胞进行的生物转化获得的生产率很低，并受到产品抑制的影响。③使用表达埃利希或苯乙醛合成酶（PAAS）途径的重组大肠杆菌菌株的静止细胞进行 L-Phe 到 2-PE 的生物转化，获得的产品浓度（3.95~4.70g/L）和产率（35%~38.5%）均较低。因此，提出一种通过人工途径从 L-Phe 合成 2-PE 的方案（方案三）：采用模块化方法设计重组大肠杆菌菌株，共同表达级联路径所需的 5 种酶，用静止细胞实现了 L-Phe 到 2-PE 的生物转化，并通过原位产品去除实现高浓度和高产量的 2-PE 生产。

1. 新型人工途径的设计以及表达 PAL、PAD、SMO、SOI 和 PAR 的重组大肠杆菌菌株在 L-Phe1 到 2-PE6 转换中的工程化设计

在前期研究中，构建了一株重组大肠杆菌菌株（StyABC-PAR），共同表达苯乙烯单加氧酶（SMO）、氧化苯乙烯异构酶（SOI）和苯乙醛还原酶（PAR），通过 3 步级联反应将苯乙烯 3 转化为 2-PE6，可获得没有杂质的 2-PE6 约 50mmol/L。然而，苯乙烯 3 被归类为非天然化工原料。因此，有必要通过使用生物基的 L-Phe1 作为初始底物来扩展该途径以提供 2-PE6 作为天然产品的合成。新的级联合成途径包括使用苯丙氨酸氨溶酶（PAL）和苯丙烯酸脱羧酶（PAD），将 L-Phe1 转化为苯乙烯 3，并使用 SMO、SOI 和 PAR 将苯乙烯 3 进一步转化为 2-PE6（图 8-23）。

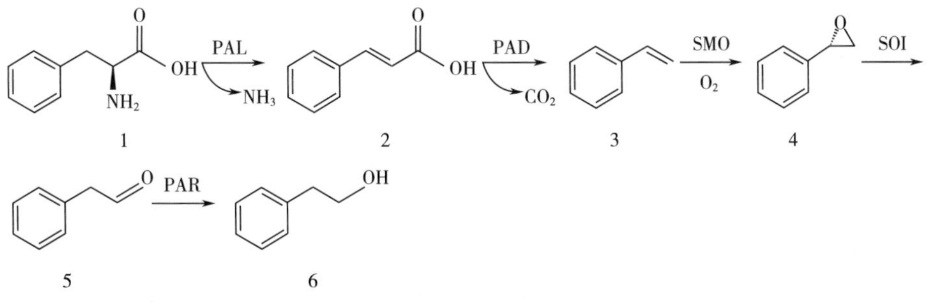

图 8-23　"一锅"多酶级联生物转化 L-Phe1 至 2-PE6

重组大肠杆菌菌株是用模块化方法设计的。AtPAL2 和 AnPAD（*fdc1* 和 *pad1*）基因被克隆到兼容的质粒中，得到第一个模块（PAL-PAD）。为了设计第二个模块，SMO 基因

（*styAB*）、SOI 基因（*styC*）和 PAR 基因已与 SMO-SOI 一起被设计成 SMO-SOI-PAR。为了在大肠杆菌菌株中获得平衡的酶表达，可以采用许多策略，如利用工程启动子或基因的核糖体结合位点等。本研究利用四个具有不同拷贝数的质粒来优化协同表达：每个模块分别在 pACYC、pCDF、pET 和 pRSF 中构建。然后将所有的质粒组合转化到大肠杆菌 T7 感受态细胞中来提供 12 个大肠杆菌菌株，每个菌株都共同表达 PAL、PAD、SMO、SOI 和 PAR（表 8-11）。

表 8-11   使用具有不同质粒的两个模块（PAL-PAD 和 SMO-SOI-PAR）构建
表达 PAL、PAD、SMO、SOI 和 PAR 的重组大肠杆菌菌株

模块 1 的质粒 （M1：PAL-PAD）	模块 2 的质粒 （M2：SMO-SOI-PAR）	模块 1 和 2 的组合质粒	组合质粒简称	含有不同质粒的 重组大肠杆菌
pACYC_ M1	pACYC_ M2	pACYC_ M1-pCDF_ M2	AC	*E. coli*（AC）
pCDF_ M1	pCDF_ M2	pACYC_ M1-pET_ M2	AE	*E. coli*（AE）
pET_ M1	pET_ M2	pACYC_ M1-pRSF_ M2	AR	*E. coli*（AR）
pRSF_ M1	pRSF_ M2	pCDF_ M1-pACYC_ M2	CA	*E. coli*（CA）
		pCDF_ M1-pET_ M2	CE	*E. coli*（CE）
		pCDF_ M1-pRSF_ M2	CR	*E. coli*（CR）
		pET_ M1-pACYC_ M2	EA	*E. coli*（EA）
		pET_ M1-pCDF_ M2	EC	*E. coli*（EC）
		pET_ M1-pRSF_ M2	ER	*E. coli*（ER）
		pRSF_ M1-pACYC_ M2	RA	*E. coli*（RA）
		pRSF_ M1-pCDF_ M2	RC	*E. coli*（RC）
		pRSF_ M1-pET_ M2	RE	*E. coli*（RE）

用静息细胞从 L-Phe1 进行一锅合成 2-PE6，以测试所有 12 个菌株的活性。将含有 10g/L 细胞和 50mmol/L L-Phe1 的磷酸二氢钾（KP）缓冲液（100mmol/L，pH8）与正十六烷混合，总体积为 12mL（1:1，体积比）。将葡萄糖（2%）添加到反应混合物中，以便通过细胞代谢再生 NADH。如图 8-24（1）所示，12 个菌株都成功在 6h 后生产出 2-PE。由于质粒拷贝数的不同，产物的浓度随模块 1（L-Phe1 至苯乙烯 3）和模块 2（苯乙烯 3 至 2-PE6）的表达水平而变化。pACYCDuet、pCDFDuet、pETDuet 和 pRSFDuet 质粒的拷贝数分别约为 40、20、40 和 100，可分为低、中和高拷贝数。在其中一个模块中携带 pCDFDuet 质粒的重组大肠杆菌的 2-PE6 产量较低，而另一个模块中携带 pRSFDuet 质粒的大肠杆菌的 2-PE6 产量较高［图 8-24（2）］。其中，具有 PAL-PAD 模块高拷贝数和 SMO-SOI-PAR 模块中拷贝数的大肠杆菌菌株给出了最高的产品浓度（25mmol/L），因此

它被选作进一步研究的对象。

2. L-Phe1 到 2-PE6 的级联生物转化及大肠杆菌（RE）细胞的产物抑制作用

大肠杆菌（RE）细胞在含有 2% 葡萄糖和 0.6% 酵母提取物的 M9 培养基中培养过夜。图 8-24（3）显示，在 12~14h 内获得了 4~5g/L 细胞干重。在细胞生长过程中每小时取样检测 L-Phe1 转化为 2-PE6 的比酶活。当细胞在对数生长后期和稳定期早期（10~14h）时，观察到最高的比酶活（约 45U/g 细胞干重）。在指数期后期收获细胞（10g/L 细胞干重），在含有 1∶1（体积比）KP 缓冲液（100mmol/L，pH8.0）和正十六烷的两相体系中研究 50mmol/L L-Phe1 的生物转化，图 8-24（4）显示了 2-PE6 生产的时间进程，在最初 3h 内实现了超过 20mmol/L 2-PE6 转化（转化率 40%）；在生物转化的最后，获得了 50% 的转化率，而高达 12% 的 L-Phe1 仍未反应；中间产物苯乙烯 3（高达 20%）和 (*S*)-氧化苯乙烯 4（高达 6%）也有积累，表明需要进一步优化。

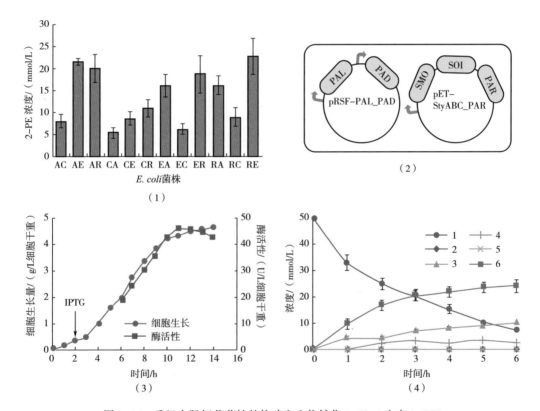

图 8-24　重组大肠杆菌菌株的构建和生物转化 L-Phe1 生产 2-PE6

（1）在 KP 缓冲液（100mmol/L，pH 8.0，2% 葡萄糖）和正十六烷（1∶1，体积比）的混合物中，利用 12 株构建的重组大肠杆菌菌株（10g/L 细胞干重）对 L-Phe 1（50mmol/L）进行生物转化（转化时间 2h），生产 2-PE6；（2）含有双质粒以表达 PAD、PAL、SMO、SOI 和 PAR 的重组大肠杆菌（RE）菌株；（3）重组大肠杆菌（RE）细胞生长和酶活性变化的时间曲线［细胞在含有 20g/L 葡萄糖的 M9 培养基中生长，2h 时采用 0.5mmol/L IPTG 诱导酶表达］；（4）重组大肠杆菌（RE）细胞（10g/L 细胞干重）将 L-Phe1（50mmol/L）生物转化为 2-PE6 的时间过程曲线据报道，2-PE6 对发酵和生物转化有抑制作用，造成产品浓度低。因此，对当前生物转化的产品的抑制作用进行了研究。大肠杆菌（RE）细胞（10g/L 细胞干重）在 30℃下用 0~90mmol/L 的 2-PE6 在 KP 缓冲液（100mmol/L，pH8.0）中预处理 3h，然后通过离心法收获细胞，用于 L-Phe1（50mmol/L）在 KP 缓冲液（100mmol/L，pH8.0，2%葡萄糖）和正十六烷（1∶1；体积比）的混合物中，于 30℃进行 3h 的生物转化。结果清楚地表明，2-PE6 对大肠杆菌细胞是有毒的。用 15mmol/L 以上的 2-PE6 预处理时细胞存在抑制现象，当用 90mmol/L 的 2-PE6 预处理时，只观察到约 10%的生产力［图 8-25（1）］。细胞活性的丧失可能是由细胞膜的损伤引起的，因为芳香醇倾向于提高膜的流动性作为其目标靶点可能对细胞膜造成损伤。为了进一步研究产品的抑制作用，在 0~3mmol/L 2-PE6 存在时，用大肠杆菌（RE）细胞（5g/L 细胞干重）进行 L-Phe1 到 2-PE6 的生物转化动力学研究：反应在 KP 缓冲液（100mmol/L，pH8.0）和十六烷（1∶1，体积比）混合液中进行（反应温度和时间分别为 30℃和 15min），发现表观 V_{max} 为 22.8μmol/（min·g 细胞干重），而表观 K_m 为 2.57mmol/L。双倒数作图法清晰地表示 2-PE6 对于这个级联生物转化反应的竞争抑制作用［图 8-25（2）］，K_i 为 4.8mmol/L。因此，较高浓度的现有 2-PE6 将显著降低反应速度。因此，在生物转化过程中去除 2-PE-6 是实现更高生产率的必要条件。（注：K_i 表示抑制常数，反映抑制剂对靶标的抑制强度，值越小表示抑制能力越强）

3. 选择合适的非水相提取生物转化生成的 2-PE6

原位产品去除技术（In-situ product removal，ISPR）可用于生物催化过程中产物的移除以避免产物抑制作用。两相萃取是一种成本效益高、易于扩展且简单的 ISPR 技术，油酸、聚丙二醇1200、1-癸醇、油醇和菜籽油等已报道在其他生物催化系统中用于原位产物萃取来生产 2-PE6。为了给两相级联生物转化选择合适的非水溶剂，研究了七种非水溶剂［包括离子液体（IL）和生物柴油］对大肠杆菌（RE）静止细胞生物转化 L-Phe 1 生产 2-PE6 的影响。测定了 L-Phe1、反式肉桂酸 2、苯乙烯 3、（S）-氧化苯乙烯 4、苯乙醛 5 和 2-PE6 在双相体系中的分配系数（K）。如图 8-25（3）所示，正十六烷对 2-PE6 的分配系数最低（K 为 0.49）。PPG2000、1-癸醇和两种离子液体 bmpyrNTf2 和 bmimNTf2 显示出较高的 K 值（分别为 25、17、19 和 30），而油酸和生物柴油的 K 值分别为 8 和 6.5。显然，除了正十六烷，所有的非水溶剂都能从水相中提取大部分的 2-PE6。对于所有使用的非水溶剂，观察到 L-Phe1 和反式肉桂酸 2 的分配系数约为 0，表明超过 99%的这些化合物留在水相中。另一方面，苯乙烯 3、（S）-氧化苯乙烯 4 和苯乙醛 5 的分配系数被确定为 30~265，表明超过 97%的这些中间产物被提取在非水相中。

在含有 L-Phe 1（50mmol/L）的 KP 缓冲液（100mmol/L，pH 8.0，2%葡萄糖）和七种非水溶剂（1∶1，体积比）的混合物中（30℃），用大肠杆菌（RE）细胞（10g/L 细胞干重）进行提取，生物转化 6h，结果如图 8-25（4）所示，除了正十六烷，所有使用的溶剂都能在非水相中提取大量的 2-PE6。用生物柴油和油酸作为非水溶剂，产生的 2-PE6 分别为 48mmol/L（5.9g/L，产率 96%）和 35mmol/L（4.3g/L，产率 70%），远远高于用正十六烷产生的 25mmol/L 2-PE6。除了分配系数外，辛醇/水混合物中的溶剂分配系数的对数（LgP）是衡量溶剂对细胞毒性的指标，也是选择溶剂的重要因素。油酸和生物柴油表现出中等的分配系数（8 和 6.5），具有较高的 LgP 值（分别为 7.6 和 9.0），因此 2-PE6 的生产率较高。另一方面，PPG2000 和 1-癸醇具有较高的分配系数，但 LgP 值较低（分别为 4.0 和 4.6），因此产品浓度较低，分别为 27mmol/L 和 15mmol/L。然而，目前这种 LgP 概念并不适用于离子液体，尽管 bmpyrNTf2 和 bmimNTf2 离子液体是疏水性的，并显示出高分配系数，但 Ntf2 阴离子含有三氟甲基磺酰基键，可能会降低酶的活性，从而导致产品浓度较低，分别为 22mmol/L 和 16mmol/L。相比之下，绿色和廉价的生物柴油的性能最好，因此被选为用于大肠杆菌全细胞催化 L-Phe1 到 2-PE6 的两相级联生物转化的非水溶剂。

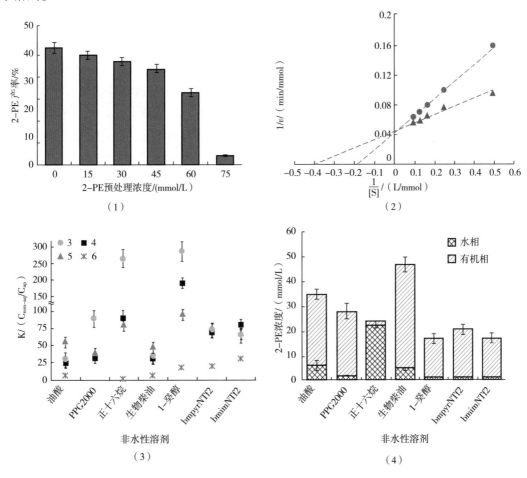

图 8-25　L-Phe1 生物转化产生 2-PE6 过程中的产物抑制现象及 ISPR 技术去除产物抑制

（1）使用 2-PE6（0～90mmol/L）预处理 3h 大肠杆菌（RE）细胞（10g/L 细胞干重）对生产 2-PE6 的影响；（2）在 2-PE6 存在下，利用大肠杆菌（RE）细胞（5g/L 细胞干重）将 L-Phe 1 生物转化为 2-PE6 的双倒数图；（3）在 KP 缓冲液（100mmol/L，pH 8.0）-非水溶剂（1:1，体积比）混合物中，苯乙烯 3、（S）-氧化苯乙烯 4、苯乙醛 5 和 2-PE6（20～100mmol/L）的分配系数 K（$K = C_{non-aq}/C_{aq}$），非水性溶剂中的 L-Phe1 和反式肉桂酸 2 的 K 值均为 0；（4）水相和有机相 L-Phe 1（50mmol/L）生物转化产生的 2-PE6 浓度

4. 在柴油-水基两相系统中，用大肠杆菌（RE）静息细胞转化 L-Phe1 生成 2-PE6

在 30℃的 KP 缓冲液（100mmol/L，pH8.0，2%葡萄糖）和生物柴油（1∶1，体积比）的混合物中用不同浓度的 L-Phe1（50~100mmol/L）和不同的大肠杆菌（RE）细胞量（10~20g/L 细胞干重）进行生物转化 6h。如表 8-12 所示，细胞量为 15g/L 细胞干重时转化 50mmol/L L-Phe1 可获得 96%的 2-PE6（48mmol/L）；细胞量为 15g/L 细胞干重、L-Phe1 为 80mmol/L 时获得的 2-PE6 浓度最高，为 71mmol/L（8.8g/L，转化率89%）。图 8-26（1）显示了在此条件下生产 2-PE6 的详细时间进程：L-Phe1 在 6h 内迅速转化为 2-PE6，而中间产物反式肉桂酸 2、苯乙烯 3、（S）-氧化苯乙烯 4 和苯乙醛 5 在每个测量时间点的浓度都很低。通过改变 L-Phe1 的初始浓度，发现生物转化的结果是相似的。不同的氮浓度并不影响代谢活性、途径成分的分布和副产物的形成。

接着探讨了大肠杆菌（RE）细胞在 L-Phe1 到 2-PE6 的级联生物转化过程中回收和再利用的可能性。用大肠杆菌（RE）细胞（15g/L 细胞干重）将 80mmol/L L-Phe1 在30℃的 KP 缓冲液（100mmol/L，pH8.0，2%葡萄糖）和生物柴油（1∶1，体积比）的混合物中反应 6h，然后进行水相和有机相的分离，然后通过离心和重新悬浮，在含有 L-Phe1 的新鲜 KP 缓冲液中，在相同条件下进行两相生物转化。如图 8-26（2）所示，细胞保留了原始生产力的 87%，并在第三批中产生 62mmol/L 的 2-PE6。这进一步证明了利用大肠杆菌静息细胞从 L-Phe1 生物转化生产天然 2-PE6 的成本效益和实用性。

表 8-12　大肠杆菌（RE）细胞级联转化 L-Phe1 至 2-PE6 的柴油-水基两相系统[a]

L-Phe1 的浓度/（mmol/L）	细胞密度/（g/L 细胞干重）	L-Phe1 的浓度/（mmol/L）[b]	2-PE6 的转化率/%
50	10	44±2.3	88±5
50	15	48±3.0	96±6
50	20	47±2.6	94±5
65	10	50±2.8	77±4
65	15	58±3.0	89±5
65	20	57±3.5	88±5
80	10	61±4.1	76±5
80	15	71±3.8	89±5
80	20	70±4.4	88±6
100	10	57±3.1	57±3
100	15	70±4.9	70±5
100	20	74±3.8	74±4

[a] 反应在 KP 缓冲液（100mmol/L，pH 8.0，2%葡萄糖）和生物柴油（1∶1，体积比）的混合物中在 30℃下进行 6h。

[b] 数据为三次实验的平均值±SD。

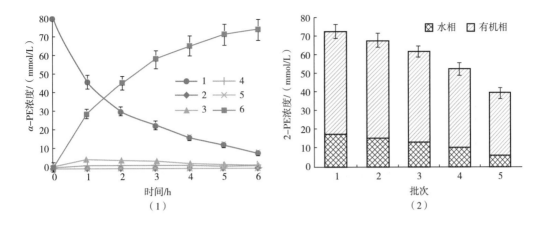

图 8-26　大肠杆菌（RE）细胞在 2-PE6 合成过程中的回收与再利用

（1）在 KP 缓冲液（100mmol/L，pH 8.0，2%葡萄糖）和生物柴油（1：1，体积比）的混合物中，用大肠杆菌（RE）细胞（15g/L 细胞干重）在 30℃下将 L-Phe 1（80mmol/L）生物转化为 2-PE6 的时间过程曲线；（2）利用大肠杆菌（RE）细胞循环，在双相系统中将 L-Phe 1 生物转化为 2-PE6

5. 大肠杆菌（RE）静息细胞转化 L-Phe 1 至 2-PE6 的吸附剂筛选

原位产品吸附（ISPA）是另一种经常使用的减小产物抑制作用的技术。一些吸附剂如 D101、HZ818、聚甲基丙烯酸甲酯（PMMA）微球 Hytrel 等都曾被报道用于 2-PE6 的生物生产中。本研究为 L-Phe1 到 2-PE6 的级联生物转化检测了七种不同的吸附剂，包括由 OA-MNP 合成的磁性纳米粒子 OA-MNPPS。将吸附剂（100g/L）分别加入含有 L-Phe1（50mmol/L）或 2-PE6（50mmol/L）的 KP 缓冲液（100mmol/L，pH8.0）中，在 30℃下吸附 2h 以比较吸附性。如图 8-27（1）所示，吸附后只有少量的 2-PE6 留在水相中，大部分的 L-Phe1（>35mmol/L）仍在水相。在所有的吸附剂中，XAD4 树脂显示出最好的性能，吸附了 48mmol/L 的 2-PE6（96%），避免了产物抑制作用，剩余的 40mmol/L L-Phe1（80%）在水相中进行有效的生物转化。XAD4 是经过美国食品药品监督管理局（FDA）审核批准的食品生产中可安全使用的吸附剂，OA-MNP-PS 也显示了对 2-PE6 良好的吸附作用，是一种新型的原位产品吸附剂。这两种吸附剂被选作进一步研究的对象。

然后用大肠杆菌（RE）菌株的静息细胞（15g/L 细胞干重）在 XAD4 树脂（90g/L）或 OA-MNP-PS（5mg/mL）存在下，在 KP 缓冲液（100mmol/L，pH8.0，2%葡萄糖，50mmol/L L-Phe1）和非水溶剂（1：1，体积比）的混合物（30℃）中进行了 L-Phe1 到 2-PE6 的生物转化 6h。如图 8-27（2）所示，在生物柴油-水溶液和油酸-水溶液体系中加入 OA-MNP-PS，分别得到 38mmol/L 和 41mmol/L 的 2-PE6，相当于 2-PE6 产量的 76%和 82%。另一方面，使用 XAD4 树脂作为生物柴油或油酸水溶液两相系统的吸附剂，可以得到更高的产品浓度（48mmol/L 和 47mmol/L），分别相当于 2-PE6 产量的 96%（5.9g/L）和 94%（5.7g/L）［图 8-27（3）］。因此，XAD4 树脂被选为 L-Phe1 到 2-PE6 的三相生物转化的吸附剂。

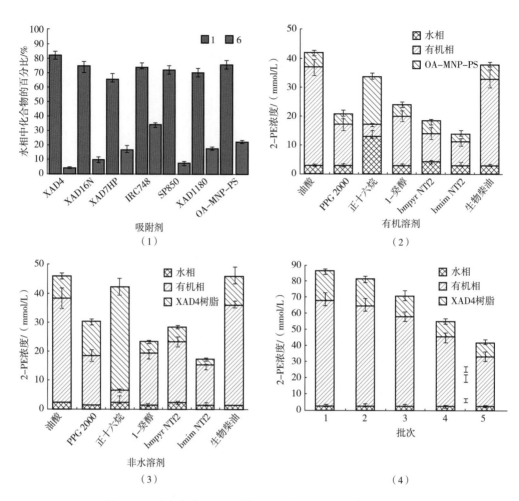

图 8-27　大肠杆菌（RE）静息细胞合成 2-PE6 的吸附剂筛选

（1）用不同吸附剂（100g/L）在 KP 缓冲液（100mmol/L，pH 8.0，30℃）中吸附 L-Phe 1（50mmol/L）和 2-PE6（50mmol/L）2h 后，水相中 L-Phe 1 和 2-PE6 的百分比；（2）大肠杆菌（RE）细胞（15g/L 细胞干重）在 KP 缓冲液（100mmol/L，pH 8.0，2%葡萄糖，30℃）和非水溶剂（1∶1，体积比）与 OA-MNP-PS（5mg/mL）的混合物中对 L-Phe 1（50mmol/L）进行生物转化 6h 获得的 2-PE6 浓度；（3）大肠杆菌（RE）细胞（15g/L 细胞干重）在 KP 缓冲液（100mmol/L，pH 8.0，2%葡萄糖，30℃）和非水溶剂（1∶1，体积比）与 XAD4 树脂（90g/L）的混合物中对 L-Phe 1（50mmol/L）进行生物转化 6h 获得的 2-PE6 浓度；（4）利用大肠杆菌（RE）细胞的再循环，在三相体系中将 L-Phe 1（100mmol/L）生物转化为 2-PE6。反应在 KP 缓冲液（100mmol/L，pH 8.0，2%葡萄糖）和生物柴油（1∶1，体积比）的混合物中进行，存在 XAD4 树脂（90g/L），30℃，持续 6h。然后收集细胞，并在同一生物转化的新批次中重复使用

6. 在 XAD4-生物柴油-缓冲液三相系统中用大肠杆菌（RE）菌株静息细胞进行 L-Phe1 到 2-PE6 的生物转化

在 XAD4 树脂（90g/L）存在下，100mmol/L L-Phe1 与大肠杆菌（RE）细胞（15g/L 细胞干重）在 KP 缓冲液（100mmol/L，pH8.0，2%葡萄糖）和生物柴油（1∶1，体积

比）的混合物（30℃）中进行了 6h 的反应，产生了 85mmol/L（约 10.4g/L）的 2-PE6。这一结果优于在没有 XAD4 树脂的两相系统中获得的 2-PE6 的产量（71mmol/L）。因此，在生物柴油-缓冲液中使用 XAD4 的生物转化效率更高。

然后，探讨了静息细胞在三相生物转化中的可回收性。在三相系统中，100mmol/L L-Phe1 在 30℃下进行 6h 生物转化。XAD4 树脂首先被分离，然后通过离心法回收细胞。回收的细胞在相同条件下用于新一批的三相生物转化。如图 8-27（4）所示，在第三批中获得了 72mmol/L 的 2-PE6，相当于保留了 85% 的生产力。

2-PE6 制备是用大肠杆菌（RE）细胞（10g/L 细胞干重）在 30mLKP 缓冲液（100mmol/L，pH8.0，2% 葡萄糖）、30mL 生物柴油和 2.7gXAD4 树脂中在 30℃下生物转化 6h 而进行的。2-PE6 的转化率达到 80%，并且通过使用溶剂萃取和随后的快速柱层析进行纯化，最终获得 131mg 2-PE6，收率 72%，纯度 >98%。通过核磁共振分析确定了产品结构。这种制备方法每克细胞干重可以得到 3.6mmol（439mg）2-PE6。在两相生物转化中，2-PE6 可以很容易地通过蒸馏从生物柴油中分离出来，而生物柴油可以被重新使用。考虑到量化生产，两相系统可能比三相系统更适合，因为三相系统需要有效地再生和重复使用吸附剂。

总之，本研究成功开发了一种新的、高效的基于全细胞的生物基 L-苯丙氨酸（L-Phe1）生产高价值天然芳香化合物 2-苯乙醇（2-PE6）的级联生物转化方法（图 8-28）。重组大肠杆菌菌株共同表达苯丙氨酸氨溶酶（PAL）、苯丙烯酸脱羧酶（PAD）、苯乙烯单加氧酶（SMO）、氧化苯乙烯异构酶（SOI）和苯乙醛还原酶（PAR），通过使用双质粒、模块化方法和随机组合，催化 L-Phe1 到 2-PE6 的级联生物转化。其中，携带含有 *pal-pad* 的 pRSFDuet 质粒和含有 *styABC-par* 的 pETDuet 质粒的大肠杆菌（RE）菌株以高水平

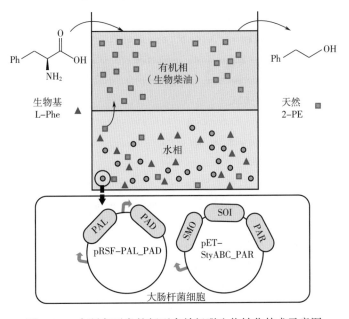

图 8-28　本研究开发的新型高效级联生物转化技术示意图

和适当比例产生了所需的酶，赋予级联反应最佳的催化性能。当用 2-PE6 预处理细胞时，观察到产物抑制作用，竞争性抑制被动力学研究证实，K_i 值为 4.8mmol/L。原位溶剂萃取被成功用于规避产物抑制。在检测的 7 种非水溶剂中，绿色和易得的生物柴油是水-有机两相生物转化的最佳选择。通过使用易得的大肠杆菌（RE）菌株静息细胞在生物柴油-水性缓冲液中生物转化了 80mmol/L 的 L-Phe1 得到 71mmol/L 的 2-PE6（8.8g/L，产率为 89%）。事实证明，通过原位产品吸附是解决 2-PE6 抑制问题的有效方法，XAD4 是检测的 7 种吸附剂中最好的一种。在 XAD4 存在下，用大肠杆菌（RE）细胞在生物柴油-水缓冲液中对 100mmol/L L-Phe1 进行生物转化，得到了 85mmol/L（10.4g/L，产率为 85%）的 2-PE6，高于在没有吸附剂的两相中进行相同生物转化得到的 2-PE6 浓度。首次发现磁性纳米颗粒（OAMNP-PS）是生产 2-PE6 的良好吸附剂。两相和三相体系中的产品浓度和产量均高于已报道的 2-PE6 的生物法生产情况，包括葡萄糖发酵（2-PE6 浓度 1g/L）、通过天然的埃利希或苯乙醛合成酶（PAAS）途径的 L-Phe1 的生物转化（2-PE6 浓度<4.7g/L）。大肠杆菌细胞很容易回收，在两相和三相系统中的第三周期生物转化中分别保留 87% 和 85% 的生产力。开发的基于全细胞的非自然级联生物转化法将易得的生物基 L-Phe1 转化为 2-PE6，可以为生产高价值的天然 2-PE6 提供实用的工艺，比天然转化途径（埃利希或 PAAS 途径）转化 L-Phe1 显示出明显优势。

参考文献

［1］Akihiro S, Kazuhiko T, Yoshiyuki Y, et al. Identification of novel L-amino acid α-ligases through hidden markov model-based profile analysis ［J］. Bioscience Biotechnology, and Biochemistry, 2010, 74 (2): 415-418.

［2］Birrane G, Bhyravbhatla B, Navia M A. Synthesis of aspartame by thermolysin: an X-ray structural study ［J］. ACS Medicinal Chemistry Letters, 2014, 5 (6): 706-710.

［3］Hirao Y, Mihara Y, Kira I, et al. Enzymatic production of L-alanyl-L-glutamine by recombinant *E. coli* expressing α-amino acid ester acyltransferase from *Sphingobacterium siyangensis* ［J］. Bioscience Biotechnology, and Biochemistry, 2013, 77 (3): 618-623.

［4］Jiang Y, Tao R, Shen Z, et al. Enzymatic production of glutathione by bifunctional γ-glutamylcysteine synthetase/glutathione synthetase coupled with *in vitro* acetate kinase-based ATP generation ［J］. Appl Biochem Biotechnol, 2016, 180 (7): 1446-1455.

［5］Kumagai H, Echigo T, Suzuki H, et al. Synthesis of γ-glutamyl-DOPA from L-glutamine and L-DOPA by γ-glutamyl transpeptidase of *Escherichia coli* K-12 ［J］. Bioscience Biotechnology, and Biochemistry, 1988, 52 (7): 1741-1745.

［6］Lukito B R, Wu S K, Saw H J J, et al. One-Pot Production of Natural 2-Phenylethanol from L-Phenylalanine via Cascade Biotransformations ［J］. Chem Catchem, 2019, 11 (2): 831-840.

［7］Nakanishi K, Takeuchi A, Matsuno R. Long-term continuous synthesis of aspartame precursor in a column reactor with an immobilized thermolysin ［J］. Applied Microbiology and Biotechnology, 1990, 32 (6): 633-636.

［8］ Tabata K, Ikeda M, Hashimoto S-i. YwfE in *Bacillus subtilis* codes for a novel enzyme, L-amino acid ligase ［J］. Journal of bacteriology, 2005, 187: 4195-4202.

［9］ Toshinobu A, Yasuhiro A, Shun I, et al. L-amino acid ligase from *Pseudomonas syringae* producing tabtoxin can be used for enzymatic synthesis of various functional peptides ［J］. Applied and environmental microbiology, 2013, 79 (16): 5023-9.

［10］ Toshinobu A, Yasuhiro A, Shun I, et al. L-Amino acid ligase from *Pseudomonas syringae* producing tabtoxin can be ssed for enzymatic synthesis of various functional peptides ［J］. Applied and environmental microbiology, 2013, 79: 5023-5029.

［11］ Wang C, Zhang J, Wu H, et al. Heterologous *gshF* gene expression in various vector systems in *Escherichia coli* for enhanced glutathione production ［J］. Journal of bacteriology, 2015, 214: 63-68.

［12］ Yi M L, Jiao Q G, Xu Z P, et al. Production of L-alanyl-L-glutamine by immobilized *Pichia pastoris* GS115 expressing α-amino acid ester acyltransferase ［J］. Microbial Cell Factories, 2019, 18 (1): 27.

［13］ Zhang J D, Zhao J W, Gao L L, et al. One-pot three-step consecutive transformation of L-alpha-Amino Acids to (R)-and (S)-vicinal 1,2-diols via combined chemical and biocatalytic process ［J］. Chem Catchem, 2019, 11 (20): 5032-5037.

第九章 多酶级联催化氨基酸衍生化的关键技术

第一节 多酶级联转化甘氨酸生产 α-功能化有机酸

一、概述

α-功能化有机酸，如 α-酮酸、α-氨基酸和 α-羟基酸等，在化学合成、化妆品和医药生产等方面发挥着重要作用，因而受到广泛的关注。化学家们开发了一些化学和酶法以生产足够的化学品来满足市场需求。其中，最具潜力的合成途径是 C—H 功能化介导的小分子不对称组装（主要包括 C—N 键、C—O 键以及 C—C 键的生成）。然而，C—H 功能化方法严重依赖于贵金属催化剂（例如：钯、铑、钌和铱等）和受保护的底物。因此，一些研究人员基于某些生成 C—C 键的生物催化过程，以小分子氨基酸为底物来合成 α-功能化有机酸。其中最典型的例子是苏氨酸醛缩酶（TA），它可以催化未受保护的小分子氨基酸（甘氨酸、丙氨酸等）和醛的缩合组装，提供了一种非常简单的方法来合成 β-羟基 α-氨基酸。另一个代表性的实例是基于丙酮酸醛缩酶的级联反应，它使用丙氨酸和甲醛作为底物，实现了 (S)-和 (R)-高丝氨酸的酶促合成。但是，目前用生物催化法所获得的 α-功能化有机酸产品种类比较少，因此迫切需要发展新方法来合成更多种类的 α-功能化有机酸。

甘氨酸是结构最为简单的非手性氨基酸。由于其 α 碳上有两个氢原子，可以通过 C—H 活化的方法，对不同的 H 原子进行攻击而得到不同手性的产品，所以甘氨酸非常适合用于手性化学品的合成。

非手性甘氨酸和醛类廉价且容易获得，是合成手性 α-功能化有机酸的潜在前体。相比之下，在已报道的大多数酶法生产 α-羟基酸和 α-氨基酸的过程中，常用的底物是酮酸、(S)-氨基酸或 (S)-氨基酸或 (S)-羟基酸以及它们的外消旋混合物。这些底物不易获得，并且比甘氨酸和相应的醛贵得多。在化学合成法方面，由于需要受保护的底物，例如 N-邻苯二甲酰亚胺保护的 L-α-丙氨酸和甲基或苄基保护的 (S)-α-乳酸，保护和脱保护工艺具有成本上的缺点。因此，利用生物催化过程将低成本的非手性底物甘氨酸和醛类转化为高价值 α-功能化有机酸，具有较高的商业价值。

二、手性基团重置级联反应的设计和构建

借助多酶级联催化，设计一种手性基团"引入—删除—再引入"的重置系统（图9-

1），该系统利用模块化的设计方式，使得整个生物催化过程能够可调和可预测。它利用简单的非手性甘氨酸和醛为原料，能够合成多种立体定义的 α-功能化有机酸，包括非天然 α-酮酸、α-羟基和 α-氨基酸，具有较高的产品多样性，为转化低成本非手性原料为其他多功能手性分子提供了参考。

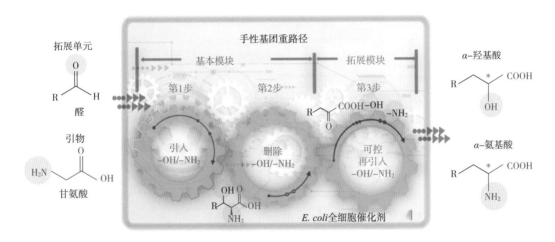

图 9-1　手性基团重置路径

1. 基本模块的设计

基于甘氨酸侧链 C—C 加成介导的不对称组装，设计了一个手性基团重置级联反应来合成非天然 α-功能化有机酸，该系统由 4 个模块组成（图 9-2），包括一个基础模块（BM）和三个扩展模块（EM）。

BM 可将非手性底物醛（1）和甘氨酸（2）组装成潜手性 α-酮酸（4），包括引入和消除手性—OH/—NH$_2$ 两步反应。第一步反应是 TA 介导的不对称组装，能够形成 C—C 键，将甘氨酸与醛缩合成 β-羟基-α-氨基酸（3），同时引入手性—OH/—NH$_2$。第二步反应是苏氨酸脱氨酶（TD）催化的非典型脱氨反应，该反应是一个依赖 PLP 辅酶的 α,β-消除反应（图 9-3），可以消除（3）的手性基团（C$_\alpha$—NH$_2$ 和 C$_\beta$—OH）并生成潜手性 α-酮酸。与普通脱氨酶不同，TD 以 PLP 为辅酶，从 β-羟基-α-氨基酸的 β-位置除去水，生成一个能互变异构成亚胺的烯胺，然后在水溶液环境中迅速水解，生成相应的 α-酮酸和氨（图 9-3）。而典型脱氨反应，如氨基酸脱氨酶催化的脱氨反应是以 FAD 为辅酶催化 L-氨基酸脱氨，生成亚胺，然后在水溶液环境中迅速水解成相应的 α-酮酸和氨（图 9-3）。

在 BM 的基础上，再通过 EM 在 α-酮酸分子中重新引入手性 α—OH/—NH$_2$，可将潜手性 α-酮酸转化为手性 α-羟基/氨基酸。扩展模块 1（EM1）：是在 L-或 D-羟基异己酸脱氢酶（L-或 D-HicDH）催化下，将（4）选择性还原为（S）-或（R）-α-羟基酸 [（S）-或（R）-5]，在这个还原过程中使用甲酸脱氢酶（FDH）再生辅酶 NADH。扩展模块 2（EM2）：利用氨基酸脱氢酶（AADH）将（4）转化为（S）-或者（R）-α-氨基酸 [（S）-或（R）-6]，利用 FDH 再生辅酶 NADH，利用葡萄糖脱氢酶（GDH）再生辅酶基础模块（BM）：

扩展模块1（EM1）：

扩展模块2（EM2）：

扩展模块3（EM3）：

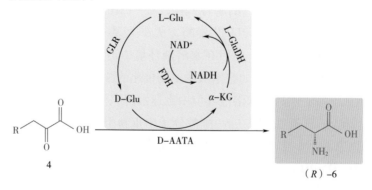

图 9-2　基本模块的设计

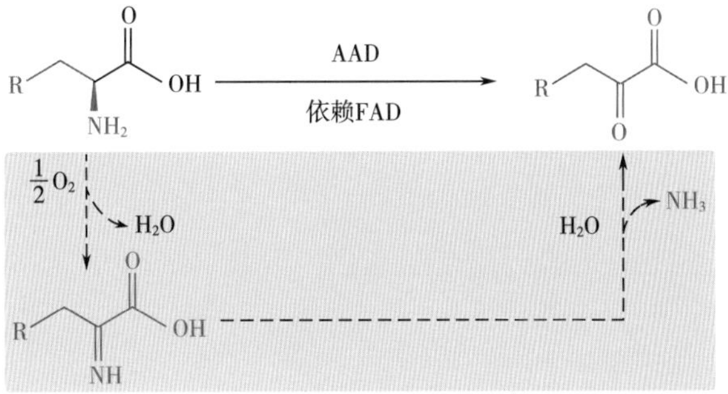

（1）

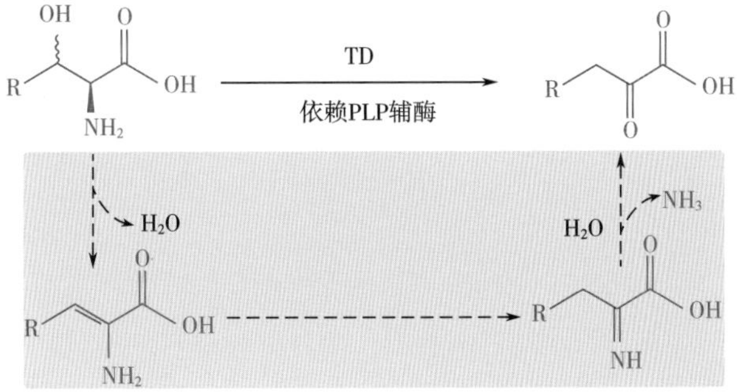

（2）

图 9-3　典型的脱氨反应（1）和 α,β-消除脱氨反应（2）

NADPH。考虑到 D 选择性 AADH 在自然界并不普遍，且氨基酸转氨酶（DAAT）介导的转氨基反应也是合成氨基酸的常用方法之一。因此，选择用 DAAT 构建扩展模块 3（EM3），作为将 4 转化为（R）-α-氨基酸［（R）-6］的备选方法，同时级联谷氨酸脱氢酶（GluDH）、FDH 和谷氨酸外消旋酶（GluR）用于氨基供体的循环。

2. 模块化级联组装手性基团重置路径

手性基团重置路径的组装是以模块级联的方式实现的，使得产品可调控、可预测并且提高了产品多样性。通过将 BM 和 EM1 级联来重置手性—OH 合成（S）-或（R）-α-羟基酸，通过将 BM 和 EM2 或 EM3 级联来重置手性—NH_2 合成（S）或（R）-α-氨基酸。当BM 与 EM 级联时，手性—OH/—NH_2 基团的变化表现为"引入—删除—再引入"的过程，可以看作是—OH/—NH_2 重置过程（图 9-4）。在这一过程中，每个产品的手性信息有三个变化步骤：①引入手性—OH/—NH_2，此时 β-OH 选择性较低；②删除手性—OH/—NH_2；③再重新引入—OH/—NH_2，获得高光学纯度的产品，产品种类和构型可调控。通过这个路径，以易获得的甘氨酸为引物，以脂肪族、芳香族、杂芳族和其他杂环类醛作为扩展单元（图 9-5），可用于合成一系列潜手性 α-酮酸、手性 α-羟基酸和手性 α-氨基酸。

从有机合成的角度来看，在产品种类和构型的调控方面，手性基团重置过程更具优

级联1：重置手性–OH合成（S）–或（R）–α-羟基酸

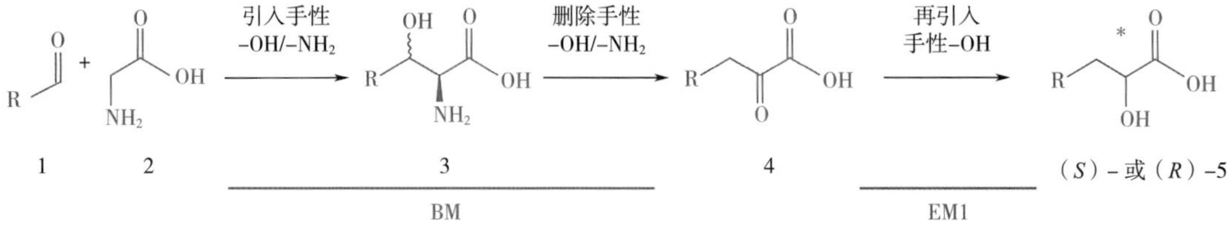

（1）

级联2：重置手性–NH₂合成（S）–或（R）–α-氨基酸

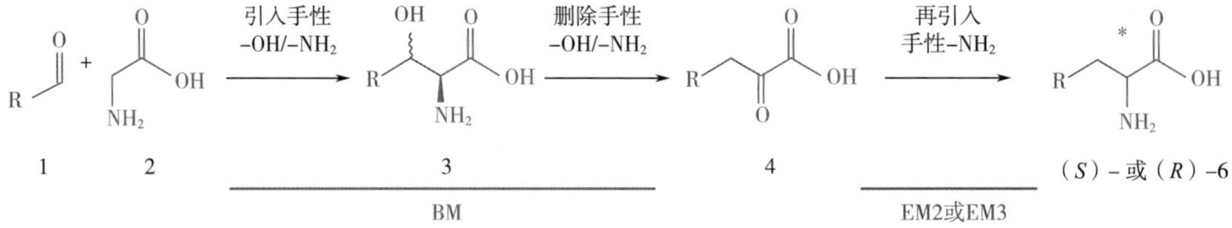

（2）

图9-4　模块级联组装手性基团重置路径

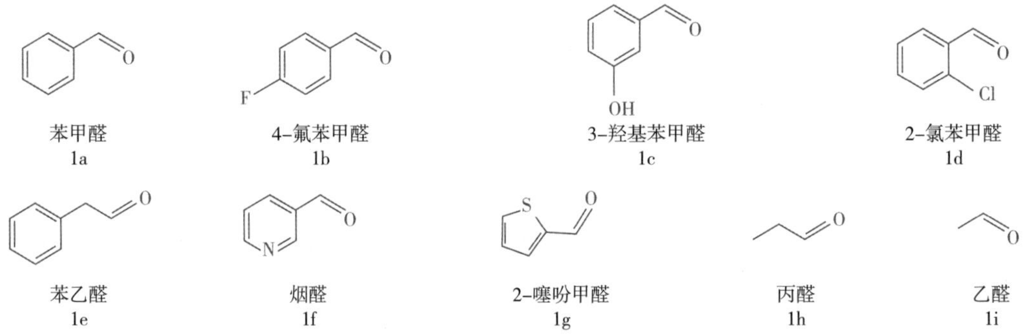

图9-5　本研究所用的醛底物

势。与目前报道的其他酶促合成非天然 α-功能化有机酸过程相比，手性基团重置过程是独特的。例如，在不对称还原法中，手性基团一般是从潜手性羰基变化为（S）–或（R）–NH₂/–OH；在酶法催化的构型反转过程中，手性基团一般是从（S）–NH₂/–OH 变化为（R）–NH₂/–OH；在去消旋化时，一般是以 rac-NH₂/–OH 出发转化为构型单一的（S）–或（R）–NH₂/–OH；在酶促基团类型转换的过程中，典型案例是将（S）–NH₂ 转化为（S）–或（R）–OH。而在相关的化学法合成非天然 α-功能化有机酸过程中，由于对化学性质活泼的手性官能团（如—OH 和—NH₂）进行了保护，其产物种类和构型与底物是相同的。

（1）酶的筛选　整个路径中的酶，要求选择性高，且能够接受不同的底物，包括脂肪族、芳香族、杂芳族和其他杂环类（图9-5）。因此，通过文献挖掘和基因挖掘，筛选所需的酶。

①筛选 BM 模块所需的酶：首先是 TA 的挖掘。通过文献调研发现，"如何扩展 TA 非天然底物谱"以及"如何实现单一构型产物的合成"这两大问题，激发了 TA 研究领域的大部分工作。目前，TA 底物谱已经从天然底物甘氨酸和乙醛，扩展到一系列的芳香族和脂肪族醛类底物。根据文献报道，铜绿假单胞菌（*Pseudomonas aeruginosa*）来源的 TA（*Pa*TA）对底物 1a 和 2 具有较高的活性，因此选择 *Pa*TA 作为第一步反应的酶。然后，对 *Pa*TA 的底物谱进行了考察，结果表明 *Pa*TA 对选中的 9 种底物均有活性。

然后是 TD 的挖掘。目前，并未发现将 TD 酶用于催化非天然底物的报道，对于 TD 酶的研究主要是通过改造 TD 酶，解除氨基酸合成反馈抑制，用于 L-亮氨酸的发酵生产。自然界中有两种苏氨酸脱氨酶，包括生物合成型苏氨酸脱氨酶（TD）和生物降解型苏氨酸脱氨酶（TdcB）。因此，通过数据库挖掘选择了 8 个 TD 和 4 个 TdcB，并对这些酶进行功能筛选，以期能够获得可以催化目标反应的苏氨酸脱氨酶。由于 TA 催化第一步反应生成的产物 3 具有 *threo*-3 和 *erythro*-3 两种构型，为了使得 3 能够被完全转化生成 4，所要筛选的 TD 需能够对两种构型的 3 均有活性。于是，以非天然底物苯丝氨酸（*threo*-3a 和 *erythro*-3a）为筛子，对所选的 TD 进行筛选，筛选结果表明（图 9-6），仅有来源于 *E. coli* W3110 的 *Ec*TD 和来源于谷氨酸棒状杆菌（*Corynebacterium glutamicum*）的 *Cg*TD 对两种构型的底物均有活性。其中，*Ec*TD 对 *threo*-3a 和 *erythro*-3a 的比酶活分别为 8.9U/mg 蛋白和 0.6U/mg 蛋白，而 *Cg*TD 对 *threo*-3a 和 *erythro*-3a 的比酶活分别为 4.8U/mg 蛋白和 1.1U/mg 蛋白。虽然 *Ec*TD 对 *threo*-3a 的比酶活较高，但是 *Cg*TD 对 *erythro*-3a 比酶活更高。因此，综合考虑两者对不同底物的活力以及第一步反应的选择性，最终选择活力相对平衡的 *Cg*TD 作为第二步反应的酶。

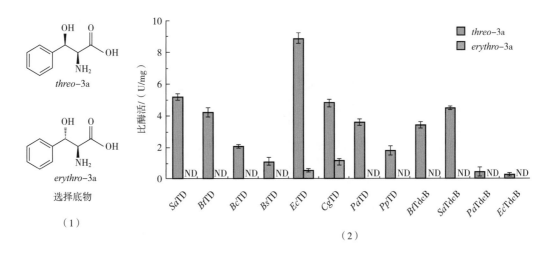

图 9-6 苏氨酸脱氨酶的筛选

②筛选 EM 模块所需的酶：EM1 是用于将 α-酮酸不对称还原为 α-羟基酸，关于这方面的研究比较多，因此选择从已报道的文献中挖掘高效酶构建 EM1。经文献调研发现，来源于融合乳杆菌（*Lactobacillus confusus*）DSM 201966 的 L-HicDH 和来源于副干酪乳杆菌

（*Lactobacillus paracasei*）DSM 20008 的 D-HicDH 能够高效地将脂肪族和芳香族酮酸高选择性地还原为（*S*）-和（*R*）-羟基酸，*ee*>99%，转化率>98%。因此，选择这两个酶用于构建 EM1，并且通过密码子优化合成了这两个酶的基因，并选择级联来源于博伊丁假丝酵母（*Candida boidinii*）的 *Cb*FDH 来循环辅酶 NADH。

EM2 被用于将 α-酮酸转化为 α-氨基酸，而高选择性 AADH 介导的不对称还原氨化是合成氨基酸的一种重要方法。因为 AADH 参与 L-氨基酸的体内代谢，所以绝大多数的 AADH 只能催化 α-酮酸生成相应的 L-氨基酸。因此，这里通过基因挖掘获得了 7 个 L-AADH，包括苯丙氨酸脱氢酶（PheDH）、亮氨酸脱氢酶（LeuDH）和谷氨酸脱氢酶（GluDH），然后以苯丙酮酸（4a）和 2-丁酮酸（4i）为底物进行筛选，结果如图 9-7 所示。GluDH 显示出较高的特异性，对 4a 和 4i 均未表现出催化活性。LeuDH 对脂肪族底物 4i 有较高活力，而对芳香族底物 4a 活性较低甚至无活性，其中苏云金芽孢杆菌（*Bacillus thuringensis*）来源的 *Bt*LeuDH 对 4i 的比酶活最高，达到了 1.5U/mg 蛋白，但是其对 4a 却无催化活性。而 PheDH 则对两种底物均表现出较高的催化活性，来源于粟褐芽孢杆菌（*Bacillus badius*）的 *Bb*PheDH 对 4a 的比酶活最高，达到了 47.3U/mg 蛋白，其对 4i 的比酶活也达到了 1.5U/mg 蛋白。因此，选择 *Bb*PheDH 构建合成 L-氨基酸的 EM2$_L$，通过级联 *Cb*FDH 循环辅酶 NADH。

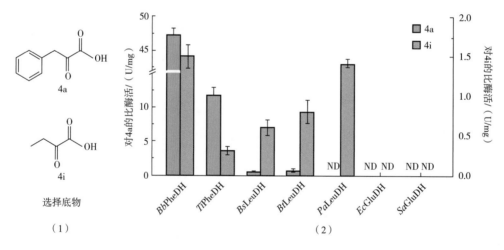

图 9-7　氨基酸脱氢酶的筛选

关于 D-AADH 的研究兴起于 2006 年，美国加州 BioCatalytics 公司通过理性设计和随机突变对 *C. glutamicum* 的 2,6-D-二氨基庚二酸脱氢酶（*Cg*DAPDH）进行改造，首次得到 D-AADH，可以选择性地催化 α-酮酸生成相应的 D-氨基酸。在 2017 年，Gao 等人筛选到了具有较宽底物谱的嗜热互营短杆菌（*Symbiobacterium thermophilum*）DAPDH 突变体 *St*DAPDH[H227V]，其对脂肪族和芳香族酮酸底物均表现出催化活性。因此，选择 *St*DAP-DH[H227V] 构建合成 D-氨基酸的菌株，并级联来源于巨大芽孢杆菌（*B. megaterium*）的葡萄糖脱氢酶（*Bm*GDH）来循环辅酶 NADPH。

EM3 是基于 DAAT 设计的转氨反应，是合成 D-型氨基酸的主要方法之一。与 D-AADH 相比，DAAT 于自然界中广泛存在，且 DAAT 具有非常宽的底物谱。据报道，来源于 *B. subtilis* 的 *Bs*DAAT 能够高选择性地氨化合成 D-丙氨酸、D-氨基丁酸、D-缬氨酸、D-亮氨酸和 D-苯丙氨酸等，因此选择了 *Bs*DAAT 来构建 EM3，并通过利用 *Bs*Glr、*Cb*FDH 和 *Ec*GluDH 来实现氨基供体的循环。

（2）基本模块的构建和验证　　在获得所需酶之后，利用筛选到的酶构建基本模块，使用含有两个多克隆位点的 pETDuet-1 作为表达载体，其两个启动子和核糖体结合位点相互独立调节，对两个基因的表达水平影响较小。通过将 *Pa*TA 和 *Cg*TD 共表达于 *E. coli* BL21 中构建 BM；通过将 L-HicDH 和 D-HicDH 分别与 *Cb*FDH 级联，构建了 *S* 和 *R* 选择性的 EM1$_L$ 和 EM1$_D$；通过将 *Bb*PheDH 与 *Cb*FDH 共表达于 *E. coli* BL21 中，构建了合成 L-氨基酸的 EM2$_L$；将 *St*DAPDH^{H227V} 与 *Bm*GDH 共表达，构建了合成 D-氨基酸的 EM2$_D$；通过将 *Bs*DAAT、*Bs*Glr、*Cb*FDH 和 *Ec*GluDH 共表达于 *E. coli* BL21 中，构建了 EM3。随后，经诱导表达后，对重组菌株破碎上清液进行 SDS-PAGE 验证，结果如图 9-8 所示。*Pa*TA、*Cg*TD、*Cb*FDH、L-HicDH、D-HicDH、*Bb*PheDH、*Cb*FDH、*St*DAPDH^{H227V}、*Bm*GDH、*Bs*-DAAT、*Bs*Glr、*Cb*FDH 和 *Ec*GluDH 在电泳图上均显示出清晰的条带，说明这些酶在重组菌株中均能正确表达。

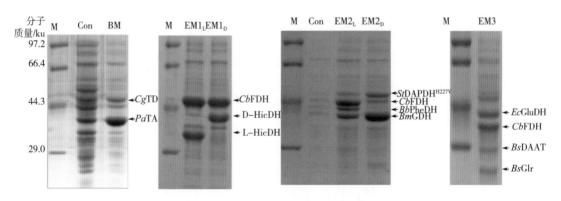

图 9-8　基本模块的构建及 SDS-PAGE 验证

M：蛋白质分子质量标准；Con：对照

随后，以 1a 和 2 为底物，对各个模块的合成能力进行验证。经液相色谱检测（图 9-9），在反应液中检测到目的产物 4a、（*S*）-5a、（*R*）-5a、（*S*）-6a 和（*R*）-6a 的生成，转化率分别为 15.9%（BM）、86.6%（EM1$_L$）、87.3%（EM1$_D$）、82.5%（EM2$_L$）、75.1%（EM2$_D$）和 85.8%（EM3），表明各个模块均能够正常工作。其中，除 BM 之外，各模块均表现出较好的转化效果，转化率可达到 75% 以上。因此，需要进一步分析并解决 BM 存在的问题，提高其转化率。

（3）限速步骤分析　　由上述模块构建和验证的实验结果可知，BM 模块的转化效率相对于其他模块较低。为了进一步确定反应瓶颈，在将 *Pa*TA 和 *Cg*TD 纯化后，通过体外纯

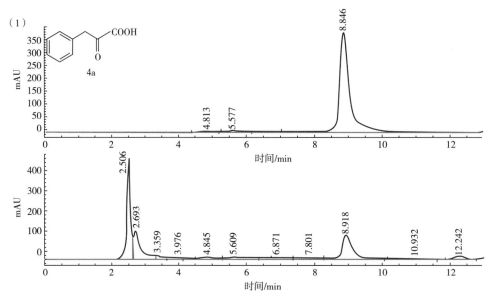

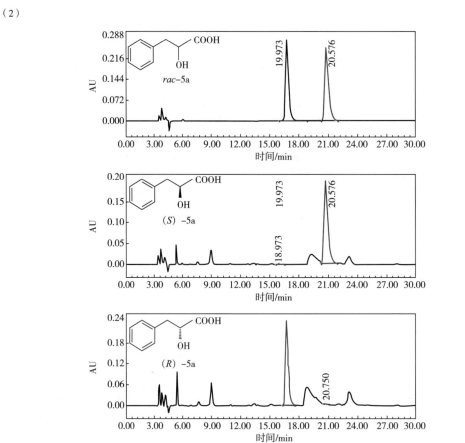

图 9-9　模块的转化验证及 HPLC 分析

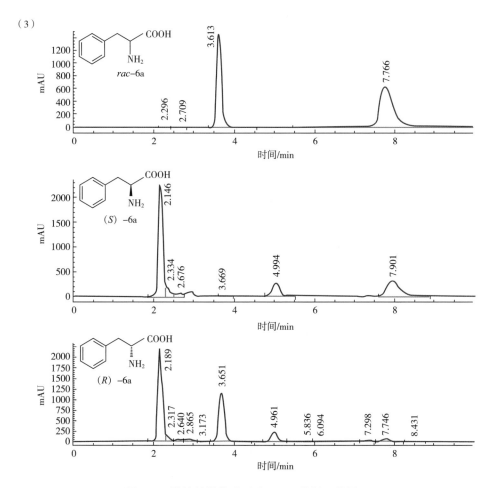

图 9-9　模块的转化验证及 HPLC 分析（续图）

酶转化实验研究了 TA 和 TD 浓度对转化 1a 到 4a 初始反应速率的影响。如图 9-10（1）所示，当 *Pa*TA 浓度增加 2 倍时，1a 到 4a 的初始反应速率略有增加（7%），而当 *Cg*TD 浓度增加 1 倍时，其初始反应速率增加 1.6 倍。此外，还对 *Cg*TD 对不同底物的活性进行了考察，结果如图 9-10（2）所示。*Cg*TD 的活性随着底物体积的增加而显著降低，与以 3i 为底物（*Cg*TD 的天然底物）的情况相比，*Cg*TD 对大底物 3a 的相对活性降低到 5%，对更大体积的底物 3e 则未表现出催化活性。这些研究结果表明，*Cg*TD 是 BM 中的限速酶。因此，为提高 α-酮酸的合成效率，需要通过蛋白质工程的方法扩展 *Cg*TD 的底物谱，提高其对大体积醛的底物的活性。

三、改造 *Cg*TD 提高基础模块催化效率

1. *Cg*TD 结构与功能分析

（1）*Cg*TD 同源模型的构建　蛋白质的 3D 结构在酶蛋白的理性设计和催化性能改造等方面具有十分重要的指导作用。因此，从 *Cg*TD 结构信息中分析影响其对大体积底物活

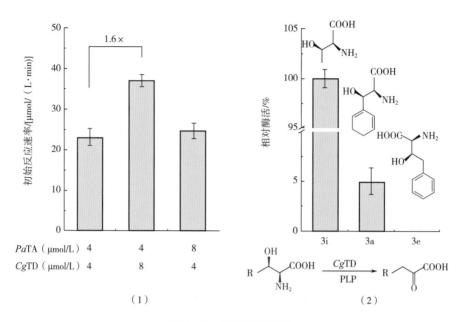

图 9-10　限速酶的鉴定

性较低的原因，有望指导 CgTD 改造过程。根据对 PDB 数据库搜索结果，目前没有 CgTD 的晶体结构。由于蛋白质三级结构的保守性远超过其一级结构的保守性，因此可以通过同源建模获得可信度较高的 CgTD 模拟结构。

经过在 PDB 数据库中比对得知，与 CgTD 相似度最高的晶体结构蛋白为 $E. coli$ 苏氨酸脱氨酶（EcTD；PDB：1TDJ），仅有 32% 的序列一致性，因此无法满足同源建模模板要求（≥40%）。经对 EcTD（1TDJ）和鼠伤寒沙门菌（$Salmonella\ typhimurium$）TdcB（2GN0）结构对比分析发现，EcTD 结构具有调控域和催化域两个功能域（图 9-11，灰色结构），而生物降解型苏氨酸脱氨酶 StTdcB 则缺少调控域（图 9-11，黄色结构），但两者的催化域具有高度的相似性，表明调控域对其行使催化功能并不是必须的。此外，通过序列比对

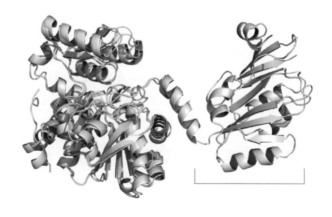

图 9-11　EcTD（1TDJ，灰色）和 StTdcB（2GN0，黄色）结构对比

发现 CgTD 的催化域与 EcTD 同源性较高，而调控域的序列只有其一半长度且同源性较低，表明 CgTD 与 EcTD 序列一致性低是调控域的差异造成的。因此，先将 CgTD 的调控域序列切除后，再与 EcTD 进行比对，其一致性达到了 45%，满足同源建模要求。

于是，以 EcTD 的 3D 结构 1TDJ 作为模板，使用在线同源建模工具 SWISS-MODEL 对切除 C 端调控域的 CgTD 进行同源建模，得到 ΔCgTD 的结构模型。之后再使用在线评估工具 SAVES v5.0 评估 ΔCgTD 三维结构模型的准确性。这里主要使用 SAVES v5.0 中的 Verify 3D 和 Procheck 两个模块对 ΔCgTD 三维结构模型进行打分。Verify 3D 采用 3D-1D 打分函数检测构建模型与自身氨基酸序列的匹配度关系，3D-1D 分值 $\geqslant 0.2$ 的氨基酸残基至少达到 80% 为合格。Verify 3D 评估结果显示 ΔCgTD 结构模型的得分为 90.48%，表明模型质量较优。Procheck 模块使用拉氏图（Ramachandran plots）对构建模型进行评估，用于指明蛋白质结构中氨基酸允许和不允许的构象，超过 90% 的氨基酸残基处于"最适区"视为模型质量较高。Ramachandran plots 评估结果显示 ΔCgTD 结构模型的得分为 90.5%，表明模型质量符合要求。

（2）CgTD 与辅酶-底物复合物的分子对接　大多数 PLP 依赖型的酶在反应之前，需要 PLP 先与高度保守的活性位点赖氨酸残基结合，形成席夫碱，只有以这种内醛亚胺形式，酶才会被激活（图 9-12）。随后，PLP-酶复合物与底物反应，PLP 与活性位点赖氨酸的亚胺键断裂，并且与底物的氨基连接形成一个新的席夫碱，生成外醛亚胺，然后经过一系列过渡态生成产物并重新变为内醛亚胺形式。因为 PLP 在不同反应过渡态中是分别与酶和底物以亚胺键连接，所以无法以常规的对接方法将 PLP、底物和酶三者对接。因此，为了准确模拟底物和酶是如何结合的，在处理配体时，本研究将 PLP 和底物 3 组合起来构建了 PLP-3 复合配体，以外醛亚胺中间体的形式将 PLP-3 复合物对接到无辅因子的 ΔCgTD 结构中。

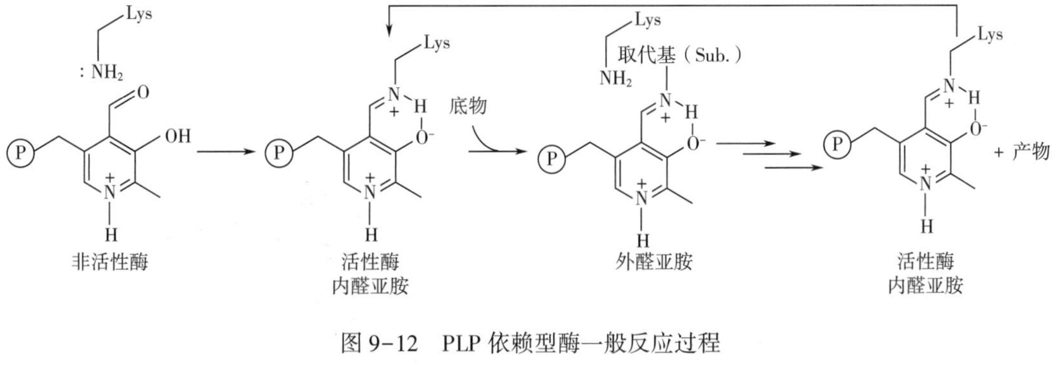

图 9-12　PLP 依赖型酶一般反应过程

通过将其天然底物 3i 和大体积底物 3a 分别与 ΔCgTD 进行对接（图 9-13），获得 ΔCgTD-PLP-3i 和 ΔCgTD-PLP-3a 两组构象。对这两组对接结果进行分析发现，PLP-3a 和 PLP-3i 与 ΔCgTD 结合的氨基酸残基基本一致，且与序列比对结果中的两段序列相符合：ASAGNHAQGVA 和 VPVGGGGL。这两段氨基酸残基分别是与底物羧基结合区域和与辅酶 PLP 磷酸基团结合区域，这些残基在苏氨酸脱氨酶家族中具有绝对保守性，表明对接的位置是正确的。此外，复合物 PLP-3a 和 PLP-3i 具有大致相同的朝向，表明大体积底物显示出正确的结合姿势。

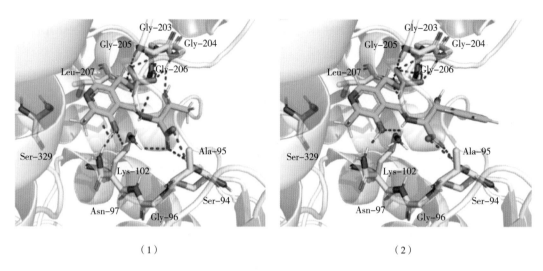

（1）　　　　　　　　　　　　　　　　（2）

图 9-13　ΔCgTD 与 PLP/3i（1）和 PLP/3a（2）的分子对接分析

（3）分子动力学分析　以上结果表明，底物结合状态与催化口袋大小不是造成 CgTD 对大体积底物活性较低的主要原因。于是，推测是否是底物进出催化口袋的过程出现了阻碍。利用蛋白通道计算工具 CAVER 软件对 CgTD 的底（产）物进出蛋白的通道进行分析 [图 9-14（1）]，发现底物通道周围呈现出明显的瓶颈结构。造成空间位阻的氨基酸残基主要有：F、P、L 等，这些氨基酸残基体积较大，疏水性较强。然后对对接后的 ΔCgTD-PLP-3a 进行结构分析，通过催化口袋表面展示，发现结合口袋的体积足够大，可以容纳体积较大的底物复合物 PLP-3a [图 9-14（2）]。而在 CgTD 分子外部，仅能看到底物 3a 尾部的苯环 [图 9-14（3）]，表明这个通道对于辅酶 PLP 和底物 3a 来说太小。

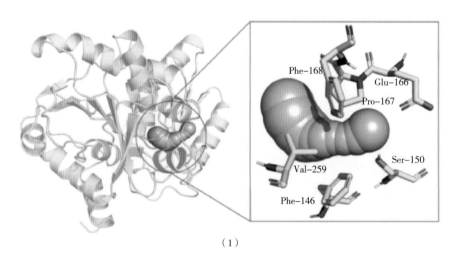

（1）

图 9-14　CgTD 结构的底物通道分析（1）、催化口袋分析（2）和表面分析（3）

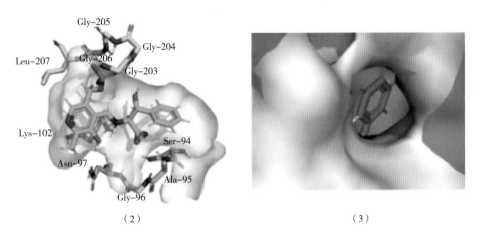

（2）

（3）

图 9-14 *Cg*TD 结构的底物通道分析（1）、催化口袋分析（2）和表面分析（3）（续图）

于是进一步推测：这个底物通道是否是以"门"的形式存在？在底物结合过程中发生动态的开启和闭合过程。然后进一步对 Δ*Cg*TD 进行分子动力学模拟，结果如图 9-15 所示。在 20ns 模拟时间内能达到势能收敛，即 RMSD 变化趋于平缓；位于 50~140 位范围内的氨基酸残基 RMSF 变化明显，其所对应的氨基酸残基在溶液状态下有明显高于平均值的位移。然后选取 Δ*Cg*TD 最初的构象和势能收敛后的构象进行对比，结果发现蛋白在动力学过程中会发生很明显的"开合"运动，表明"门"结构的存在［图 9-15（3）］。

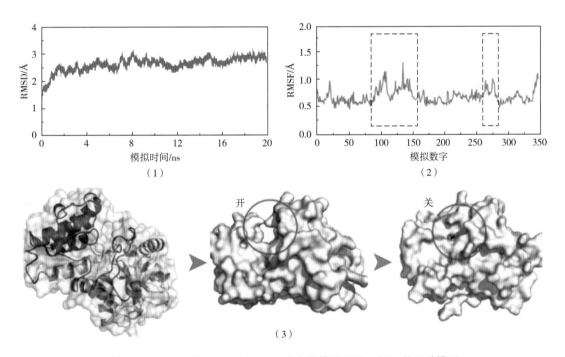

图 9-15 *Cg*TD 的 RMSD 和 RMSF 动力学模拟以及"门"的运动模型

（4）"门"结构的鉴定　酶的"门"结构具有以下功能：①可以通过控制底物能否进

入活性口袋来决定酶的选择性；②防止溶剂进入蛋白质的特定区域；③使蛋白质的不同部位能同时发生不同的过程。在一般情况下，包含"门"结构的底物通道会对结合到活性位点的配体施加额外的限制。配体穿过这些通道的能力可以通过以下三种途径来控制：①通过在通道最窄处形成瓶颈的尺寸大小来控制；②几何约束，例如底物进出通道的曲率；③特定的分子相互作用，例如氢键、静电相互作用和与构成底物通道的氨基酸残基的疏水相互作用。通过对底物结构和 CgTD 底物通道附近的氨基酸残基构成进行分析得知，造成 CgTD 底物谱窄的主要原因是其通道最窄处形成的瓶颈。这个结构使得 CgTD 对大体积底物 3a 的活性相对较低（仅为天然底物 3i 的 7%），对更大体积的底物 3e 完全无活性。

"门"是一个动态系统，可以在打开和关闭状态之间进行可逆转换。它们的大小和复杂性各不相同，从单个氨基酸残基到 loop、二级结构元素甚至结构域。最简单的"门"只有一个氨基酸侧链，可以通过旋转关闭或打开通道。更复杂系统的开启和关闭可能涉及两个或多个氨基酸残基的同步运动，而最大的系统涉及二级结构元素甚至整个结构域的重新排列。对于较大的"门"系统，除了允许或禁止特定配体的进入之外，"门"的开合运动可能导致形成通道或封闭催化腔。经对 CgTD 的"门"结构进行分析发现 CgTD 的"门"应属于最大的"门"系统，是由 3 个 α 螺旋、3 个 β 片层以及 6 个 loop 组成（图 9-16）。

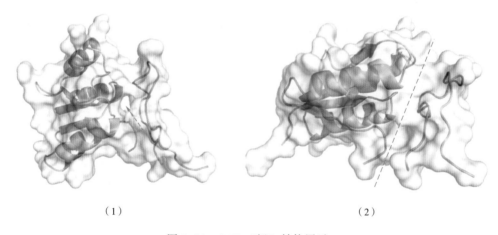

（1）　　　　　　　　　　　　　（2）

图 9-16　CgTD "门"结构展示

2. "开门"策略扩展 CgTD 底物谱

酶的"门"结构一般由以下几部分组成：①组成"门"的氨基酸残基，这些氨基酸残基决定了通道最窄处瓶颈尺寸的大小；②锚定残基，通过与"门"区域残基的各种相互作用，可以控制通过"门"的配体的大小和性质以及底（产）物的进出频率；③铰链区域的氨基酸残基，即结构灵活并允许其移动的氨基酸残基。针对"门"结构的三个组成部分，本研究设计了"开门"策略来扩展 CgTD 底物谱，主要包括以下三点：①以小体积氨基酸残基取代"门"区域的大体积氨基酸残基，提升通道最窄处瓶颈尺寸；②增加锚定区域氨基酸残基的柔性，降低"门"开合所需能量；③增加铰链区域氨基酸残基的柔性，使得"门"的移动更灵活。然后将 CgTD "门"结构的所有氨基酸作为改造的潜在位点，通过在 NCBI 数据库中进行比对，排除其中的保守位点。最终选取了 47 个氨基酸位点作为突变热点，并且按照门结构的组成对这 47 个氨基酸残基进行了分类（如表 9-1 所示），其中"门"区域 18 个、锚定区域 12 个、铰链区域 17 个。

表 9-1　　　　　　　　　　　　　潜在突变热点的选择

结构分布	潜在突变热点
"门"区域（黄色）	V119、K123、Q124、N144、N145、D147、H240、N241、G243、T246、E248、T249、D251、P252、D264、L265、K260、R261
锚定区域（红色）	Q83、E84、Q85、R86、D87、A88、T160、G161、E166、A180、R181、N182
铰链区域（蓝色）	C106、K107、S108、L109、G110、V111、Q112、G113、R114M130、V131、H132、F136、V137、S138、S150、R159

（1）丙氨酸扫描确定关键氨基酸位点　首先对选中的 47 个点进行了一轮丙氨酸扫描，以 3a 为底物进行酶活性检测来筛选对 CgTD 活性影响较大的关键位点。定义野生型 CgTD 的酶活性为 100%，突变体相对酶活提升超过 30% 的位点为突变热点。筛选结果如图 9-17 所示，共筛选到 8 个关键氨基酸残基位点，分别是：①位于"门"区域的 F146、D147、K260 和 R261，相对酶活分别提升了 59.9%、53.9%、75.6% 和 118.1%；②位于铰链区域的 V119、K123 和 V137，相对酶活分别提升了 44.0%、39.75 和 40.5%；③位于锚定区域

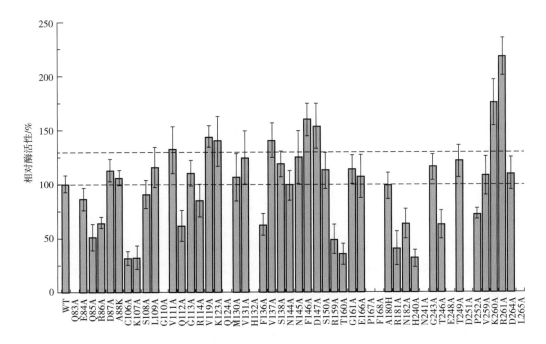

图 9-17　丙氨酸扫描结果

的 V111，相对酶活提升了 31.8%。结果显示，"门"区域四个点对 CgTD 相对酶活的提升超过了 50%，也验证了之前的推测：CgTD 的"门"结构是造成其对大体积底物活性较低的关键因素。

（2）半理性突变文库的设计　为了充分研究上述 8 个位点对 CgTD 底物特异性的影响，通过全质粒 PCR，使用组合活性位点饱和突变的策略（CASTing）、定点饱和突变和迭代饱和突变（ISM）等方法构建了三个突变库（表 9-2）。库 A 主要是"门"区域的四个点 F146、D147、K260 和 R261，分别位于"门"两侧的 loop 上，氨基酸侧链体积较大，所以用编码小氨基酸的简并密码子 NNB 构建半饱和突变库。库 B 仅有一个点 V111，因此采用单点饱和突变的方式，以 NNK 密码子建库。库 C 有三个点 V119、K123、V137，距离也比较远，因此采用 ISM 的方式，以 NNK 密码子来建库。

表 9-2　　　　　　　　　　　　　突变库的设计

突变库（点分布）	建库方法	突变点	密码子	库容量
A（"门"）	CASTing 和 迭代饱和突变	F146、D147、K260、 R261	NBTNBT NBTNBT	430×2
B（锚定区域）	定点饱和突变	V111	NNK	94
C（铰链区域）	迭代饱和突变	V119、K123、V137	NNK	94×3

（3）突变文库的构建和筛选　按照 CASTing 的组合规则，将库 A 的四个点分为 F146/D147 和 K260/R261 两组。按照第一轮丙氨酸扫描的结果，K260/R261 两个点对 CgTD 转化率提升更高，所以首先对 K260/R261 进行半饱和突变。然后对突变文库进行筛选，$FeCl_3$ 显色检测与测序结果表明 CgTD$_{Mu1}$（K260S/R261T）这一突变体的转化率最高，相对野生型提升了 5.3 倍。在 CgTD$_{Mu1}$ 的基础上对库 A 的 F146/D147 进行半饱和突变，但是却发现整个库的转化率反而大幅度降低。筛选到的最优突变体 CgTD$_{Mu2}$（F146S/D147S/K260S/R261T）对底物 3a 的转化率较野生型仅提高了 1.9 倍（图 9-18A）。在后续蛋白纯化时发现 CgTD$_{Mu2}$ 破碎液中出现大量蛋白沉淀，虽然经 Ni 柱纯化后能获得少量蛋白，但是在超滤浓缩过程中蛋白全部沉淀。推测 CgTD"门"结构除了调控底物特异性外，还有防止溶剂组分进入蛋白质活性中心的功能。因此，将"门"扩得太大破坏了其保护功能，造成蛋白质稳定性降低，极易变性失活。对库 B 的 111 位点进行饱和突变，筛选到了最优突变体 CgTD$_{Mu3}$（V111A），该突变体对底物 3a 的转化率相对于野生型提高了 0.4 倍（图 9-18）。然后，对库 C 的 137 位点进行饱和突变，筛选到了最优突变体 CgTD$_{Mu4}$（V137I），该突变体对底物 3a 的转化率相对野生型提高了 1.1 倍。随后，在 CgTD$_{Mu4}$ 的基础上对 123 位点进行饱和突变，筛选到了最优突变体 CgTD$_{Mu5}$（K123S/V137I），该突变体对底物 3a 的转化率相对野生型提高了 1.8 倍。随后，在 CgTD$_{Mu5}$ 的基础上对 119 位点进行饱和突变，筛选到了最优突变体 CgTD$_{Mu6}$（V119N/K123S/V137I），该突变体对底物 3a 的转化率相对野生型提高了 2.2 倍（图 9-18C）。

最后，选择三个库中的最优突变体 $CgTD_{Mu1}$、$CgTD_{Mu3}$ 和 $CgTD_{Mu6}$ 进行组合突变，获得了突变体 $CgTD_{Mu7}$（V111A/V119N/K123S/V137I/K260S/R261T），$CgTD_{Mu7}$ 对底物 3a 的转化率相对野生型提高了 6.8 倍（图 9-18）。

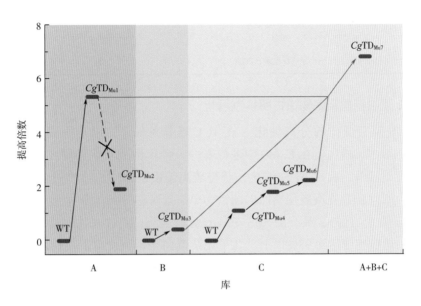

图 9-18　蛋白质工程改造 CgTD 的过程

（4）CgTD 及其突变体底物谱分析　首先，对 CgTD 及其突变体进行蛋白纯化，并对其酶动力学参数进行表征。其中，Mu2 在纯化过程中全部变性，未能得到纯蛋白。其他突变体的催化活力相对野生型有较为明显的提升，活力最高的突变体为 $CgTD_{Mu7}$，纯酶活性为 93.8U/mg。野生型的 K_m 为 10.2mmol/L，突变体 $CgTD_{Mu3}$、$CgTD_{Mu4}$、$CgTD_{Mu5}$ 和 $CgTD_{Mu6}$ 与野生型相比具有相近的 K_m。突变体 $CgTD_{Mu1}$ 和 $CgTD_{Mu7}$ 相比于野生型，K_m 分别降低了 66% 和 74%，由此可知门区域的氨基酸对底物特异性影响最显著。最优突变体 $CgTD_{Mu7}$ 的 k_{cat} 由 5.0（1/s）提高至 136.1（1/s），催化常数由 0.5L/（mmol·s）提高至 52.3L/（mmol·s）。随后，对突变体 $CgTD_{Mu7}$ 的底物特异性进行考察。选取三种 β-羟基-α-氨基酸底物进行酶活检测，结果表明，突变体 $CgTD_{Mu7}$ 底物特异性有了非常明显的改善，其对于底物 3a 的催化活力提高了约 18 倍，且对于 3e 也表现出较高的催化活性（达到对照组的 53%），而野生型对于 3e 是没有催化活性的。此外，$CgTD_{Mu7}$ 对于天然底物 3i 的催化活力，也提高了 0.5 倍。CgTD 野生型与突变体的酶学性质见表 9-3。

表 9-3　　　　　　　　　　CgTD 野生型与突变体的酶学性质

突变体	突变	比酶活/ （U/mg 蛋白）	K_m/ （mmol/L）	k_{cat}/ （1/s）	k_{cat}/K_m/ L/（mmol·s）
WT	—	4.8	10.2	5.0	0.5
Mu1	K260S/R261T	75.3	3.4	88.1	25.9

续表

突变体	突变	比酶活/ （U/mg 蛋白）	K_m/ （mmol/L）	k_{cat}/ （1/s）	k_{cat}/K_m/ L/（mmol·s）
Mu3	V111A	5.5	10.0	8.3	0.8
Mu6	V119N/K123S/V137I	9.5	8.3	12.4	1.5
Mu7	V111A/V119N/K123S/V137I/K260S/R261T	93.8	2.6	136.1	45.8

3. CgTD 蛋白结晶及底物谱扩展机制解析

（1）CgTD 及突变体的分离纯化　在 16℃ 培养条件下，以终浓度为 0.4mmol/L 的 IPTG 诱导 CgTD 和 CgTD$_{Mu7}$ 在 *E. coli* 中进行表达，重组蛋白可溶，折叠性良好，将细胞破碎后离心收集上清液，通过 Ni 柱纯化，获得较高纯度的蛋白，再经过分子筛层析处理。如图 9-19 所示，CgTD 在凝胶层析时的图谱为单一且对称的峰，表明蛋白在缓冲液中以均一的聚集状态存在。此外，最终的 SDS-PAGE 分析表明，经过 Ni 柱亲和层析和凝胶柱分子筛层析后，蛋白纯度达到 98% 以上，几乎无杂蛋白条带，所得蛋白样品满足结晶要求。用超滤管对所收集的蛋白样品进行超滤，将蛋白浓缩至结晶浓度后，分装并速冻于 -80℃ 冰箱保存备用。

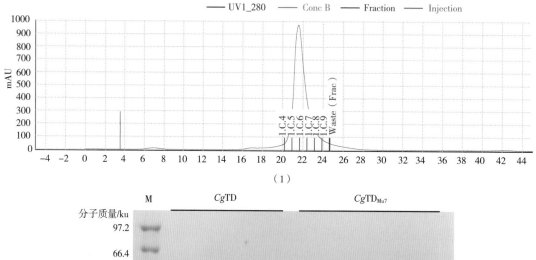

图 9-19　CgTD 及其突变体 CgTD$_{Mu7}$ 凝胶层析（1）和 SDS-PAGE 电泳图（2）

（2）*Cg*TD 催化反应过渡态分析　　在研究过程中，成功获得了 *Cg*TD 及突变体晶体，但由于分辨率较差，未能成功解析出所需的晶体结构。因此，仅能通过反应过渡态分析并结合同源建模的方式来解析突变体性能提升机制。

参考已报道的 PLP 依赖酶的反应过程，推断 *Cg*TD 催化的脱氨反应过程如图 9-20 所示，辅酶 PLP 与 *Cg*TD Lys70 位点的 N_ε 通过席夫碱共价连接，生成内醛亚胺 E（Ain）中间体，此时酶才具有催化活性。反应开始时，L-Thr 的 N_α 对 E（Ain）C-4′进行亲核攻击，生成 Gem-二胺中间体 E（GD1）。随后在 C4′处发生了一个转亚胺反应，生成了外醛亚胺 E（Aex）。该中间体经过对 L-Thr 的 C_α 去质子化，生成 L-Thr 醌类中间体 E（Q）。然后消除 L-Thr 醌类化合物的 β-羟基，生成准稳定的 α-氨基丁烯酸酯中间体 E（A-C）。然后 Lys70 的 N_ε 对 E（A-C）C-4′再次进行亲核攻击，生成了另一个 Gem-二胺中间体 E（GD2）。最后经过转亚胺反应重新变成内醛亚胺 E（Ain），并释放中间产物亚胺，在水溶液环境下，亚胺迅速自发水解生成 α-酮酸。

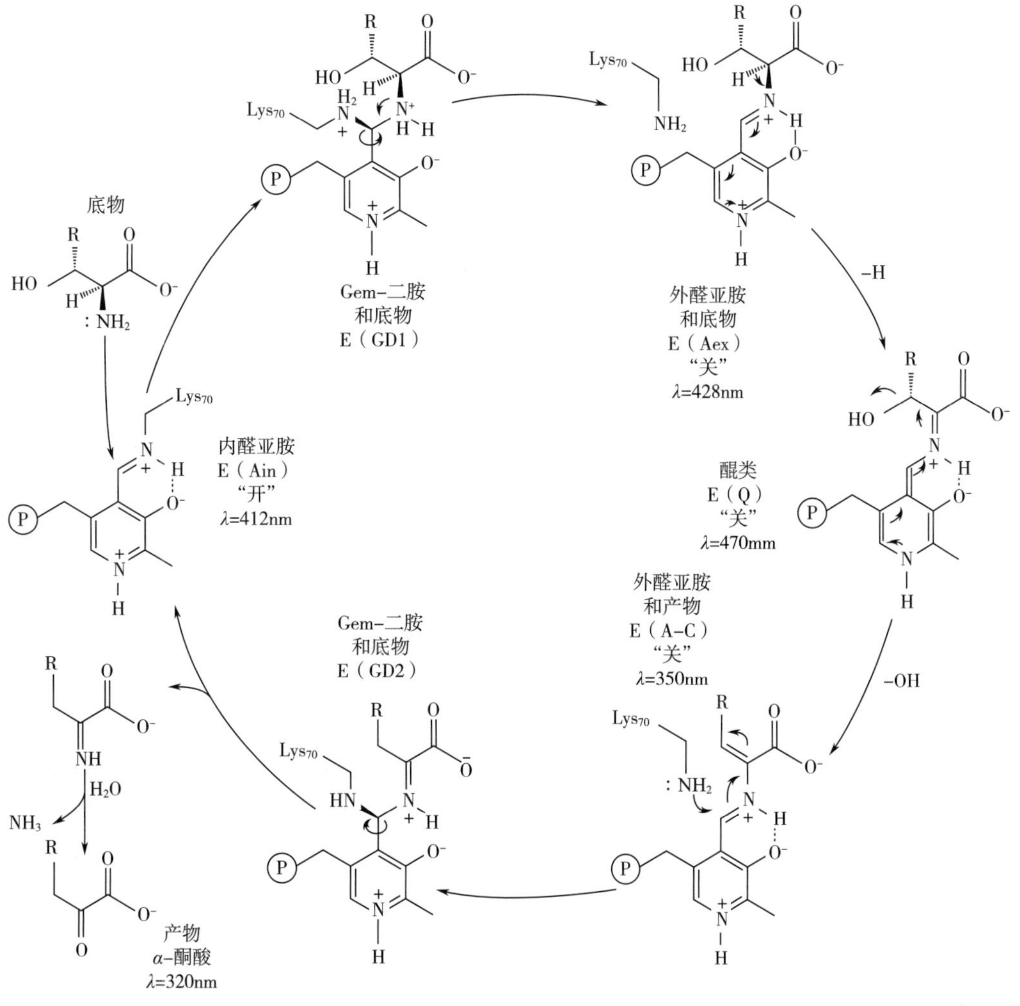

图 9-20　TD 催化反应机制

尽管对 CgTD 酶学参数分析提供了改造过程中整体催化性能的简单表征，但 CgTD 催化活性的变化主要是因为不同过渡态中间产物的形成以及在整个催化循环中的丰度变化有关。为了评估不同中间产物的丰度，利用 PLP 辅因子的固有光谱特性来可视化中间产物在整个催化循环中的稳态分布。不同的过渡态中间体具有特征峰，可以通过紫外可见光谱（UV-Vis）测量，图 9-21 记录的光谱反映了催化循环中每个过渡态中间体的玻尔兹曼加权平均值。在 CgTD$_{WT}$ 中加入 PLP 会形成 E(Ain)，其吸收光谱为 412nm。当在 CgTD$_{WT}$-PLP 加入底物会形成 E(Aex)，导致 428nm 处的吸光值增加，然后 E(Aex) 不断向 E(Q) 和 E(A-C) 迁移，使得在 470nm 和 350nm 附近的 λ_{max} 增加。最后 E(A-C) 释放产物 α-酮酸，使得在 320nm 处吸光值增加。

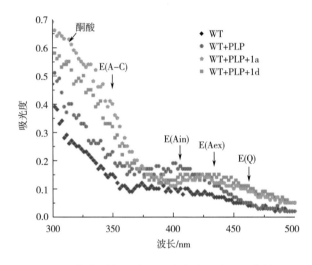

图 9-21　CgTD 催化脱氨反应时过渡态中间产物的紫外可见光谱

（3）CgTD 底物特异性提升机制解析　首先通过分析整个催化循环中过渡态中间产物的丰度，来确定哪些进化特性使得突变体 Mu1 对大体积底物的活性增加。如图 9-22（1）所示，与天然底物 1a 相比，CgTD$_{WT}$ 与 1d 的孵育具有较低的 E(Aex) 峰，表明结合效率较低。在 CgTD$_{Mu1}$ 中加入 1d 后，E(Ain) 峰下降，E(Aex) 峰增加，说明结合效率较野生型有提高；此外，产物（320nm）的吸光值增大，且无 E(A-C) 累积。为了进一步分析这种现象，接下来分别对内醛亚胺 E(Ain) 的开放构象和醌型中间体 E(Q) 的闭合构象进行分析。在 E(Ain) 结构的开放构象中［图 9-22（2）］，D147 侧链朝向 R261，但距离太远，无法形成强烈的库仑相互作用，并且使得催化腔暴露在溶剂中。当酶转变为闭合构象时［图 9-22（3）］，"门"结构域的运动导致 D147 向 R261 移动，并在 D147 和 R261 之间形成盐桥。D147-R261 盐桥阻断了酶的通道，稳定了封闭构象，阻止溶液进入活性口袋，也阻碍了亚胺产物从催化腔排出到溶液中。定点突变和动力学研究表明了 D147 和 R261 具有重要的结构学作用，因此对这两个关键残基及其附近的氨基酸残基进行突变，可以改变 CgTD 的底物特异性。这些突变体无法形成盐桥，从而使活性口袋始终可以与溶剂接触，最终提高了酮酸的生成速率。

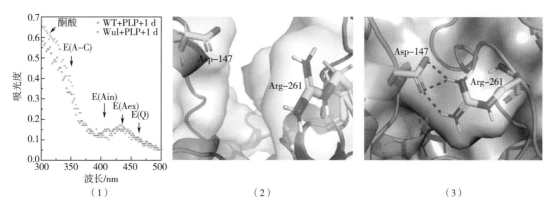

图 9-22　Mu1 对 1d 活性增加的机制

在 $Cg\mathrm{TD}_{\mathrm{Mu3}}$ 中加入 1d 得到的紫外可见光谱数据与 $Cg\mathrm{TD}_{\mathrm{WT}}$ 没有明显差异。另一方面，1d 与 $Cg\mathrm{TD}_{\mathrm{Mu6}}$ 结合时具有与 $Cg\mathrm{TD}_{\mathrm{WT}}$ 相似的 E(Ain) 峰，但具有较低的 E(Aex) 峰和较高的 E(A–C) 峰［图 9-23（1）］。E(Aex) 的丰度降低和 E(A–C) 丰度的积累是由于改造铰链残基提高了去质子化效率。$Cg\mathrm{TD}_{\mathrm{Mu6}}$ 中的突变残基位于铰链区域的 loop 环上，并引起扭结，使结构向更封闭的状态移动［图 9-23（2）和（3）］。据报道，闭合构象更有利于 E(Q) 的形成以及随后向 E(A–C) 的转变。总的来说，这些数据表明产物的增加形成是通过促进 E(A–C) 的形成和减少 E(Aex) 和 E(Q) 在活性位点中存在的时间来实现的。此外，$Cg\mathrm{TD}_{\mathrm{Mu7}}$ 集成了 $Cg\mathrm{TD}_{\mathrm{Mu1}}$、$Cg\mathrm{TD}_{\mathrm{Mu3}}$ 和 $Cg\mathrm{TD}_{\mathrm{Mu6}}$ 的优点，使整个催化循环更畅通，因而对底物 1d 表现出最高的催化活性。

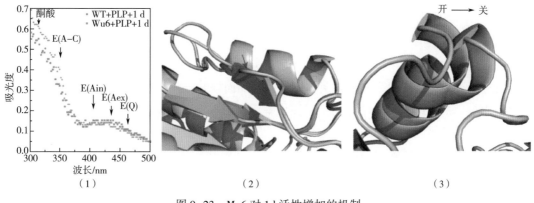

图 9-23　Mu6 对 1d 活性增加的机制

四、模块组装合成非天然 α-功能化有机酸

1. 组装 BM 合成 α-酮酸

为了便于优化多个酶在同一个 *E. coli* 宿主菌株中的表达，本研究选择将每个模块分别组装到四种不同但相互兼容的质粒上，包括 pACYCDuet-1、pCDFDuet-1、pETDuet-1 和 pRSFDuet-1。这四个质粒拷贝数分别为 10、20、40 和 100，能够对酶的表达水平起到很

好的调节作用。而且这四个质粒抗性不同，但是不同抗性之间能够很好地相互兼容，所以便于不同模块的组装。此外，这四个质粒基本骨架相同，具有相同的多克隆位点，便于基因表达操作。

如图 9-24 所示，首先将 $PaTA$ 和 $CgTD_{Mu7}$ 组装构建了 4 个 BM 质粒，然后分别将 4 个含有 BM 基因的质粒转化到大肠杆菌感受态细胞中，构建了 4 株 α-酮酸合成菌株 $E.\,coli$（OA01~04）。以转化 1a 和 2 合成 4a 为目标反应进行筛选，结果发现 $E.\,coli$（OA02）转化效果最佳，生成了 380mg/L 4a。

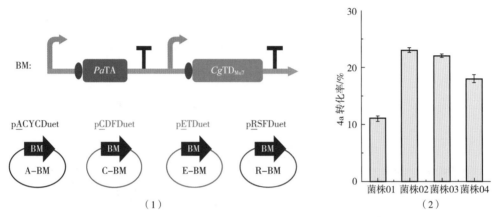

图 9-24　BM 质粒（1）和酮酸合成菌种（2）的构建

然后通过单因素优化实验对转化 1a 合成 4a 的反应条件进行了优化，包括转化温度、pH、$E.\,coli$（OA02）浓度和助溶剂等。结果如图 9-25 所示：①$PaTA$ 和 $CgTD$ 的最适温度为 30℃，但是最佳转化温度为 25℃，转化率为 31.2%，高于 25℃ 可能会使得酶不稳定，低于 25℃ 会造成反应速率的降低；②在优化 pH 时，发现 BM 在 pH 7.5~8.5 的范围内均能表现出较好的转化效果，最适转化 pH 为 8.0，转化率达到了 39.0%；③随后对催化剂的浓度进行了优化，转化率先随着菌体用量的增加而提升，在添加 10g/L 菌体时达到最大转化率 46%，然后继续增加菌体用量，转化率反而会有轻微降低；④由于底物醛类水溶性较差，因此为了促进底物和细胞催化剂接触，以便于增加反应速率，最后对助溶剂的种类和浓度进行了优化。结果表明在使用 5%~10% 的二甲基亚砜（DMSO）为助溶剂时，能使得 1a 转化率达到 80% 以上，当 DMSO 浓度为 10% 时最高转化率达到了 91.0%，继续提高 DMSO 浓度会对酶活性造成不利影响，转化率急剧降低。优化后 4a 的产量达到了 1494mg/L，是未优化前的 3.9 倍。

然后用一系列醛（1b~i）为底物合成相应的 α-酮酸（4b~i），以测试 BM 的合成潜力，考察其普适性。如图 9-26（1）所示，4b~i 具有良好的转化率 68%~91%，表明了 BM 级联的化学合成潜力。与文献报道中的数据进行对比，单独使用 $PaTA$ 合成 3 的最高转化率为 80%，$de<55\%$，表明 BM 可以通过与不可逆的 TD 反应偶合来克服 TA 反应的热力学（可逆反应）和动力学限制（β-碳的低非对映选择性）。然而，即使采用 BM 级联体系，也不能实现底物的完全转化，因为级联过程的第二步需要比第一步快得多才能趋于达

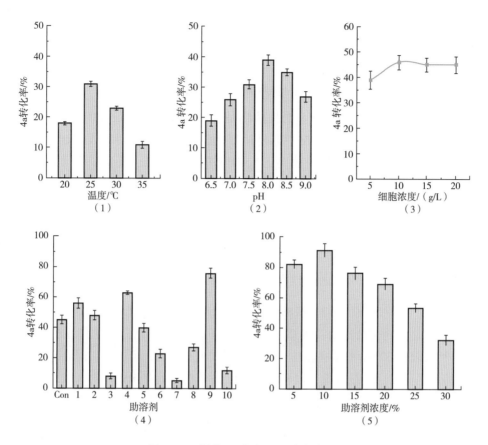

图 9-25　转化 1a 合成 4a 的条件优化

Con：正十六烷；1：MTBE；2：油酸；3：正丙醇；4：环己烷；5：异辛烷；6：异丙醚；7：戊基脂肪；8：环戊烷醚；9：DMSO；10：甲基四氢呋喃

到 100% 的理论转化率。由转化 1a 合成 4a 的过程曲线可知 ［图 9-26（2）］，中间体 3a 在转化过程初期处于较高的水平，其积累量最高时可达 20% 左右，随着转化时间的延长，3a 浓度慢慢降低，表明 BM 中的 CgTD 的确仍是整个转化体系中的限速步骤。反应结束时，仍有少量未反应的底物 1a（2%）和中间产物 3a（4%）存在于转化系统中。另一个原因是大肠杆菌的代谢背景，它可以将醛类转化为羧酸或相应的醇，并导致部分底物的损失。

2. 组装 BM 和 EM1 合成（S）-和（R）-α-羟基酸

为了合成 α-羟基酸，将 4 个 BM 质粒和 8 个 EM1 质粒组合 ［图 9-27（1）］，转化到大肠杆菌宿主中，构建了转化甘氨酸和醛类底物为 α-羟基酸的全细胞催化剂。因为同一抗性的质粒转入一个菌株中容易丢失，所以选择用不同抗性的表达载体进行组合，最终获得 24 株不同的重组菌株 E.coli（OA05～28）。每个菌株中均表达有 PaTA、CgTD、CbFDH 和高选择性的 L-或 D-HicDH，其中 E.coli（OA05～16）用于合成（S）-α-羟基酸，而 E.coli（OA17～28）用于合成（R）-α-羟基酸。随后，对 24 株大肠杆菌菌株 E.coli（OA05～28）转化 1a 合成（S）-和（R）-5a 的能力进行了研究。结果表明，E.coli（OA15）和 E.coli（OA23）的转化效果最好 ［图 9-27（2）和（3）］，在 36h 内分别合成

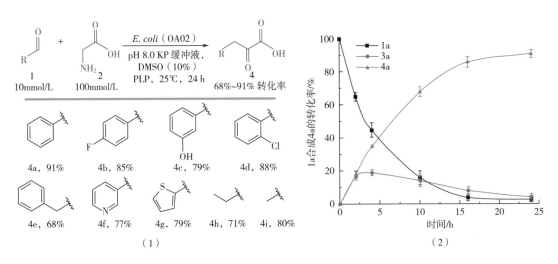

（1）

（2）

图 9-26　利用 *E. coli*（OA02）转化 1a~i 合成酮酸 4a~i

了 1470mg/L 的（*S*）-5a（*ee*>99%和 89%的转化率）和 1404mg/L 的（*R*）-5a（*ee*>99%和 85%的转化率）。由转化过程曲线可知［图 9-27（4）和（5）］，转化体系中残余的中间体 4a 处于相对较低水平，这表明 EM1 具有较高的转化效率。而中间体 3a 在转化过程初期处于较高的水平，随后慢慢降低。以模块的角度去分析，就是 BM 相对于 EM1 效率较低，是限速模块。因此，后面的转化实验均以 BM 最佳转化条件进行。

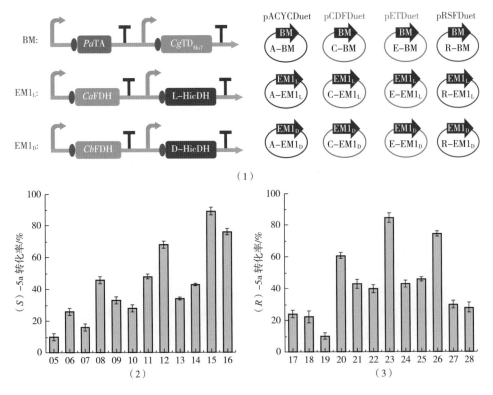

（1）

（2）

（3）

图 9-27　组装 BM 和 EM1 质粒构建羟基酸合成菌株

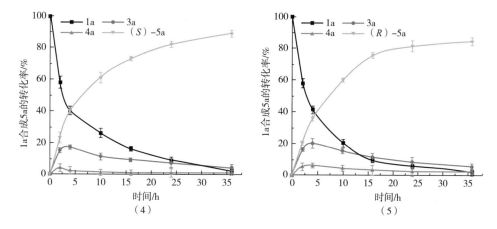

图 9-27 组装 BM 和 EM1 质粒构建羟基酸合成菌株（续图）

为了进一步探索该级联体系的潜力，接下来分别利用 *E.coli*（OA15）和 *E.coli*（OA23）将醛 1b~i（10mmol/L）转化为（*S*)-和（*R*)-*α*-羟基。如表 9-4 所示，以此方法获得的（*S*)-和（*R*)-5 具有优异的选择性（96%~99%），以及较好的转化率（55%~92%）。研究结果表明，包含 BM 和 EM1 的多酶级联体系具有较高的转化效率和广泛的适用性。

表 9-4 转化甘氨酸和醛为 *α*-羟基酸的分析级转化实验

底物	产物	转化率/%	产量/（mg/L）	ee/%
1a	（*S*)-5a	89	1470	99
	（*R*)-5a	85	1404	99
1b	（*S*)-5b	87	1593	99
	（*R*)-5b	75	1374	99
1c	（*S*)-5c	78	1413	99
	（*R*)-5c	81	1467	98
1d	（*S*)-5d	91	1816	99
	（*R*)-5d	92	1836	99
1e	（*S*)-5e	71	1272	98
	（*R*)-5e	55	985	96

续表

底物	产物	转化率/%	产量/(mg/L)	ee/%
1f	(S)-5f	78	1296	99
	(R)-5f	70	1163	99
1g	(S)-5g	71	1215	99
	(R)-5g	78	1335	99
1h	(S)-5h	87	1019	99
	(R)-5h	83	972	99
1i	(S)-5i	90	928	99
	(R)-5i	80	825	99

3. 组装 BM 和 EM2 合成（S)-α-氨基酸

为了合成 α-氨基酸，将 BM 质粒和 EM2$_L$ 质粒组合，转化到大肠杆菌宿主中，构建了转化甘氨酸和醛类底物为 α-氨基酸的全细胞催化剂。如图 9-28 所示，获得了 12 株不同的重组菌株 $E.coli$（OA29 ~ 40），每株均共表达了 PaTA、CgTD、CbFDH 和高度选择性的 L-AADH。随后，12 株构建的重组菌株被用于转化 1a 合成（S)-6a，$E.coli$（OA34）表现出最佳转化能力，生成了 1478mg/L（S)-6a，转化率为 90%，ee 达到了 95%。转化过程曲线显示中间体 3a 在转化前期迅速积累，随着转化时间的延长产量降低，但是 3a 降

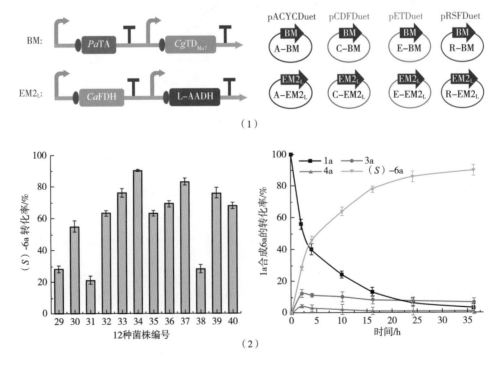

图 9-28　组装 BM 和 EM2$_L$ 质粒构建（S)-α-氨基酸合成菌株

低的速率比图 9-27 显示得要低，可能是由于多表达了 EM2$_L$ 模块后，CgTD 的表达量降低，导致 3a 转化为 4a 的速率降低。中间体 4a 在整个转化过程中均维持在较低的水平，表明 EM2 的转化效率要高于 BM 的转化效率。此外，$E.$ $coli$（OA34）被用于催化不同醛 1b~i 生成相应的 (S)-α-氨基酸，产物 (S)-6b~i 转化率为 65%~93%，ee 为 89%~98%（表 9-5）。

表 9-5　　　　　　　　转化甘氨酸和醛为 (S)-α-氨基酸的分析级转化实验

底物	产物	转化率/%	产量/（mg/L）	ee/%
1a	(S)-6a	90	1478	95
1b	(S)-6b	80	1457	93
1c	(S)-6c	75	1351	98
1d	(S)-6d	93	1847	98
1e	(S)-6e	65	1158	92
1f	(S)-6f	79	1189	96
1g	(S)-6g	73	1243	89
1h	(S)-6h	87	1010	97
1i	(S)-6i	91	929	98

同样地，为了产生 (R)-α-氨基酸，构建了 12 株不同的重组 $E.$ $coli$ 菌株（OA41~52），每个菌株共表达了 PaTA、CgTD、BmGDH 和 D-AADH（StDAPDH^{H227V}）。然而，产量最高的菌株 $E.$ $coli$（OA51）仅生成了 370mg/L (R)-6a（图 9-29）。已报道的 CgDAP-DH 和 StDAPDH 最适 pH 均为 9.5 左右，经分析可能是由于 DAPDH 的最适 pH 较高，与整个级联反应体系不兼容，所以才导致转化率比较低。此外，D-AADH 与 L-AADH 不同，D-AADH 目前报道的在自然界种类较少。因此，为了提高 (R)-α-氨基酸的转化率，最后采用转氨化途径构建了 EM3，并利用 BM 和 EM3 级联合成了 (R)-α-氨基酸。

4. 组装 BM 和 EM3 合成 (R)-α-氨基酸

通过将 4 个 BM 质粒和 4 个 EM3 质粒组合 [图 9-30（1）]，构建了 12 株 (R)-α-氨基酸合成菌株 $E.$ $coli$（OA53~64），每种菌株均共表达 PaTA、CgTD、BsDAAT、CbFDH、BsGluDH 和 BsGlr。随后，用获得的 12 种菌株为催化剂转化 1a 合成 (R)-6a，其中 $E.$ $coli$（OA59）表现出最佳转化效果，(R)-6a 的最高产量为 1396mg/L，转化率为 85%，ee 高达

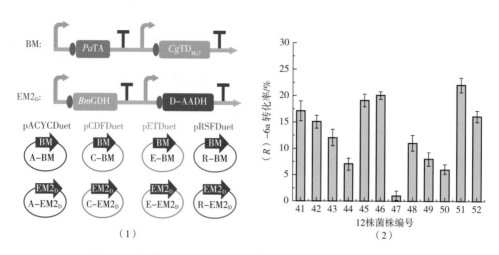

图 9-29　组装 BM 和 EM2_D 质粒构建（R）-α-氨基酸合成菌株

99%［图 9-30（2）］。转化过程曲线如图 9-30（3）所示，在整个转化过程中，除 3a 会积累外，4a 在开始阶段也会迅速积累（约 10%），随着转化时间的延长，3a 和 4a 浓度均会逐渐降低。中间产物 4a 的积累表明 EM3 的催化效率有待提升，主要原因是 BM 和 EM3 组合所表达的酶太多，对菌体的负荷加重，酶表达水平会偏低，所以转化速率较慢。

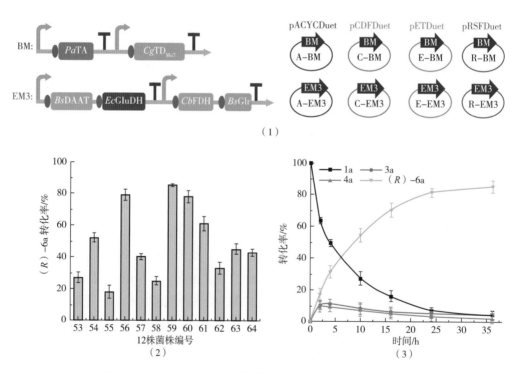

图 9-30　组装 BM 和 EM3 质粒构建（R）-α-氨基酸合成菌株

然后考察了 *E.coli*（OA59）对不同的醛底物 1b~i 的转化潜力，结果如表 9-6 所示。

其中，(R)-6e 和 (R)-6g 转化率较低，仅分别为 32% 和 64%，其他产物的转化率达到了 71%~89%。值得注意的是，所有产生的 (R)-α-氨基酸 6a-i 都获得了较高的 ee（>98%），表明用 BM 与 EM3 级联在合成光学纯度的 (R)-α-氨基酸方面具有很大的潜力。

表 9-6　　　　　转化甘氨酸和醛为 (R)-α-氨基酸的分析级转化实验

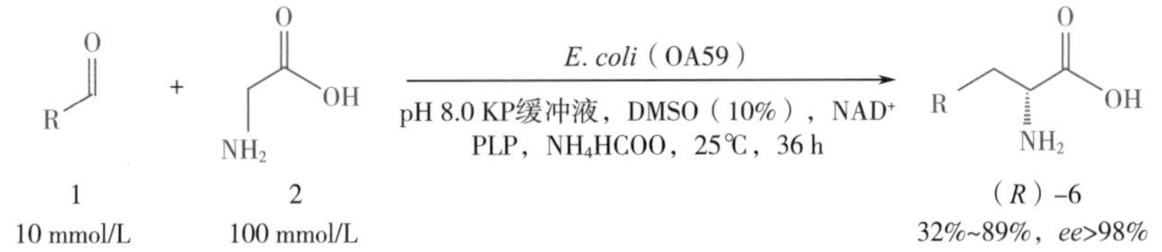

底物	产物	转化率/%	产量/（mg/L）	ee/%
1a	(R)-6a	85	1396	99
1b	(R)-6b	84	1530	99
1c	(R)-6c	71	1279	99
1d	(R)-6d	89	1768	99
1e	(R)-6e	32	570	98
1f	(R)-6f	72	1028	99
1g	(R)-6g	64	1089	99
1h	(R)-6h	85	987	99
1i	(R)-6i	78	796	99

五、10 种 α-功能化有机酸的合成验证

1. 10 种 α-功能化有机酸的合成和纯化

为了进一步评估本研究所构建的多酶级联催化体系的工业化生产潜力，选择 10 种代表性的 α-功能化有机酸，将其合成体系放大到 100mL，并对合成产物进行了纯化和验证。以 1a 为案例，首先考察了关键酶 CgTD 对 1a 的耐受性，结果表明 1a 浓度在 10~50mmol/L 范围内时对 CgTD 活力影响不明显，而当 1a 浓度大于 50mmol/L 时，CgTD 活力急剧降低 [图 9-31（1）]。随后，对催化剂与底物 1a 的比例进行了优化，如图 9-31（2）所示，当催化剂与底物比在 (0.5~1g/L)：(1mmol/L) 范围内时均能取得较好的转化效果。最终，确定了转化条件为：25℃、pH 8.0、5% DMSO 和 30g/L 的全细胞催化剂，底物 1a 的初始浓度设为 50mmol/L，当剩余的 1a 浓度低于 10mmol/L 时（约 6h 后），再加入 40mmol/L 1a。

接下来，以 1a 为底物，以 $E.\,coli$（OA02）、$E.\,coli$（OA23）和 $E.\,coli$（OA59）为催化剂，分别合成了 4a、(R)-5a 和 (R)-6a，在 30~42h 内，分别以 85%、81% 和 80% 的

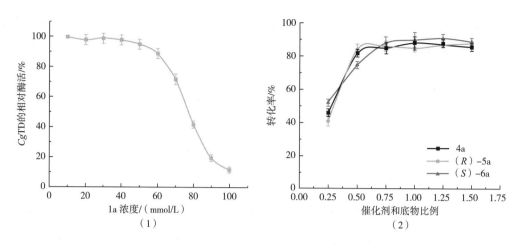

图 9-31 CgTD 对 1a 的耐受性（1）以及催化剂与底物 1a 的比例对转化率的影响（2）

转化率合成了 12.5g/L 4a、12.1g/L（R）-5a（ee 为 99%）和 11.9g/L（R）-6a（ee 为 99%）。此外，4a、（R）-5a 和（R）-6a 的时空产率（STY）分别达到 10.0、6.9 和 6.8g/（L·d）。最后，通过色谱层析、萃取和重结晶等步骤对 4a、（R）-5a 和（R）-6a 进行分离纯化，产品分离收率分别为 75%、69% 和 61%。同样地，使用相应的大肠杆菌全细胞催化剂成功地合成了 7 种其他高价值的化学品，包括：4i、（S）-5e、（S）-5i、（R）-5i、（S）-6e、（S）-6i 和（R）-6h，分离收率为 45%~78%（表 9-7）。

表 9-7　　　　　　　10 种有价值的 α-功能化有机酸的分离纯化及其应用

产物	结构	分离收率/%	主要应用
4a		75	苯乳酸和苯丙氨酸前体
4i		66	2-羟基丁酸和 2-氨基丁酸前体
（S）-5e		45	合成血管紧张素转换酶抑制剂（ACEI）的关键前体
（S）-5i		78	合成过氧化物酶体增殖剂激活受体 A（PPARa）激动剂（R）-K-13675 的关键前体
（R）-5a		69	恩格列酮、他汀类、丹参素、抗艾滋病药物的合成前体

续表

产物	结构	分离收率/%	主要应用
(R)-5i	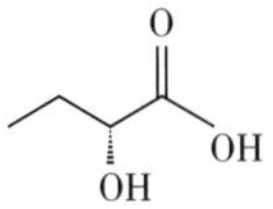	63	合成 PPAR 激动剂 MK-0533 的关键前体
(S)-6e	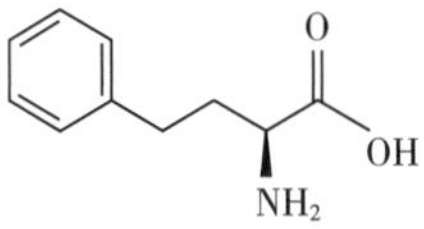	51	合成血管紧张素转换酶抑制剂（ACEI）的关键前体
(S)-6i	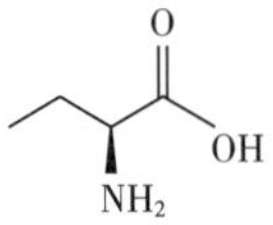	61	合成抗结核药物乙胺丁醇、布拉西坦和抗癫痫药物左乙拉西坦的关键前体
(R)-6a	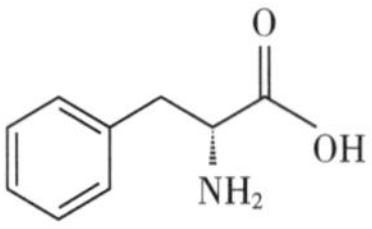	67	合成抗糖尿病药物那格列奈和抗肿瘤药物乌苯美司的关键前体
(R)-6h	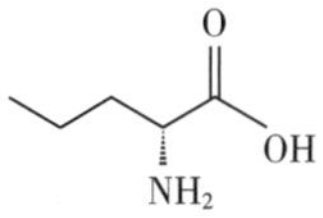	73	合成抗结核药物乙胺丁醇、布拉西坦和抗癫痫药物左乙拉西坦、帕马霉素-607 和瓢虫防卫生物碱中的氮杂大环内酯（Epilachnene）的关键前体

2. 产物结构鉴定

为了进一步鉴定纯化产物的结构，最后选择核磁共振图谱（NMR）和高分辨质谱（HRMS）对纯化产物进行检测分析。因为产物均是有机羧酸类化合物（—COOH），其在碱性溶液中易电解成—COO，所以通过阴离子质谱获得了理论分子质量减一的产物峰。在用 NMR 鉴定产物结构时，使用氘代试剂 NaOD 的 D_2O 溶液来溶解样品进行核磁检测，值得注意的是，使用该溶剂进行核磁检测时，活泼氢不出峰。最终检测结果表明产物分子质量和结构均是正确的，验证了本研究构建的手性基团重置级联反应的准确性。

第二节　多酶级联生产苯丙酸类化合物

一、概述

苯丙酸类化合物是一类具有 C6—C3 骨架的芳香羧酸的化合物总称。苯丙酸类化合物由于苯环上取代基团种类、数目和排列方式，以及 C6—C3 结构的取代或饱和程度不同，在理化性质上也会有很大的不同。目前自然界应用最广泛的苯丙酸类化合物主要是苯丙氨酸类、苯丙酮酸类、苯丙羟酸类和苯丙烯酸类这四种类型，其化学结构式如图 9-32 所示。

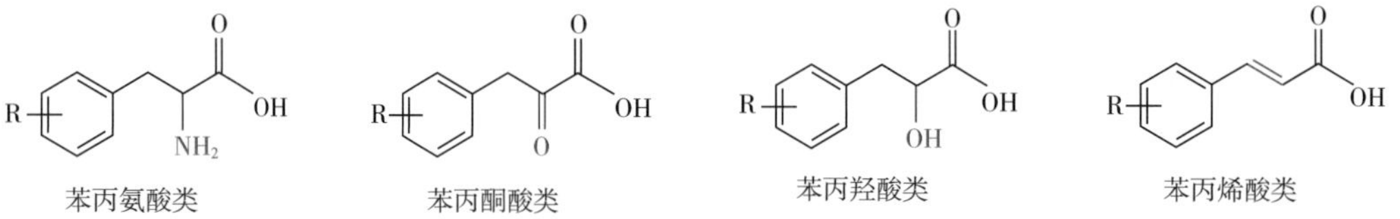

图9-32 常见苯丙酸类化合物的化学结构式

苯丙酸类化合物在医药、食品、化妆品和保健品行业均具有广泛的应用。L-酪氨酸作为苯丙氨酸类化合物的典型代表之一，属于重要的营养必需氨基酸，对人类和动物的新陈代谢以及生长发育都发挥着相当重要的作用。它可以刺激大脑活动进而改善记忆，是一种重要的营养补充剂，也可用作食品添加剂。此外其手性结构使其成为抗生素、肾上腺素和L-左旋多巴（L-DOPA）等重要医药产品的合成原料，其中L-DOPA是治疗帕金森病最有效的药物。苯丙酮酸是合成苯丙氨酸和苯乳酸的前体。苯丙氨酸可用作抗癌药物、氨基酸输液以及食品添加剂等。苯乳酸属于苯丙羟酸类，是一种抑菌物质，可有效抑制腐败菌、致病菌，它也是一种新型的天然防腐剂，在食品工业和药物制剂中具有广泛的应用前景，同时它也是恩格列酮、抗艾滋病药物等的合成前体。丹参素是苯乳酸的衍生物之一，具有改善脑供血和抑制血栓形成的功效，可用于治疗心脑血管疾病。阿魏酸是苯丙烯酸类的典型代表之一，在阿魏、当归等中药材中具有较高的含量，有抗氧化、清除自由基的作用等。

苯丙酸类化合物现有的合成方法中，提取法的收率较低；化学合成法的反应条件苛刻，反应时间长，产率低；生物法为苯丙酸类化合物的合成提供了低成本、高产率、绿色环保的方法。然而，目前生物法存在底物装载量低、产品种类受限于非天然底物的商业可用性等问题。因此，开发高效的生物催化途径来生产多样性的苯丙酸类化合物是有迫切希望并具有挑战性的。多酶级联可以规避价格昂贵的非天然底物为初始底物，在调控产品种类和构型方面也取得了不错的进展，是合成苯丙酸类化合物的有效策略。虽然多酶级联在苯丙酸类化合物的合成中已有一定的研究基础，但产品种类有限，催化效率还需提高，因此还需要开辟更多的高效路径来合成种类丰富的苯丙酸类化合物。

本文通过多酶级联的策略，设计了一个合成苯丙酸类化合物的级联系统，并通过模块化组装方法成功地合成多种类型的苯丙酸类化合物，为苯丙酸类化合物的合成提供了一个操作简单、绿色环保的催化平台。该级联系统以简单易得的苯酚衍生物、丙酮酸钠和氯化铵为初始底物，替代了以昂贵的非经典氨基酸、酮酸等化合物为底物，降低了生产成本，实现了低价值底物到高价值产品的转化。

二、氨基变换级联反应的设计和构建

1. 氨基变换级联反应的设计

（1）苯丙酸类化合物合成路径分析　苯丙酸类化合物起源于莽草酸途径，由莽草酸途径产生的分支酸可转换为苯丙氨酸，之后再经氧化、酰化或甲基化等修饰作用转换为各种苯丙酸类化合物。也就是说，苯丙酮酸类、苯丙羟酸类和苯丙烯酸类一般是通过苯丙氨酸类衍生而来。其中苯丙酮酸类可由苯丙氨酸类的氨基氧化脱氨得到，苯丙羟酸类可由苯丙氨酸类的氨基经过氧化脱氨再经过还原羟化而得到，而苯丙烯酸类则可由苯丙氨酸类经过脱氨得到。苯丙酸类化合物的种类主要由苯环的取代和 C_6—C_3 结构（α-或 β-C）的取代来决定，如 α-C 取代为氨基时为苯丙氨酸类，取代为羟基时为苯丙羟酸类。苯丙酸类化合物的合成多以苯丙氨酸类为底物，而苯丙氨酸类中只有 L-苯丙氨酸和 L-酪氨酸为天然底物，其他的苯丙氨酸和酪氨酸衍生物不易获得，且价格昂贵。所以，以苯丙氨酸类为底物合成苯丙酸类化合物面临着底物价格昂贵、产品种类少的问题。为了解决这一问题，一方面是从苯环的取代基入手，设计路径利用更简单易得的化合物为底物来获得更多种类的苯丙氨酸或酪氨酸衍生物，另一方面就是从 C_6—C_3 结构的取代入手，将苯丙氨酸或酪氨酸衍生物再转化为其他类型的苯丙酸类化合物。

由于苯丙氨酸类、苯丙酮酸类、苯丙羟酸类和苯丙烯酸类之间的转化主要是通过苯丙氨酸类的 α-氨基基团的变换来实现的，因此本研究基于氨基基团反应的多样性，设计了一个氨基变换级联反应来合成苯丙酸类化合物。该系统可分为四个模块，如图 9-33 所示，包括一个氨基引入模块（AI）和三个氨基转化模块（AT）。其中 AI 主要是用来合成多种 L-酪氨酸衍生物，AT 是将 L-酪氨酸衍生物转化为其他类型的苯丙酸类化合物。由于苯丙羟酸类和苯丙烯酸类已有相关的研究报道，本研究主要合成不同种类的苯丙氨酸类和苯丙酮酸类产品。

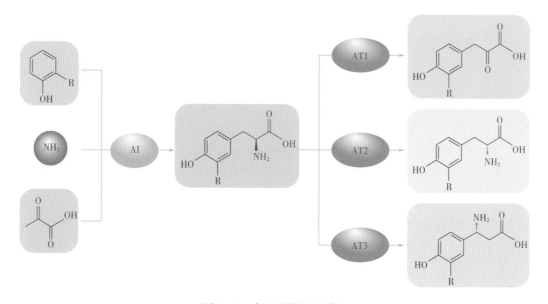

图 9-33　氨基变换级联路径

（2）氨基引入模块的设计　如图 9-33 所示，AI 是利用酪氨酸酚裂解酶（TPL）将苯酚衍生物 1、丙酮酸钠 2 和氯化铵通过 C—C 耦联和不对称氨化转化为具有 α-手性氨基的

(S)-α-酪氨酸衍生物 3，实现了无机铵到 α-手性有机氨基基团的转变。底物苯酚衍生物、丙酮酸钠和氯化铵都是一些价格低廉、简单易得的化合物。本模块是以几种不同邻位取代的苯酚衍生物为底物来扩展苯丙酸类化合物苯环的取代种类。

（3）氨基转化模块的设计　在 AI 的基础上，再通过 AT 将（S）-α-酪氨酸衍生物的 α-手性氨基进行转换进而生成一系列苯丙酸类化合物，具体的路径如图 9-34 所示。AT1：在 L-氨基酸脱氨酶（L-AAD）的催化下，（S）-α-酪氨酸衍生物经过氧化脱氨生成对羟基苯丙酮酸衍生物 4。AT2：利用 L-AAD 和 D-氨基酸脱氢酶（D-AADH）催化（S）-α-酪氨酸衍生物经过氨基手性反转生成（R）-α-酪氨酸衍生物 3，并通过葡萄糖脱氢酶（GDH）实现辅酶 NADPH 的循环再生。AT3：通过酪氨酸氨基变位酶（TAM）将（S）-α-酪氨酸衍生物氨基变位生成（R）-β-酪氨酸衍生物 5。

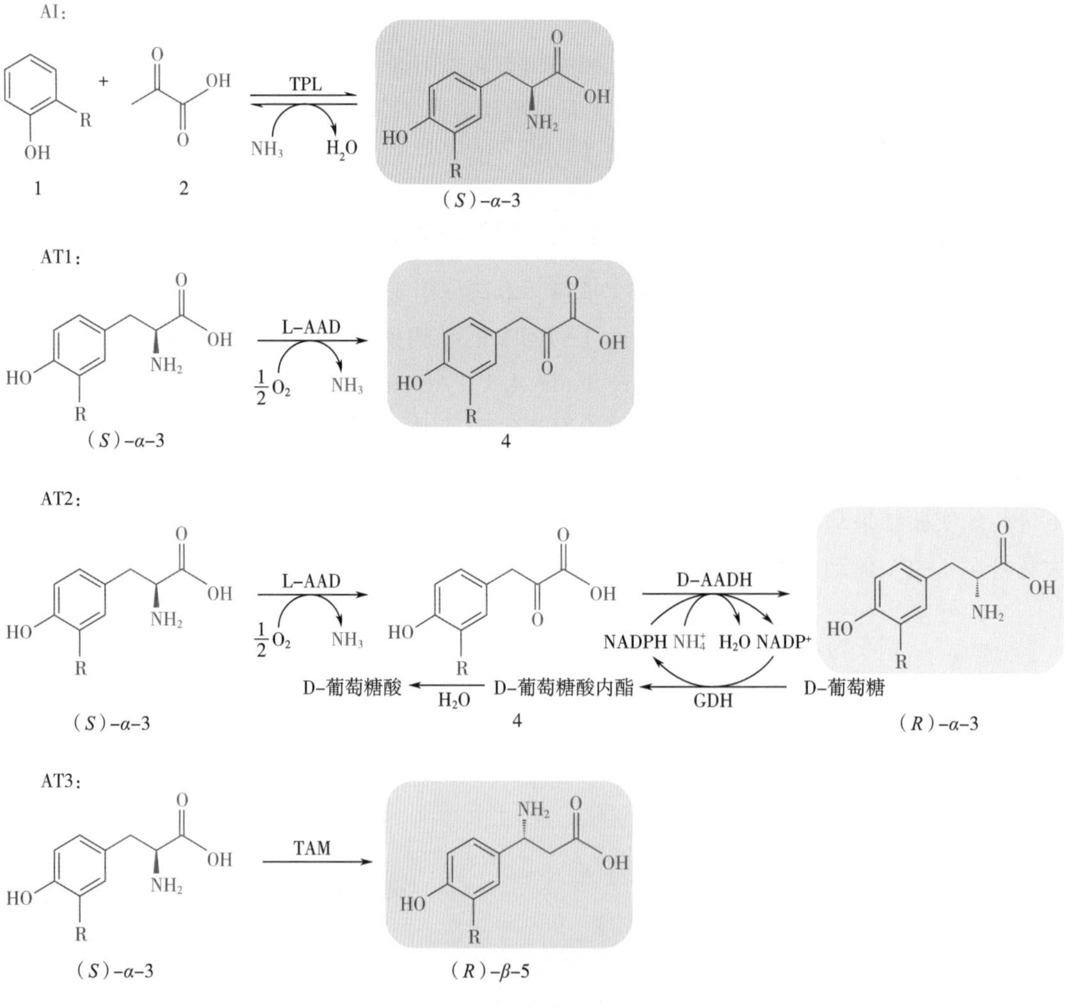

图 9-34　基础模块的设计

（4）级联路径的设计　整个氨基变换级联反应路径是以模块化的方式进行组装，如

图 9-35 所示，通过将 AI 和 AT1 进行级联实现氨基的引入和氧化脱氨来合成 α-酮酸，将 AI 和 AT2 进行级联实现氨基的引入和手性反转来合成 (R)-α-氨基酸，将 AI 和 AT3 进行级联实现氨基的引入和移位来合成 (R)-β-氨基酸。将 AI 和 AT 级联，整个过程表现为氨基的引入和转化。该级联路径以四种不同取代的邻位苯酚为底物来合成 16 种苯丙酸类化合物，包括 (S)-α-氨基酸、α-酮酸、(R)-α-氨基酸和 (R)-β-氨基酸四类，底物和产物的结构如图 9-36 所示。

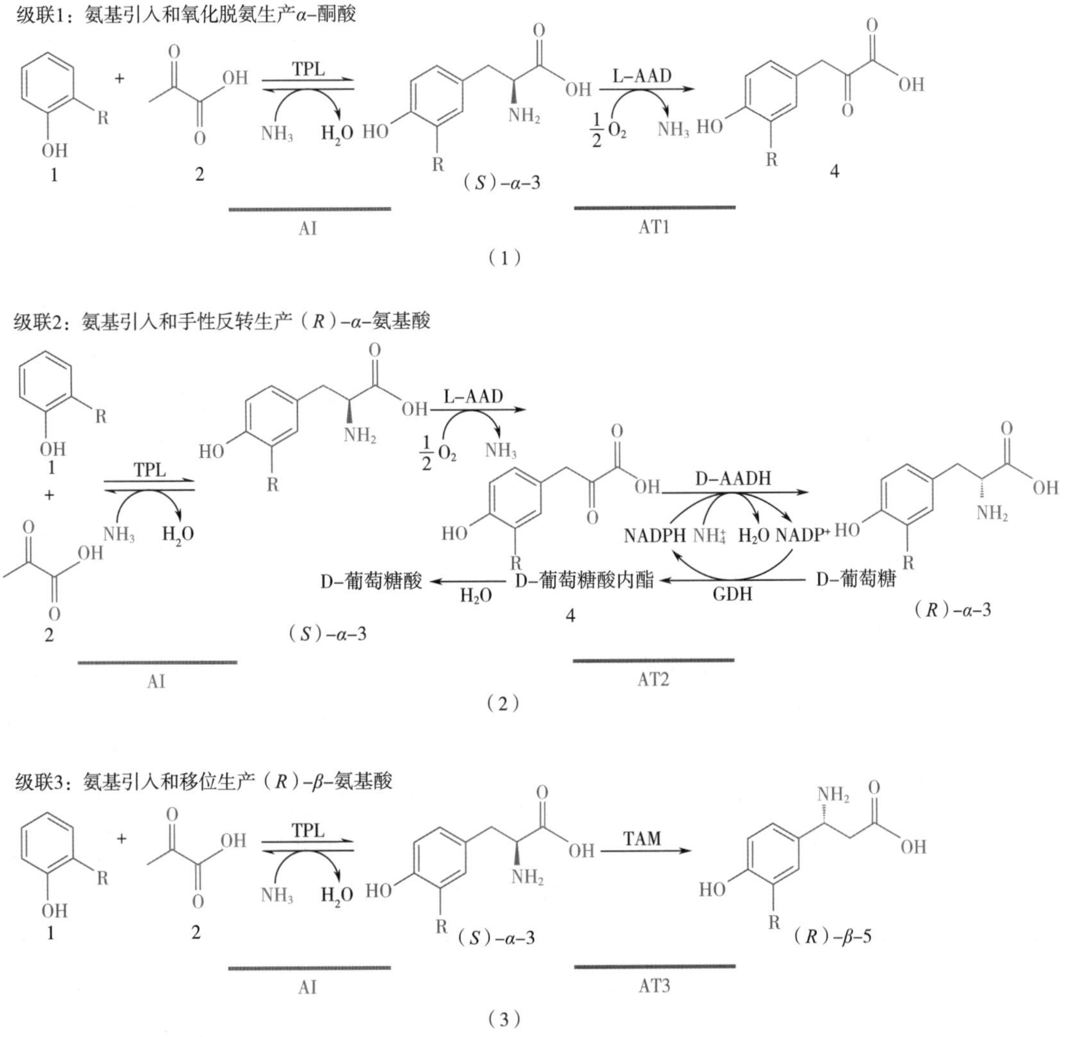

级联1：氨基引入和氧化脱氨生产 α-酮酸

（1）

级联2：氨基引入和手性反转生产 (R)-α-氨基酸

（2）

级联3：氨基引入和移位生产 (R)-β-氨基酸

（3）

图 9-35　氨基变换级联反应路径

2. 氨基引入和转化模块的构建

（1）AI 的构建　通过 Brenda 数据库筛选 6 种不同来源的 TPL（表 9-8），对比分析它们的比酶活，发现弗式柠檬杆菌（*Citrobacter freundii*）来源的 TPL 具有最高的比酶活，为 $10\mu\mathrm{mol}/(\mathrm{min}\cdot\mathrm{mg})$。但野生型的 *Cf*TPL 的底物谱较窄，Seisser 等为了扩展 *Cf*TPL 的底物

酚类	（S）-α-氨基酸	α-酮酸	（R）-α-氨基酸	（R）-β-氨基酸

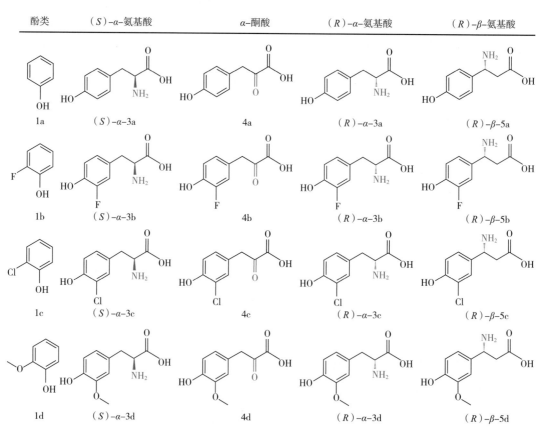

图 9-36　底物和产物

谱，利用以结构为导向的蛋白质改造方法对 CfTPL 进行突变，最好的 CfTPL 突变体 M379V（CfTPL^{M379V}）对一系列的苯酚衍生物都可以实现几乎完全的转化和优秀的对映体选择性（ee>97%），因此选择 CfTPL^{M379V} 来催化苯酚衍生物、丙酮酸钠和氯化铵来合成 L-酪氨酸衍生物。

表 9-8　　　　　　　　　　　　不同来源的 TPL

酶	来源	比酶活/［μmol/(min·mg)］
PpTPL	恶臭假单胞菌（*Pseudomonas putida*）	0.0232
CiTPL	中间柠檬酸杆菌（*Citrobacter intermedius*）	1.94
ApTPL	肠生气单胞菌（*Aeromonas phenologenes*）	2.80
PaTPL	成团泛菌（*Pantoea agglomerans*）	3.90
StTPL	嗜热互营短杆菌（*Symbiobacterium thermophilum*）	8.133
CfTPL	弗式柠檬杆菌（*Citrobacter freundii*）	10

根据 NCBI 数据库中报道的 CfTPL 基因序列，设计相应的引物对用于目的基因的扩增

和突变。提取弗式柠檬杆菌（*C.freundii*）的基因组作为模板，通过 PCR 扩增得到大小为 1.4kb 左右的目的片段。用 *BamH* I 和 *Hind* III 分别双酶切目的片段和表达载体 pET28a 并

进行胶回收，然后过夜连接。将连接产物转化到 *E.coli* JM109 感受态细胞中，进行菌落 PCR 验证并测序。挑选测序结果正确的重组质粒 pET28a–*Cf*TPL 进行全质粒 PCR，将 PCR 产物经 *Dpn*I 消化后转化到 *E.coli* BL21（DE3）感受态细胞中，再次菌落 PCR 验证选择阳性转化子进行测序，测序正确的即为表达 *Cf*TPL^{M379V} 基因的工程菌，将其命名为 *E.coli* 01。将构建好的菌株在 TB 培养基中培养，收集菌体，进行蛋白电泳，结果如图 9–37 所示。泳道 1 可以看出重组 *Cf*TPL^{M379V} 样品在电泳图上显示出清晰的条带，说明 *Cf*TPL^{M379V} 在重组菌株中正确表达。以 *E.coli* 01 湿细胞为催化剂对底物苯酚进行酶活性测

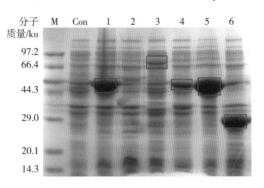

图 9-37　单表达菌株蛋白电泳图

M：蛋白质分子质量标准；Con：没有表达任何酶的 *E.coli* 菌株；1：*E.coli* 01（*Cf*TPL^{M379V}）；2：Con；3：*E.coli* 06（*Tc*PAM^{C107S}）；4：*E.coli* 02（*Pv*-L-AAD）；5：*E.coli* 04（*Cg*DAPDH^{BC621}）；6：*E.coli* 05（*Bm*GDH）

试，结果显示为 *E.coli* 01 湿细胞对苯酚的酶活性为 0.086U/mg。

（2）AT1 的构建　　（*S*）-α-氨基酸可由几种不同种类的酶催化生成 α-酮酸，包括 L-氨基酸脱氢酶、L-氨基酸转氨酶、L-氨基酸氧化酶和 L-AAD。其中，L-AAD 在催化的过程中不产生有毒物质过氧化氢，不需要额外添加辅因子，也不需要氨基受体，因此选择 L-AAD 作为催化（*S*）-α-氨基酸合成 α-酮酸的催化剂。

按照前文所示方法构建 L-AAD 工程菌，培养，收集菌体。在 10mmol/L 苯酚存在条件下，用 20g/L 的菌体量对 L-酪氨酸进行转化，转化体系（1mL）为：20mmol/L（*S*）-α-3a、10mmol/L 苯酚、100mmol/L Tris-HCl 缓冲液（pH 8.0），在 25℃下转化 24h，发现重组菌株 *E.coli* 02（pET28a–*Pv*-L-AAD）具有 92% 的转化率。将该重组菌进行蛋白电泳，结果如图 9-37 泳道 4 所示，*Pv*-L-AAD 在电泳图上显示出清晰的条带，说明 *Pv*-L-AAD 在重组菌株中正确表达。以 *E.coli* 02 湿细胞为催化剂对底物 L-酪氨酸进行酶活性测试，结果显示为 *E.coli* 02 湿细胞对 L-酪氨酸的酶活性为 0.042U/mg。

（3）AT2 的构建　　AT2 是通过氨基手性反转先将（*S*）-α-氨基酸转化为 α-酮酸再转化为（*R*）-α-氨基酸，是利用 L-AAD、D-AADH 和 GDH 三个酶实现的。在 AT1 的构建中已经筛选了 *P.vulgaris* 来源的 L-AAD，接着筛选 D-AADH 和 GDH 两个酶。

D-AADH 在自然界中存在较少，最典型的是 meso-DAPDH。从目前报道的 meso-DAPDH 文献中，发现来自谷氨酸棒状杆菌（*Corynebacterium glutamicum*）的突变体 *Cg*-DAPDH^{BC621}（包含五个突变位点：R196M/T170I/H245N/Q151L/D155G）可以合成一系列芳香族 D-氨基酸，并具有较高的对映体选择性（>98%）和较好的收率。因为这里要生产

的 D-酪氨酸衍生物也是芳香族的 D-氨基酸，故选择 $CgDAPDH^{BC621}$ 作为催化 α-酮酸合成 (R)-α-氨基酸的催化剂。将 $CgDAPDH^{BC621}$ 所编码的基因根据 $E.coli$ BL21（DE3）的表达系统进行密码子优化，用 $BamH$ I 和 Xho I 对人工合成的含有 $BamH$ I 和 Xho I 酶切位点的 $CgDAPDH^{BC621}$ 和表达载体 pET28a 分别进行双酶切，然后过夜连接。将连接产物转化到 $E.coli$ JM109 感受态细胞中，菌落 PCR 验证并测序。将测序正确的重组质粒 pET28a-$CgDAPDH^{BC621}$ 转化至 $E.coli$ BL21（DE3）感受态细胞中，菌落 PCR 验证得到的阳性转化子即为正确表达 $CgDAPDH^{BC621}$ 基因的工程菌，将其命名为 $E.coli$ 04。

由于 $CgDAPDH^{BC621}$ 在催化 α-酮酸过程中需要辅因子 NADPH，选择来源于巨大芽孢杆菌（$B.megaterium$）的 GDH 来构建辅酶循环系统。提取 $B.megaterium$ 的基因组作为模板，通过 PCR 扩增得到大小为 0.8kb 左右的目的片段。用 $BamH$ I 和 $Hind$ III 分别双酶切目的片段和表达载体 pET28a 并进行胶回收，然后过夜连接。将连接产物转化到 $E.coli$ JM109 感受态细胞中，菌落 PCR 验证并进行测序。将测序正确的重组质粒 pET28a-BmGDH 转化到 $E.coli$ BL21（DE3）感受态细胞中，再次菌落 PCR 验证得到的阳性转化子即为正确表达 BmGDH 基因的工程菌，将其命名为 $E.coli$ 05。

将上述构建好的两种菌株分别进行培养，收集菌体，进行蛋白电泳，结果如图 9-37 泳道 5 和 6 所示，$CgDAPDH^{BC621}$ 和 BmGDH 在电泳图上显示出清晰的条带，说明 $CgDAPDH^{BC621}$ 和 BmGDH 在重组菌株中正确表达。将收集的 $E.coli$ 04 和 $E.coli$ 05 菌体超声破碎，离心收集粗酶液，以粗酶液为催化剂进行酶活性测试，结果显示为 $E.coli$ 04 粗酶液对对羟基苯丙酮酸 4a 的酶活性为 0.028U/mg，$E.coli$ 05 粗酶液对 D-葡萄糖的酶活性为 1.203U/mg。

（4）AT3 的构建　目前文献中报道的酶较少，通过对文献中报道的 TAM 酶进行分析，选择南方红豆杉（$Taxus\ chinensis$）来源的 $TcPAM^{C107S}$ 突变体用于构建 AT3，该突变体保持了 PAM 的良好对映选择性（$ee>99\%$），而且对 L-酪氨酸也具有相对不错的催化活性 ［转化率 62%，$K_M=162\mu mol/L$，$k_{cat}=0.01$（1/s）］，因此被选择用于 (R)-β-酪氨酸衍生物的合成。

将 $TcPAM^{C107S}$ 编码的基因根据 $E.coli$ BL21（DE3）的表达系统进行密码子优化，用 $BamH$ I 和 Xho I 对人工合成的含有 $BamH$ I 和 Xho I 酶切位点的 $TcPAM^{C107S}$ 和表达载体 pET28a 分别进行双酶切，然后过夜连接。将连接产物转化到 $E.coli$ JM109 感受态细胞中，菌落 PCR 验证并测序。将测序正确的重组质粒 pET28a-$TcPAM^{C107S}$ 转化到 $E.coli$ BL21（DE3）感受态细胞中，再次菌落 PCR 验证得到的阳性转化子即为正确表达 $TcPAM^{C107S}$ 基因的工程菌，将其命名为 $E.coli$ 06。将构建好的菌株进行培养，收集菌体，进行蛋白电泳，结果如图 9-37 泳道 3 所示，$TcPAM^{C107S}$ 在电泳图上显示出清晰的条带，说明 $TcPAM^{C107S}$ 在重组菌株中正确表达。以 $E.coli$ 06 湿细胞为催化剂对底物 L-酪氨酸进行酶活性测试，结果显示 $E.coli$ 06 湿细胞对 L-酪氨酸的酶活性为 0.004U/mg。

三、模块组装合成苯丙酸类化合物

1. AI 生产 (S)-α-酪氨酸衍生物

（1）转化条件优化　以苯酚为模板底物对 AI 的转化条件进行优化。由于 TPL 在催化苯酚、丙酮酸钠和氯化铵生成 L-酪氨酸的同时也会催化其逆反应，因此在转化时添加过量的丙酮酸钠和氯化铵来促进反应向生成 L-酪氨酸方向移动。然后通过单因素优化实验对转化条件进行优化（图9-38），包括温度、助溶剂、底物浓度和菌体浓度等。温度的优化结果表明，反应的最适温度为25℃，转化率为86%，高于25℃可能会使酶不稳定而造成转化率下降。因为底物苯酚不易溶于水，所以添加 DMSO 促进苯酚与细胞催化剂的接触。在温度优化的基础上，对 DMSO 的比例进行优化，发现 DMSO 的比例为5%时就可以取得最高的转化率86%，而超过5%时转化率下降，可能是 DMSO 添加过多会对酶活性造成影响。随后对底物苯酚的浓度进行优化，当苯酚浓度为70mmol/L 时，转化率最高为94%，当苯酚浓度超过70mmol/L 时，转化率急剧下降，苯酚浓度为100mmol/L 时，转化率只有24%，是因为苯酚可以破坏细胞壁并使蛋白质灭活。最后对菌体的浓度进行了优化，在添加10g/L 的菌体时具有最大转化率为97%。通过优化，得到最优的转化条件为：70mmol/L 苯酚、140mmol/L 丙酮酸钠、560mmol/L 氯化铵、50μmol/L PLP、5% DMSO、10g/L *E. coli* 01 湿菌体、pH 8.0 的 Tris-HCl 缓冲液、25℃、200r/min。在该条件下苯酚向 L-酪氨酸转化的过程曲线如图9-38（5）所示：以70mmol/L 苯酚为底物，转化5h后，L-酪氨酸的产量为12.3g/L，转化率为97%，*ee* 为99%。

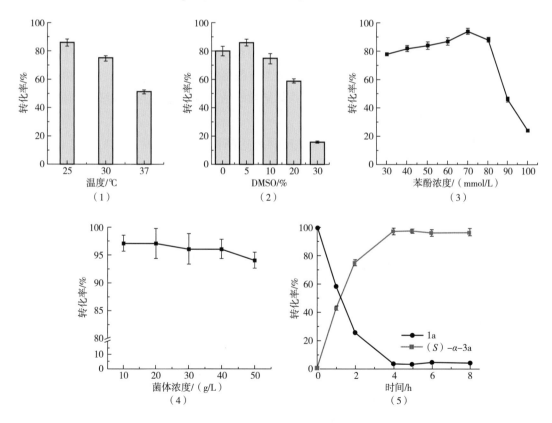

图9-38 转化 1a 合成（*S*）-*α*-3a 的条件优化

（1）温度优化；（2）DMSO 比例优化；（3）苯酚浓度优化；（4）菌体浓度优化；（5）反应过程曲线

（2）底物谱的测试　接着以苯酚衍生物为底物合成相应的L-酪氨酸衍生物，来测试AI的合成潜力和普适性。如表9-9所示，2-氟苯酚、2-氯苯酚和2-甲氧基苯酚都可被转化为相应的L-酪氨酸衍生物，具有较高的转化率（94%~99%）和ee（>97%），其中对底物2-氟苯酚有最高的转化率99%，表明了AI具有优秀的化学合成潜力。

表9-9　　　　　　　　　　　　　　　　　底物谱测试

底物	产物	转化率/%	产量/(g/L)	ee/%
1a	$(S)-\alpha-3a$	97	12.33	99
1b	$(S)-\alpha-3b$	99	13.82	98
1c	$(S)-\alpha-3c$	94	14.26	99
1d	$(S)-\alpha-3d$	95	14.08	99

2. AI 和 AT1 组装生产对羟基苯丙酮酸衍生物

（1）TPL 和 L-AAD 共表达菌株的构建和筛选　由于多细胞转化会增大细胞用量，影响传质，进而影响转化效率，所以将 TPL 和 L-AAD 共表达于同一个 E. coli 宿主菌株中。通过优化两个酶的表达水平来减少中间产物 L-酪氨酸衍生物的积累，将 CfTPL^{M379V} 和 Pv-L-AAD 的基因分别共表达到四个拷贝数不同但可以兼容的质粒 pACYCDuet-1、pCDF-Duet-1、pETDuet-1 和 pRSFDuet-1 上。这四个质粒的拷贝数分别为 10、20、40 和 100，而且四个质粒的抗性不同，但它们的基本骨架是相同的，具有相同的多克隆酶切位点，有利于基因表达操作。

按照酪氨酸酚裂解酶和L-氨基酸脱氨酶共表达菌株的构建方法，成功构建了四株共表达 CfTPL^{M379V} 和 Pv-L-AAD 基因的工程菌，将其命名为 E. coli 10~13。将这四株工程菌分别经 TB 培养基培养，IPTG 诱导表达，重组酶的表达情况如图 9-39（1）所示，从单酶表达菌株蛋白电泳图（图 9-37）可知 CfTPL^{M379V} 和 Pv-L-AAD 的蛋白大小相近，所以在该图中只有一条清晰的条带。

以苯酚、丙酮酸钠和氯化铵合成对羟基苯丙酮酸为目标反应对这四株工程菌进行筛选，转化体系（1mL）为：10mmol/L 苯酚、20mmol/L 丙酮酸钠、80mmol/L 氯化铵、50μmol/L PLP、5% DMSO、pH 8.0 的 Tris-HCl 缓冲液、50g/L 菌体量，在 25℃，200r/min 转化 24h，结果如图 9-39（2）所示，发现菌株 E. coli 10 的转化效果最佳，转化率为 90%。

（2）转化条件优化　通过单因素优化实验对底物浓度和菌体浓度等转化条件进行优化（图 9-40）。对底物苯酚的浓度进行优化，当苯酚浓度为 20mmol/L 时，转化率最高为 92%；当苯酚浓度超过 20mmol/L 时，转化率下降，与文献报道的苯酚对 L-AAD 的抑制相符。最后对菌体的浓度进行了优化，在添加 30g/L 的菌体时具有最大转化率为 99%。因此，最优的转化条件为：20mmol/L 苯酚、40mmol/L 丙酮酸钠、160mmol/L 氯化铵、50μmol/L PLP、5%

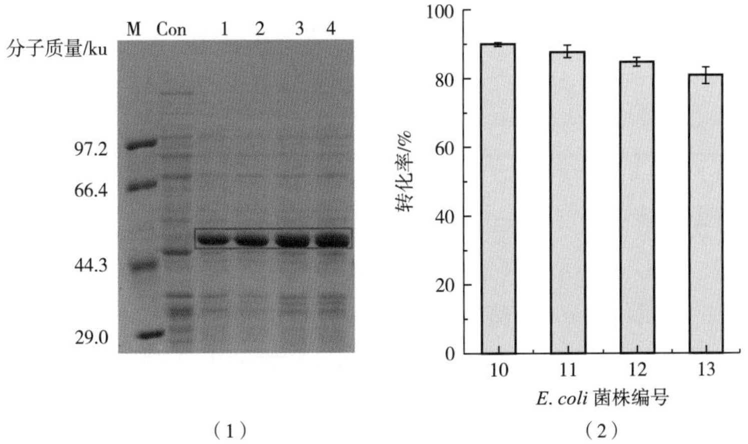

图 9-39 酮酸合成菌株的构建

(1) *Cf*TPL^{M379V} 和 *Pv*-L-AAD 共表达菌株的 SDS-PAGE 分析，M：蛋白质分子质量标准；Con：没有表达任何酶的 *E. coli* 菌株；1：*E. coli* 10；2：*E. coli* 11；3：*E. coli* 12；4：*E. coli* 13；(2) *E. coli* 10~13 转化 1a 生成 4a 的转化率

DMSO、30g/L *E. coli* 10 湿菌体、pH 8.0 的 Tris-HCl 缓冲液、25℃、200r/min。在该转化条件下，测定苯酚向对羟基苯丙酮酸转化的过程曲线，如图 9-40（3）所示：以 20mmol/L 苯酚为底物，转化 12h 后，对羟基苯丙酮酸的产量为 3.6g/L，转化率为 99%。

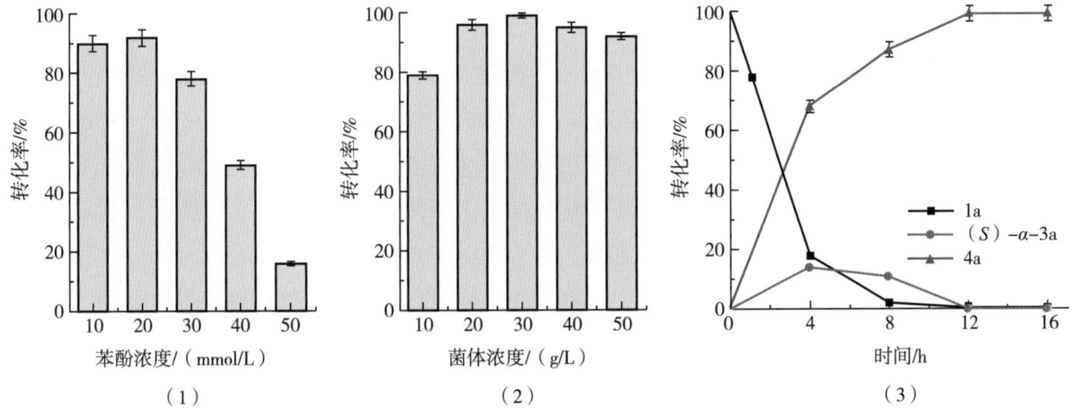

图 9-40 转化 1a 合成 4a 的条件优化

（3）底物谱的测试 为了进一步考察 AI 和 AT1 级联的合成潜力和普适性，以其他的苯酚衍生物为底物合成相应的对羟基苯丙酮酸衍生物。如表 9-10 所示，苯酚衍生物都可被转化为相应的对羟基苯丙酮酸衍生物，并具有较高的转化率（95%~99%），表明 AI 和 AT1 级联路径拥有优秀的化学合成潜力。

表 9-10 底物谱测试

底物	产物	转化率/%	产量/(g/L)	底物	产物	转化率/%	产量/(g/L)
1a	4a	99	3.57	1c	4c	97	4.16
1b	4b	99	3.92	1d	4d	95	3.99

3. AI 和 AT2 组装生产（*R*）-*α*-酪氨酸衍生物

（1）TPL、L-AAD、D-AADH 和 GDH 共表达菌株的构建和筛选　为了验证是否可实现苯酚、丙酮酸钠和氯化铵到 D-酪氨酸的一锅法转化，以 *E. coli* 01、*E. coli* 02、*E. coli* 04和 *E. coli* 05 为催化剂进行多细胞一锅转化，HPLC 检测只有 16% 的 D-酪氨酸生成，中间体对羟基苯丙酮酸大量积累，表明该级联路径的限速反应是由 D-AADH 催化的还原氨化。为了解决这一问题，还原氨化反应涉及酶（D-AADH 和 GDH）的表达水平应该高于氧化脱氨所涉及酶（TPL 和 L-AAD）的表达水平。

为了降低菌体使用量，将 TPL、L-AAD、D-AADH 和 GDH 共表达于同一个 *E. coli* 宿主菌株中，为了优化这四个酶的表达比例，在将 *Cf*TPL^{M379V} 和 *Pv*-L-AAD 的基因共表达到同一质粒的基础上，将 D-AADH 和 GDH 的基因也共表达到同一质粒。

按照酪氨酸酚裂解酶、L-氨基酸脱氨酶、D-氨基酸脱氢酶和葡萄糖脱氢酶共表达菌株的构建方法，成功构建了 6 株共表达 *Cf*TPL^{M379V}、*Pv*-L-AAD、*Cg*DAPDH^{BC621} 和 *Bm*GDH基因的工程菌，将其命名为 *E. coli* 14~19。将这 6 株工程菌分别经 TB 培养基培养，IPTG诱导表达，SDS-PAGE 分析结果如图 9-41（1）所示，从单酶表达菌株蛋白电泳图（图 9-37）可知 *Cf*TPL^{M379V}、*Pv*-L-AAD 和 *Cg*DAPDH^{BC621} 的蛋白大小相近，所以在该图中有两条清晰的条带。

以苯酚、丙酮酸钠和氯化铵合成（*R*）-*α*-酪氨酸为目标反应对 6 株工程菌进行筛选，在 1mL 转化体系：10mmol/L 苯酚、20mmol/L 丙酮酸钠、200mmol/L 氯化铵、50μmol/LPLP、5% DMSO、50mmol/L D-葡萄糖、50μmol/L NADP$^+$、50g/L 菌体量、pH 8.0 的Tris-HCl 缓冲液，25℃、200r/min 条件下转化 24h，结果如图 9-41（2）所示，发现菌株*E. coli* 19 的转化效果最佳，转化率为 47%。

（2）转化条件的优化　以 *E. coli* 19 为催化剂对转化条件进行优化（图 9-42），包括碳酸钠、D-葡萄糖、氯化铵与底物苯酚摩尔浓度的比例、底物浓度与菌体浓度等。首先对碳酸钠与苯酚摩尔浓度的比例进行优化，当摩尔浓度比为 10 时，具有最高的转化率72%；接下来对 D-葡萄糖与苯酚摩尔浓度的比例进行优化，当摩尔浓度比为 6 时，具有最高的转化率 73%；又对氯化铵与底物苯酚摩尔浓度的比例进行优化，当摩尔浓度比为25 时，具有最高的转化率 92%；随后对苯酚浓度进行优化，当苯酚浓度为 20mmol/L 时，转化率最高为 96%，浓度超过 20mmol/L，转化率下降，还是源于苯酚对 L-AAD 的抑制作用；最后对菌体的浓度进行了优化，在添加 50g/L 的菌体时具有最大转化率为 96%。因此通过优化，得到最适的转化条件为：20mmol/L 苯酚、40mmol/L 丙酮酸钠、500mmol/L 氯化铵、50μmol/L PLP、5% DMSO、200mmol/L 碳酸钠、120mmol/L D-葡萄糖、50μmol/L

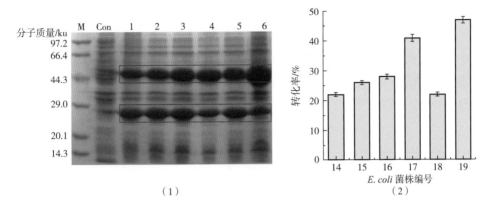

图 9-41 （R）-α-氨基酸合成菌株的构建

（1） *Cf*TPL^{M379V}、*Pv*-L-AAD、*Cg*DAPDH^{BC621} 和 *Bm*GDH 共表达菌株的 SDS-PAGE 分析，M：蛋白分子质量标准；Con：没有表达任何酶的 *E. coli* 菌株；1：*E. coli* 14；2：*E. coli* 15；3：*E. coli* 16；4：*E. coli* 17；5：*E. coli* 18；6：*E. coli* 19；（2） *E. coli* 14~19 转化 1a 生成 （R）-α-3a 的转化率

NADP$^+$、50g/L *E. coli* 19 湿菌体、pH 8.0 的 Tris-HCl 缓冲液、25℃、200r/min。在该转化条件下，苯酚向 （R）-α-酪氨酸转化的过程曲线如图 9-42（6）所示：以 20mmol/L 苯酚为底物，转化 24h 后，产量为 3.6g/L，转化率为 99%，*ee* 为 98%。

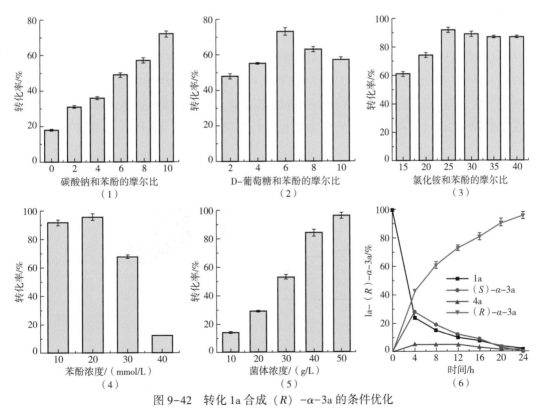

图 9-42 转化 1a 合成 （R）-α-3a 的条件优化

（1） Na$_2$CO$_3$ 和苯酚摩尔比的优化；（2） D-葡萄糖和苯酚摩尔比的优化；（3） NH$_4$Cl 和苯酚摩尔比的优化；（4）苯酚浓度优化；（5）菌体浓度优化；（6）反应过程曲线

（3）底物谱测试　最后以其他苯酚衍生物为底物合成相应的（*R*）-α-酪氨酸衍生物，来考察 AI 和 AT2 级联反应的合成潜力和普适性。如表 9-11 所示，所有的苯酚衍生物都可被接受并转化为相应的（*R*）-α-酪氨酸衍生物，并具有较高的转化率（91%~96%）和对映选择性（>98%），表明了 AI 和 AT2 级联在合成（*R*）-α-酪氨酸衍生物方面具有很大的应用潜力。

表 9-11		底物谱测试		
底物	产物	转化率/%	产量/(g/L)	*ee*/%
1a	（*R*）-α-3a	96	3.48	98
1b	（*R*）-α-3b	95	3.78	98
1c	（*R*）-α-3c	94	4.05	98
1d	（*R*）-α-3d	91	3.84	98

4. AI 和 AT3 组装生产（*R*）-β-酪氨酸衍生物

（1）蛋白质改造 *Tc*PAM^C107S 扩宽底物谱　以 *Tc*PAM^C107S 为催化剂，测定对其他 L-酪氨酸衍生物的转化效率，如图 9-43 所示，*Tc*PAM^C107S 对 L-酪氨酸衍生物的催化效率较低（<40%），而且随着底物体积的增大转化效率降低。因此为了高效生产（*R*）-β-酪氨酸，采用以结构为导向的蛋白质工程策略来提高 *Tc*PAM^C107S 对 L-酪氨酸衍生物的催化活性。从 *Tc*PAM 的晶体结构（PDB ID：3NZ4）可以发现 L104 残基与反式底物对香豆酸（TCA）存在空间冲突，因此会与体积更大的 L-酪氨酸衍生物存在更大的空间冲突。为了解决空间冲突，将 L104 残基突变为具有较小侧链的氨基酸，如缬氨酸、丙氨酸和甘氨酸，设计突变引物以 pET28a-*Tc*PAM^C107S 质粒为模板进行全质粒 PCR，将 PCR 产物转化到 *E. coli*

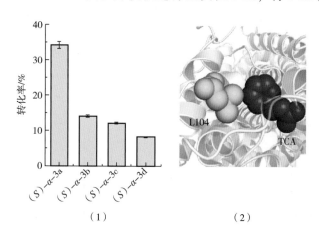

（1）　　　　　　　　　　　（2）

图 9-43　蛋白质工程改造提高 *Tc*PAM^C107S 对 L-酪氨酸衍生物的活性

（1）*E. coli* 06 静息细胞对不同底物的转化能力；（2）从 *Tc*PAM 的晶体结构（PDB ID：3NZ4）发现 L104 残基与反式底物对香豆酸（TCA）存在空间冲突

BL21（DE3）感受态细胞中，再次菌落 PCR 验证选择阳性转化子进行测序，成功构建了三株突变菌株。以 $(S)-\alpha-3c$ 为底物进行初始反应速率的测定，发现突变菌株 $TcPAM^{C107S, L104A}$ 具有最高的反应速率 59.8μmol/（L·min），比 $TcPAM^{C107S}$ 的反应速率 [4.6μmol/（L·min）] 提高了 13 倍。因此以突变体 $TcPAM^{C107S, L104A}$ 作为催化剂。

（2）$CfTPL^{M379V}$ 和 $TcPAM^{C107S, L104A}$ 共表达菌株的构建和筛选　为了减少菌体用量，将 $TcPAM^{C107S, L104A}$ 和 $CfTPL^{M379V}$ 也分别共表达于 pACYCDuet-1、pCDFDuet-1、pETDuet-1 和 pRSFDuet-1 四个质粒上。按照酪氨酸酚裂解酶和酪氨酸氨基变位酶共表达菌株的构建方法，成功构建了四株共表达 $CfTPL^{M379V}$ 和 $TcPAM^{C107S, L104A}$ 基因的工程菌，被命名为 $E.coli$ 20~23。将这四种工程菌分别经 TB 培养基培养，IPTG 诱导表达，SDS-PAGE 分析结果如图 9-44（1）所示，可知 $CfTPL^{M379V}$ 和 $TcPAM^{C107S, L104A}$ 基因均已在大肠杆菌中成功表达。

以苯酚、丙酮酸钠和氯化铵合成 $(R)-\beta-$ 酪氨酸为目标反应对这四种工程菌进行筛选，转化体系（1mL）为：1mmol/L 苯酚、2mmol/L 丙酮酸钠、8mmol/L 氯化铵、50μmol/L PLP、5% DMSO、50g/L 菌体量、pH 8.0 的 Tris-HCl 缓冲液，在 25℃，200r/min 转化 24h，结果如图 9-44（2）所示，发现菌株 $E.coli$ 23 的转化效果最佳，转化率为 62%。由于转化效率不理想，分析原因是 $TcPAM^{C107S, L104A}$ 的酶活性太低，因此在 $E.coli$ 23 的基础上将 $TcPAM^{C107S, L104A}$ 的基因进行重复表达以提高表达量，获得的菌株被命名为 $E.coli$ 24，具有 74% 的转化率。

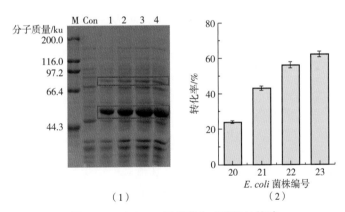

（1）　　　　　　　　　（2）

图 9-44　$(R)-\beta-$ 氨基酸合成菌株的构建

（1）$CfTPL^{M379V}$ 和 $TcPAM^{C107S, L104A}$ 共表达菌株的 SDS-PAGE 分析，M：蛋白分子质量标准；Con：没有表达任何酶的 $E.coli$ 菌株；1：$E.coli$ 20；2：$E.coli$ 21；3：$E.coli$ 22；4：$E.coli$ 23；（2）$E.coli$ 20~23 转化 1a 生成 $(R)-\beta-3a$ 的转化率

（3）转化条件的优化　以 $E.coli$ 24 为催化剂，对转化条件进行优化（图 9-45），包括温度、pH 与菌体浓度等。对温度进行优化时，当温度为 25℃时，具有最高的转化率 74%；对 pH 进行优化，当 pH 为 9.0 时，转化率最高为 86%；最后对菌体的浓度进行优化，在添加 50g/L 的菌体时具有最大转化率为 86%。因此最佳的转化条件为：1mmol/L 苯酚、2mmol/L 丙酮酸钠、8mmol/L 氯化铵、50μmol/L PLP、5% DMSO、50g/L $E.coli$ 24 湿菌体、pH 9.0 的 Tris-HCl 缓冲液、25℃、200r/min。在该转化条件下，苯酚向 $(R)-\beta-$ 酪

氨酸转化的过程曲线如图 9-45（4）所示：以 20mmol/L 苯酚为底物，转化 24h 后，（R）-β-酪氨酸的产量为 0.16g/L，转化率为 86%，ee 为 99%。

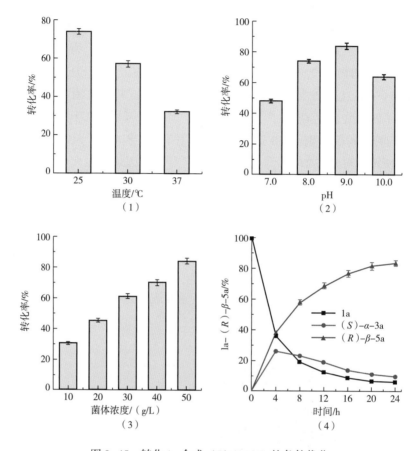

图 9-45 转化 1a 合成（R）-β-5a 的条件优化

（1）温度优化；（2）pH 优化；（3）菌体浓度优化；（4）反应过程曲线

（4）底物谱测试 最后考察了 *E. coli* 24 对其他苯酚衍生物的转化潜力，结果如表 9-12 所示，苯酚衍生物都可被转化为相应的（R）-β-酪氨酸衍生物，并具有良好的转化率（68%~86%）和优秀的对映选择性（>98%）。但该路径的底物浓度太低，今后还需要大量的工作来提高底物耐受性。

表 9-12　　　　　　　　　　　　　　　　底物谱测试

底物	产物	转化率/%	产量/（g/L）	ee/%
1a	（R）-β-5a	86	0.16	99
1b	（R）-β-5b	76	0.15	98
1c	（R）-β-5c	72	0.16	99
1d	（R）-β-5d	68	0.14	99

（5）规模化制备与产物结构鉴定　为进一步评估该多酶级联催化系统的生产潜力，选择两种（S）-α-酪氨酸衍生物、两种（R）-α-酪氨酸衍生物、一种（R）-β-酪氨酸衍生物，将其反应体系放大到 100mL，并对产物进行纯化和鉴定。采用分批补料的方法，以 20g/L E. coli 01 湿细胞为催化剂，分别在 0、1、2、3 和 4h 添加 50mmol/L 的底物 1a 或 1d，经过 24h 的转化，分别以 96% 和 92% 的转化率合成了（S）-α-3a（ee 为 99%）和（S）-α-3d（ee 为 99%）。然后通过离子交换、色谱层析、萃取和重结晶等方法对产物进行分离纯化，（S）-α-3a 和（S）-α-3d 的分离收率分别为 76% 和 73%。同样地，以 50g/L E. coli 19 湿细胞为催化剂，分别在 0h 和 8h 添加 20mmol/L 的底物 1a 或 1c，经过 24h 转化，分别以 89% 和 82% 的转化率合成了（R）-α-3a（ee 为 98%）和（R）-α-3d（ee 为 98%），分离产率为 68% 和 63%。最后，以 50g/L E. coli 24 湿细胞为催化剂，以 2mmol/L 1a 为底物，经过 24h 的转化，以 78% 的转化率合成了（R）-β-5a（ee 为 99%），分离产率为 53%。

为了鉴定以上产物的结构，通过 NMR 和 HRMS 进行分析。NMR 鉴定时使用氘代试剂 NaOD 的 D_2O 溶液溶解样品进行检测，使用该溶液检测时，活泼氢是不出峰的。在进行 HRMS 检测时，由于产物是有机羧酸类，在碱性溶液中容易电解为—COO，故阴离子质谱得到的是理论分子质量减一的产物峰。最终通过检测发现产物的结构和分子质量都是正确的。

第三节　多酶级联转化 L-赖氨酸生产戊二酸

一、概述

戊二酸（glutarate），又名胶酸，是一种重要的五碳二羧酸，目前已被广泛用于塑料化工、医药、农业、日化用品等行业。在塑料化工领域，可作为生产尼龙 4,5、尼龙 5,5 等聚酯和聚酰胺的结构单体化合物；在医药领域，可以作为合成心血管药物的关键药物中间体；在农业领域，由于其具有优良的广谱杀菌能力，可用于制造各种消毒剂和农药。目前，化学合成法是戊二酸的主要生产方法，包括回收法、合成法和过氧化氢催化氧化法等。然而上述方法基本上都存在环境污染严重、设备成本高、分离纯化困难以及产物得率低等问题，而生物合成法具有绿色环保可持续、工艺流程简单、生产成本相对较低以及产物纯度高等优势，因此在化学品的生产过程中更具潜力。

酶转化法是目前戊二酸生产的研究热点，该方法以 5-氨基戊酸为底物，先利用 4-氨基丁酸转氨酶（GabT）的转氨作用生成戊二酸半醛，再利用琥珀酸半醛脱氢酶（GabD）的脱氢作用生成戊二酸［图 9-46（1）］，但 5-氨基戊酸价格昂贵，生产成本较高。以 L-赖氨酸为起始底物，先经过赖氨酸单加氧酶（DavB）催化生成 5-氨基戊酰胺，再经 δ-氨基戊酰胺酶（DavA）催化生成 5-氨基戊酸，然后再与图 9-46（1）所示级联反应耦联时，可以实现 L-赖氨酸到戊二酸的高效转化［图 9-46（2）］。

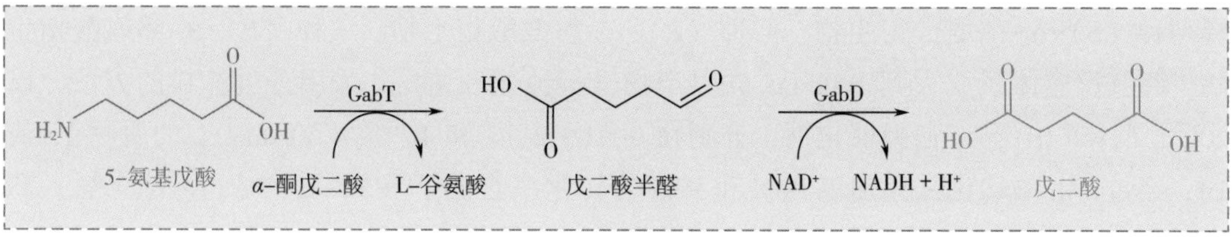

（1）

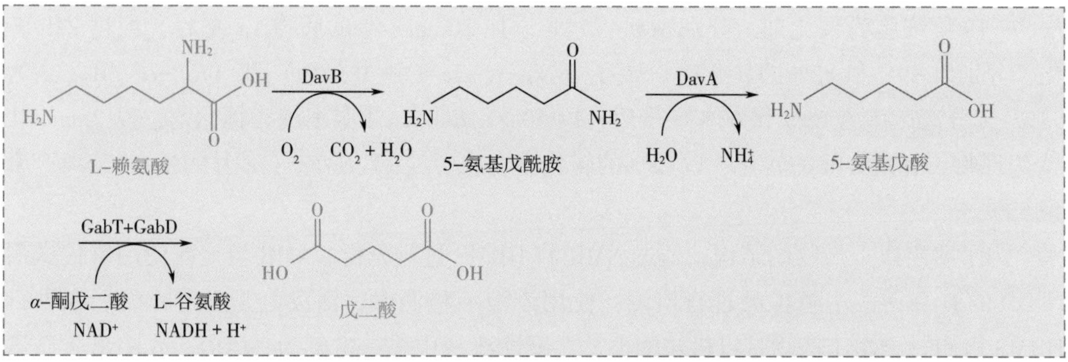

（2）

图 9-46　级联反应催化 5-氨基戊酸合成戊二酸（1）和级联反应催化 L-赖氨酸合成戊二酸（2）

DavB：赖氨酸单加氧酶；DavA：δ-氨基戊酰胺酶；GabT：4-氨基丁酸转氨酶；GabD：琥珀酸半醛脱氢酶

二、戊二酸合成级联路径的设计与构建

1. 戊二酸合成级联路径的设计

级联催化 L-赖氨酸生产戊二酸的反应分为五步：①L-赖氨酸经赖氨酸脱羧酶（CA）的脱羧作用生成戊二胺；②戊二胺经丁二胺转氨酶（PA）的转氨作用生成 5-氨基戊醛；③5-氨基戊醛经 γ-氨基丁醛脱氢酶（PD）的脱氢作用生成 5-氨基戊酸；④5-氨基戊酸经 4-氨基丁酸转氨酶（GT）的转氨作用生成戊二酸半醛；⑤戊二酸半醛经琥珀酸半醛脱氢酶（GD）的脱氢作用生成戊二酸，戊二酸的最大理论产率达到 0.90g/g L-赖氨酸。借助上述级联路径中涉及的五个关键酶，可以实现一锅法转化 L-赖氨酸生产戊二酸。

为了最大化促进 L-赖氨酸到戊二酸的转化，以 5-氨基戊酸为节点，将上述级联路径分为两个模块（图 9-47）：①戊二酸上游合成模块（模块一），包括路径酶 CA、PA 和 PD；②戊二酸下游合成模块（模块二），包括路径酶 GT 和 GD。由于上游和下游模块均有 NADH 的生成，便于进行反应动力学参数的检测。

2. 戊二酸合成级联路径的构建

为了提高戊二酸级联路径的催化合成效率，基于 BRENDA 数据库中的比酶活数据以及文献调研，对五种路径酶进行了分析。文献报道源于 *E. coli* MG1655 的赖氨酸脱羧酶具有良好的催化活性，故不需要对其进行再次筛选。基于此，本文针对其余四个路径酶，即丁二胺转氨酶、γ-氨基丁醛脱氢酶、4-氨基丁酸转氨酶和琥珀酸半醛脱氢酶进行了不同

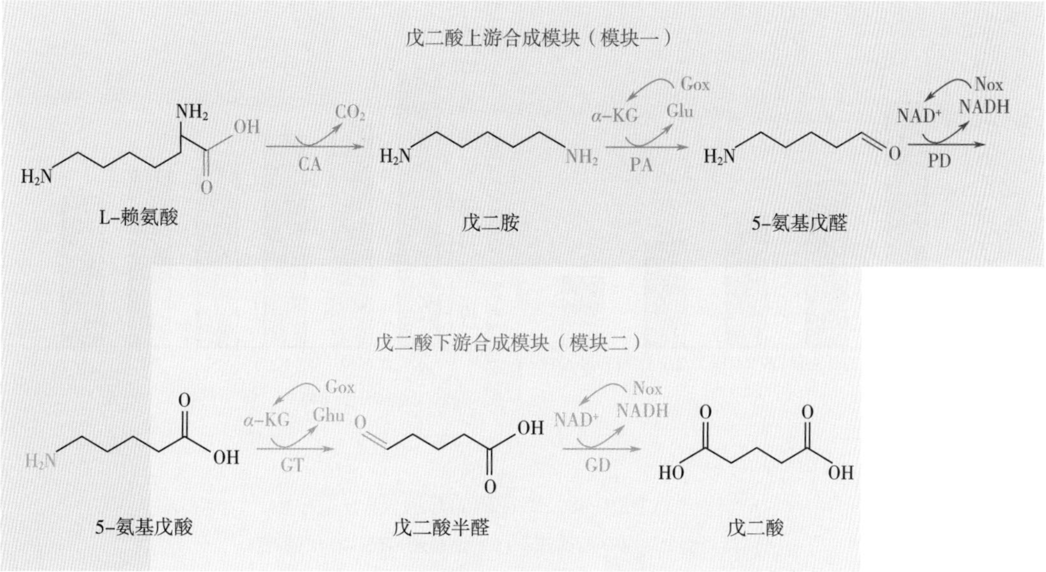

图 9-47　L-赖氨酸转化生产戊二酸的路径示意图

Gox：L-谷氨酸氧化酶；Nox：NADH 氧化酶

物种来源的筛选。

对于丁二胺转氨酶（PA）和 γ-氨基丁醛脱氢酶（PD）的来源筛选，首先，以 *Ec*PA 和 *Ec*PD 为参考，在 NCBI 数据库中选择 4 种不同来源的 PA 和 PD（序列相似度为 30%~85%）；其次，通过在 *E. coli* BL21（DE3）中共表达 PA 和 PD，实现戊二胺到 5-氨基戊酸的双酶级联路径构建；最后，通过测定该级联路径的初始反应速率，确定 PA 和 PD 的最适酶源。结果如图 9-48（1）所示，源于肺炎克雷伯氏菌（*K. pneumoniae*）的丁二胺转氨酶和 γ-氨基丁醛脱氢酶催化的初始反应速率达到 16μmol（NADH)/(L·min)，分别是源于雷根斯堡约克菌（*Y. regensburgei*）、大肠杆菌（*E. coli*）、法氏柠檬酸杆菌（*C. farmeri*）和旁氏果胶杆菌（*P. punjabense*）的 1.4、1.8、2.3 和 2.7 倍。类似地，对于 4-氨基丁酸转氨酶（GT）和琥珀酸半醛脱氢酶（GD）的来源筛选，首先，以 *Ppu*GT 和 *Ppu*GD 为参考，在 NCBI 数据库中选择 5 种不同来源的 GT 和 GD（序列相似度为 40%~80%）；其次，通过在 *E. coli* BL21（DE3）中共表达 GT 和 GD，实现 5-氨基戊酸到戊二酸的双酶级联路径构建；最后，通过测定该级联路径的初始反应速率，确定 GT 和 GD 的最适酶源。结果如图 9-48（2）所示，源于荧光假单胞菌（*P. fluorescens*）的 4-氨基丁酸转氨酶和琥珀酸半醛脱氢酶催化的初始反应速率达到 78μmol（NADH)/(L·min)，分别是源于恶臭假单胞菌（*P. putida*）、铜绿假单胞菌（*P. aeruginosa*）、大肠杆菌（*E. coli*）、枯草芽孢杆菌（*B. subtilis*）和谷氨酸棒杆菌（*C. glutamicum*）的 1.2、1.3、1.4、1.5 和 1.7 倍。

综上所述，最终选择源于 *E. coli* MG1655 的赖氨酸脱羧酶、源于 *K. pneumoni* 的丁二胺转氨酶和 γ-氨基丁醛脱氢酶以及源于 *P. fluorescens* 的 4-氨基丁酸转氨酶和琥珀酸半醛脱

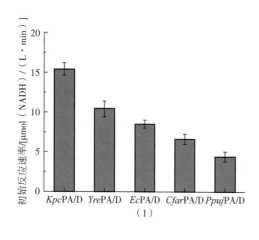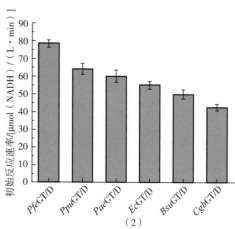

图 9-48 路径酶的筛选

（1）路径酶 PA、PD 的筛选；（2）路径酶 GT、GD 的筛选

*Kpc*PA/D：源于 *K. pneumoniae* 的 PA 和 PD；*Yre*PA 和 PD：源于 *Y. regensburgei* 的 PA 和 PD；*Ec*PA 和 PD：源于 *E. coli* 的 PA 和 PD；*Cfar*PA/D：源于 *C. farmeri* 的 PA 和 PD；*Ppuj*PA/D：源于 *P. punjabense* 的 PA 和 PD；*Pfe*GT/D：源于 *P. fluorescens* 的 GT 和 GD；*Ppu*GT/D：源于 *P. putida* 的 GT 和 GD；*Pae*GT/D：源于 *P. aeruginosa* 的 GT 和 GD；*Ec*GT/D：源于 *E. coli* 的 GT 和 GD；*Bsu*GT/D：源于 *B. subtilis* 的 GT 和 GD；*Cgb*GT/D：源于 *C. glutamicum* 的 GT 和 GD

氢酶为最佳路径酶，构建戊二酸合成级联路径。

3. 戊二酸合成级联路径的验证

为了验证戊二酸合成级联路径的可行性，首先，分别过表达并纯化了上述五种路径酶，即 *Ec*CA、*Kpc*PA、*Kpc*PD、*Pfe*GT 和 *Pfe*GD ［图 9-49（1）］。其次，利用纯酶在 1.5mL 离心管中构建体外转化体系，具体的转化条件为：20mmol/L L-赖氨酸、40mmol/L α-KG、0.5mmol/L NAD⁺、0.1mmol/L PLP，控制 *Ec*CA、*Kpc*PA、*Kpc*PD、*Pfe*GT 和 *Pfe*GD 的摩尔比为 1∶1∶1∶1∶1、转化温度为 30℃、转化时间为 1h。反应结束后，取适量转化液经离心过滤处理后，进行阴离子质谱检测。结果如图 9-49（2）所示，检测不到底物 L-赖氨酸的残留，但可以检测到产物戊二酸的生成（$m/z = 131$）。上述结果表明，*Ec*CA、*Kpc*PA、*Kpc*PD、*Pfe*GT 和 *Pfe*GD 构建的体外五酶级联路径可以成功实现 L-赖氨酸到戊二酸的转化。

三、戊二酸上游合成路径的重构与优化

1. 戊二酸上游合成路径的评估

为了鉴定戊二酸上游合成路径（模块一）中的限制性瓶颈，通过无细胞模拟实验进行了体外评估。首先，对促进模块一反应进行的三种辅因子包括 PLP、α-KG 和 NAD⁺ 的浓度进行优化，结果如图 9-50（1）所示。当控制 PLP 浓度在 0.3～0.5mmol/L 范围内时，

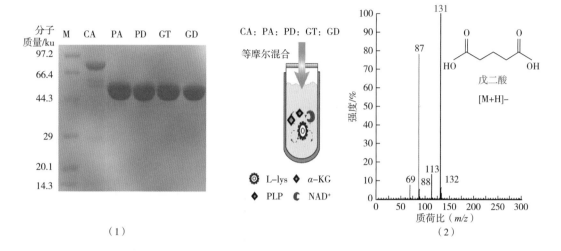

图 9-49 戊二酸合成级联路径的可行性验证

（1）*Ec*CA、*Kpc*PA、*Kpc*PD、*Pfe*GT 和 *Pfe*GD 纯化蛋白的 SDS-PAGE 验证结果，M：蛋白质分子质量标准；（2）体外级联转化 L-赖氨酸生产戊二酸的阴离子质谱鉴定结果

在反应前 30min 内，随着 PLP 浓度的增加，NADH 的生成量也呈现上升的趋势；进一步提高浓度至 0.6mmol/L，NADH 的生成量增加不显著。出于成本考虑，最终确定 PLP 浓度为 0.5mmol/L。类似地，α-KG 的浓度优化结果如图 9-50（2）所示。当控制 α-KG 浓度在 2.5~7.5mmol/L 范围内时，NADH 的生成量随着 α-KG 浓度的提高而逐渐增加，进一步提高浓度至 10.0mmol/L，NADH 的生成量增加不显著。出于成本考虑，最终确定 α-KG 浓度为 7.5mmol/L。NAD^+ 的浓度优化结果如图 9-50（3）所示，在反应前 30min 内，随着 NAD^+ 浓度的增加，NADH 的生成量也呈现出逐渐增加的趋势。当 NAD^+ 浓度从 1.2mmol/L 提高到 1.5mmol/L 时，NADH 的生成量趋于稳定。出于成本考虑，最终确定 NAD^+ 浓度为 1.2mmol/L。综上所述，最终确定模块一中涉及的辅因子 PLP、α-KG 和 NAD^+ 的浓度分别为 0.5、7.5 和 1.2mmol/L。

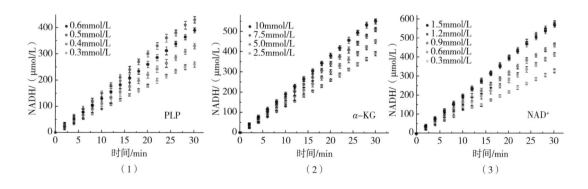

图 9-50 模块一的辅因子浓度优化

为了确定模块一中是否存在限制性瓶颈，首先，在最优的检测条件下，当三种路径酶的摩尔比例为 $EcCA$：$KpcPA$：$KpcPD = 4$：5：5（8μmol/L：10μmol/L：10μmol/L）时，模块一的初始反应速率为 25mol（NADH）/（L·min）。其次，检测了单个酶浓度对该模块初始反应速率的影响，结果如图 9-51 所示。当单独提高 $EcCA$、$KpcPA$ 和 $KpcPD$ 浓度分别至初始浓度的 2.0、1.6 和 2.0 倍时，模块一的反应速率分别提高了 1.2、6.2 和 3.6 倍。该结果表明，以初始反应速率为评价指标，$KpcPA$ 浓度的改变对模块一的反应速率的影响更为显著，即 $KpcPA$ 是模块一中的限速酶。

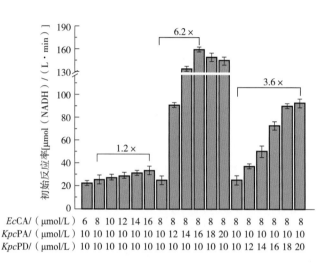

图 9-51　单酶浓度变化对模块一初始反应速率的影响

为了进一步确定模块一中的三种路径酶是否存在协同作用，借助正交优化实验进行了测试。固定限速酶 $KpcPA$ 的浓度（16μmol/L）不变，分别设置 $EcCA$ 浓度梯度（8、10、12、14 和 16μmol/L）和 $KpcPD$ 浓度梯度（10、12、14、16 和 18μmol/L）。结果如图 9-52（1）所示，当 $EcCA$：$KpcPA$：$KpcPD = 4$：8：7（8μmol/L：16μmol/L：14μmol/L）时，模块一的反应速率达到 179μmol（NADH）/（L·min），与优化前［25μmol（NADH）/（L·min）］相比，提高了 7.2 倍，说明模块一中的三种路径酶之间存在协同作用。此外，如图 9-52（2）所示，在最优的反应体系和酶比例条件下，经 120min 体外转化，5-氨基戊酸积累量达到 10.5mmol/L，比优化前提高了 3.2 倍。上述研究结果表明，协调表达戊二酸上游合成路径中的路径酶 $EcCA$、$KpcPA$ 和 $KpcPD$，能够有效提高 5-氨基戊酸的合成。

2. 戊二酸上游合成路径的重构

为了实现戊二酸上游合成路径的体内重构，首先采用 ePathBrick 技术将路径酶 $EcCA$、$KpcPA$ 和 $KpcPD$ 组装到表达载体 pETM6R1 上，其中每个路径酶都具有单独的表达框（Trc 启动子-RBS22-目的基因-T7 终止子）。随后，将载有路径酶的重组表达载体转化至菌株 $E.\ coli$ F0723 中，获得重组菌株 AVA-01。最后，通过全细胞转化评价其催化性能。结果如图 9-55（1）所示，40g/L L-赖氨酸经 24h 转化可以生成 11.7g/L 5-氨基戊酸，转化

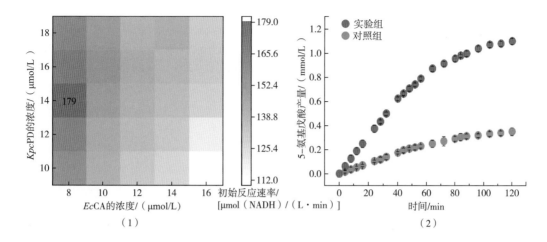

图 9-52　模块一的正交优化对 5-氨基戊酸产量的影响

（1）模块一中酶组分的正交优化；（2）模块一优化前后的 5-氨基戊酸产量比较

率、产率和生产强度分别为 36.5%、0.29g/g L-赖氨酸和 0.49g/（L·h）。此外，在转化液中检测到 8.8g/L 戊二胺。结合体外评估结果，推测影响 5-氨基戊酸合成的主要原因可能在于：①异源路径酶 EcCA、KpcPA 和 KpcPD 的表达水平不平衡；②催化戊二胺转化成下游产物的关键酶 KpcPA 活力不高，进而导致路径中间代谢物在转化液中积累。

3. 戊二酸上游合成路径的优化

为了最大化地促进 5-氨基戊酸的合成，借助核糖体结合位点（Ribosome binding site，RBS）调控策略和蛋白质工程改造策略对戊二酸上游合成路径进行组合优化。

（1）RBS 调控　RBS 调控，在代谢工程中常用于精细化调节路径酶的表达水平。首先，通过 RBS calculator 评估核糖体与 mRNA 的结合自由能并预测目的蛋白序列的翻译起始速率，进而获得了 15 个不同强度的 RBS 序列。在此基础上，构建获得 15 个重组表达载体 pETM6R1-RBS$_i$-eGFP（i 为 1，2，3…15）［图 9-53（1）］。随后，以 eGFP 荧光强度与细胞密度（OD$_{600}$）的比值为评价指标，确定上述 RBS 序列的相对荧光强度。结果如图 9-53（2）所示，以初始 RBS22 的荧光密度值为对照，15 个 RBS 序列的相对荧光强度大致可分为三个水平：低表达水平（RBS01~05），中等表达水平（RBS11~15），高表达水平（RBS06~10）。

为了将戊二酸上游合成路径中路径酶 EcCA、KpcPA 和 KpcPD 的表达水平控制在体外评估获得的最优比例 4:8:7，这里借助 RBS 调控策略精细化调控蛋白的表达水平。首先，在 EcCA、KpcPA 和 KpcPD 等路径酶的碳末端分别融合绿色荧光蛋白 eGFP，并将 KpcPD-eGFP 的荧光强度定义为 100% 蛋白表达量。基于此，分别设置和筛选能控制 EcCA-eGFP、KpcPA-eGFP 荧光强度为 KpcPD-eGFP 荧光强度 57% 和 114% 的 RBS 序列，使得 EcCA:KpcPA:KpcPD=57%:114%:100%（摩尔比例，约 4:8:7）。结果如图 9-54 所示，RBS01-05 控制表达的 EcCA-eGFP 荧光强度为 KpcPD-eGFP 的 31%~83%，其中

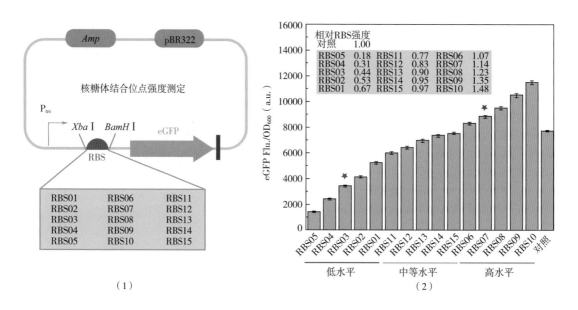

（1）

图 9-53　核糖体结合位点调控基因表达水平概述

（1）核糖体结合位点强度测定的重组质粒示意图；（2）15 个 RBS 序列的相对荧光强度测定

pBR322：复制起始位点；*Amp*：氨苄青霉素基因；P_{trc}：诱导型启动子

RBS03 控制表达的 *Ec*CA-eGFP 荧光强度为 *Kpc*PD-eGFP 的 60%；RBS06-10 控制表达的 *Kpc*PA-eGFP 荧光强度为 *Kpc*PD-eGFP 的 95%~150%，其中 RBS07 控制表达的 *Kpc*PA-eG-FP 荧光强度为 *Kpc*PD-eGFP 的 117%，与预期的设置基本一致。因此，最终选择 RBS03 控制基因 *Ec*CA 表达，RBS07 控制基因 *Kpc*PA 表达，而 RBS22 控制基因 *Kpc*PD 表达。

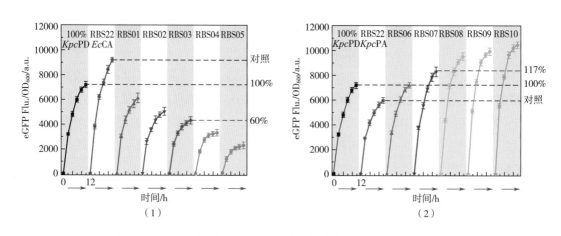

图 9-54　核糖体结合位点的筛选

（1）利用 RBS01~05 优化 *Ec*CA 的表达水平；（2）利用 RBS06~10 优化 *Kpc*PA 的表达水平

　　基于上述结果，将重组菌株 AVA-01 中控制基因 *Ec*CA、*Kpc*PA 表达的 RBS22 分别替换成 RBS03 和 RBS07，获得菌株 AVA-02，并对其进行了催化性能评价。结果如图 9-55

（1）所示，40g/L L-赖氨酸经24h转化可以生成21.6g/L 5-氨基戊酸，转化率、产率和生产强度分别为67.4%、0.54g/g L-赖氨酸和0.90g/（L·h）。此外，经RT-qPCR检测发现，与对照菌株AVA-01相比，菌株AVA-02的*Ec*CA表达水平下调，*Kpc*PA表达水平上调［图9-55（2）］，三种路径酶的摩尔比例为*Ec*CA∶*Kpc*PA∶*Kpc*PD＝4∶9∶7，与体外评估的最佳比例4∶8∶7基本一致，由此证明了RBS调控策略在精细化调控基因表达水平上的有效性。

利用RBS调控策略协调*Ec*CA、*Kpc*PA和*Kpc*PD的表达水平可以有效提高5-氨基戊酸的产量，但是转化液中仍然检测到4.9g/L戊二胺［图9-55（1）］，推测可能是因为*Kpc*PA的催化活性较低所导致的，这与体外评估的结果是一致的。因此，需要进一步改造*Kpc*PA提高其对底物戊二胺的催化活性，从而最大化地促进5-氨基戊酸的合成。

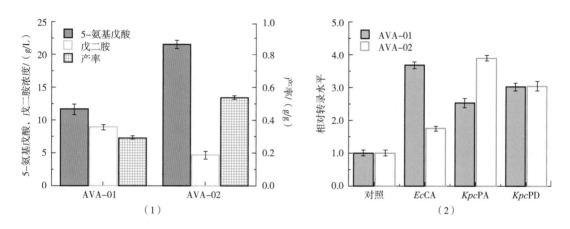

图9-55　核糖体结合位点调控效果评价

（1）路径酶表达水平优化对菌株生产性能的影响；（2）RT-qPCR检测*Ec*CA、*Kpc*PA和*Kpc*PD基因的表达水平

（2）蛋白质工程改造限速酶*Kpc*PA

①改造*Kpc*PA底物入口通道：位于底物入口通道中的氨基酸残基在底物的进出过程中发挥着重要的作用，是影响酶催化效率的关键因素之一。因此，这里对*Kpc*PA底物入口通道中的活性位点进行理性改造，进而提高*Kpc*PA对戊二胺的催化活性，最大化促进5-氨基戊酸的合成。

首先，以PDB数据库中的*Ec*PA（PDB登录号：4UOX；序列相似度：85%）为模板，借助SWISS-MODEL软件在线同源建模，获得*Kpc*PA的三维结构模型。其次，通过将其天然底物丁二胺和非天然大体积底物戊二胺分别与*Kpc*PA进行分子对接，获得*Kpc*PA-丁二胺和*Kpc*PA-戊二胺两组构象（图9-56）。对上述对接结果进行对比分析，发现复合物*Kpc*PA-丁二胺和*Kpc*PA-戊二胺与*Kpc*PA结合的氨基酸残基基本一致。而且，这两种复合物具有大致相同的朝向，表明非天然大体积底物戊二胺的结合姿势是基本正确的。

上述结果表明，底物结合状态不是导致*Kpc*PA对非天然大体积底物戊二胺催化活性较低的关键原因，猜测可能是底物在进出催化口袋的过程中出现了阻碍。借助CAVER软件

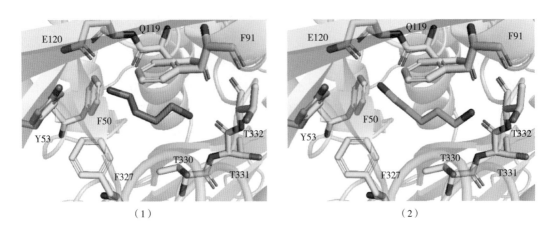

图 9-56　*Kpc*PA 与丁二胺和戊二胺的分子对接分析

（1）*Kpc*PA 与天然底物丁二胺的分子对接分析；（2）*Kpc*PA 与大体积底物戊二胺的分子对接分析

对 *Kpc*PA 的底物入口通道进行分析，结果如图 9-57（1）所示，该通道周围呈现出明显的瓶颈结构（存在一个宽度约 1.50×10^{-10} m 的瓶颈半径）。通过进一步对接分析确定了底物入口通道附近的 5 个关键氨基酸残基，分别为 Y53、Y402、E120、F50 和 F327，这些关键残基的侧链基团可能导致底物入口通道半径变小，进而对大体积底物的进入造成阻碍。为了确定上述残基是否是导致底物入口通道半径较窄的关键原因，对上述 5 个残基分别进行了体积扫描突变，突变成小体积氨基酸，主要包括甘氨酸（G）、丙氨酸（A）和缬氨酸（V）。

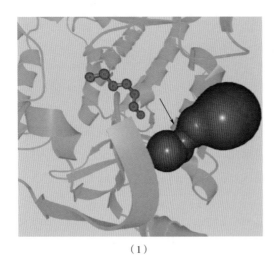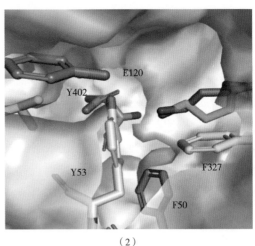

图 9-57　*Kpc*PA 的底物入口通道分析

（1）*Kpc*PA 的底物入口通道瓶颈分析；（2）*Kpc*PA 底物入口通道的关键氨基酸残基

通过体积扫描，设计并获得了 15 个突变体：Y53G、Y53A、Y53V、Y402G、Y402A、Y402V、E120G、E120A、E120V、F50G、F50A、F50V、F327G、F327A、F327V。以相对酶活为评价指标，结果如图 9-58 所示，Y53、E120 和 F327 是影响底物进入的关键活性位

点，上述残基经体积扫描获得的突变体均呈现正突变效应，由此证实了关键残基侧链体积较大造成底物通道瓶颈的猜想。其中，突变体 $KpcPA^{E120G}$ 的催化性能最佳，比酶活达到 35.64±0.75U/mg 蛋白，较野生型 $KpcPA$（15.89±0.52U/mg 蛋白）提高了 124.3%。因此，选择突变体 $KpcPA^{E120G}$ 进一步研究。

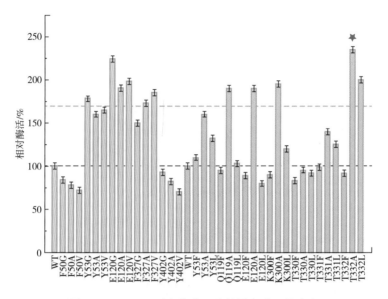

图 9-58　$KpcPA$ 对底物戊二胺的蛋白质工程改造

最后，对最优突变体 $KpcPA^{E120G}$ 进行分子动力学模拟，结果如图 9-59 所示。突变体 $KpcPA^{E120G}$ 的平均瓶颈半径（$2.11×10^{-10}$ m）发生了显著的改变，与野生型 $KpcPA$（$1.55×10^{-10}$ m）相比，增加了 $0.56×10^{-10}$ m。上述结果表明，底物入口通道半径是影响大体积底物戊二胺进入的关键因素之一，通过对底物通道周围的关键残基进行（小）体积扫描突变可以扩大瓶颈半径，从而实现大体积底物的有效进入，进而提高酶的催化效率。

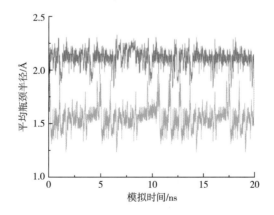

图 9-59　20ns 分子动力学模拟过程中底物入口通道瓶颈半径的变化情况

注：野生型 $KpcPA$（蓝色）；突变体 $KpcPA^{E120G}$（粉色）。

②改造 KpcPA 底物结合腔：研究报道疏水性扫描策略在提高酶对强疏水性底物的催化活性方面具有积极作用。因此，为了进一步提高 KpcPA 对戊二胺的催化活性，采用该策略对 KpcPA 进行进一步改造。首先，通过分子对接模拟分析，确定了底物结合腔中的 7 个关键亲水性氨基酸残基，分别为 Y53、Q119、E120、K300、T330、T331、T332（图 9-60）。其次，对上述 7 个残基分别进行了疏水性扫描突变，突变成疏水性氨基酸，主要包括丙氨酸（A）、亮氨酸（L）和苯丙酮酸（F）。

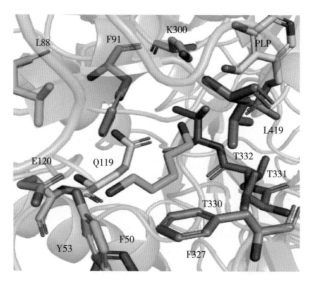

图 9-60　KpcPA 底物结合腔内的关键氨基酸残基

通过疏水性扫描，设计并获得了 21 个突变体：Y53A、Y53L、Y53F、Q119A、Q119L、Q119F、E120A、E120L、E120F、K300A、K300L、K300F、T330A、T330L、T330F、T331A、T331L、T331F、T332A、T332L、T332F。以比酶活为评价指标，结果如图 9-61 所示，突变体 KpcPA^{T332A} 的催化性能最佳，比酶活达到（37.41±0.89）U/mg 蛋白，比野生型 KpcPA 提高了 135.4%。因此，选择突变体 KpcPA^{T332A} 继续研究。上述结果表明，底物结合腔环境是影响戊二胺与活性位点结合的关键因素之一，通过对底物结合腔的关键残基进行疏水性扫描突变，减少了底物结合过程中存在的空间位阻和空间冲突，有利于容纳并结合疏水性更强的底物，进而提高酶的催化效率。

为了进一步验证突变体 T332A 和 E120G 之间是否存在协同效应，构建了双突变体 KpcPA$^{E120G/T332A}$，并测定了其对底物戊二胺的比酶活和动力学参数。结果如表 9-13 所示，双突变体 KpcPA$^{E120G/T332A}$ 酶的比酶活为（75.87±1.51）U/mg 蛋白，比单突变体 KpcPA^{E120G} 和 KpcPA^{T332A} 分别提高了 112.9% 和 102.8%。该结果表明上述两个单突变体之间确实存在协同效应。此外，与野生型相比，突变体 KpcPA^{E120G}、KpcPA^{T332A} 和 KpcPA$^{E120G/T332A}$ 对底物戊二胺的 K_m 分别降低了 60%、70% 和 56%，k_{cat} 分别增加了 3.3、3.6 和 9.0 倍，进而导致 k_{cat}/K_m 分别增加了 5.7、6.8 和 31.6 倍。

表 9-13　　　　　　　　　　　　　　*Kpc*PA 及其突变体的动力学参数测定

酶	比酶活/(U×mg 蛋白)	K_m/(mmol/L)	k_{cat}/(1/s)	(k_{cat}/K_m)/[L/(mmol·s)]
*Kpc*PA	15.89±0.52	12.23±0.12	9.78±0.26	0.80
*Kpc*PA^{E120G}	35.64±0.75	7.81±0.72	41.76±0.23	5.35
*Kpc*PA^{T332A}	37.41±0.89	7.22±0.65	45.23±0.58	6.26
*Kpc*PA$^{E120G/T332A}$	75.87±1.51	3.76±0.34	98.17±0.46	26.11

最后，利用分子动力学模拟，比较分析了突变体 *Kpc*PA$^{E120G/T332A}$ 与野生型 *Kpc*PA 的差异。如图 9-61（1）所示，与野生型 *Kpc*PA 相比，突变体 *Kpc*PA$^{E120G/T332A}$ 的均方根差值（RMSD）显著降低，从 $3.21×10^{-10}$ m 降低至 $2.94×10^{-10}$ m，表明突变体 *Kpc*PA$^{E120G/T332A}$ 具有更稳定的整体蛋白构象。此外，进一步比较突变体 *Kpc*PA$^{E120G/T332A}$ 与野生型 *Kpc*PA 氨基酸位点的均方根波动值（RMSF），结果发现突变体 *Kpc*PA$^{E120G/T332A}$ 的 A 和 B 区域的 RMSF 值明显下降［图 9-61（2）］，表明这些区域中残基的柔韧性相对于野生型 *Kpc*PA 有所降低，这可能是蛋白内部的相互作用得到加强的结果。上述结果表明，利用体积扫描和疏水性扫描策略分别对 *Kpc*PA 的底物入口通道和底物结合腔进行改造，不仅提高了酶的催化活性，也提高了酶的构象稳定性。因此，选择双突变体 *Kpc*PA$^{E120G/T332A}$ 用于后续研究工作。

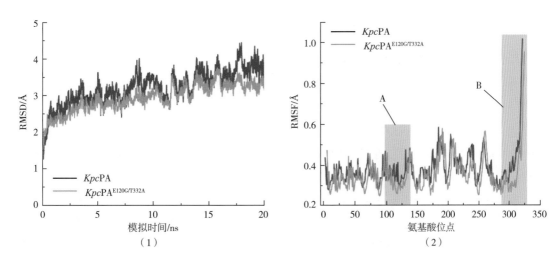

图 9-61　野生型 *Kpc*PA 和突变体 *Kpc*PA$^{E120G/T332A}$ 的分子动力学模拟

基于上述结果，将重组菌株 AVA-02 中的 *Kpc*PA 替换成 *Kpc*PA$^{E120G/T332A}$，获得菌株 AVA-03，并对其进行了催化性能评价。结果如图 9-62 所示，40g/L L-赖氨酸经 24h 转化可以生成 29.5g/L 5-氨基戊酸，转化率、产率和生产强度分别为 92.1%、0.74g/g L-赖氨酸和 1.23g/(L·h)。此外，转化液中的戊二胺含量低于 0.2g/L，与菌株 AVA-02 相比，降低了 95.8%。上述结果表明，结合体积扫描和疏水性扫描的蛋白质工程改造策略，可以

有效提高 KpcPA 对戊二胺的催化活性，进而减少中间代谢产物的积累，最终实现 L-赖氨酸到 5-氨基戊酸的高效转化。

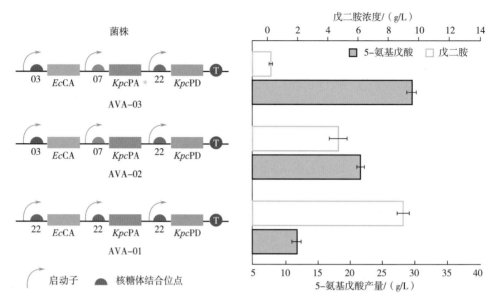

图 9-62　突变体 KpcPA$^{E120G/T332A}$ 对菌株生产性能的影响

四、戊二酸下游合成路径的重构与优化

1. 戊二酸下游合成路径的评估

为了鉴定戊二酸下游合成路径（模块二）中的限制性瓶颈，通过无细胞模拟实验进行了体外评估。首先，对促进模块二反应进行的两种辅因子包括 α-KG 和 NAD$^+$ 分别进行了浓度优化实验。其中，α-KG 的浓度优化结果如图 9-63（1）所示。当控制 α-KG 浓度在 3.0~5.0mmol/L 范围内时，在反应前 50s 内，随着 α-KG 浓度的增加，NADH 的生成量呈现快速上升的趋势，进一步提高 α-KG 浓度至 6.0mmol/L，NADH 的生成量增加不显著。出于成本考虑，最终确定 α-KG 浓度为 5.0mmol/L。类似地，NAD$^+$ 的浓度优化结果如图 9-63（2）所示，当控制 NAD$^+$ 浓度在 0.25~0.75mmol/L 范围内时，NADH 的生成量随着 NAD$^+$ 浓度的提高而逐渐增加，进一步提高 NAD$^+$ 浓度至 1.00mmol/L，NADH 的生成量增加不显著。出于成本考虑，最终确定 NAD$^+$ 浓度为 0.75mmol/L。综上所述，最终确定模块二中涉及的辅因子 α-KG 和 NAD$^+$ 的浓度分别为 5.0mmol/L 和 0.75mmol/L。

为了确定模块二中是否存在限制性瓶颈，首先，在最优的检测条件下，当两种路径酶的摩尔比例为 PfeGT：PfeGD＝1：1（5μmol/L：5μmol/L）时，模块二的初始反应速率为 282μmol（NADH）/（L·min）。其次，检测了单个酶浓度对模块初始反应速率的影响，结果如图 9-64 所示。当单独提高 PfeGT 和 PfeGD 浓度至初始浓度的 2 倍时，模块二的反应速率分别提高了 1.43 倍和 1.48 倍。该结果表明，以初始反应速率为评价指标，无论是

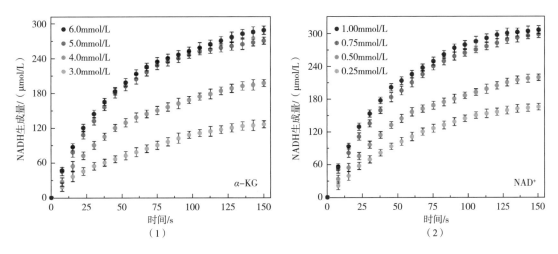

图 9-63　模块二的辅因子浓度优化

*Pfe*GT 还是 *Pfe*GD 浓度的改变，对提高模块二的整体催化效率是有限的，即 *Pfe*GT 和 *Pfe*GD 均不是模块二中的限速酶。此外，优化前模块二的初始反应速率［282μmol（NADH）/（L·min）］远高于模块一的初始反应速率［25μmol（NADH）/（L·min）］，说明模块二不是戊二酸合成级联路径中的限速模块。

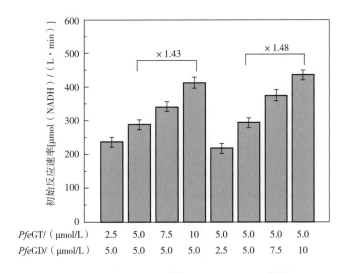

图 9-64　单酶浓度变化对模块二初始反应速率的影响

2. 戊二酸下游合成路径的重构

首先采用 ePathBrick 技术将路径酶 *Pfe*GT 和 *Pfe*GD 组装到表达载体 pETM6R1 上，其中每个路径酶都具有单独的表达框（Trc 启动子-RBS22-目的基因-T7 终止子）。随后，将载有路径酶的重组表达载体转化至菌株 *E. coli* F0723 上，获得重组菌株 Glu-01。最后，通过全细胞转化评价其催化性能。结果如图 9-65 所示，40g/L 5-氨基戊酸经 24h 转化可以生成 32.5g/L 戊二酸,转化率、产率和生产强度分别为 72.1%、0.81g/g 5-氨基戊酸和 1.35g/(L·h)。此外,在转化液中检测到 8.9g/L 5-氨基戊酸,相当于仅有 31.1g/L 5-氨基戊酸被转运至胞内转化生成 32.5g/L 戊二酸,转化率达到 92.7%。基于此,推测影响戊二酸合成的主要原因可能在于:5-氨基戊酸从胞外到胞内的转运受阻,进而导致 5-氨基戊酸在转化液中的积累。

3. 戊二酸下游合成路径的优化

为了提高戊二酸下游合成路径的底物利用能力,常用的有效策略是过表达转运蛋白。根据文献报道,GabP 是一种 4-氨基丁酸转运蛋白,可将 4-氨基丁酸从细胞外运输至细胞内。Li 等通过在戊二酸生产菌株中进一步过表达转运蛋白 GabP,使发酵液中 5-氨基戊酸的积累量降低了 95.3%,而戊二酸的产量却提高了 72.1%。因此,本研究通过表达调节转运蛋白 GabP,以解决 5-氨基戊酸因转运受阻而不能被转化为下游产物戊二酸的问题。

基于上述分析,构建了重组质粒 pJ07-GabP,并将其转化至戊二酸生产菌株 Glu-01 中,获得重组菌株 Glu-02,并对其进行了催化性能评价。结果如图 9-65 所示,40g/L 5-氨基戊酸经 24h 转化可以生成 41.2g/L 戊二酸,转化率、产率和生产强度分别为 91.3%、1.03g/g 5-氨基戊酸和 1.72g/(L·h)。此外,转化液中的 5-氨基戊酸积累量降低至 1.2g/L,较对照菌株 Glu-01 降低了 86.4%。上述结果表明,4-氨基丁酸转运蛋白 GabP 可以有效将 5-氨基戊酸从胞外运输至胞内,提高了底物利用能力,促进了 5-氨基戊酸高效转化为戊二酸。

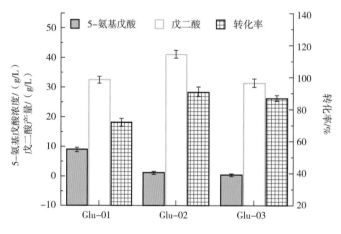

图 9-65 过表达 GabP 对菌株生产性能的影响

综上所述,①通过对戊二酸下游合成路径进行体外评估,确定 *Pfe*GT 和 *Pfe*GD 的酶活性不是限制戊二酸下游合成路径催化效率的关键瓶颈;②通过对戊二酸下游合成路径的底物利用能力进行评估,确定 5-氨基戊酸从胞外到胞内的转运是影响其利用能力的关键;③通过转运蛋白 GabP 的表达调节,提高了 5-氨基戊酸从胞外到胞内的转运效率,使得重组菌株 Glu-02 的戊二酸产量从 32.5g/L 提高到 41.2g/L。

五、戊二酸合成级联路径的组装与应用

1. 戊二酸合成级联路径的组装

为了实现L-赖氨酸到戊二酸的生产，将上述构建的最优上游合成路径和最优下游合成路径进行组装，获得重组菌株Glu-03，并对其进行了催化性能评价。结果如图9-65所示，40g/L L-赖氨酸经24h转化可以生成31.5g/L戊二酸，转化率、产率和生产强度分别为87.1%、0.79g/g L-赖氨酸和1.31g/(L·h)。此外，转化液中5-氨基戊酸积累量仅为0.4g/L。上述结果表明，结合体外模块化路径工程、RBS调控、蛋白质工程以及转运工程等多维改造策略，大大提高了戊二酸合成级联路径的传输效率，促进了L-赖氨酸到戊二酸的高效转化。

2. 全细胞转化体系的优化

为了实现L-赖氨酸到戊二酸的高效生产，通过单因素优化实验分别对发酵产酶体系中的起始诱导OD_{600}、诱导温度、诱导时间以及诱导剂（IPTG）浓度等诱导条件以及全细胞转化体系中的菌体浓度、转化温度、转化pH、通透剂种类、辅因子NAD^+添加量以及辅底物α-KG添加量进行了优化。

（1）发酵产酶条件优化　首先，在摇瓶水平对重组菌株Glu-03进行了发酵产酶的诱导条件优化，包括起始诱导OD_{600}、诱导温度、诱导时间以及诱导剂（IPTG）浓度，结果如图9-66所示。考察不同起始诱导OD_{600}收集的菌体对戊二酸产量的影响［图9-66（1）］，发现当起始OD_{600}为0.8时进行诱导，戊二酸产量达到最高为51.5g/L，转化率为56.9%；考察不同诱导温度收集的菌体对戊二酸产量的影响［图9-66（2）］，发现当诱导温度为25℃时，戊二酸产量达到最高为54.5g/L，转化率为60.3%；考察不同诱导时间收集的菌体对戊二酸产量的影响［图9-66（3）］，发现当诱导时间从8h延长至14h时，戊二酸产量逐渐提高，最高可达58.8g/L，转化率为65.1%，当诱导时间超过14h时，戊二酸产量下降。因此，最终选择14h作为最适的诱导时间。考察IPTG的不同添加浓度（0.2、0.4、0.6和0.8mmol/L）对戊二酸产量的影响［图9-66（4）］，发现当IPTG添加浓度为0.4mmol/L时，戊二酸产量达到最高为61.4g/L，转化率为67.9%。

综上所述，重组菌株Glu-03的最佳发酵产酶条件为：起始诱导OD_{600}为0.8、诱导温度为25℃、诱导时间为14h、诱导剂（IPTG）浓度为0.4mmol/L。

（2）全细胞转化条件优化　为了进一步提高戊二酸的产量，考察了不同转化条件（包括菌体浓度、转化温度、转化pH、通透剂种类、辅因子NAD^+添加量以及辅底物α-KG添加量）对戊二酸生产的影响，结果如图9-67所示。考察菌体浓度对戊二酸产量的影响［图9-67（1）］，发现当湿菌体浓度从10g/L增加至50g/L，戊二酸产量从17.3g/L提高至74.5g/L。其中，当湿菌体浓度为30g/L时，单位菌体的戊二酸生产能力最高，为2.05g/g湿菌体，戊二酸产量为61.4g/L，转化率为67.9%。因此，考虑到大规模工业化生产对产量和成本的要求，最终选择30g/L的湿菌体为最佳的菌体浓度。考察转化温度对

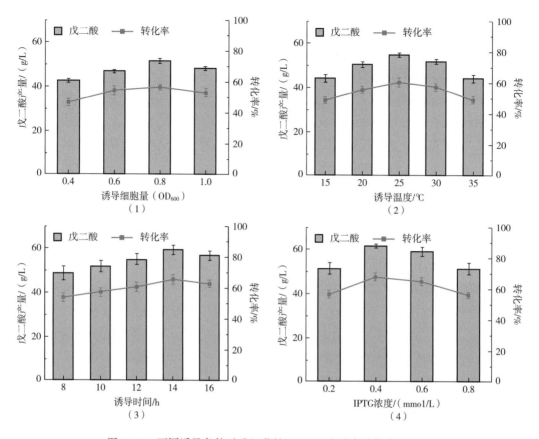

图 9-66　不同诱导条件对重组菌株 Glu-03 发酵产酶能力的影响

戊二酸产量的影响［图 9-67（2）］，发现当转化温度从 20℃升高至 30℃时，戊二酸产量逐渐提高；在 30℃时，戊二酸产量达到最高为 66.5g/L，转化率为 73.6%；当转化温度超过 30℃时，戊二酸产量发生下降。因此，最终选择 30℃作为最适的转化温度。考察转化 pH 对戊二酸产量的影响［图 9-67（3）］，发现当 pH 为 8.5 时，戊二酸产量最高，达到 72.2g/L，转化率为 79.9%；当 pH<8.5 时，戊二酸产量与 pH 呈正相关，产量随 pH 的上升逐渐增加；当 pH>8.5 时，戊二酸产量与 pH 呈负相关，产量随着 pH 的上升逐渐降低。因此，最终选择 pH 8.5 作为最适的转化 pH。考察通透剂种类对戊二酸产量的影响［图 9-67（4）］，发现曲拉通（X-100）的添加对戊二酸产量的提升最为明显，由 72.2g/L 提高到 74.8g/L，转化率为 82.8%。因此，最终选择曲拉通（X-100）作为转化反应的通透剂。考察辅因子 NAD^+ 添加量对戊二酸产量的影响［图 9-67（5）］，发现当 NAD^+<0.6mmol/L 时，随着 NAD^+ 添加量的增加，戊二酸产量逐渐上升，当 NAD^+ 的添加量在 0.6~0.8mmol/L 范围内时，戊二酸产量变化不明显，最高产量达到 75.2g/L，转化率为 83.2%。因此，最适的 NAD^+ 添加量为 0.6mmol/L。考察辅底物 α-KG 添加量对戊二酸产量的影响［图 9-67（6）］，发现当 α-KG<50mmol/L 时，随着 α-KG 添加量的增加，戊二酸产量逐渐上升，当 α-KG 的添加量在 50~90mmol/L 范围内时，戊二酸产量变化不明显，最高产量为 75.3g/L，转化率为 83.3%。因此，最适的 α-KG 添加量为 50mmol/L。

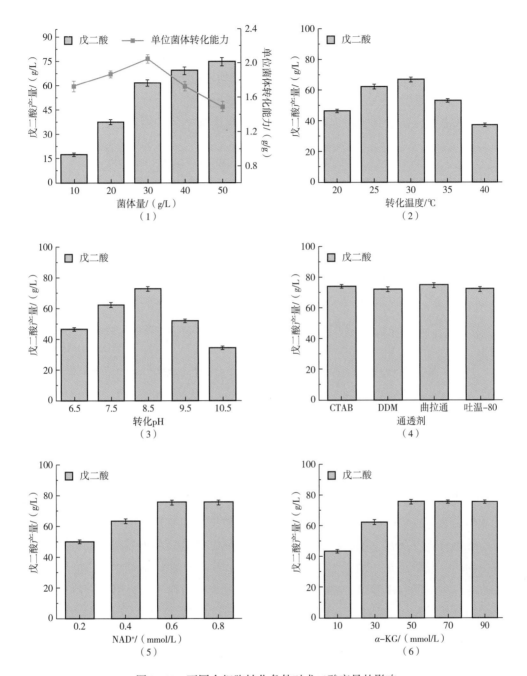

图 9-67　不同全细胞转化条件对戊二酸产量的影响

综上所述，最佳的全细胞转化条件为：湿菌体浓度 30g/L、转化温度 30℃、转化 pH8.5、添加 1g/L 曲拉通（X-100）作为通透剂、NAD$^+$添加量 0.6mmol/L、α-KG 添加量 50mmol/L。

3. 5L 级规模化制备戊二酸

为了测试重组菌株 Glu-03 的工业化应用潜力，基于摇瓶转化的最佳条件，将反应体系放大至 5L 发酵罐，以测定全细胞转化 L-赖氨酸生产戊二酸的能力。转化体系设置为：100g/L 的底物 L-赖氨酸、30g/L 湿菌体、0.6mmol/L NAD$^+$、50mmol/L α-KG、1.0g/L 曲拉通（X-100），控制 pH 8.5、温度 30℃、通气量 1.5m^3/（m^3·min）、转速 600r/min。结果如图 9-68 所示，转化初期，戊二酸迅速积累；转化 42h 后，戊二酸的产量达到最大值为 77.6g/L，转化率为 85.9%。单位菌体的戊二酸生产能力为 2.59g/g 湿菌体，产率为 0.78g/g L-赖氨酸（最大理论产率的 87%），生产强度为 1.85g/（L·h）。

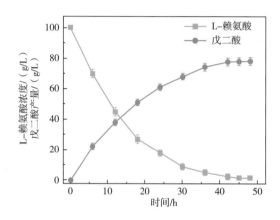

图 9-68　重组菌株 Glu-03 在 5L 发酵罐中转化 L-赖氨酸生产戊二酸

第四节　多酶级联转化 L-酪氨酸生产酪醇

一、概述

芳香醇是有芳香气味的醇类化合物，是芳香烃侧链上连有羟基的一类化合物，如苯甲醇、苯乙醇等（图 9-69）。酪醇作为苯乙醇的衍生物，既是一种天然药物，也是重要的有机合成中间体。酪醇还是一种天然的抗氧化剂，且具有多种生理活性，如抗疲劳、抗缺氧、抗寒冷、抗应激、镇静等。酪醇及其衍生物羟基酪醇可用于心血管病药物美托洛尔和倍他洛尔的合成。

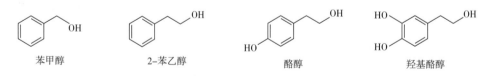

图 9-69　四种芳香醇化合物的化学结构式

目前获取酪醇的主要途径是传统的植物提取和化学合成法，前者存在植物资源有限、提取收率低等缺点。研究人员以不同的起始原料开发了多种化学法合成酪醇的工艺，如苯乙醇法、对羟基苯乙烯法和对羟基苯乙胺法等，这些方法存在原料成本高、催化剂制备烦琐、反应条件苛刻和收率低等问题。因此，寻找可替代的方法合成酪醇受到人们的关注。

已开发的酪醇生物合成方法，包括微生物发酵和生物酶催化。通过代谢工程改造酿酒酵母，以葡萄糖为底物高效生产酪醇和红景天苷（产量分别达到 8.47g/L 和 1.82g/L）；在大肠杆菌中重组表达酿酒酵母的芳香族氨基酸转氨酶 ARO8 和丙酮酸脱羧酶 ARO10，重组菌可转化 10g/L 葡萄糖生成 4.15mmol/L 酪醇，当以酪氨酸为底物时，可转化 10mmol/L 酪氨酸产生 8.71mmol/L 酪醇。然而，酪醇的低产量或低产率限制了其工业应用，开发高效的酪醇合成方法、提高酪醇产量仍是一项极具挑战性的研究工作。

二、级联反应生产酪醇的路径设计和构建

1. 级联路径的设计

生物合成酪醇的主要方法是利用酵母以酪氨酸为底物经艾氏途径（Ehrlich pathway）合成酪醇。在该途径中，酪氨酸首先由芳香族氨基酸转氨酶（AAT）催化脱氨基生成对羟基苯丙酮酸，再经丙酮酸脱羧酶（PDC）进一步脱羧生成对羟基苯乙醛，最后由醇脱氢酶（ADH）还原得到酪醇。基于该途径设计酪醇多酶级联生物合成路径，构建了一种新型的四酶共表达基因工程菌，通过脱氨、脱羧、还原转化酪氨酸生产酪醇，并构建一个辅因子再生系统来获得更高水平的产量（图 9-70）。本研究利用 L-氨基酸脱氨酶（LAAD）催化酪醇合成的第一步，该酶是一种含 FAD 的酶，具有广泛的底物特异性，可催化多种 L-氨基酸脱氨生成相应的 α-酮酸，与 Ehrlich 途径的第一步相比，无需特定的辅因子再生步骤。对于丙酮酸脱羧酶和醇脱氢酶，基于 BRENDA 数据库和文献调研，筛选出 7 种不同来源的 PDC。另外在酿酒酵母和大肠杆菌中筛选出 12 个醇脱氢酶，而醇脱氢酶催化的还原反应需要以 NADH 或 NADPH 为辅酶，为实现氢供体的高效再生与平衡，通过耦联葡萄糖脱氢酶或甲酸脱氢酶，利用葡萄糖或甲酸钠为底物，实现 NADH/NADPH 的循环再生。引入巨大芽孢杆菌来源的葡萄糖脱氢酶，以菌体内及外源添加的 $NADP^+$ 为辅酶将葡萄糖脱氢

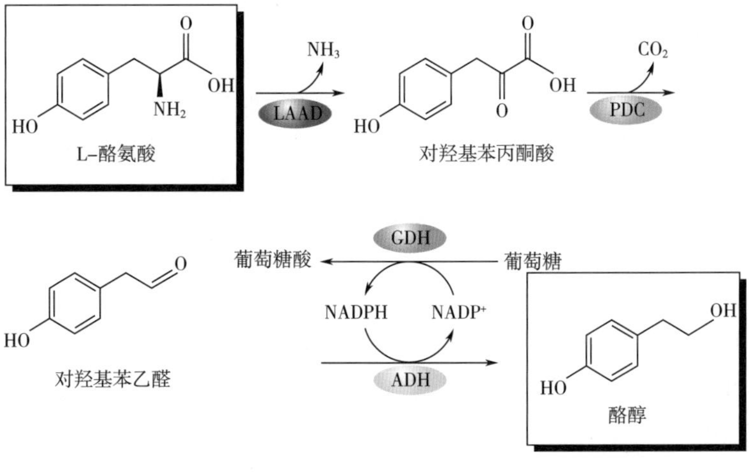

图 9-70　级联反应催化 L-酪氨酸生成酪醇的路径设计

生成葡萄糖酸和 NADPH，实现辅酶 NADPH 的再生，降低反应成本。通过在 *E. coli* 中异源表达这些具有催化潜力的蛋白质，比较并确定最适的酶源，用于级联路径的构建。

2. 路径酶的选择及单表达载体的构建

（1）脱氨酶的筛选　选择来源于奇异变形杆菌（*P. mirabilis*）和普通变形杆菌（*P. vulgaris*）的 LAAD 基因，按照第五章的方法构建重组菌 *E. coli* A1 和 *E. coli* A2，分别考察其对 L-酪氨酸的催化能力，结果如图 9-71 所示。*P. mirabilis* 和 *P. vulgaris* 的蛋白大小均为 51ku 左右，从蛋白电泳图中看出，与对照组相比，两种工程菌的破碎上清液蛋白电泳均出现相应大小的蛋白条带，表明这两种来源的 LAAD 均在 *E. coli* BL21（DE3）中成功表达。将 *E. coli* A1 和 *E. coli* A2 进行摇瓶发酵，将收集的菌体进行转化实验，在 pH 8.0、100mmol/L Tris-HCl 缓冲液中（20mL 反应体系），添加 20g/L 的底物 L-酪氨酸和 20g/L 的湿菌体，在 25℃，200r/min 条件下转化 24h，检测转化结果如图 9-71（3）所示。重组菌 *E. coli* A1 对 L-酪氨酸的转化效果更好，转化率为 91.4%，所以确定 *Pm*LAAD 用于后续研究。

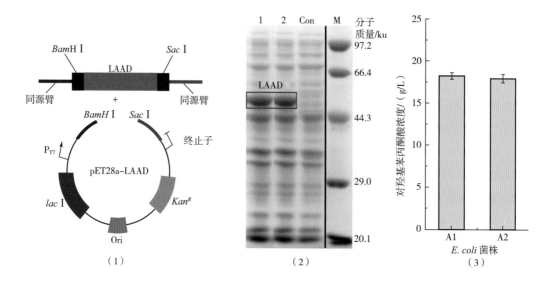

图 9-71　构建 L-氨基酸脱氨酶重组菌株

（1）LAAD 基因连接 pET28a（+）示意图；（2）SDS-PAGE 检测全细胞裂解液上清液；

（3）*E. coli* A1（*Pm*LAAD）和 *E. coli* A2（*Pv*LAAD）转化 L-酪氨酸生成对羟基苯丙酮酸

M：低分子质量蛋白标准；Con：空感受态细胞 *E. coli* BL21/pET28a 蛋白；1：表达 *Pm*LAAD 的蛋白条带；

2：表达 *Pv*LAAD 的蛋白条带

（2）丙酮酸脱羧酶的筛选　酪醇合成途径的第二步反应由丙酮酸脱羧酶催化对羟基苯丙酮酸（4-HPP）脱羧生成对羟基苯乙醛（4-HPAA）。在酿酒酵母的生物合成途径中，丙酮酸脱羧酶 ARO10 参与催化脱羧反应。因此，首先以 *S. cerevisiae* S288*c* 来源的 ARO10 菌株构建为例，将 *S. cerevisiae* 活化培养后提取其基因组，根据已知序列设计扩增引物，PCR 扩增 ARO10 片段［图 9-72（1）］，胶回收 ARO10 扩增片段与酶切的 pET-28a 载体同源重组连接［图9-72（2）］。连接产物转化到大肠杆菌感受态细胞 BL21（DE3）中，经过菌落 PCR 验证和测序结果正确的菌株即为正确表达 ARO10 基因的大肠杆菌工程菌，命名为 *E. coli* B1。使用 TB 培养基对重组菌株 *E. coli* B1 进行培养，诱导表达后收集菌体，处理后进行蛋白电泳，结果如图9-72（3）泳道1所示，ARO10 在电泳图上显示出清晰的条带（71ku），表明 ARO10 在 *E. coli* BL21（DE3）成功进行了可溶性表达。收集 *E. coli* B1 菌体超声破碎，离心收集粗酶液，以粗酶液为催化剂进行酶活性测试，结果显示 pET28a-ARO10 粗酶液对对羟基苯丙酮酸的酶活性为 0.36U/mg。

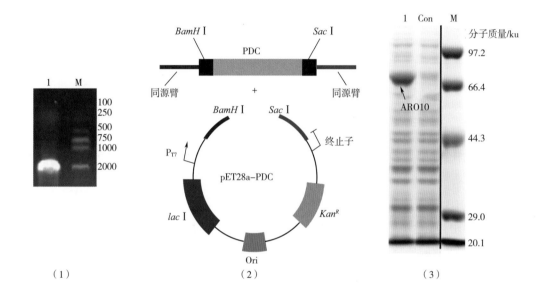

图 9-72　丙酮酸脱羧酶重组菌株的构建与目的蛋白验证
（1）ARO10 目的基因扩增电泳图；（2）ARO10 基因连接 pET28a（+）示意图；
（3）SDS-PAGE 检测 *E. coli* B1 全细胞裂解液上清液
M：低分子质量蛋白标准；Con：空感受态细胞 *E. coli* BL21/pET28a 蛋白；1：*E. coli* B1（ARO10）蛋白条带

按照上述操作流程，分别获得来源于热带假丝酵母（*C. tropicalis*）、产朊假丝酵母（*C. utilis*）、光滑念珠菌（*C. glabrata*）、粟酒裂殖酵母（*S. pombe*）、马克斯克鲁维酵母（*K. marxianus*）和毕赤酵母（*P. pastoris*）的 PDC 编码基因。将各目的片段与酶切载体同源重组连接并转化，构建获得 pET28a-*Ct*PDC、pET28a-*Cu*PDC、pET28a-*Cg*PDC、pET28a-*Sp*PDC、pET28a-*Km*PDC 和 pET28a-*Pp*PDC，分别命名为 *E. coli* B2、*E. coli* B3、*E. coli* B4、*E. coli* B5、*E. coli* B6 和 *E. coli* B7。然后按上述方法将这些菌株进行摇瓶发酵，IPTG 诱导表达 PDC，收获菌体超声破碎后，离心得上清液进行 SDS-PAGE 凝胶电泳。同时以收集的粗酶液进行酶活性测试。如表9-14 所示，*Ct*PDC 在所有来源的 PDC 中表现出最高的比酶活，转化对羟基苯丙酮酸生成对羟基苯乙醛的潜力最大，因此将其作为级联反应中脱羧反应的路径酶。

表 9-14　　　　　　　　　　　　　　不同来源的 PDC 比酶活测定

PDC 酶	来源	基因长度/bp	比酶活[a]/(U/mg 蛋白)
ARO10	*Saccharomyces cerevisiae*	1908	0.36±0.04
*Ct*PDC	*Candida tropicalis*	1704	0.39±0.05
*Cu*PDC	*Candida utilis*	1692	0.31±0.02
*Cg*PDC	*Candida glabrata*	1692	0.25±0.03
*Sp*PDC	*Schizosaccharomyces pombe*	1719	0.21±0.01
*Km*PDC	*Kluyveromyces marxianus*	1695	0.28±0.03
*Pp*PDC	*Pichia pastoris*	1809	0.32±0.04

[a]表示三次数据的标准差±SD。

（3）醇脱氢酶的筛选　通过醇脱氢酶还原对羟基苯乙醛生成酪醇。大肠杆菌和酿酒酵母中存在多个醇脱氢酶基因。以酿酒酵母 *S. cerevisiae* 来源的 ADH1 菌株构建为例，以 *S. cerevisiae* 基因组为模板提取的 *S. cerevisiae* 基因组为模板，利用扩增引物 PCR 扩增 *ADH1* 片段（1047bp），与酶切载体 pET-28a 同源重组连接、转化和测序验证，构建获得菌株为 pET28a-*Sc*ADH1，命名为 *E. coli* C1。按照上述方法，将构建的重组菌 *E. coli* C1 进行蛋白胶验证，*Sc*ADH1 在电泳图上显示出清晰的条带（40ku），表明所构建的重组菌中 *Sc*ADH1 成功表达。将收获的菌体超声破碎，离心收集粗酶液，以粗酶液为催化剂进行酶活性测试，结果显示为 *E. coli* C1 粗酶液对对羟基苯乙醛的酶活性为 0.34U/mg（图 9-73）。

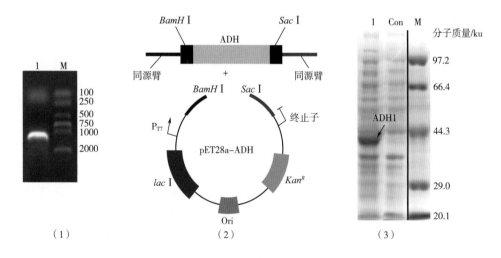

图 9-73　醇脱氢酶重组菌株的构建与目的蛋白验证

（1）*ADH1* 目的基因扩增电泳图；（2）*ADH1* 基因连接 pET28a（+）示意图；

（3）SDS-PAGE 检测 *E. coli* C1 全细胞裂解液上清液

M：低分子质量蛋白标准；Con：空感受态细胞 *E. coli* BL21/pET28a 蛋白；1：*E. coli* C1（*Sc*ADH1）蛋白条带

进一步将大肠杆菌和酿酒酵母中的醇脱氢酶分别扩增，构建以下重组菌株：pET28a-ScADH2（$E.\ coli$ C2）、pET28a-ScADH3（$E.\ coli$ C3）、pET28a-ScADH4（$E.\ coli$ C4）、pET28a-ScADH5（$E.\ coli$ C5）、pET28a-ScADH6（$E.\ coli$ C6）、pET28a-ScADH7（$E.\ coli$ C7）、pET28a-yahK（$E.\ coli$ C8）、pET28a-yqhD（$E.\ coli$ C9）、pET28a-ahr（$E.\ coli$ C10）、pET28a-adhP（$E.\ coli$ C11）和pET28a-adhE（$E.\ coli$ C12）。然后将这些菌株进行摇瓶发酵，IPTG诱导表达ADH，菌体破碎，离心得上清液进行SDS-PAGE凝胶电泳。同时以收集的粗酶液进行酶活性测试，如表9-15所示，ScADH6在所有的ADH中表现出最高的比酶活，转化对羟基苯乙醛生产酪醇的潜力最大，因此将其作为级联路径中还原反应的路径酶。

表9-15　　　　　　　　　　　　　不同来源的PDC比酶活测定

ADH酶	来源	基因长度/bp	比酶活[a]/（U/mg蛋白）	辅因子
ScADH1		1047	0.34±0.03	NAD$^+$
ScADH2		1047	0.47±0.05	NAD$^+$
ScADH3		1128	0.29±0.02	NAD$^+$
ScADH4	$Saccharomyces\ cerevisiae$	1149	0.55±0.06	NAD$^+$
ScADH5		1056	0.33±0.03	NAD$^+$
ScADH6		1083	0.59±0.05	NADP$^+$
ScADH7		1086	0.48±0.05	NADP$^+$
yahK		1050	0.56±0.06	NADP$^+$
yqhD		1164	0.35±0.03	NADP$^+$
Ahr	$Escherichia\ coli$	1005	0.31±0.02	NADP$^+$
adhP		1011	0.52±0.04	NAD$^+$
adhE		2676	0.23±0.02	NAD$^+$

[a]表示三次数据的标准差±SD。

（4）辅酶再生系统的构建　由于筛选的酿酒酵母醇脱氢酶ADH6为NADPH依赖型醇脱氢酶，为其构建耦联的NADPH再生系统，选择巨大芽孢杆菌（$B.\ megaterium$）来源的葡萄糖脱氢酶（BmGDH），以葡萄糖为辅底物，氧化葡萄糖生成葡萄糖酸，并将NADP$^+$还原为NADPH。

将$B.\ megaterium$活化培养，提取其基因组，PCR扩增GDH片段（786bp），连接，转化，验证并测序结果正确的菌株即为正确表达GDH基因的重组菌，命名为$E.\ coli$ D。重组菌株经TB培养基培养，诱导表达后收集菌体，经SDS-PAGE分析，发现重组葡萄糖脱氢酶蛋白所在位置约为28ku，表明其在大肠杆菌中成功表达。使用葡萄糖脱氢酶粗酶液测试对葡萄糖的氧化活力为 4.45U/mg（图 9-74）。

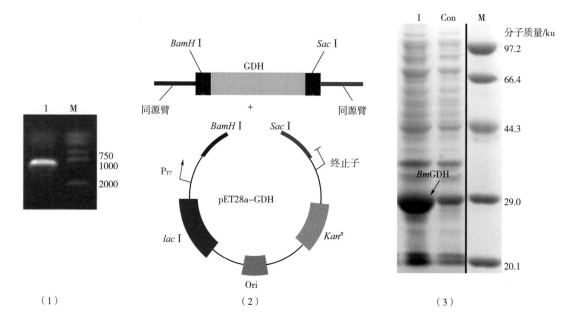

图 9-74　构建和表达葡萄糖脱氢酶重组菌株

（1）*GDH* 目的基因扩增电泳图；（2）*GDH* 基因连接 pET28a（+）示意图；

（3）SDS-PAGE 检测 *E. coli* D 全细胞裂解液上清液

M：低分子质量蛋白标准；Con：空感受态细胞 *E. coli* BL21/pET28a 蛋白；1：*E. coli* D（*Bm*GDH）的蛋白条带

（5）目的蛋白的纯化　　将重组菌 *E. coli*A1、*E. coli*B2、*E. coli*C6 和 *E. coli*D 分别培养、诱导表达和纯化，利用 SDS-PAGE 验证蛋白的纯化情况。如图 9-75 所示，泳道 1 到泳道 4 分别在 51、62、40 和 28ku 左右有单一条带，对应了 *Pm*LAAD、*Ct*PDC、*Sc*ADH6 和 *Bm*GDH 的理论分子质量，表明纯化效果较好，为体外级联研究做好了准备。

（6）体外级联路径的验证　　为了验证该级联路径的可行性，利用纯化的 *Pm*LAAD、*Ct*PDC、*Sc*ADH6 和 *Bm*GDH 蛋白构建体外转化体系，具体转化条件为：*Pm*LAAD、*Ct*PDC、*Sc*ADH6 和 *Bm*GDH 的摩尔比为 1：1：1：1，底物 L-酪氨酸的投量为 5mmol/L，25℃反应时间 4h。将其转化液处理后利用

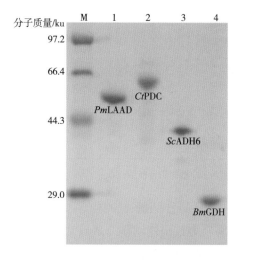

图 9-75　目标蛋白纯化电泳图

M：蛋白质分子质量标准，1：纯化的 Pm-LAAD 蛋白条带，2：纯化的 CtPDC 蛋白条带，3：纯化的 ScADH6 蛋白条带，4：纯化的 BmGDH 蛋白条带

MS 进行阴离子质谱检测，检测结果如图 9-76 所示，获得了理论相对分子质量减一（137.1）的产物峰，与酪醇的理论分子质量（138.16ku）大小相符。进一步放大反应体系至 50mL，提高 L-酪氨酸投量为 20mmol/L，反应完成后，转化液经处理，通过分离纯化，将纯化所得样品进行 NMR 结构鉴定，该结果证明生成的物质为酪醇。上述结果表明 *Pm*LAAD、*Ct*PDC、*Sc*ADH6 和 *Bm*GDH 构建的体外级联反应可以实现 L-酪氨酸到酪醇的转化。

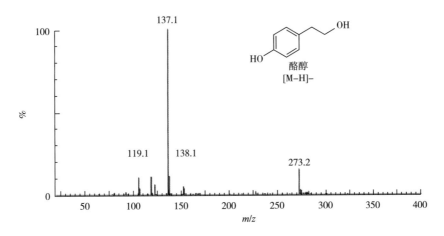

图 9-76　体外级联转化 L-酪氨酸生产酪醇的质谱图

（7）限速步骤的确定　体外级联反应过程中检测到对羟基苯丙酮酸的积累，如图 9-77 所示，以 10g/L 酪氨酸为底物时，转化 2h，生成 4.71g/L 酪醇，对羟基苯丙酮酸量达到 3.65g/L。为提高整体级联反应的催化效率，分别测定纯化酶 *Pm*LAAD、*Ct*PDC、*Sc*ADH6 和 *Bm*GDH 的动力学参数，结果见表 9-16。其中，*Bm*GDH 的 k_{cat}/K_m 最高 [7.45L/（mmol·min）]，*Ct*PDC 最低 [0.37L/（mmol·min）]。这些结果表明，由 *Ct*PDC 催化的脱羧反应是合成酪醇的限速步骤。

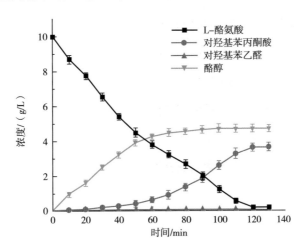

图 9-77　体外级联转化过程曲线

表 9-16   ***Pm*LAAD、*Ct*PDC、*Sc*ADH6 和 *Bm*GDH 的动力学参数**

酶	K_m/(mmol/L)	k_{cat}/(1/min)	(k_{cat}/K_m)/ [L/(mmol·min)]	比酶活/ (U/mg 蛋白)
*Pm*LAAD	6.38±0.48	3.25±0.37	0.51	1.12±0.07
*Ct*PDC	5.2±0.56	1.92±0.28	0.37	0.87±0.05
*Sc*ADH6	3.45±0.29	3.07±0.45	0.89	1.33±0.11
*Bm*GDH	0.86±0.12	6.41±0.73	7.45	8.25±0.79

三、多酶级联生产酪醇路径的组装和优化

1. 共表达菌株的构建及验证

（1）多酶级联共表达菌株的构建　为了优化本研究四个酶的表达，采用多质粒系统，将 LAAD 和 PDC 的基因在一个质粒上共表达，ADH 和 GDH 的基因共表达到另一个质粒上。采用了四种不同拷贝数且相互兼容的 Duet 系列质粒：pRSFDuet-1、pETDuet-1、pCDFDuet-1、pACYCDuet-1，与之对应的拷贝数为 100、40、20、10。以双质粒共表达四酶的策略，按照第五章第二节三、3."四酶组装合成 D-对羟基苯甘氨酸"的方法，成功构建了 12 株共表达 *Pm*LAAD、*Ct*PDC、*Sc*ADH6 和 *Bm*GDH 基因的工程菌株，将其命名为 *E.coli* 01~12，如图 9-78 所示。

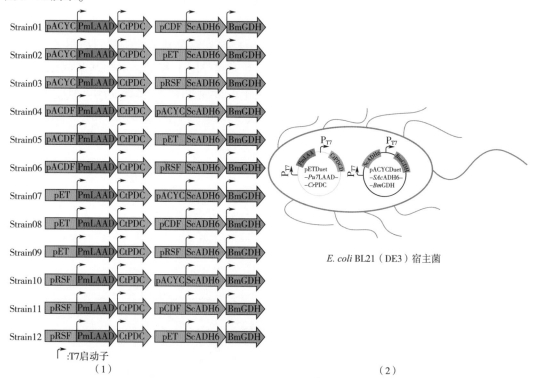

图 9-78 多酶重组质粒和共表达菌株的构建

（1）不同拷贝数质粒组装 *Pm*LAAD、*Ct*PDC、*Sc*ADH6 和 *Bm*GDH 四个酶的示意图；

（2）*E.coli* 07 菌株所用质粒的构建示意图

（2）级联路径验证　将构建的 12 株共表达菌株诱导表达后制备全细胞催化剂，以全细胞测试各菌株生产酪醇的能力，以 5g/L L-酪氨酸为底物，湿菌体浓度为 20g/L。在 pH 8.0、25℃、200r/min 条件下转化 24h，结果如图 9-79（1）所示。其中以中等拷贝数质粒 pETDuet-1 表达 PmLAAD 和 CtPDC 以及低拷贝数质粒表达 ScADH6 和 BmGDH 的菌株 E. coli 07 酪醇产量最高，可将 5g/L L-酪氨酸完全转化。将收集的 E. coli 07 菌体进行超声破碎，处理后通过 SDS-PAGE 验证 PmLAAD、CtPDC、ScADH6 和 BmGDH 的蛋白表达情况。如图 9-79（2）所示，在 51、62、40 和 28ku 左右出现明显的 4 条蛋白条带，分别与 PmLAAD、CtPDC、ScADH6 和 BmGDH 蛋白的大小相符，表明该四酶菌株的共表达系统成功构建，并且该级联反应在体内能够有效地转化 L-酪氨酸合成酪醇。

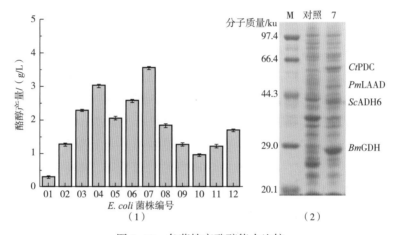

图 9-79　各菌株产酪醇能力比较

M：蛋白质分子质量标准；7：E. coli 07 的全细胞蛋白

进一步使用 E. coli 07 全细胞测试转化不同浓度的 L-酪氨酸（5~25g/L）生产酪醇的能力，湿菌体浓度固定为 20g/L。如图 9-80 所示，随着底物 L-酪氨酸的浓度从 5g/L 增加到 25g/L，酪醇的产量从 3.75g/L 提高至 13.97g/L。然而，当反应中所投底物量为 10g/L

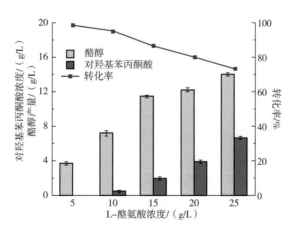

图 9-80　E. coli 07 转化不同浓度 L-酪氨酸生产酪醇的能力

时，转化液中检测到 L-酪氨酸脱氨产物对羟基苯丙酮酸（4-HPP），并且随着 L-酪氨酸投量的增加逐渐增多，最终，当底物量为 25g/L 时，中间产物 4-HPP 的积累量达到6.6g/L，转化率降低至 73.3%。

出现上述现象的原因可能是：①四酶共表达菌株中的 LAAD 的酶活性高于 PDC 酶活性，从而导致这两步反应不平衡，引起对羟基苯丙酮酸的积累；②随着 L-酪氨酸浓度增加，对羟基苯丙酮酸积累越多，导致 PDC 的底物抑制越严重，从而阻碍了 PDC 催化的第二步脱羧反应，造成 L-酪氨酸生成酪醇的整体转化率不断降低。为了验证该猜测，对 *E. coli* 07 的全细胞酶活性进行测定，结果显示：*Pm*LAAD、*Ct*PDC、*Sc*ADH6 和 *Bm*GDH 的酶活分别为（0.83±0.05）、（0.66±0.03）、（0.91±0.05）和（2.32±0.08）U/mL，四酶之间的酶活比例为 1:0.8:1.1:2.8，其中 LAAD 与 PDC 的酶活性比例为 1:0.8，表明两者的酶活性差导致中间产物的积累。

2. 限速步骤的解除

（1）体外四酶比例优化　为了更快速地获得 LAAD 与 PDC 酶活性的最佳比例，首先在体外进行酶比例优化。将 LAAD 与 PDC 酶活性比例设置在（1:0.5）~（1:3）范围，底物 L-酪氨酸浓度为 5g/L，结果如图 9-81（1）所示。随着 LAAD 与 PDC 酶活性比从1:0.5 增加到 1:1.5，对羟基苯丙酮酸的产量不断增加；当比例高于 1:1.5 时，产量保持平缓。出现该现象的可能原因是：①当 PDC 酶活性过低时，PDC 转化对羟基苯丙酮酸生成对羟基苯乙醛的反应速率远低于 LAAD 转化 L-酪氨酸生成对羟基苯丙酮酸的反应速率，因此造成中间产物对羟基苯丙酮酸的积累；②当 PDC 酶活性高于 LAAD 时（LAAD与 PDC 酶活性比≥1:1.5 时），对羟基苯丙酮酸的消耗速率能够适应其生成速率，使得对羟基苯丙酮酸积累的现象消失。因此，为了控制级联路径的这两步反应平衡，转化过程中的 PDC 的活性至少为 LAAD 的 1.5 倍，此时对羟基苯丙酮酸的产量为 3.52g/L，转化率为 93.7%。

另外，对于级联反应的第三步，由醇脱氢酶耦联葡萄糖脱氢酶催化的还原反应，同样进行了体外比例的考察，如图 9-81（2）所示。为了衔接前面的优化，使用的底物对羟基苯乙醛的浓度为 3.76g/L（5g/L L-酪氨酸完全转化），将 *Sc*ADH6 与 *Bm*GDH 酶活性之间的比例设置在（0.5:1）~（5:1）范围，当 ADH6 与 GDH 的酶活性比从 0.5:1 增加到1:1，酪醇产量增加，且当比例达到 1:1 时能够有效地转化对羟基苯乙醛。随着比例的进一步增大，酪醇产量没有显著提高。这是由于固定了 GDH 的酶活性，也就固定了 NAD-PH 的供给速率，当醇脱氢酶酶活性低时，无法转化更多的对羟基苯乙醛，随着 ADH6 酶活性的提高，在等量的 NADPH 存在下，酪醇产量趋于稳定。此时酪醇的产量为 3.44g/L，转化率为 90.1%。

在体外优化的基础上，将四酶按共表达质粒构建形式分为两个模块进行优化，将优化好的 *Pm*LAAD 和 *Ct*PDC（*Pm*LAAD：*Ct*PDC=1:1.5）组合为模块 1，模块 2 由 *Sc*ADH6和 *Bm*GDH（*Sc*ADH6：*Bm*GDH=1:1）组成。将模块 1 与模块 2 之间的比例设置为（1:0.5）~（1:5），底物 L-酪氨酸浓度为 5g/L，结果如图 9-81（3）所示。结果表明，*Pm-*

LAAD、*Ct*PDC、*Sc*ADH6 和 *Bm*GDH 的最佳配比至少为 1∶1.5∶1∶1，此时酶的添加量最低，既能保证 L-酪氨酸的有效转化，又不会积累中间产物 4-HPP。

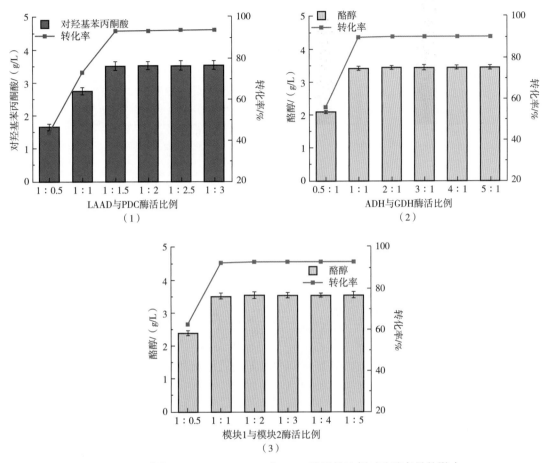

图 9-81　不同 LAAD、PDC、ADH 和 GDH 酶活性比例对酪醇产量的影响

（2）体内四酶比例优化　通过体外实验获得 *Pm*LAAD、*Ct*PDC、*Sc*ADH6 和 *Bm*GDH 酶活性的最佳比例后，对这四个酶的体内酶活性比例进行优化。为了使体内共表达菌株的酶活性水平控制在上述获得的最佳比例之间，通过基因重复表达策略调控 *Ct*PDC 的表达水平。在菌株 *E. coli* 07 的基础上，首先将 *Ct*PDC 基因重复表达 1 次，构建了菌株 *E. coli* 07-2，对其进行全细胞酶活性测定，结果如图 9-82（1）所示。PDC 酶活性提高到（1.05±0.06）U/mL，四酶之间的酶活性比例为 1∶1.5∶1.2∶3，继续增加 *PDC* 基因的表达次数，获得菌株 *E. coli* 07-3，PDC 酶活性降低至（0.74±0.05）U/mL，这可能是由于 *PDC* 多次过表达导致菌株代谢负担所致。因此，重复表达一次的重组菌株 *E. coli* 07-2 的 PDC 酶活性最高，此时，LAAD 和 PDC 酶活性的比例达到 1∶1.5。为进一步验证其转化效果，将构建的重复表达菌株在 L-酪氨酸浓度为 25g/L 的条件下进行转化实验。如图 9-82（2）所示，*PDC* 基因重复表达一次时，酪醇产量增加至 17.42g/L，转化率为 91.4%。未检测到中间产物对羟基苯丙酮酸的积累。因此，选择菌株 *E. coli* 07-2 用于后续转化反应。

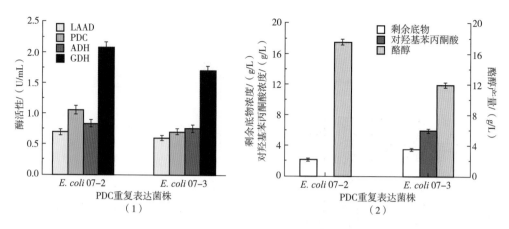

图 9-82　利用基因重复表达策略体内优化四酶共表达菌株中酶活性比例

四、全细胞转化 L-酪氨酸生产酪醇的体系优化

1. 发酵条件优化

（1）培养基种类优化　为考察重组菌 *E. coli* 07-2 发酵过程中培养基种类对酪醇产量的影响，选取 LB、TB、SB、SOC、LBA、TBA、SBA 等七种培养基进行比较。如图 9-83 所示，不同的培养基对酪醇产量有显著的影响。其中，用 TB 培养基培养的重组菌获得最高的酪醇产量，为 17.54g/L；在 SB 培养基中培养的重组菌所得酪醇产量次之；最低酪醇产量是以 LB 为发酵培养基获得的。

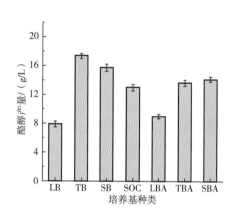

图 9-83　不同发酵培养基对酪醇产量的影响

（2）不同诱导条件对酪醇产量的影响　分别从最适诱导 OD_{600}、诱导剂浓度、诱导温度和诱导时长等因素考察对重组菌 *E. coli* 07-2 发酵产酶的影响，以此确定最佳诱导条件。

首先研究了起始诱导菌体浓度对酶活性的影响。选择在 OD_{600} 为 0.4、0.6、0.8、1.0 和 1.2 时进行诱导，结果如图 9-84（1）所示。在 OD_{600} 0.8 左右进行诱导，收集的 *E. coli* 07-2 全细胞催化剂转化的酪醇产量最高。因此，选择 OD_{600} 为 0.8 进行诱导。

考察添加不同浓度的 IPTG 对酶活性的影响。当 OD_{600} 为 0.8 时，分别加入终浓度为 0.2、0.4、0.6、0.8 和 1.0mmol/L 的 IPTG 进行诱导，结果如图 9-84（2）所示。最适的诱导剂添加浓度为 0.4mmol/L，此时的酪醇产量最高；IPTG 浓度低于或高于 0.4mmol/L 时，酪醇的产量均降低。因此，确定最适诱导剂浓度为 0.4mmol/L。

考察不同诱导温度（15、20、25、30 和 35℃）对酪醇产量的影响，结果如图 9-84

（3）所示。当诱导温度从15℃升高到25℃，酪醇产量随着温度的增加而提高，在25℃时达到最高，进一步提高诱导温度，酪醇产量逐渐降低。当诱导温度达到35℃时，酪醇产量大幅降低。因此，确定最适诱导温度为25℃。

最后，考察诱导时长对酪醇产量的影响，添加IPTG后分别诱导8、10、12、14和16h，结果如图9-84（4）所示。诱导时长为12h时酪醇产量最高，继续延长诱导时间，酪醇产量开始降低。因此，确定最适诱导时长为12h。

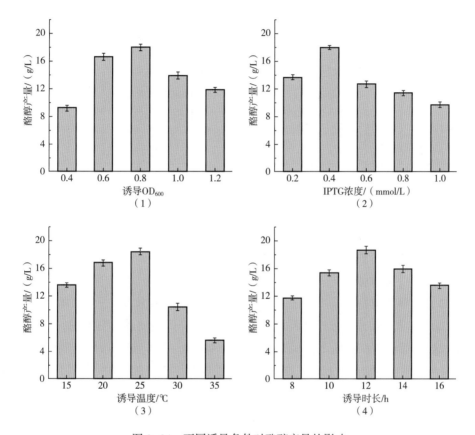

图9-84　不同诱导条件对酪醇产量的影响

综上所述，重组菌 *E. coli* 07-2 的最佳诱导条件为：OD_{600} 0.8 时诱导、诱导剂 IPTG 浓度 0.4mmol/L、诱导温度 25℃、诱导时长 12h。在优化后的诱导条件下，25g/L L-酪氨酸反应 36h 可生成 18.54g/L 酪醇，比优化前高出 5.85%。

2. 全细胞转化 L-酪氨酸制备酪醇条件优化

为了进一步促进重组菌 *E. coli* 07-2 催化 L-酪氨酸生产酪醇，分别研究了转化温度、转化 pH、底物浓度和催化剂浓度对酪醇产量的影响。

（1）反应温度　考察不同温度（15、20、25、30、35℃）对转化反应的影响，结果如图9-85（1）所示。25℃时酪醇的产量和转化率分别为 20.63g/L 和 90.2%。温度偏低或偏高都不适合酪醇的转化，25℃反应也符合工业化生产的经济性。因此，选择25℃作为

E. coli 07-2 全细胞转化反应的温度。

（2）反应 pH　考察不同反应 pH（6.5~8.5）对转化反应的影响，结果如图 9-85（2）所示，当反应 pH 为 7.5 时，酪醇产量最高，达到 21.84g/L，转化率为 95.5%。在 pH 6.5~7.5 范围内，酪醇产量随着 pH 的上升而增加；而在 pH 7.5~8.5 范围内，酪醇产量随 pH 的上升而降低。因此，*E. coli* 07-2 全细胞转化反应的最适 pH 为 7.5。

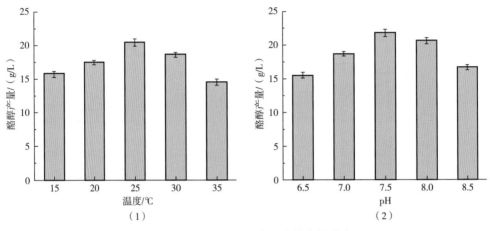

图 9-85　温度和 pH 对全细胞转化的影响

（3）底物浓度　考察不同浓度的底物 L-酪氨酸（35~55g/L）对酪醇生产的影响。固定全细胞催化剂（湿菌体）添加量为 20g/L，结果如图 9-86（1）所示，随着 L-酪氨酸浓度的增加，酪醇产量稳定在 21.8g/L 左右，反应液中未转化的 L-酪氨酸从 6.35g/L 增加到 28.33g/L。进一步采用分批补料策略考察其能否降低底物的抑制作用，初始底物浓度为 10g/L，之后每隔 4h 补料 10g/L，终浓度为 40g/L。反应结束后检测酪醇的产量为 21.82g/L，与一锅投料法产量相近，推测底物抑制不是影响 L-酪氨酸完全转化的主要因素。

（4）全细胞催化剂浓度　考察不同全细胞催化剂添加量（10~30g/L）对酪醇产量的影响，结果如图 9-86（2）所示，当全细胞催化剂浓度（湿菌体）低于 20g/L 时，酪醇产

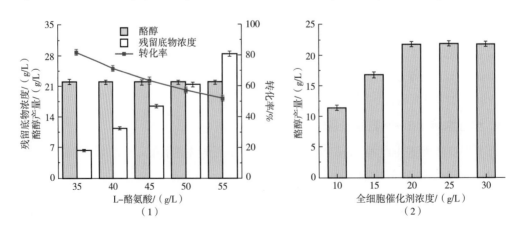

图 9-86　底物浓度和全细胞催化剂浓度对酪醇产量的影响

量随催化剂浓度的增加而增加。进一步将全细胞生物催化剂从 20g/L 增加到 30g/L，酪醇浓度没有显著增加，因此，选择全细胞催化剂用量为 20g/L。

3. 产物对大肠杆菌细胞的抑制作用

众所周知，醇类化合物对微生物细胞有毒性抑制作用，高浓度的醇会影响细胞的代谢活力，使反应受阻。酪醇是苯乙醇衍生物，据报道，2-苯乙醇对发酵和生物转化有抑制作用，导致产物浓度较低。于是分析在本研究中是否由于酪醇浓度过高产生抑制作用。以 20g/L E. coli 07-2 全细胞转化 30g/L L-酪氨酸，在转化开始时添加 5～25g/L 外源酪醇，考察不同浓度产物对全细胞转化的影响，结果如图 9-87 所示。酪醇的产量随着外源酪醇的增加而降低，当外源酪醇用量

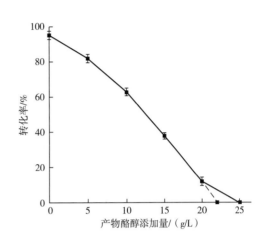

图 9-87　产物抑制验证

达到 22g/L 时，转化过程中不再产生酪醇。这些结果表明，在较高浓度酪醇存在条件下会显著抑制转化反应速率。为了避免产物抑制，需要及时分离反应中生成的产物，否则单一水相体系合成酪醇的最大浓度不会超过 22g/L。因此，在该生物转化过程中去除酪醇是实现更高产率所必需的。

4. 原位产品去除技术提高酪醇生物转化产量

在本研究过程中，由于底物 L-酪氨酸的溶解度差，在水中的溶解度仅有 0.45g/L，且不溶于有机溶剂。另一方面，对于苯乙醇类产品的萃取，常用的萃取剂包括油酸、聚丙二醇、癸醇、油醇等，这类有机溶剂黏性大。考虑到底物产物在构建两相体系中难以达到有效的分配。选择大孔树脂吸附法进行原位产物分离，来解决酪醇的抑制问题。

以大孔吸附树脂为介质的原位吸附技术，其优点在于选择性强、交换容量大、稳定性好、解吸条件温和以及再生利用方便。在 L-酪氨酸的转化过程中，高浓度酪醇的积累对大肠杆菌细胞造成极大的毒性，严重降低了催化效率。使用大孔吸附树脂正好可能解决这个难题，因此尝试在 L-酪氨酸转化过程中引入基于树脂吸附的原位产品去除技术。

（1）树脂筛选　大孔树脂种类众多，性能差异大。通过筛选，寻找到一种对酪醇专一性强且吸附容量大的树脂。通过在转化体系中加入大孔树脂持续吸附生成的酪醇，使反应液中酪醇维持在低浓度状态，减少对全细胞催化剂的抑制，从而保持有效的催化状态。最合适的吸附剂的选择标准是在相同条件下，能吸附最多的产物酪醇，同时对底物 L-酪氨酸的吸附能力弱。因此，考察 5 种大孔吸附树脂（D101、HP20、XAD1180、XAD4 和 DA201）对酪醇和 L-酪氨酸的亲和力，结果如图 9-88 所示。在使用量均为 50g/L（干重）的条件下，5 种树脂对酪醇都有一定的吸附能力，其中 XAD4 树脂吸附能力最强，能吸附

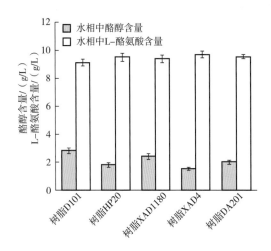

图9-88 大孔吸附树脂的筛选

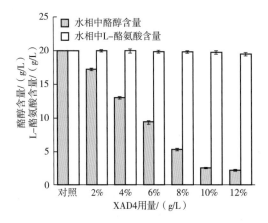

图9-89 XAD4树脂用量的选择

超过85%的酪醇（酪醇和L-酪氨酸的起始浓度均为10g/L）。另外，L-酪氨酸水溶性差，XAD4树脂对L-酪氨酸的吸附能力较弱，这对转化是十分有利的，因此选择XAD4树脂进行实验。

（2）树脂XAD4添加量优化 转化过程中合适的树脂用量也需要优化。树脂用量偏少，不能充分吸附酪醇，降低其在水相中的浓度。用量偏多，一方面，部分树脂会黏附在摇瓶的瓶壁上，无法发挥其吸附作用；另一方面，增加反应体系的黏性，从而增加与催化剂之间的摩擦，影响细胞的稳定催化。考察XAD4树脂用量分别为2%、4%、6%、8%、10%和12%（干重）时对酪醇和L-酪氨酸的吸附效果，结果如图9-89所示。随着树脂用量的增加，树脂吸附的酪醇越多，但是当树脂用量超过10%时，部分L-酪氨酸也被吸附；10%和12%树脂用量效果相近，此时约17.5g/L的酪醇被吸附到树脂上，且吸附的L-酪氨酸较少。综合考虑，选择10%树脂用量进行转化研究。

（3）酪醇的洗脱 在转化过程中添加大孔吸附树脂XAD4，体系中的酪醇被吸附在树脂上，一定程度上也有利于酪醇的提取。为了将吸附的酪醇从树脂上洗脱下来，尝试乙酸乙酯、甲醇、乙醇等有机溶剂来洗脱树脂。实验发现，这些有机溶剂对酪醇都有解吸附能力。这里选用无水乙醇，取吸附产物后的树脂，使用3倍体积的乙醇解吸，每次解吸4h，解吸两次，收率为79.7%。当每次解吸8h，解吸两次收率达到97.8%。继续延长解吸时间至12h，收率没有显著增加。因此，确定解吸产物的时间为8h，两次解吸可将产物基本解吸附。

（4）大孔树脂吸附转化合成酪醇

①树脂吸附转化合成酪醇的初步实验：经过筛选确定了用于转化反应的树脂种类和用量，进行初步的转化实验。如图9-90所示，使用30g/L的L-酪氨酸为底物和20g/L的全细胞催化剂，在转化开始时，加入100g/L大孔吸附树脂XAD4（干重）。转化24h时，反应液中底物完全转化，此时，酪醇的总浓度为22.48g/L。

②底物浓度对树脂吸附的影响：在初步实验的基础上，进一步考察底物浓度对树脂吸附的影响。结果如图9-91所示，在底物浓度为35~50g/L范围内，随着底物量的增加，酪醇浓度逐渐提高；当L-酪氨酸浓度高于50g/L时，酪醇浓度无明显增加，酪醇产量稳定在34.8g/L。

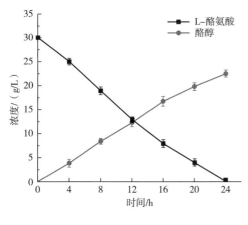

图9-90　添加大孔树脂
XAD4的转化实验

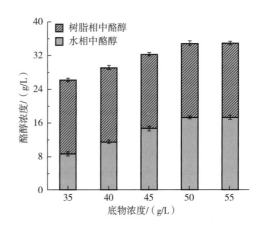

图9-91　L-酪氨酸浓度对树脂吸附
转化合成酪醇的影响

五、发酵罐中生物转化法合成酪醇

为进一步评估本研究的多酶级联催化体系的生产潜力，在3L发酵罐中进行树脂吸附法生物转化合成酪醇。以 E. coli 07-2 为全细胞催化剂，转化体系为：50g/L的L-酪氨酸、20g/L的湿菌体、2mmol/L TPP、5mmol/L MgSO$_4$·7H$_2$O、0.5mmol/L NADP$^+$、75g/L的葡萄糖。在转化开始时，加入100g/L大孔吸附树脂XAD4（干重）。控制pH 7.5、温度25℃、通风比1m^3/(m^3·min)、搅拌转速200r/min，结果如图9-92所示，转化32h后酪醇总浓度达到最大值，此时酪醇总浓度为35.7g/L，转化率为93.6%。其中水相中的浓度

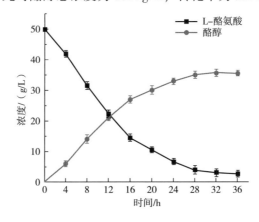

图9-92　3L发酵罐中树脂吸附ISPR法生物转化L-酪氨酸生成酪醇

为 18.22g/L，树脂相中的浓度为 17.48g/L，与摇瓶转化的结果相近，转化时间缩短了 4h。该结果表明，原位吸附转化体系在放大制备时仍能够很好地进行，为工业化大规模生产酪醇提供了参考。

参考文献

［1］阮小波. 多酶级联转化 L-酪氨酸生产酪醇的研究［D］. 无锡：江南大学，2021.

［2］宋伟. 多酶级联转化甘氨酸生产 α-功能化有机酸的研究［D］. 无锡：江南大学，2019.

［3］王镓萍. 多酶级联转化 L-赖氨酸高效生产戊二酸［D］. 无锡：江南大学，2021.

［4］王金辉. 多酶级联生产苯丙酸类化合物的研究［D］. 无锡：江南大学，2020.

［5］Sarkar M R，Lee J H Z，Bell S G. The oxidation of hydrophobic aromatic substrates by using a variant of the P450 monooxygenase CYP101B1［J］. ChemBioChem，2017，18（21）：2119-2128.

［6］Taeho K，Jeong C，Young J. Hydrophobic interaction network analysis for thermostabilization of a mesophilic xylanase［J］. Journal of Biotechnology，2012，161（1）：49-59.